# 传奇 ZBrush数字雕刻大师之路（第2版）

周绍印 编著

人民邮电出版社
北京

图书在版编目（C I P）数据

传奇 : ZBrush数字雕刻大师之路 / 周绍印编著. --
2版. -- 北京 : 人民邮电出版社, 2017.8
ISBN 978-7-115-46177-3

Ⅰ. ①传… Ⅱ. ①周… Ⅲ. ①三维动画软件 Ⅳ.
①TP391.414

中国版本图书馆CIP数据核字(2017)第152009号

## 内 容 提 要

本书主要讲解如何运用 ZBrush 软件实现数字模型的精致雕刻。全书共 6 章，从人体解剖基础开始讲起，强化生物形体和结构的概念，帮助读者由表及里，再由内到外地理解和把握形体。书中通过真实案例细致讲解了 ZBrush 4.0 软件运用在精致雕刻中的方法与技巧，案例涉及男人体雕刻、女人体雕刻、机械体雕刻和魔幻生物体雕刻，涵盖常见数字模型类型，参考性强。

随书提供学习资源下载，包括书中案例的 68 小时超长教学视频和场景源文件，读者可以结合两种形式来学习书中的技术知识。

本书内容技术性强，模型雕刻十分精致，适合游戏、影视类模型制作人员及广大 CG 爱好者阅读。

◆ 编　　著　周绍印
责任编辑　杨　璐
责任印制　陈　犇
◆ 人民邮电出版社出版发行　　北京市丰台区成寿寺路 11 号
邮编　100164　　电子邮件　315@ptpress.com.cn
网址　http://www.ptpress.com.cn
北京盛通印刷股份有限公司印刷
◆ 开本：889×1194　1/16
印张：24　　　　　　2017 年 8 月第 2 版
字数：662 千字　　　　2024 年 9 月北京第 15 次印刷

定价：198.00 元

**读者服务热线：(010)81055410　印装质量热线：(010)81055316**
**反盗版热线：(010)81055315**
**广告经营许可证：京东市监广登字 20170147 号**

# 序

首先感谢广大读者购买此书，在此我由衷希望这本《传奇——ZBrush数字雕刻大师之路（第2版）》不管是在工作中还是在学习中都能给您带来一定的帮助。

这本书是我在任北京水晶石教育学院游戏负责人的时候编著的，由于工作较繁忙，也因为我对于写作品质和流程的高要求，此书历时两年才与读者见面。在此特别感谢我的家人在整个写作过程中给予了我充分的鼓励与帮助，感谢我的妻子孔若溪女士，我的父亲周凤俭先生，母亲刘秀云女士，岳母杨秀芹女士。他（她）们在我创作本书的时候给予了我心无旁骛的创作环境，也感谢水晶石教育学院图书编辑部的赵晶、于超和许曙宏3位老师，感谢他们的协调和帮助促使本书顺利出版。

在6年的教学生涯和与500多名学生超过13000小时的教学互动中，我深深了解到学生在生物形体制作方面的困惑，究其原因，一方面是因为没有形体和结构的概念，缺乏概括，另一方面是因为他们没有由表及里，再由内而外地理解和把握形体。而ZBrush这款强大的三维雕刻软件正好弥补了Maya或Max的缺陷，直接用于由内而外，能直观清晰地让人理解和练习。

而只有具备一定的概括能力、对比例关系的理解，以及对解剖肌肉的了解，才能够在生物形体的把握上找准方向。我在2005年刚刚入行的时候，对于形体的构造也一度苦恼过，正是对于游戏模型师的热爱使我不断突破自己，跌倒了又爬起来。而在我从事教学的时候，依旧看到很多学生也因为找不准方向而不断犯错，所以，一股强烈的意愿和冲动促使我撰写了这本能够帮助大家在塑造形体的路上越走越远，越走越顺的书。

由于本人职业特征的因素，书中的一些造型技法和观点综合了一些美院的训练基础，而且融合了我在从业过程中的一些观点和技法，所以本书以一个男人体为首个案例，详细介绍了由骨骼到肌肉再到皮肤的雕刻方法，让大家在第一时间建立由内而外，由表及里的思考和塑造方法。在雕刻女性人体时，利用二代Z球是为了突出训练体块和结构；硬表面的造型训练是由粗坯到细节的雕塑手法；而恶魔战马的形态使用ZBrush塑造粗坯，然后进行概念设计的思路，非常适合当今CG生物的概念设计。希望大家在每一章的学习中都能得到关于形体、雕刻和设计方面的思考和帮助。

我的QQ网名是"在路上"，之所以取这样的名字，是因为学无止境，我一直在路上，所以本书有编写欠缺的地方希望大家能够谅解并给予批评指正。

最后，我想跟大家说句心里话：学习，有的时候真的是一个苦差事，但执着、努力和方法是三大法宝，我能给大家带来方法，但执着和努力还需各位读者抱定一颗赤诚之心。

周绍印

2017年3月13日于北京

# 前言 Preface

ZBrush是一个数字雕刻和绘画软件，它以强大的功能和直观的工作流程彻底改变了整个三维雕刻行业。在一个简洁的界面中，ZBrush为当代数字艺术家提供了世界上最先进的工具。艺术家们不必再为自己没有掌握复杂的polygon建模技术而头痛不已，他们只需要拿起画笔，展开想象即可。ZBrush能够雕刻多达10亿个多边形的模型。同时，强大的拓扑工具会非常高效地使高模转化为低模。另外，其强大的顶点着色功能能够轻松地在物体表面绘制纹理贴图和材质。ZBrush的功能众多，但其使用核心还是将艺术与技术相结合。本书将帮助学习者从全面的软件介绍和详尽的人体解剖开始，逐步对骨骼、肌肉、男性形体、女性形体和人体动势等方面进行研究。

本书是由周绍印老师编著，主要讲解如何运用ZBrush软件实现数字模型的精致雕刻。周绍印老师于2010—2014年担任北京水晶石教育培训有限公司游戏专业主管，现为大印数学艺术网校创始人。

作者总结多年制作和教学的经验，根据数字雕刻当中技术与艺术相结合的关键点进行剖析，在强调雕刻艺术性的同时，为大家讲解便捷的流程和实用的技巧，以达到快速、简便地使用工具软件，进而将注意力完全放在三维雕刻本身的目的。

全书共6章，通过实际案例分门别类地讲解如何通过ZBrush进行数字雕刻。

**第1章人体解剖基础**，要想制作出造型准确、优美的写实角色，必须对人物常规的比例关系和最基础的解剖知识有一定的了解。

**第2章ZBrush 4.0软件基础**，重点讲解在下面几章需要用到的软件操作技法。

**第3章男人体雕刻**，主要学习如何雕刻男性人体，认识到雕刻是一种由内而外，由骨骼到肌肉、最后到表皮的手法。

**第4章女人体雕刻**，重点理解女性人体由于骨骼和脂肪分布的差异，在外形上体现出与男性人体迥然不同的特性。

**第5章机械体雕刻**，这一章将通过雕刻一个机器人的头部来系统地学习雕刻硬表面的工具和雕刻流程。

**第6章恶魔战马**，这一章学习魔幻类四足生物的雕刻。

本书提供学习资料下载，扫描封底二维码即可获得文件下载方式。内容包括本书所有案例的工程文件和68个多小时的同步视频教学录像。如果大家在阅读或使用过程中遇到任何与本书相关的技术问题或者需要什么帮助，请发邮件至szys@ptpress.com.cn，我们会尽力为大家解答。

扫描二维码即可本书下载方式

由于编者水平有限，书中难免有不妥之处，恳请广大读者批评、指正。

# 目录 | Contents

# 第1章　人体解剖基础

要想制作出造型准确、优美的写实角色，必须对人物常规的比例关系和最基础的解剖知识有一定的了解。所以，本书的开篇并不介绍软件的内容。我一直认为，牛的不是软件，而是用软件的人，所以，我们首先需要了解和掌握人物的比例和解剖知识。下面的内容会先给大家简单介绍一下最基本的人体比例及解剖知识，在下一章了解完软件的知识后，再进行具体的形体雕刻。

## 1.1 全身比例

制作一个好的雕刻作品取决于四要素：一、准确或夸张适度的比例；二、精确的解剖结构；三、自然的表面；四、富有张力的姿态。一般情况下人体比例以头作为测量的基本单位，真实的人体比例因人种的不同而略有差异，一般身高在7.5到8个头长，具体的标记点如图1-1所示。

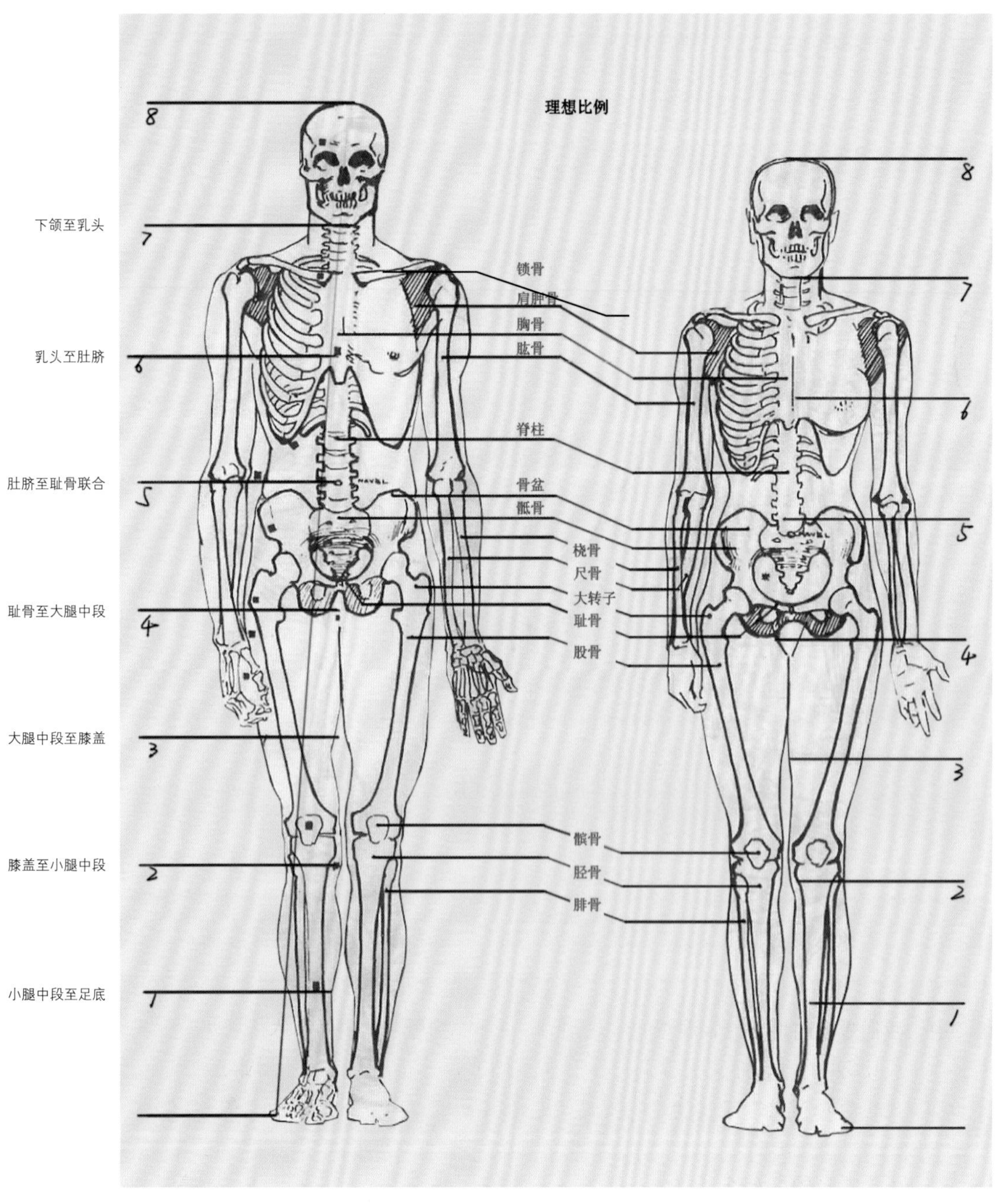


图1-1

在艺术创作、影视或者游戏中，人的比例往往更加夸张，人体身高为8.5个头长甚至9个头长。我们在做人物造型的时候，随着身高的变化，人体的比例会发生一些明显的变化。如果8个头算是一个标准的基点的话，同这个基点做比较，我们会发现，8.5个头长乃至9个头长的人体中，变化最明显的部位是从腰部最细点到足底的区域，随着身高的增长，下肢明显伸长，如图1-2所示。

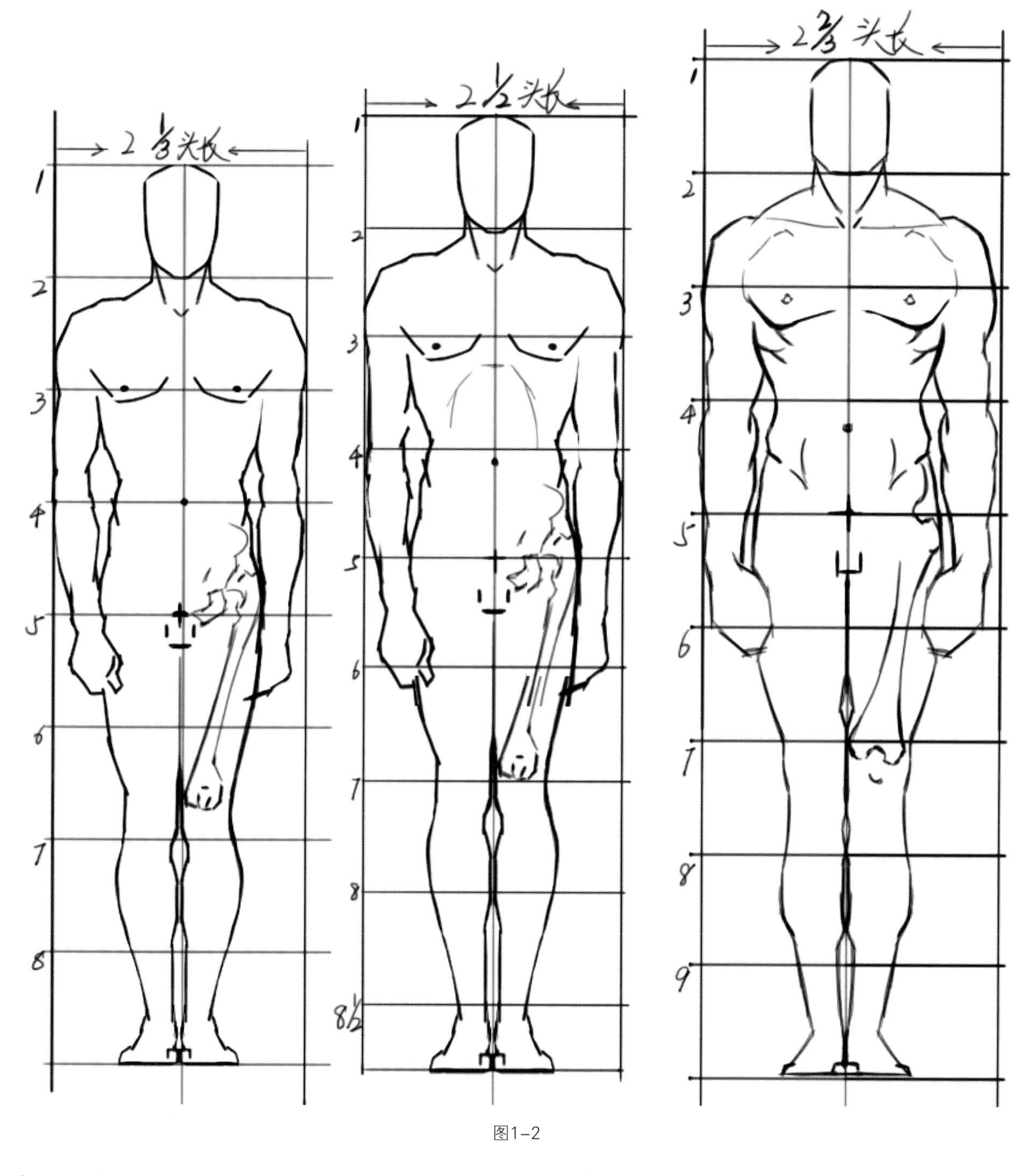


图1-2

在图1-3中，我们看到的是男性较理想的人体比例，在本书中雕刻的男性基本采用此比例。除了在图1-3中提到的肩部比例和整体高度比例以外，我们也要注意一些细节，比如从下巴到肩部，在正常站立状态下，其距离为1/3头长；而从肚脐到骨盆上沿的垂直距离也为1/3头长；从肚脐向两乳头连线，延长线通过肩峰；臀下弧线和第4个头长点之间的垂直距离为1/3头长。

在图1-4中，我们看到的是女性较理想的人体比例。此比例在着高跟鞋的状态下，要高于8头长。因为女性整体比男性纤细，一般肩部只有2头长的宽度，腰部只有1头长的宽度，所以在与男性相同比例的情况下，女性更显得修长。由于乳房由脂肪构成，因此会因重力产生下垂，乳头距离第2头下沿的垂直距离为1/6头长，肚脐距离第3个头下沿为1/6头长，臀部下沿距离第4头下沿距离为1/3头长。与男性不同，女性通过侧面小腿最高点的垂直线穿过臀部。女性的臀部要比背部和小腿更加突出，女性臀部最宽处为1.5个头长。

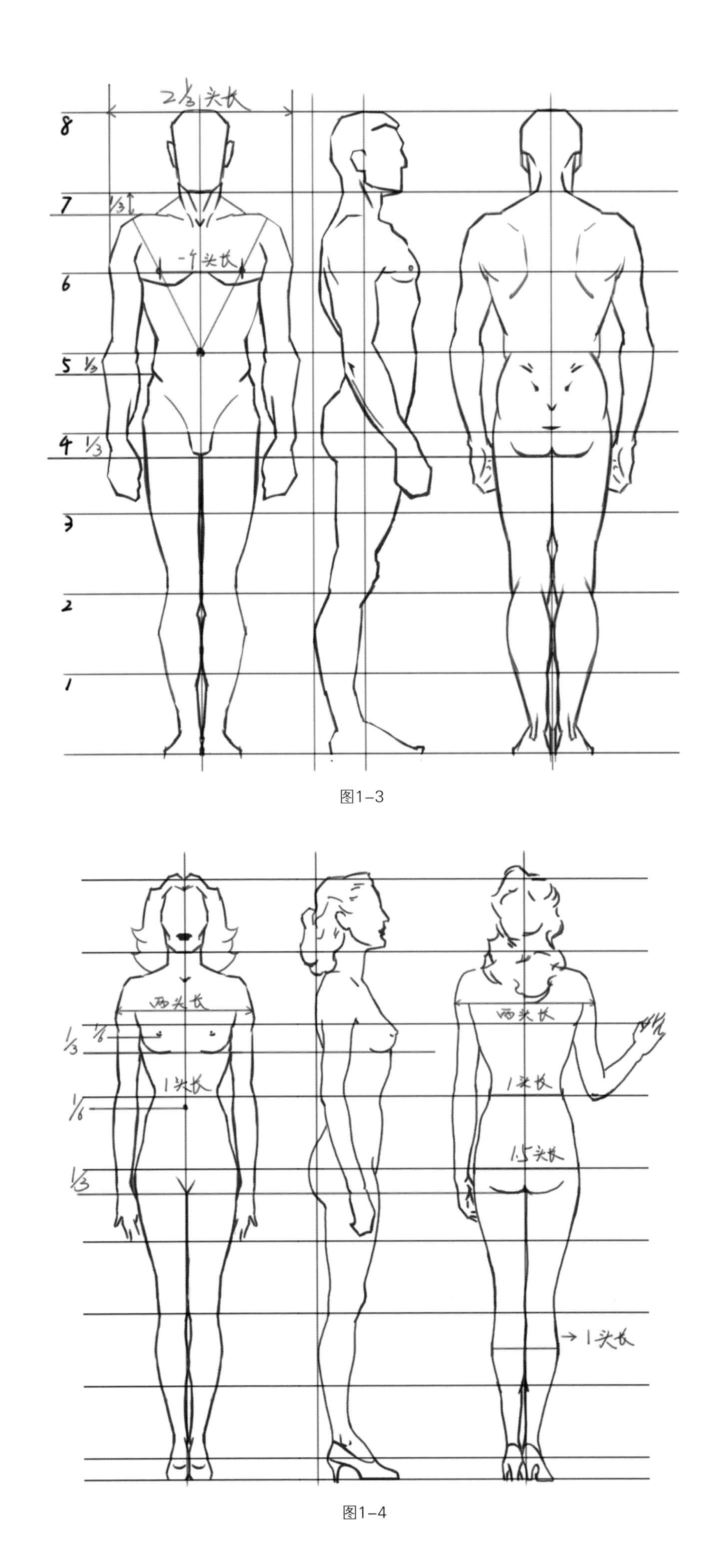


图1-3

图1-4

## 1.2 人体的骨骼

人体骨骼是人体结构的基础，骨骼是人体的支撑，从根本上体现了人体的比例特征，如图1–5和图1–6所示。而肌肉依附于骨骼之上，是决定身体块面结构的构造材料。虽然我们的骨骼大部分被肌肉所包裹，但在人体的表面造型上依然可以看到许多骨骼显露的部分。在人体关节部位，骨头的造型还是非常明显的，如膝、踝、肘和腕等。因此，我们在做造型的时候，就要注意骨骼的方硬与肌肉的圆润所形成的造型对比。在这一小节中，我们先来熟悉骨骼的组成部分。人体骨骼可分为头骨、躯干骨、上臂骨、前臂骨、下肢骨，以及手骨和足骨。

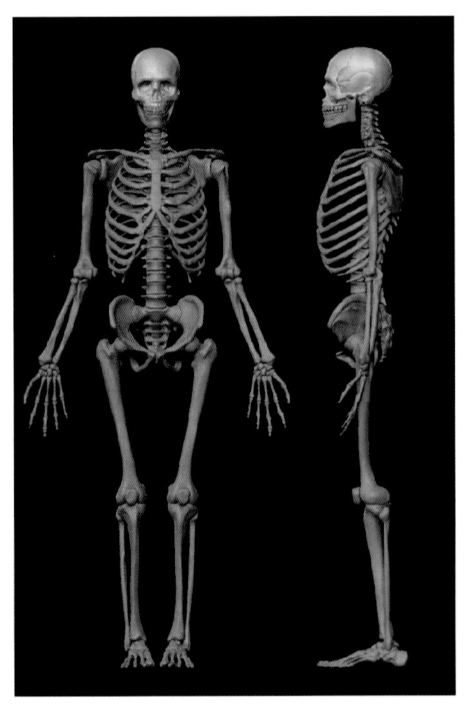

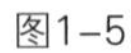

图1–5

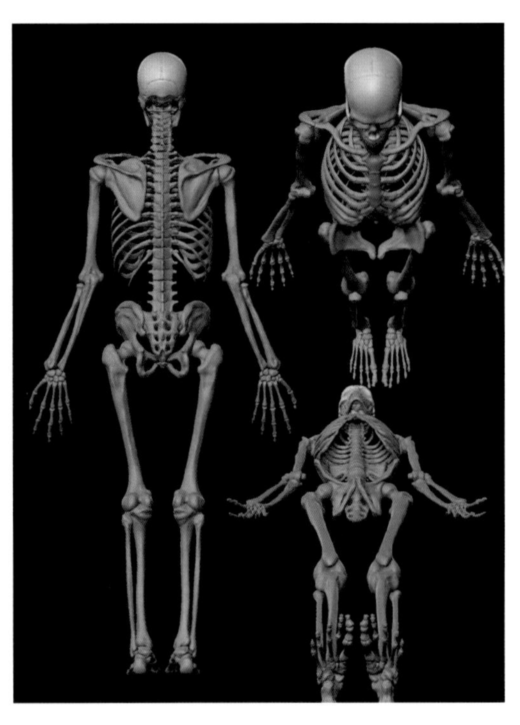

图1–6

### 1.2.1 头骨结构

头骨由脑颅、面颅组成，是由数块骨头组成的一个包裹状的空心近似半球体。头骨内部包含着大脑、眼球和牙齿等重要的器官，如图1–7和图1–8所示。

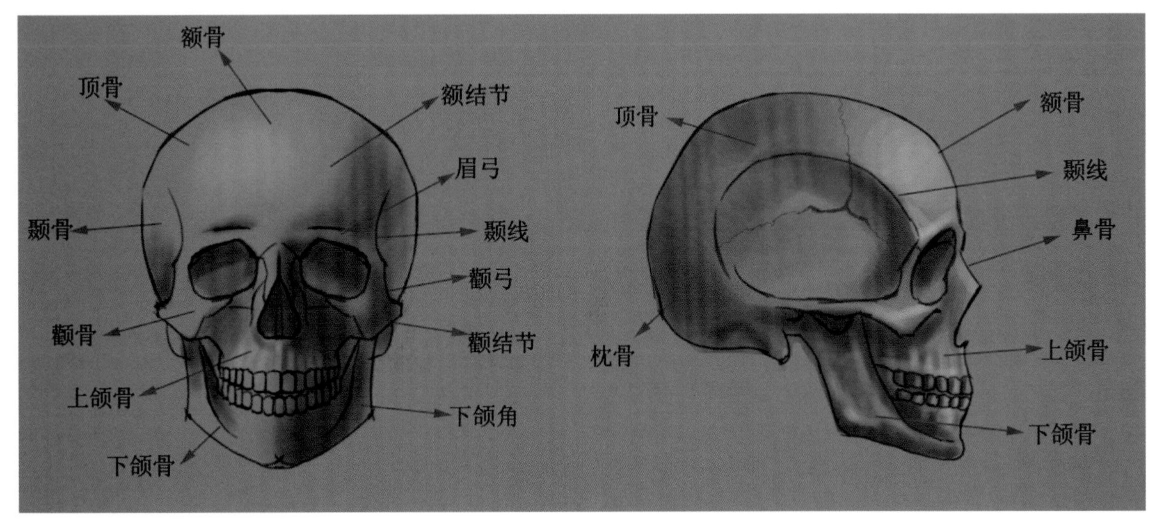


图1–7

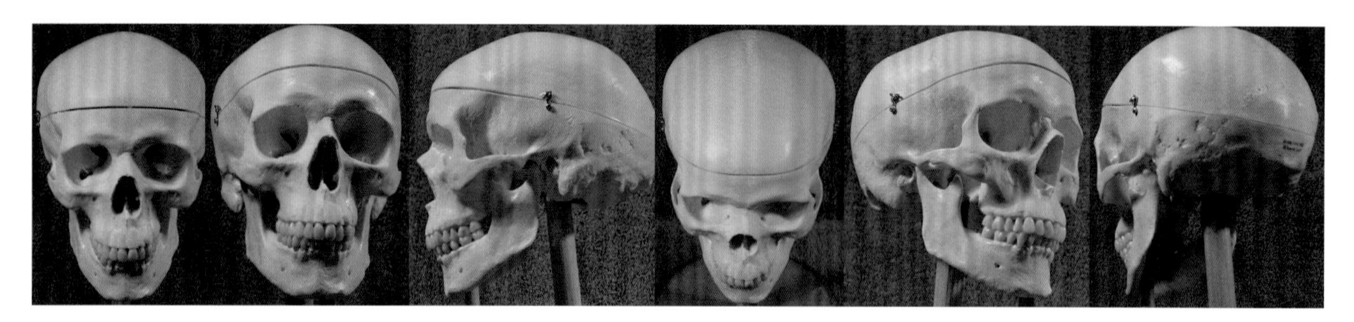

图1-8

## 1.2.2 躯干骨

头骨经由脊椎与躯干骨骼相连，我们可以看出由头、颈和脊椎构成的曲线。躯干骨骼，确切地说是由肋骨、胸骨和部分脊椎骨构成的，形态像笼子一样，这个结构保护着胸腔中的内脏，如图1-9所示。

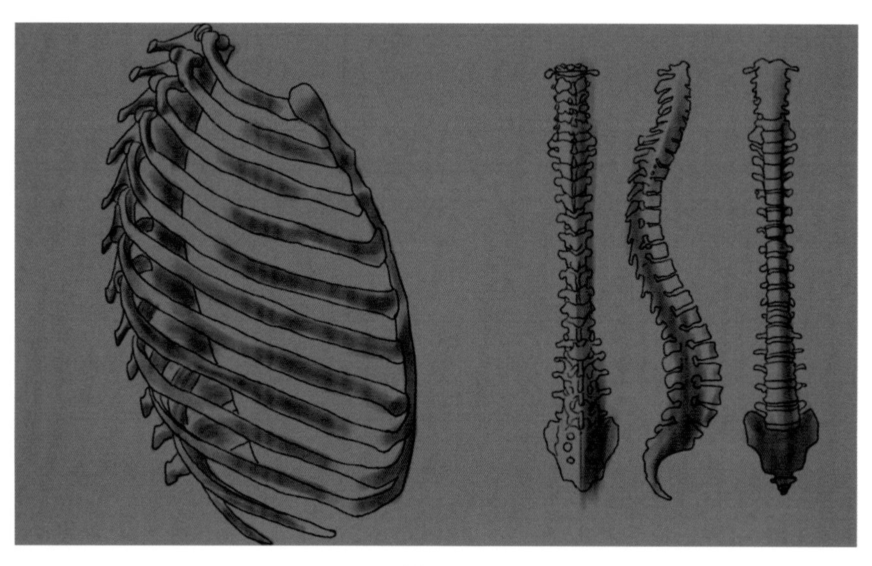

图1-9

## 1.2.3 上臂和前臂骨

上臂的骨骼和前臂的骨骼咬合在一起，在咬合的关节处，上臂的骨骼棱角是一个关节点，在体表有明确的体现，称为尺骨鹰嘴。而前臂骨由尺骨和桡骨两根很长的骨骼构成，如图1-10所示。前臂骨在不旋转和旋转的时候，其基本形态如图1-11所示。

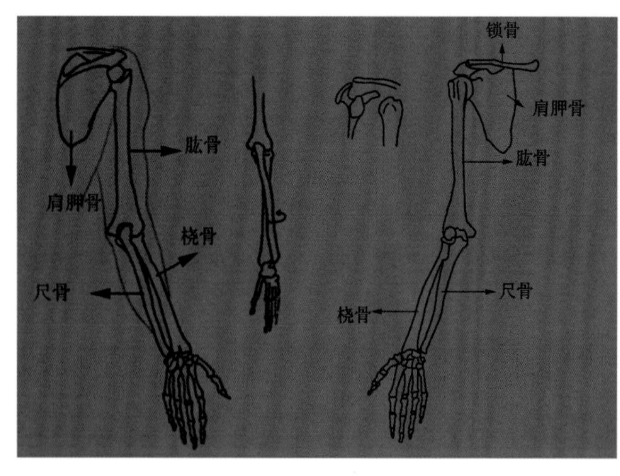


图1-10

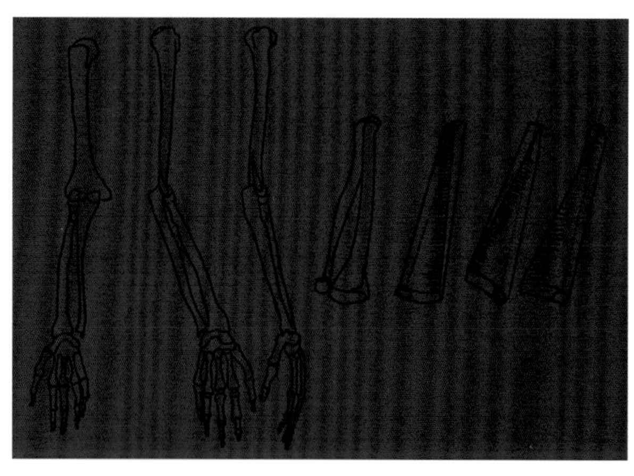

图1-11

## 1.2.4 下肢骨

下肢骨骼由盆骨、大腿骨和小腿骨组成。盆骨顾名思义，像个倾斜的盆。而大腿骨和小腿骨两者有一定的角度，这就造就了人体腿部的大腿和小腿之间不是一条直线，如图1-12所示。

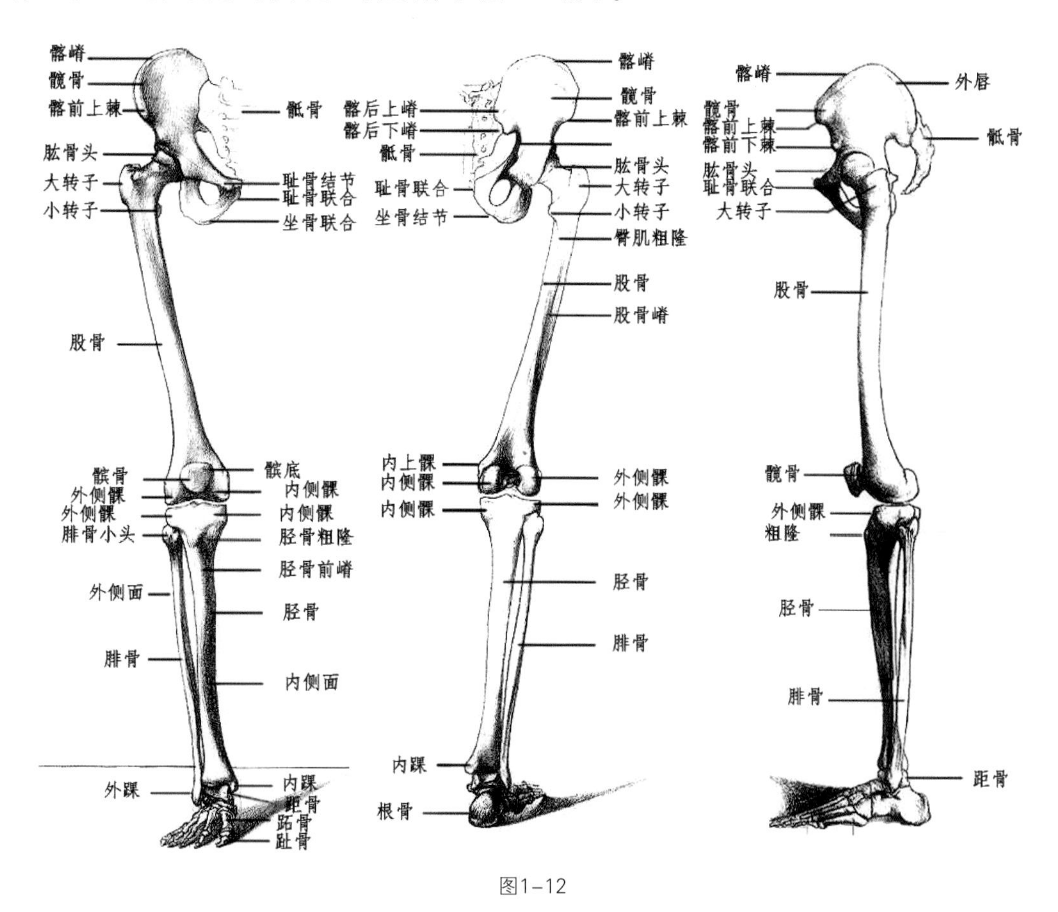


图1-12

纵观人体的骨骼，会发现它们构成了非常完美的曲线，如图1-13所示。人体中很多地方是S形，这有利于人体在运动的时候进行缓冲，同时也形成了人体特有的韵律。

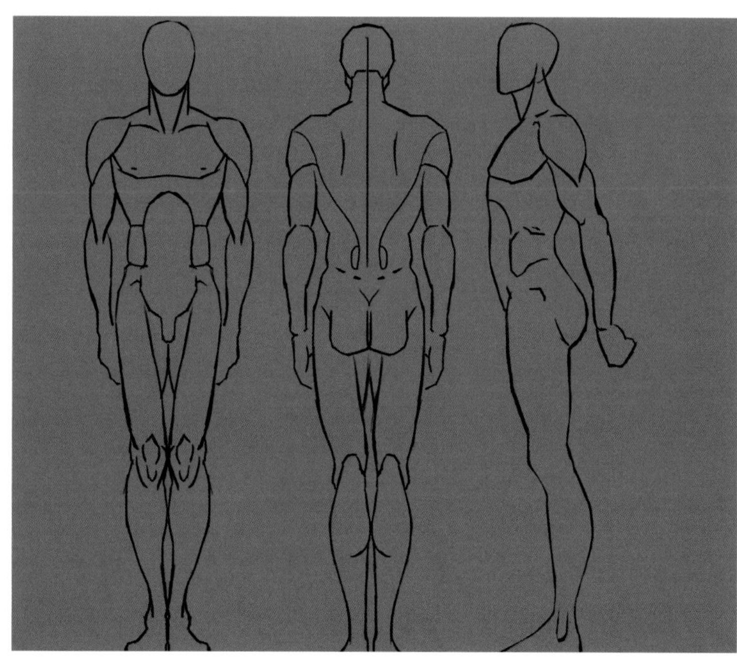

图1-13

## 1.3 人体肌肉

肌肉附着在骨骼上，是决定人体造型的重要部分。骨架可以决定一个人的比例，但肌肉可以更直接地影响人类体表的形态。人体的肌肉分布如图1–14所示。

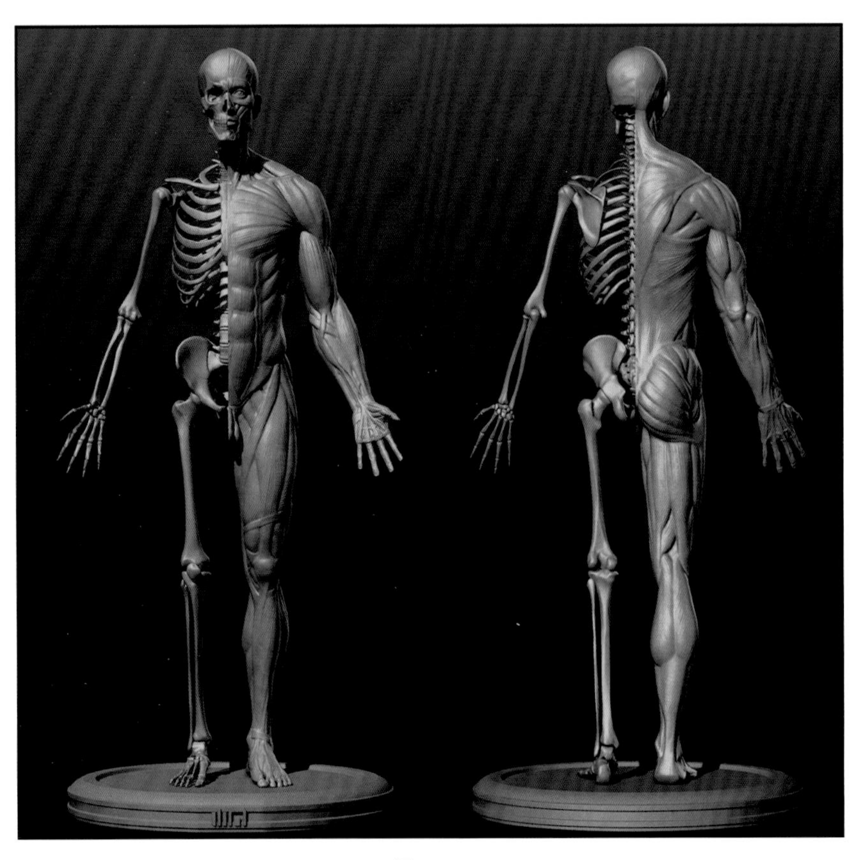

图1–14

### 1.3.1 头部肌肉

头部肌肉附着在头骨上，在一定程度上决定了人物面部的特征，特别在面颊部和五官当中，肌肉形状对于外形的影响更加明显。整个头部的肌肉包括脑颅部的肌肉和面颅部的肌肉，我们重点研究面颅部的肌肉。头部肌肉如图1–15所示。

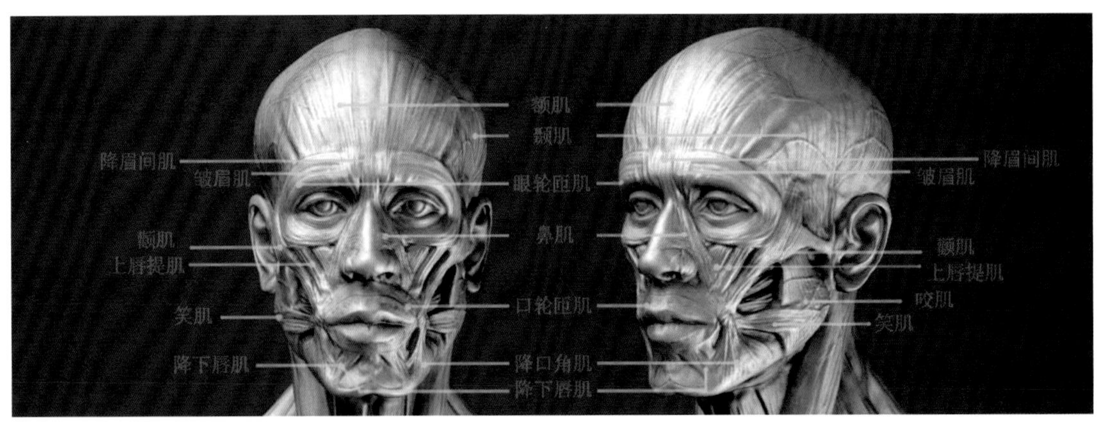


图1–15

从图1–15中，我们可以清晰地看到，在面部，头部肌肉的分布非常紧密，而在脑颅的部分，肌肉非常薄，所以影响后脑形体的基本属于骨骼结构。在面部肌肉当中，口轮匝肌、皱眉肌、降眉间肌、鼻肌、颧肌、咬肌、眼轮匝肌、上唇提肌和降下唇肌等共同作用于面部，所以，在面部，有相当一部分形体结构是被肌肉所影响的。

从图1-16和图1-17中，我们可以更加清晰地了解到肌肉和骨骼的配合关系。

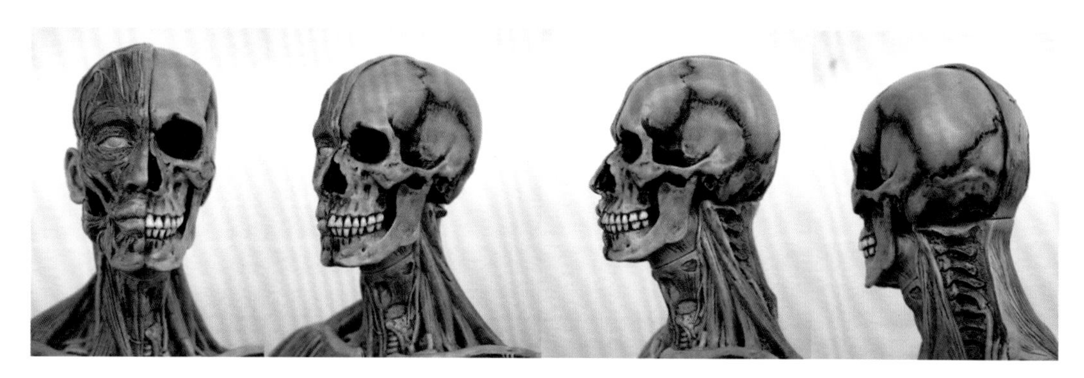

图1-16

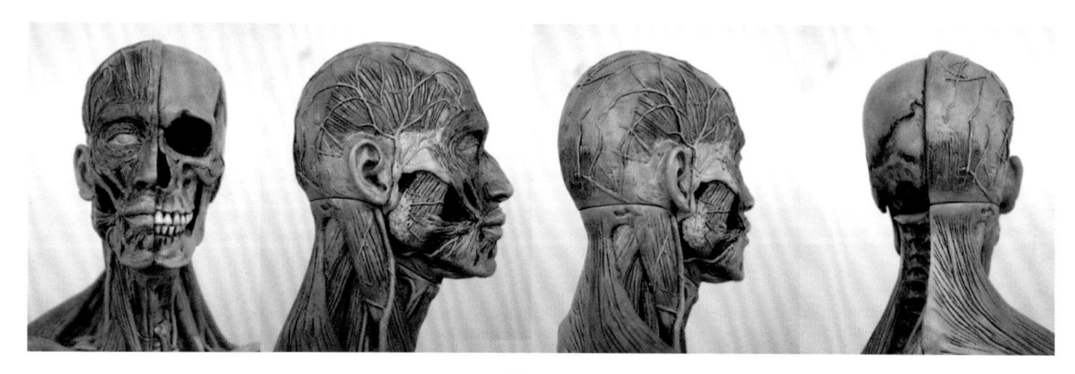

图1-17

在头部肌肉和骨骼的内容中，建议大家能够记住骨骼和肌肉的名称、形状和位置等内容，尽量在雕刻之前能够做到心中有数。我们将在第3章的男性人体的案例当中，更加深入地分析和学习骨骼与肌肉。

## 1.3.2 躯干部肌肉

对于躯干部肌肉，我们从前面、侧面和后面3个方面进行研究，如图1-18所示。在前面，由三角肌、胸大肌、腹肌、腹外斜肌和前锯肌组成了大的体块形状；在侧面，我们可以比较清晰地看到，三角肌覆盖在胸大肌之上，前锯肌和腹外斜肌形成穿插关系；而在后面，由斜方肌、三角肌、背阔肌、冈下肌和骶棘肌等构成了主要体块形状。需要注意的是，背部的形态由骨骼和肌肉共同形成，特别在肩胛骨的位置，肩胛骨与脊柱的角度，以及肩胛骨的上下角的结构，造成了后背脊柱处凹陷、两侧凸起的结构形态。如果胸部造型较突出、偏圆，背部的造型就较凹陷、偏平。

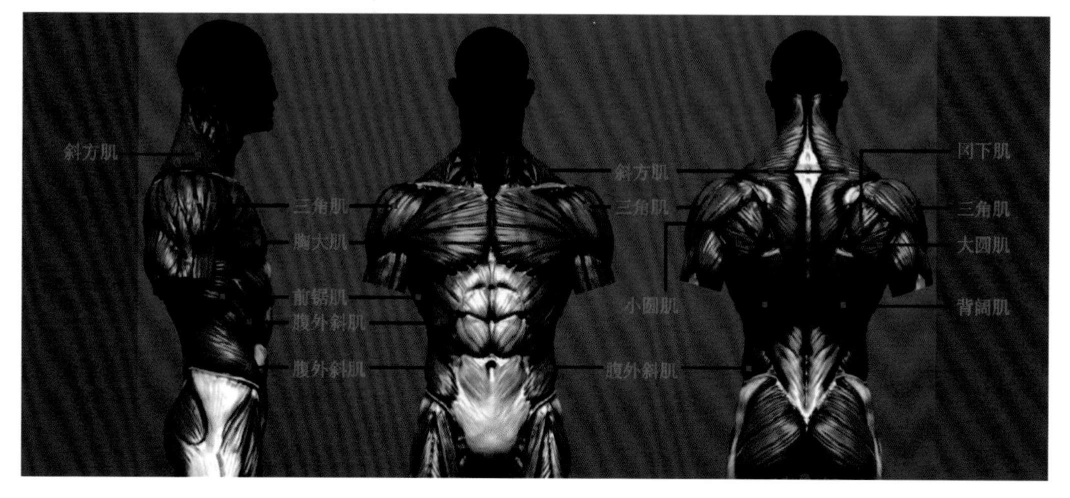


图1-18

## 1.3.3 上肢肌肉

上肢肌肉可以分成上臂和前臂。作为造型，我们可以将上臂和前臂划分成不同形状的体块。在手臂上，80%以上的体块由肌肉构成。上肢肌肉的组成与分布如图1–19所示。

在上臂的正面，我们可以看到由三角肌覆盖的肱二头肌；在上臂的背面可以看到由筋腱和肌肉组合而成的肱三头肌；而在上臂的侧面，在肱二头肌和肱三头肌之间，可以看到一块条状肌肉，这是肱肌；在上臂的内侧，可以看到腋下的喙缘肌以及肱肌的一部分，在结构上，它们被肱二头肌和肱三头肌牢牢地夹住。

前臂的肌肉较复杂，我们可以将其看作两个肌群，即伸肌肌群和屈肌肌群。与上臂的结构类似，前臂肌肉也是由两块主要的体块夹住骨骼，只不过上臂是从前后夹住，而前臂是从上下夹住的。前臂和上臂相比，较难把握的是，前臂的部分肌肉有一个绕前的生长趋势，从肘部向前、向下地绕到前臂的前部，这个地方需要仔细研究。

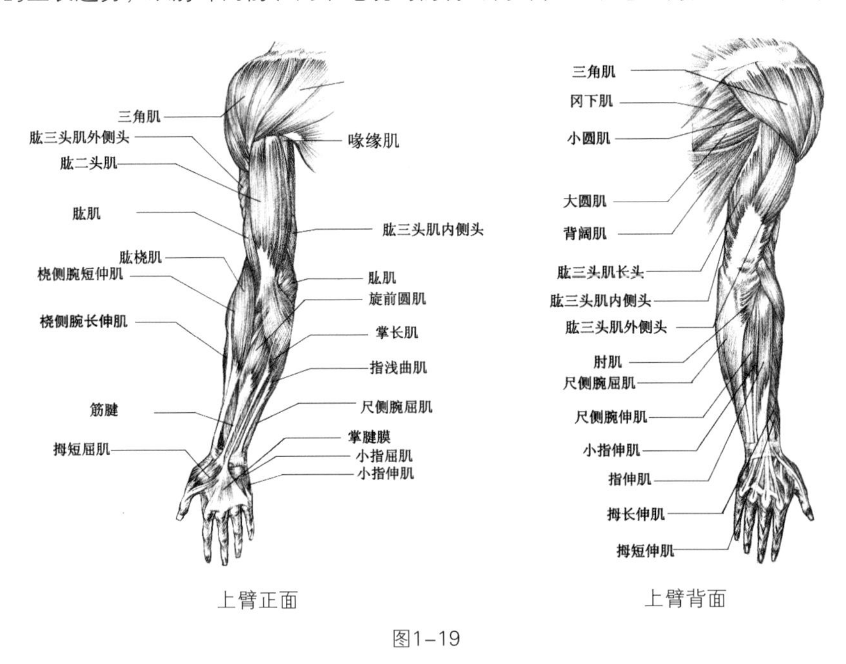


图1–19

通过实体模型的肌肉图，我们可以更直观地理解上肢的肌肉结构，如图1–20所示。

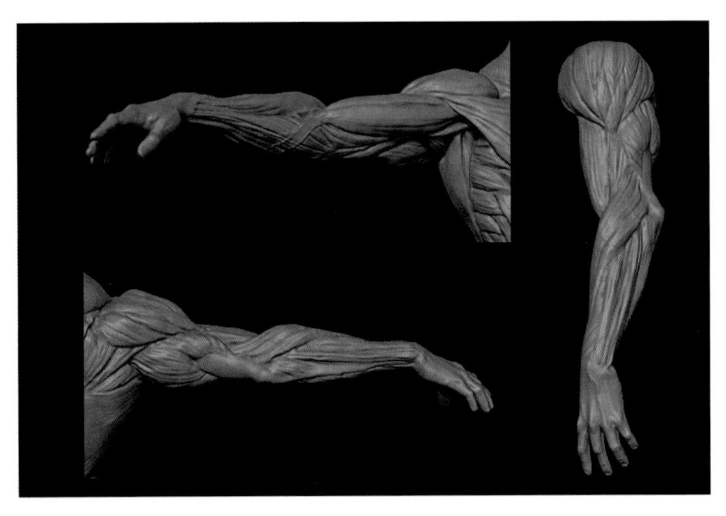

图1–20

## 1.3.4 下肢肌肉

在本章中，下肢肌肉指的是臀部及腿部肌肉，可以按照大腿、膝盖、小腿和臀部4个部分进行分析和学习。下肢肌肉的正面和背面的肌肉分布如图1–21所示。

大腿部分，从前面看被缝匠肌分成内侧和外侧两个部分，内侧较为凹陷而外侧较为凸出。从正面可以看到缝匠肌、阔筋膜张肌、股内肌、股外肌和股直肌。从后面看，臀大肌、臀中肌共同组成的体块覆盖在股二头肌之上。

小腿部分，从正面看被胫骨分成内、外两个部分，这两个部分紧紧地夹住胫骨和腓骨。从这一点来说，小腿可以对应上肢的前臂，而大腿可以对应上肢的上臂。从后面看，小腿处凸起的腓肠肌是一个非常明显的体块，向下延伸，与足跟部的筋腱相连接。

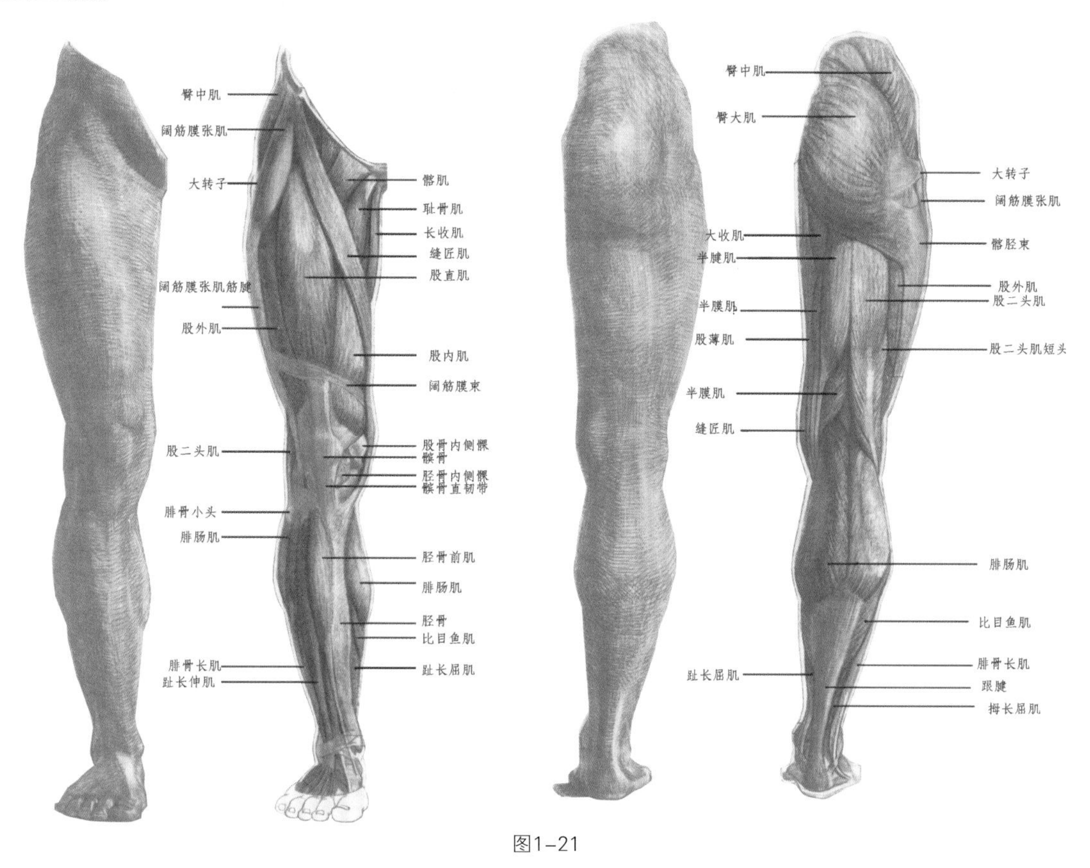


图1-21

从内外两侧，我们观察到的下肢肌肉如图1-22所示。

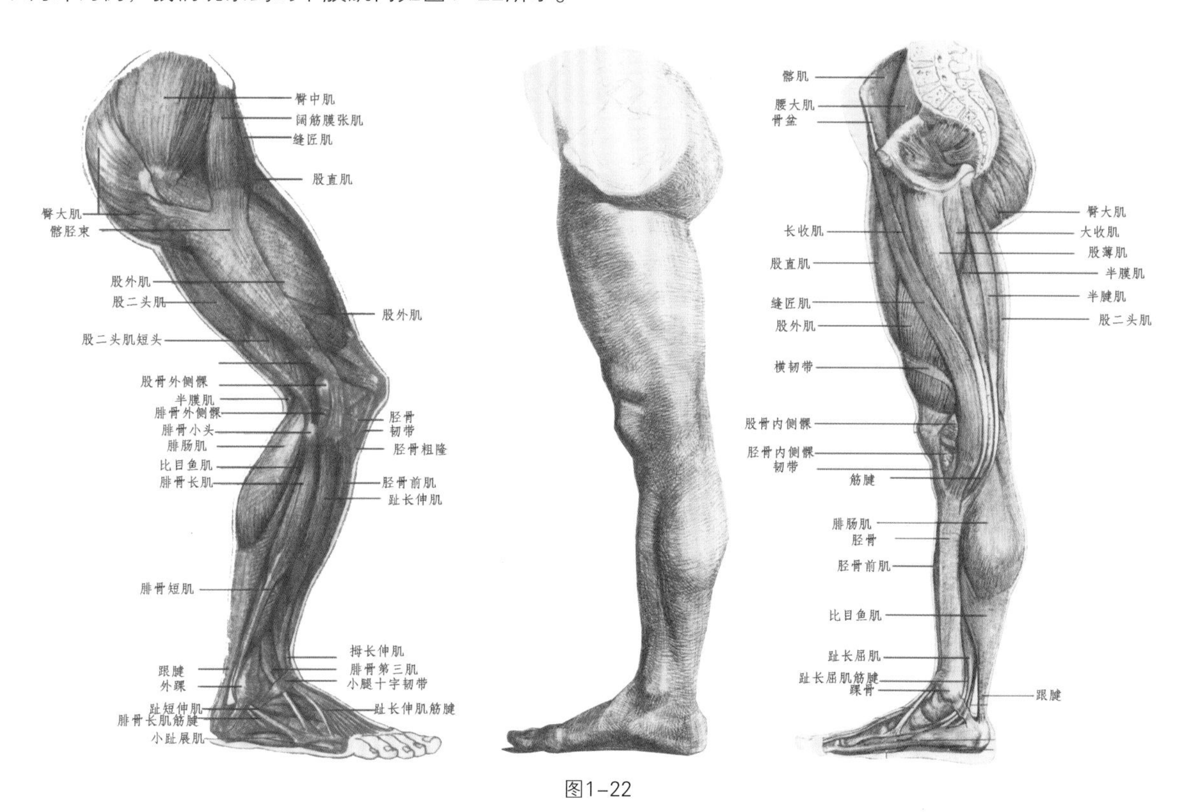


图1-22

比例和解剖是我们在雕刻之前首先需要了解的知识。如果不了解它们而直接学习雕刻，照猫画虎不但会事倍功半，而且容易养成不求甚解的习惯，对大家未来的发展有百害而无一利。即使我们将比例和解剖的知识倒背如流，雕刻出的作品也可能依然缺乏美感，这是因为我们缺乏传统的绘画和雕刻的训练。在现在的条件下，不可能每个从业者都要从头开始学习传统雕刻或者绘画的知识与技能，这时我们有必要对大师的作品进行研究，甚至可以对大师作品进行尽量精准的临摹。

## 1.4 传统雕塑和近代泥塑

传统雕塑，特别是文艺复兴时期的雕塑，在关注人体的比例、解剖和结构的同时，也更加重视人体的美感和力量。图1-23～图1-25中我们可以看到隆起的肌肉、丰腴的身体，可以看出生命力量的爆发。

不管是古典雕塑，还是现代雕塑，只要是写实而不夸张的，无不在整体的解剖和比例方面力求精准和优美。虽然它们的局部也非常精彩，但更重要的是整体的协调和自然。

图1-23

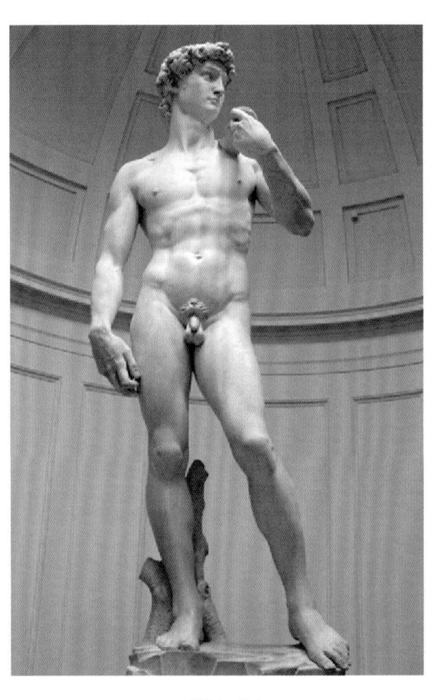

图1-24

图1-25

另外，人物的衣服，穿者不同的身体和姿态，以及衣服质料的差异，在雕刻时也有不同的表现，如图1-26～ 图1-29所示。每当想到这些雕刻都是使用凿子、刻刀等在一块块花岗岩和大理石上完成的，我都会钦佩这些艺术家超凡的技巧。前人既然给我们提供了这么好的榜样，我们就应该慨然前行，追求数字雕刻艺术的梦想。

在图1-27所示的刻画女神的雕塑中，我们可以感受到衣料的柔滑感和触感。图中女神处于站立姿态，动作幅度不大，衣料非常柔软而且带有一定的绸缎质量，顺滑下垂。由于衣料有柔滑和较重的特性，因此在下摆处，形成了类似百褶裙的形态。

而在图1-28中，因为动作幅度较大，衣服和作为支撑体的人体相互作用，产生了具有韵律美的褶皱，特别在腰部和非支撑腿的一侧，非常精彩。

在图1-29中，我们仿佛能够感到置身于海边或者山巅，清风吹拂着我们的身体和衣服。在这幅作品中，艺术家用无声的语言，将艺术品融入自然，同时将我们带入艺术的世界。

古典的雕塑，给我们带来的是无尽的美感和追求艺术的热情。而现代泥塑（指为影视、游戏等娱乐产业服务的泥塑造型，而并不泛指一切作为艺术品的泥塑）从传统雕塑中汲取精华，同时又带有明显的因适应影视等行业而存在的夸张和变形。从这方面讲，我们在本书后面章节学习的雕刻与由影视、游戏和动漫等娱乐行业派生出的泥塑是同源的，所以我们有必要研究此类泥塑或者手办。

图1-26

图1-27

图1-28

图1-29

图1-30所示是经常被我用在次时代角色的学习课堂上的一个形象，用来给学生们讲解游戏角色的夸张和变形。这个吸血鬼形象被塑造得强壮、狡猾、恐怖，从它身上，我们看不到传统的西方雕塑给人们带来的祥和、平静的美感（传统的雕刻中，美杜莎、半人马等怪物被赋予了人性，即使在故事中这些怪物是邪恶的，在雕塑当中也依然体现了人类的美），反而能感到一种对邪恶的厌恶和对这种生物的惧怕。这种表达方式能够以一种非常直白的视觉冲击直入观众的心灵。

图1-30

图1-31～图1-34所示为一些较为经典的泥塑和手办的造型。

图1-31

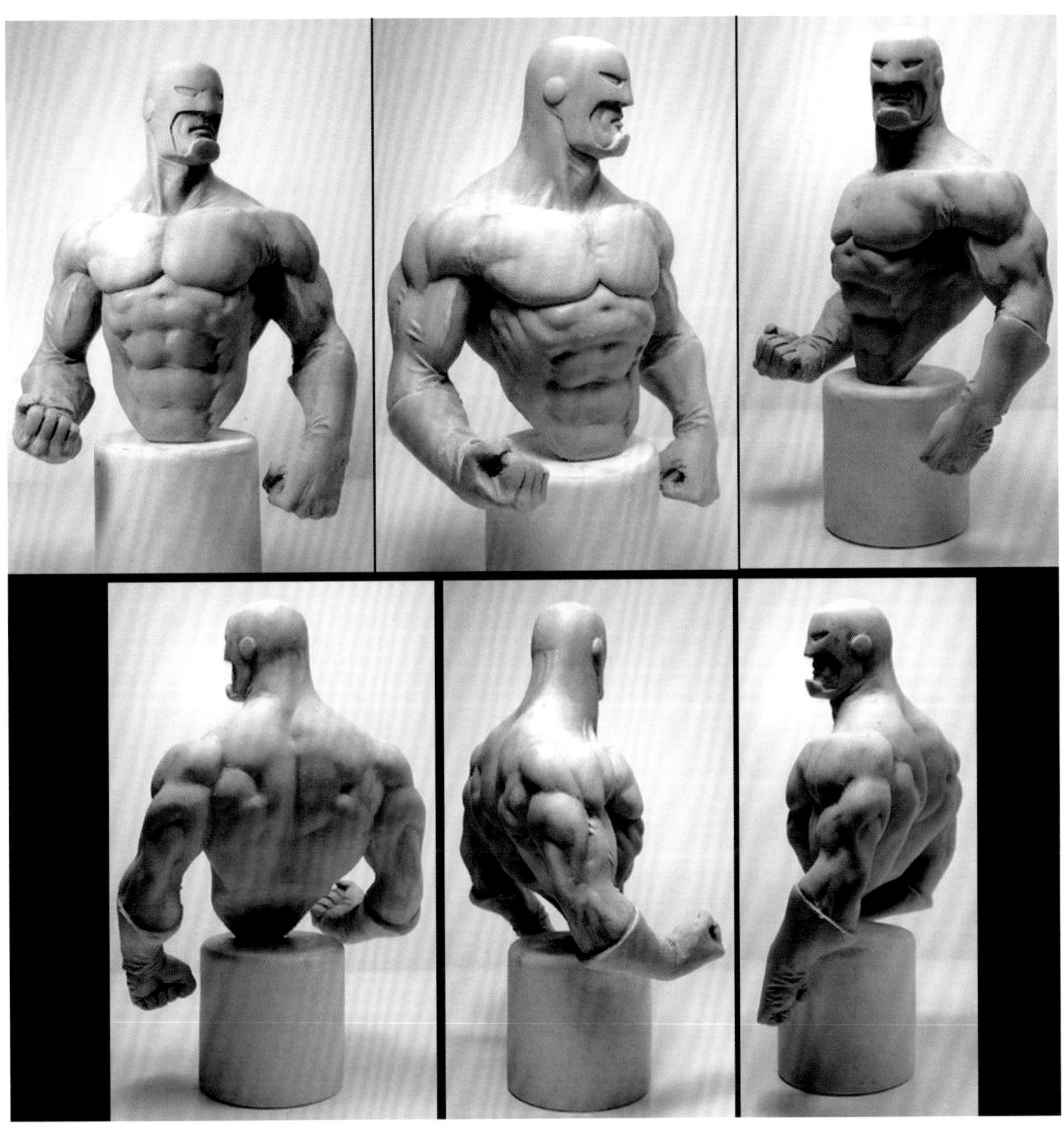

图1-32

图1-33

图1-34

通过对以上泥塑和手办的研究，我们可以得出结论，在数字雕刻中可以对造型进行一定程度的夸张和精炼。通过图1-35我们可以看到泥塑和手办与传统雕塑相比，虽然给人的视觉冲击和感受不尽相同，但其都是建立在较为严谨的解剖结构上的。而我们对于数字雕刻的研究，在解剖和比例正确的基础上，可以既吸收传统雕塑的自然和协调，又吸收手办等造型艺术对于体块的归纳和夸张，二者不能够偏废，否则容易走入误区。比如太过于强调自然和协调，在视觉冲击上会有所欠缺；而太强调体块的归纳和夸张，容易使我们的雕刻走入表面化和概念化，这些都不是我们想要的。

图1–35

# 第2章　ZBrush 4.0软件基础

ZBrush是一个数字雕刻和绘画软件，它以强大的功能和直观的工作流程彻底改变了整个三维雕刻行业。在一个简洁的界面中，ZBrush为当代数字艺术家提供了世界上最先进的工具。它将三维动画中间最复杂、最耗费精力的角色建模和贴图工作，变得像小朋友玩泥巴那样简单、有趣。设计师可以通过手写板或者鼠标来控制ZBrush的立体笔刷工具，自由自在地随意雕刻自己头脑中的形象。

雕刻中拓扑结构、网格分布一类的烦琐问题都可交由ZBrush在后台自动完成。它细腻的笔刷可以轻易塑造出皱纹、发丝、青春痘和雀斑之类的细节，包括这些微小细节的凹凸模型和材质。令专业设计师兴奋的是，ZBrush不但可以轻松塑造出各种数字生物的造型和肌理，还可以把这些复杂的细节导出成法线贴图和展好UV的低分辨率模型，这些法线贴图和低模可以被所有的大型三维软件（如Maya、3ds Max、Softimage|XSI和LightWave等）识别和应用。因此，ZBrush成为了专业动画制作领域里面最重要的建模材质的辅助工具。

总之，强大、方便、随心所欲可以作为ZBrush的标签，艺术家们因此脱离了传统三维软件的束缚，创造力得以极大地提升，图2-1~图2-7是艺术家们利用ZBrush创造的部分优秀作品，其强大的功能可以从这些作品中得以感受。

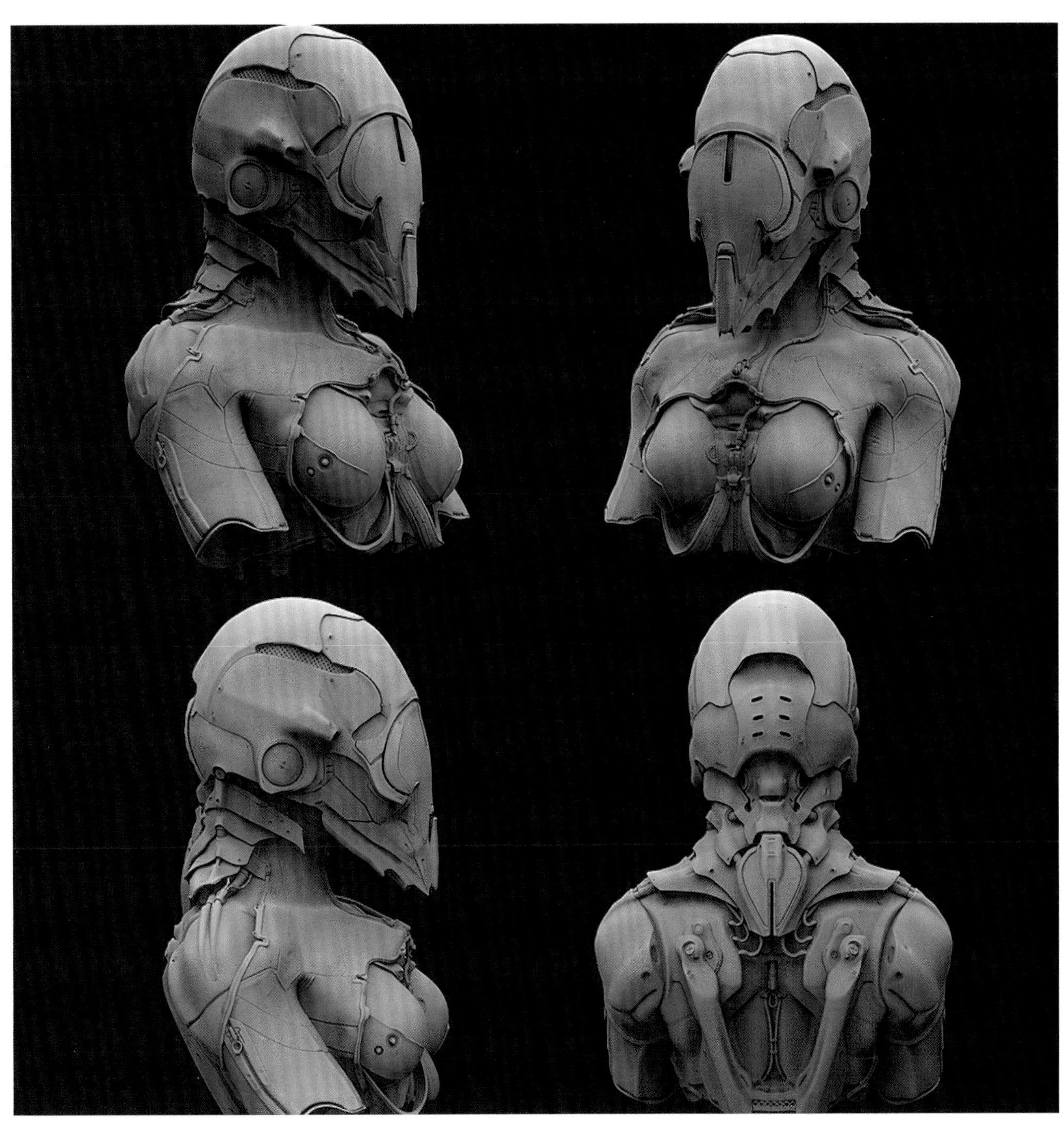

图2-1

图2-2

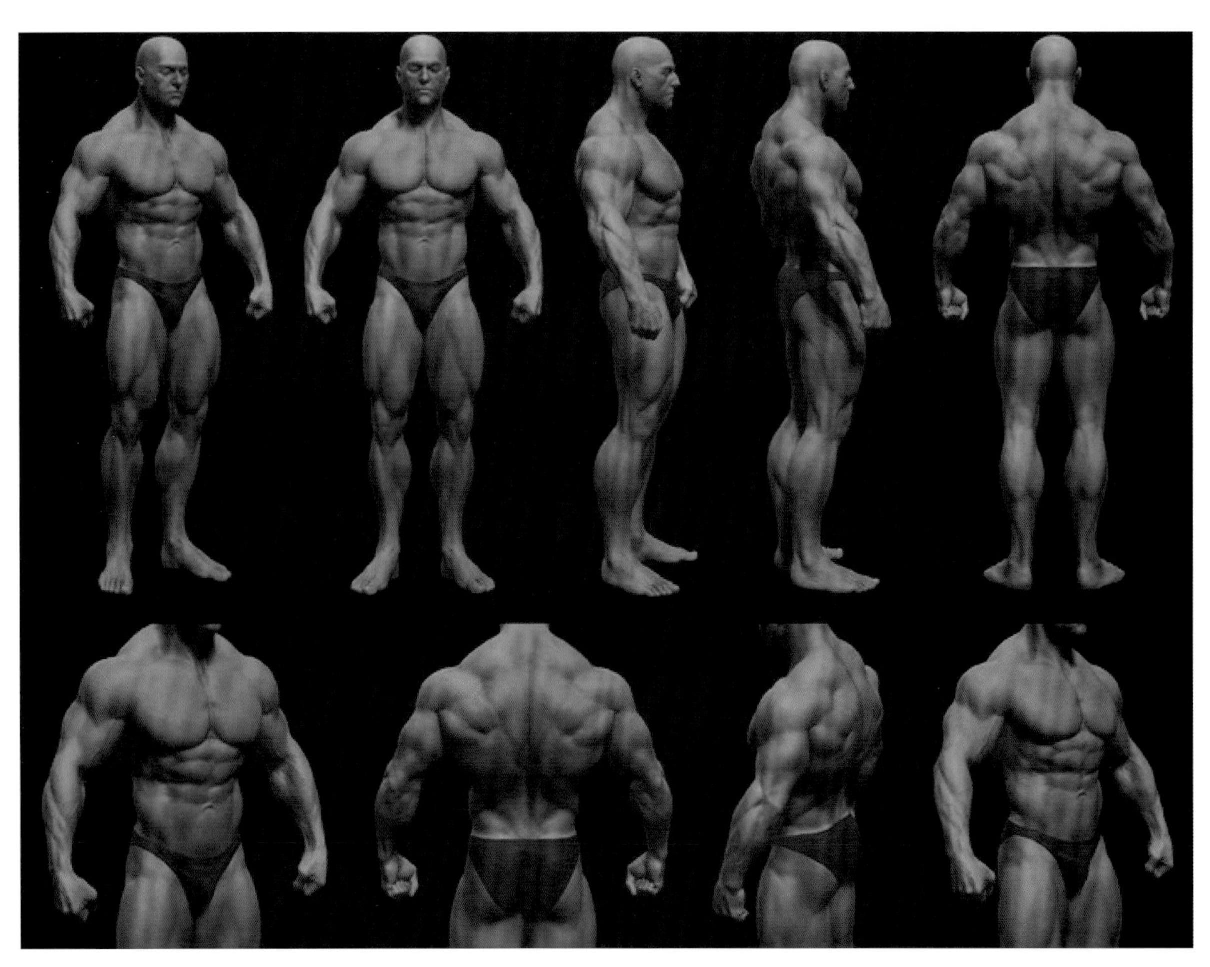

图2-3

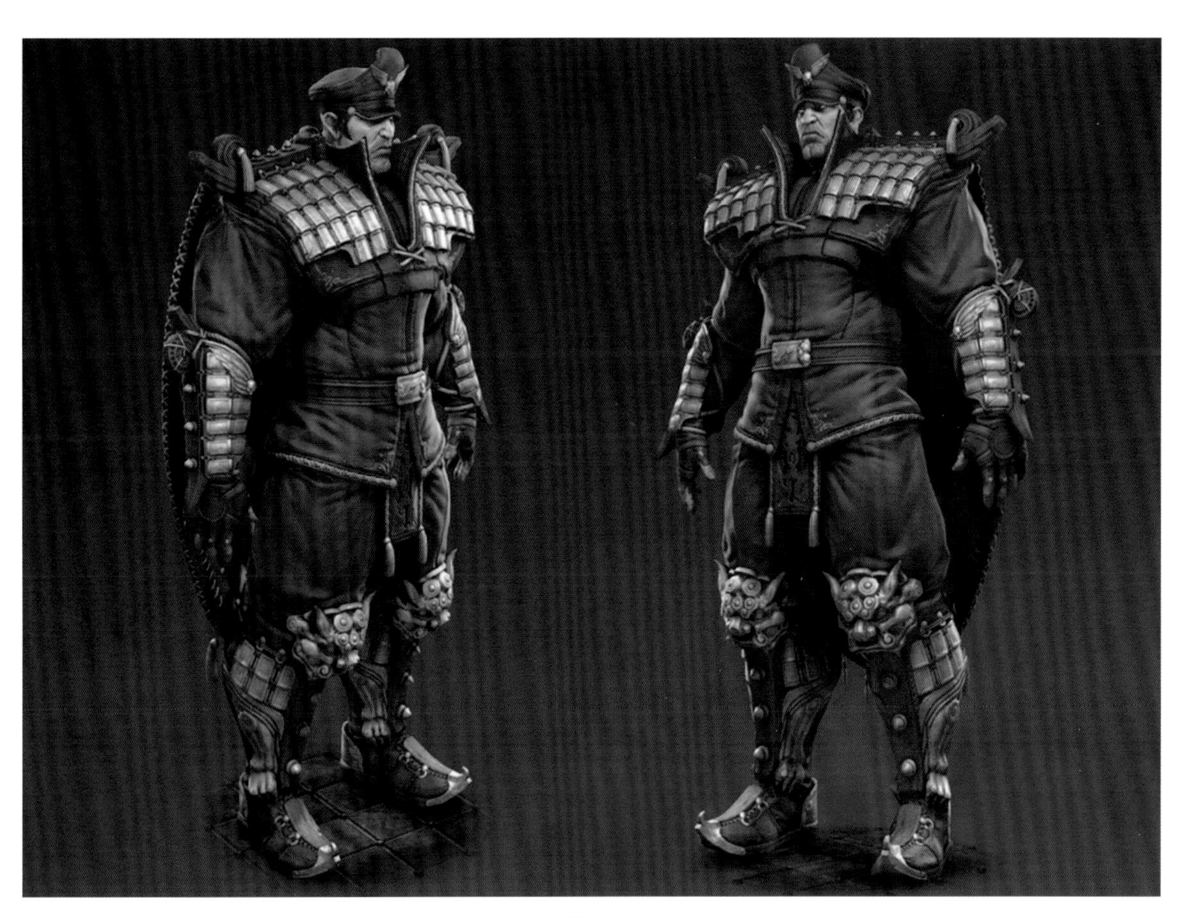

图2-4

图2-5

图2-6

图2-7

# 2.1 界面概述

开启ZBrush 4.0后，我们可以看到图2-8所示的界面。界面中较重要的部分为菜单栏、快捷工具按钮、物体编辑栏、画笔属性调节栏、左右托盘、视图操作区、视图操作工具栏与最下方的快速选择栏。

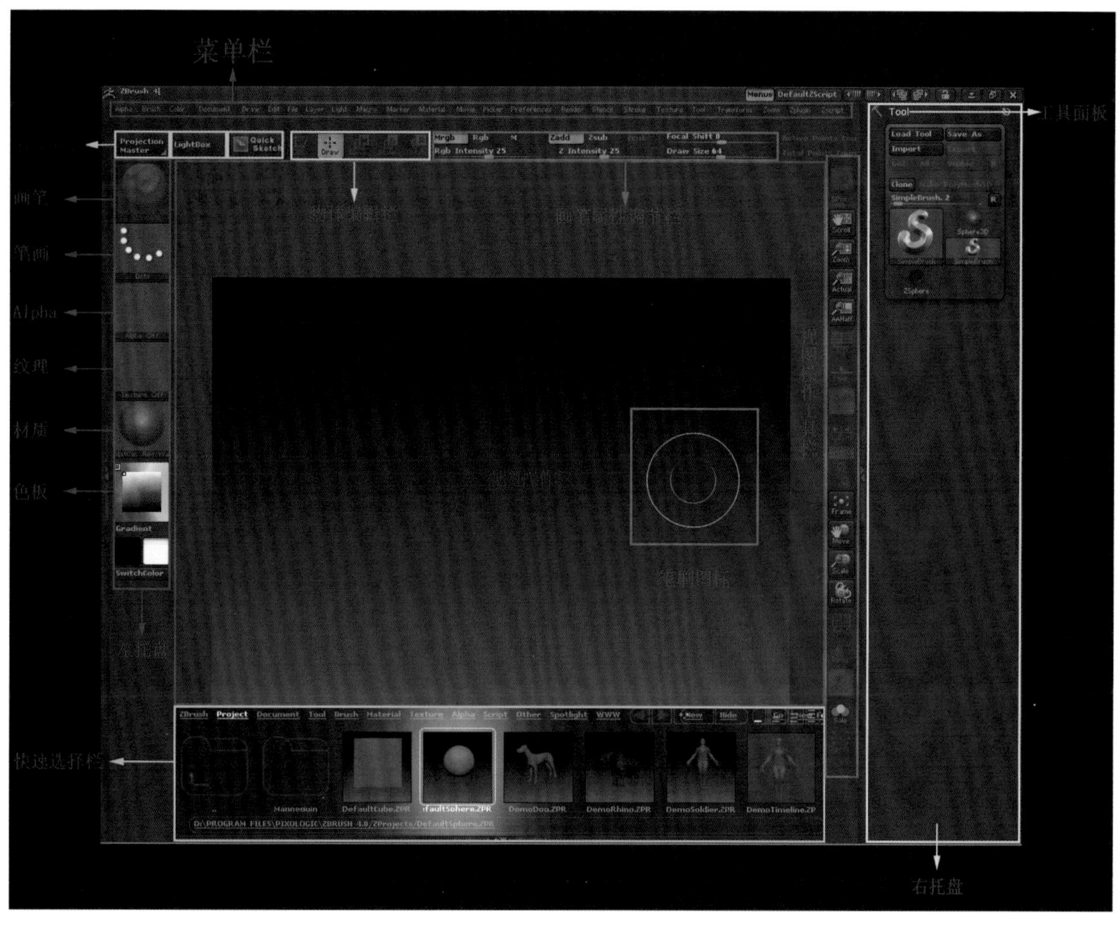


图2-8

从菜单栏来看，ZBrush软件与其他的三维软件差别较大，尤其是排序方式，是按照26个英文字母的顺序排列的。虽然初学者感觉不太方便，经常会去找File菜单在哪儿，或习惯性地想按Ctrl+S组合键进行保存，但熟悉后会发现这是一个革新和创举，往往使你的工作高效而舒适。

在菜单栏中，以本书雕刻的重点来讲，有几个菜单非常重要，会在后面对其进行详细的讲解，它们分别是Alpha菜单、Brush菜单和Tool菜单。

在菜单栏下方的左侧有3个按钮，它们分别是Projection Master（投影大师）按钮、LightBox（光盒）按钮和Quick Sketch（快速草图）按钮，如图2-9所示。其中Projection Master能够快速地将素材使用顶点着色的方式，投射到物体表面；LightBox按钮负责开启和关闭屏幕最下方的快速选择栏，在其中我们可以快速选择画笔、材质、贴图和遮罩等。

图2-9

物体编辑栏由Edit（编辑）、Draw（绘画）、Move（移动）、Scale（缩放）和Rotate（旋转）5个按钮组成，如图2-10所示。这5个按钮的使用频率很高，可以对载入的物体进行编辑。

在图2-11所示的画笔属性栏中，我们可以通过调节其中的参数关闭或者激活按钮，来达到创建丰富的笔刷的目的。此属性栏非常重要，我们会在讲解画笔时深入分析。

图2-10

图2-11

在ZBrush的默认界面中，左侧托盘中的工具从左到右依次属于Brush（笔刷）类别、Stroke（笔画）类别、Alpha类别、Texture（纹理）类别、Material（材质）类别、Gradient Color（渐变色），以及SwithColor（切换颜色）。当我们选择具体的笔刷或者笔画时，图标的下方会出现具体的工具名称，比如Standard（标准）笔刷，如图2-12所示。

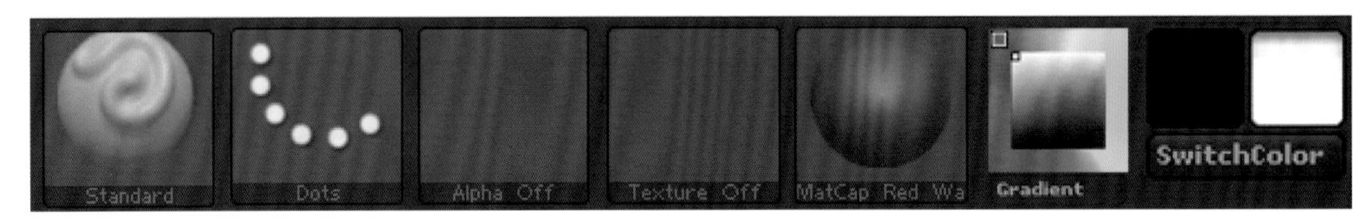


图2-12

界面中间最大的区域是视图操作区，雕刻都是在这个区域中进行的。视图操作区的右侧，有一栏竖直的快捷操作工具按钮，因为其中大部分都有快捷键对应操作，所以一般很少用到。最右侧的托盘默认放置的是工具面板，它是ZBrush最重要的面板，我们将在下面的内容中详细讲解。

## 2.2 视图操作

首先我们要学习ZBrush的视图操作。对于一个软件的学习，一般始于对其三维空间的认识和操控。我们先按“，”开启LightBox，在出现的快速选择栏中选择软件自带的DemoHead.ZTL文件。然后用鼠标左键双击该文件，这时，在屏幕中出现了一个男性人头形体，如图2-13所示。

这时我们注意到在物体编辑栏中，Edit按钮被激活，表示物体进入编辑模式，此时我们才能在ZBrush当中，利用三维空间对物体进行雕刻。接下来对视图进行旋转、平移和缩放。

**旋转视图：**按住鼠标左键在视图操作区的空白处进行拖动，即可对视图进行旋转操作。旋转视图如图2-14所示。

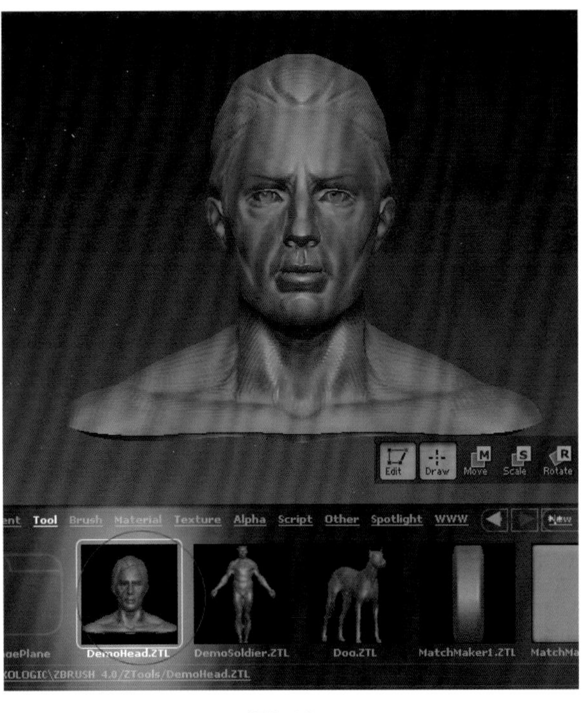


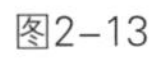

图2-13

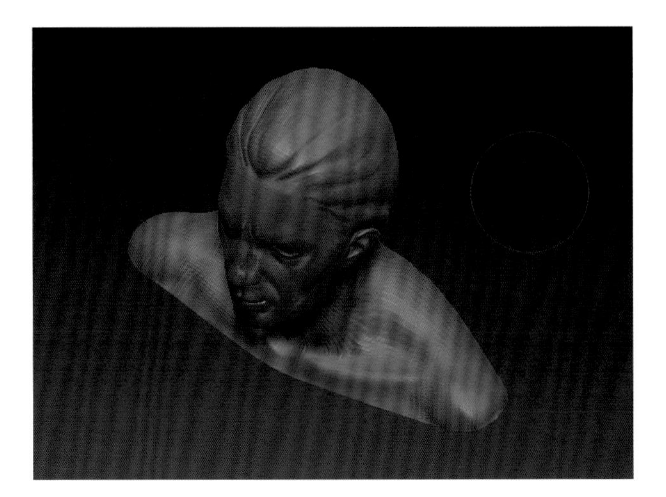

图2-14

**平移视图：**按住Alt键，并按住鼠标左键，在视图操作区的空白处进行拖动，即可对视图进行平移操作。平移视图如图

2-15所示。

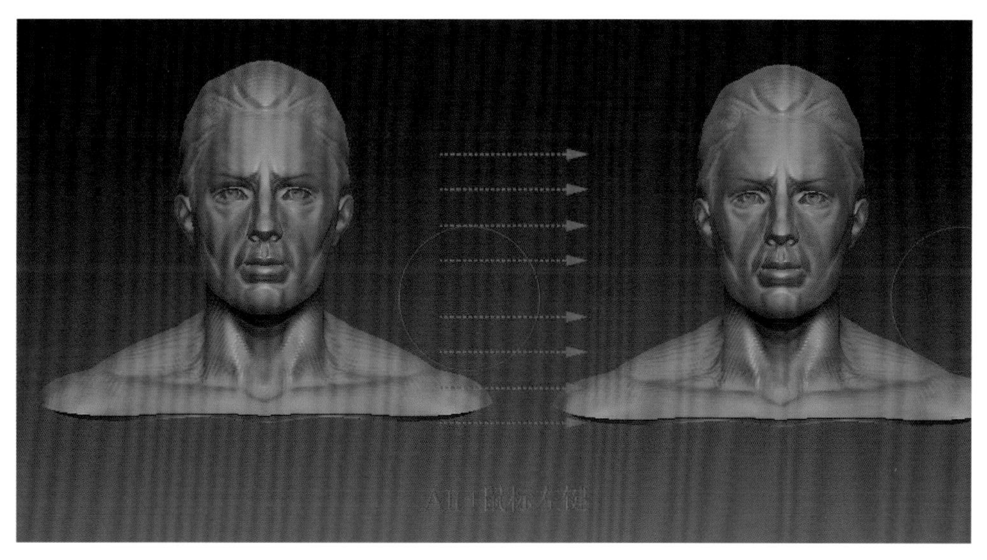

图2-15

**缩放视图：**在平移操作中，松开Alt键，拖动鼠标就可对视图进行缩放操作，如图2-16所示。

这几种类型的操作特别适合我们使用键盘配合数位板进行雕刻。

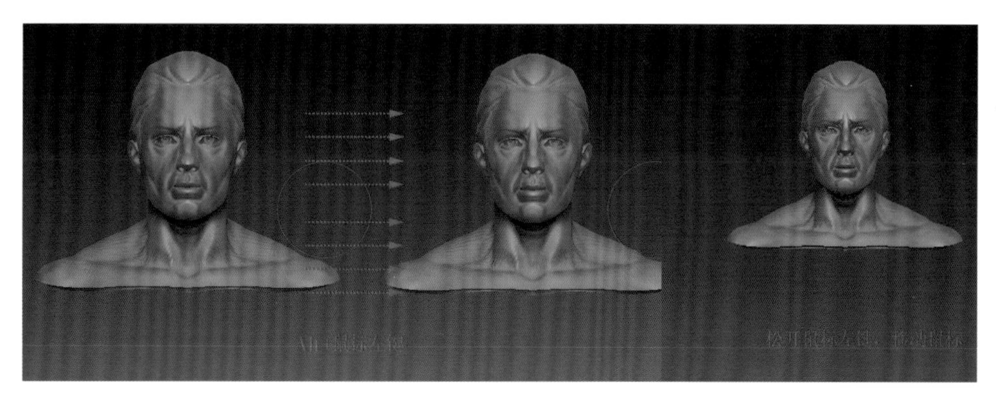

图2-16

## 2.3 左托盘概述

### 2.3.1 Brush（笔刷）

笔刷是ZBrush中必不可少的工具，在这一节，我们将从常用笔刷和笔刷修改两方面进行讲述。

单击左托盘的笔刷图标，弹出一个笔刷库，其中有很多常用笔刷。ZBrush的笔刷非常多，而且功能都很强大，很多初学者不知道该选择哪一个笔刷进行雕刻。其实我们只需掌握少数的几种笔刷即可，它们分别是Standard（标准笔刷）、Smooth（光滑笔刷）、Move（移动笔刷）、Clay（黏土笔刷）、ClayBuildup（增强黏土笔刷）、ClayTubes（黏土管笔刷），如图2-17所示。

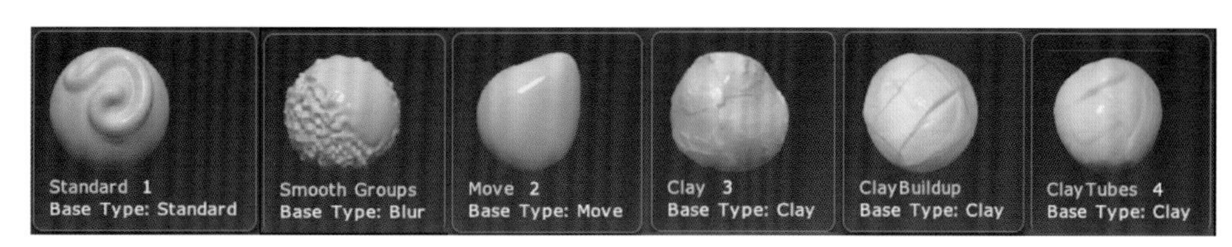


图2-17

**Standard（标准笔刷）：** 使用Standard进行雕刻时，我们可以塑造出截面为半椭圆形的凸起，如图2-18所示。

**Smooth（光滑笔刷）：** 在选择任何笔刷的情况下，按住Shift键，都会切换至Smooth，该笔刷可以使物体表面的形状进行融合，进而雕刻出较平滑的表面，如图2-19所示。

**Move（移动笔刷）：** Move和Standard不同，不能够对物体表面进行连续的形变，每一次只能对不大于笔刷大小的区域进行推拉操作，如图2-20所示，但Move在对形体进行调整时，有非常良好的表现。

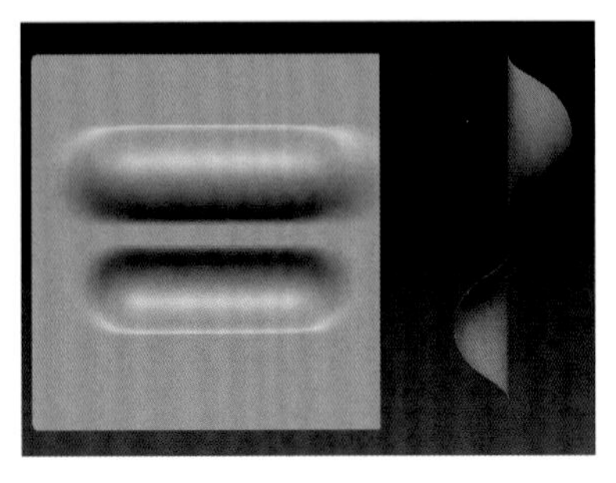

图2-18

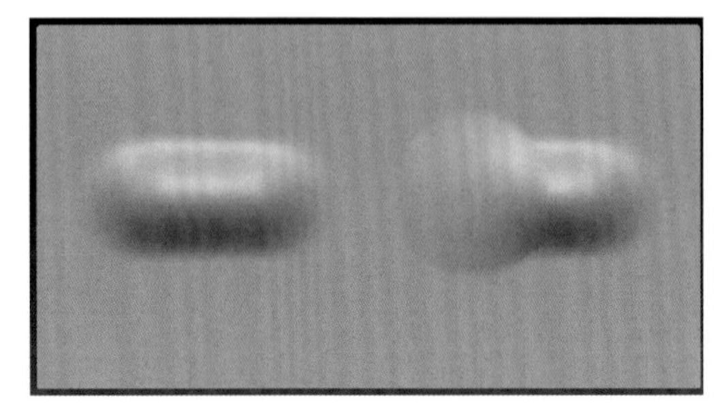

图2-19

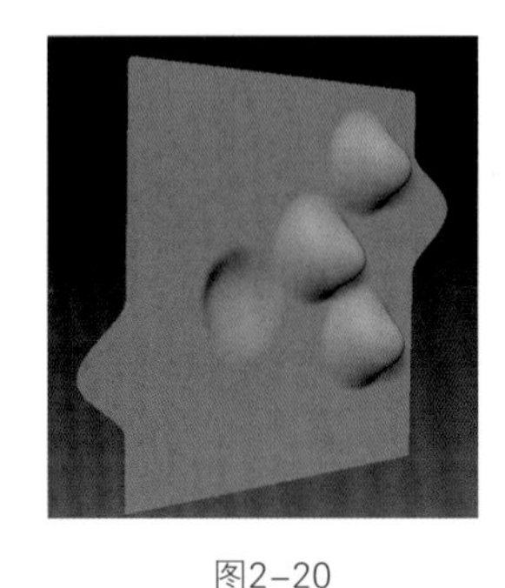

图2-20

**Clay（黏土笔刷）：** Clay与ClayTubes和ClayBuildup笔刷一样，属于黏土类型的笔刷，该种类型的笔刷雕刻起来感觉类似传统的泥塑，就像用泥巴一层一层地添加结构，它是应用最广泛的笔刷之一。

**ClayTubes（黏土管笔刷）：** 此笔刷可以作为Clay的变种笔刷，由于加载了方形的Alpha，因此在塑造形体的时候，边缘更清晰，而且更有层次感。

**ClayBuildup（增强黏土笔刷）：** 同ClayTubes笔刷相比，此笔刷更加细腻，凸起程度也更高。不同的是，Clay和ClayTubes在雕刻时会使形体产生平坦的凸起，但是ClayBuildup会产生边界较为锐利且表面为弧状的凸起。

以上后3种笔刷所雕刻的效果如图2-21所示。

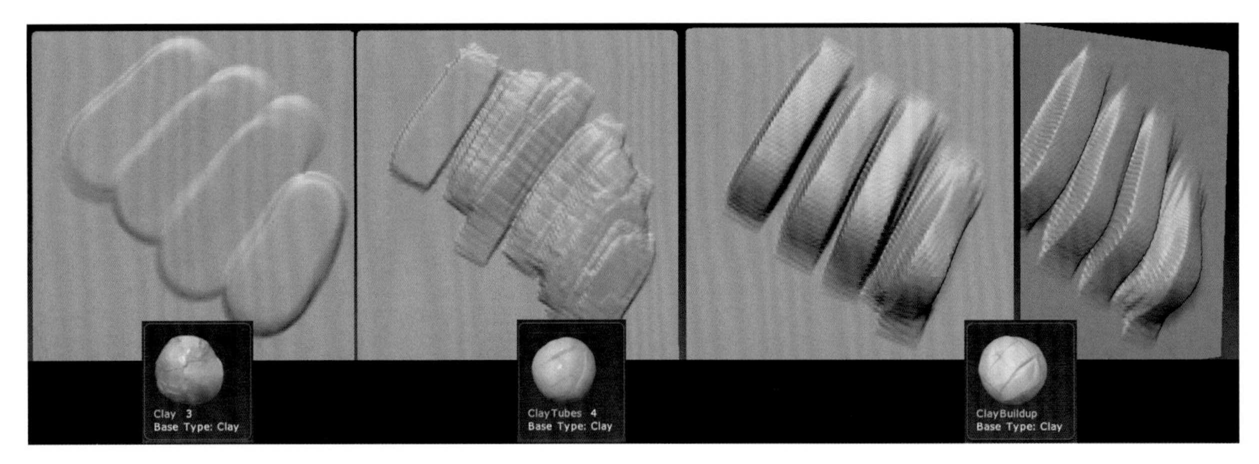


图2-21

常用的笔刷就介绍到这里，现在给大家一个小提示，即使一个艺术家只会使用Standard，也能创造出精美的雕刻作品。软件只是辅助性的，大家只需要先了解基本的笔刷即可，更加重要的是了解人体、了解雕塑。

下面我们来介绍笔刷的属性栏。在笔刷的属性栏当中，我们最先应该了解的是Zadd和Zsub两个按钮。当激活Zadd按钮时，我们雕刻的形体向屏幕外突出，如图2-22左侧形体所示；当激活Zsub时，我们雕刻的形体向屏幕内凹陷，如图2-22右侧形体所示。如果在激活Zadd按钮时，雕刻的形体是凹陷的，那么检查一下数位笔，是不是拿反了。在Zadd或者Zsub按钮的状态下，按Alt键，都会切换到相反状态。

在Zadd和Zsub按钮下方是调节画笔强度的Z Intensity，不同的强度值雕刻出的高度不同，值越大，雕刻出的高度越高，如图2-23所示。

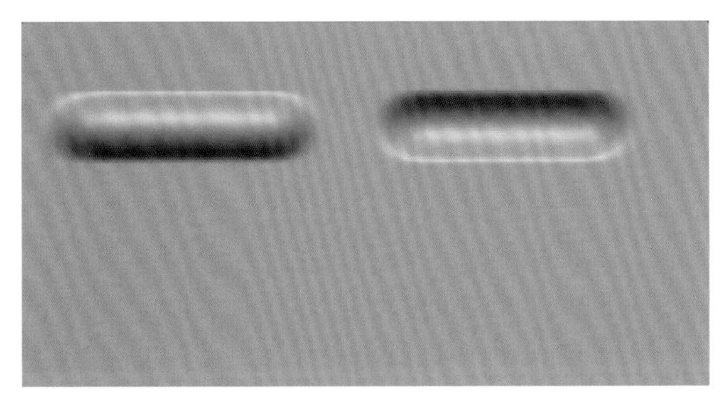

图2-22

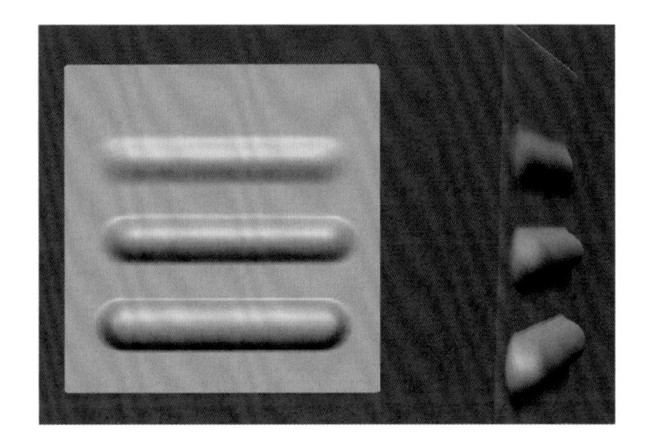

图2-23

Focal Shift的值决定画笔的硬度，值越小，画笔的硬度值越高，雕刻的边缘越清晰，如图2-24所示。

Draw Size的值决定笔刷的大小，值越大，笔刷越大，其快捷键是键盘上的大小方括号。

按空格键会出现一个浮动的快捷面板，我们可以通过此快捷面板，快速修改笔刷属性，如图2-25所示。

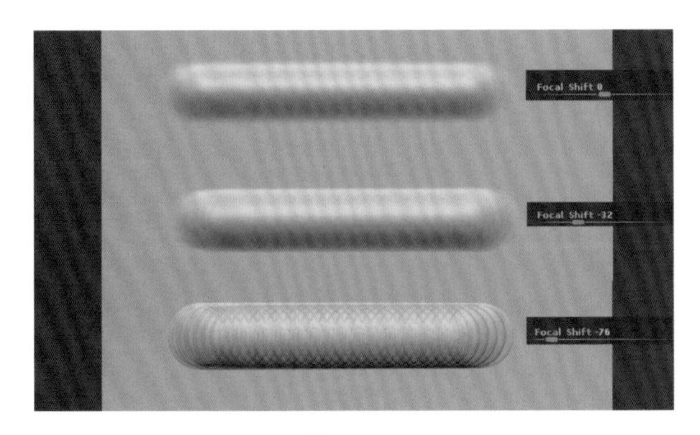


图2-24

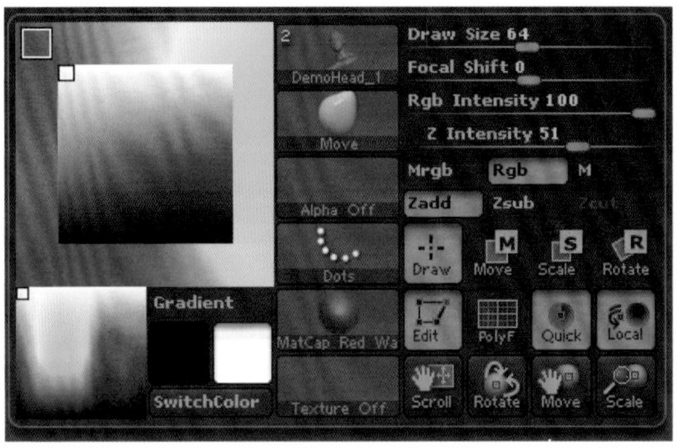

图2-25

另外，快捷键O对应Focal Shift，U对应Z Intensity，S对应Draw Size，如图2-26所示。

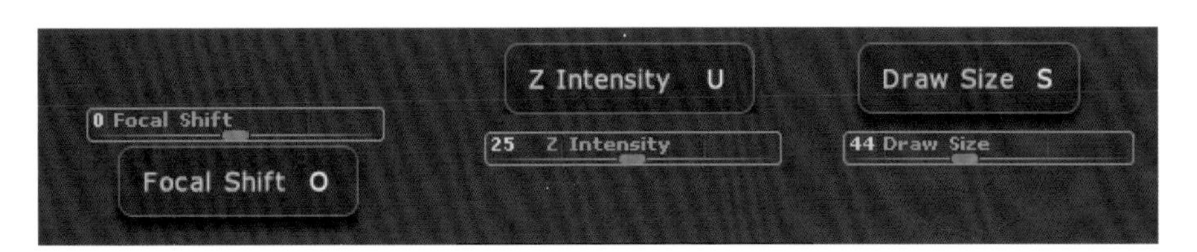


图2-26

Mrgb、Rgb和M按钮是在物体上绘制顶点色或材质的时候需要应用的，对应的强度调节是它们下方的Rgb Intensity按钮。在物体上绘制顶点色或者材质的时候，需要将Zadd关闭，如图2-27所示。

图2-27

## 2.3.2 Stroke（笔画）

单击Stroke图标，我们会发现有很多的笔画。在使用ZBrush时，不同的笔画设置可以使同一画笔产生不同的雕刻效果。在三维雕刻中，较为重要的笔画有3种，即DragRect、Spray和DragDot。其中，DragRect能够以拖动的方式，在物体表面进行雕刻，如果配合Alpha，就能够产生较好的效果；而Spray，顾名思义，能制作喷溅的效果，此笔画在制作人物皮肤的粗糙感、岩石表面和动物皮肤表面等，也有非常良好的表现；DragDot与DrageRect类似，不同的是，使用DragDot每次都能雕刻出一样大小的形体，形体的大小由画笔大小决定，而装载DrageRect的画笔，在拖曳时会改变雕刻出的形体的大小。这几种笔刷的雕刻效果如图2-28所示。

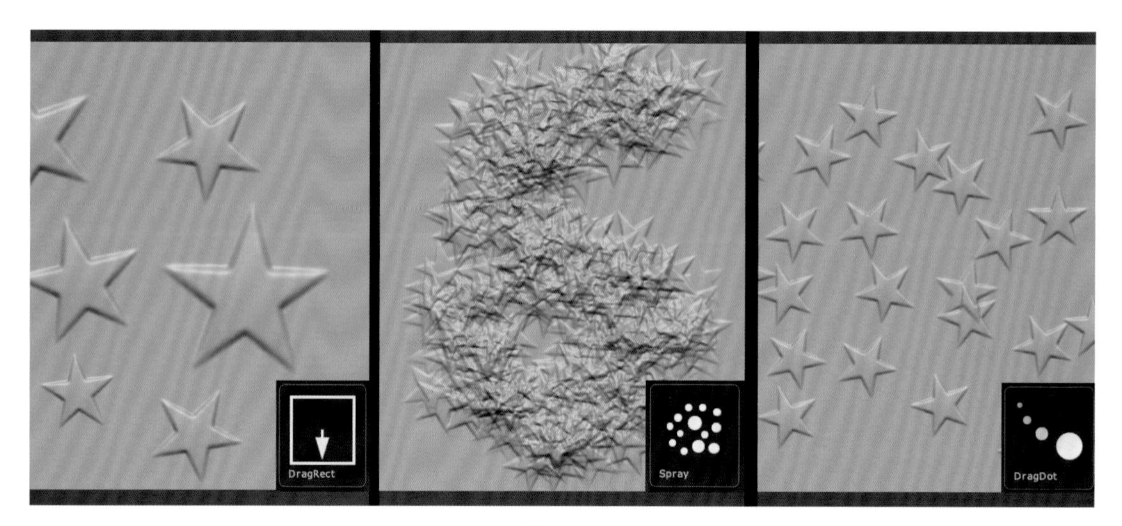

图2-28

## 2.3.3 Alpha

对于笔刷来说，Alpha更像是一个蒙版。在蒙版的白色部分，笔刷可以起到雕刻的作用；而在蒙版的黑色部分，笔刷的雕刻作用失效。所以，对于画笔来说，Alpha非常重要。图2-29所示是装载不同Alpha时，使用Standard在FreeHand和在DragRect下雕刻的效果。

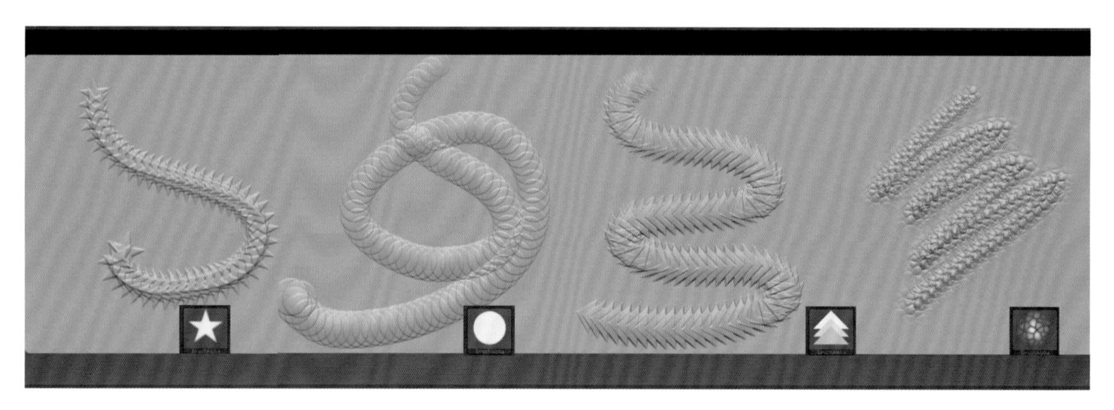
图2-29

## 2.3.4 Material（材质）

材质对于雕刻来讲并不十分重要，但不同的材质依然可以让我们的作品变得丰富多彩，比如图2-30中的黄色的车漆材质、黑色的金属材质和白色的粉笔材质。

图2-30

我在雕刻当中较常用的只有两种材质，一种是MatCap Gray，另一种是Flat Color。前一种材质主要是在雕刻中观察形体和结构的时候使用的，后一种是在观察形体剪影效果时以及制作参考模板时使用的，如图2-31所示。在ZBrush中替换材质的时候，只需单击我们想要的材质即可，非常方便。

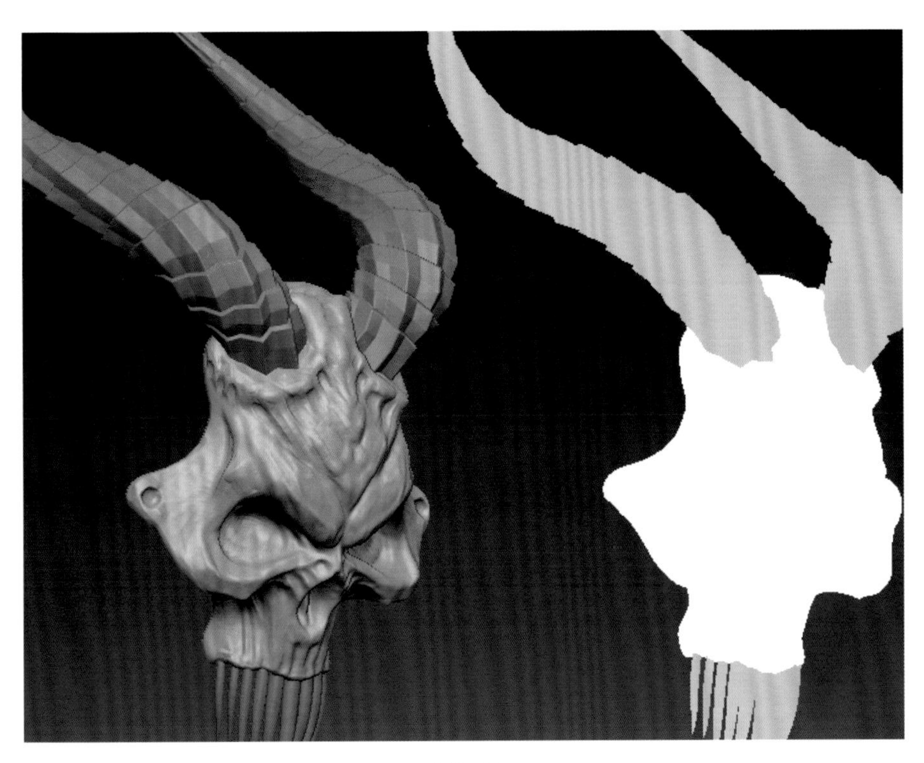

图2-31

### 2.3.5 Gradient Color（渐变色）

渐变色可以调整当前材质的颜色，如图2-32所示。在进行顶点着色时，渐变色非常有用，相当于Photoshop的色板。

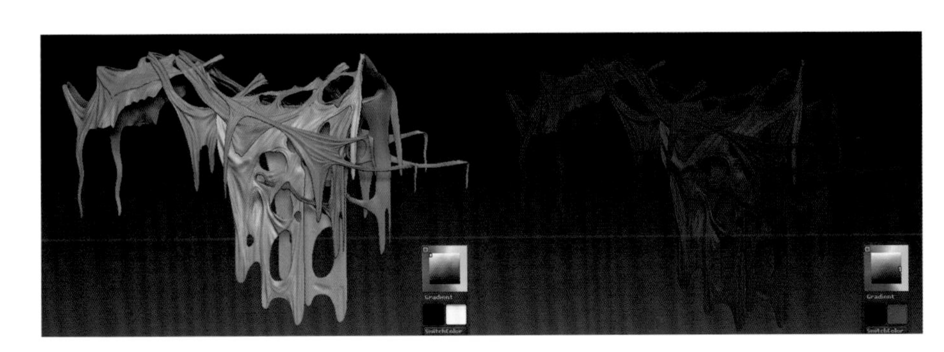

图2-32

## 2.4 视图操纵工具概述

在视图操作区右侧是快捷操作工具按钮，主要针对视图和画布的显示和操控，对这些按钮的学习可以按照组别进行。

### 2.4.1 画布操控按钮

在ZBrush中，可以使用Scroll按钮对画布进行平移，使用Zoom按钮对画布进行缩放，具体的使用方法是在相应的按钮上按住鼠标左键，然后拖曳鼠标，如图2-33所示。当我们想恢复画布原有大小的时候，用鼠标左键单击Actual按钮即可，而单击AAHalf按钮则可以将画布缩小为原来的二分之一，如图2-34所示。

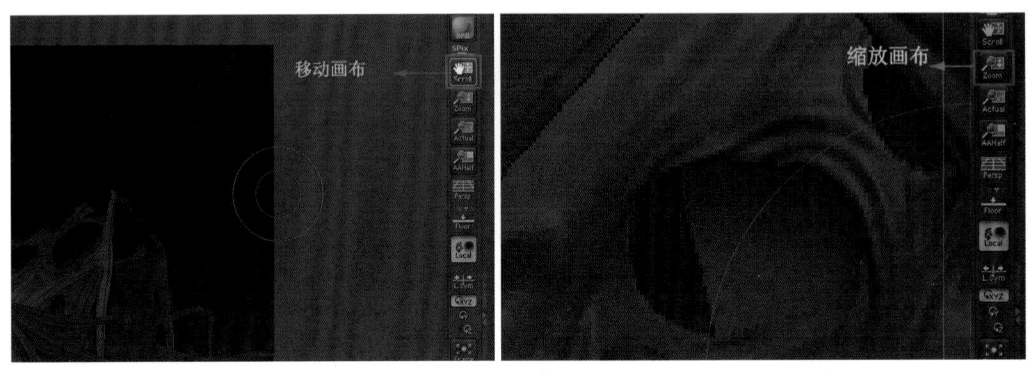

图2-33

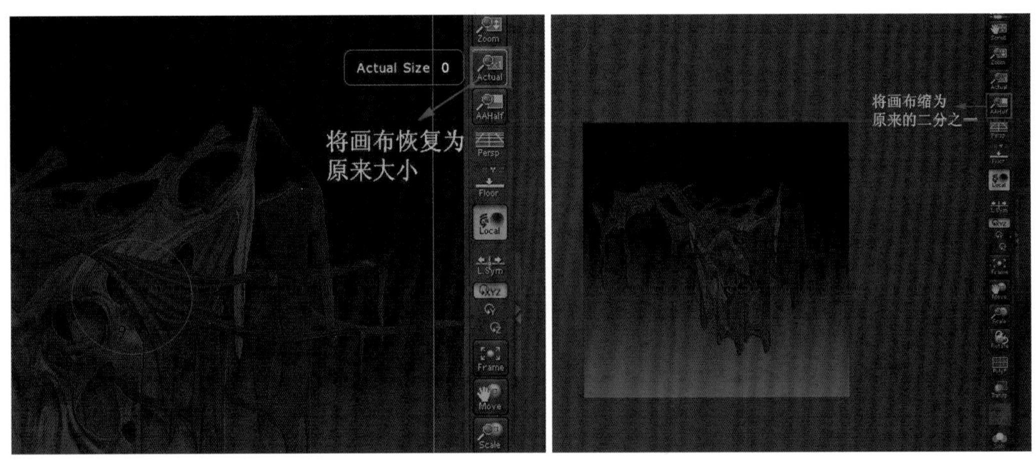

图2-34

## 2.4.2 视图操控按钮

通过使用Move、Scale和Rotate按钮，可以完成对视图的平移、缩放和旋转。注意，这几个按钮的名称虽然与物体编辑按钮的名称一样，但功能不同。视图操控按钮的使用方法与画布操控按钮一致。

## 2.4.3 其他按钮

Persp按钮可以切换透视和非透视视角，其下的Floor按钮可以显示网格平面，此网格平面可以显示ZBrush空间中的$x$、$y$、$z$的正半轴，便于雕刻者识别，如图2-35所示。

图2-35

Local按钮比较重要。在旋转视图的时候，默认的旋转中心是在ZBrush空间中的$x$=0、$y$=0、$z$=0的原点。如果物体并不在原点，且Local按钮未被激活，而旋转视图中心依然在坐标原点，就会造成观察的困难，如图2-36所示。

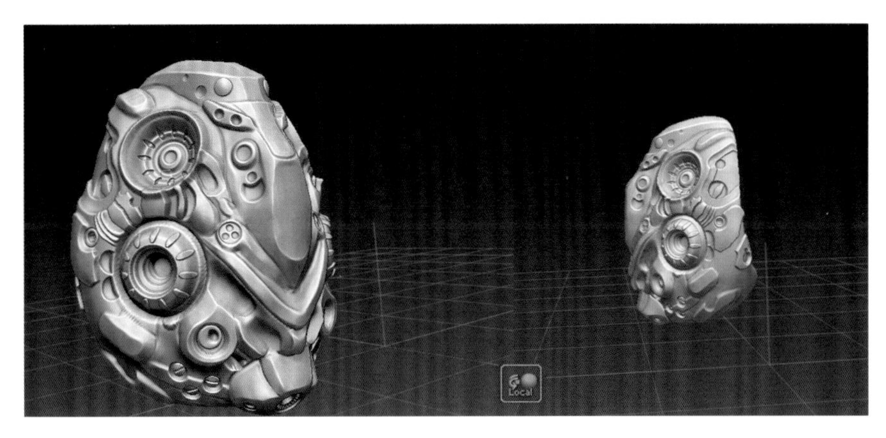


图2-36

激活Local按钮后，视图旋转的中心就是已经编辑的物体的中心，这样我们就可以方便地对物体进行观察和雕刻了，如图2-37所示。

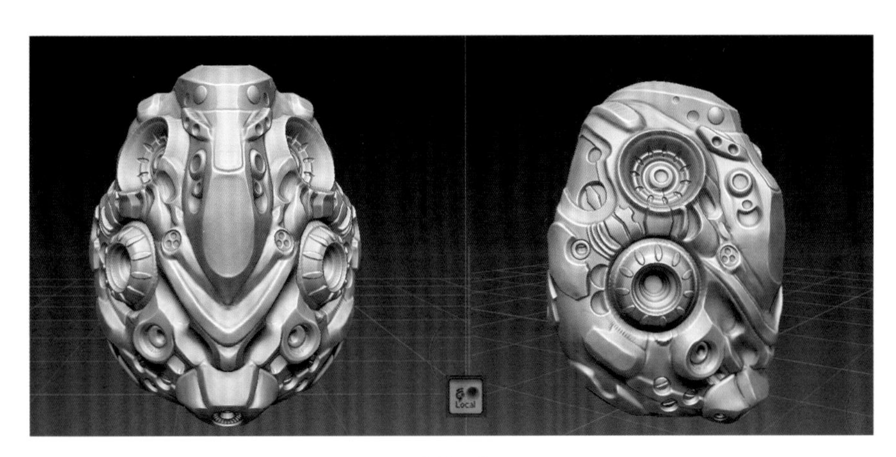


图2-37

LocalSymmetry按钮也非常重要，在物体位于任何一个单一坐标为0的点时，我们都可以按照该坐标对其进行对称雕刻。如果物体处于一个任意坐标都不为0的点时，如LocalSymmetry按钮未被激活，那么即使这个物体本身的结构是按照某个轴对称的，我们依然不能对其进行对称雕刻，只有开启LocalSymmetry按钮后，才能对其按照自身的对称轴进行雕刻，如图2-38所示。

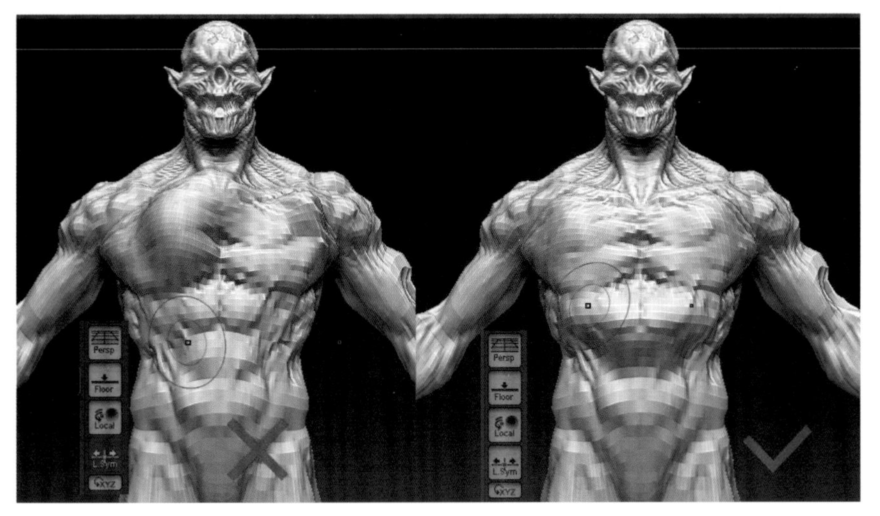


图2-38

第2章 ZBrush 4.0软件基础

Frame按钮可以将所选物体最大化显示，快捷键为F。PolyF按钮可以切换物体表面的网格显示，对雕刻也比较重要，如图2-39所示。

图2-39

激活Transp按钮，可以使除当前选择物体以外的所有物体都变为半透明显示，而其下方的Ghost按钮可以使这种显示类型在普通显示和类似x光显示之间切换，如图2-40所示。

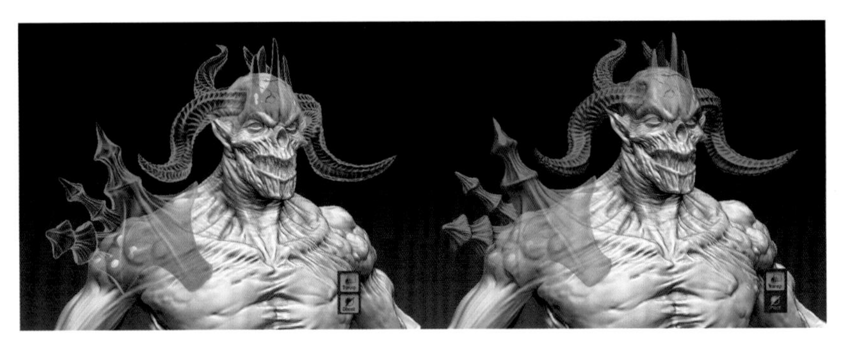

图2-40

Solo按钮可以使当前选择物体独立显示，也就是说，无论当前SubTool面板中有多少个物体，单击Solo按钮后也只显示当前选择的物体。

Xpose按钮是个有意思的按钮，当我们有一个由许多部件构成的物体时，单击Xpose按钮，会将各个部件独立拆开显示，再次单击Xpose按钮会回到原来的状态，如图2-41所示。

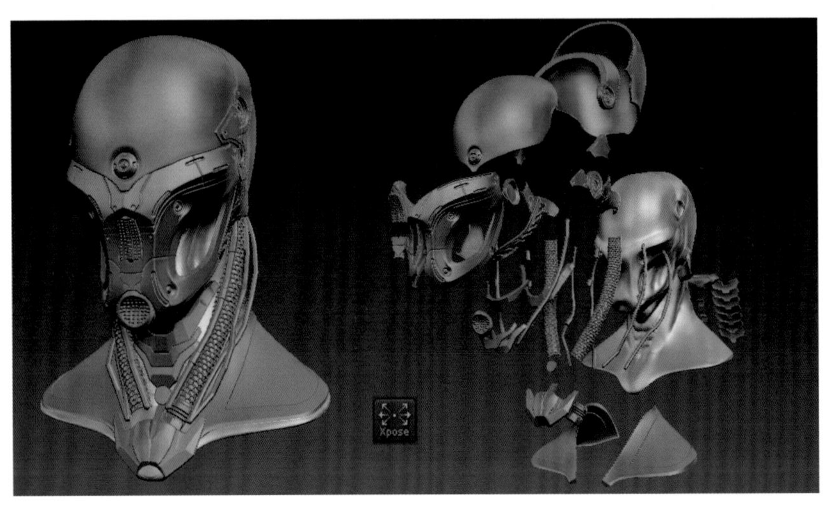


图2-41

## 2.5 Tool面板概述

Tool面板可以说是ZBrush当中最重要的面板，我们大部分的雕刻作业在视图操作区和Tool面板中进行，其知识量非常大，在此只做概述，具体应用请大家跟着视频文件逐级学习。

在Tool面板的最上方，是文件处理区域，在ZBrush中，打开和保存文件都在这里完成。其中，Load Tool按钮可以将保存的.ZTL文件载入（ZBrush软件保存的默认三维文件为.ZTL文件），Save As按钮是保存.ZTL文件的按钮，Import按钮可以导入包括“GoZ”“obj”“ma”3种类型的文件，而Export可以导出包含.obj在内的多种类型的文件，如图2-42所示。

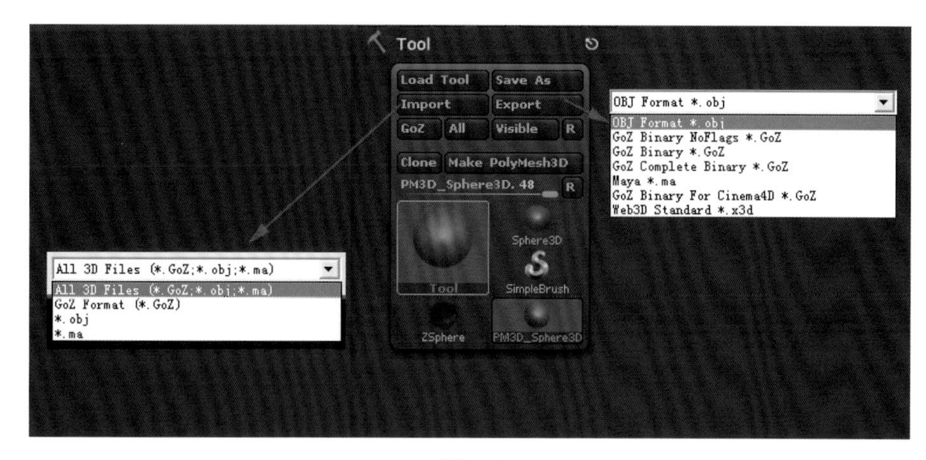


图2-42

在2.5D的绘制阶段，Tool面板非常简单，因为对于2.5D的绘制，并不需要太多的功能，所以针对3D物体编辑的功能被隐藏。当载入.ZTL文件的时候，进入编辑模式，会出现一系列很重要的子面板，如图2-43所示。我们优先介绍其中的SubTool子面板。

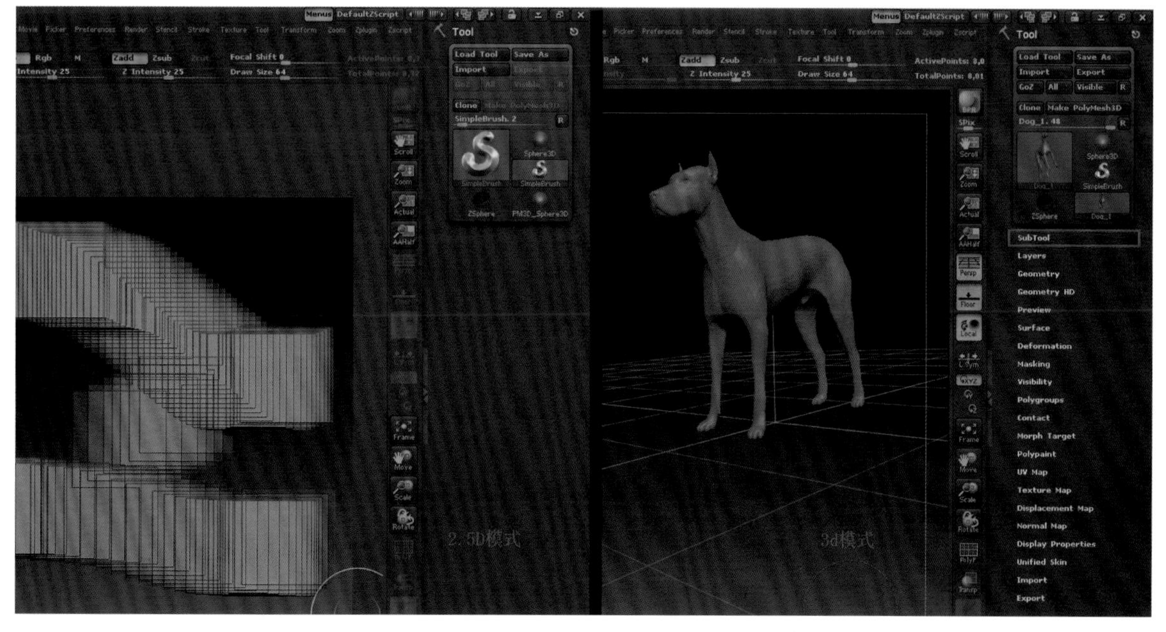


图2-43

SubTool子面板是Tool面板中的重要面板，在ZBrush中，一次只能对一个物体进行雕刻。如果整个形体由多个单独个体组成，就需要将这些单独的个体加载到SubTool中，如图2-44所示。

Geometry子面板（几何体子面板）是Tool面板当中最重要的子面板。在ZBrush中，物体可以被细分成很多级别，在每一级别中，我们都可以雕刻形体，这样就可以将不同的体块和细节存储在对应的级别中，如图2-44所示，单击

Divide按钮就可以将物体进行细分，其快捷键为Ctrl+D。在Geometry子面板的最上面有两个按钮，分别是Lower Res和Higher Res按钮，其作用相当于拖动其下的SDiv滑杆对物体级别进行切换，Lower Res用于切换低级别，其快捷键为Shift+D；而Higher Res用于切换高级别，其快捷键为D。切换的效果如图2-45所示。

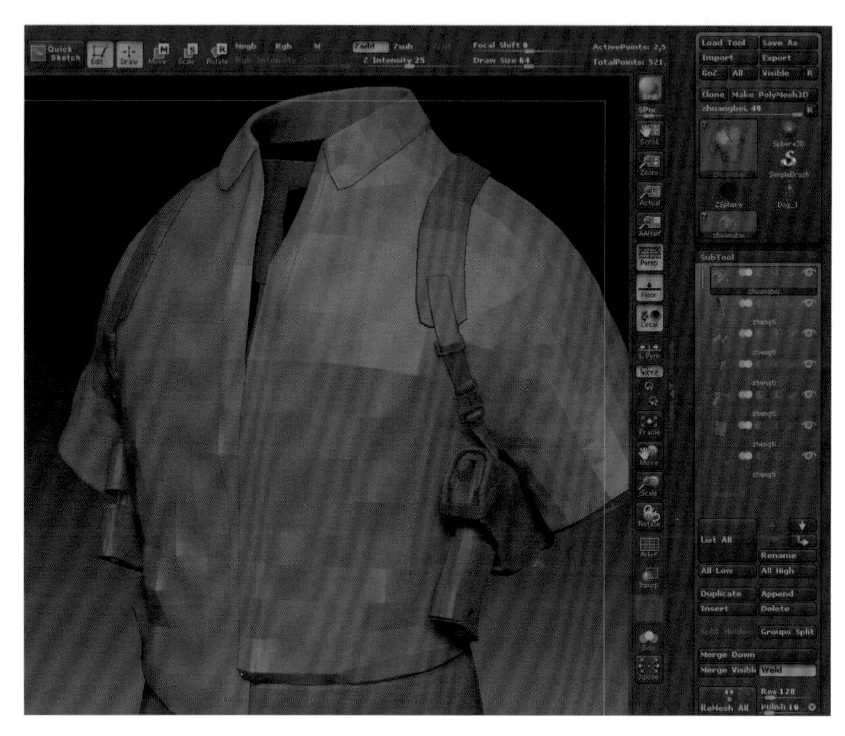

图2-44

图2-45

其他按钮的功能会随着学习的深入而逐步讲解到，大家也可以参考第1章的基础视频教程进行学习。在Tool面板当中还有Deformation、Masking和PolyGroup等子面板，我们将在后面的学习中逐步深入。

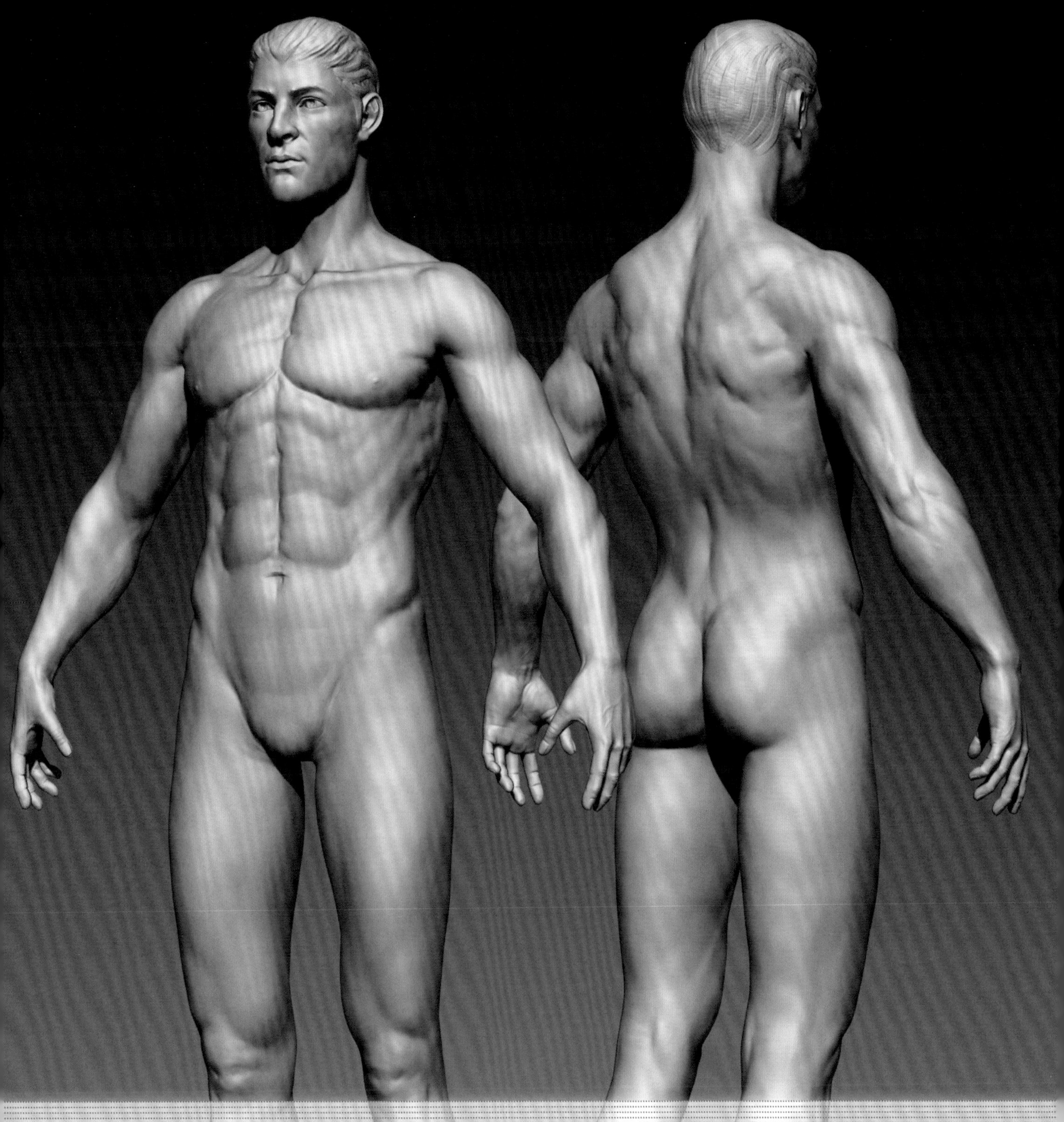

# 第3章 男性人体雕刻

这一章我们主要学习如何雕刻男性人体。雕刻使用的是一种由内而外、由骨骼到肌肉、最后到表皮的手法。第一步，我们先雕刻人体骨架，这样有助于初学者专注于人体比例的研究，以及为之后的肌肉雕刻确定附着点和走势。第二步，在骨骼的基础上雕刻肌肉，让人们对于肌肉的形态以及肌肉的起点和终点有清晰、直观的认识。除头、手、足以外，人体外形大部分靠肌肉形态决定，所以当大家完成在骨骼基础上对肌肉塑造的时候，就会对人体的形态有一个初步的认识。第三步，在肌肉的表面添加脂肪及表皮，使形体变得优美而自然。

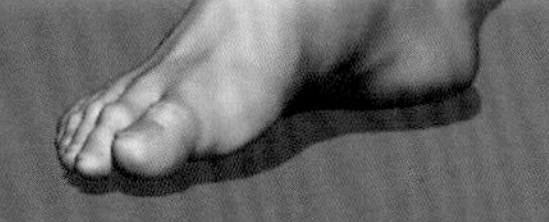
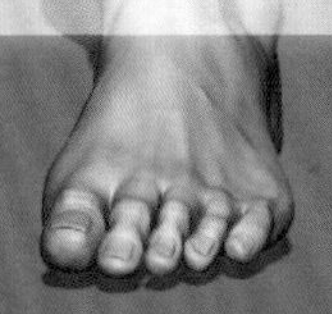
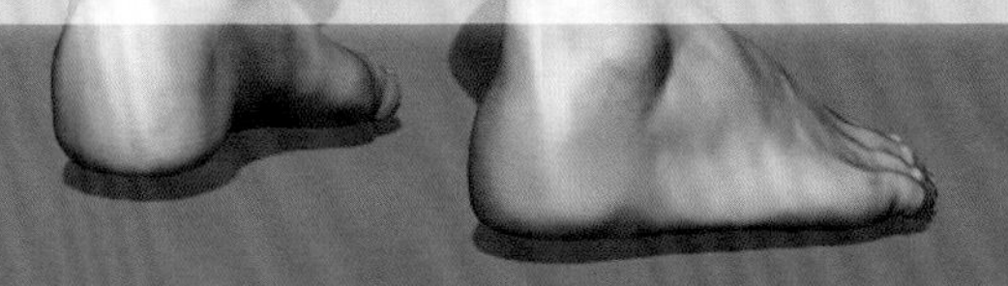

# 3.1 雕刻骨骼基本形体

## 3.1.1 导入基本模型并粗雕骨骼

### 1. 导入基本模型

在Max中所创建的只是一个比较粗糙的模型，之后的雕塑过程中，我们还要修改它的比例。

开启ZBrush 4.0，单击Import（导入）生成我们需要的粗模，接着单击Edit（编辑）进入编辑模式，单击菜单栏当中的Zplugin（Z插件）。在弹出的菜单中，单击SubTool Master（次工具大师），然后单击左侧的SubTool Master按钮，单击Muti Append按钮，在配套资源中将名为plane.obj的文件加载进来。这样就在SubTool中有两个模型，可以随时打开参考平面调整比例，如图3-1所示。

调整好人体比例，并且粗略雕刻出人体骨架的基本形体。全身比例的正确与否，直接关系到最终雕刻质量的好坏。

观察粗模和参考线，回顾一下人体比例。8头身的人体，裆部位于整个身高的1/2处，膝盖处位于第6个头高处，小腿中段位于第7个头高处，如图3-2所示。

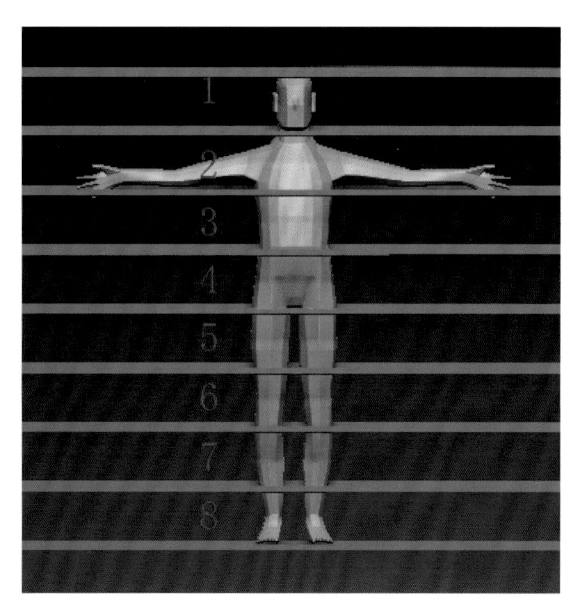


图3-1

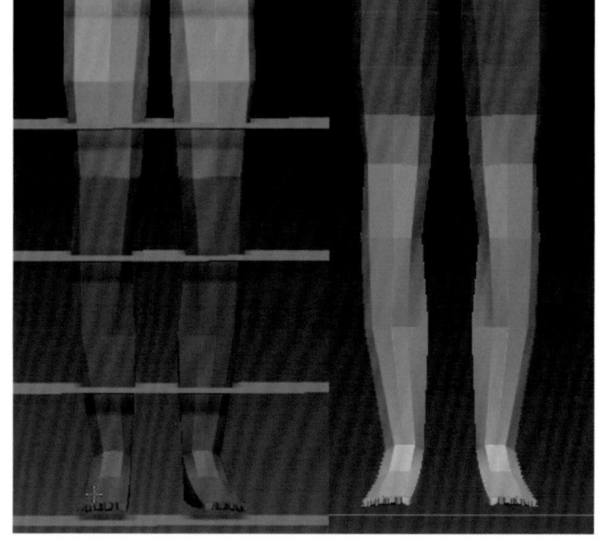

图3-2

根据参考平面，我们发现小腿部有些短。按X键激活对称，为小腿部分绘制蒙版，然后反选蒙版，使小腿部分可以编辑。按W键或者单击Move按钮，从膝盖至脚踝拉一条调整线，通过移动调整线的中部内圈来调整小腿长度，直到足底贴住最后一个参考平面，如图3-3所示。

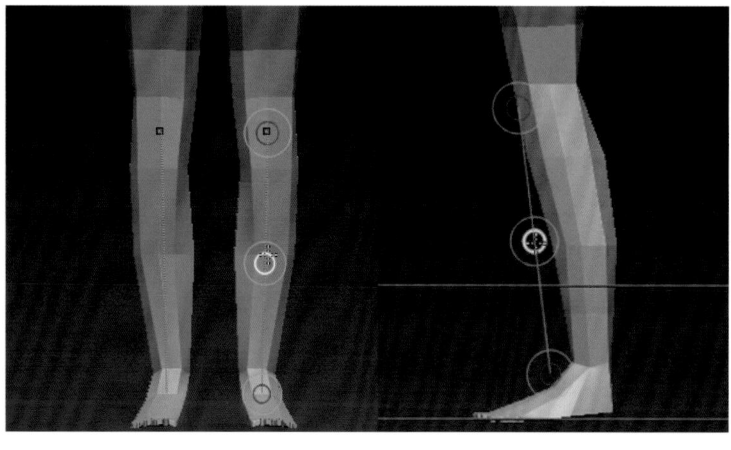

图3-3

**2. 设置快捷键**

在粗雕人体骨架之前，我们需要做一些准备，最重要的就是设置笔刷的快捷键。单击载入预设界面按钮，将界面转化为雕刻界面，观察界面底部的笔刷快捷图标。常用的笔刷基本都在这里。现在我们要设置4个笔刷，分别为Standard（标准笔刷）、Move（移动笔刷）、Clay（黏土笔刷）和ClayTubes（黏土管笔刷），按住Ctrl+Alt组合键，单击Standard，在菜单栏之下会有图3-4所示的英文提示。

图3-4

英文提示的意思是按任意键定义快捷键，或者按Esc键取消定义，或者按Delect键取消之前对这个工具定义的快捷键。

根据习惯，此处将Standard设置为1，Move设置为2，Clay设置为3，ClayTubes笔刷设置为4。

**3. 粗雕人体骨骼**

人体骨骼的基本形体决定了肌肉附着的位置，而不同骨骼的位置关系又确定了肌肉的走势，所以，骨骼的位置和基本形体对于雕刻至关重要。

1 我们将模型细分至7级，然后降至3级，这样做的目的在于，有的人在雕刻模型时边细分、边雕刻，这样做会造成信息的反复写入。本来可以细分到7级的模型，最后只能细分至5级或6级，到最后损失细节。而直接细分至最高级，再降至低级雕刻，一方面可以保留最高级的面数，便于进行细节塑造；另一方面，由低到高的雕刻方式可以在第一时间将注意力放在雕刻整体形状上，这样能保证模型由大形体到细节的雕刻顺利完成，如图3-5所示。

图3-5

2 降至3级以后，我们从最大的胸廓开始，用Clay并按住Alt键，使笔刷向内雕刻，用Clay沿较方的棱线逐步将形体切削成较圆的形体，然后从胸廓向下至髋部，如图3-6所示。使用同样的方法，整个躯干部分就会被切削得较为圆润、光滑，如图3-7所示。

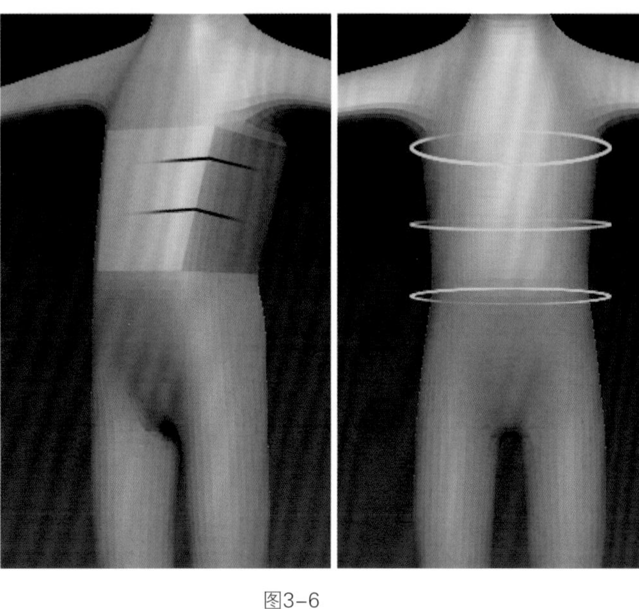

图3-6

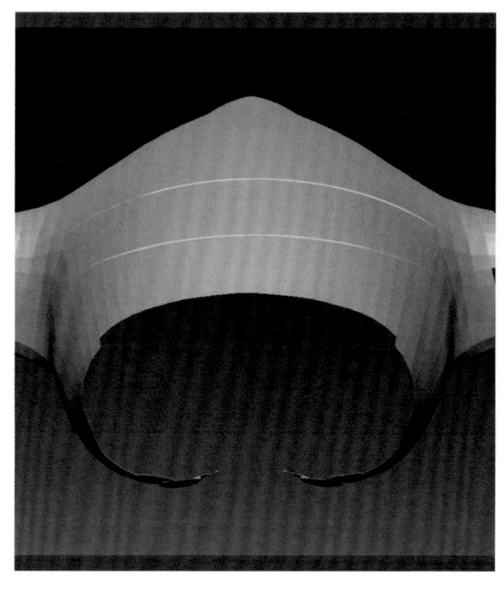

图3-7

3 粗雕头骨基本型。为了方便观察，我们将其他部分隐藏掉。然后，将头部塑造成一个椭球体，如图3-8所示。

**注意：** *耳朵部位为了以后方便雕刻而加的环线，我们需使用Smooth来完成，可以将环线变得均匀。*

4 使用Clay塑造较细的颈椎骨，然后塑造大臂、小臂及肘关节。此处雕刻的手法和雕刻头部大致一样，不再赘述，而要注意的是肘关节的形态，从人体前面看，肘关节比较膨大，从后面看，可以看到明显方硬的尺骨鹰嘴的凸起，如图3-9所示。

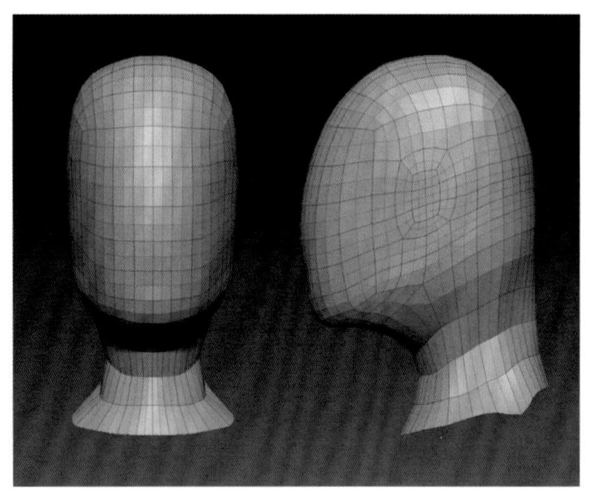

图3-8

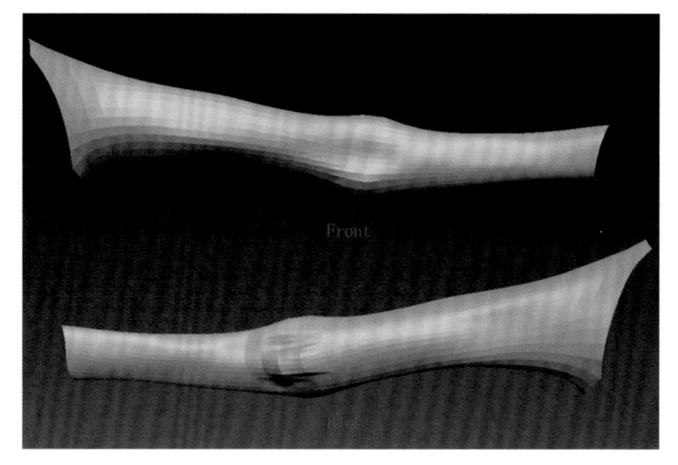


图3-9

5 粗雕胸廓。打开参考图，会看到胸骨的下端位于第2个头高位置稍向下的部分，而胸廓的拱形尖顶正好在这个位置。用Clay沿肋弓缘雕刻出胸廓下延，注意前后衔接，从前到后是一条曲线，如图3-10所示。

6 雕刻胸廓基本型的时候，要注意胸廓前面和后面造型的不同。前面的胸廓造型圆润，自上而下是一条弧线；而后面的胸廓，自上而下看是一个折扇形，如图3-11所示。

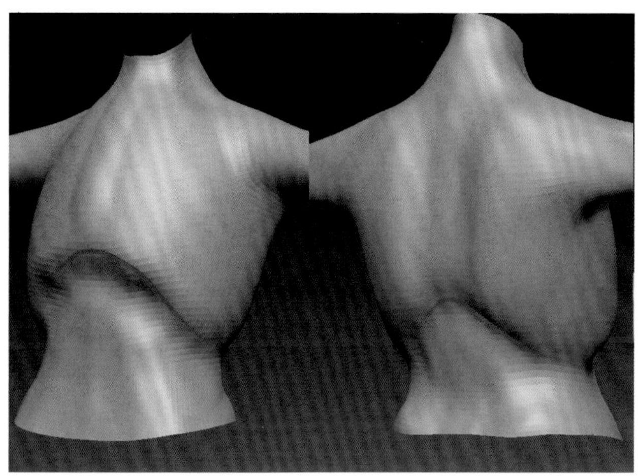

图3-10

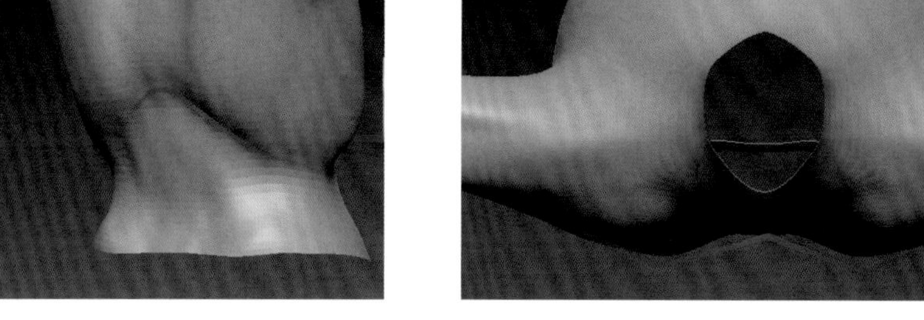

图3-11

7 胸廓的大体雕刻完毕以后，我们继续向下雕刻骨盆。骨盆的造型是个倾斜的盆形，先雕刻骨盆的上沿，沿腰部向腹股沟及后背延伸，定好边界。注意髂前上棘、耻骨联合和骶骨三角形的位置和形态，如图3-12所示。

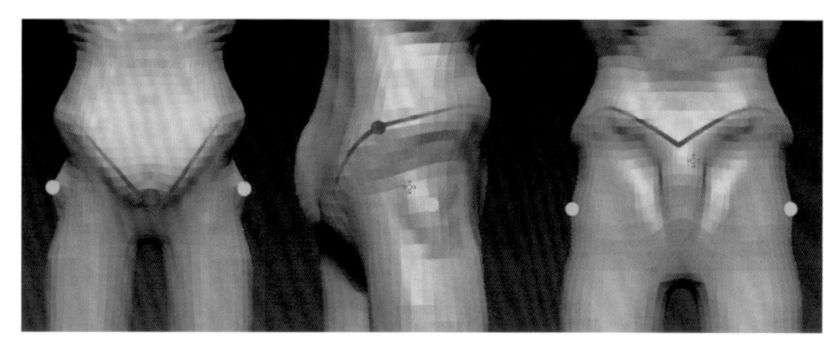

图3-12

8 接下来我们塑造一个凸起，这就是我们常说的股骨头。股骨头的一端连接骨盆，另外一端连接大腿骨。因为是基本形体雕刻，所以可以雕刻得比较粗略，这一阶段主要是定位和基本的塑形。往下我们继续雕刻大腿骨、小腿骨及膝关节，其局部如图3-13所示。

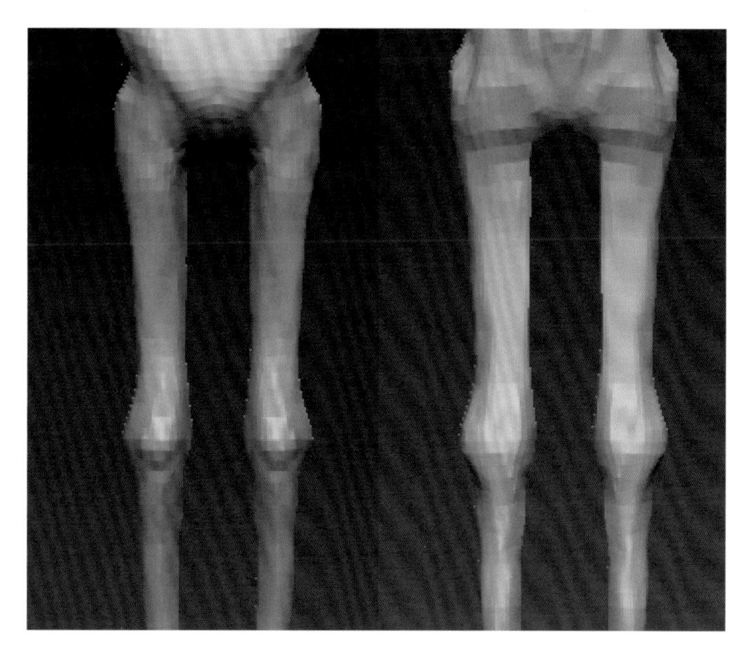

图3-13

由骨骼到肌肉的雕刻方法可以使我们深入地了解人体的表面和内在肌肉骨骼的关系，这样做也可以准确地掌握形体。这次我们雕刻的是一个健壮的肌肉男，肌肉的轮廓清晰，便于我们掌握。

## 3.1.2 雕刻骨骼结构

### 1. 雕刻头骨的基本结构

人体头部肌肉多为控制表情和咀嚼的肌肉，所以较薄，头部的特征多是由头骨的比例和骨点决定的。头骨的外形决定了一个人的面部和颅部的特征。

1 在上一章的骨骼和肌肉概述当中，我们已经讲解了头骨的基本型，不再赘述。在此我们先将除头部以外的其他形体隐藏，使用Move调整大形，如图3-14所示。

2 用Standard在面部定好比例。注意，虽然我们雕刻的是头骨，但仍然可以按照“三庭五眼”的比例雕刻面颅造型。按住Alt键在头部水平分线的位置定好眼洞的位置，然后向下定出鼻骨下沿的位置，如图3-15所示。

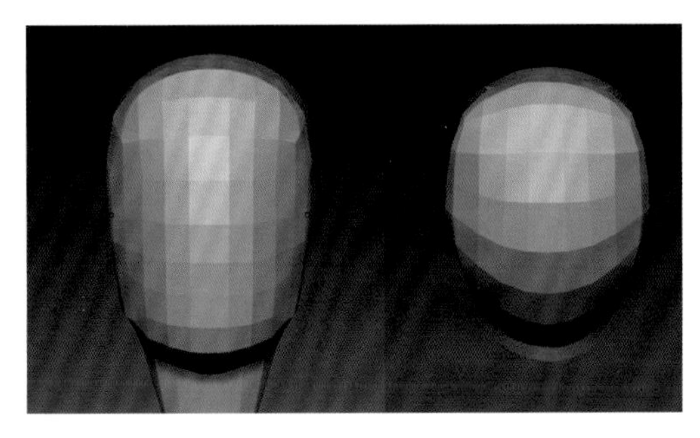

图3-14

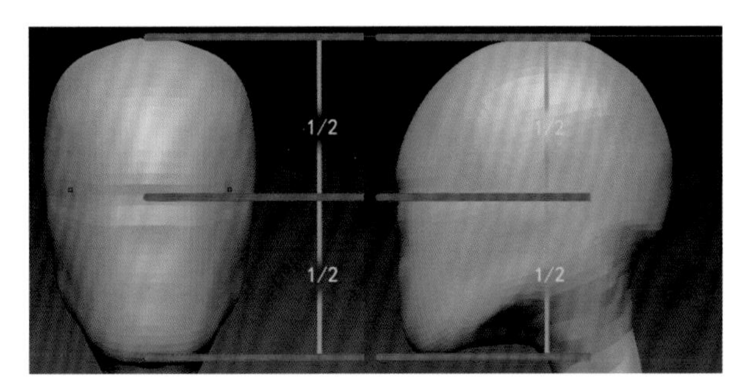


图3-15

3 按住Alt键使用Standard绘制出眼窝和鼻骨的凹陷。注意，眼窝的中心水平连线就是整个头骨的中心水平线，鼻骨与眼窝的过渡是一条曲线，如图3-16所示。

4 在眼窝的上沿是眉弓部分，眉弓的一部分向内嵌入眼窝，而眉弓的眉间部分突出。在塑造过程中，反复使用Move调整眼眶及鼻骨的位置，如图3-17所示。

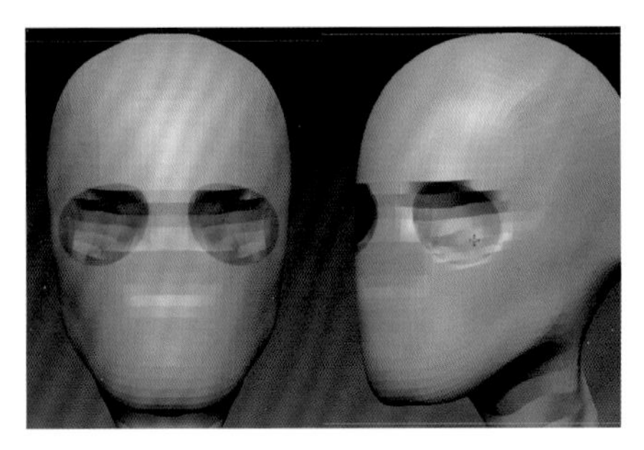

图3-16

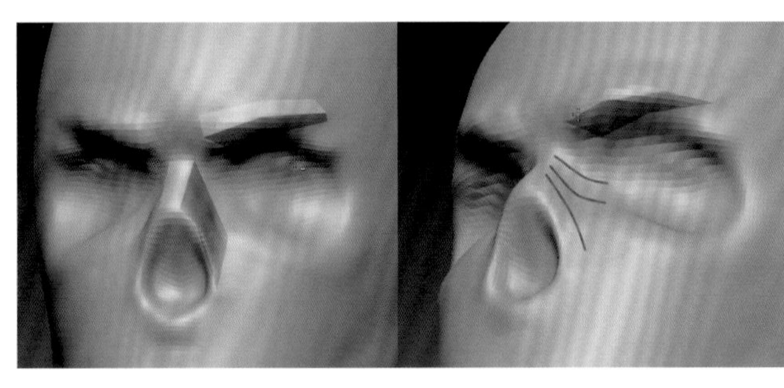

图3-17

5 从头部侧面至眼窝侧面塑造颞骨。从鼻骨侧面、眼窝以下到侧面的耳洞位置以及眼窝侧面3个区域用Clay塑造颧骨，如图3-18所示。

6 利用蒙版工具沿着颞线和颧骨侧面的上沿绘制出一个卵形区域，反选之后使用Move向内移动，如图3-19所示。

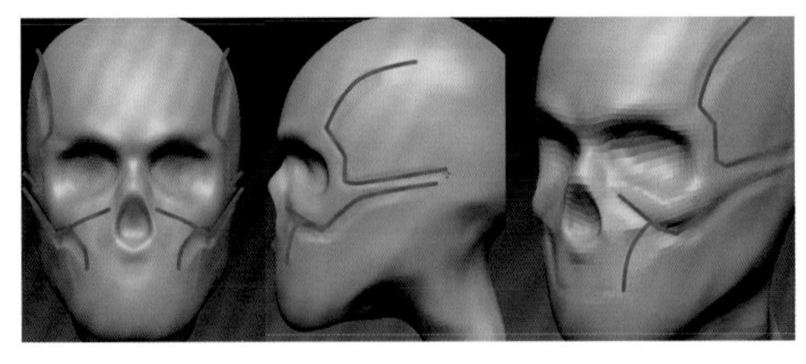

图3-18

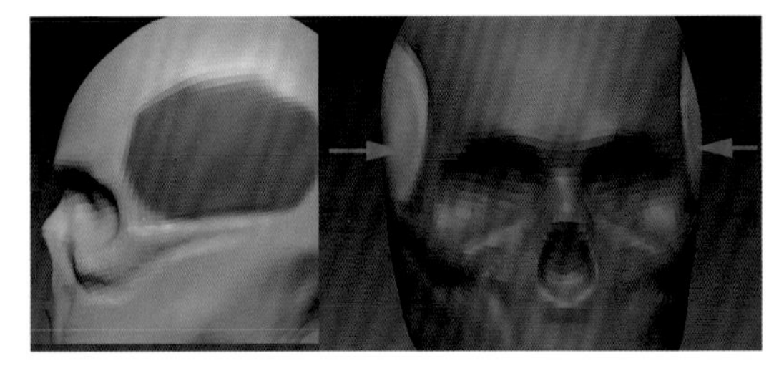

图3-19

7 按住Alt键用Clay雕刻颞线和颧骨上沿，使其结构更加明显。然后继续强调颧骨的结构，注意颧骨与上颌骨以及鼻骨之间的过渡和运笔的方向。从鼻骨以下向下延伸，使用Clay塑造颌部的半圆柱体结构，如图3-20所示。

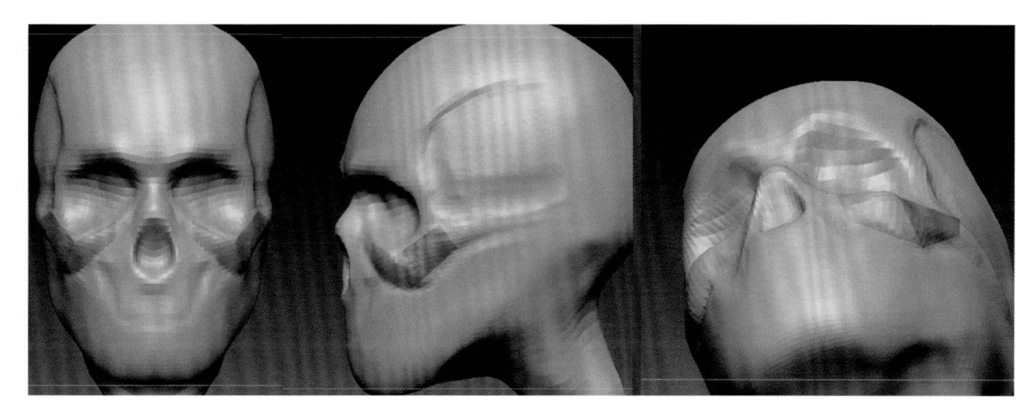

图3-20

8 颧骨以下是颌骨，颌骨前部是一个圆柱状造型，圆柱体的嘴部顶住方形的颧骨。从下方看下颌骨是一个马蹄造型，我们用Clay沿颧骨下沿塑造下颌骨。下颌骨的重要骨点是下颌角，男性在这个地方显得更加方直。旋转至下方，使用Clay刷出马蹄形结构，要注意这个地方不能将下颌的部分刷得过尖，下颌的前部要根据嘴部的曲线来调整角度，略比嘴部的圆柱形曲线方直些即可，如图3-21~图3-23所示。

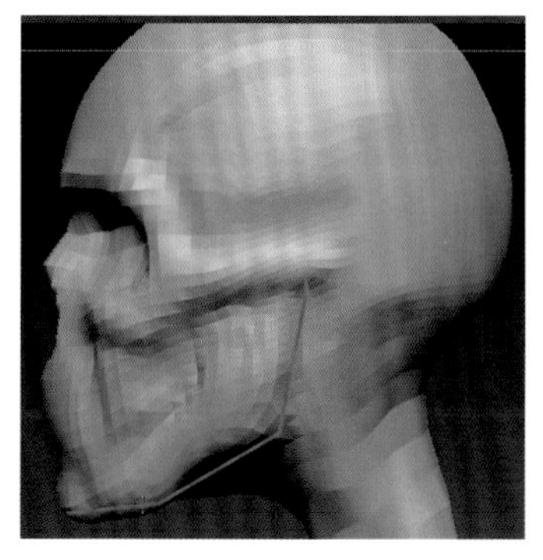

图3-21

图3-22

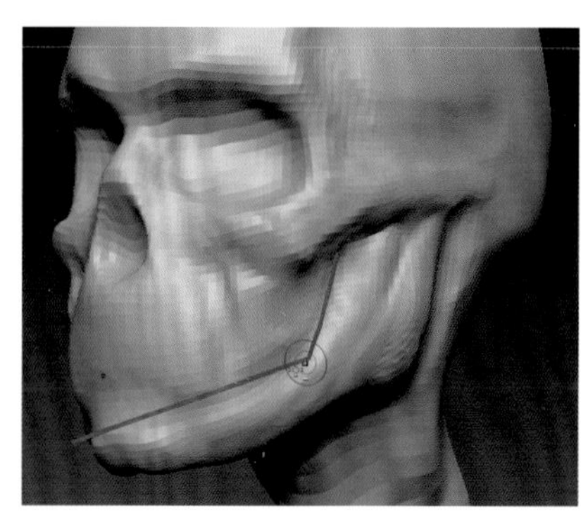

图3-23

9 回到眼眶的位置，继续强化眉弓的位置以及外侧眼眶的凸起。外侧眼眶的凸出骨点呈现一个向下倾斜的三角形形状，并向外侧凸起，如图3-24所示。

10 在前额部位，使用Clay塑造额结节。由于我们塑造的角色属于男性，因此额结节较凸出，如图3-25所示。在塑造眉弓和眼眶的时候，我经常会降低细分级别，利用Move移动形体。

11 继续使用Clay将颧骨与颌骨连接的地方向内凹陷，然后界定颧骨的正面和侧面。这一步的操作很重要，它明确了颧骨正面和侧面的关系，如图3-26和图3-27所示。

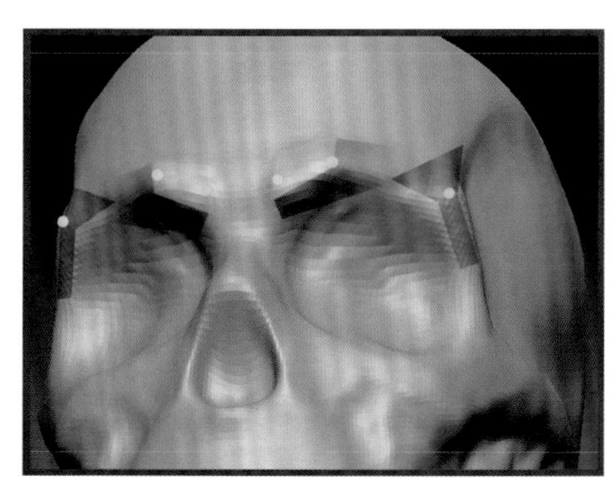

图3-24

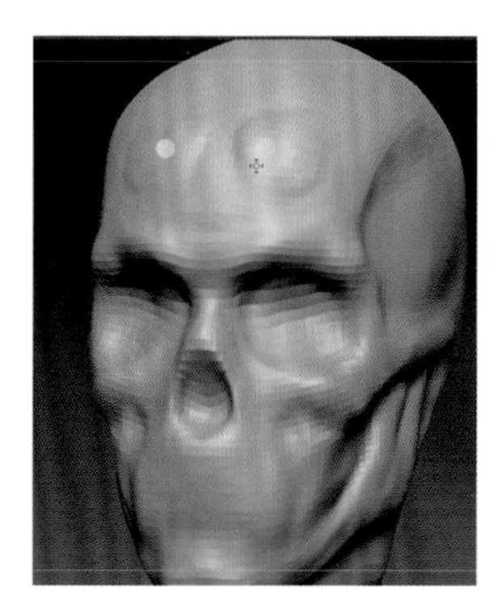

图3-25

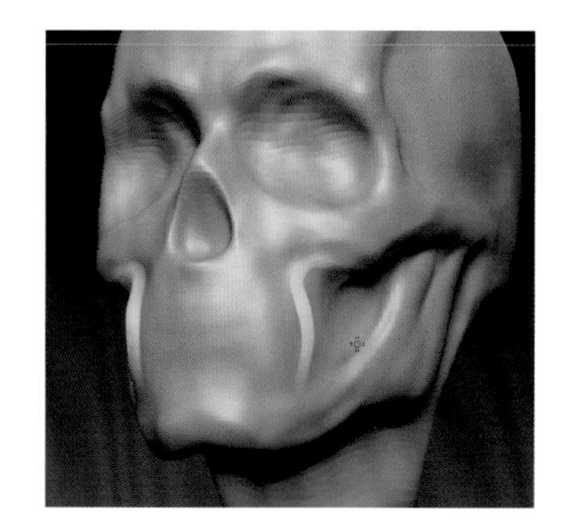

图3-26

12 在塑造头骨的时候，需要从各个方向观察头骨的形态并且不断加以调整，如从顶部观察额骨；从前面和侧面观察颧骨和鼻骨，如图3-28所示；从底部观察颧骨的正面和侧面的角度，以及颌骨的半圆柱体结构，如图3-29所示。

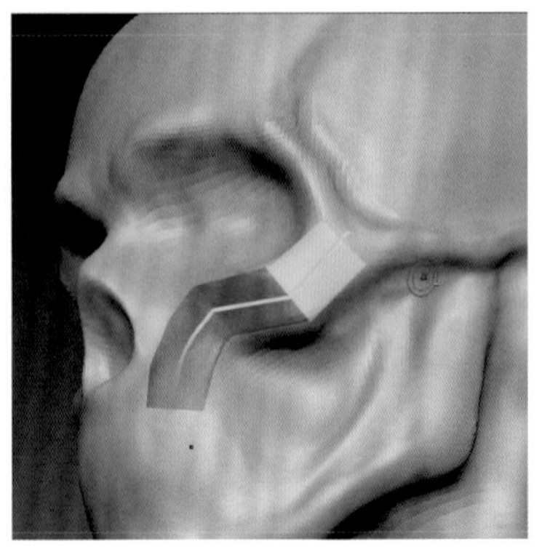

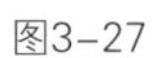

图3-27

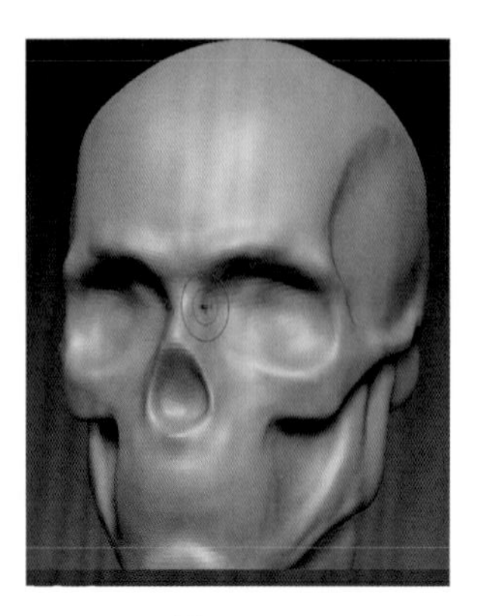

图3-28

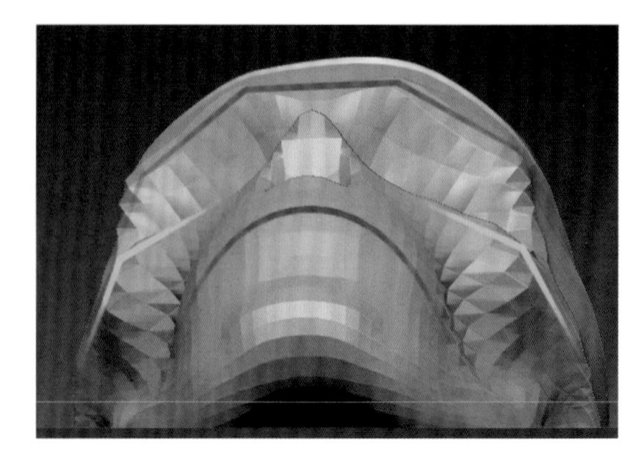

图3-29

小结：对于塑造好的头骨基本形体，需要注意的是头部的骨点以及基本结构线，要反复从各个角度观察头骨，以确保基本结构的正确，如图3-30和图3-31所示。

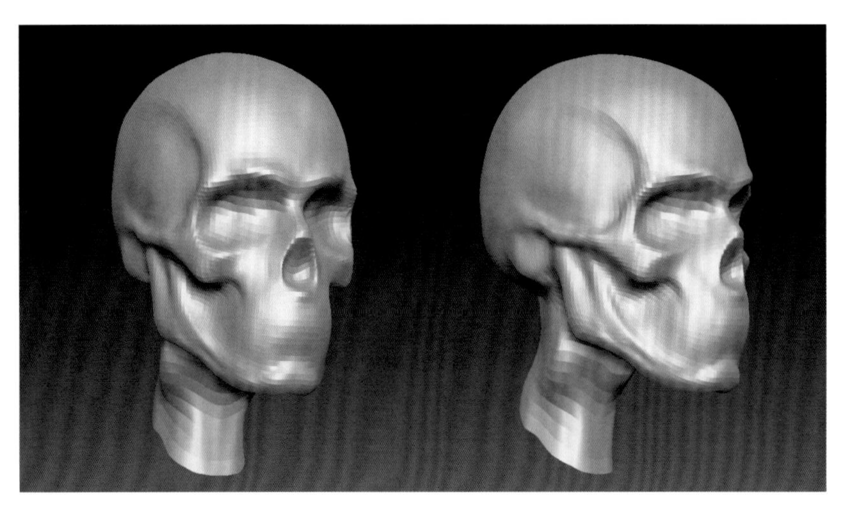

图3-30

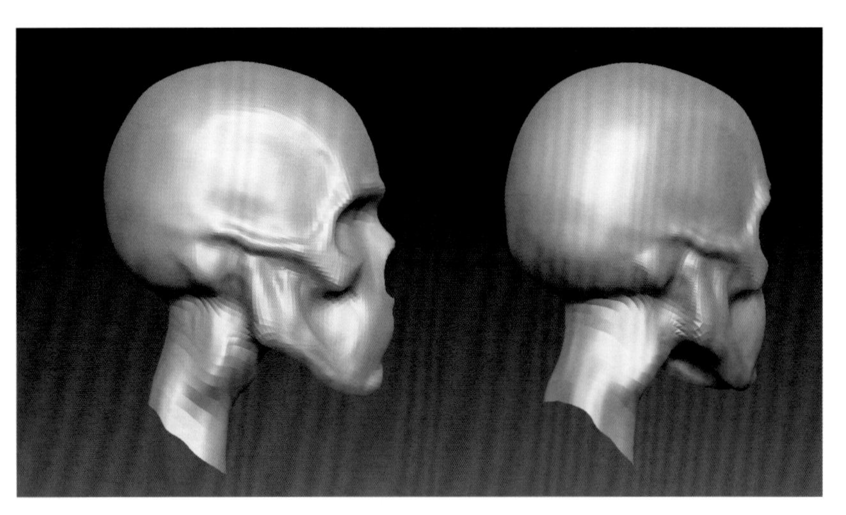

图3-31

**2. 雕刻躯干部的骨骼基本形体**

（1）塑造锁骨及胸廓。首先在胸颈部使用Clay塑造出锁骨形体。在这里注意，锁骨的形态是一个弓形，或者说是一个倒挂的衣架。在塑造锁骨时要从前面和顶面观察锁骨的形态。从前面看，锁骨整体形态趋势是由胸骨到肩峰的较平直的一条曲线；而从上面看，锁骨是一个起伏较大的弓形。一对锁骨、胸骨还有肋骨构成胸廓的基本形体，胸廓的大小和锁骨的长短决定了上身肌肉发展的空间，如图3-32~图3-34所示。

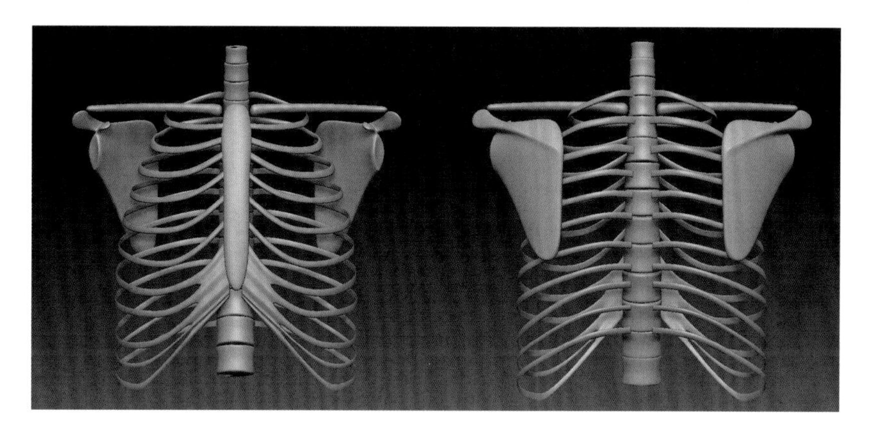

图3-32

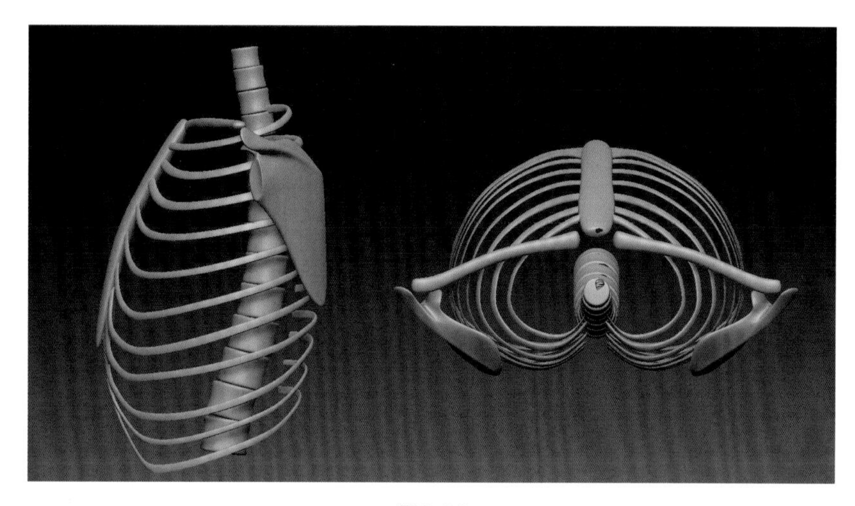

图3-33

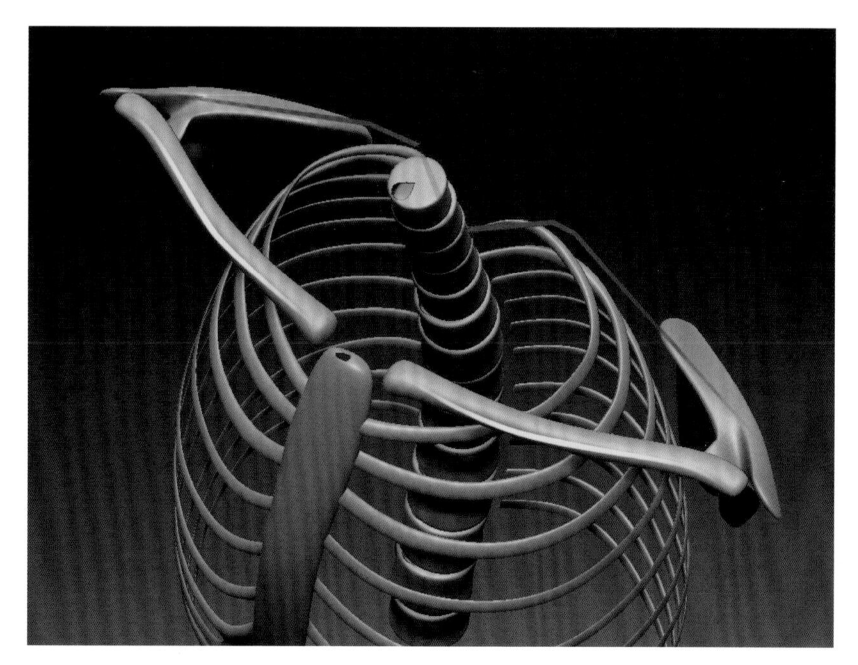

图3-34

胸廓是人体中最大的结构，其形态像一个上小下大的笼子，其中肋弓缘在体表可以清晰地显现，所以这部分结构要着重表现。我们先使用Clay快速塑造出上小下大的笼状形体，然后调整胸廓和肋弓缘的形态。注意：肋弓缘的形态从正面看像一个尖尖的拱形。从顶视图看，胸廓的前方是一个较为圆润饱满的弧形，而背部因肋骨的生长形态形成一个扇形，这是胸廓形态的一个显著特征。分别用Clay塑造胸廓前面的造型和后背的扇形形态，如图3-35所示。

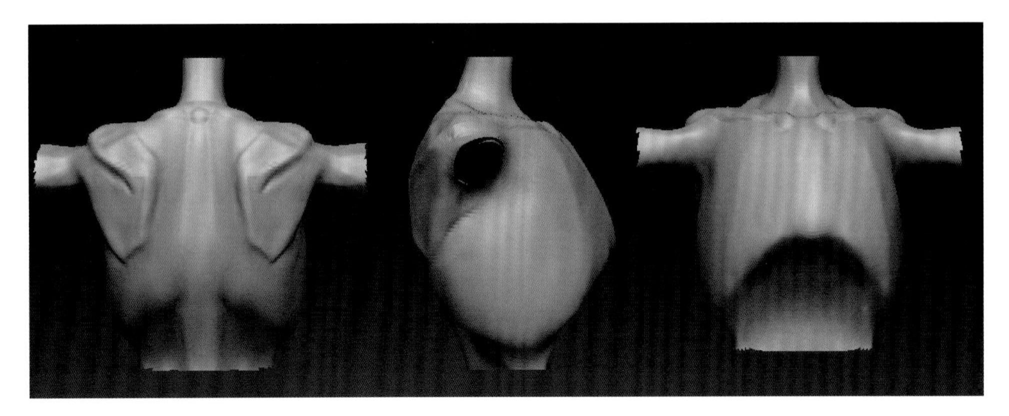

图3-35

（2）接下来我们雕刻骨盆和大转子构成的基础形体。注意：骨盆的基础形态是一个上大下小的倒梯形，而加入大转子以后，基本型变成了上小下大的梯形。髂前上棘决定了大腿部前部顶端的起始位置，而骨盆的侧面上缘线决定了臀部侧面的曲线，如图3-36所示。

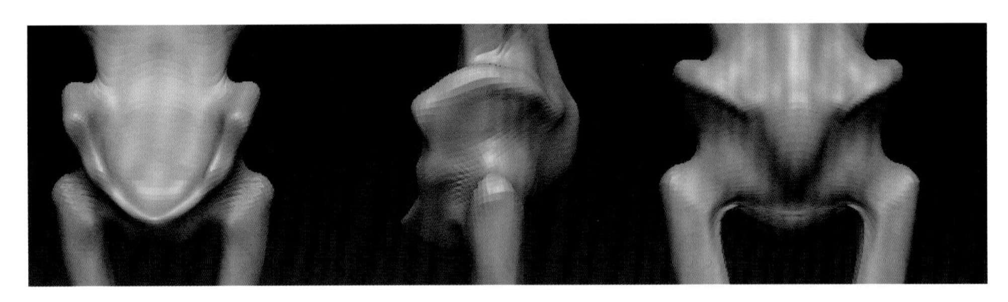

图3-36

（3）在雕刻当中，我们要随时从各个角度观察形体。由于肌肉附着于骨骼的基本形体之上，因此如果基本形体有误，那么后面的雕刻也会受到影响。我们从顶部、侧面用Move调整形体，确保人体曲线的优美，如图3-37所示。

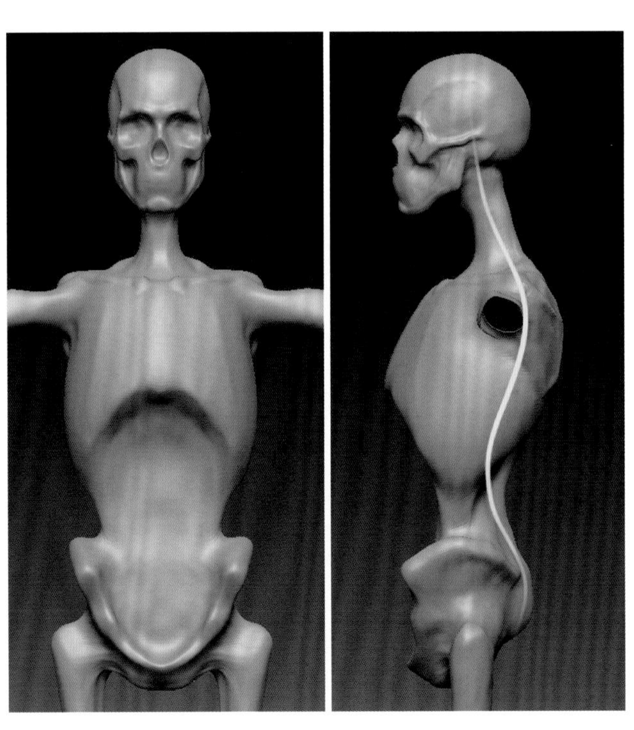

图3-37

小结：躯干部的骨骼形体主要分两个部分：① 胸廓；② 骨盆及大转子的联合形体。胸廓像个笼子，胸部一侧造型平滑，而背部像个折扇，肩胛骨的附着更加大了折扇的角度。而骨盆及大转子的基础形体重点在于前部的髂前上棘和背后的骶骨部分，如图3-38所示。

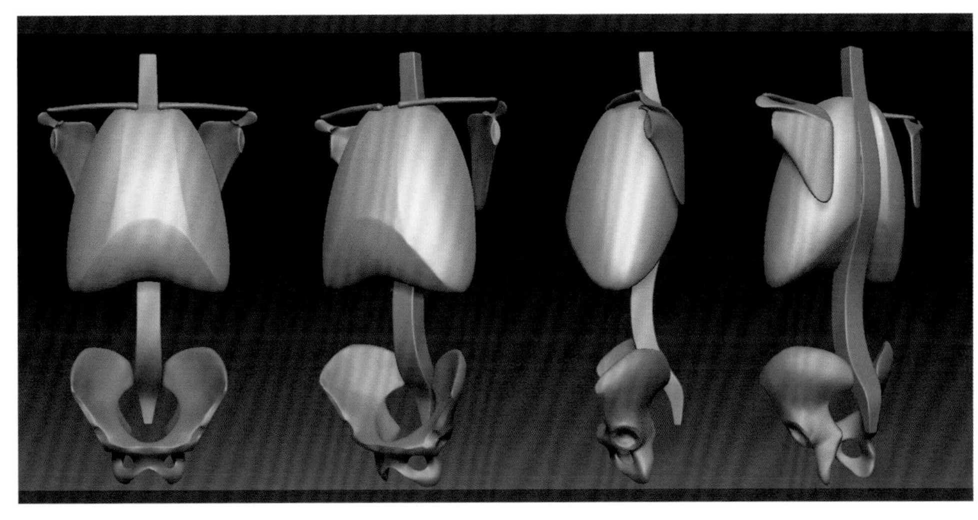

图3-38

**3. 雕刻上肢和下肢骨骼的基本形体**

因为上肢和下肢两个部分主要由肌肉主导形状，所以，我们在塑造下肢和上肢骨骼的基本形体时，主要将重点放在膝关节和肘关节处，如图3-39所示。

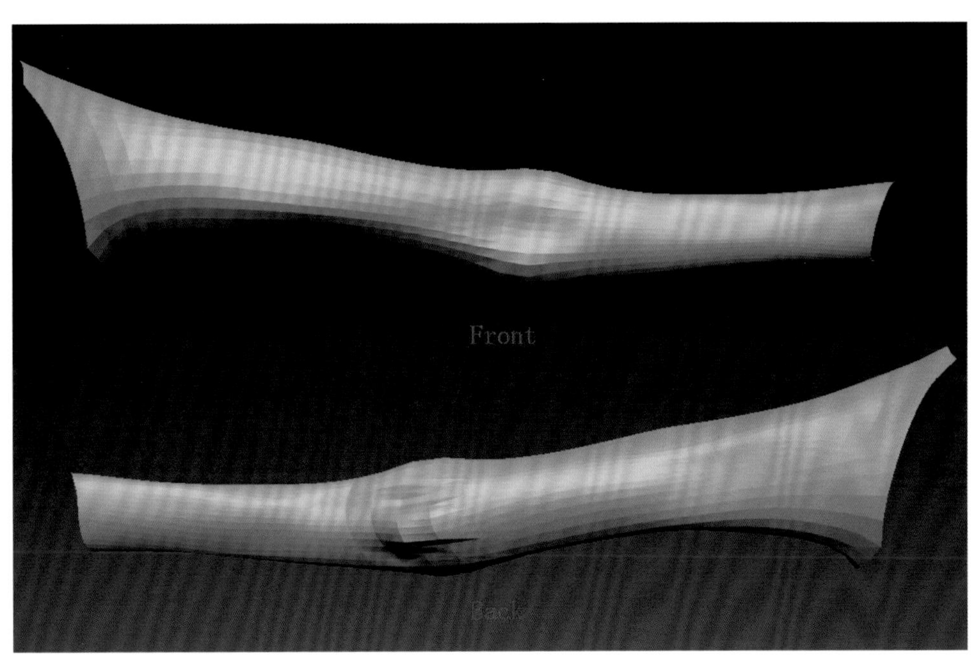


图3-39

**注意：** *在膝关节处我并没有雕刻髌骨，因为要使读者清晰地看到膝关节骨骼的咬合。*

上肢和下肢骨骼是对应的，因为我们的先祖在进化过程中有一段时间是四肢着地，所以我们可以看到上肢和下肢的对应性。上臂和大腿的骨骼都是一根粗大的骨头，所以人体外在的上臂和大腿形状主要由肌肉决定。而肘关节和膝关节同样属于韧带和筋腱集中的地方，都比较方直，所以骨关节的形态决定了外在的形体关系，如图3-40和图3-41所示。

小腿骨和前臂骨都是两根骨头的联合，在人体的小腿和前臂的外形上，大部分的形态由肌肉决定。而小腿和前臂的末端，即腕关节和踝关节上部，则显示出骨骼形态，也呈现出比较方硬的效果，如图3-42和图3-43所示。

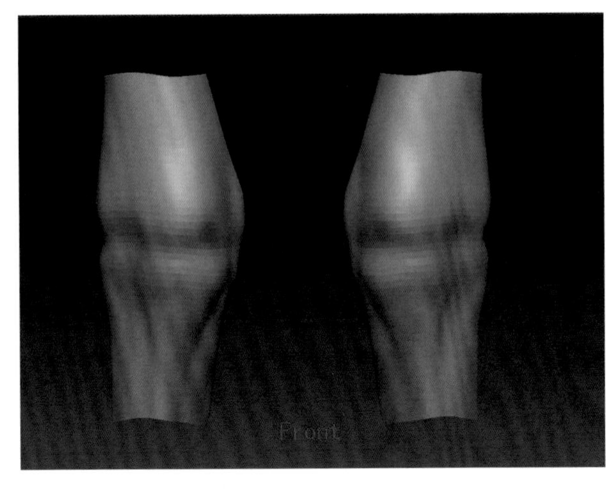


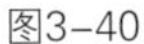
图3-40

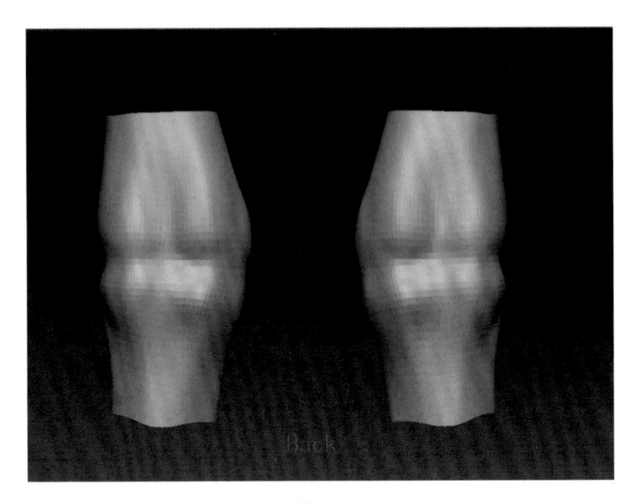


图3-41

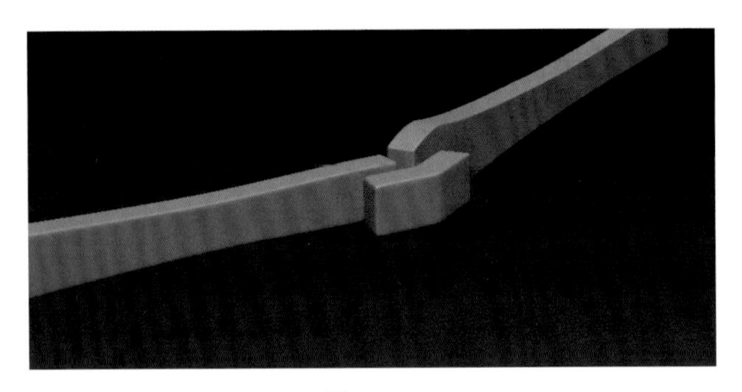

图3-42

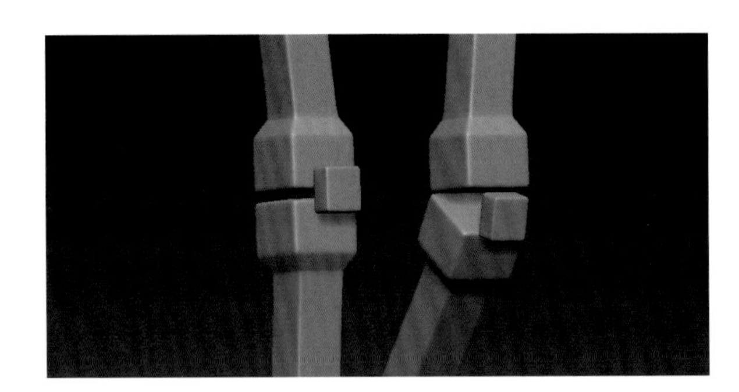

图3-43

## 3.2 添加肌肉塑造形体

在这一节里将学习如何将角色的肌肉附着在骨骼上，我们会按照头部、颈部、躯干部、上肢和下肢的顺序依次为角色添加肌肉。人体的形态有一大部分是由肌肉造型所决定的，而肌肉的造型取决于两点：（1）肌肉本身的形态；（2）肌肉发展的走势，即肌肉的起点和终点。在接下来的讲解当中，我们会结合这两点进行学习，而且在学习过程中我们还可以了解某些肌肉的功能，以便更加深刻地理解造型。

### 3.2.1 添加头部肌肉

影响人体面部形体的主要有眼轮匝肌、降眉间肌、大小颧肌、上下唇方肌、鼻肌、咬肌、口轮匝肌和颌肌等，上述肌肉从造型上来说是塑造面部造型的材料。因为它们都依附于头骨，头部的骨点和基本形体由头骨决定，故而在添加头部肌肉的时候，尽量不要破坏头骨的形状和骨点。在雕刻肌肉的过程中，要注意添加的肌肉对造型的影响，以及添加脂肪以后可能会带来的形体变化。建议大家带着探索的心态进行雕刻，相信会得到更多的收获。

1 首先我们从最凸出的鼻骨入手，在鼻梁到鼻骨与面颊交界处添加鼻肌。整个鼻部的形状主要由鼻软骨和鼻骨决定。在鼻骨与面颊交界处，以及沿颧骨向下添加上唇方肌。上唇方肌共有三个部分，起止点及位置如图3-44所示。

2 添加完上唇方肌后，头部在眼眶下沿至上颌部分的造型得到改变，肌肉的添加弱化了颧骨与上颌部分的转折关系，如图3-45所示。

3 添加颧大肌。颧大肌起于颧骨外侧，斜向内侧发展，终止于口轮匝肌处。因为颧大肌的一端连接在颧骨正面与侧面的转折面上，另一端连接在接近嘴角处，形成了颧骨到上颌的桥梁，所以这条肌肉与颧骨一起构成了面部正面的一条结构线，无论在前面或者侧面，都有清晰的转折线，如图3-46所示。

图3-44

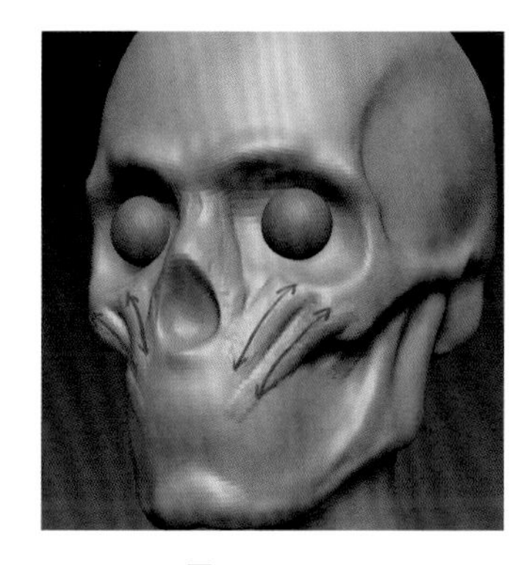

图3-45

图3-46

4 从颧骨侧面的大约1/2处起，向下颌角方向雕刻咬肌，这块肌肉需要雕刻得稍微厚实一些，如图3-47所示。咬肌的作用是将下颌拉向上颌，达到咀嚼的作用。在肌肉发达的人的面部，我们经常能看到这样的肌肉，比如健美运动员、美式漫画中的男性超级英雄。

5 在眼眶周围使用ClayTubes塑造眼轮匝肌。眼轮匝肌在眼眶内部较为厚实，其形状像一圈一圈的同心环，如图3-48所示。在塑造时可以暂时关闭眼球的显示，以便于塑造眼眶内的眼轮匝肌。

6 在颧肌的下方，有一条肌肉被咬肌所覆盖，并连接嘴角。此条肌肉为颊肌，它填充了颧骨和下颌骨之间的一部分空隙。图3-49中的蓝色为咬肌，而被它覆盖的红色部分为颊肌。

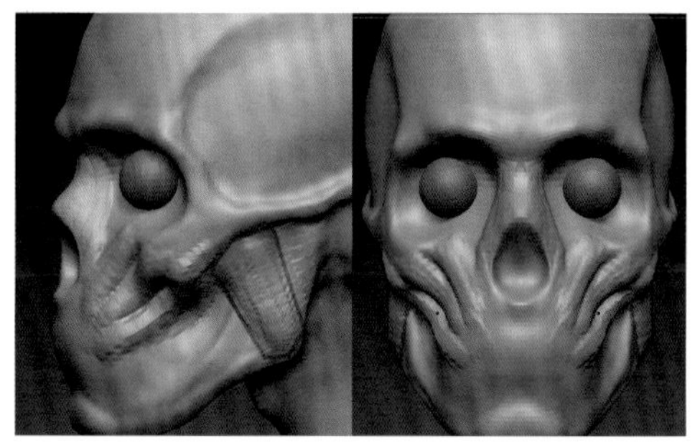

图3-47

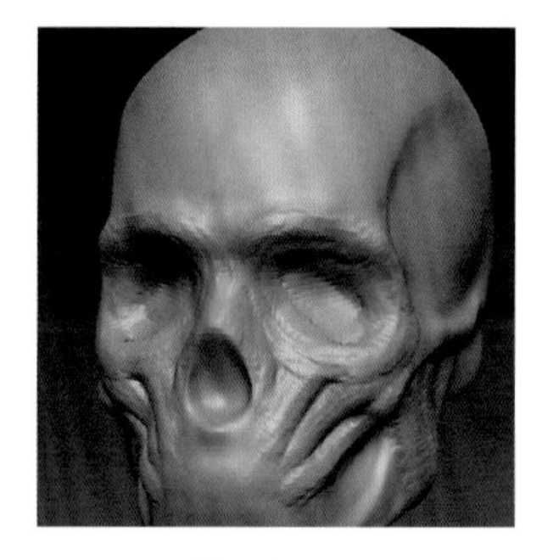

图3-48

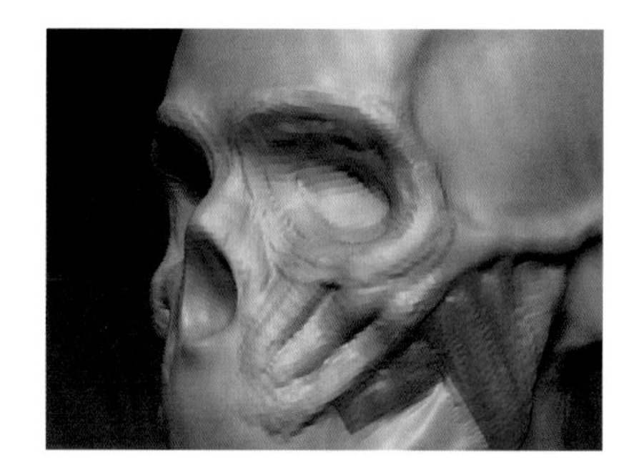

图3-49

7 在上下颌的部分，我们雕刻一圈口轮匝肌。在下颌的位置，相对上唇方肌，我们雕刻出下唇方肌。这两块肌肉对于下唇部外侧的影响比较大，我们可以看到人们，特别是男性，通常在下唇部外都会有斜向下的两块凸起。其实这两个凸起就是由下唇方肌所造成的，连同下颌形成了一个拱形，如图3-50所示。

8 添加皱眉肌、降眉间肌、额肌以及颞肌。其中，额肌和颞肌都比较薄，在造型上对面部的影响不大。皱眉肌和降眉间肌在塑造人物个性上会起到一定作用，这点在添加脂肪并塑造可信的表面时会为大家介绍。整体效果如图3-51所示。

9 使用Rake（耙子笔刷）雕刻肌肉的走向。这一步主要是在我们的头脑中确定人体肌肉的走势和趋向。实际上在雕刻头部的时候，即使我们不使用骨骼肌肉法雕刻，也需要了解肌肉的走势。肌肉的走势也就是结构的走向，如图3-52所示。

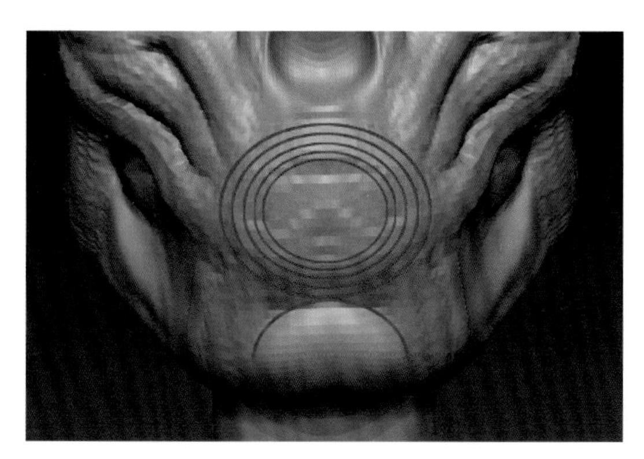

图3-50

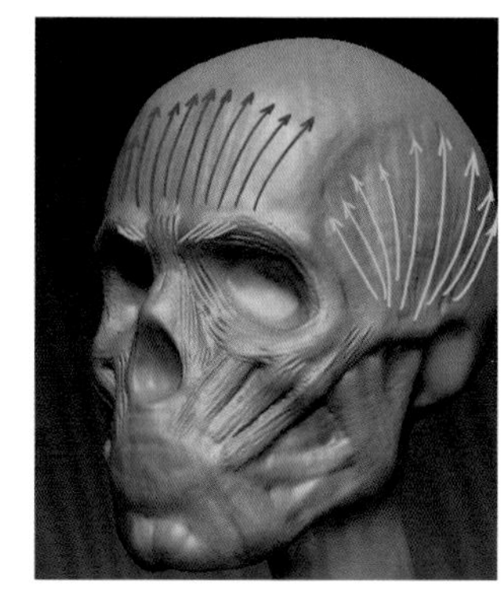

图3-51

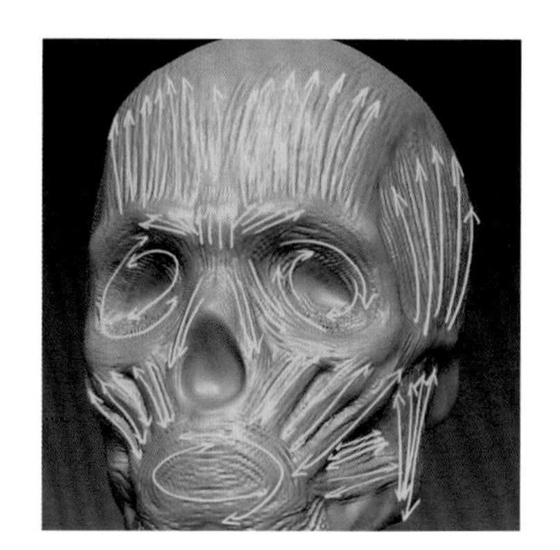

图3-52

**雕刻五官的造型**

a. 眼睛。

1 利用蒙版工具定出内外眼角的大致位置，然后隐藏眼球，如图3-53所示。使用Clay雕刻出上下眼睑的轮廓。

2 从头骨的下方看，上眼睑应该呈现一条弧线，使用Move移动上眼睑，如图3-54所示。

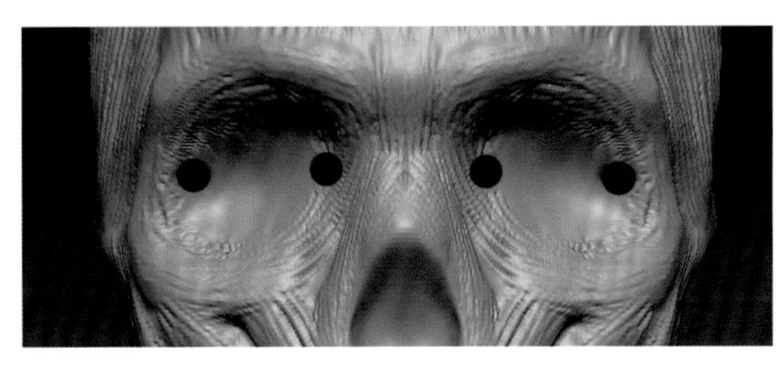

图3-53

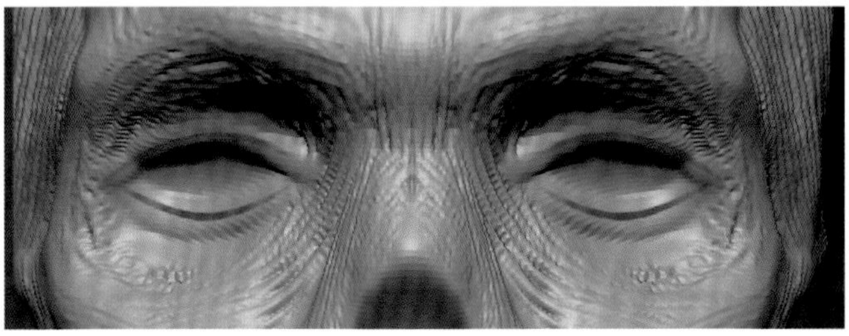

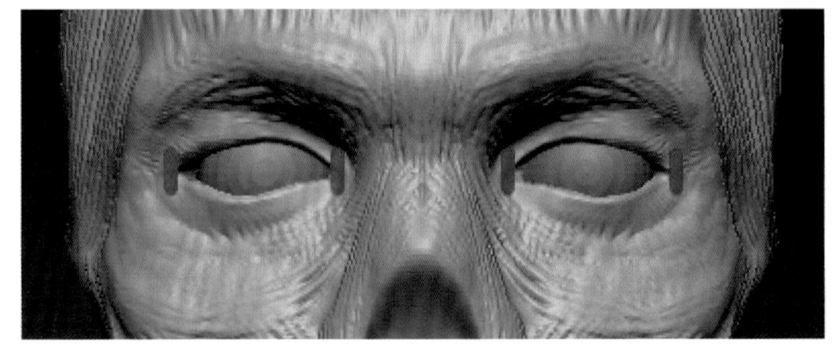

图3-54

3 在下眼睑处继续添加肌肉，同样将视角移至仰视的角度，使用Move移动下眼睑，如图3-55所示。然后显示眼球。使用移动工具移动上下眼睑，必要的时候，移动眼球使眼球被上下眼睑所包裹。

4 眼睑大致雕刻完毕以后，注意观察比例，使用Move移动内外眼角，使其符合三庭五眼的规律，如图3-56所示。

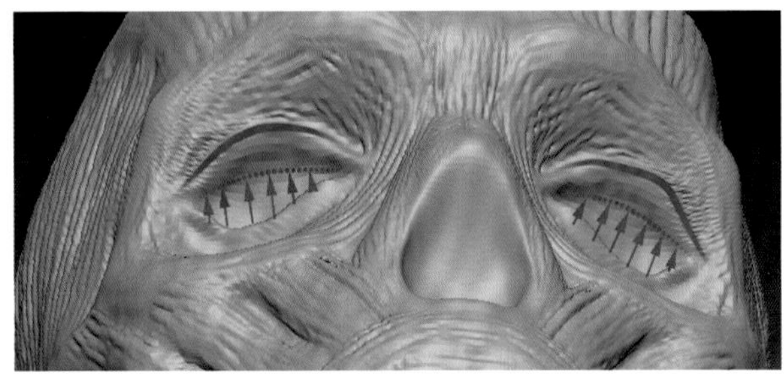

图3-55

图3-56

b. 鼻子。

1 在塑造鼻子之前，先让我们了解一下鼻子的构造。鼻子是由鼻骨、鼻软骨和两块鼻翼处的软骨构成的，如图3-57所示。

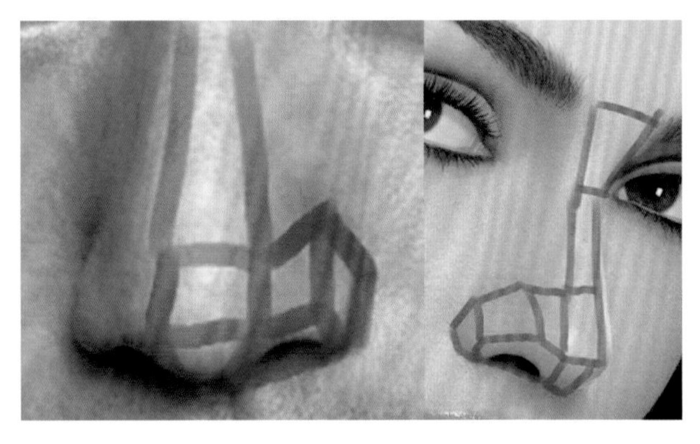

图3-57

2 整个鼻梁为一个梯形。而鼻头和鼻翼结合起来，从正面看为一个梯形结合一个三角形，而从底部看为一个三角形的面。先用Clay填充由鼻骨形成的水滴状的空洞，塑造较为圆润的鼻头，如图3-58所示。

3 在鼻头两侧塑造鼻翼。从正面看，鼻翼和鼻头相结合，形成一个倒立的三角形，如图3-59所示。

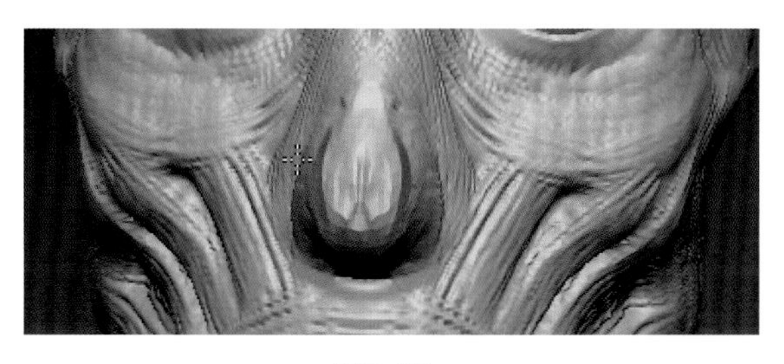

图3-58

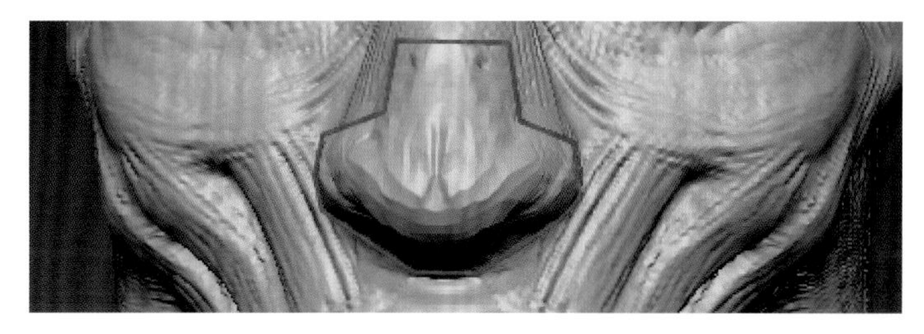

图3-59

4 从鼻中隔开始，在鼻底塑造形体，然后向内雕刻鼻孔的形态，如图3-60所示。

5 回到鼻梁部分，刻画鼻骨处的结节，然后继续刻画鼻头部位，从侧面看，造型如图3-61所示。

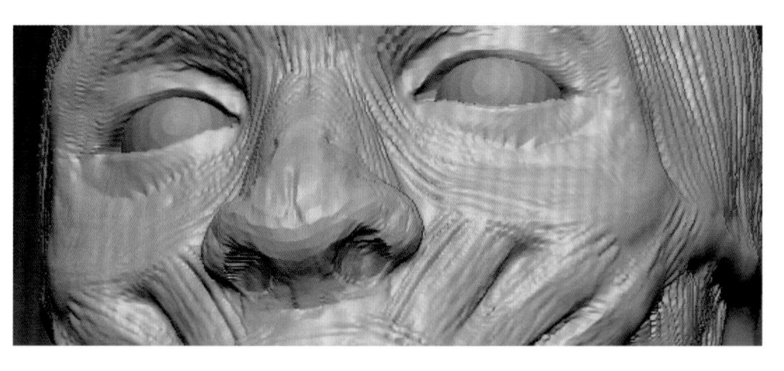

图3-60

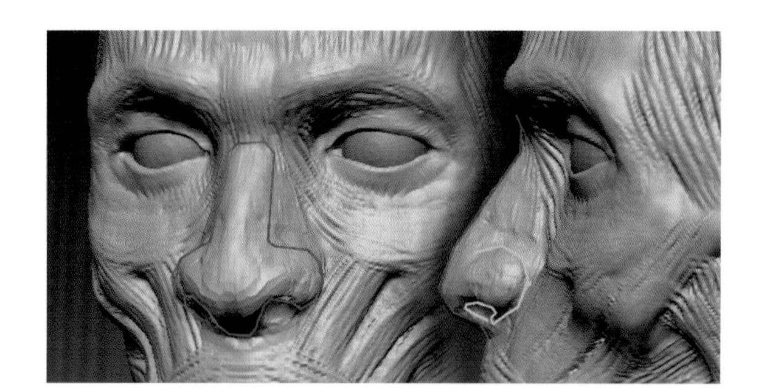

图3-61

c. 嘴部。

1 首先，我们定位下唇和口裂的位置。下唇的位置在鼻底至下颌的1/2处，而口裂大约在鼻底至下颌距离的1/3处，靠近口裂，所以我们先利用蒙版定下比例，如图3-62所示。

2 然后使用Standard按住Alt键刻画口裂部分。特别要注意口裂的部分不是一条直线，而是略微有些起伏。另外在嘴角部，雕刻得稍微深些，如图3-63所示。

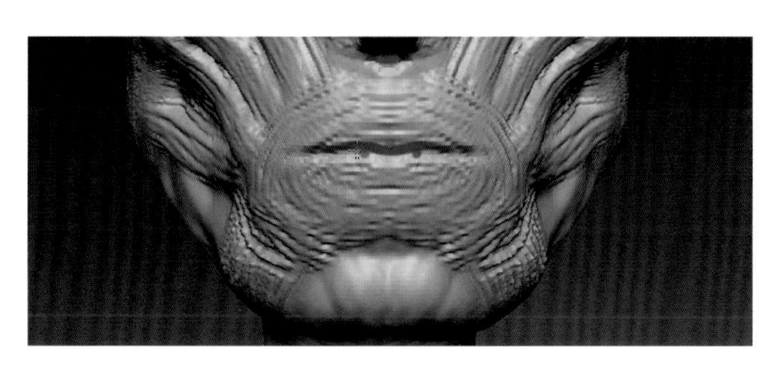

图3-62

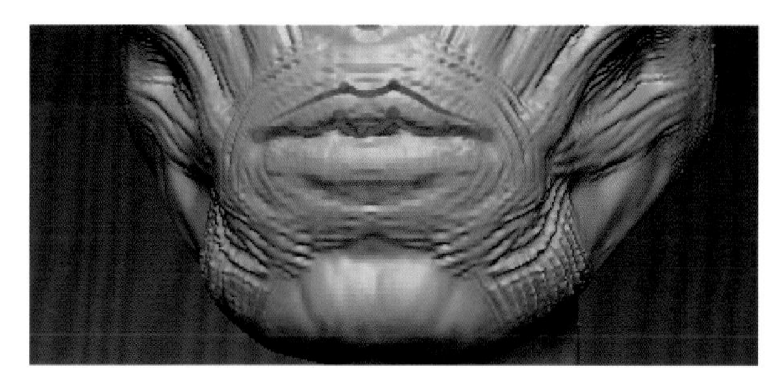

图3-63

3 为上下唇添加肌肉。注意上下唇的形态特征，特别是上唇。图3-64所示的是上唇部的弧状凸起和下唇部的下唇方肌的凸起。

4 在雕刻的时候要不断从各个角度观察。雕刻完的嘴部造型如图3-65所示。

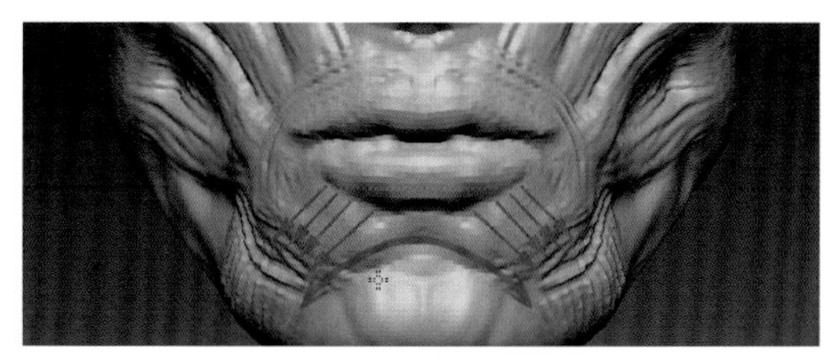

图3-64

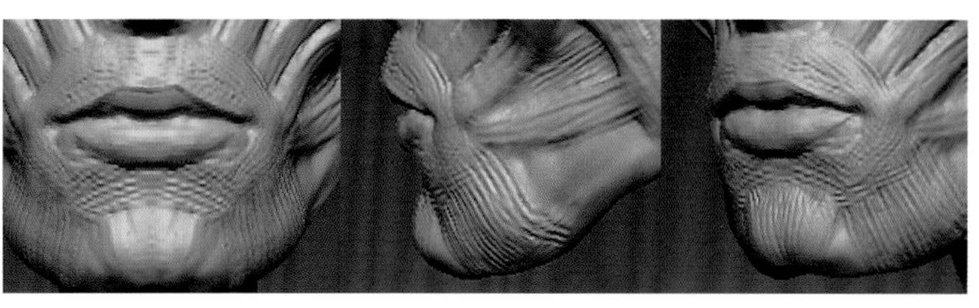

图3-65

## 3.2.2 添加颈部肌肉

颈部是头部与躯干部连接的部位，在骨骼上，由颈椎连接头部与胸椎。颈部的形体主要由包裹在颈部的肌肉所决定。颈部肌肉可以分成前、中、后3个部分，如图3-66所示，其中前部肌肉附着在喉结和甲状腺处，这部分肌肉较薄，所以前部的形体由喉结和甲状腺决定。中部肌肉最大的两块是胸锁乳突肌。斜方肌从颈部的侧后方，一直延伸至背部。

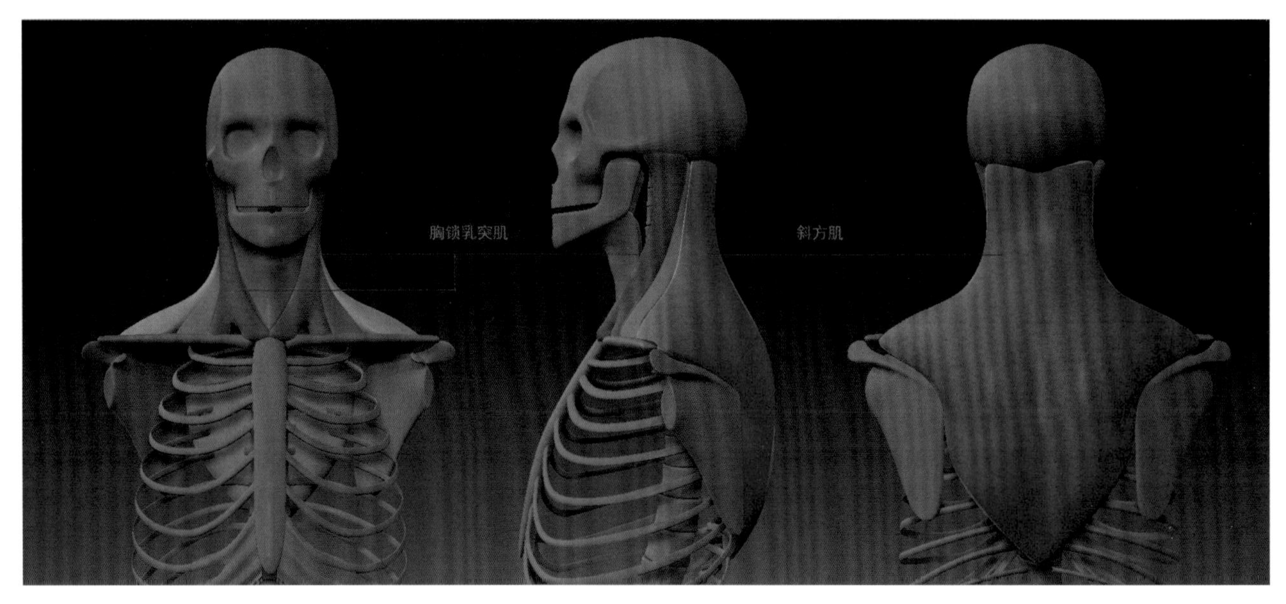


图3-66

（1）首先我们从了解胸锁乳突肌的结构开始。每块胸锁乳突肌都有3个连接点：头骨乳突部、靠近锁骨窝的锁骨小头处和锁骨三分之一处。胸锁乳突肌从前面看是两块非常显著的肌肉，而且从体块关系上，胸锁乳突肌的外缘将脖颈与肩背部的斜方肌区分开来，如图3-67和图3-68所示。

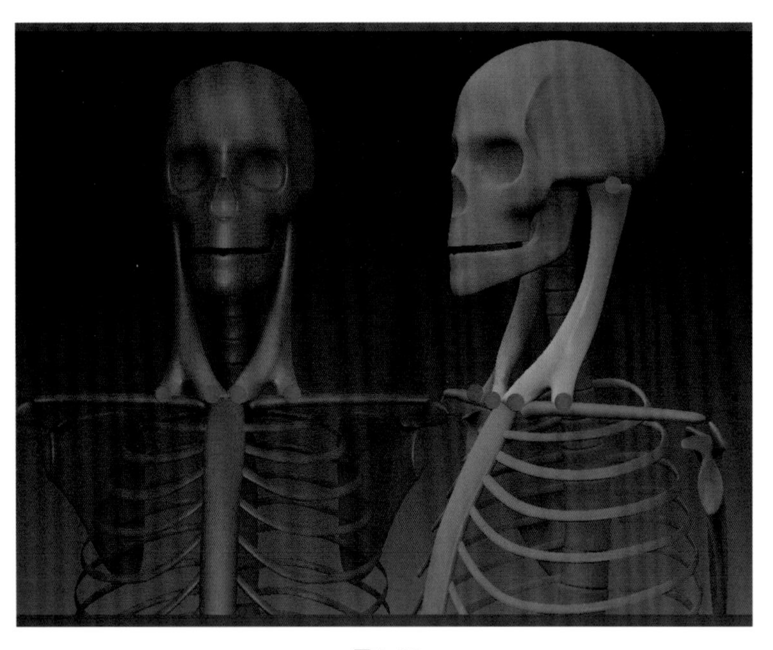

图3-67

图3-68

使用蒙版工具定下乳突和锁骨窝的位置，使用Clay塑造胸锁乳突肌，从头骨的侧面和后面塑造斜方肌。注意肌肉的起点和终点很重要。在塑造胸锁乳突肌的时候多从正面和侧面观察肌肉的形态。初学者常见的错误就是将脖颈处雕刻得上细下粗，而正常的形态应如图3-69所示。

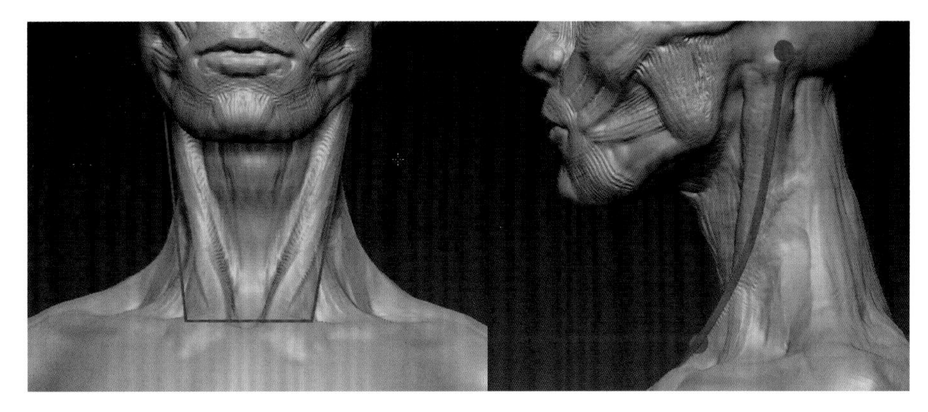

图3-69

（2）从前部看，斜方肌附着在锁骨二分之一至锁骨外侧头部；从背部看，整个形态是一个菱形，如图3-70所示。因为这一小节主要讲解颈部肌肉，所以主要雕刻肩胛冈以上的部分。

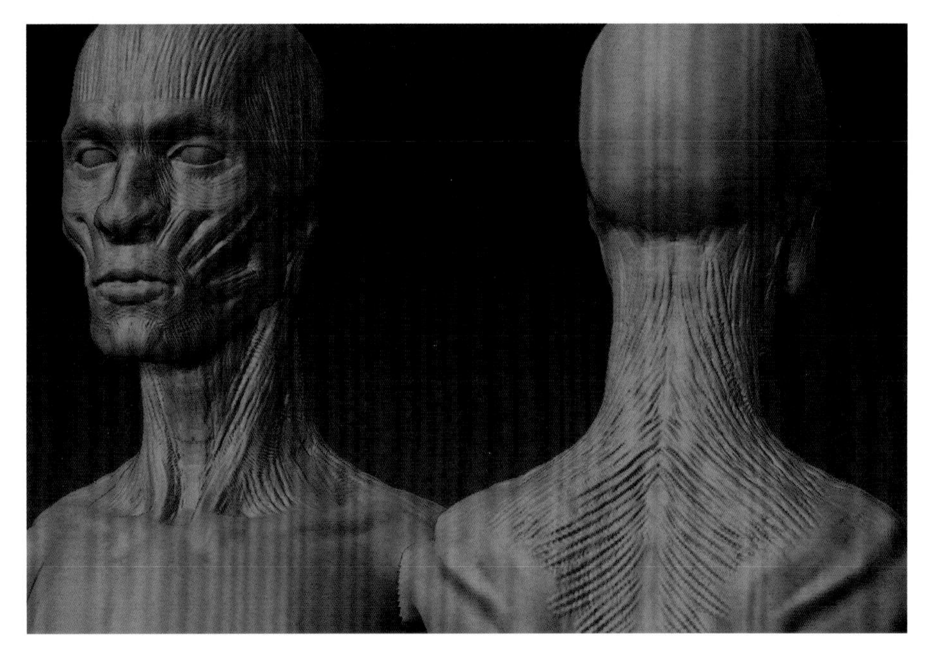

图3-70

雕刻斜方肌的时候，注意斜方肌正面的两侧附着于锁骨处，而且斜方肌和胸锁乳突肌的中间有一块凹陷的三角形区域，这块区域是被斜方肌和胸锁乳突肌覆盖的头夹肌等。这部分肌肉在角色保持放松状态时一般在体表不凸出，所以我们可以暂时忽略这部分肌肉。注意观察胸锁乳突肌与斜方肌之间的结构关系，整个颈部就像两个楔形夹住一个圆柱体。

### 3.2.3 添加躯干部肌肉

（1）添加胸部肌肉。

1 胸肌的上沿附着在从锁骨窝到整个锁骨二分之一处。胸肌内侧边缘附着在从锁骨窝至胸骨剑突之上这一段。胸肌的下沿附着在第5、6对肋骨上，而所有胸肌纤维都终止于肱骨，如图3-71所示。

2 现在我们来雕刻胸肌。首先使用蒙版定位胸肌的起始点，如图3-72所示，使用Clay沿肌纤维的走向塑造一层薄薄的肌肉。

3 确定肌肉形态，然后继续沿肌纤维的走向，使用ClayTubes塑造大块肌肉。在雕刻过程中，要有意识地强调腋窝部分较厚实的肌肉，一方面关注肌肉走势，另一方面关注肌肉形态，如图3-73所示。

4 升级之后，使用Smooth平整肌肉表面，然后由下至上，使用Rake塑造肌纤维走势，并且从其他角度校正胸肌的形态，如图3-74所示。

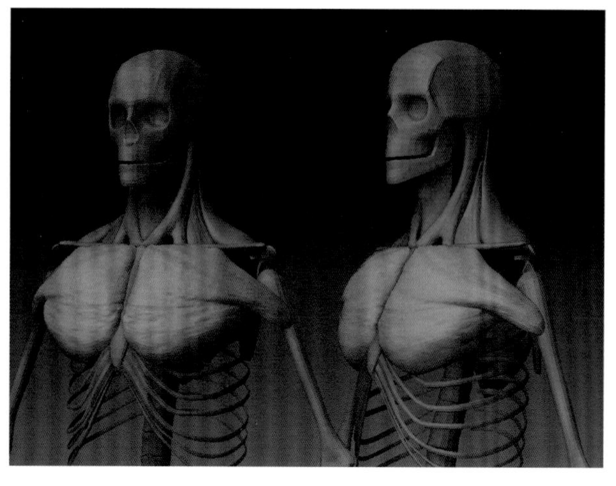

图3-71

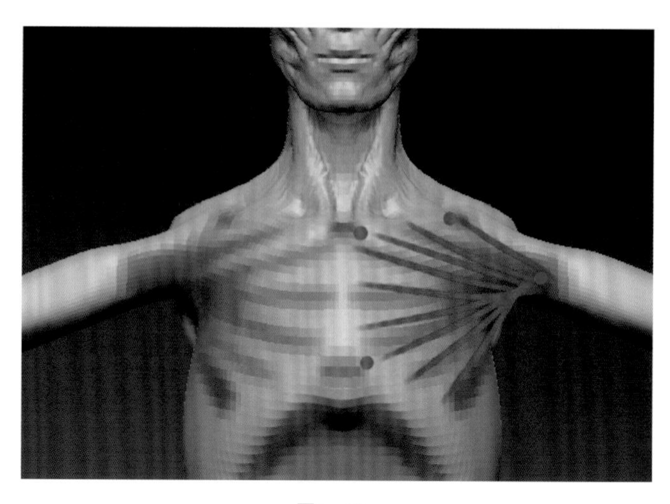

图3-72

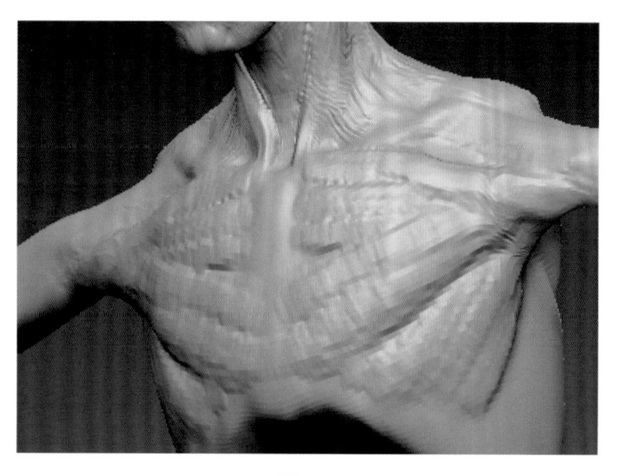

图3-73

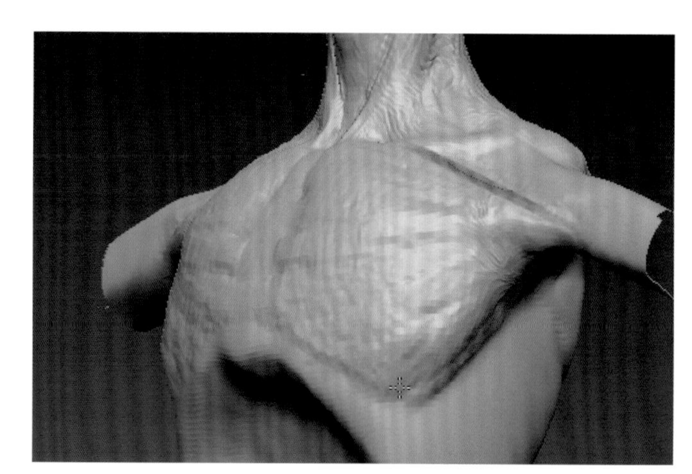

图3-74

5 同时注意肌肉的穿插关系，如图3-75所示。

6 不断从各个方向观察，注意腋窝处的肌肉穿插，塑造肌纤维的走势和形态。因为我们雕刻的是一个肌肉较发达的男性，所以需要将肌肉塑造得较为厚实。雕刻完的胸肌如图3-76所示。

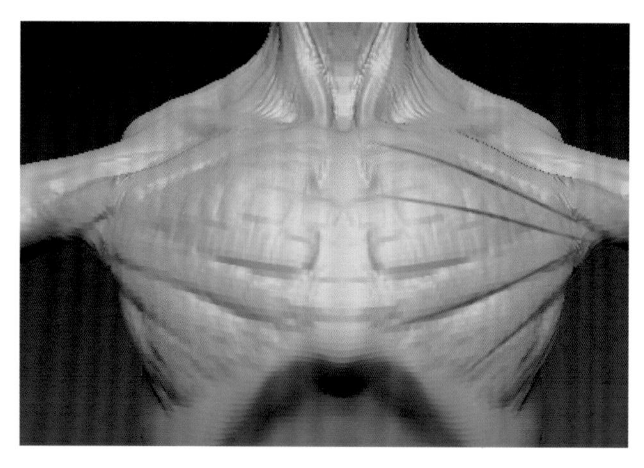

图3-75

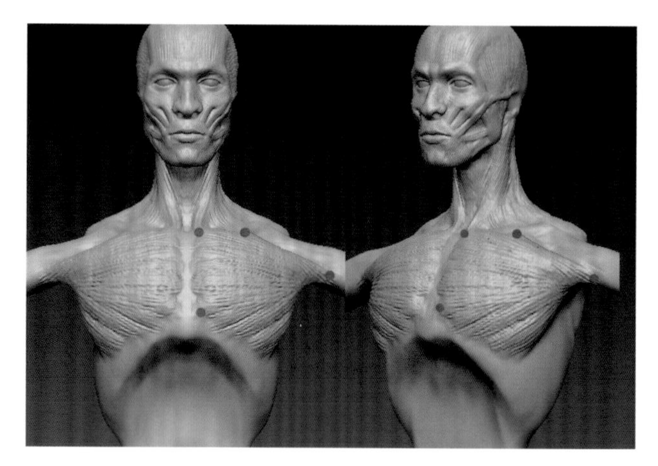

图3-76

（2）雕刻腹部肌肉。

腹部肌肉由腹直肌和腹外斜肌组成，它们联合在一起保护腹腔内器官。腹直肌，顾名思义，腹部较方直的肌肉，起于肋弓，终止于骨盆处，扁长形的肌肉被白色的结缔组织所分隔，腹肌发达的人可以在体表非常清晰地看到。腹外斜肌靠近腹肌，斜向上生长，其中附着在肋部的腹外斜肌与肋骨呈交叉状，而腰部的一大块腹外斜肌的上端附着于肋骨下角处，下端附着于骨盆上沿处，如图3-77所示。

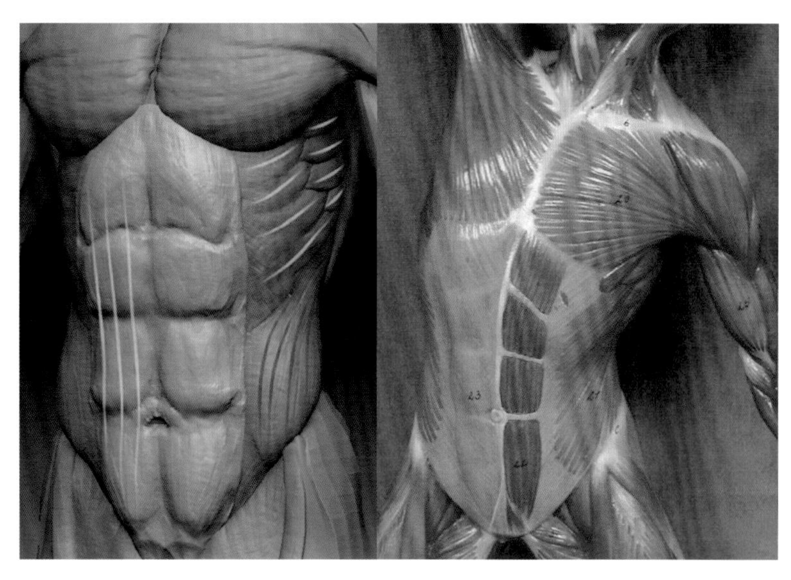

图3-77

a. 雕刻腹直肌。

1 从肋弓缘出发，向下塑造一条比较方直的形体，填充腹部的间隙。在侧面使用Move移动腹直肌位置，如图3-78所示。

2 在肋弓缘的位置斜向上、斜向下雕刻腹外斜肌，如图3-79所示。

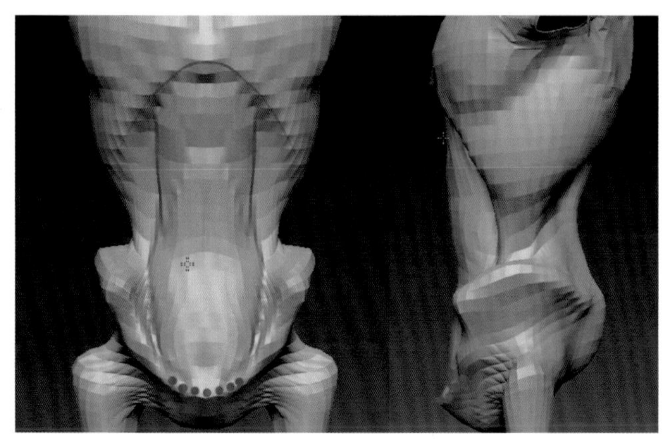

图3-78

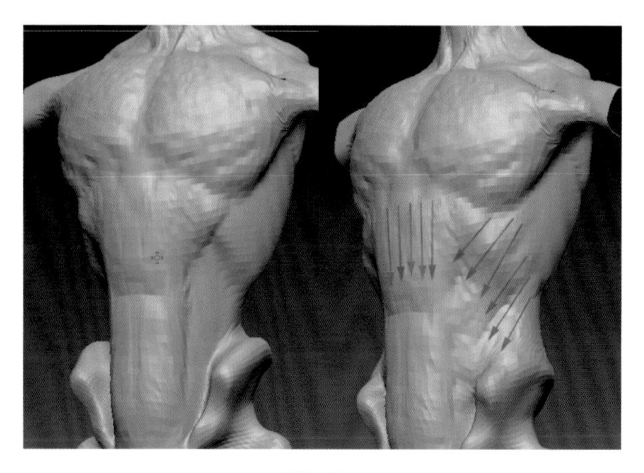

图3-79

b. 雕刻腹外斜肌。

腰部的腹外斜肌是腹外斜肌中最大、最厚的一块，在体表能够非常清晰地看到，我们在雕刻前，要认清其附着在骨盆上的位置，以及附着在肋骨处的位置。在雕刻时，顺着肌肉走势进行雕刻，如图3-80所示。

在雕刻肋部的腹外斜肌时，需要注意两个要点：①腹外斜肌形态较扁、较薄。②腹外斜肌的肌肉走势与肋骨的走势呈交叉关系。

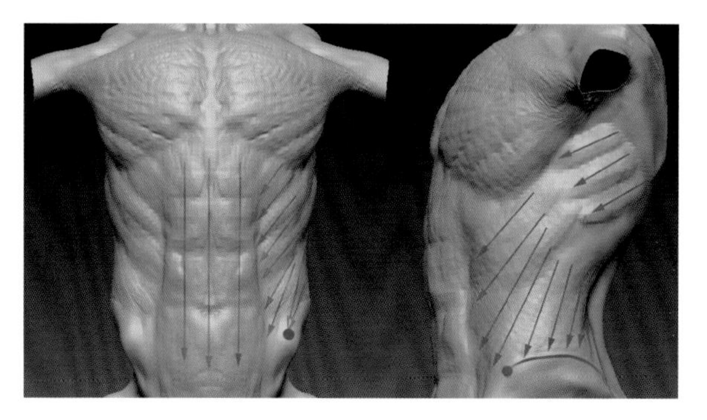

图3-80

c. 雕刻前锯肌。

1 在腋窝下面、肋骨的侧面雕刻前锯肌，前锯肌与腹外斜肌呈现锯齿状咬合的关系，如图3-81所示。

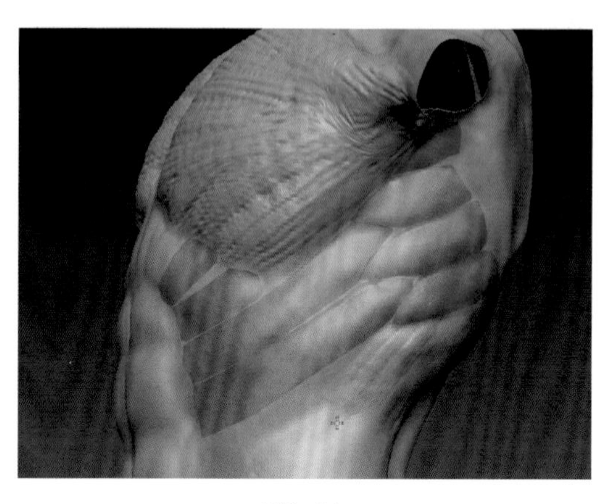

图3-81

2 腹直肌、腹外斜肌及前锯肌雕刻完毕的形态如图3-82所示。

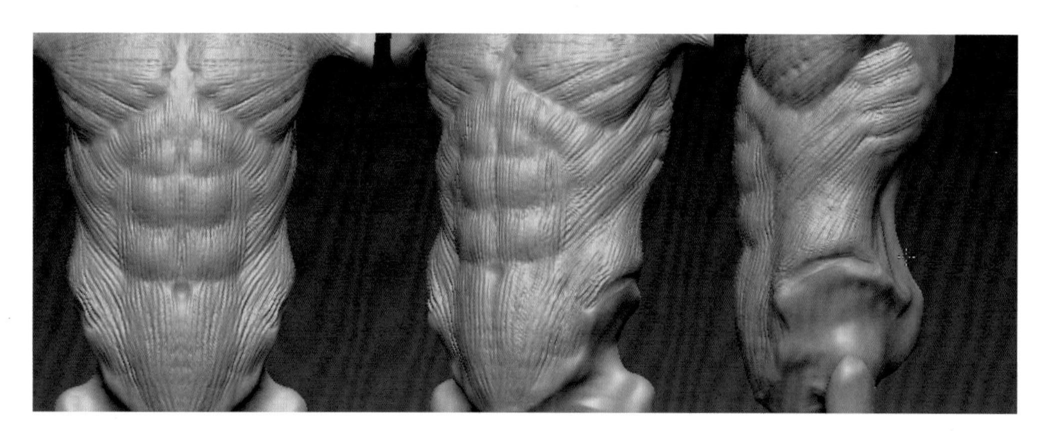

图3-82

（3）雕刻背部肌肉。

1 背部肌肉由四大部分组成，第一部分是斜方肌，如图3-83所示。斜方肌起于枕骨，向下延伸，中部附着于肩胛冈的位置，下部像一个长矛一样，附着于脊椎骨。整体像一杆长矛。

2 第二部分是背阔肌，这部分是背部面积很大的两块肌肉。一端起于肱骨上侧，一端附着于脊椎骨处，被斜方肌所覆盖，另外一端附着于盆骨，如图3-84所示。

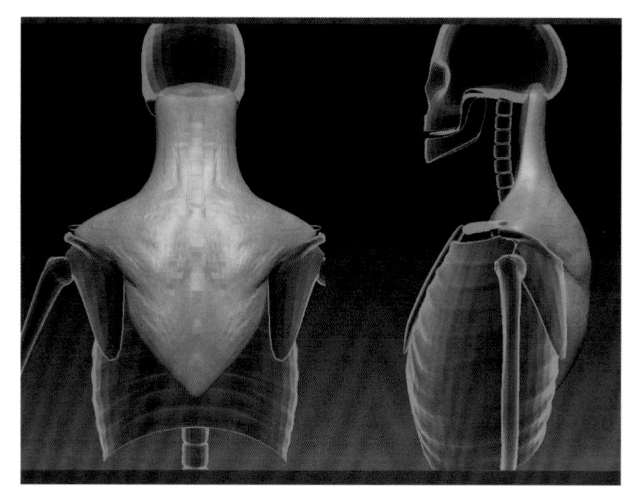

图3-83

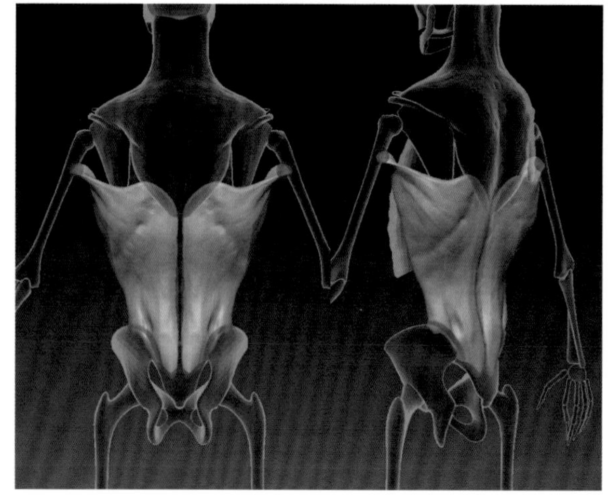

图3-84

3 第三部分是一组肌肉，包括大圆肌、小圆肌和冈下肌，这部分正好填补了由斜方肌和背阔肌所围成的一个区域。这一组肌肉附着在肩胛骨的部位，如图3-85所示。

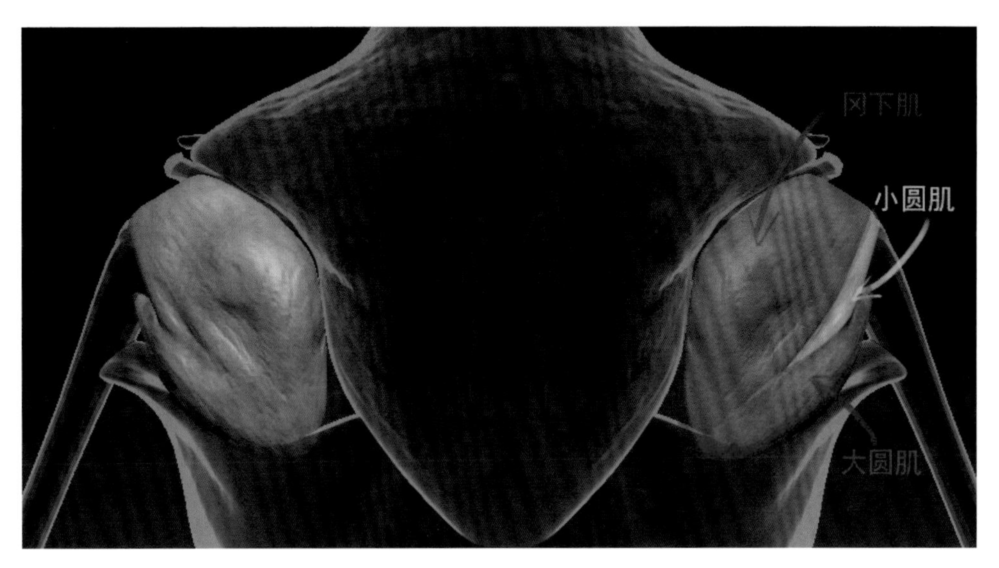


图3-85

4 第四部分是骶棘肌。两条扁圆柱形的肌肉，附着于脊椎两侧，上端被斜方肌末端形成的韧带覆盖，下端连接至骶骨和骨盆。骶棘肌在背阔肌下沿和臀大肌上沿的区域形成了一个菱形，如图3-86所示。

5 雕刻背部肌肉的时候，我们先从斜方肌开始。根据肌肉走势，使用Clay从后脑的枕骨开始，至肩胛冈覆盖一层薄薄的肌肉形体。（背部肌肉形体大多较为扁平，和肱二头肌、肱三头肌的肌肉形体不同。）从肩胛骨内侧缘向下至胸廓的下边缘，雕刻出像矛尖一样的肌肉形状，斜方肌的雕刻暂时完成，如图3-87所示。

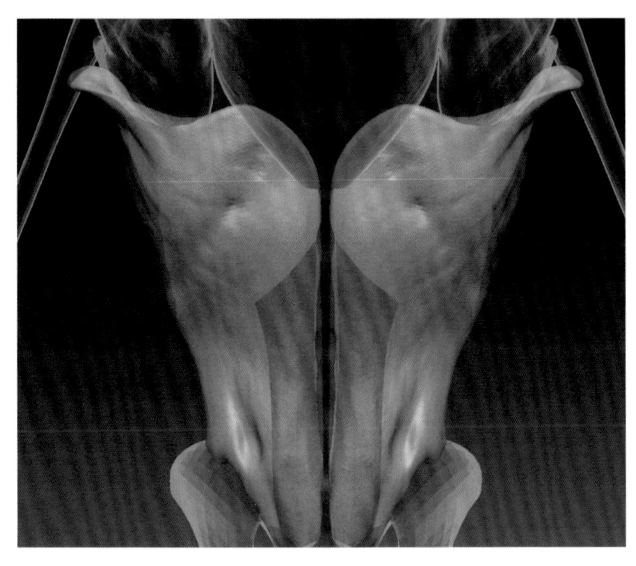

图3-86

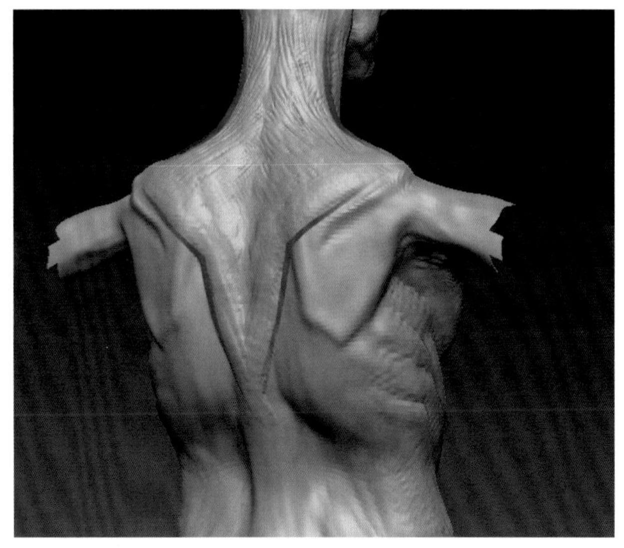

图3-87

6 背阔肌有一段连接至肱骨上端，我们先在肱骨处设定一个标记，然后沿标记，从肱骨处向腋窝以下至后背部雕刻背阔肌，如图3-88所示。

**注意：** 背阔肌向前覆盖住前锯肌肉。一些解剖类书籍会把前面的肌肉和后面的肌肉分开描述，但是我们在雕刻的时候，要将肌肉联系在一起，要将肌肉的起始点以及肌肉与肌肉之间的覆盖关系都搞清楚。背阔肌暂时塑造完毕，如图3-89所示。

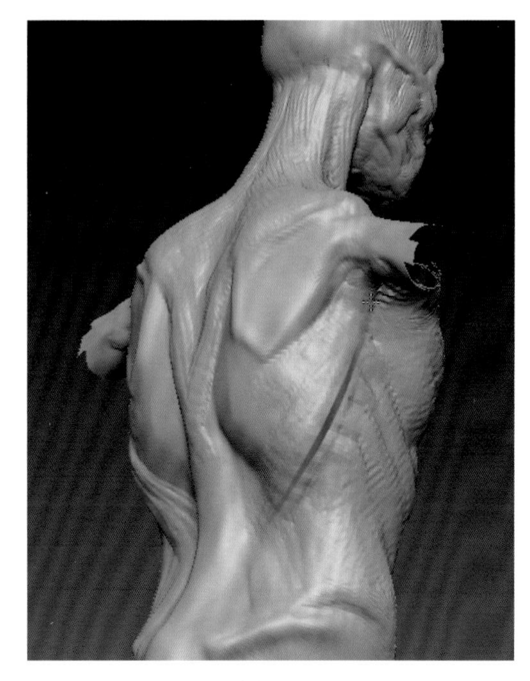

图3-88

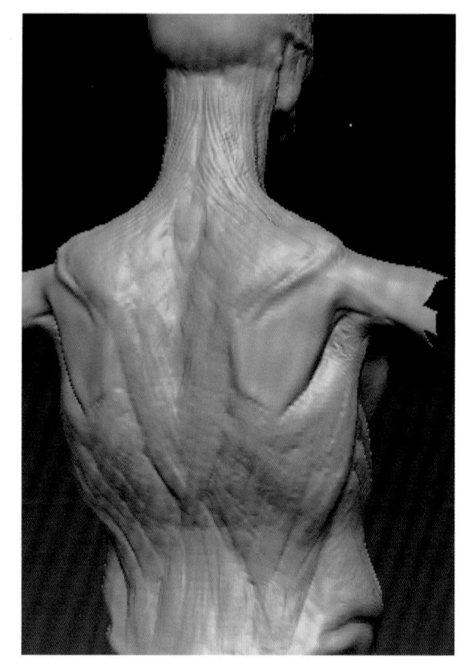

图3-89

下面，我们要开始塑造肩部肌肉和肩胛骨处的肌肉。肩部和躯干部连接紧密，而且肩胛骨的部分肌肉被肩部的三角肌覆盖，所以我们先来雕刻三角肌。

三角肌，顾名思义是一块三角形的肌肉。严格来说，它是由前部、中部和后部三部分组成的。在上肢肌肉雕刻中，我们将会详细介绍，三角肌的高点和转折点如图3-90所示。

从肩胛冈的上部至肩峰处，从肩峰至锁骨处雕刻三角肌，如图3-91所示。注意：①三角肌高点；②三角肌前部与胸大肌的覆盖关系。

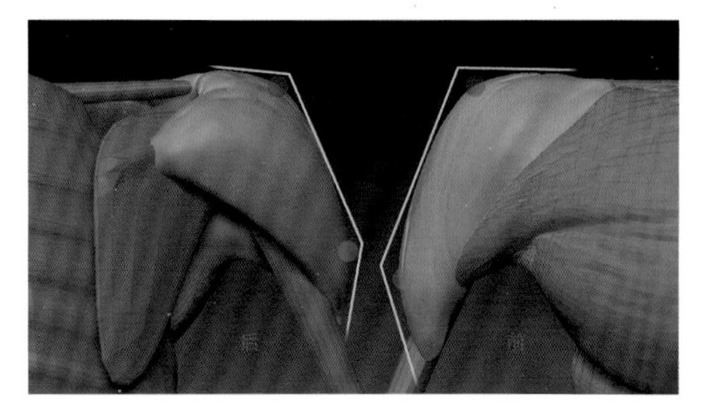

图3-90

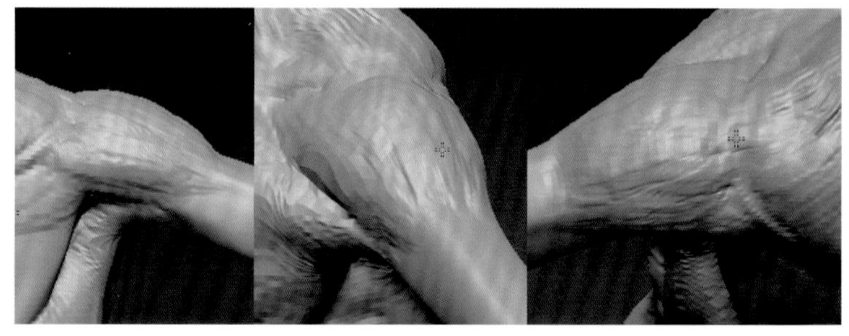

图3-91

三角肌雕刻完毕以后，从肩胛冈至肩胛骨下角依次雕刻大圆肌、小圆肌和冈下肌，如图3-92所示。

在整体背部肌肉雕刻完毕以后，升级模型面数，然后继续由上至下强调肩部的斜方肌。将斜方肌增厚，使用ClayTubes雕刻出肌肉纤维的走势。注意要将肌肉的界限雕刻得分明一些。这样整个背部肌肉雕刻完毕，如图3-93所示。

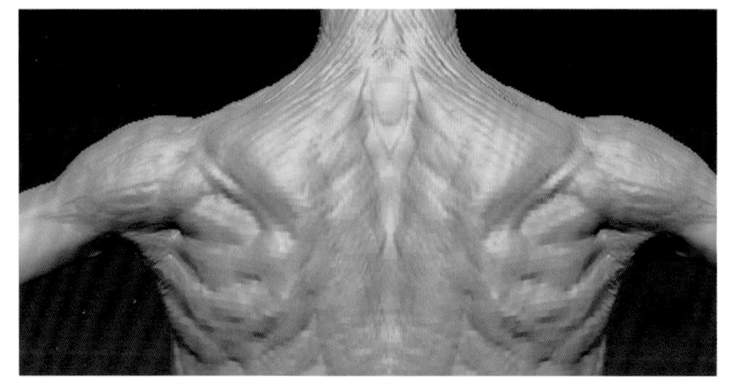

图3-92

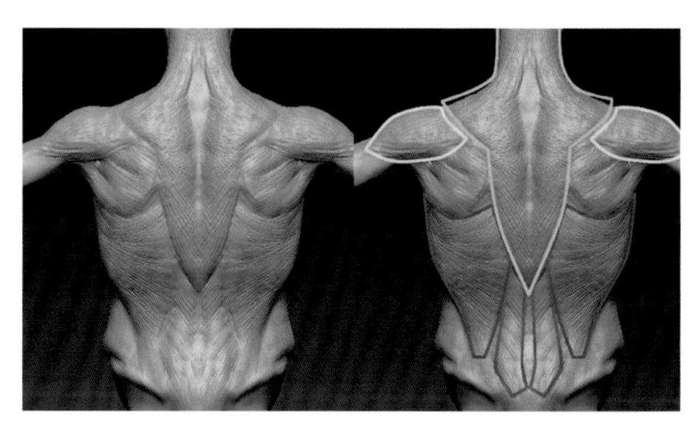

图3-93

小结：背部肌肉形态特点：

① 肌肉形态较为扁薄，同前胸和腹部肌肉相比，后背肌肉的形态都比较扁、薄，没有出现类似腹部的小圆块的结构。

② 背部肌肉主要由两大部分组成，即斜方肌和背阔肌。这两部分肌肉在颈部以及后背的形态当中起到非常重要的作用。

③ 背部肩胛部分的体表形态不仅受肌肉影响，更多的是受肩胛骨和脊柱的影响。

（4）雕刻臀部肌肉。

臀部是躯干与下肢的连接部，在体表有独立的块面关系。

臀部肌肉分三大部分，即臀大肌、臀中肌和阔筋膜张肌。男性的臀部脂肪量较少，相对女性臀部呈现小而方硬的形态特点，如图3-94所示。

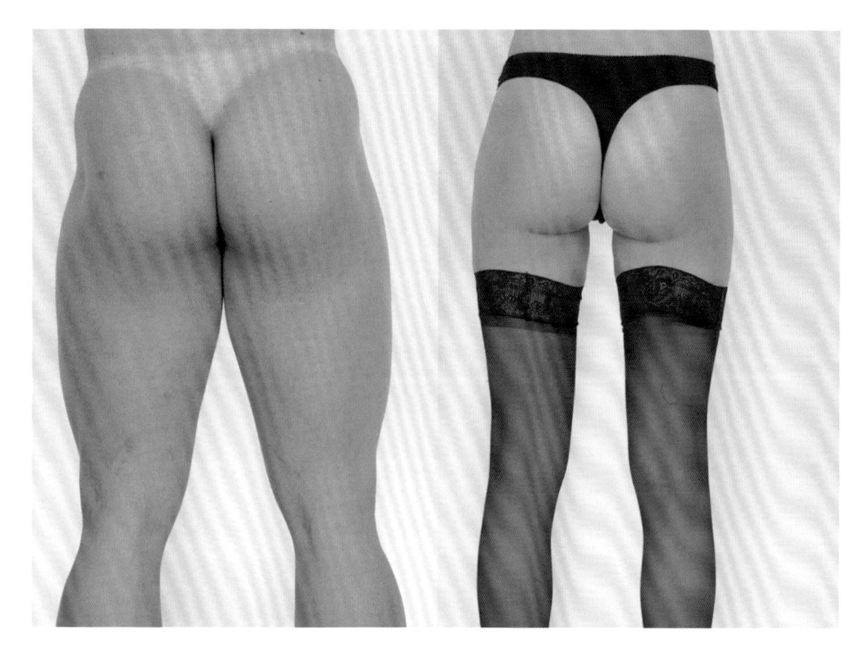

图3-94

臀部肌肉一端附着于骨盆的后面和侧面的脊上，另外一端附着于大转子处。由于肌肉形态的影响，使得大转子附近在体表呈现凹陷的形态，臀部整体从后面看像两个蚕豆，如图3-95所示。

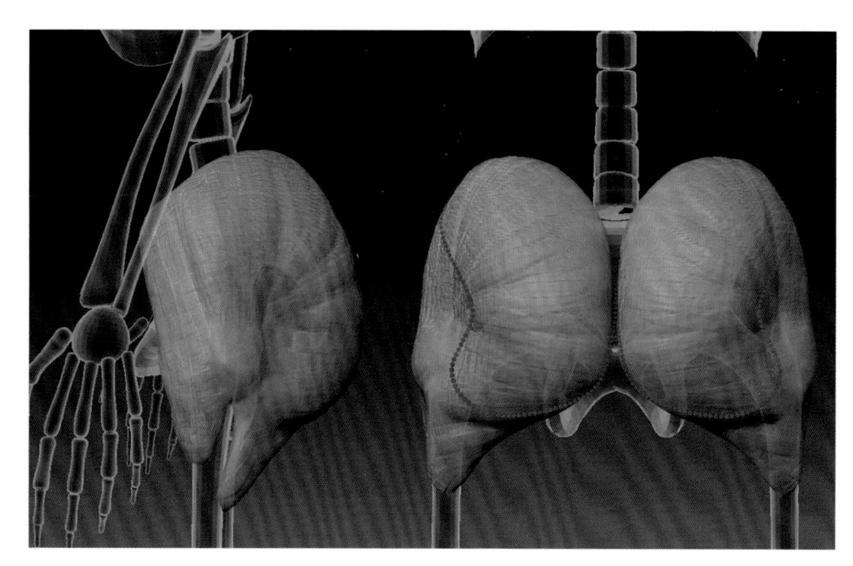

图3-95

使用Clay沿盆骨至大转子雕刻臀部肌肉。注意臀部肌肉比较厚实，特别是臀大肌，注意肌肉的生长方向，如图3-96所示。

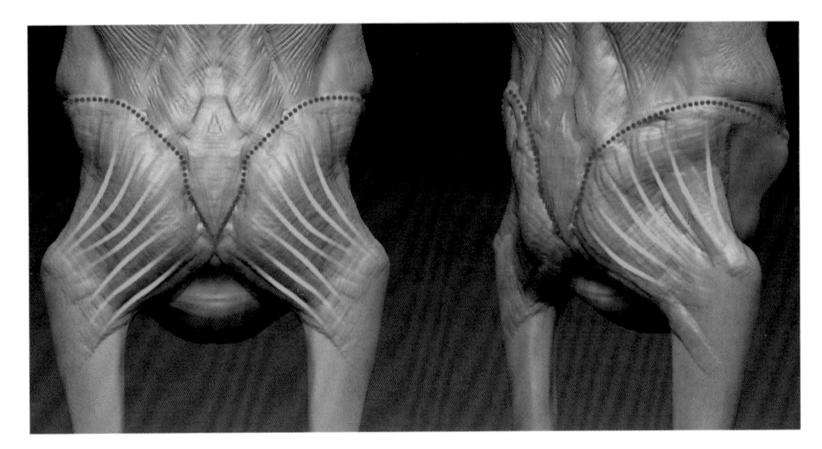

图3-96

使用Rake沿肌肉走势雕刻，我们可以清晰地看到，臀部肌肉发端于骨盆的脊部，终止于大转子，如图3-97所示。

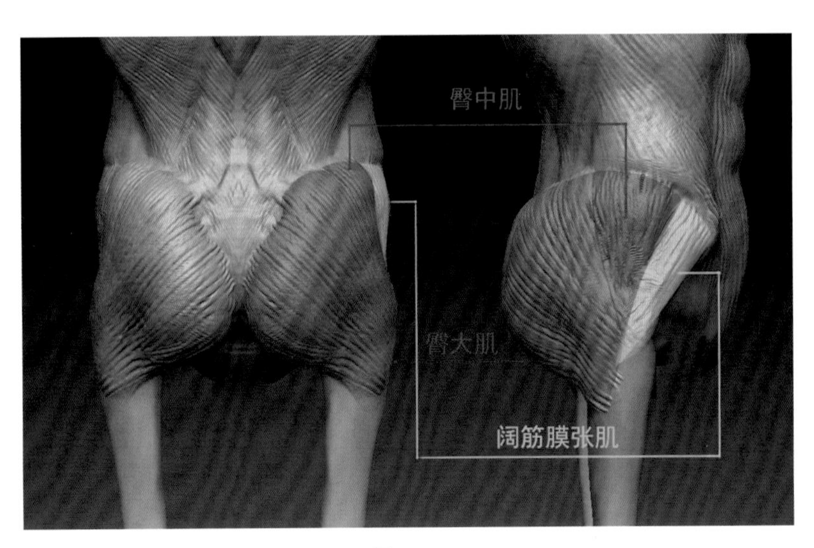


图3-97

至此，躯干部的肌肉全部雕刻完毕，效果如图3-98所示。

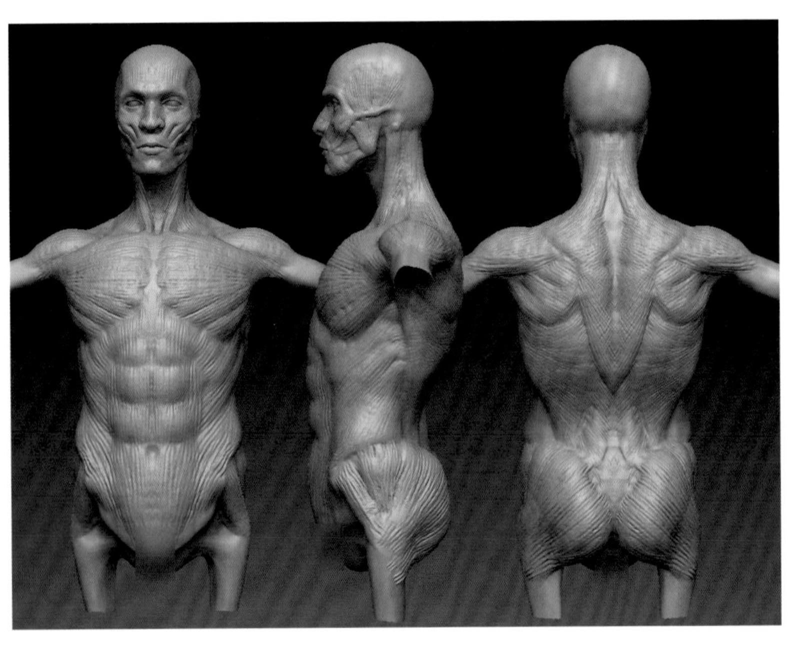

图3-98

## 3.2.4 雕刻上肢肌肉

正因为类人猿的直立行走，解放了前肢，所以才进化成人类。人类的大部分带有技巧性的劳动主要靠上肢完成，上肢的运动比下肢更加灵活，上肢的肌肉较下肢肌肉相比，体积较小且块数较多、较复杂，如图3-99所示。

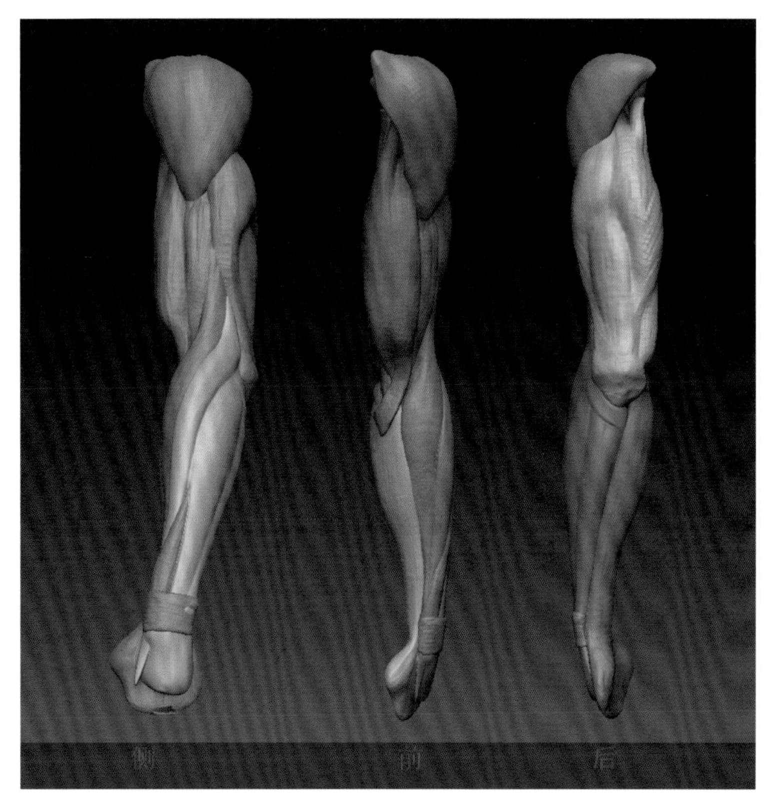


图3-99

上肢肌肉由上臂肌肉和前臂肌肉两大部分组成，让我们先进行上臂肌肉的雕刻。

（1）添加上臂肌肉。

我们把三角肌也归结到上臂肌肉当中，因为三角肌是承接躯干与上肢的重要部分。上臂肌肉主要由三角肌、肱二头肌、肱肌和肱三头肌组成。较前臂肌肉相比，上臂肌肉的形态较为饱满和厚实（主要因为当手臂承担了一些力量性活动时，上臂会负担其中大部分工作），其中肱二头肌和肱三头肌都或多或少呈现纺锤形状，如图3-100所示。

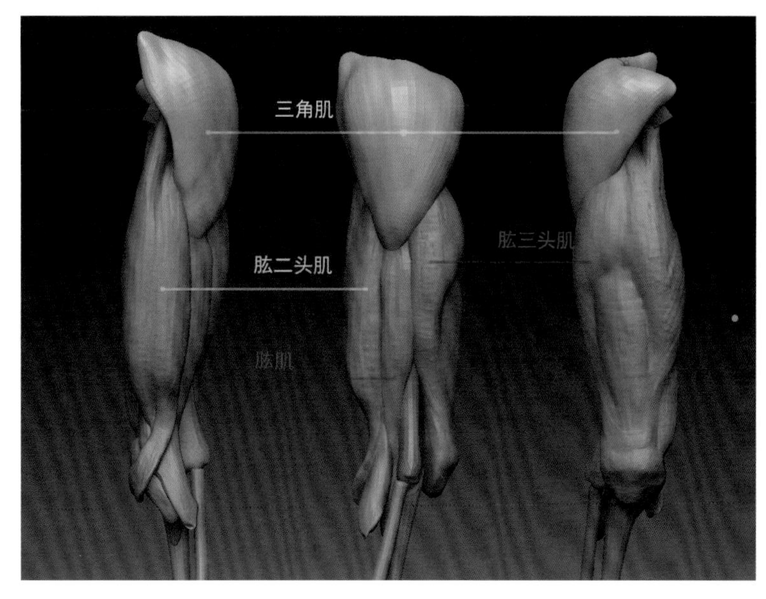


图3-100

首先调整三角肌的形状。相对于我们雕刻的形体来说，现在的三角肌稍显弱小，我们要使用Clay增加三角肌的面积和厚度。注意：三角肌不要雕刻得很圆，要突出其高点和转折。接着使用Clay沿肱骨从肩部至肱骨末端雕刻肱二头肌。注意：肱二头肌呈现纺锤形，如图3-101所示。

在肱骨的后面雕刻肱三头肌。肱三头肌在靠近三角肌的位置上有两个突出的结构点，肱三头肌在上臂外侧和内侧的两个部分像两个钳子一样钳住中间较为平直的肌肉部分，如图3-102所示。

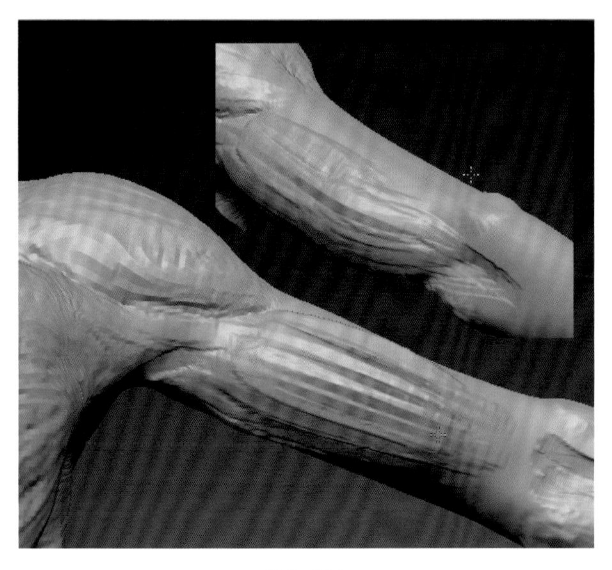
图3-101

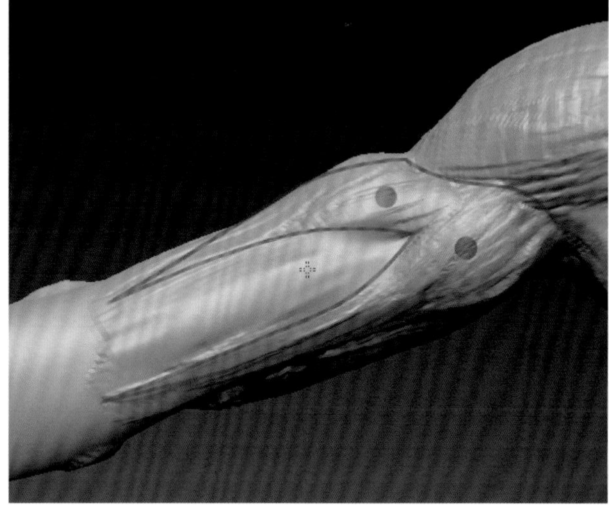
图3-102

肱三头肌和肱二头肌中间的一块肌肉较平直，叫肱肌。使用Clay大致确定肱肌的结构和位置，雕刻完毕如图3-103所示。

因为上臂和前臂结合很紧密，所以雕刻的时候，通常我们确定好上臂的大致结构以后就雕刻前臂，这样才能做到整体性。接下来我们来雕刻前臂肌肉。

（2）雕刻前臂肌肉。

因为前臂在进化过程中承担了大部分复杂、灵活的劳动，所以前臂肌肉和上臂肌肉相比，肌肉多呈现带状，比较薄而且较多。特别是外伸肌群和内伸肌群有比较多的肌肉，在这里我建议大家不必死记肌肉的名称，不妨把前臂的肌肉分成两个部分，外侧部分和内侧部分，先利用体块关系记住它们的位置和形态，如图3-104所示。

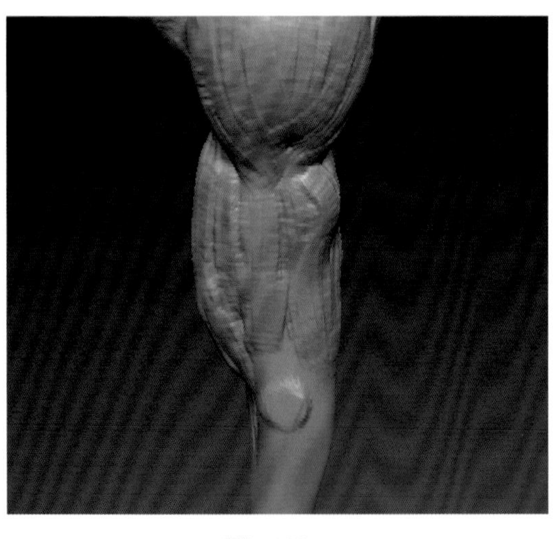
图3-103

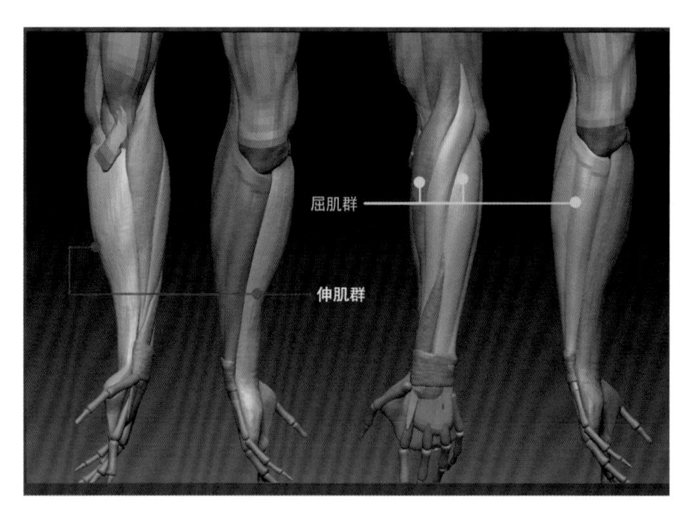

图3-104

使用Clay将前臂骨骼雕刻得较为饱满，为添加肌肉做准备，从肱二头肌下端的侧面开始雕刻外伸肌群。注意：这组肌肉被肱二头肌覆盖，并且覆盖住肱肌，这组肌肉从肘关节至尺骨前有一个前绕的趋势，如图3-105所示，这也是前臂肌肉雕刻的难点。

从前臂下侧致手腕部分雕刻内伸肌群。要将前臂下侧塑造得较为丰满，在这里要注意以下3点。

① 外伸肌群和内伸肌群的高点连接起来是一条斜线，内伸肌群的高点离手腕的距离近些，如图3-106所示。

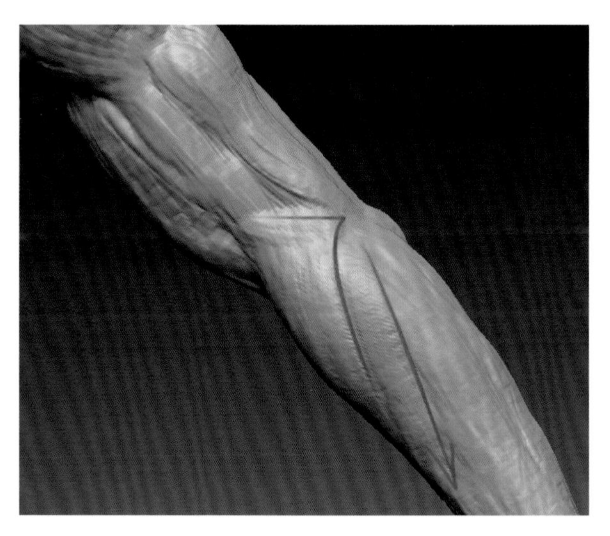

图3-105

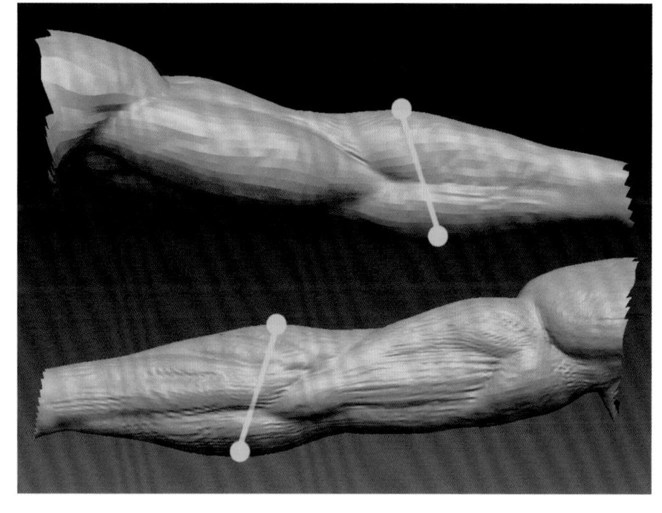

图3-106

② 外伸肌群和内伸肌群的前面和后面都有一条清晰的分界线，如图3-107所示。

③ 调整肌肉形体。使用Move调整一下形体，使肌肉的形态相互协调，并使用Rake沿肌肉的生长方向雕刻。整条手臂雕刻完成后的形体效果如图3-108所示。

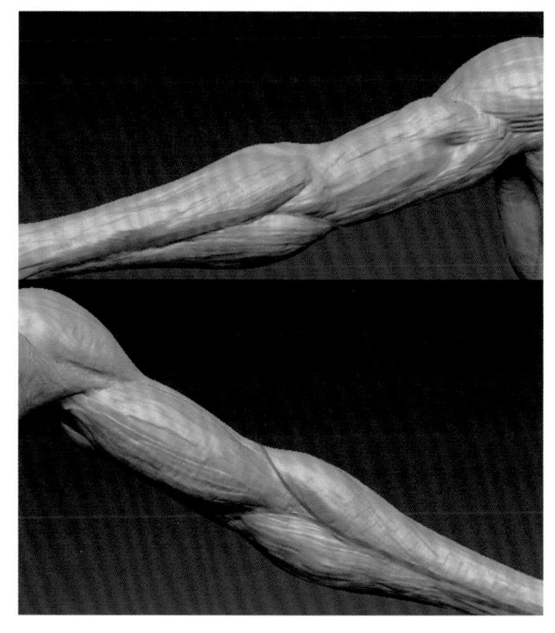

图3-107

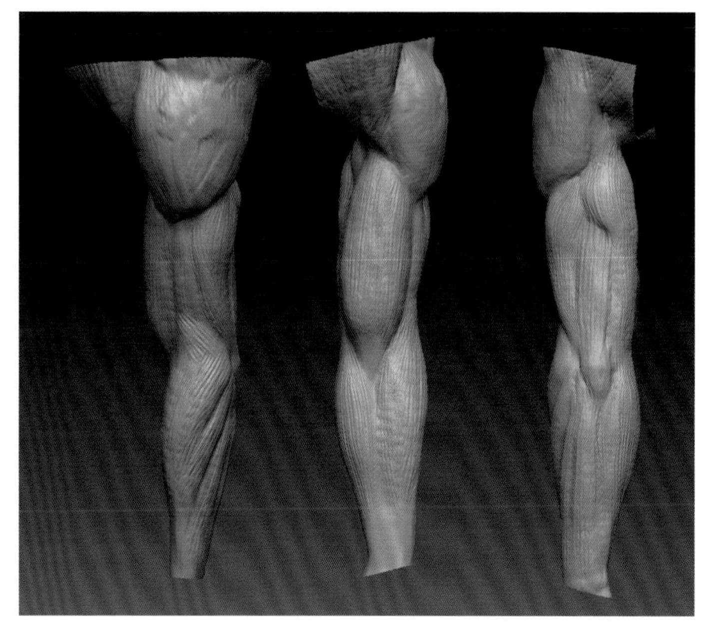

图3-108

### 3.2.5 雕刻下肢肌肉

在站立和运动的时候，下肢承担了整个人体的重量，所以下肢肌肉非常粗壮，尤其是大腿部的肌肉。大腿部的肌肉主要分为前部和后部两大体块，前部以缝匠肌为界分为上、下两部分，上部主要由髂腰肌、耻骨肌、长收肌、大收肌和股薄肌等构成。其实我们一般不需要记住这些肌肉的名称和位置，可以把大腿的前上部看成一个体块，这个体块一部分连接在髂前上棘至耻骨一线，一部分连接坐骨，如图3-109所示。

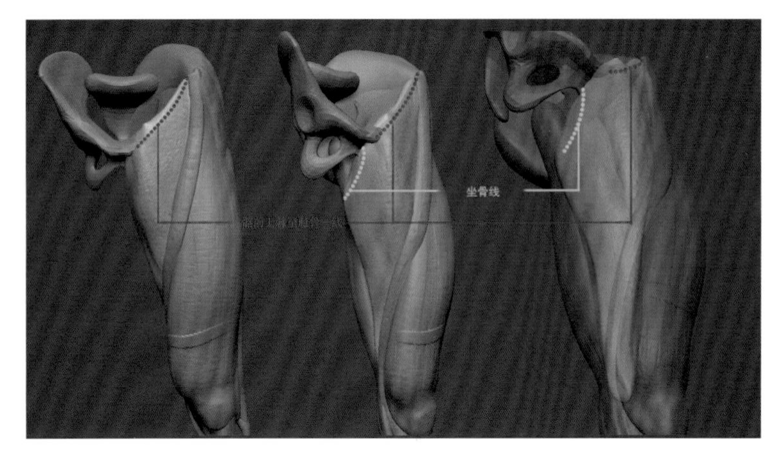


图3-109

下部主要由股内肌、股外肌和股直肌构成，如图3-110所示。

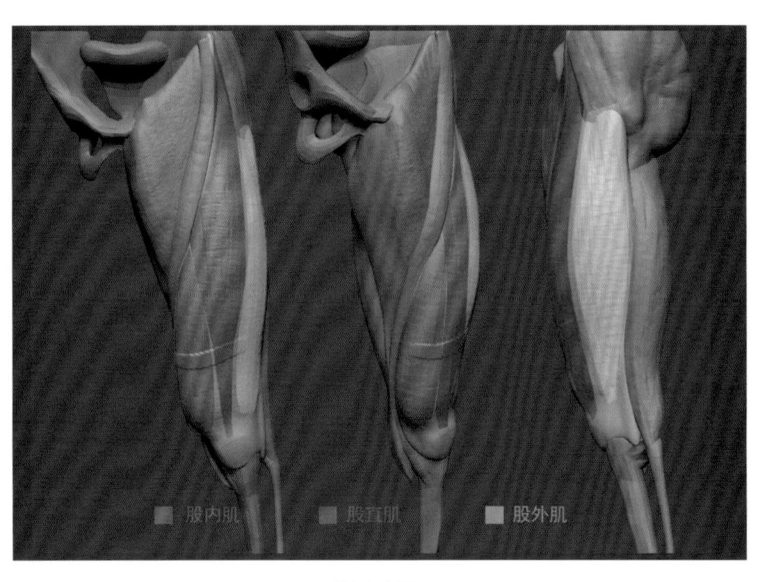


图3-110

后部主要由股二头肌、半膜肌和半腱肌构成，如图3-111所示。

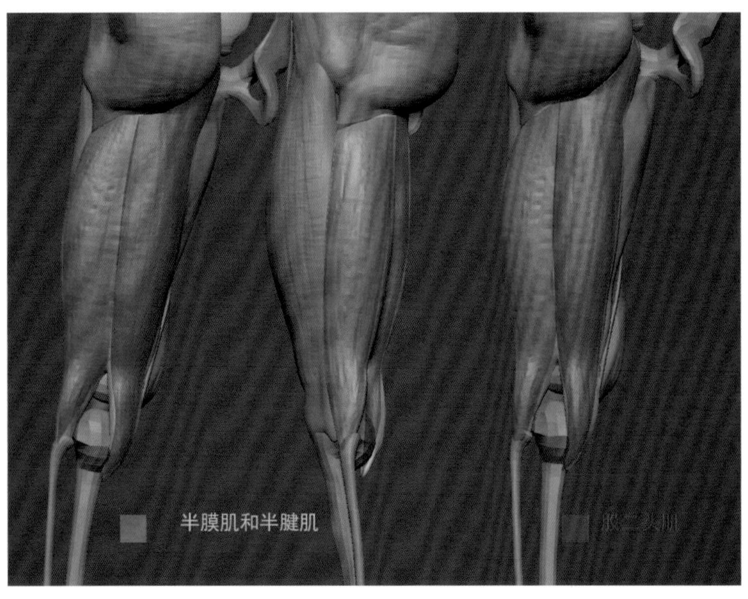


图3-111

（1）雕刻大腿肌肉。

1 使用Magnify（扩大笔刷）将大腿骨膨胀变粗，此过程中，有些网格会发生扭曲，我们需要使用Move进行修改。修改前后的对比如图3-112所示。

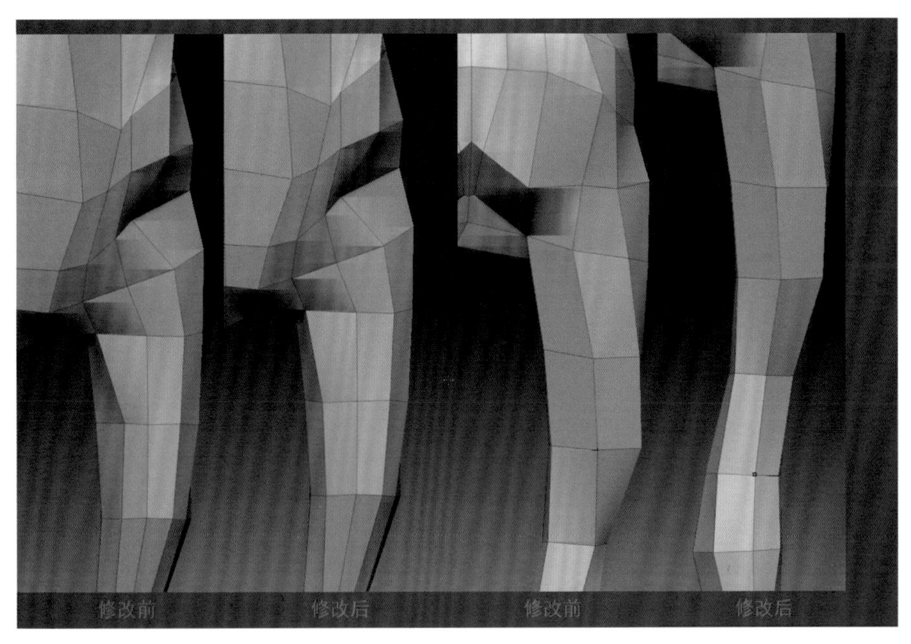


图3-112

2 在大腿的正面和侧面增加厚度，并且初步雕刻股直肌。在盆骨正面和大腿交界的地方，增加阔筋膜张肌的厚度，并雕刻其在大腿外侧的形体，如图3-113所示。

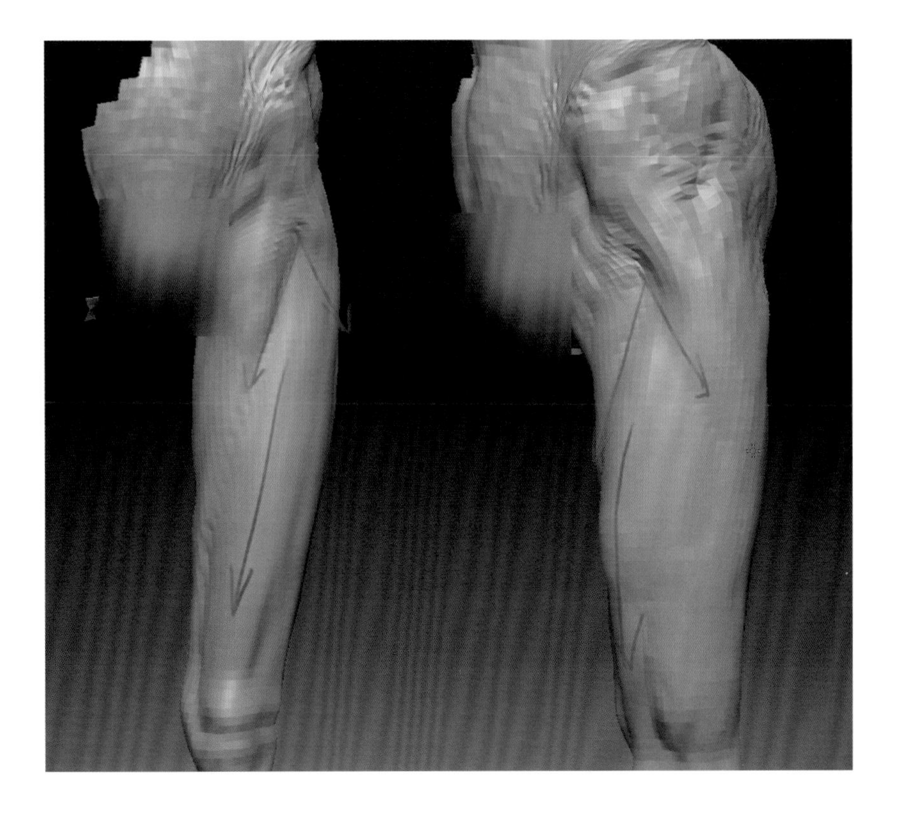

图3-113

3 继续从正面、内侧和外侧分别雕刻股直肌、股内肌和股外肌，使它们的造型更加饱满，边界更加明确，如图3-114所示。

4 我们把大腿后面的形体概括成一个较方正的体块，这个体块接近膝关节后面的时候，肌肉的两端分别附着在骨关节的两侧，形成了一个向下的叉形，如图3-115所示。

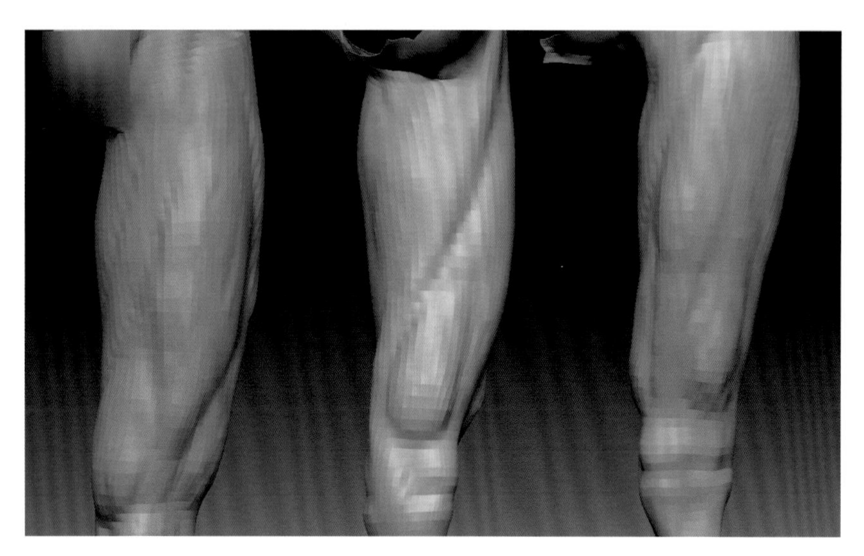

图3-114

图3-115

5 升级以后继续强化各个结构。需要注意的是股直肌与股内肌、股外肌之间的关系，如图3-116所示，股直肌像一个箭头一样插入股外肌与股内肌组成的三角形区域。

6 使用较小的Standard界定肌肉边界。利用Rake雕刻肌纤维走势。雕刻完毕的效果如图3-117所示。

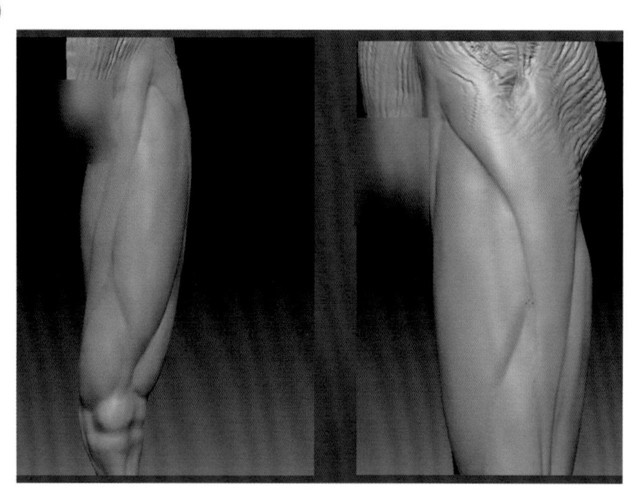

图3-116

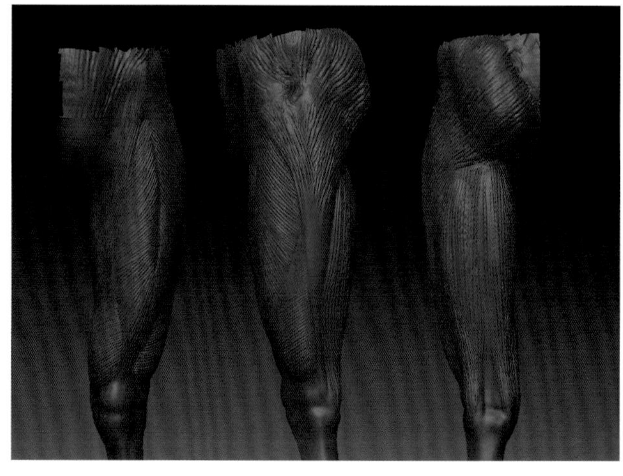

图3-117

（2）雕刻小腿肌肉。

小腿肌肉对应上肢的前臂肌肉，相比大腿肌肉，小腿肌肉数目多，形态以长条状为主，如图3-118所示。从正面看，小腿肌肉外侧为一长曲线，而内侧的转折关系更加明显，外侧高点比内侧高点要高。从侧面看，小腿肌肉前面为一长曲线，而后面的转折关系更加明显。小腿肌肉主要可以从外侧、内侧和后面三个方向了解和分析。从前部看，以胫骨为界，分为内、外两个部分，外侧为胫骨前肌，由趾长伸肌和腓骨长肌构成，这三块肌肉均为长条形肌肉，上端均附着在内侧，下端分别连接在足内侧、足外侧，以及绕过外踝连接足底。内侧可以看到一部分腓肠肌和比目鱼肌。从后面观察，主要有一整块腓肠肌以及两侧的比目鱼肌和下方连接跟骨的跟腱。

1 首先，我们利用Magnify（膨胀）雕刻小腿部的骨骼部分，基本造型如图3-119所示。

2 升级以后雕刻胫骨前肌，胫骨前肌位置如图3-120所示。

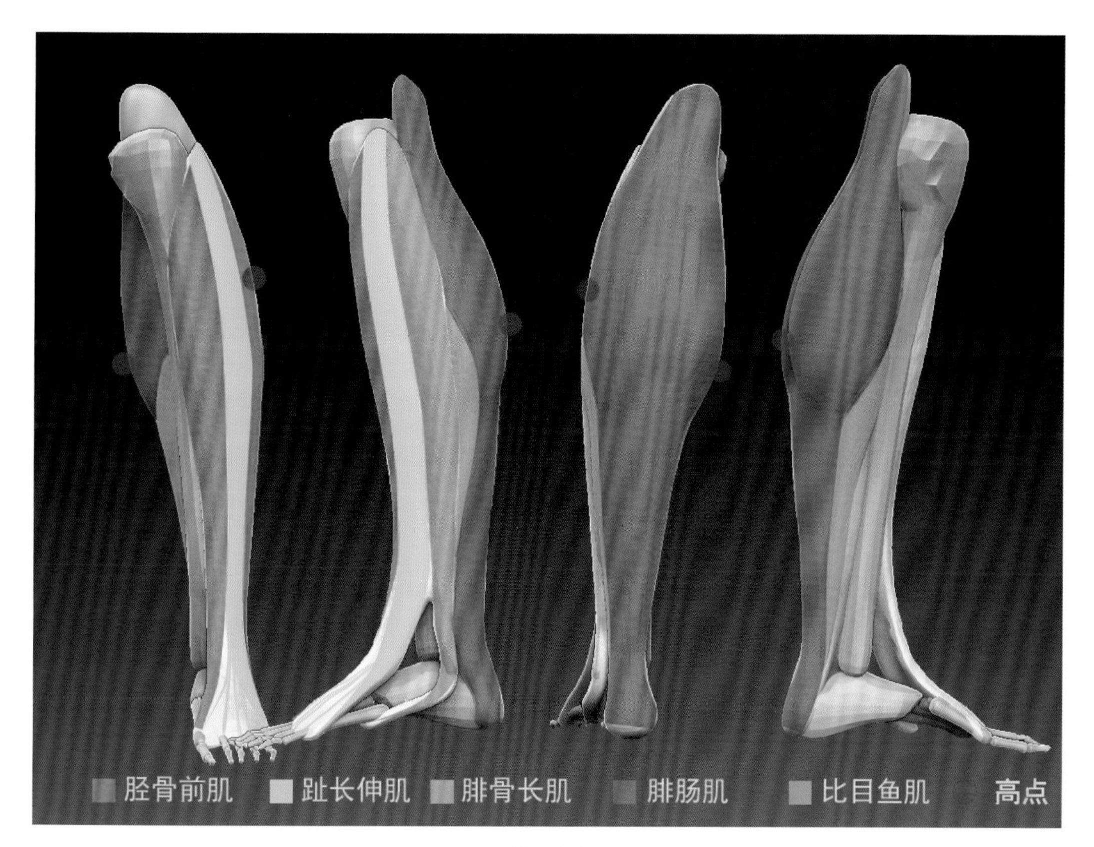

图3-118

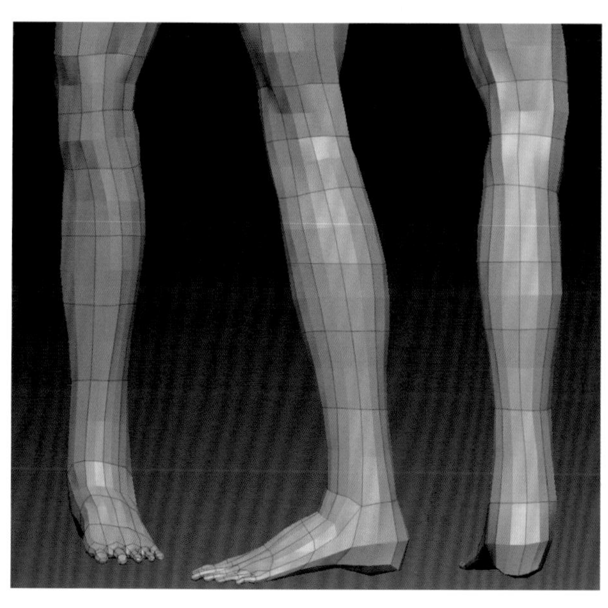
图3-119

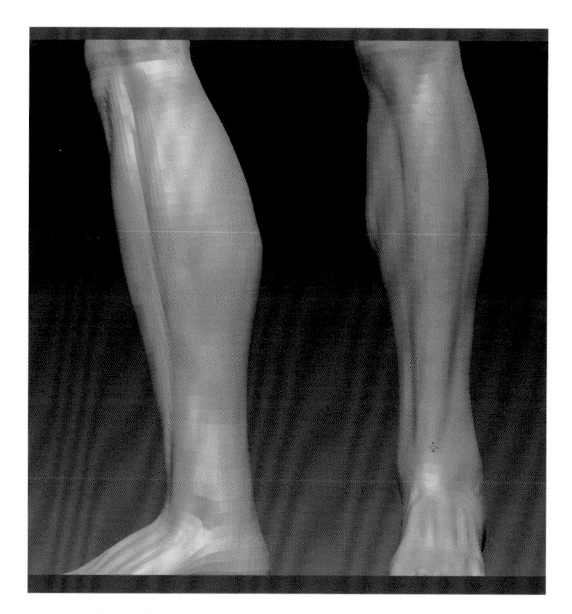
图3-120

3 接着从外侧雕刻趾长伸肌和腓骨长肌，注意趾长伸肌和腓骨长肌在足部的延伸，如图3-121所示。

4 从内侧雕刻比目鱼肌，从后面雕刻腓肠肌，注意腓肠肌和下端的跟腱所形成的阶梯状弧面，如图3-122所示。

5 使用Standard，单击Stroke菜单，将LazyStep的数值调节至30。选择Alpha01作为笔刷的Alpha。将笔刷调小，然后雕刻小腿肌肉的交界，如图3-123所示。

6 最后使用Rake雕刻肌肉走向，如图3-124所示。

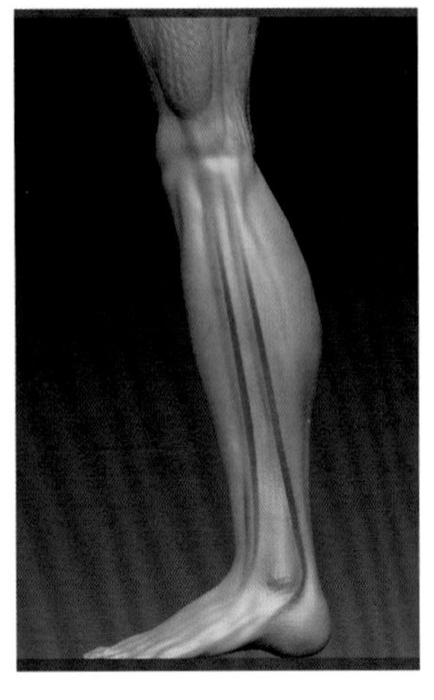

图3-121

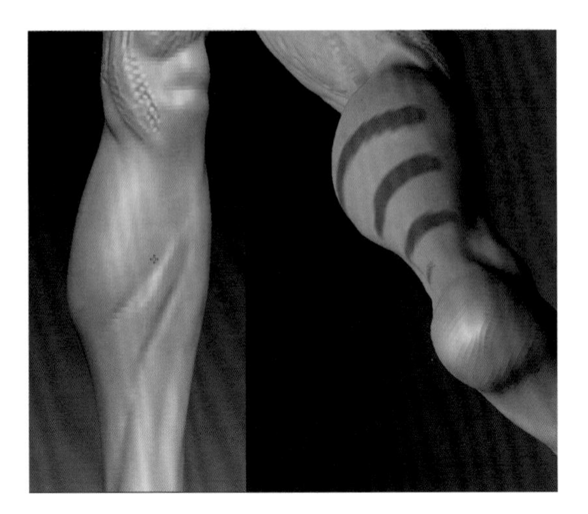

图3-122

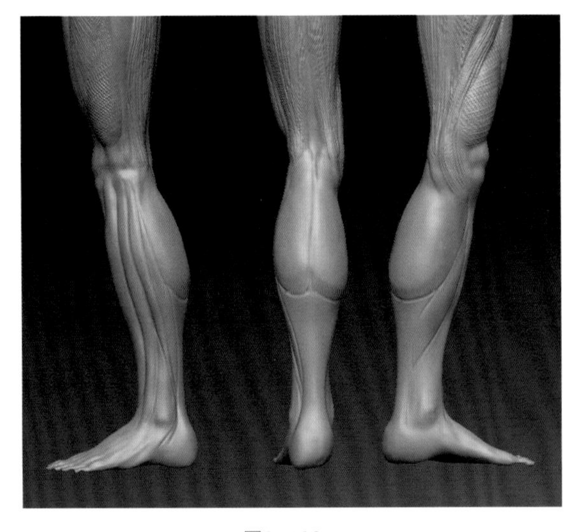

图3-123

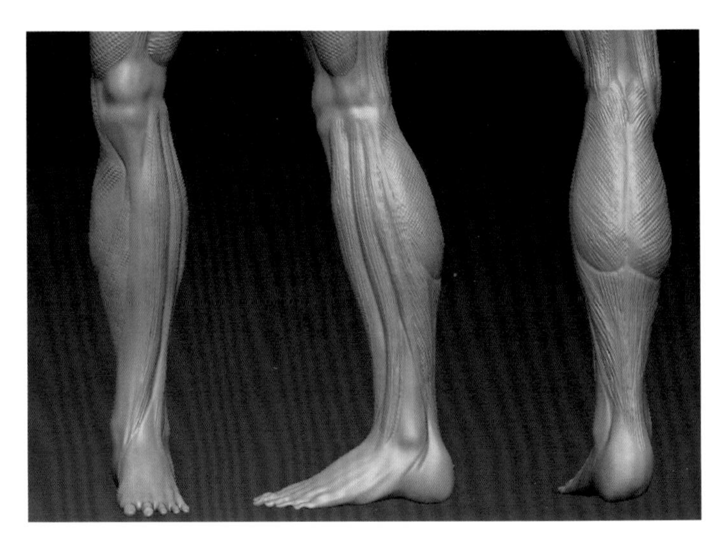

图3-124

## 3.3 添加表皮和脂肪

人体在肌肉之上还覆盖有表皮和脂肪，脂肪填充了肌肉与肌肉之间的缝隙，表皮再次弱化了肌肉与肌肉之间的边界，所以在体表一般看不出生硬的肌肉边界，即使在肌肉发达的人身上，也只能看到体块关系。要想雕刻出优秀的作品，应该多观察真实人体的体表，而不仅仅是研究解剖，如图3-125所示。

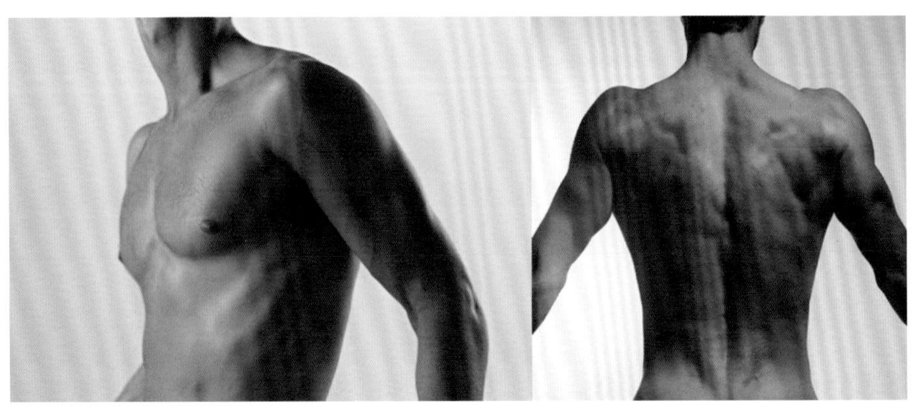

图3-125

## 3.3.1 整体添加表皮

使用Smooth将全身肌肉边界柔化，并且清除肌肉纤维的走势，如图3–126所示。

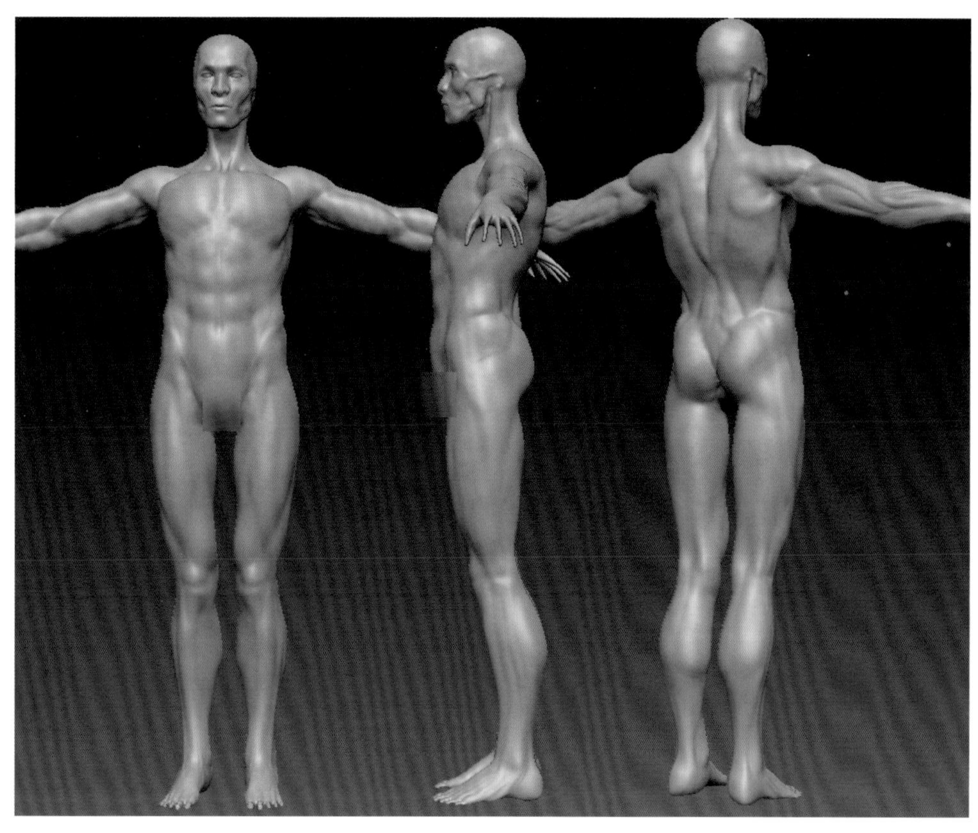

图3–126

## 3.3.2 头部雕刻

1 在保持骨骼大体形状不变的前提下，首先在侧面颧骨与下颌骨的部分添加脂肪和表皮。注意：添加的时候仍然要按照肌肉纤维生长走向添加，如图3–127所示。

2 接着在侧面耳洞的地方粗略标记出耳朵的大致形态，并在耳朵附近添加蒙版，使用Move笔刷，雕刻出耳朵的大致造型，如图3–128所示。

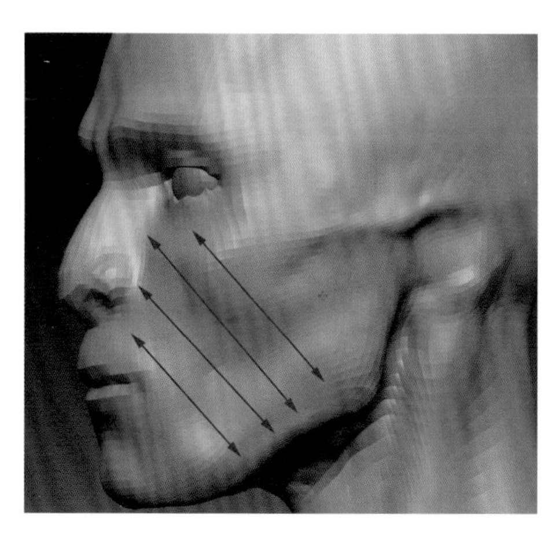

图3–127

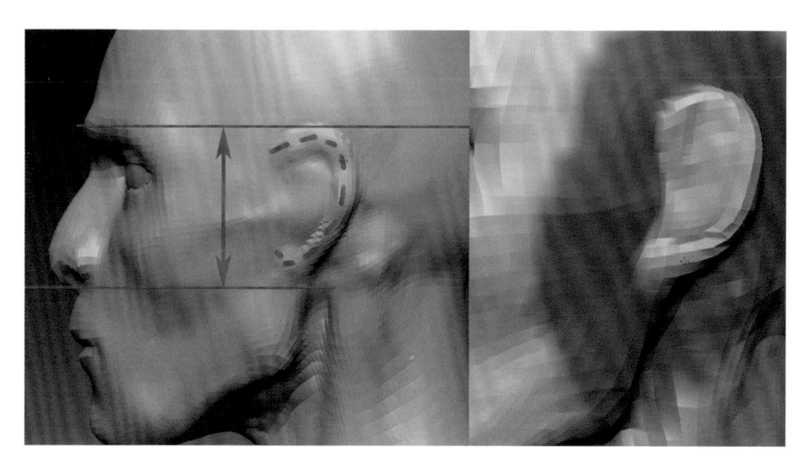

图3–128

3 在这一阶段，检查三庭五眼，调节内眼角和嘴部的比例和形态，如图3–129所示。

4 在面颊的部位添加肌肉，粗略雕刻鼻部的结节和鼻子的侧面高度，如图3-130所示。

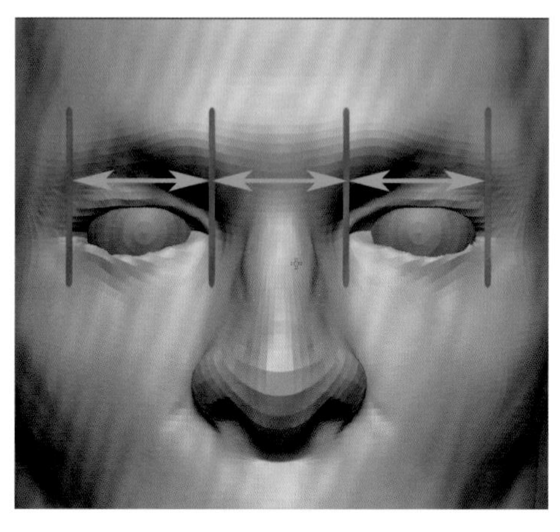

图3-129

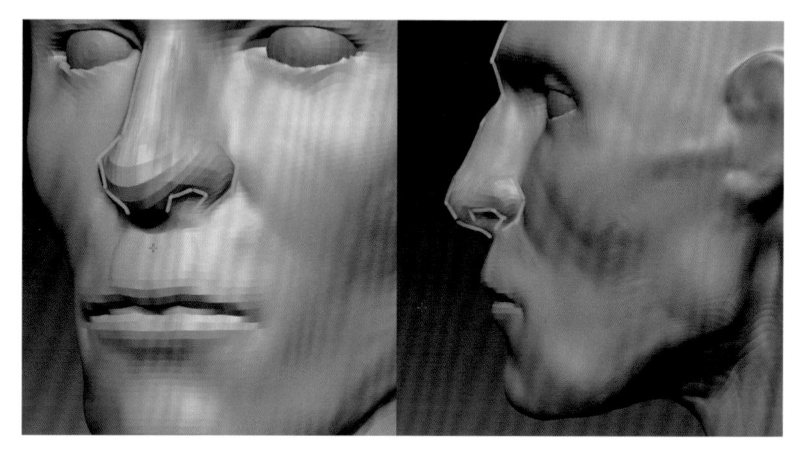

图3-130

5 调节嘴唇的形态，雕刻嘴角部以及下巴部位，注意下巴部分的梯台造型。在口轮匝肌的部位，加强其肌肉厚度，如图3-131所示。

6 加强眼窝部分的深度，并且在眼睛周围添加上眼睑及眉弓的厚度，如图3-132所示。

7 在鼻翼处添加脂肪和表皮，从下至上注意观察面部的块面组合关系，如图3-133所示。

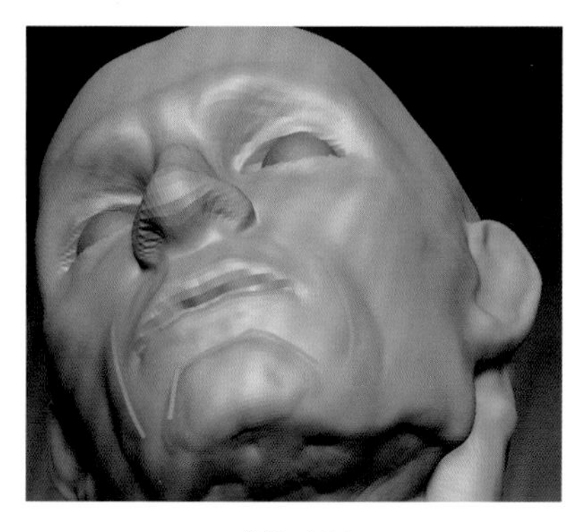

图3-131

图3-132

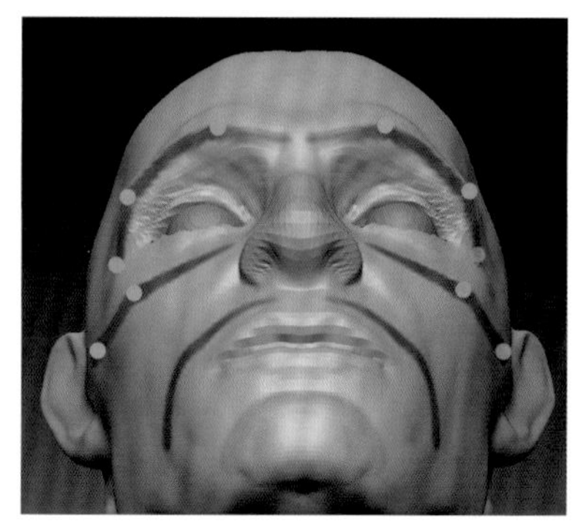

图3-133

8 从多角度雕刻眼部周围结构。注意上眼睑与下眼睑在侧面的位置是一条斜线，而下眼睑在外眼角处要比在内眼角处稍稍厚一些，如图 3-134所示。

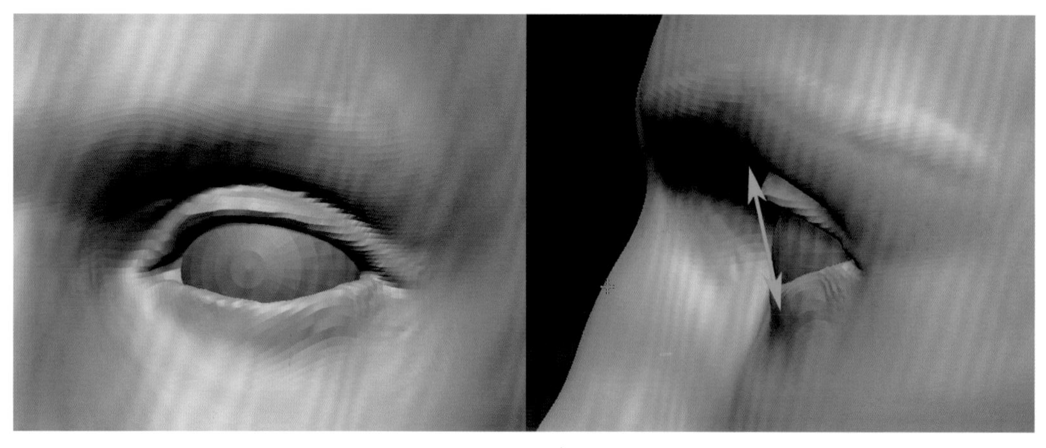

图3-134

9 调整上、下唇厚度，用较小的笔刷雕刻出下唇的清晰边界，深化雕刻人中部分和嘴角部分的结构，如图3-135所示。

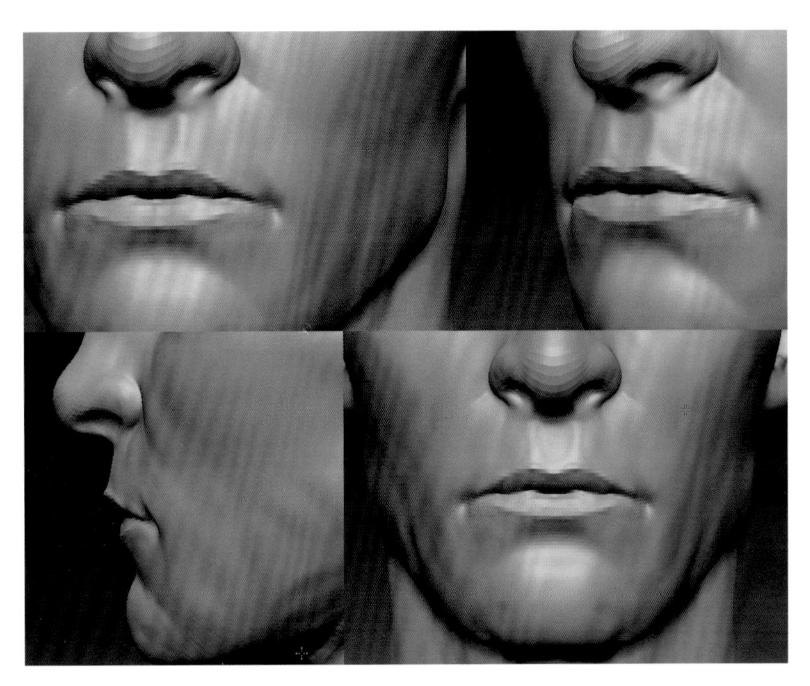

图3-135

10 深入雕刻耳朵部分的结构。虽然耳朵相对面部其他部位的结构更加复杂，但其实耳朵结构有其明显规律可循。我们先用小笔刷雕刻耳内及耳外大致的软骨走势，升级后进一步雕刻耳垂、耳蜗及耳孔还有三角窝部分的结构，如图3-136所示。最后从耳郭的后面观察并雕刻耳廓的厚度，如图3-137所示。

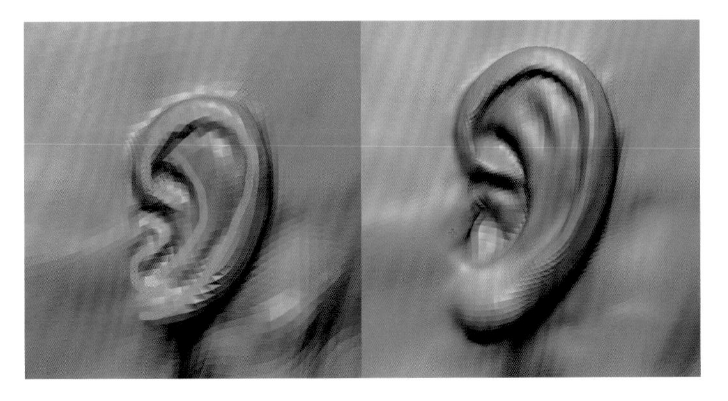

图3-136

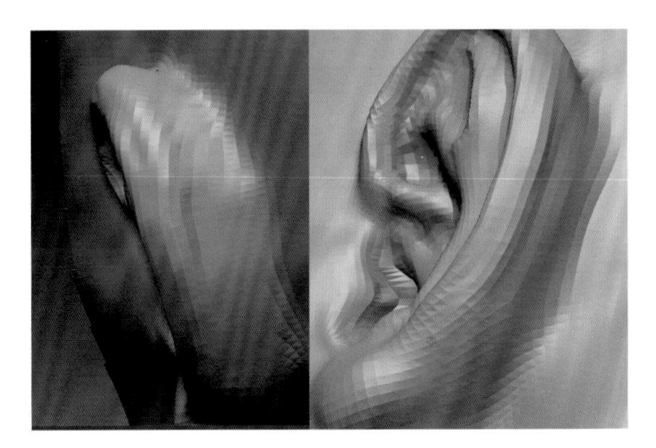

图3-137

11 面部基本雕刻完毕后，我们来雕刻颈部。首先使用Move笔刷增加颈部的厚度，如图3-138所示。

12 然后增加下颌处与颈部连接处的厚度，强化胸锁乳突肌，如图3-139所示。

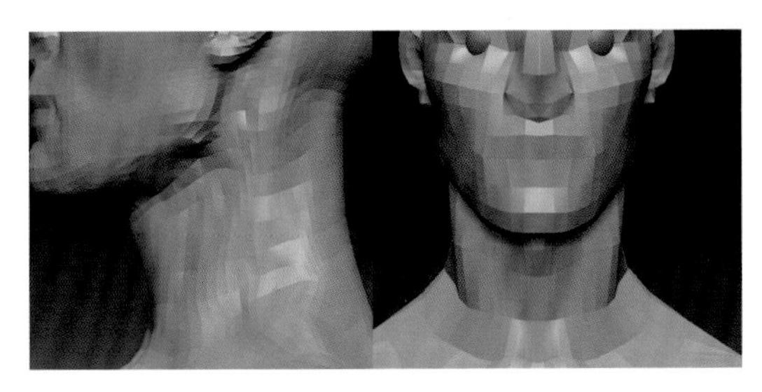

图3-138

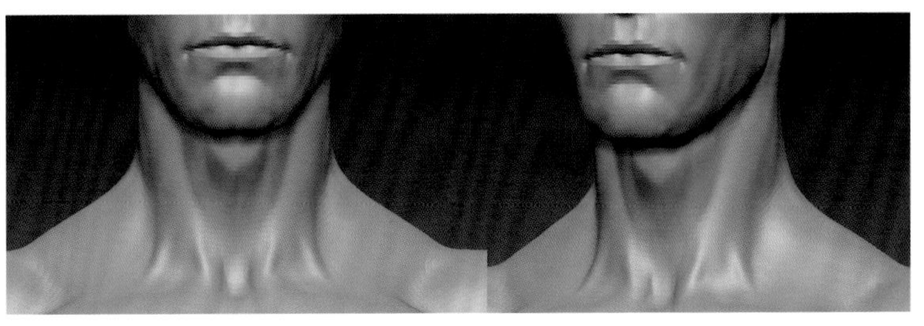

图3-139

13 在雕刻过程中，要从整体而非局部入手，反复观察各个地方的形体并加以雕刻和修改。头颈部雕刻完毕后如图3-140所示。注意从各个角度观察头部造型，并和真实人体头部做对比。

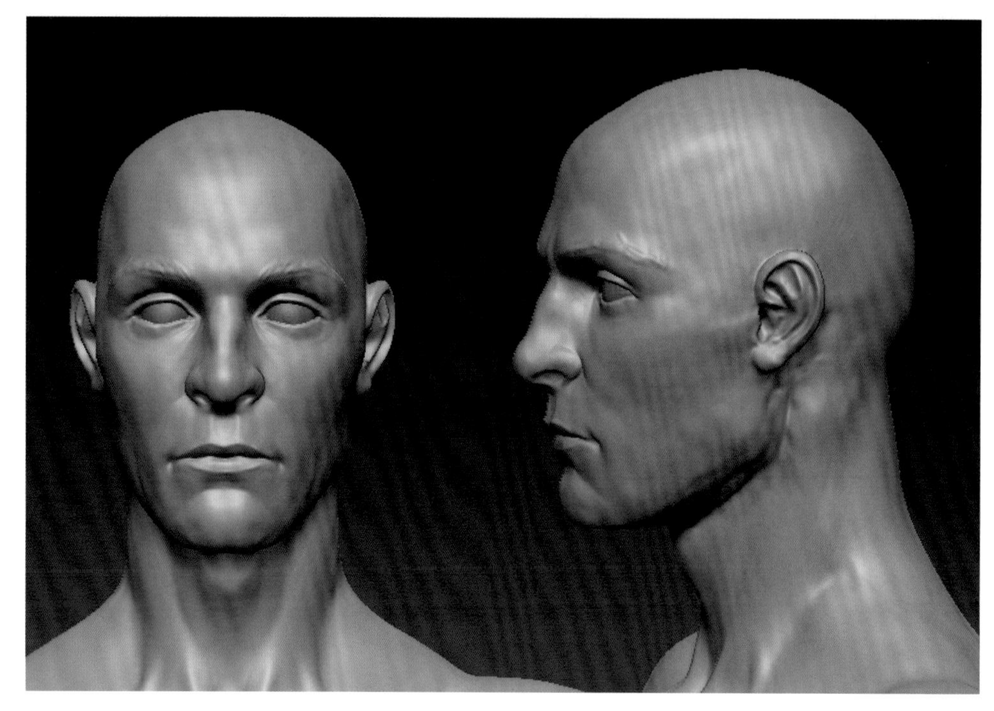

图3-140

### 3.3.3 躯干雕刻

1 人体的躯干雕刻是塑造人体的关键，也是难点，因为其肌肉的变化微妙，我们可以从真实人体和优秀的雕刻作品中体会到。一幅优秀的作品，其体表肌肉、脂肪和表皮所呈现给观众的或清晰、或微妙的变化非常丰富，如图3-141和图3-142所示。

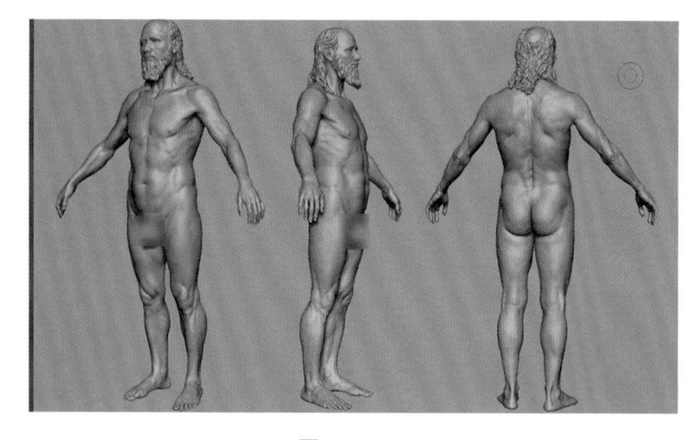

图3-141

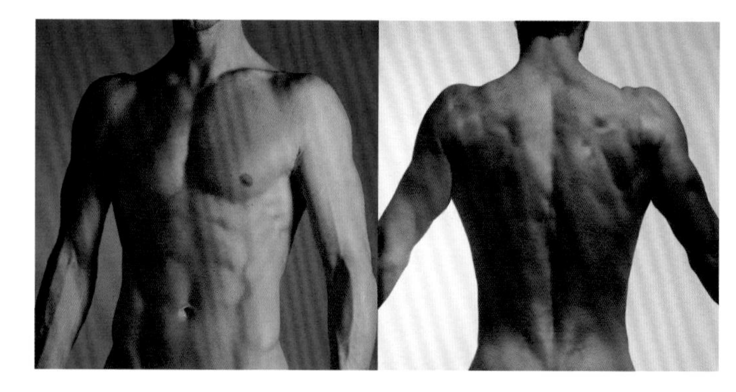

图3-142

2 在进行雕刻时，参考真实图片，从锁骨开始，强调锁骨形态，在三角肌和胸大肌之间添加脂肪，并强调胸大肌的板状结构，如图3-143所示。

3 在脖颈和背部进行雕刻，注意斜方肌与其他肌肉交接的地方要进行融合，使之自然。在肩胛骨附近虽然使用了Smooth进行模糊和融合，但一定要注意保持肩胛骨的平整角度，并且注意大圆肌、小圆肌和冈下肌的位置，如图3-144所示。

4 升级以后，雕刻胸肌的形状，在三角肌、锁骨和胸肌所构成的三角窝位置添加脂肪并进行融合，如图3-145所示。

5 顺延雕刻腹肌，注意腹肌与腹外斜肌的连接，以及肋弓边缘的外形。腹外斜肌和腹肌相接的位置可以雕刻得紧一些，腹外斜肌的其他部分可以雕刻得松一些，这样能够做到张弛有度，如图3-146所示。

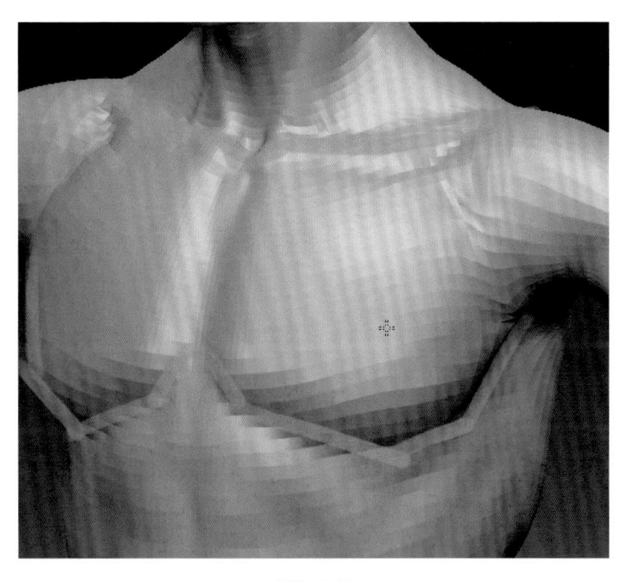

图3-143

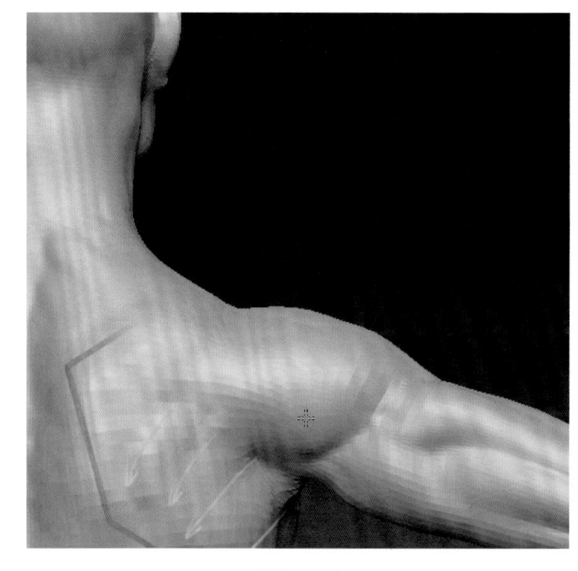

图3-144

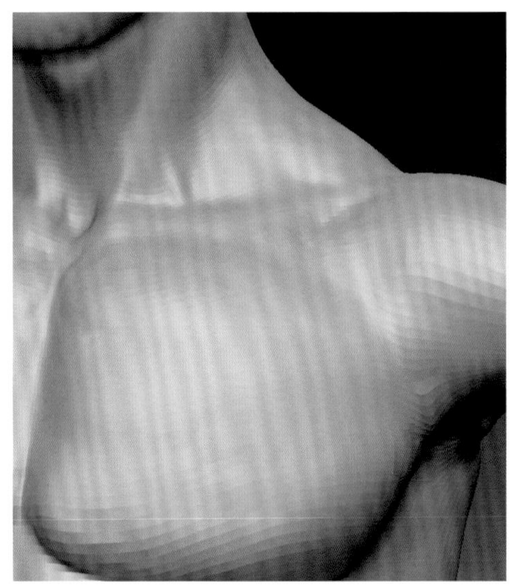

图3-145

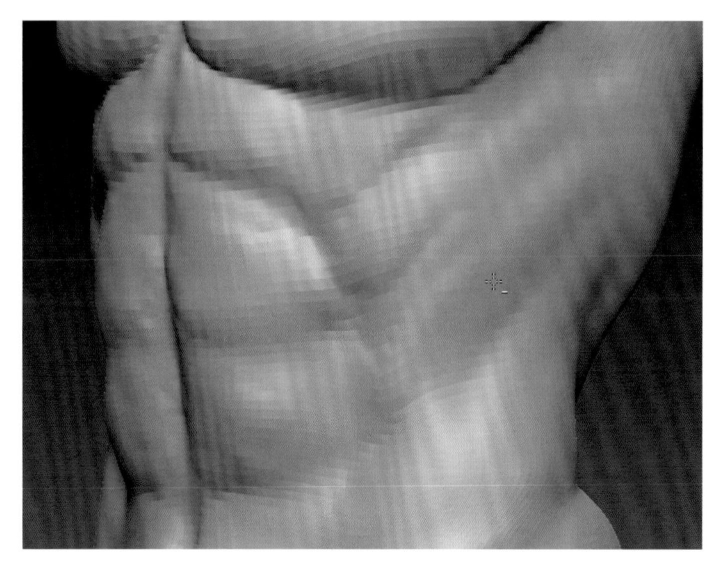

图3-146

6 调整胸肌形态。通过观察我们发现胸肌的板状特征过于明显，而真实人体的胸肌从胸部底沿至胸部最厚的部分是一个弧形过渡，所以我们使用Move配合Smooth修改胸肌造型，升级以后利用较小的Standard深入刻画胸肌中沟和胸肌下沿，调整后如图3-147所示。

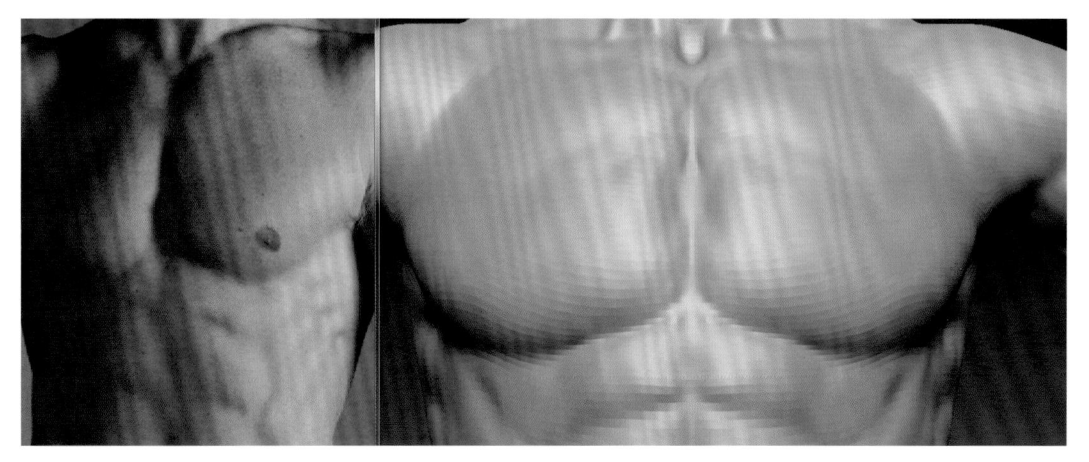

图3-147

7 继续深化腹肌，在肌肉与肌肉交汇的地方，要雕刻得深一些，并且在腹肌横隔的位置，雕刻得虚实错落，如图3-148所示。

8 继续深入雕刻背面的肌肉。强化斜方肌厚度的同时，保持虚实结合的形体特点。在肌肉形体转折的部分，往往是肌肉结构较为清晰的地方。注意：即使是一个背部肌肉比较发达的男子，也可以从后背清晰地看到肩胛骨的形状，所以不管我们如何雕刻背部肌肉，都要注意保持肩胛骨的形体，如图3-149所示。

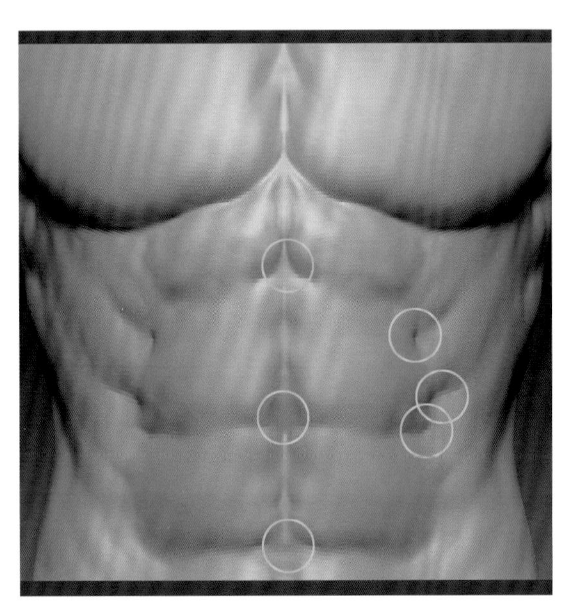

图3-148

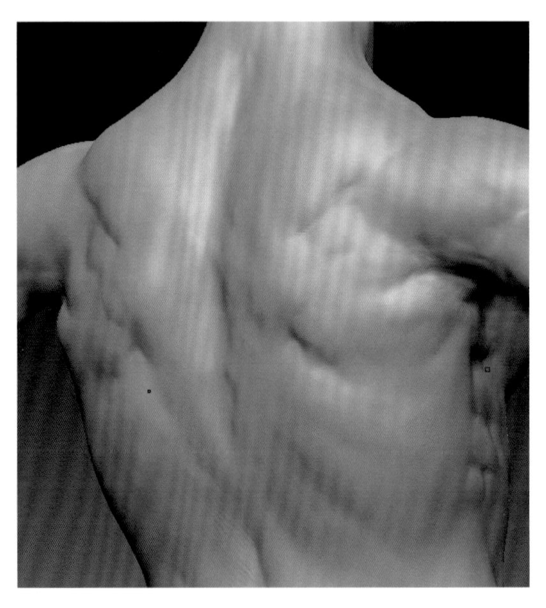

图3-149

9 向下雕刻腰部和臀部部分。在臀部和臀部下沿填充脂肪，柔化骶棘肌与背阔肌的边界，以及背阔肌与腹外斜肌的边界，如图3-150所示。

10 躯干肌肉基本雕刻完以后，升至较高级别，雕刻细节。雕刻完的躯干形体如图3-151所示。

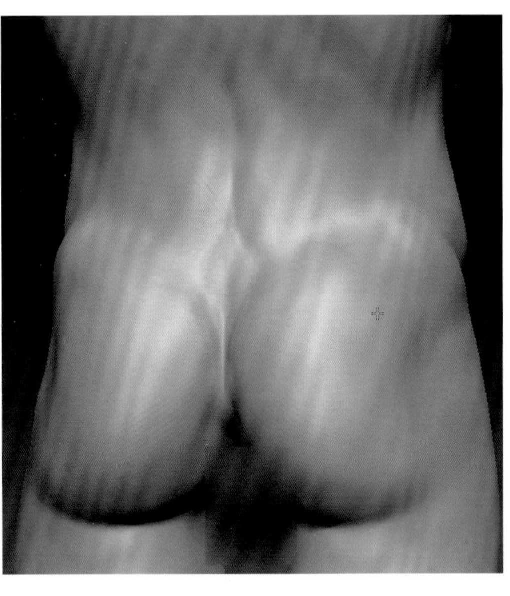

图3-150

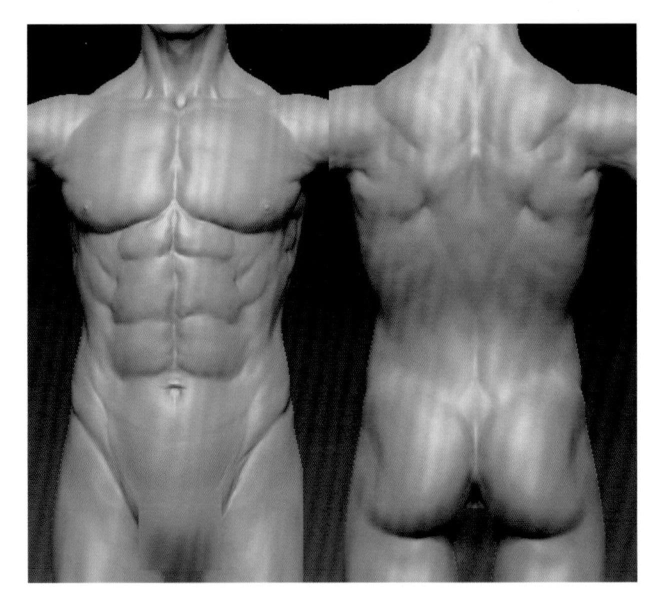

图3-151

## 3.3.4 手臂及手的雕刻

1 单击Move按钮，按住Ctrl键从胸部至肩关节拖出动作线，同时我们也拖曳出了蒙版遮罩。利用这种方法使用蒙版对除上肢之外的其他部分进行保护，这也是我们雕刻手指部分常用的遮罩方法。接下来对手臂进行旋转，如图3-152所示。

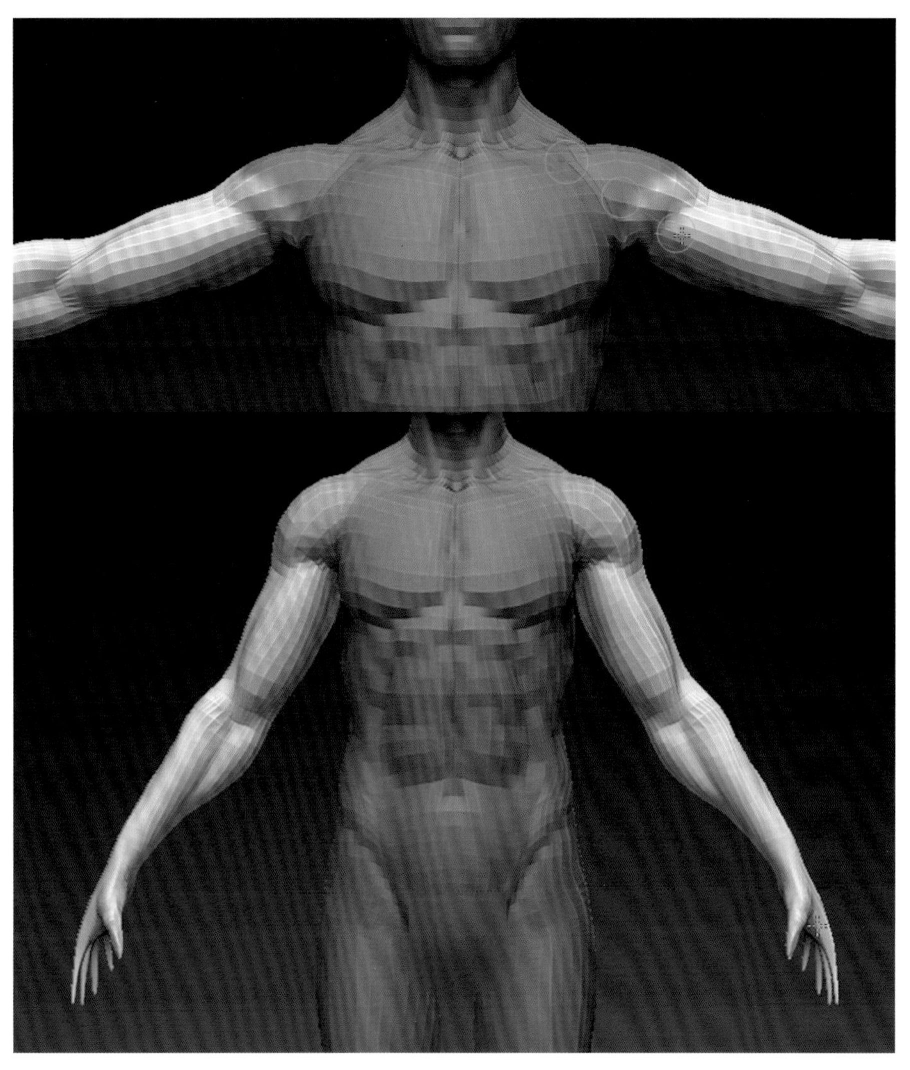

图3-152

2 在三角肌的正面和背面添加脂肪，并且使用Smooth虚化肌肉的边界，如图3-153所示。

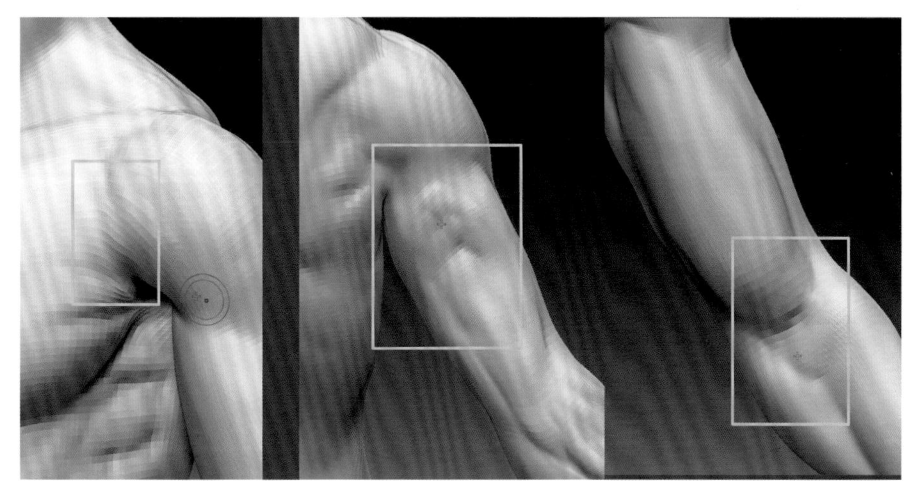

图3-153

3 从前面看，我们发现前臂肌肉外侧和内侧肌肉显得不太自然，需在内外肌肉交界的地方填充脂肪，并且使之自然融合，如图3-154所示。

4 在伸肌肌群处进行细致雕刻，注意肌肉的分界和融合，然后强调尺骨头，如图3-155所示。

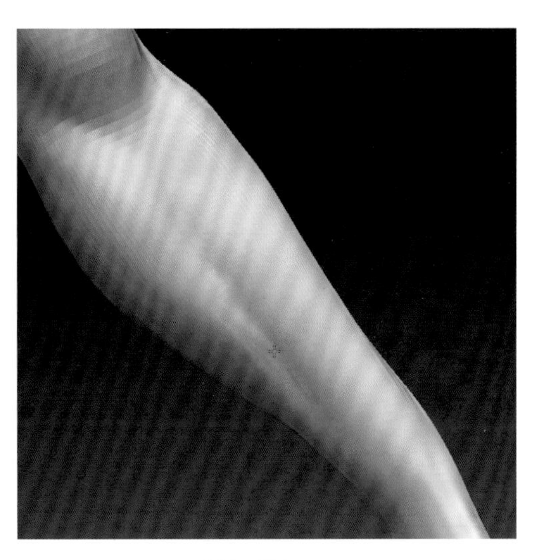

图3-154

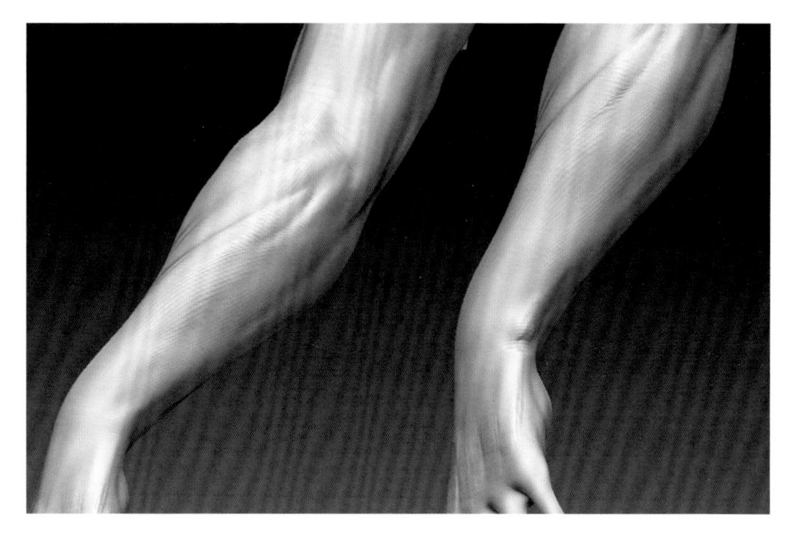

图3-155

5 降级以后，使用Move调整手臂侧面，加强肱二头肌及小臂肌肉的厚度，并调整手部和小臂的角度，如图3-156所示。

6 对比真实人体，将肱二头肌向下移动，并调整其形态。从手臂的下面观察，将肱二头肌的肌肉边界雕刻得比较自然，如图3-157所示。

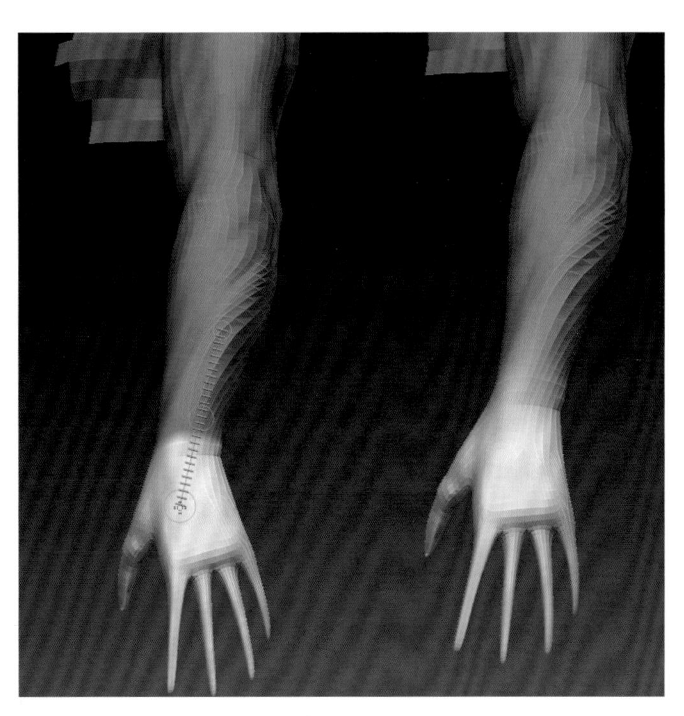

图3-156

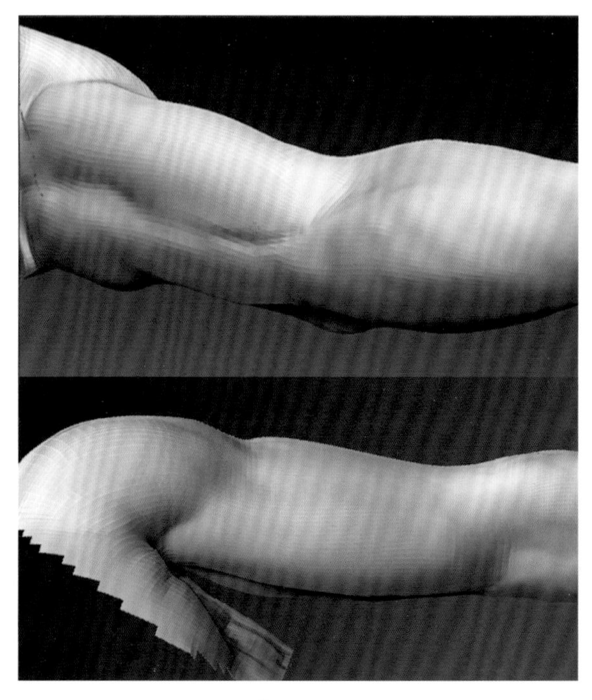

图3-157

7 在手臂上雕刻血管和筋腱，并微调形体，雕刻完的手臂形态如图3-158所示。

8 现在，我们来雕刻手。手的形态较难掌握，手部可以分为手指和手掌两个部分。手掌可以概括为一个六边形，而圆柱形的手指生长在上面；手指的基结、中节和末节呈现出优美的弧形。从背面看，中指从基结到指尖的长度约等于手掌背面的长度，如图3-159所示。

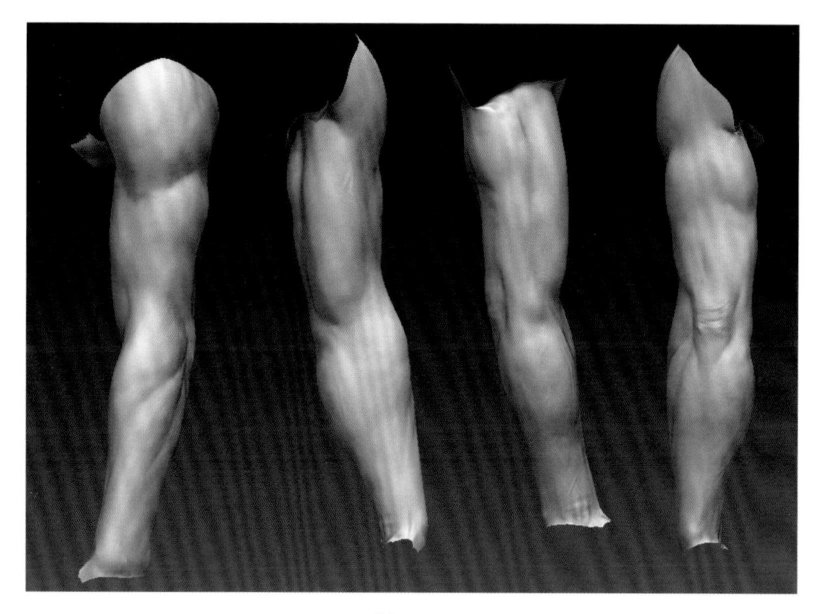

图3-158

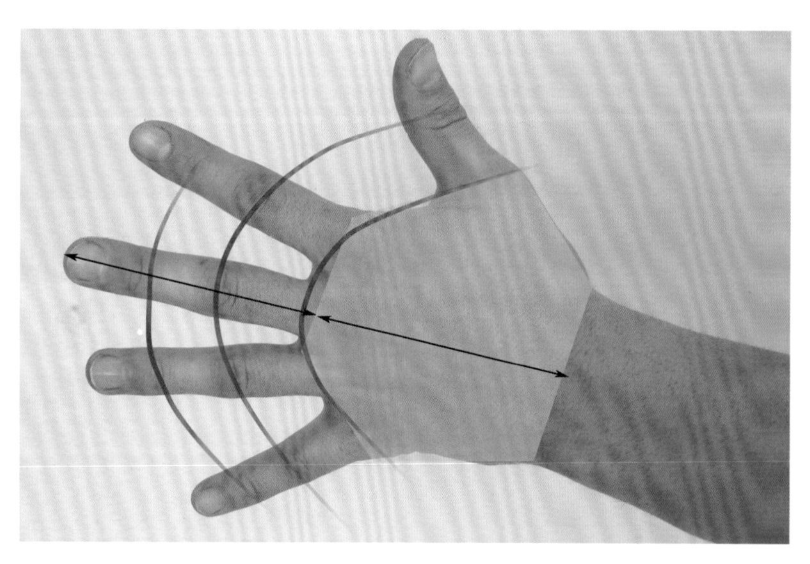

图3-159

9 而从手心看，中指的长度要短于手掌的长度。手心的部分有两个区域较厚，一个是拇指根部的虎口处，一个是手掌的小拇指一侧，如图3-160所示。

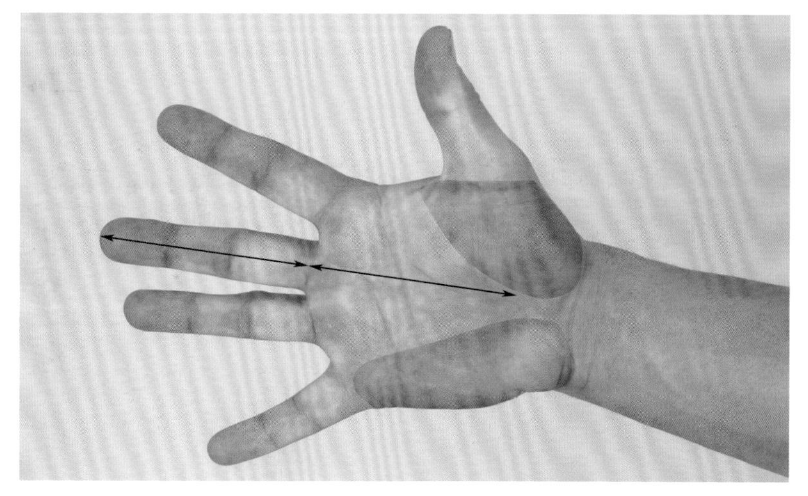

图3-160

在放松的情况下，拇指和食指区域有非常明显的夹角，如图3-161所示。

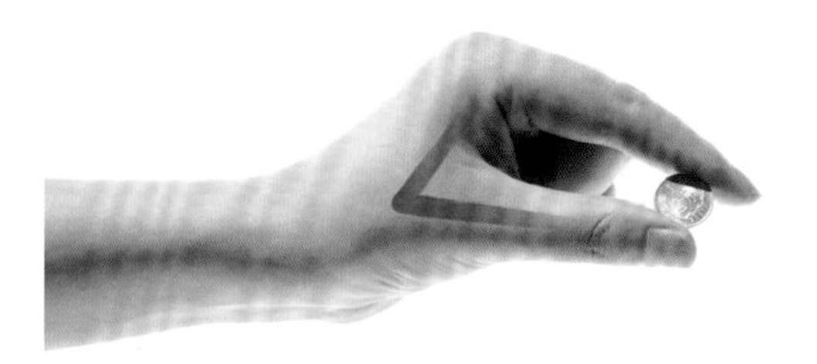

图3-161

分析完手部造型，我们开始雕刻。在录屏中有详细的雕刻演示，我们在这里只描述比较关键的雕刻过程。

首先，使用蒙版保护除拇指以外的所有部分，然后旋转大拇指的角度，使虎口处的夹角加大，如图3-162所示。

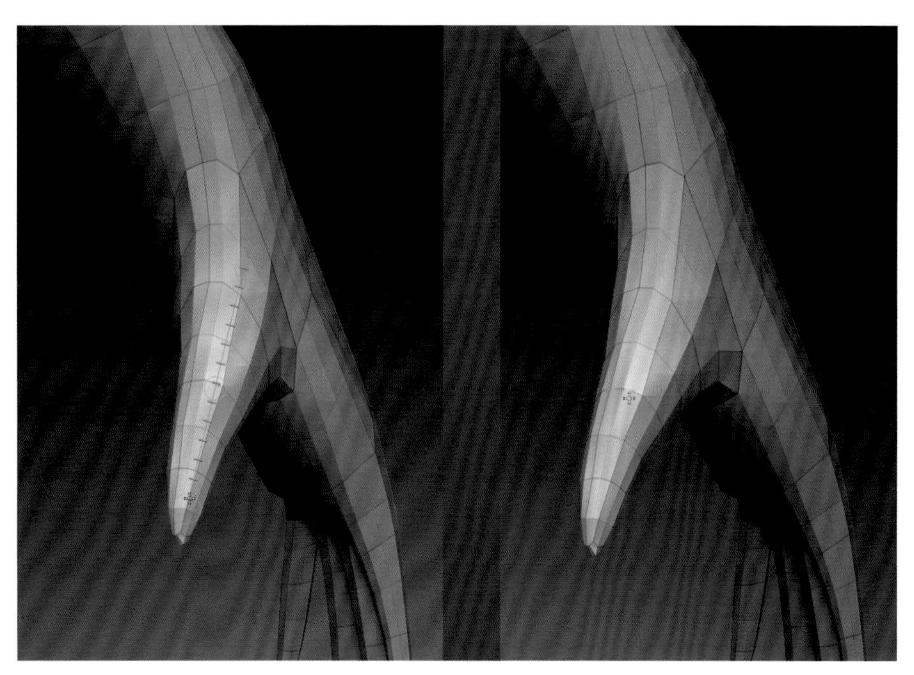

图3-162

然后，将拇指根部和小指侧的结构增厚，如图3-163所示。切换至Magnify，初步雕刻手指。

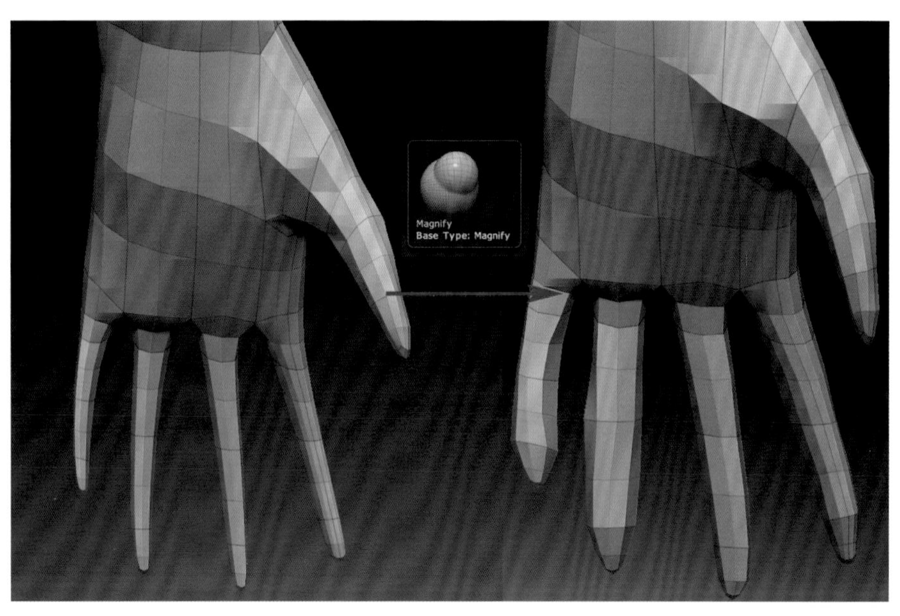


图3-163

使用动作线，将手指摆成弯曲和放松的形态，如图3-164所示。

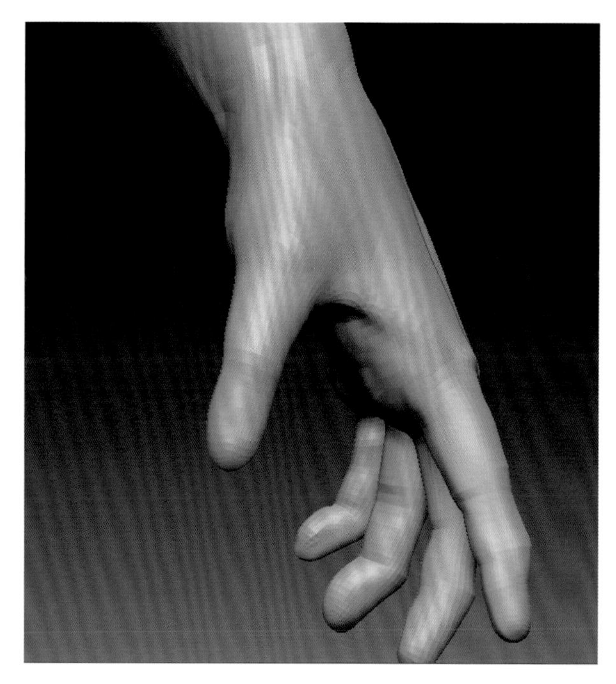

图3-164

从多个角度观察手部造型，在关节、指腹和手心侧进行较精细的雕刻，如图3-165所示。

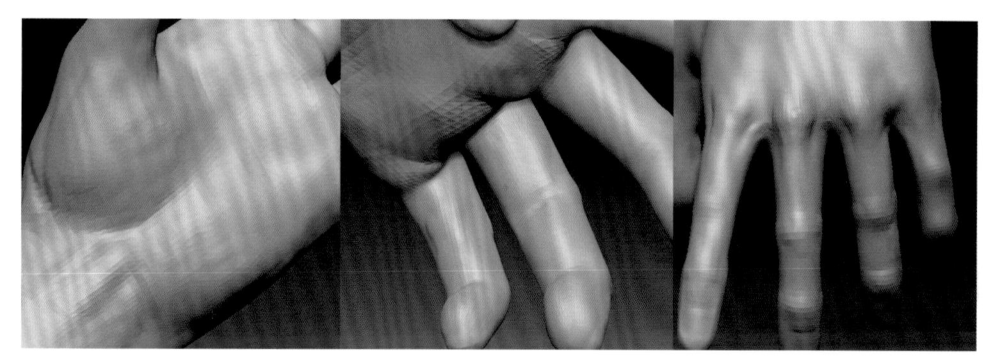

图3-165

使用蒙版在手指上绘出指甲的形状，并且反选。使用Move雕刻出指甲造型，如图3-166所示。

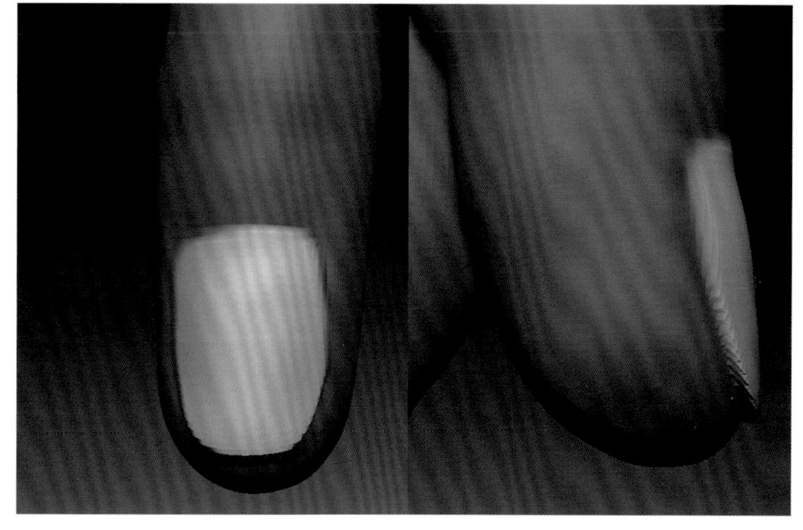

图3-166

最后在指关节处雕刻褶皱和凹陷，加强手背处手指基结的结构，并在手背处添加血管。雕刻完的手臂和手部造型如图3-167所示。

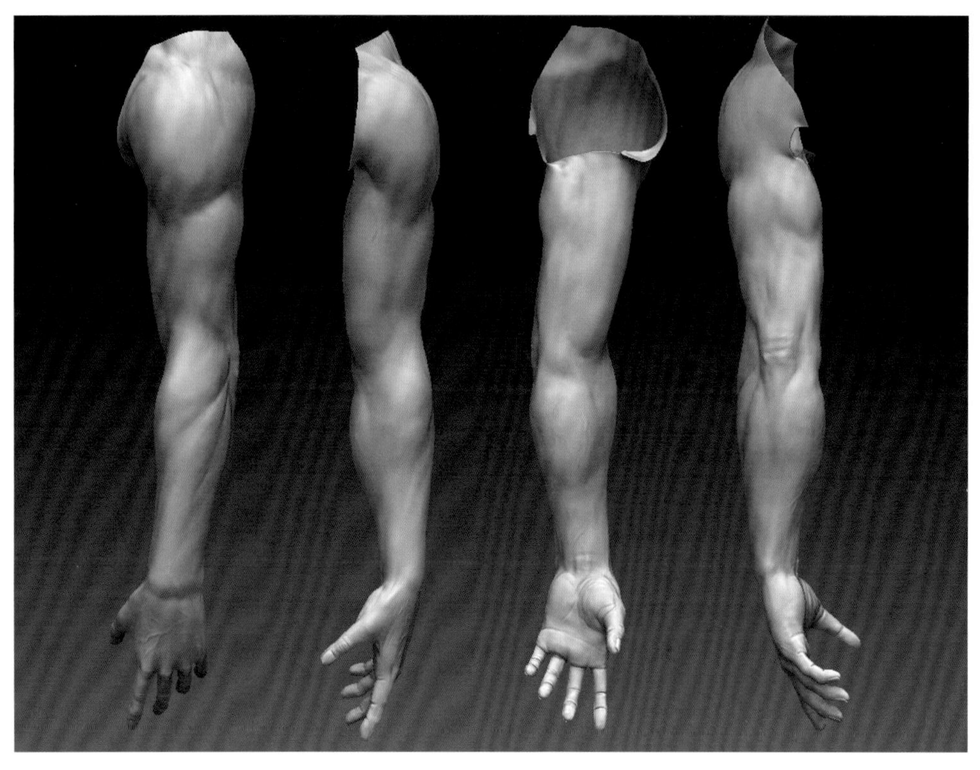

图3-167

### 3.3.5 腿部和足部的雕刻

1 腿部表面的雕刻和形体的修改较为简单。升级以后，我们发现腿部形体基本标准，但是肌肉的边界过于明显，膝盖处的形体较为生硬和单薄。因此，我们在膝盖处加强股内肌、股外肌的形体以及膝盖部脂肪的厚度，如图3-168所示。

2 融合股外肌与股直肌的交界。在大腿侧面融合阔筋膜张肌与大腿外侧和臀部的交界，如图3-169所示。

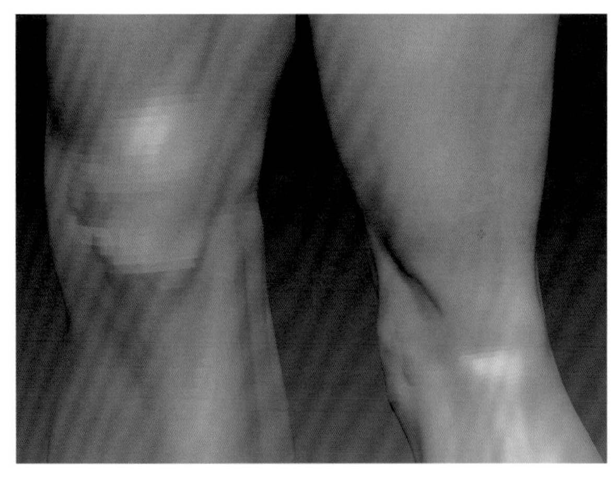

图3-168

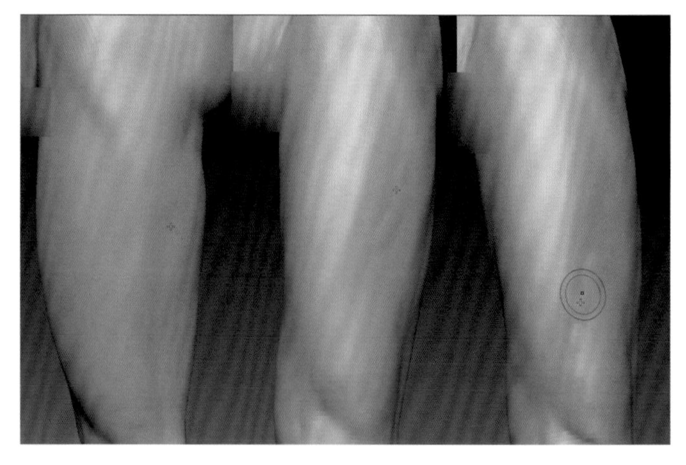

图3-169

3 在胫骨前肌、趾长伸肌和腓骨长肌处添加脂肪，并使用Smooth融合小腿前部和侧面的肌肉，如图3-170所示。

4 在膝盖后方填充脂肪，并强化筋腱，如图3-171所示。

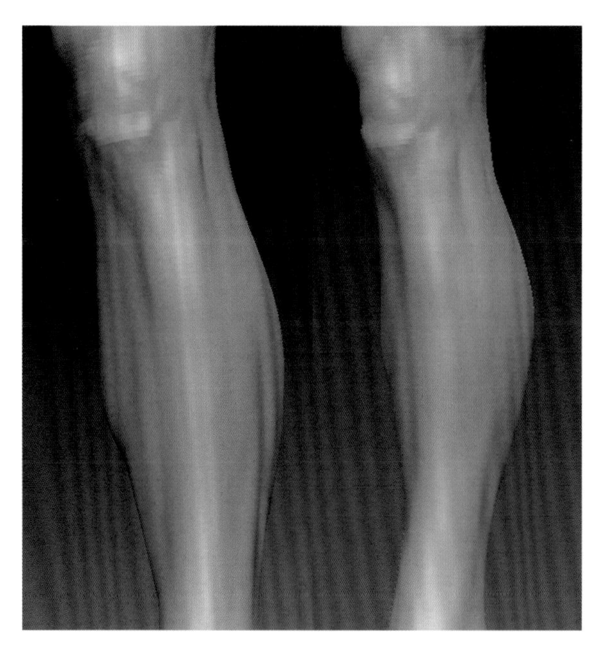

图3-170

图3-171

5 继续从整体观察腿部，通过真实人体图片和雕刻作品的对比，我们发现膝盖的位置有些靠内，因此将膝盖向外侧移动。升级角色细分级别。使用较小的Clay在皮肤上雕刻细节。腿部雕刻完毕后，形态如图3-172所示。

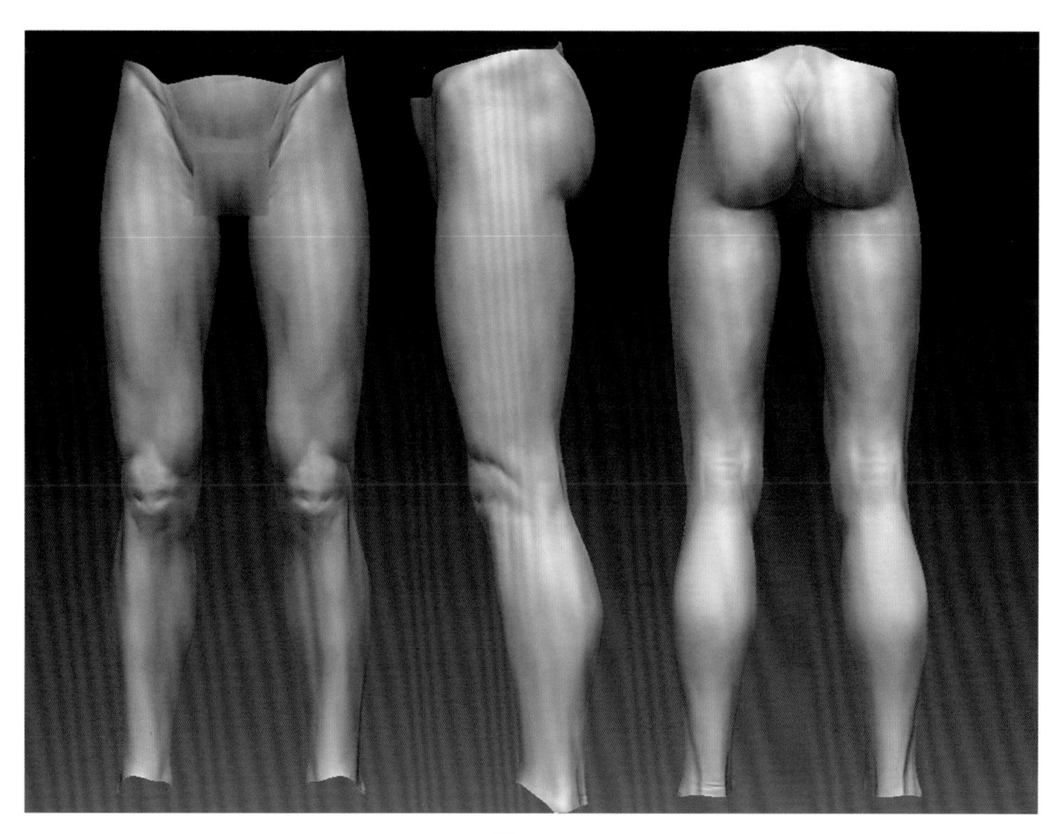

图3-172

下面进行足部雕刻。足部经常隐藏在鞋子中，平常不能被观察到，所以足部雕刻也是人体雕刻中的难点。从图3-173中，我们可以看到足部的形态特征，需要重点注意以下4点。

（1）脚面的弧面最高点在靠近内侧的地方，靠近外侧时，弧度变得平缓。

（2）足内侧有非常明显的凹陷。

（3）脚趾中，五根脚趾渐次变小，而且逐渐内收，其中小脚趾内收程度最大。

（4）脚趾形态呈阶梯状。

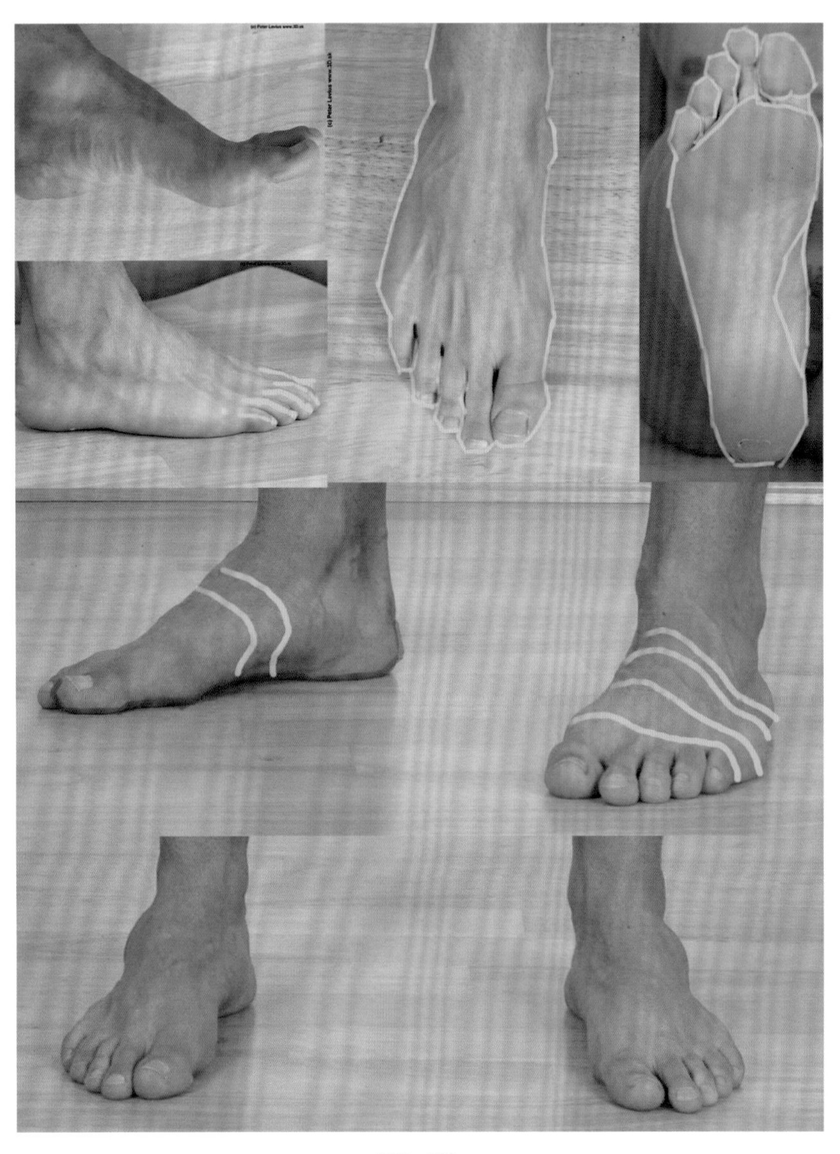

图3-173

使用Magnify笔刷，将脚趾雕刻得较粗，将第二根脚趾调整得比第一根脚趾略长。使用Move笔刷调整脚趾的阶梯形态，如图3-174所示。

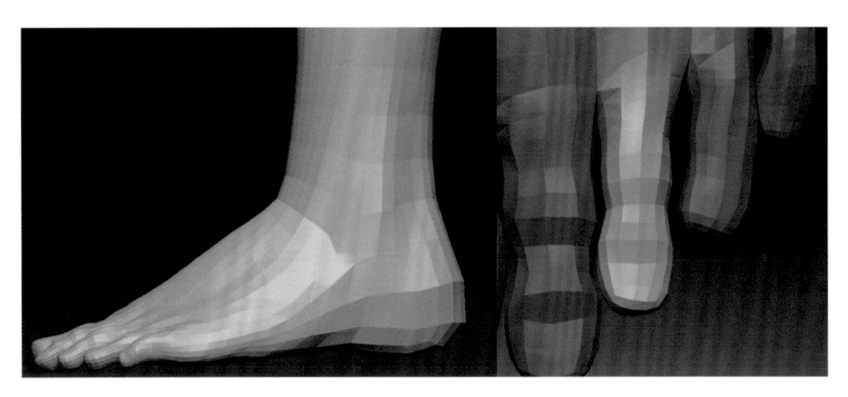

图3-174

升级以后，雕刻筋腱和脚趾的形态。在关节处雕刻细节。同雕刻指甲一样，雕刻脚趾甲。雕刻完的足部如图3-175所示。

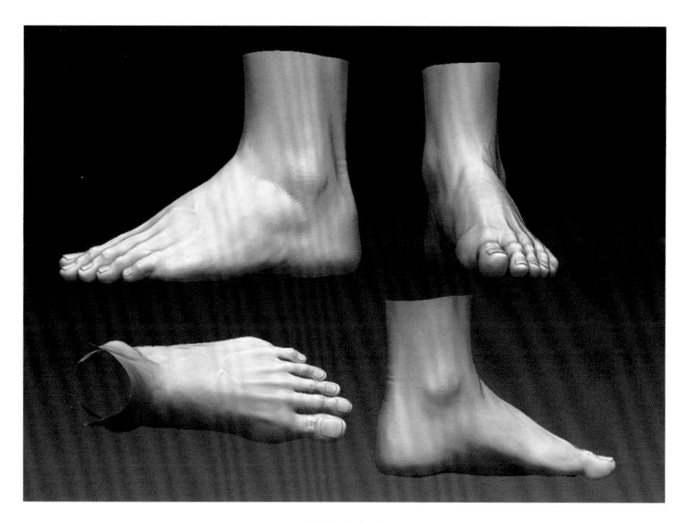

图3-175

总结：

整个男性人体雕刻已全部完成，总结知识重点如下。

（1）人体比例是学习角色的第一大难关，我们不仅需要学会用头长丈量人体高度，而且需要学会用头长来丈量人体各个部分的宽度。

（2）人体的曲线是我们需要注意的第二大要点，人体无论在正面还是侧面，都有着优美的曲线。

（3）骨骼肌肉的知识是一个好的角色师必须要掌握的知识，在雕刻角色时，需要不断地检视其骨骼和肌肉的结构。

任何一个好的雕刻作品都要经过仔细、反复地对比、推敲和修改。建议大家学完本章后，不要急于进入下一章，可通过不同的角度观察雕刻作品，并与真实人体和优秀的雕刻作品进行对比。最终效果如图3-176所示。

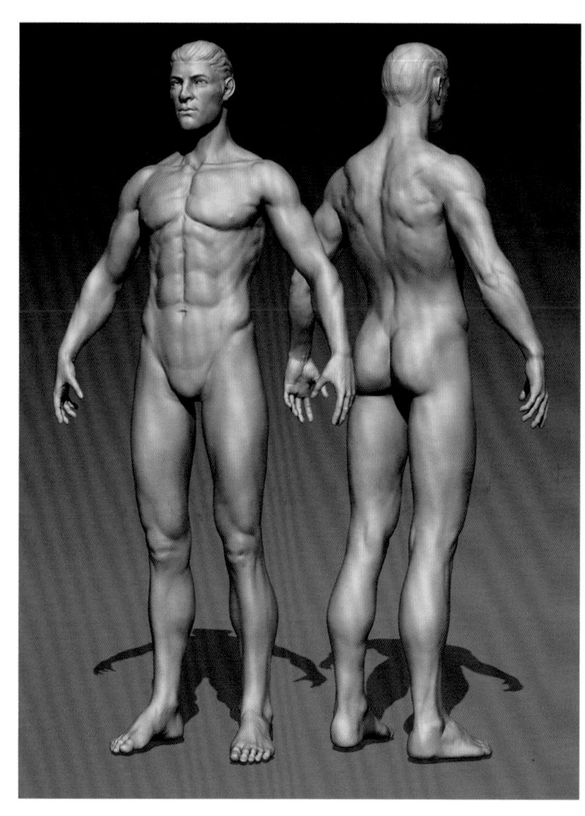

图3-176

# 第 4 章　女性人体雕刻

在纵向比例方面，女性与男性基本相同。而由于骨骼和脂肪分布的差异，女性人体在外形上体现出与男性人体迥然不同的特性。从骨骼上来说，首先，女性肩部和胸廓部分的骨骼较小，而骨盆部分的骨骼较大；其次，侧面女性脊椎的曲线更加明显，特别在腰椎和骶骨的部分，曲线表现得更加明显，骶骨明显有向后垫起的特点。

从脂肪分布和肌肉形态来说，由于女性脂肪量比男性多，而肌肉不如男性强壮，因此体表上体现的形体特征更多的是圆润和柔美。

综上所述，女性人体的形体特征是肩部较窄，腰部较细，臀部较宽。在躯干部呈现上小下大的正梯形，或者上下均匀而腰部很细的漏斗形。四肢比较修长、圆润。锁骨、肩胛骨部分骨骼形体明显，其他体表部分由于脂肪的覆盖，呈现较圆润和柔美的特征，特别在乳房和臀部有非常明显的体现，如图4-1所示。

图4-1

在这一章中，我们通过以下步骤雕刻女性人体雕塑成品。

（1）了解Z球及ZSketch功能。

（2）制作女性参考图。

（3）使用ZSketch功能构建大致的女性形体粗坯。

（4）粗雕女性人体。

（5）通过3D-COAT，重拓扑女性形体。

（6）搭建Z球骨架，绑骨并且调整姿态。

（7）精细雕刻女性舞蹈形体。

（8）制作旋转展台并输出自己的雕刻展示样片。

下面，让我们进入Z球基础的学习。

## 4.1 Z球基础

### 4.1.1 创建并修改Z球

在这一章，对Z球的讲解主要分两个大部分，分别是1代Z球和2代Z球。1代Z球在创建生物肢体、骨架方面有非常显著的优势，而2代Z球则在肌肉、体块和结构方面有着显著的优势，可以说各有千秋。接下来将详细介绍1代和2代Z球的基础知识。在女性人体雕刻的实际操作中，基于对结构的清晰显示，我们将以2代Z球为主。

1 创建Z球。开启ZBrush 4.0以后，我们可以在Tool面板中找到ZSphere的位置。单击Z球图标后，在画布的任意位置拖曳鼠标，都可以绘制出Z球。为了后面的编辑，我们在拖曳的同时按住Shift键，创建出水平的Z球。这个球叫作根Z球（Root Sphere），如图4-2所示。

2 添加Z球。在绘制模式下，我们通过在Z球的任意位置拖曳都可以创建出新的Z球。所以，理论来说，一个Z球可以有无数的分支结构，如图4-3所示。

3 Z球与Z球之间连接的结构叫作Z球链。在绘制模式下（Draw）单击Z球链，可以在Z球链上添加新的Z球。在绘制Z球的时候，如果我们开启对称功能，那么可以对称添加Z球，如图4-4所示。

图4-2

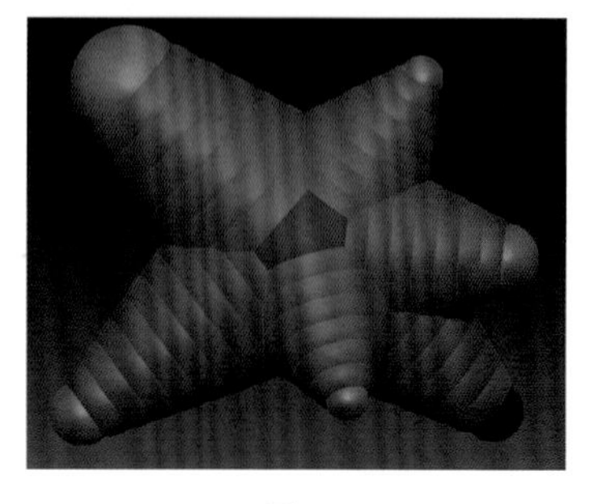

图4-3

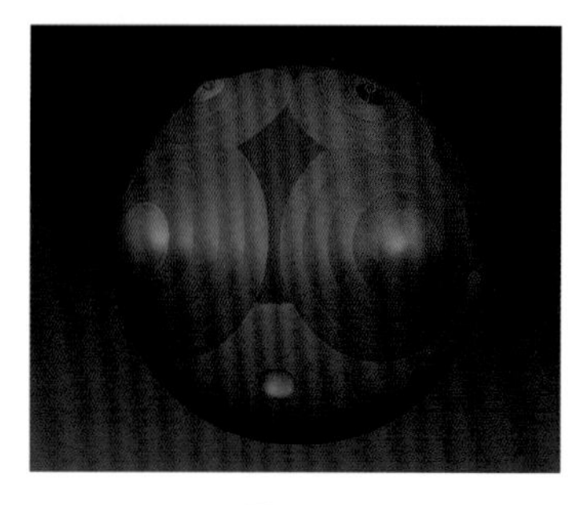

图4-4

4 对Z球及Z球链的移动、缩放以及旋转操作。

和操作几何体一样，如果想对Z球和Z球链进行移动、旋转和缩放等操作都必须切换至Move、Scale和Rotate模式。快捷键分别为W、E和R。如果不配合Alt键，那么移动、缩放都只针对被操作的Z球和Z球链，而不影响其他的球体，如图4-5所示。

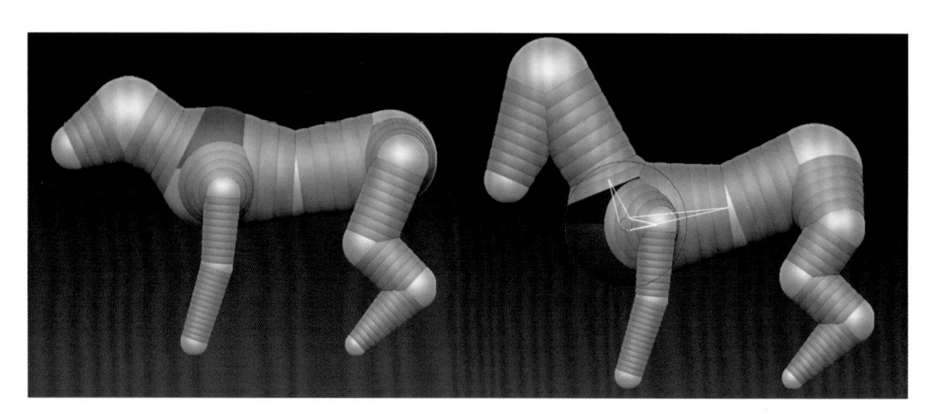

图4-5

5 按住Alt键后再对Z球移动操作，我们会发现当移动与根Z球相连的第一个Z球时，所有的Z球都会移动；当移动与根Z球相连的第二个Z球时，除根Z球外所有Z球都会移动；当移动与根Z球相连的第三个Z球时，除根Z球和第二个Z球不动以外，其他球体都会移动，依次类推。如图4-6所示。

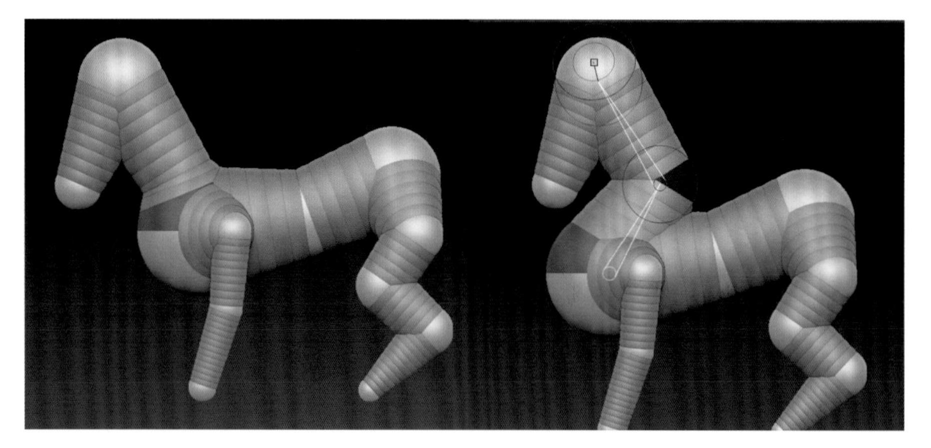

图4-6

6 按住Alt键后再对Z球链进行移动操作，我们会发现当移动根Z球处的第一个Z球链时，所有的Z球都会移动；当移动第二根Z球链时，除根Z球以外所有球体都会移动。依此类推，如图4-7所示。

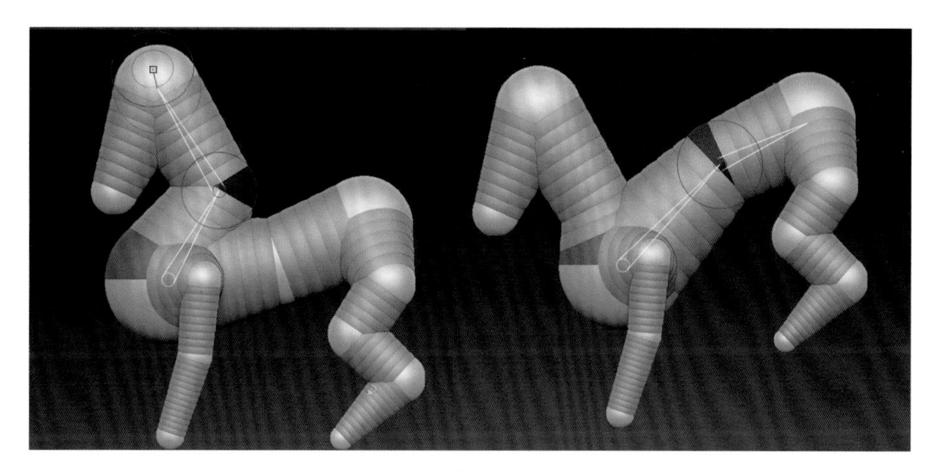

图4-7

7 按住Alt键后对Z球进行缩放操作，缩放根Z球时，只有根Z球产生作用。如果对与根Z球相连的第一个Z球进行缩放，则所有Z球都进行缩放。如果对与根Z球相连的第二个Z球进行缩放，我们会发现不起任何作用。由此我们可以得出这样的结论，按住Alt键对Z球进行缩放时，会同时缩放与该球连接的第一个父球以及该球的全部子球（此规则对于与根Z球相连的第二个子球无效），如图4-8所示。

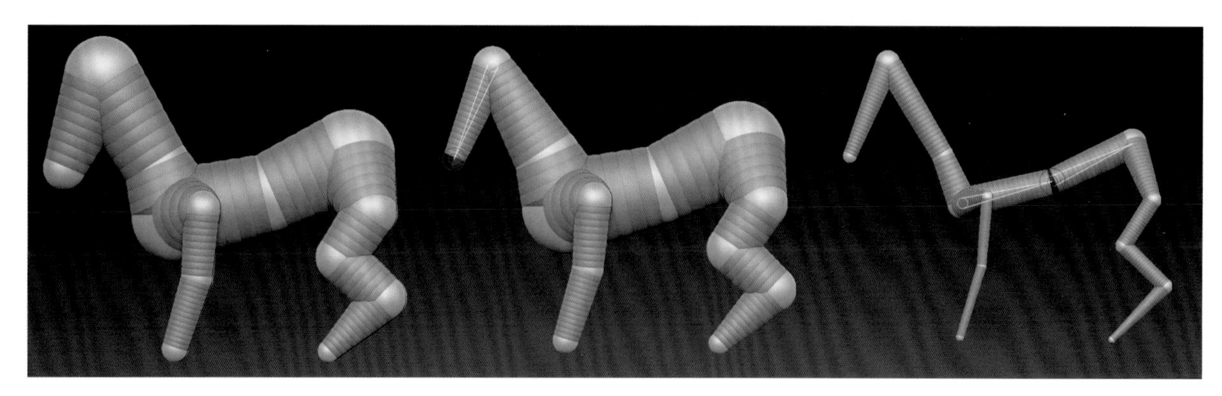

图4-8

8 按住Alt键后对Z球链进行缩放操作，缩放第一个Z球链时，全部Z球都会受到影响。而对第二个Z球链进行操作时，我们发现是无效的。对其他Z球链进行操作时，会影响包括该Z球链以及该Z球链以下连接的所有Z球。由此可以得出结论，按住Alt键对Z球链进行缩放的时候，会同时对与该Z球链连接的以及该Z球链以下的所有的Z球进行缩放，如图4-9所示。

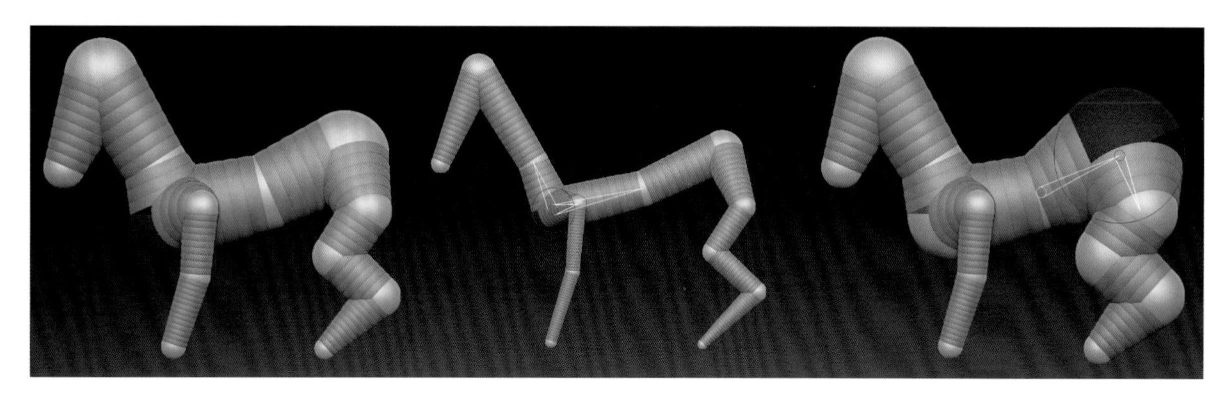

图4-9

### 4.1.2 Z球的蒙皮

搭建好Z球骨架以后，我们可以对其进行蒙皮操作，以便于后面的雕刻和修改。网络上很多优秀的作品都是使用Z球搭建完大体骨架，再蒙皮后进行雕刻，如图4-10所示。

图4-10

对Z球蒙皮的调节主要在Adaptive Skin中进行，其中第一个较大的Preview按钮是预览的快捷按钮，按该按钮就会预览蒙皮后的网格效果，弹开此按钮就会恢复Z球的状态，我们可以非常方便地在修改完Z球后预览蒙皮效果，如图4-11所示。该按钮的快捷键是A键。

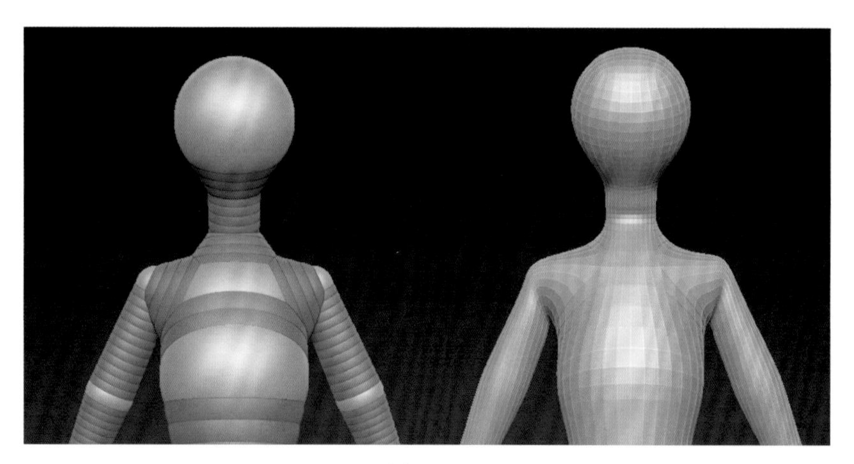

图4-11

在Preview按钮的右侧的Density控制蒙皮的密度，其值越大，蒙皮的网格密度越大，如图4-12所示。其值与蒙皮后该模型的最大细分级别一致，例如，Density=4，则蒙皮后，其最大细分级别也为4。一般为了防止在蒙皮的过程中不至于造成软件崩溃，其值最好不要超过6。

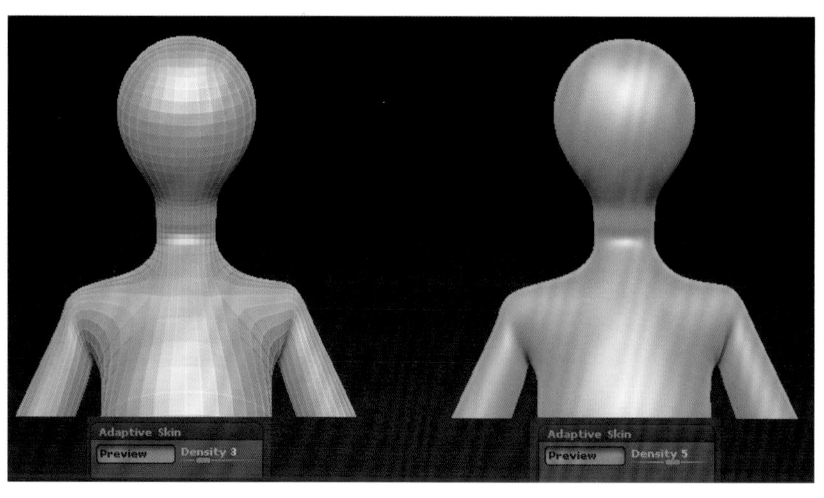


图4-12

G Radial的数值决定Z球的基本形态，比如该数值为4，则蒙皮后单个Z球显示立方体，由Z球构成的Z球链则在蒙皮时显示四棱柱形，如图4-13所示。

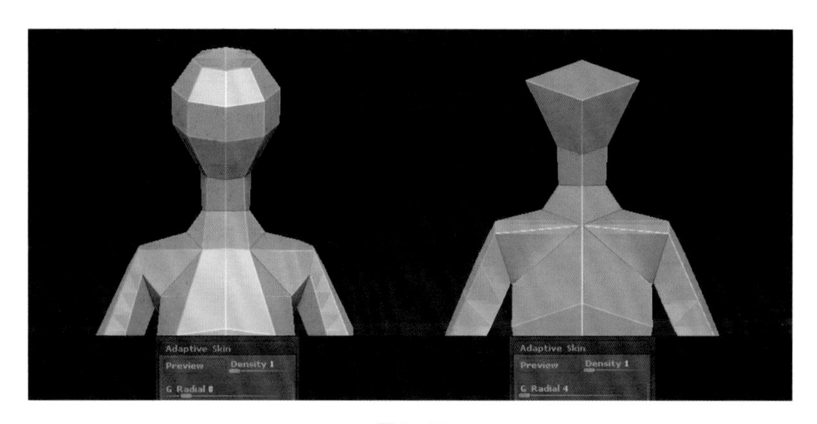


图4-13

在Adaptive Skin面板的最下方，有一个大的按钮Make Adaptive Skin，该按钮是将Z球最终转化为网格物体的按钮。当我们将参数反复调试直至满意后，就可以单击该按钮生成蒙皮。生成完蒙皮后，其缩略图会出现在Tool面板中，名字以Skin开头，如图4-14所示。

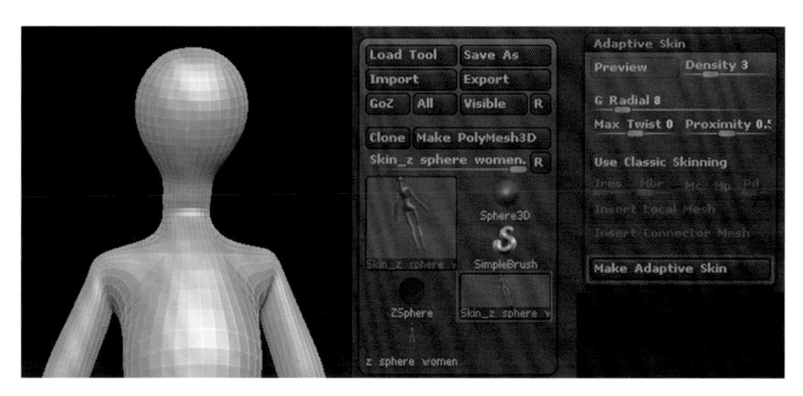


图4-14

### 4.1.3 ZSketch简介

利用ZSketch塑造形体的灵感来源于传统的制作泥塑或者手办的方法，其操作流程是先用Z球搭建大致骨架，然后利用ZSketch在骨架上绘制二代Z球，最终蒙皮并雕刻，如图4-15所示。

现在我们利用简单的形体来了解和熟悉ZSketch。建立一个Z球，进入编辑模式后，单击ZSketch面板中的Edit Sketch按钮，进入ZSketch模式，这时就可以利用ZSketch类型的笔刷在Z球上进行绘制。

图4-15

ZSketch类型的笔刷一共分为三大类，作用各不相同。

第一类是绘制笔刷，其主要作用是在Z球上绘制二代Z球。

第二类是平滑笔刷，其作用是对绘制好的二代Z球进行平滑处理，使用方法如Smooth一样，按住Shift键即可使用平滑笔刷。

第三类是修改笔刷，使用该类笔刷可以对绘制好的Z球进行修改，如膨胀等效果。

以上三类笔刷的作用大家可以试验一下，非常好理解，如图4-16所示。

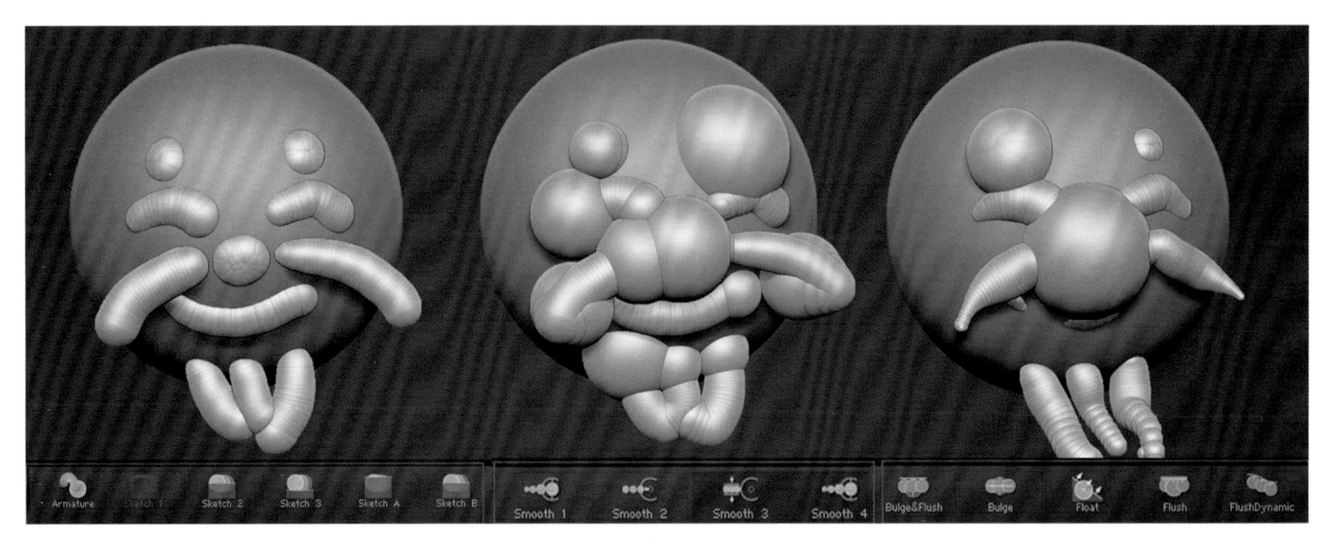


图4-16

使用ZSketch模式制作完形体后，就可以对形体进行蒙皮。对二代Z球的蒙皮应该使用Tool面板当中的Unified Skin子面板。其中Preview按钮与Adaptive Skin面板中的同名按钮具有一样的作用，同样是预览按钮，快捷键也是A键。在Preview按钮旁边的SDiv滑杆控制蒙皮后的细分级别，其值越高，细分级别也越高。与Adaptive Skin当中的Density滑杆不同，Sdiv滑杆的数值从0开始，当Sdiv=3时，蒙皮后，其细分级别的最高级为4，如图4-17所示。因为二代Z球的密度较高，所以Sdiv不必设置得太高，以笔者的经验，一般设置成3到4即可。

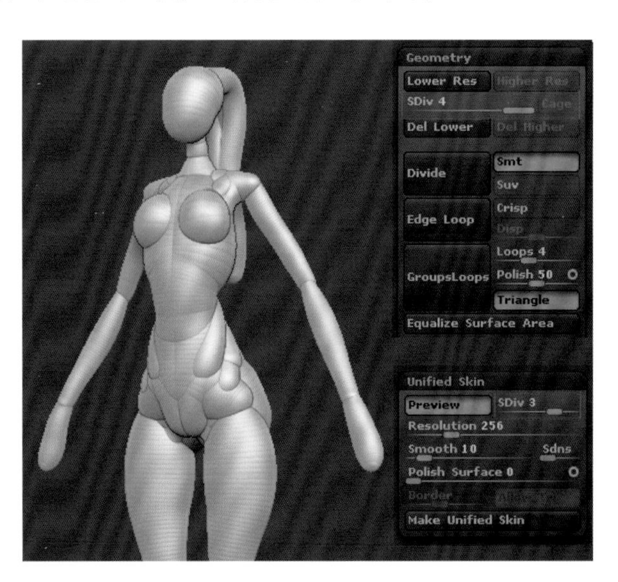


图4-17

Resolution这个参数非常重要，它控制着二代Z球蒙皮后的互相融合程度，其值越小，融合程度越大，通过改变这个参数可以得到不同的效果，如图4-18所示。

设置好不同的参数数值后，我们就可以单击Make Unified Skin按钮来生成蒙皮，生成后的物体名称依然是以Skin开头。

通过对ZSketch以及二代Z球的了解，我们可以得出这样一个结论，在机器配置允许的情况下，直接利用ZSketch可以训练对形体以及解剖更深程度的理解和掌握。下面就请大家跟随练习的步骤进入实战当中。

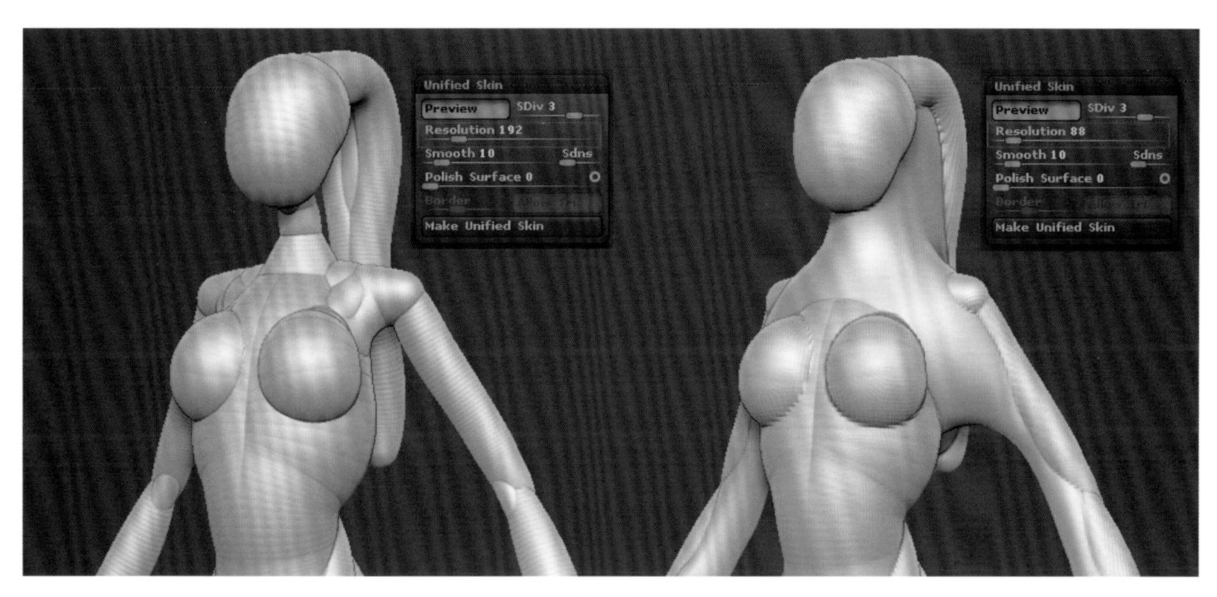


图4–18

## 4.2 雕刻女性形体粗坯

### 4.2.1 制作参考模板

**1. 创建背景参考平面**

单击LightBox按钮，或者按“，”键调出快捷选择栏，在Tool选项卡下选择名为Imageplane.ZTL的工具，在视图空白处拖曳出一个十字插片的面片组合。这个面片组合就是我们需要应用的参考平面，如图4–19所示。

**2. 为参考平面填充自发光材质**

下面，我们要为此参考平面填充自发光材质。填充此材质的目的有两点：第一点，便于观察稍后赋予面片的参考图，因为自发光材质不受ZBrush默认灯光效果影响，所以，我们在雕刻过程中，转动视角时，参考图片的显示效果始终不受默认灯光的影响；第二点，填充材质以后，当在SubTool中为参考平面添加雕刻对象的时候，不管雕刻对象为何种材质，参考平面始终显示的是自发光的材质效果，便于观察，如图4–20所示。了解两个目的后，我们来为参考平面填充材质。

图4–19

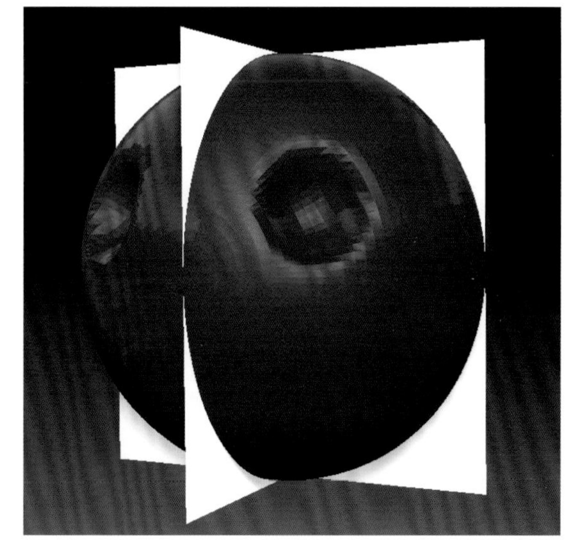

图4–20

1 首先，单击Material按钮，从调出的材质选择栏中选择Flat Color材质球，我们可以看到此材质球是一个自发光材质球，表面无光影变化。单击Save按钮，将此材质球另存至ZBrush根目录中Zstartup\Material目录下，名称可以不做改动。操作完后，关闭ZBrush并重新启动ZBrush 4.0，这时，我们单击Material后，在调出的材质选择栏中会发现有两个相同名字的Flat Color材质，我们选择后一个材质，如图4-21所示。

2 调出参考平面后，按T键进入编辑模式，关闭Rgb按钮，激活M按钮。单击Color菜单，然后在弹出的菜单中单击FillObject按钮，将材质填充到参考平面上。这时当我们改变材质球时，参考平面始终保持Flat Color的效果，如图4-22所示。

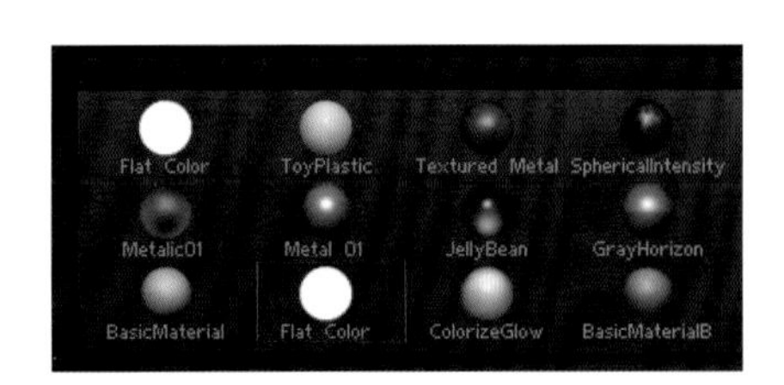


图4-21

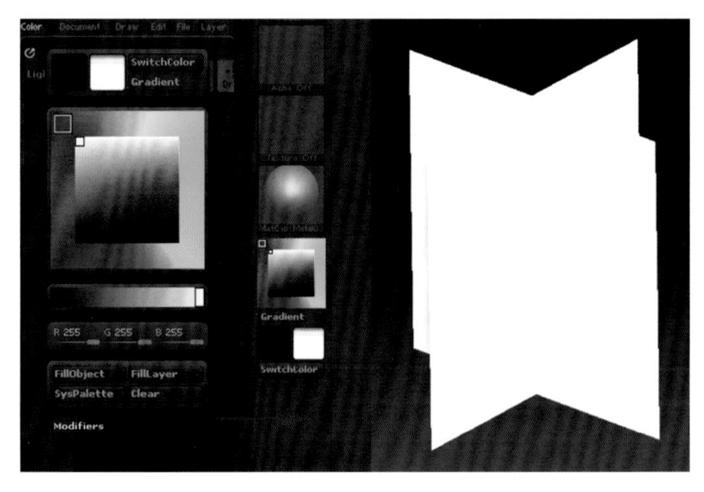


图4-22

### 3. 为参考平面赋予参考图片，并将图片烘焙到参考平面上

单击Texture按钮，在弹出的纹理选择窗口中单击Load按钮，从配套资源的工程文件\第4章女性人体雕刻\4.2.1 制作参考模板的路径中找到名为ImagePlaneX.psd的图片文件（这是作者根据ZBrush软件自带的ImagePlaneX.psd文件的样式进行制作的。如果读者朋友也想制作自己的参考模板，在ZBrush根目录下的ZBrush4.0\ZTools\Imageplane文件夹下找到该模板文件，在Photoshop中把自己想要制作的图片放到模板中的相应位置即可。通过Texture Map将参考图片赋予参考平面，然后将参考平面细分至6级（此处根据读者的机器性能可以灵活掌握，一般细分至5级即可）。单击Tool面板中的Polypaint卷展栏，单击Polypaint From Texture按钮，至此，参考图片及材质已被烘焙到参考平面上，如图4-23所示。现在更改材质和纹理图片都不会影响参考图片的显示效果。

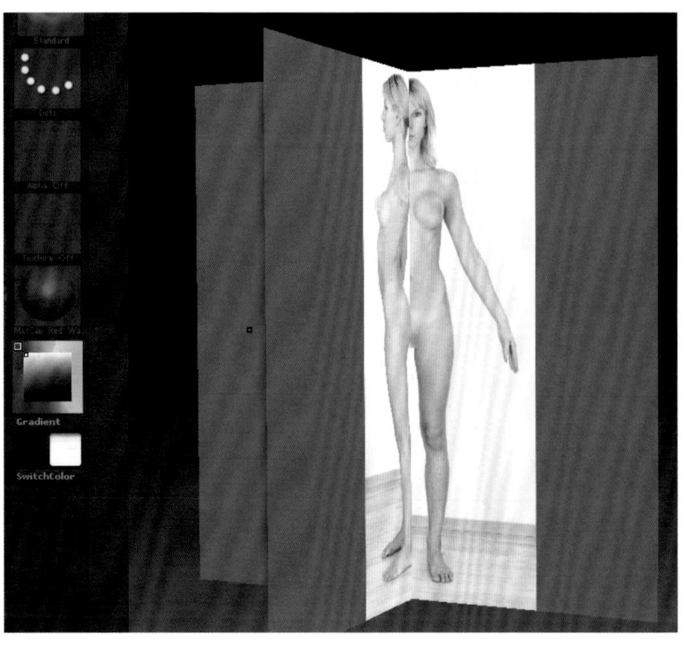


图4-23

## 4.2.2 ZSketch创建女性基础形体

### 1. 打开参考模板

开启ZBrush 4.0，单击Load Tool按钮，加载我们上一节制作好的参考模板。

### 2. 创建女性躯干

1 在SubTool卷展栏当中单击Append，选择ZSphere，为参考模板添加一个次工具。按X键进入对称模式，按W键进入移动模式，然后将Z球移动到女性图片的腰部部位，并调整Z球大小，如图4-24所示。

2 单击Draw按钮，或者按快捷键Q，重新进入绘画模式，找到Tool面板当中的ZSketch卷展栏，单击EditSketch按钮或者按Shift+A组合键，如图4-25所示。

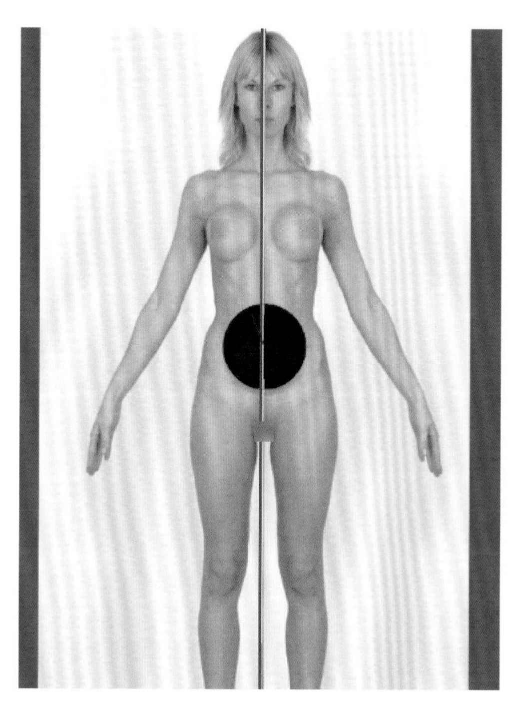

图4-24

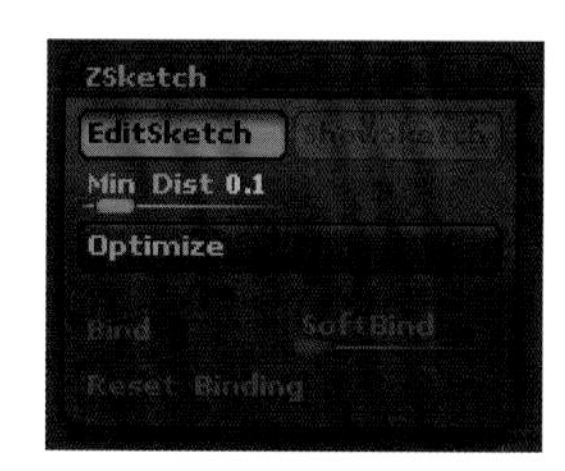


图4-25

3 选择Armature画笔，转到侧视图，对腰部到肩部进行绘制，对绘制出的Z球进行平滑操作，在正面视图和侧面视图对Z球进行移动和平滑操作，调整完的造型如图4-26所示。

4 回到侧面视图，仍然使用Armature画笔，从腰部开始向下绘制出女性胯部。对胯部进行移动或者平滑调整，调整完的造型如图4-27所示。

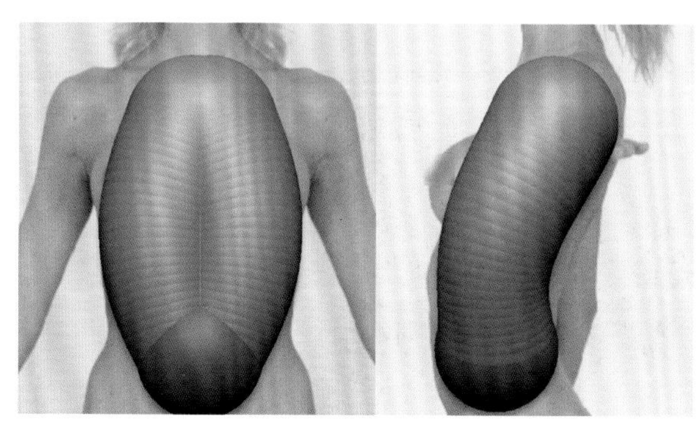

图4-26

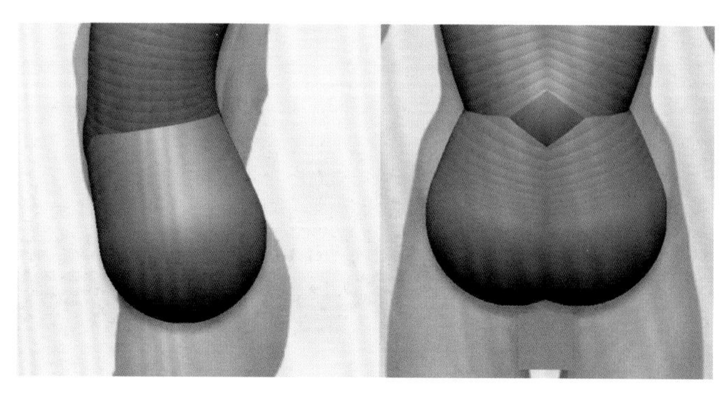

图4-27

5 在背部，使用Sketch1笔刷添加结构；同样，在胸腹部添加结构，如图4-28所示。

6 接下来，我们要为躯干添加类似腹外斜肌和臀大肌这样的结构，使用Sketch1在侧腹及臀部添加结构，如图4-29所示。

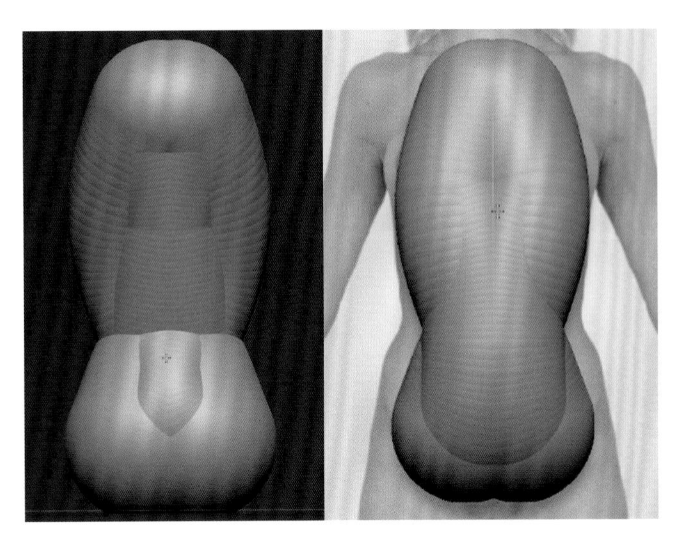

图4-28

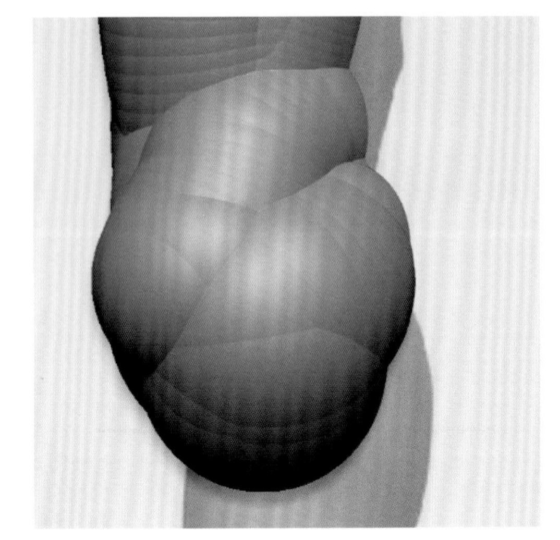

图4-29

7 为除腹外斜肌以外的其他部分添加蒙版。然后，使用Move和Smooth及Bulge对腹外斜肌的结构进行调整。这时要注意，应转到前视图对比女性胯部图片进行调整，调整完的结构如图4-30所示。

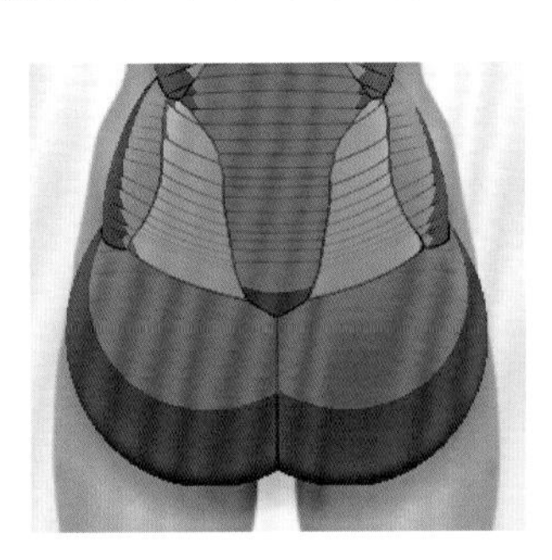

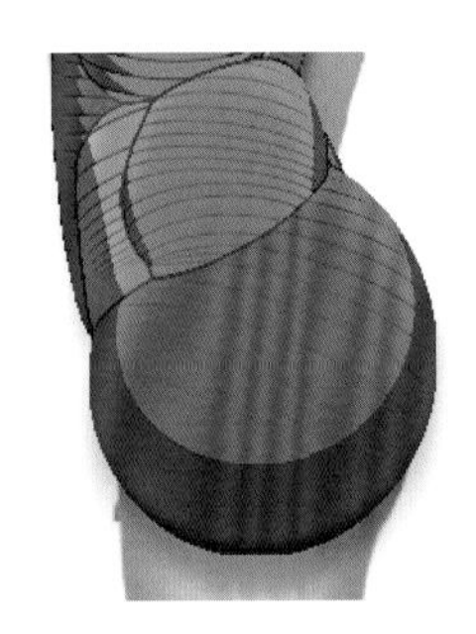

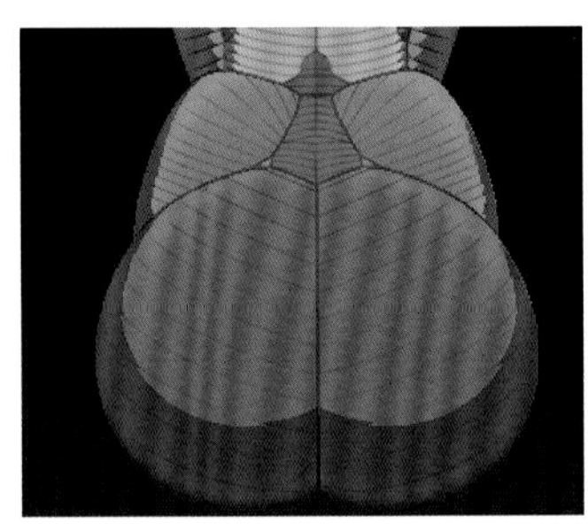

图4-30

8 对臀部的操作步骤基本和腹外斜肌的操作步骤相同，在此不再赘述。至此，躯干部的结构基本创建完成，调整完的结构如图4-31所示。接下来我们继续创建颈肩部及手臂结构。

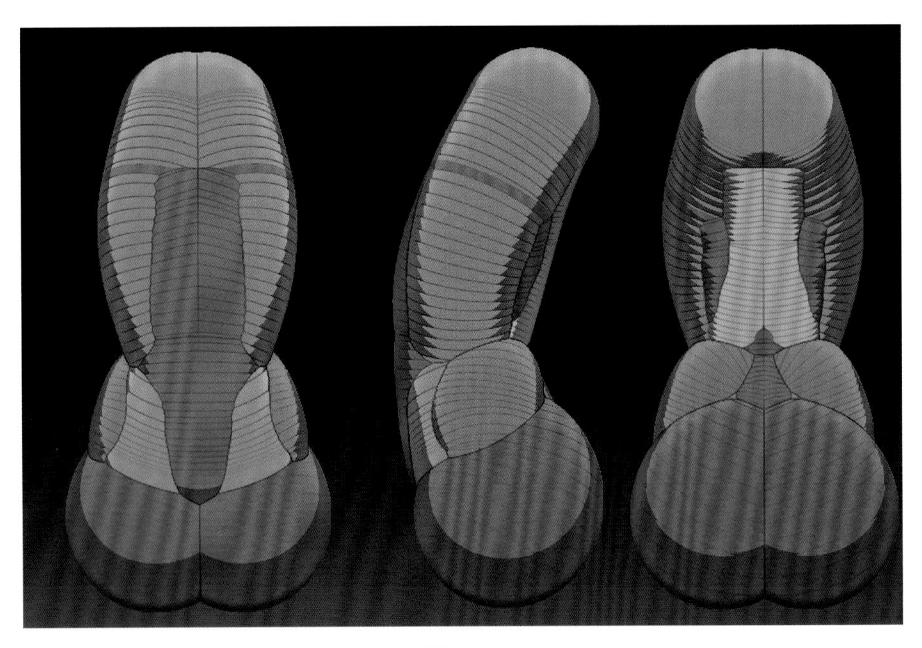

图4-31

### 3. 创建女性颈肩部及手臂结构

1 将躯干部全部蒙版（为了方便编辑新创建的结构，保护以前创建的结构，往往需要将其余结构全部蒙版，在此后的操作中为了方便叙述，就不再一一说明），在躯干部的顶端先创建颈部与胸廓连接的结构，然后再创建圆柱体的颈部结构，调整后的形体如图4-32所示。

2 对照女性参考图，使用Armature画笔，绘制出肩部结构。然后顺延向下绘制上臂，使用Bulge调整上臂粗细，并将其移动至与参考图相匹配的位置。注意手臂与腋窝处的空隙，然后继续绘制前臂的部分。调整完成后，如图4-33所示。

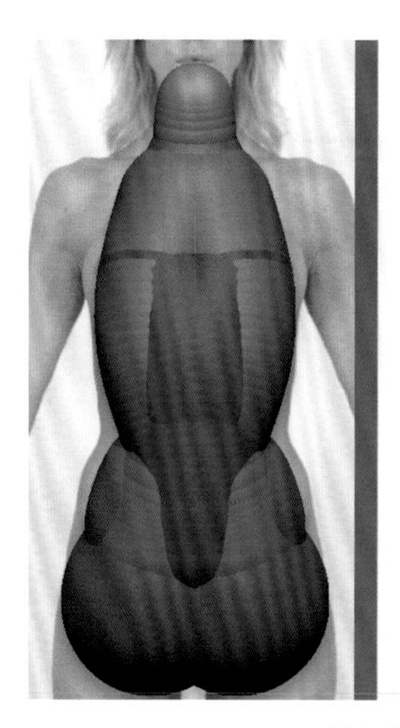
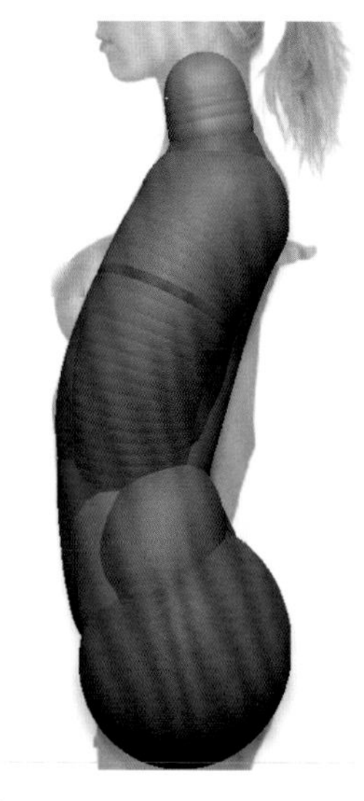

图4-32

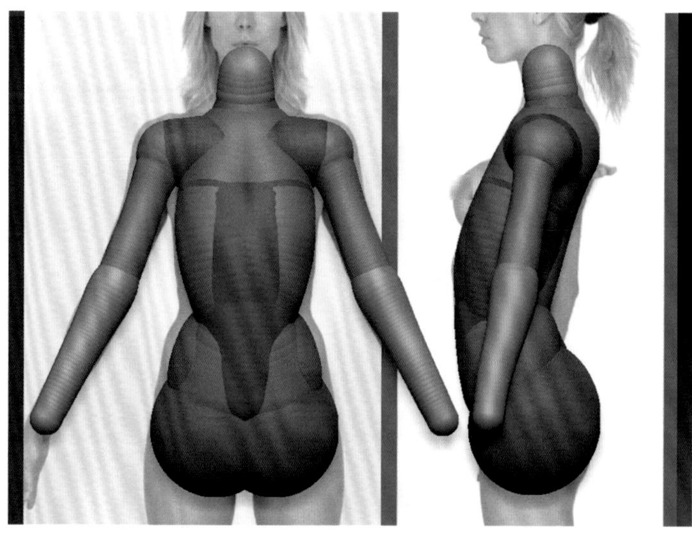

图4-33

### 4. 创建头部形体结构

头部结构的创建比较简单，在侧面视图的颈部上方，使用Armature画笔绘制一个圆圈形状，然后使用平滑及移动工具对其进行调整，过程及最后结果如图4-34所示。注意，我们现在创建的只是概略形体，蒙皮以后会进行更加细致的雕刻。

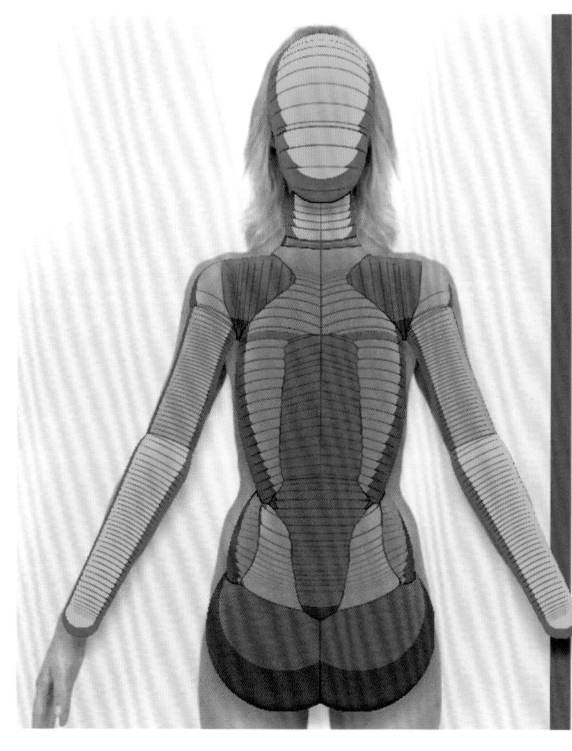

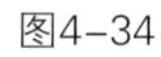

图4-34

### 5. 创建下肢结构

1 使用Armature画笔，在正面视图中，对照参考图片从胯部开始绘制出大腿结构。使用Bulge对大腿部进行膨胀，对膝盖部分进行收缩，然后使用平滑工具对大腿结构进行平滑，在正面以及侧面调节大腿曲线，如图4-35所示。

2 继续顺延创建小腿结构，创建及修改过程与大腿类似。需要注意的是，大、小腿的曲线配合，小腿侧面曲线及腓肠肌的凸起结构，如图4-36所示。

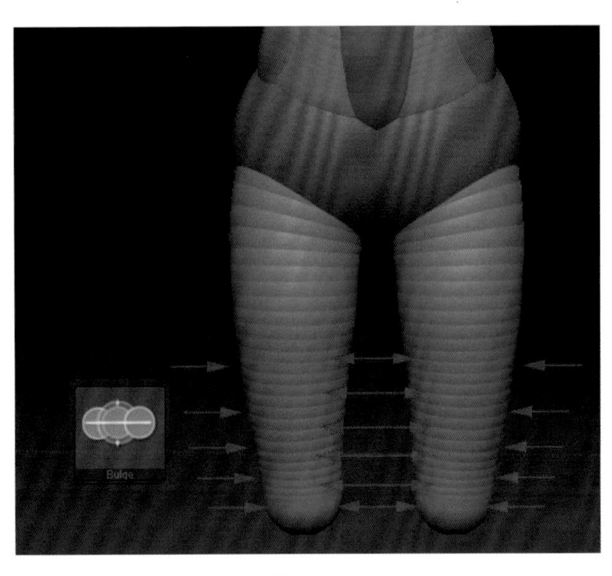


图4-35

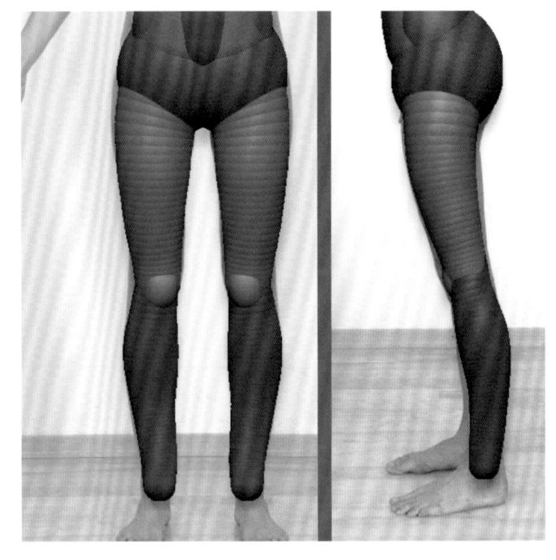

图4-36

3 接下来我们来创建足部。因为准备雕刻的是一个女性的舞蹈动作，所以我们需要将足部创建成翘起来的结构。将视图旋转为底视图，在小腿末端创建足部，如图4-37所示，在侧面调整足部造型。

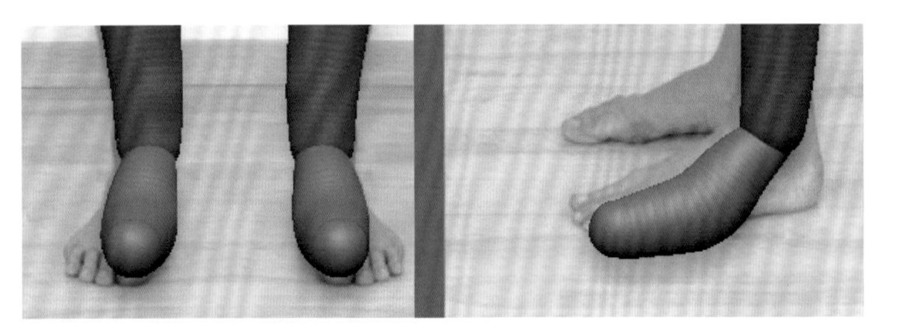

图4-37

### 6. 手部结构

手部结构分为手掌和手指两部分，先绘制手掌结构，然后分别绘制5根手指。注意，手指与手指之间的距离不要太近，而且在平滑操作的时候要比较小心。创建完的手部造型如图4-38所示。

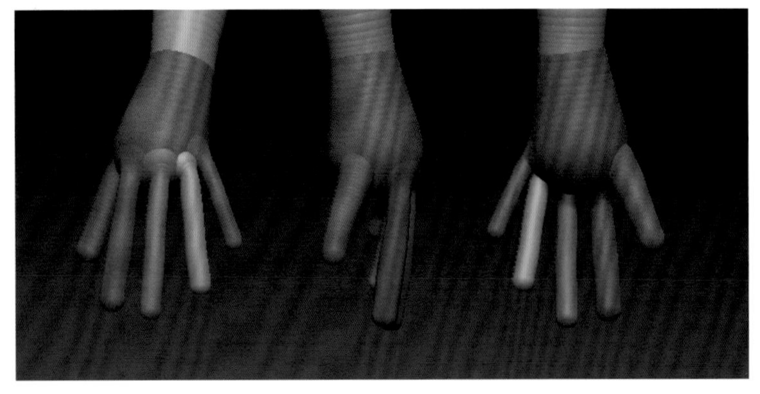

图4-38

### 7. 乳房造型结构

1 激活Transp按钮。关闭Ghost按钮，我们透过Z球可以看到后面的参考图片，这样便于我们创建乳房结构。但是现在仍然无法很清晰地观察后面的参考图片，这时单击Preferences菜单，然后找到Draw卷展栏，将其中的Back Opacity的参数调节至0.77左右，此时我们已经可以较清晰地看到背景图片了，如图4-39所示。

2 使用Sketch2，对照背景图在胸部绘制出八字形结构，如图4-40所示。

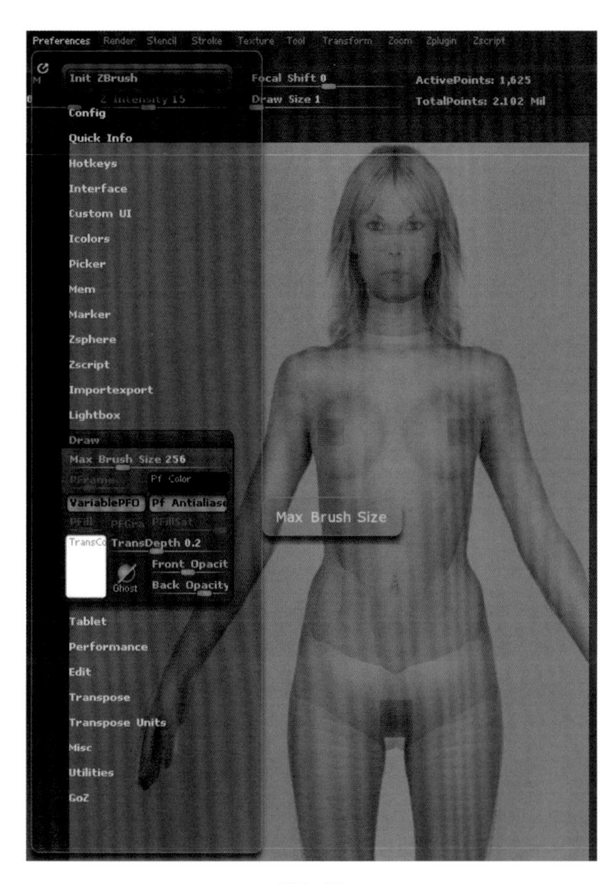


图4-39

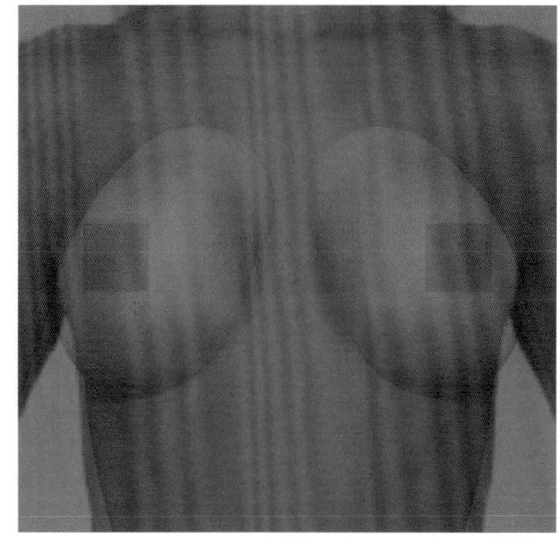

图4-40

3 使用Bulge对乳房的下部进行膨大操作，对乳房与胸廓相接的上部进行缩小操作，如图4-41所示。

4 不断对照参考图进行修改，创建完成的乳房造型如图4-42所示。

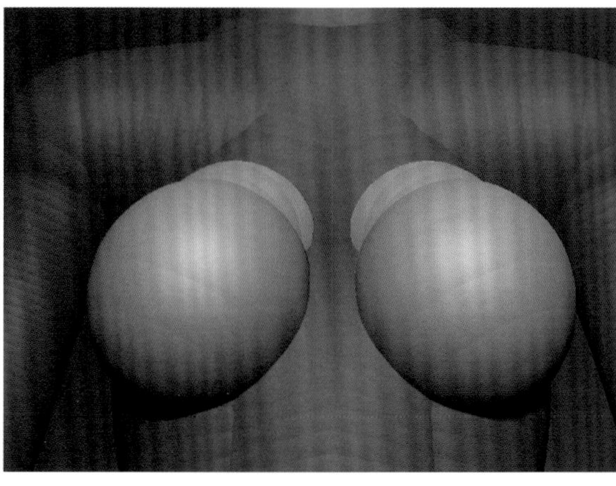

图4-41

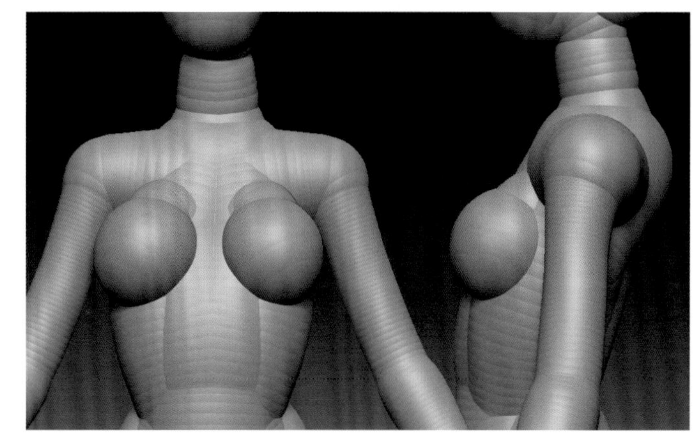

图4-42

### 8. 整体调整

通过调整，我们要把真实的女性人体调整为比较符合艺术欣赏的完美的造型比例。首先，将腿部的曲线修改得更加明显，并且将腿部增长。然后，将胯部及腰部上提，使得从头部至裆部的距离与裆部至足底的距离大致相同。最后将头部稍微缩小。尽量使人体高度符合8～8.5头身的比例。调整后与调整前的形体对比如图4-43所示。

至此，使用ZSketch创建女性形体全部完成，完成后的形体如图4-44所示。下面进入雕刻女性人体阶段。

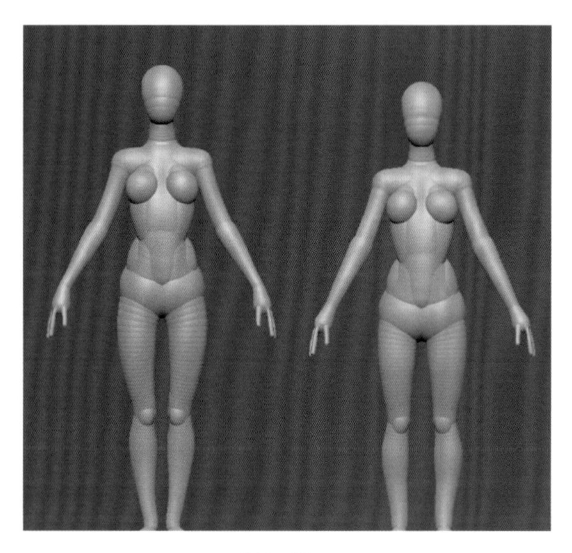

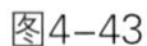

图4-43

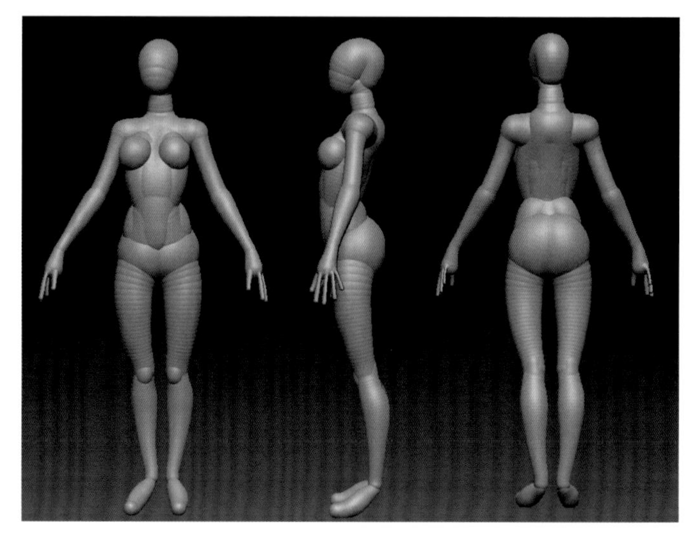

图4-44

## 4.2.3 雕刻女性人体

### 1. 初步雕刻女性人体

1 加载整体.ZTL文件，这个文件是Z球组成的女性形体，并不能直接雕刻，我们需要将Z球蒙皮。单击Tool面板中的Unified Skin，将其中的Resolution值设为400左右，如图4-45所示。

2 单击A键预览，基本无问题后，单击Make Unified Skin按钮，这时在预览窗口中多出了一个以Skin作为名称开头的模型。单击此蒙皮模型，按Ctrl+D组合键将多模型进行细分，最高级大约细分为4级即可，如图4-46所示。

3 现在开始雕刻，将细分级别降至2级，使用Smooth将角色全身进行平滑处理，但有的位置，例如乳房的底部，我们需要清晰的边界，所以就不用进行平滑处理；在手指处，因为网格较少，而且形体较细，也同样不用进行平滑处理，如图4-47所示。

图4-45

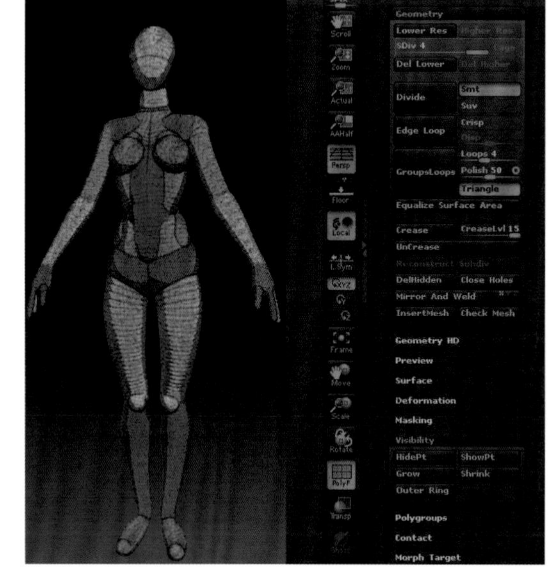


图4-46

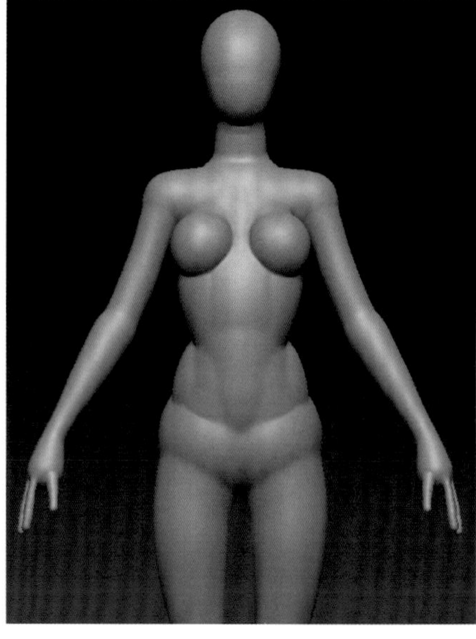

图4-47

4 从头颈部开始进行雕刻，使用Standard雕刻胸锁乳突肌和锁骨，如图4-48所示。

5 使用ClayTubes雕刻乳房和肩部连接的结构，同时雕刻肩部与胸部的交界线，如图4-49所示。

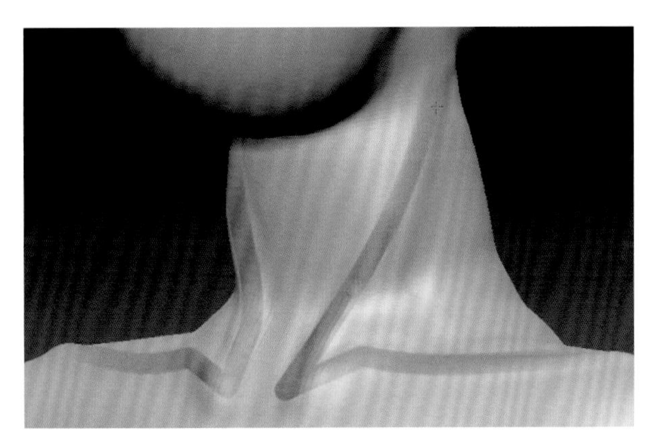

图4-48

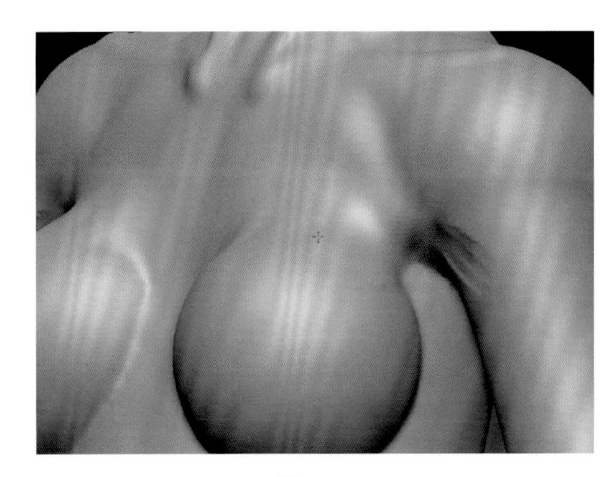

图4-49

6 回到颈部，雕刻斜方肌、胸锁乳突肌和锁骨，并调整形态，如图4-50所示。

7 在腹外斜肌下方至耻骨一线，大致雕刻出盆骨上沿和髂前上棘，如图4-51所示。

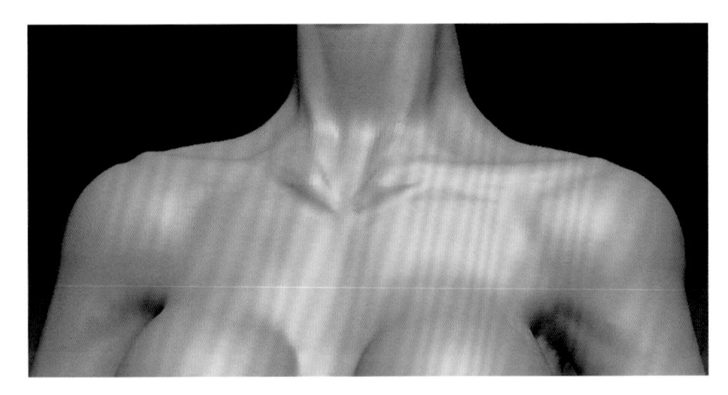

图4-50

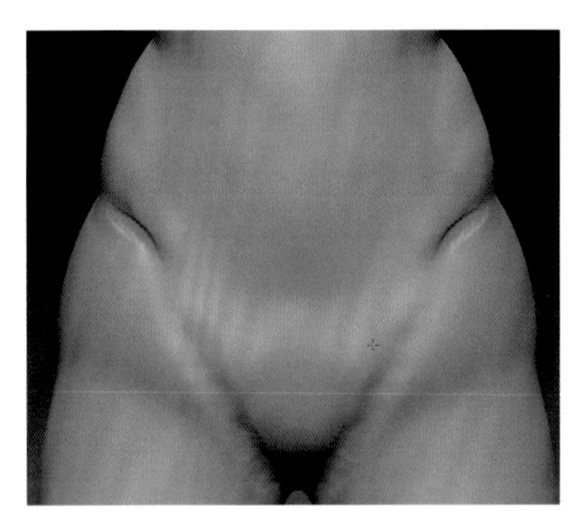

图4-51

8 在后背处，使用Move和ClayTubes修正背部形体，使后背的造型较为平整，如图4-52所示。

9 雕刻出肩胛骨的轮廓，从肩胛骨一侧向肩部进行雕刻，如图4-53所示。

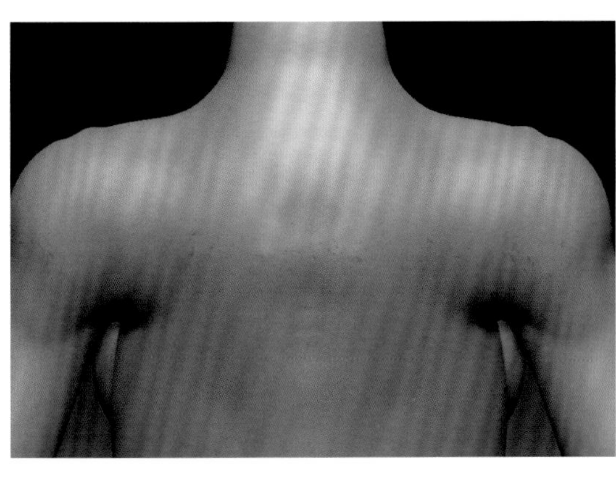

图4-52

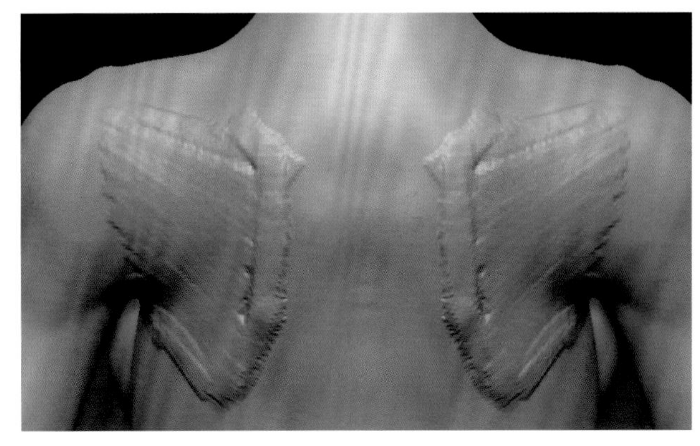

图4-53

10 在肩胛骨下部雕刻斜方肌的下沿，另外继续强化肩胛骨的结构，如图4-54所示。

11 向下雕刻臀部，注意女性骶骨向后垫起，如图4-55所示。

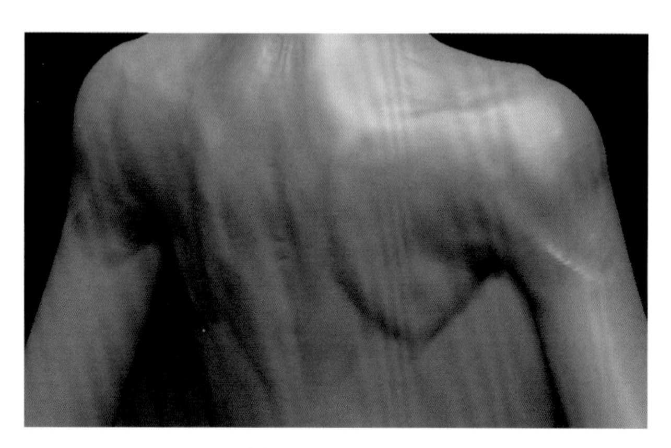

图4-54

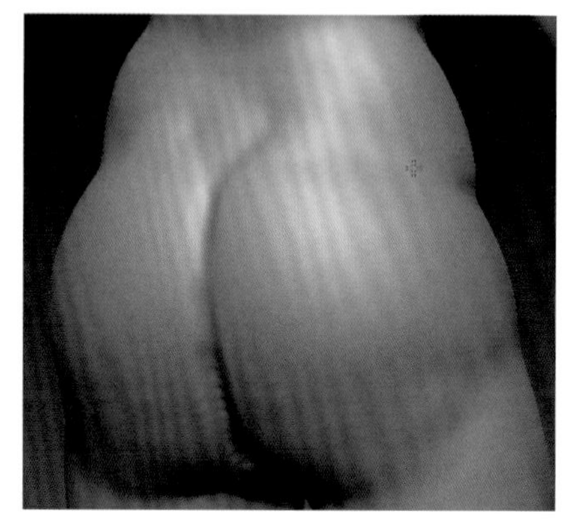

图4-55

12 雕刻肋弓的位置，并在肋弓处向外侧雕刻肋骨的造型，一直延伸至后背，如图4-56所示。

13 降级后，雕刻臀部的侧后方。同男性臀部相比，女性臀部的脂肪较多，所以在大转子的位置不能向内凹陷太多，如图4-57所示。

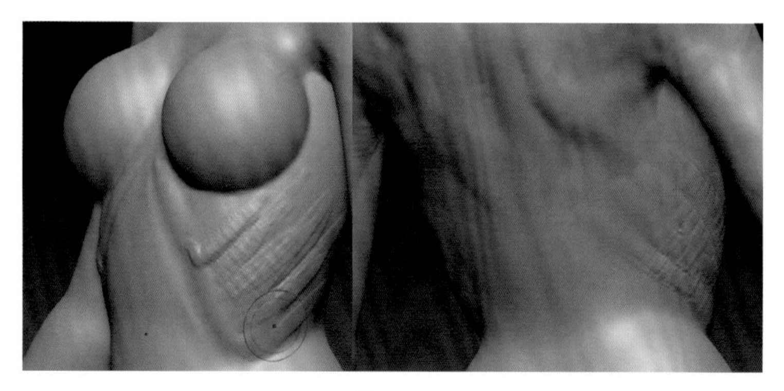

图4-56

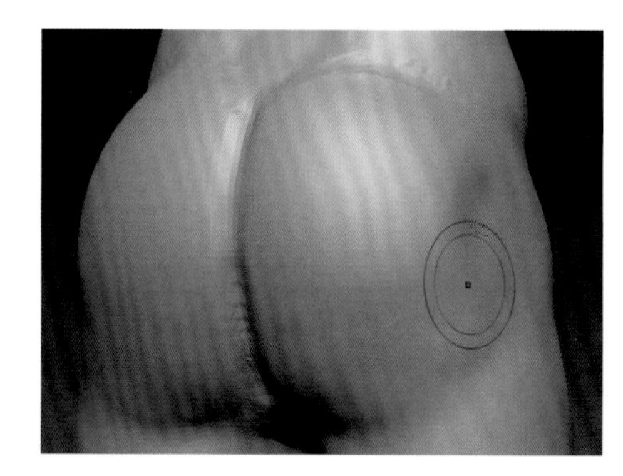

图4-57

14 向下雕刻腿部。因为女性腿部与男性相比更多体现的是圆润和柔美，所以在初步雕刻的过程中，基本不用雕刻大腿和小腿，只需要稍微强调一下膝盖及胫骨，如图4-58所示。

15 在上肢的雕刻中，女性肩部的形状很重要，使用Clay在肩峰附近添加肌肉，升级以后再使用Move调整肩部造型，如图4-59所示。

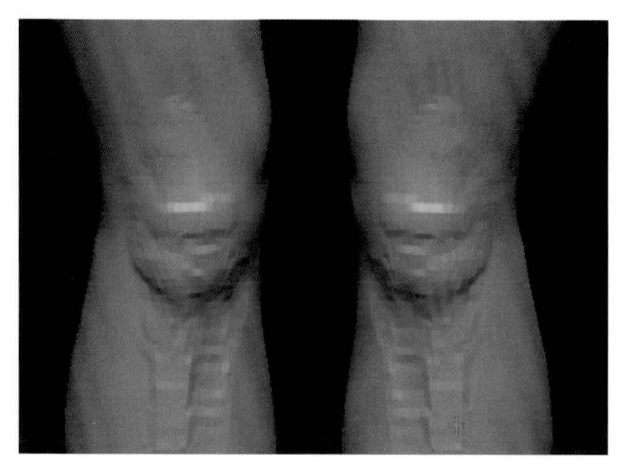

图4-58

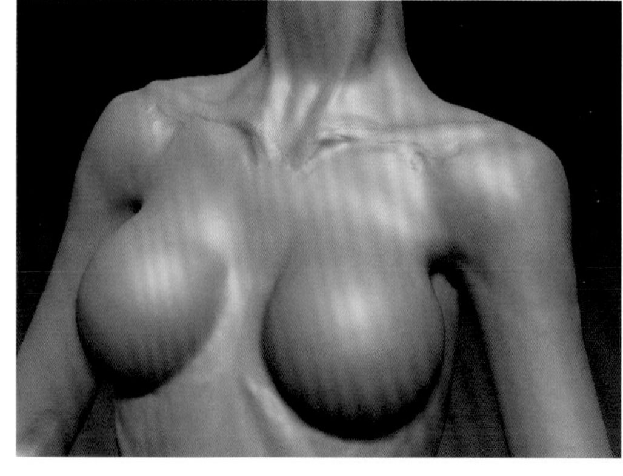

图4-59

16 初步雕刻后，女性形体造型如图4-60所示。

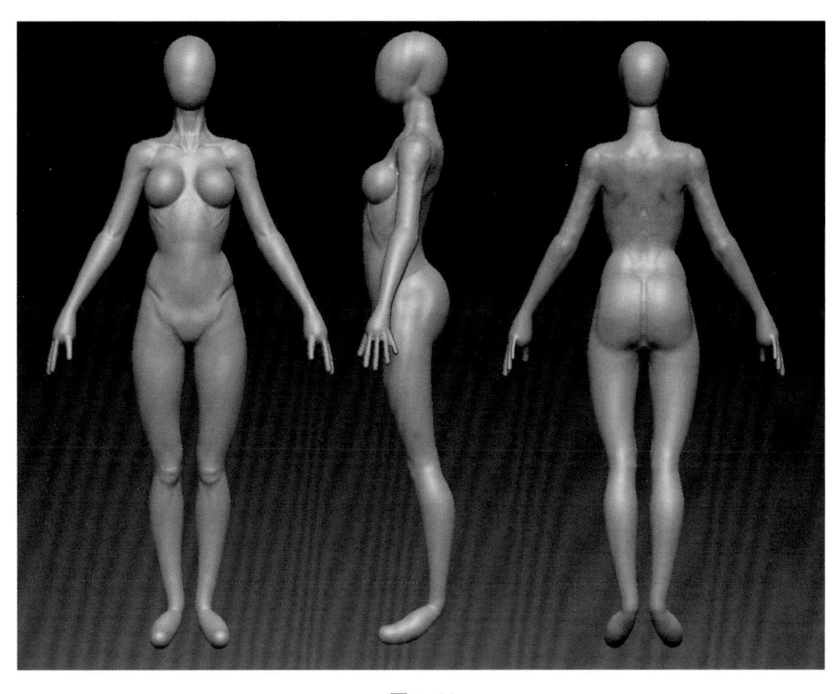

图4-60

**2. 躯干雕刻**

调出上一节我们雕刻的形体，这一节我们来雕刻女性躯干。

1 按快捷键Shift+F，以线框显示女性形体。因为这个女性形体是由Z球蒙皮得到的，所以不同的Z球显示的是不同的组，而不同的组以不同的颜色显示，如图4-61所示。

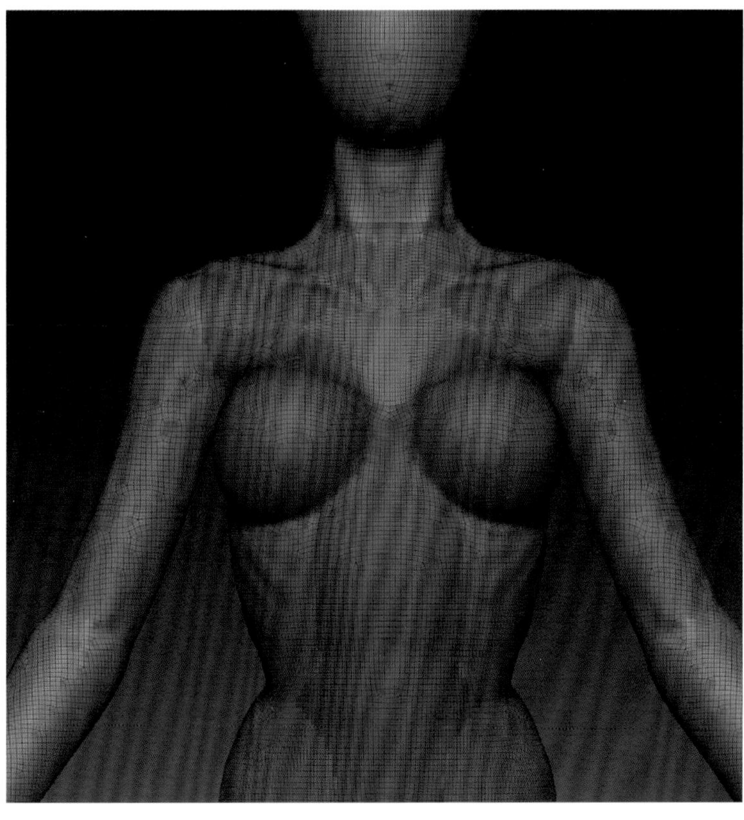

图4-61

2 按住Ctrl+Shift组合键，在组显示的模式下，单击上臂。我们会发现，现在除上臂以外的形体都被隐藏。这时，按住Ctrl+Shift组合键，再次单击上臂，现在上臂被隐藏，其他的形体被显示出来，如图4-62所示。

3 我们继续单击其他的部分，直到除躯干、颈部和大腿的部分以外，其他部分全部被隐藏，这时我们就可以对躯干部进行雕刻，如图4-63所示。

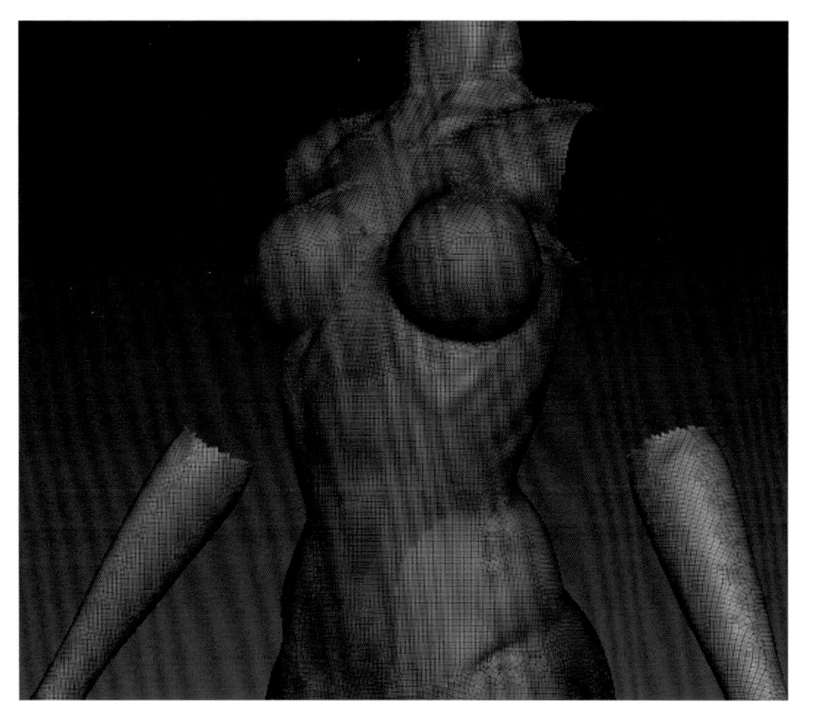

图4-62

图4-63

4 按Shift+F组合键，关闭线框显示。然后从颈部开始雕刻，在胸锁乳突肌的部分将肌肉形态雕刻得较明显，并且强调肌肉与锁骨部分的连接，如图4-64所示。

5 在锁骨的部分将锁骨的上沿和肩峰的形态雕刻得比较明显，如图4-65所示。

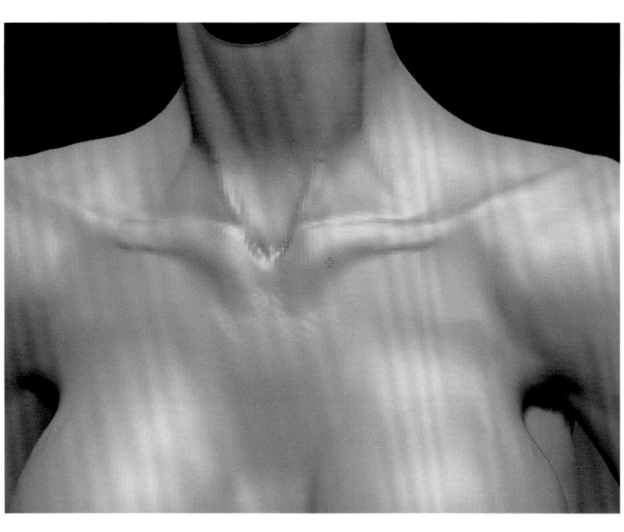

图4-64

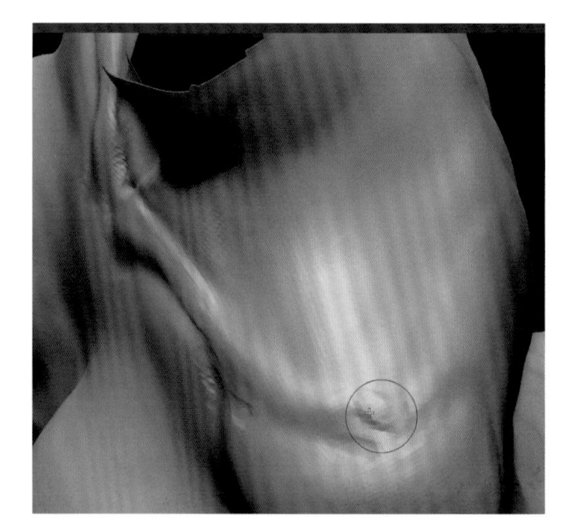

图4-65

6 加强女性肩部骨点处的形态，并且将三角肌与锁骨交接的形体结构进行加强。按住Alt键，使用Standard将锁骨下沿的结构进行加强，如图4-66所示。

7 使用Move调整胸部，将胸部向内收拢，并且使胸沟变窄，如图4-67所示。

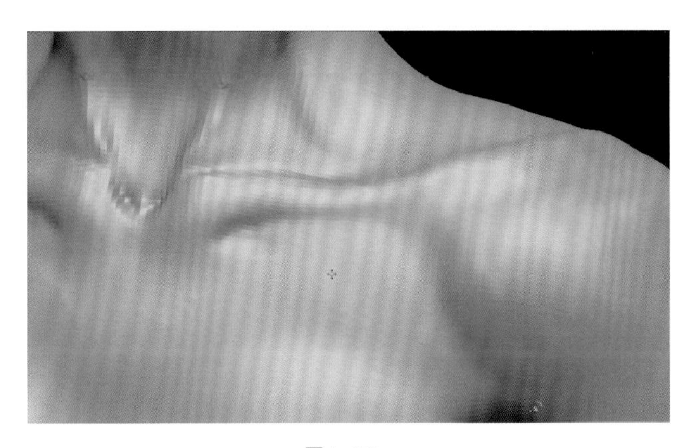

图4-66

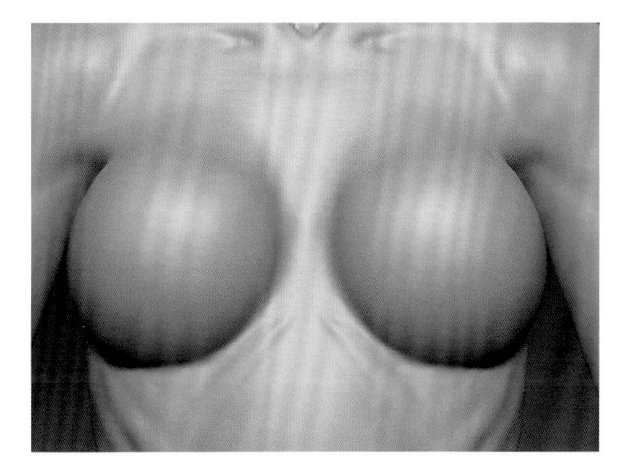

图4-67

8 从下方观察乳房与胸廓交接的部分，使用Move调整造型，如图4-68所示。

9 通过观察，胸骨的位置处有些向内凹陷，这个结构显然是不对的，所以我们需要调整胸骨以及乳房内侧的造型。按Shift+F组合键，以线框方式显示，按Ctrl+Shift组合键，单击胸部，隐藏胸部造型，然后使用Move移动胸骨处，如图4-69所示。

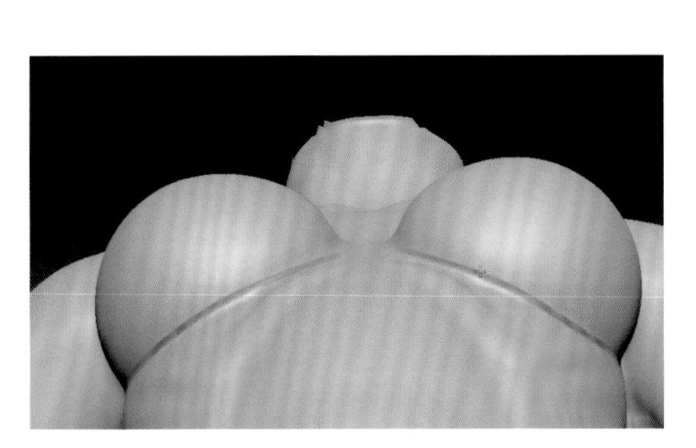

图4-68

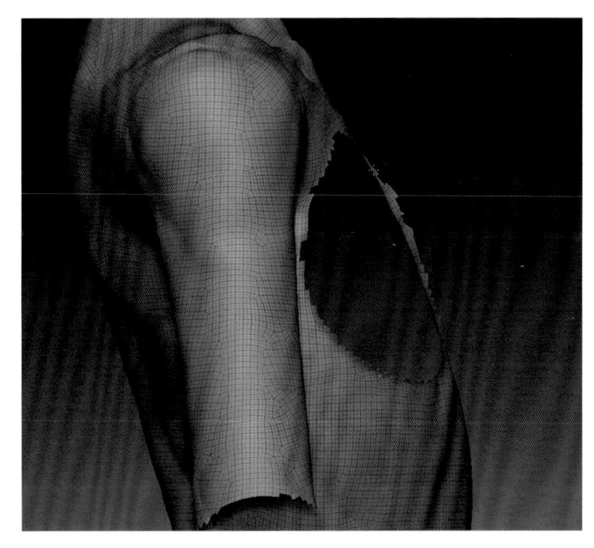

图4-69

10 退出线框显示模式，显示所有的部分，这时我们发现，因为单独调整胸骨的位置，使胸部造型发生错误，所以需要使用Clay进行修正，修正以后的胸部及胸骨处如图4-70所示。

11 使用Clay雕刻胸廓的结构，参考一些优秀的雕刻作品，注意胸廓部分结构的微妙之处，不要将肋骨雕刻得过于凸出，如图4-71所示。

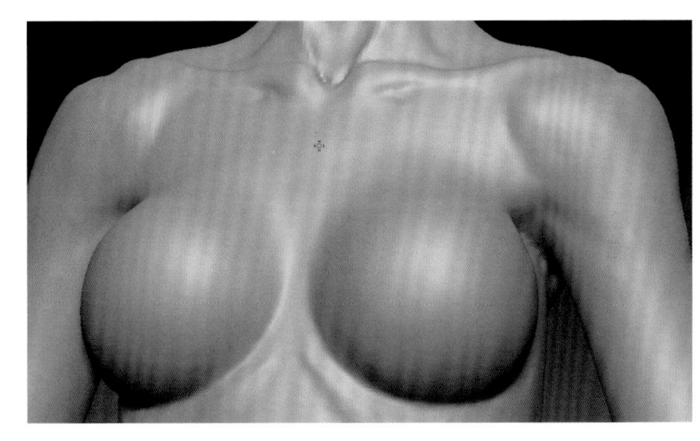

图4-70

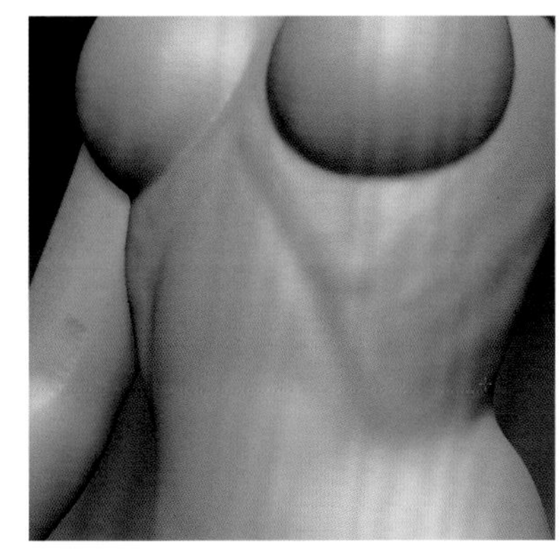

图4-71

12 使用Standard雕刻腹肌中沟，注意女性腹部平滑肌的形状，如图4-72所示。

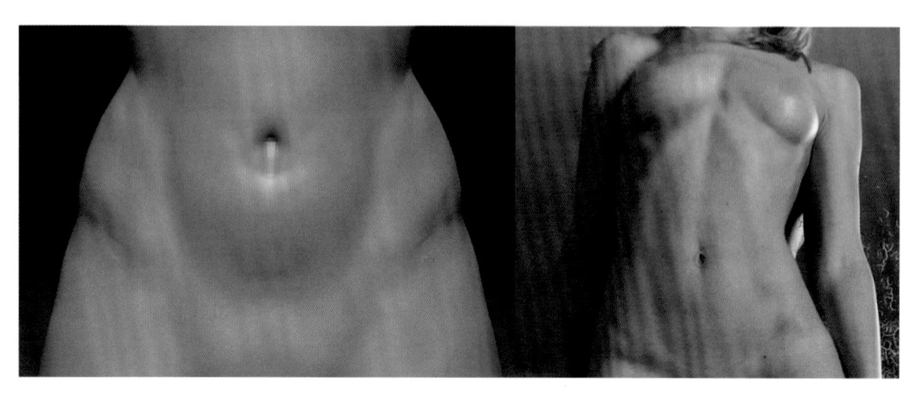

图4-72

13 女性的腰部及骨盆处是体现女性人体柔美和性感的部位之一，同时也是女性人体雕刻的难点之一，雕刻时要多参考真实女性人体，如图4-73所示。

14 使用Smooth为肋骨下缘和腰部添加柔和的过渡，同时雕刻腹部的肚脐与下腹圆润的形体，为髂前上棘添加标志的骨点，并调整腰胯部，注意腹外斜肌的肌肉走势。

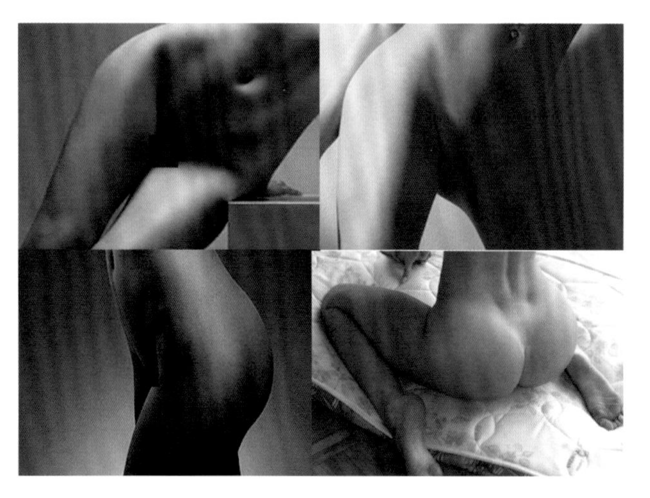

图4-73

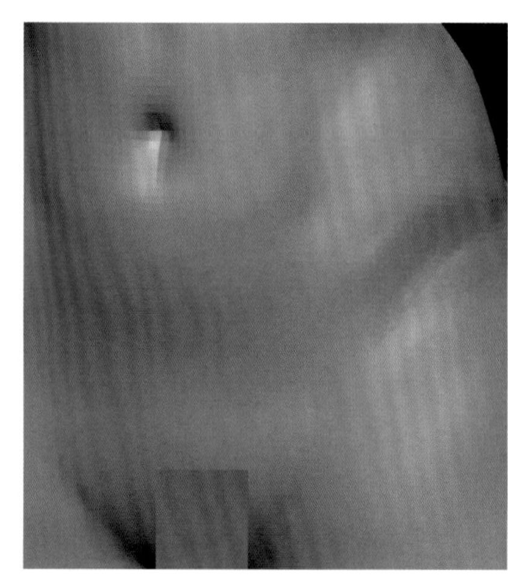

图4-74

15 女性背部与男性背部相比更多体现的是肩胛骨的造型，雕刻的时候，多注意参考肩胛骨的解剖结构。在雕刻女性背部的时候，先使用Clay笔刷雕刻出肩胛骨的位置、形状，注意肩胛骨的上部骨点与下部骨点，如图4-75和图4-76所示。

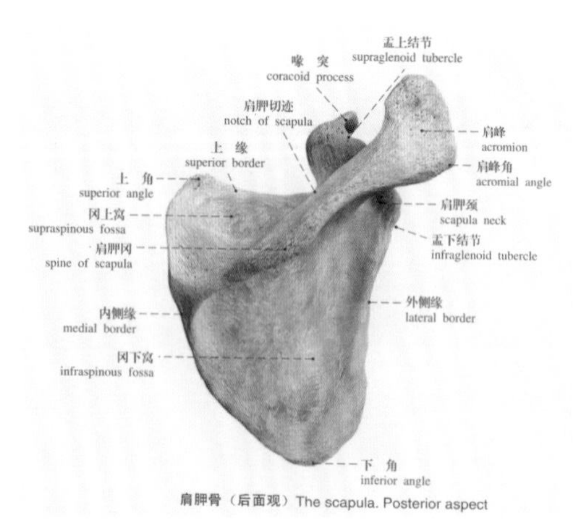


图4-75

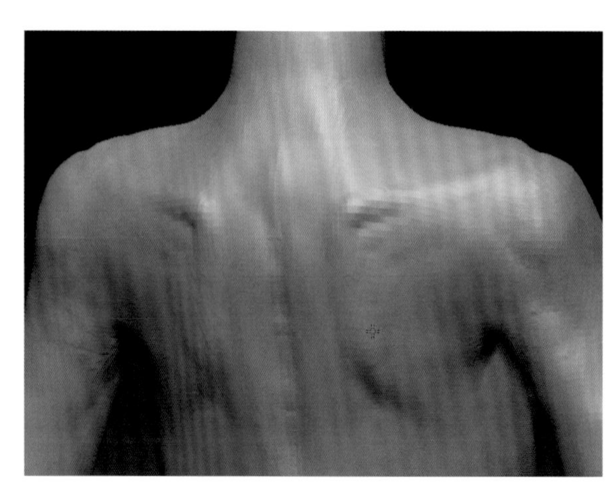

图4-76

16 女性肩部与肩胛骨上沿以及颈部形成了一块三角形的区域，三角形的底边正好是肩胛骨所在的位置。在雕刻的过程中，使用Clay突出这个区域的三角形结构，如图4-77所示。

17 向下雕刻腰部，使用Standard雕刻腰部的骶棘肌。另外，注意从后面观察背部肋骨以下到臀部以上的部位，形体从脊柱开始向前绕行的形体趋势，如图4-78所示。

18 臀部是体现女性特征的一个重要部分，较丰满、健美的女性臀部体现出非常圆润的梨型结构，如图4-79所示。

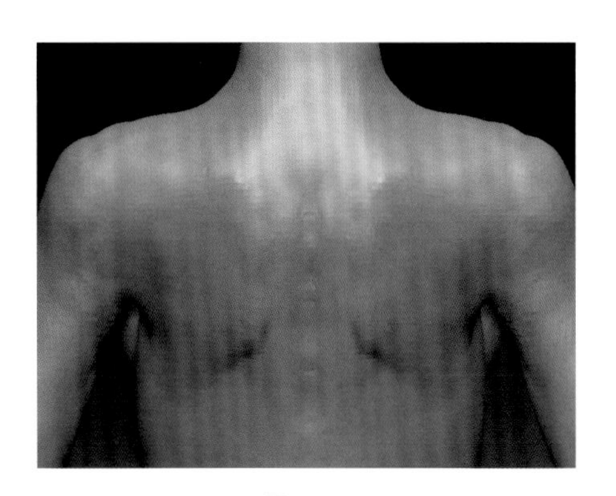

图4-77

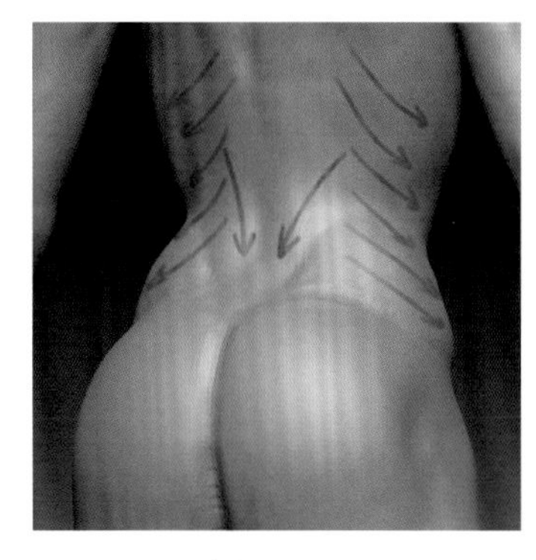

图4-78

图4-79

19 塑造臀部造型时，首先使用Standard雕刻骶骨三角形，并且将臀沟的部分加深，如图4-80所示。

20 注意臀部丰满、圆润的造型。使用Move从侧面和背面调整臀型，使臀部呈现圆润的梨形结构，如图4-81所示。

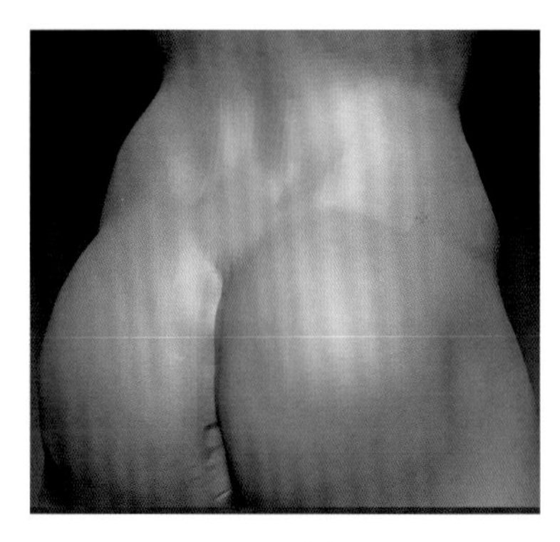

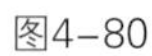

图4-80

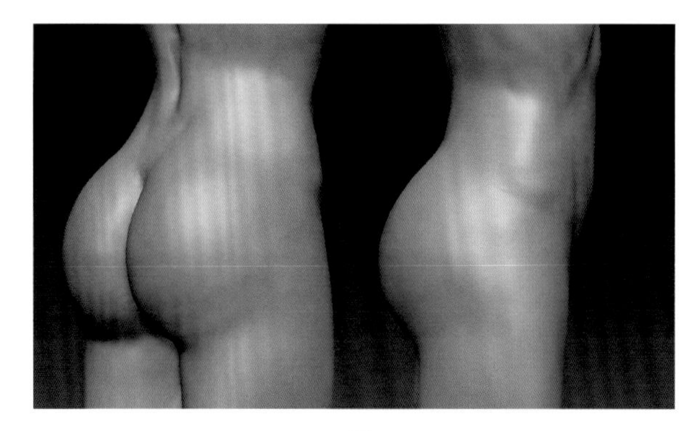

图4-81

21 最后整体调整。在腰胯部，按住Shift键，使用Smooth将腹股沟处进行平滑操作，将髂前上棘与腹股沟以下雕刻得微妙和自然，如图4-82所示。

22 完成的女性躯干部分如图4-83所示。

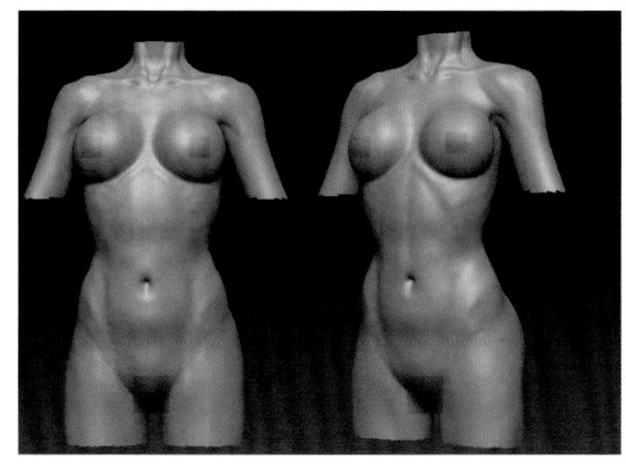

图4-82

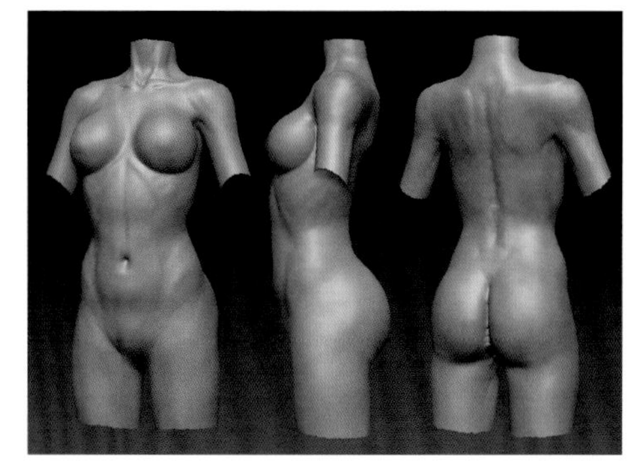

图4-83

### 3. 手臂雕刻

1 下面，我们来雕刻女性手臂。首先在手臂的正面关节处雕刻一个“丫”字形，初步界定臂窝和上臂的肱二头肌。然后初步雕刻肘关节，如图4-84所示。

2 使用Clay雕刻肘关节，并且在肩部的后面添加肌肉和脂肪，如图4-85所示。

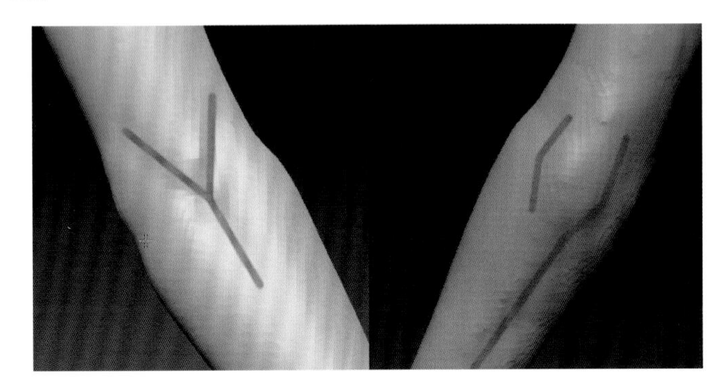

图4-84

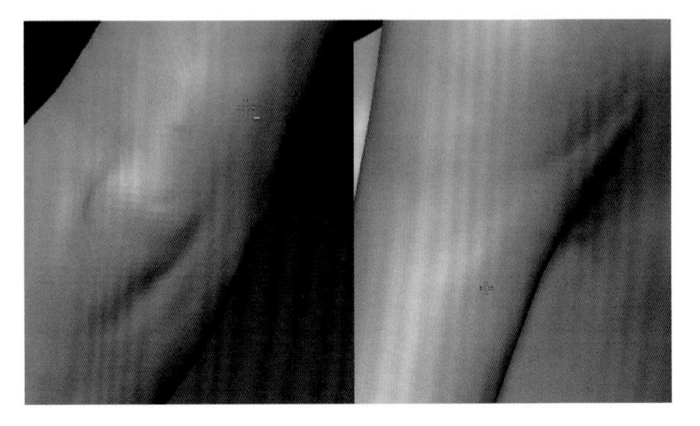

图4-85

3 在小臂的侧面雕刻向前绕行的肌肉结构，如图4-86所示。

4 使用Move调整上臂和前臂，使女性手臂既纤瘦又富于变化，如图4-87所示。

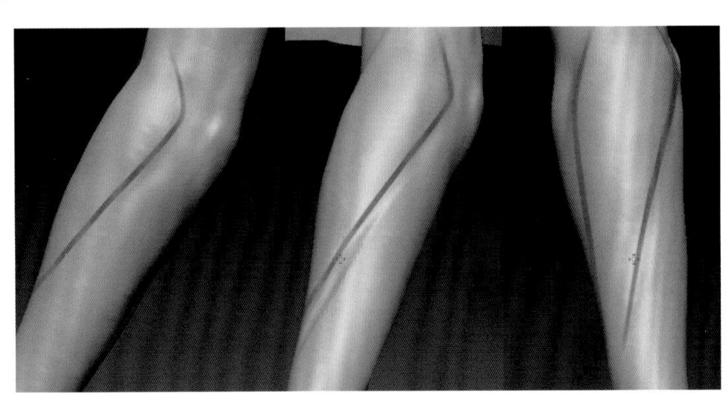

图4-86

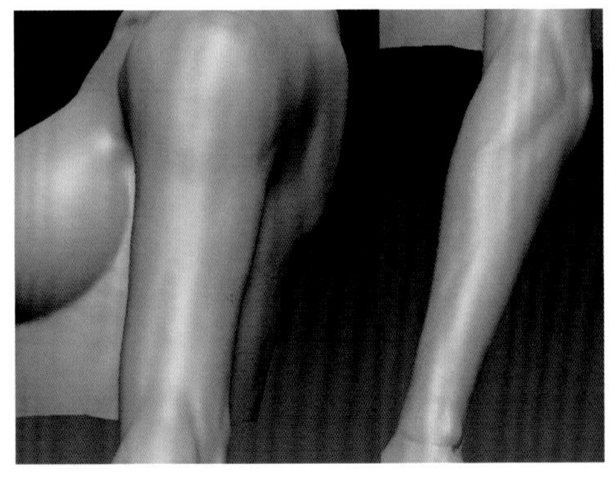

图4-87

5 向下雕刻手掌，将手掌变薄，并初步雕刻大拇指和小指附近的手掌结构，如图4-88所示。

6 雕刻虎口的造型，使大拇指和食指间出现一个三角形的区域，如图4-89所示。

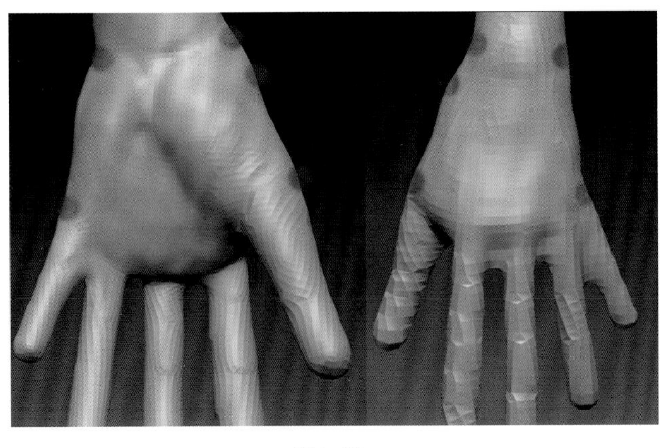

图4-88

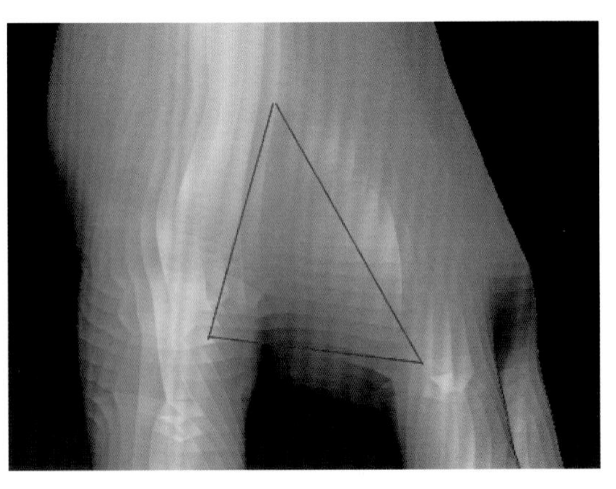

图4-89

7 在手背处雕刻出掌骨、指骨的基节及腕部的结构，然后升级，继续雕刻手部，调整手掌部形态和比例，并在腕部雕刻筋腱，如图4-90所示。

8 雕刻手心处大拇指和小指侧的结构，并从多角度观察手部的形态，如图4-91所示。

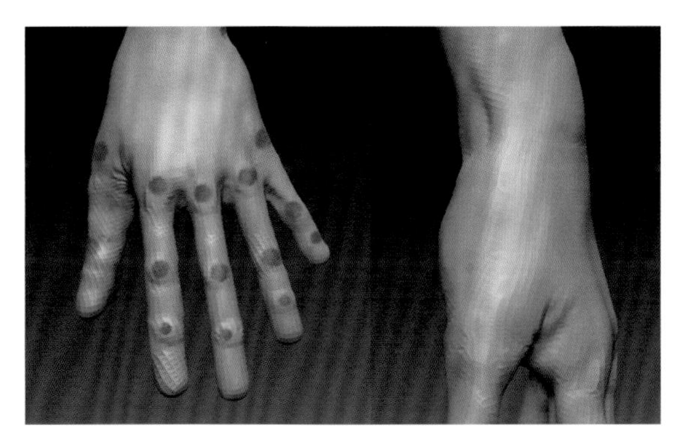

图4-90

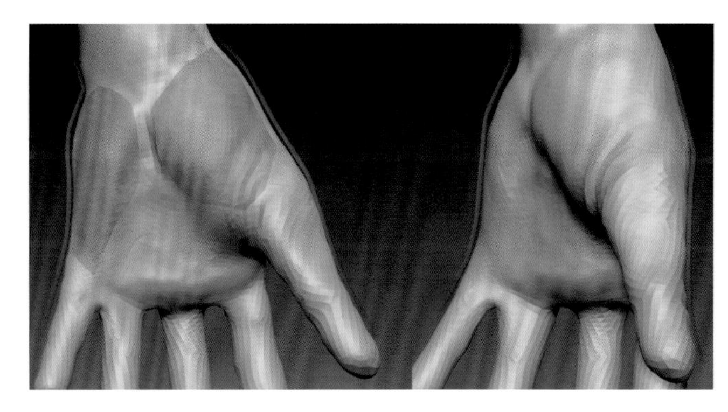

图4-91

9 继续细化手部。升级后，刻画关节和筋腱，雕刻手指形状，将手指雕刻得较为骨感，另外在掌心侧用Standard雕刻关节，如图4-92所示。

10 雕刻掌纹，如图4-93所示。

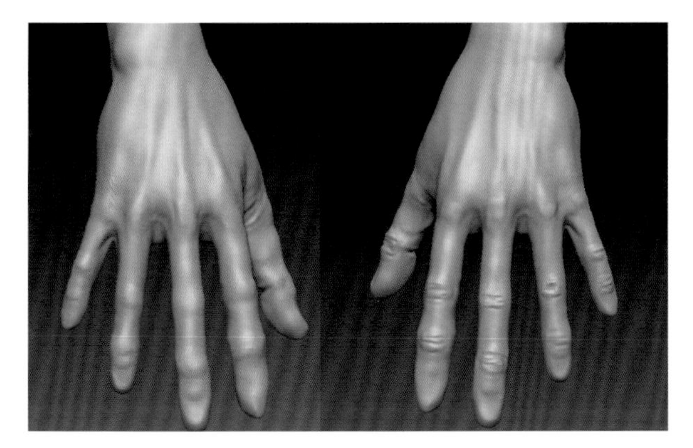

图4-92

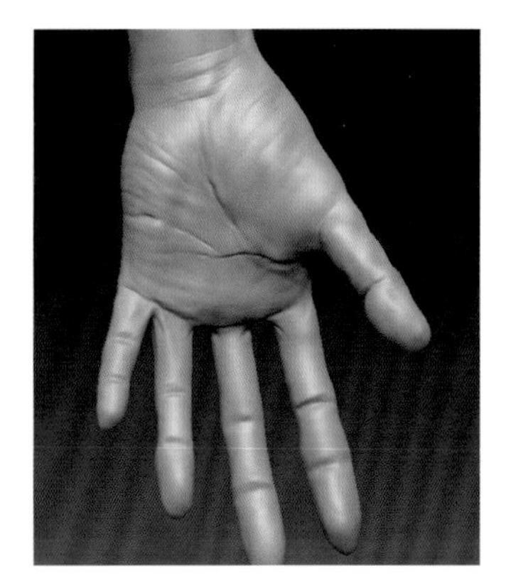

图4-93

11 雕刻完的手臂如图4-94所示。

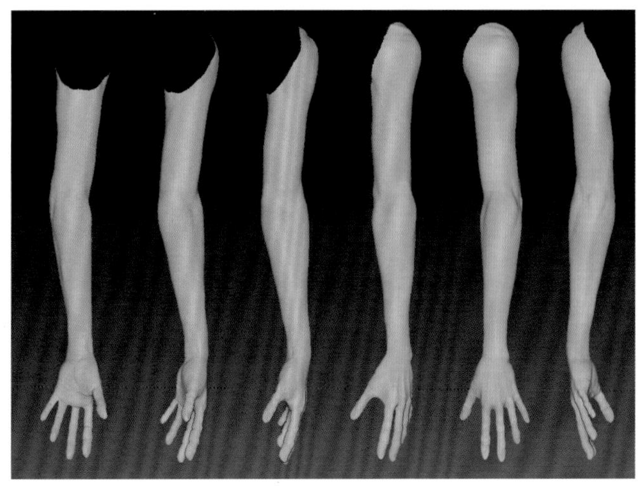

图4-94

### 4. 腿部雕刻

1 雕刻腿部时，由上至下整体调整形体。使用Move调整大腿和膝盖关节内、外两侧的轮廓，使大腿根部较为丰满，大腿至膝盖呈现明显曲线，如图4-95所示。

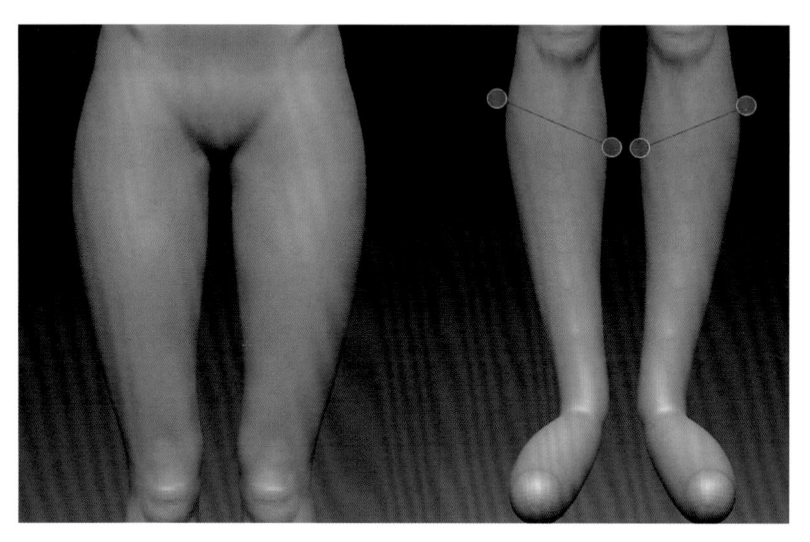

图4-95

2 调整好基本形体后，从大腿部分开始进行精细雕刻，特别需要着重刻画的是以缝匠肌为界，大腿内、外两侧的体块。雕刻的时候要注意肌肉走势，如图4-96所示。

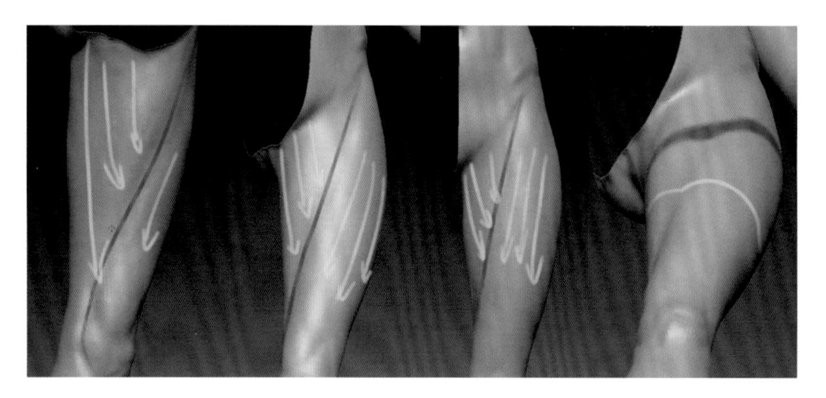

图4-96

3 雕刻膝盖时，在前部注意膝盖髌骨上方顶起的肌肉形体，以及胫骨的形体；在膝关节后方，雕刻内、外两侧的弧线。

4 向下雕刻小腿。女性小腿同男性小腿比起来较为圆润，特别在小腿侧面和后面，呈现非常优美的弧线，在雕刻时要多把注意力放在小腿腓肠肌的部分，这个部分最能够体现女性小腿的优美形体，如图4-98所示。

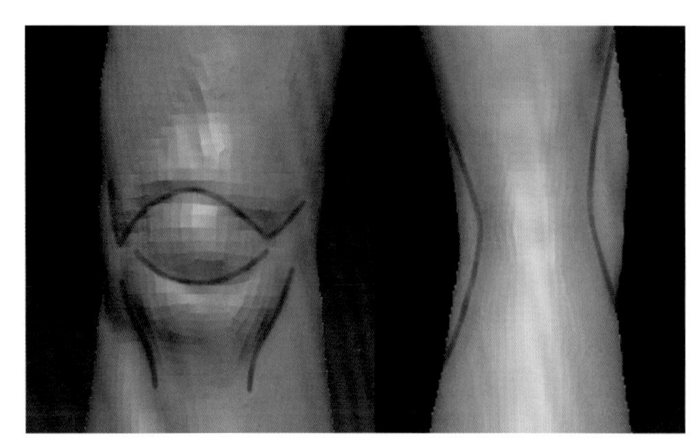

图4-97

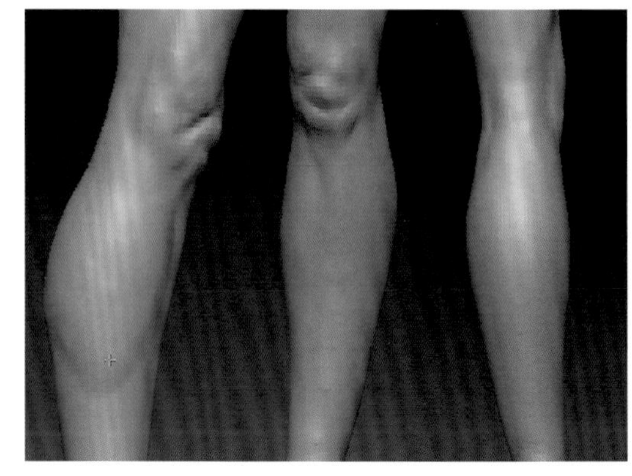

图4-98

5 足部是我们观察时经常忽略的形体，再加上踝部与脚所形成的角度，使大部分人在雕刻足部形体的时候感觉难以下手。建议大家在雕刻足部形体的时候，多参考男人体雕刻当中的足部雕刻以及一些真实的足部图片，如图4-99所示。

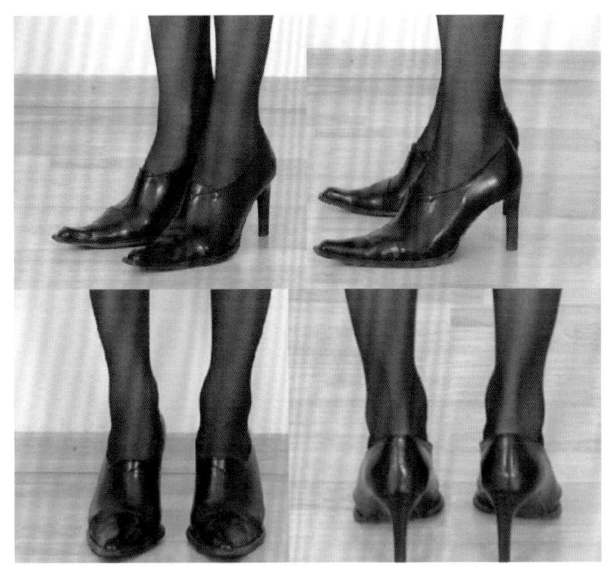

图4-99

6 首先确定内、外踝的位置。注意，内、外踝连线与胫骨所呈现的角度，然后调整足部侧面的轮廓，如图4-100所示。

7 在脚面和脚底处进行雕刻，注意脚面内侧和外侧所呈现的不同弧度，脚面处靠近内侧弧度较大，脚面处靠近外侧弧度较小、较平缓，如图4-101所示。

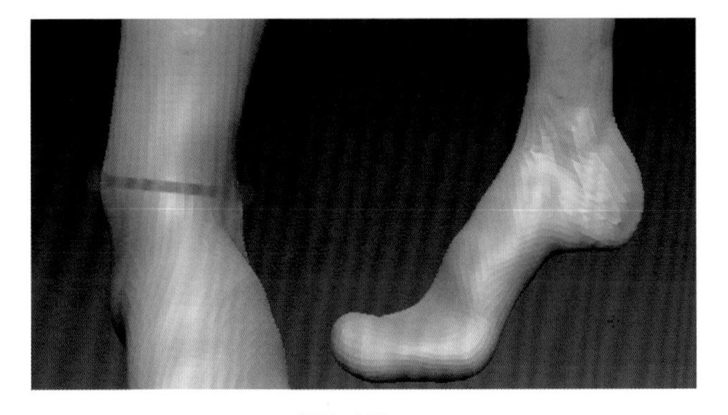

图4-100

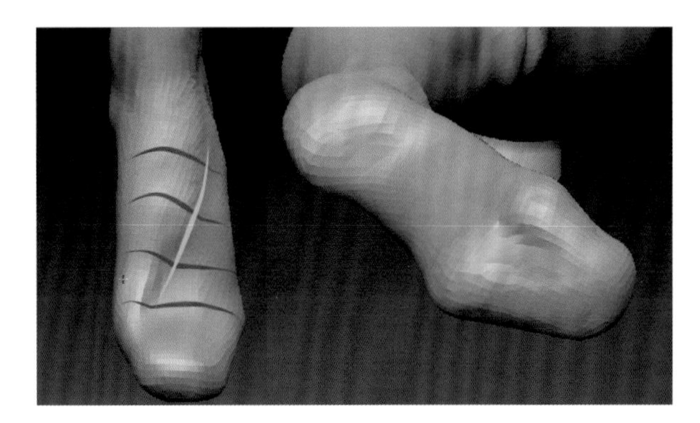

图4-101

8 使用Move继续调整足部造型，如图4-102所示。

9 在侧面调整足部造型，在足底处突出足骨关节的结构，如图4-103所示。

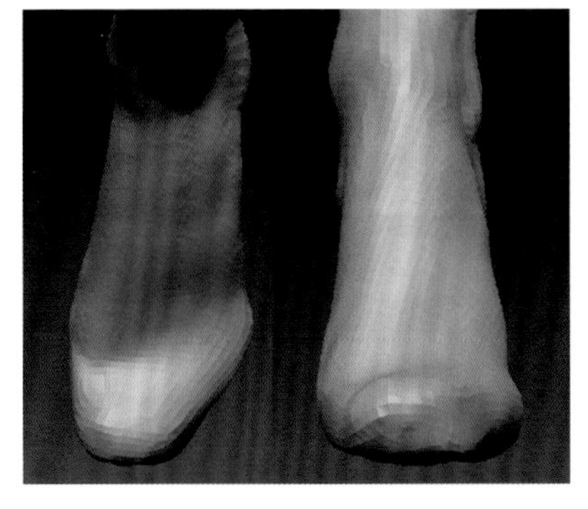

图4-102

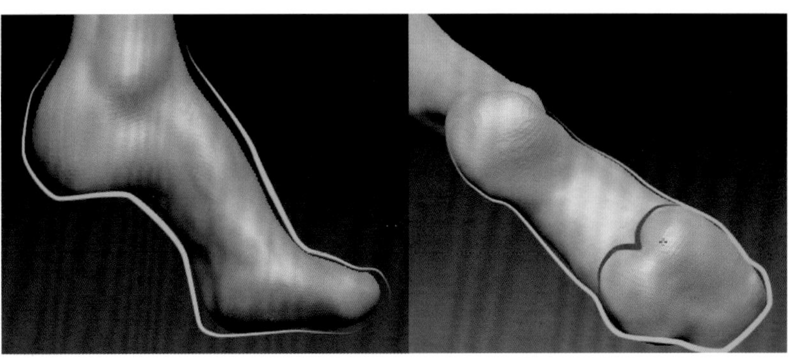

图4-103

10 在小腿至足跟后侧雕刻跟腱。注意，肌肉和跟腱要与小腿部分的结构联系起来，如图4-104所示。

11 升级后，调整臀部、腹股沟、骨盆及膝盖处的形体细节，如图4-105所示。

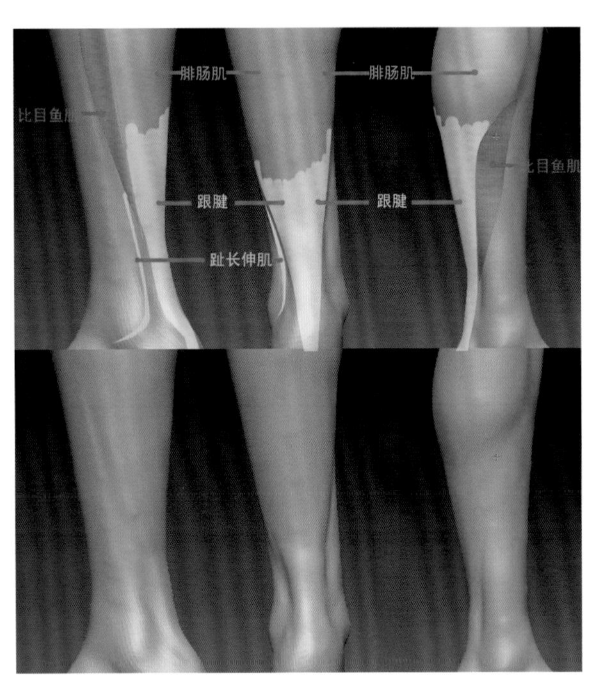


图4-104

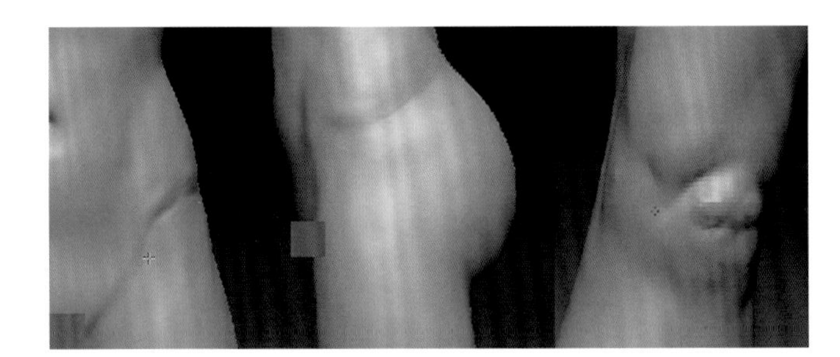

图4-105

12 雕刻完的腿部如图4-106所示。

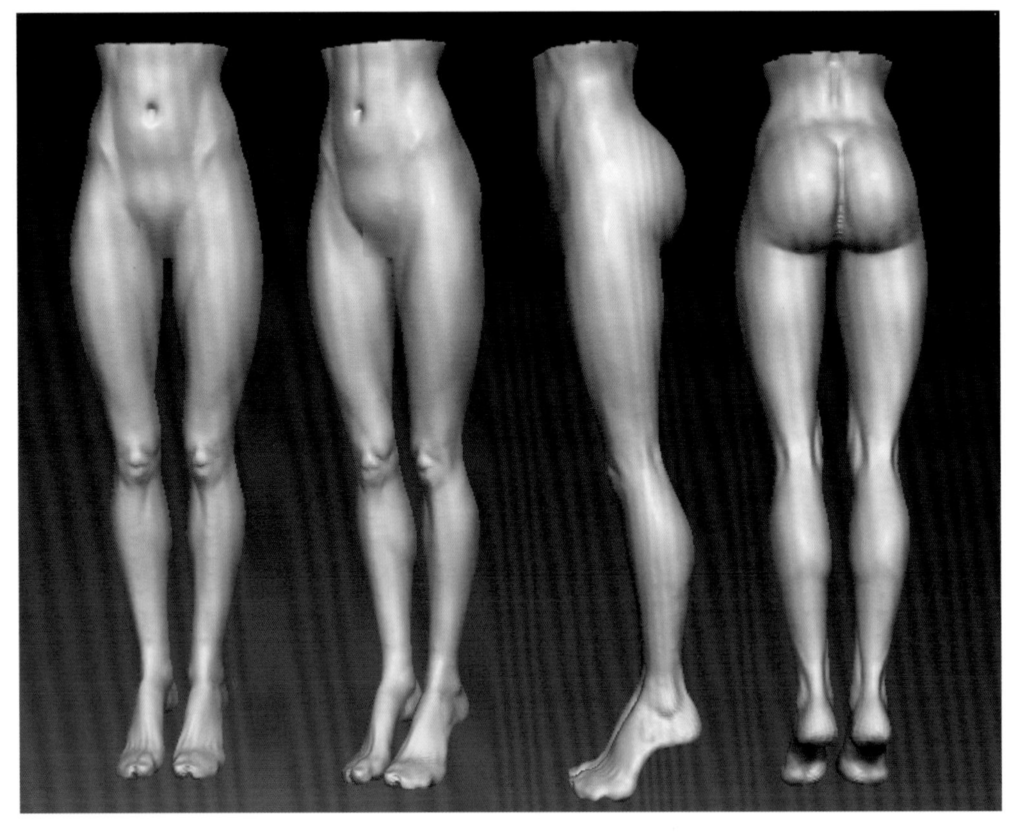

图4-106

### 5. 头部雕刻

1 首先关闭透视，在关闭透视的模式下雕刻头部可以更准确地把握比例。使用Clay填充侧面的凹陷部分，然后使用Move将后颈部分进行调整，使颈部从侧面呈现上粗下细的结构关系，如图4-107所示。

2 在1/2头长的部分，使用Clay雕刻出眼窝部分。因为女性的额头比较圆润，不像男性额头较方直，所以我们使用Clay将额头部分塑造得比较圆润，如图4-108所示。

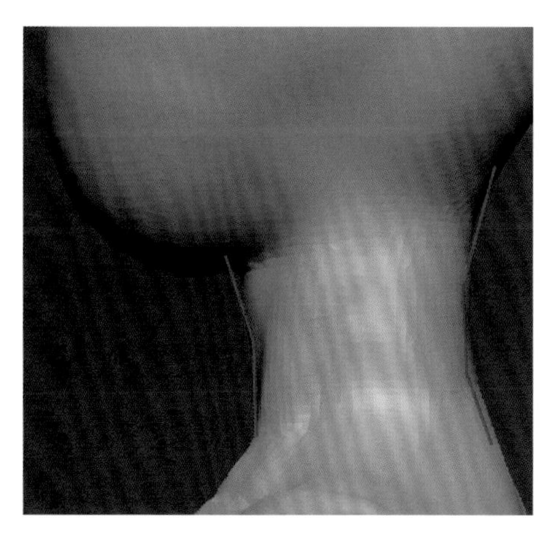

图4-107

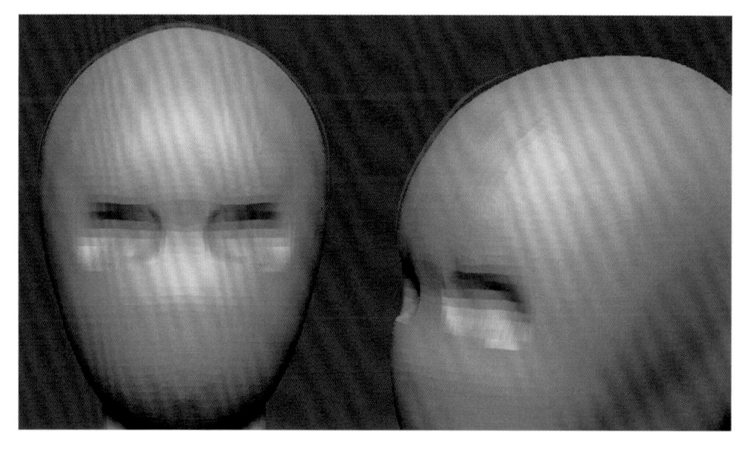

图4-108

3 初步雕刻鼻子的结构，并且使用Clay雕刻鼻子附近的面颊，如图4-109所示。

4 使用Move调整下巴造型，并且初步雕刻颧骨与口轮匝肌，如图4-110所示。

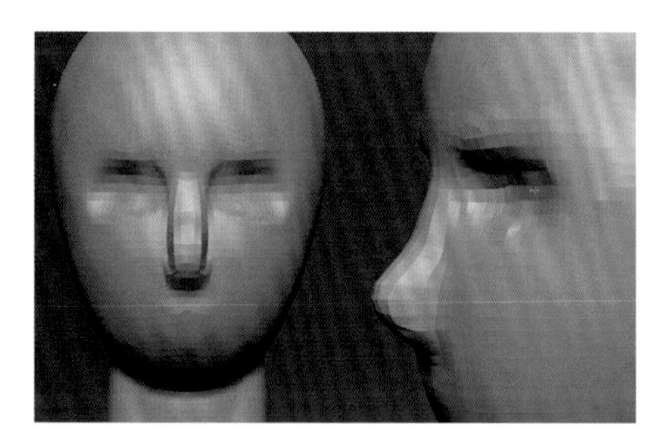

图4-109

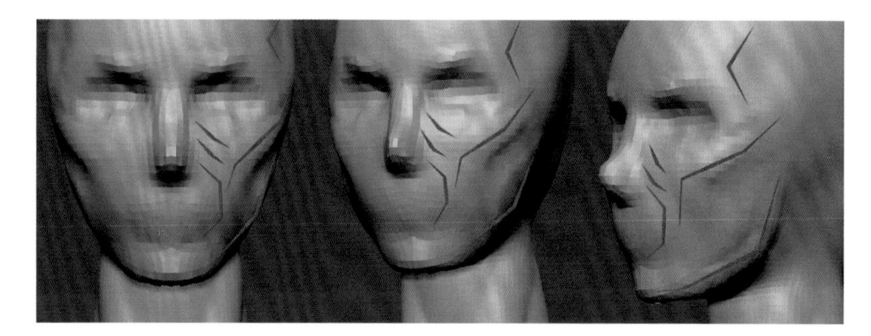

图4-110

5 继续雕刻颧骨结构和下颌骨结构，注意颧骨的斜45° 轮廓，如图4-111所示。

6 在头部侧面，使用Move拖曳出耳朵的轮廓，如图4-112所示。

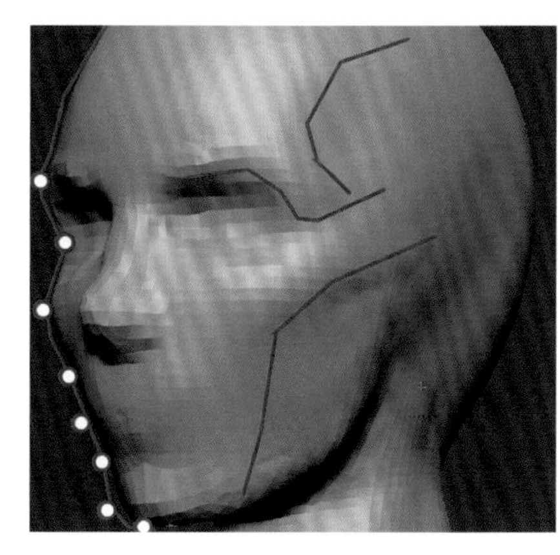

图4-111

图4-112

7 升级后，使用Clay雕刻眉弓的结构。注意，眉弓处有两处重要的骨点，如图4-113所示。

8 使用Standard绘制口裂处的形状，然后使用Clay初步雕刻上唇和下唇的形状，注意女性嘴唇性感、厚实的特征，如图4-114所示。

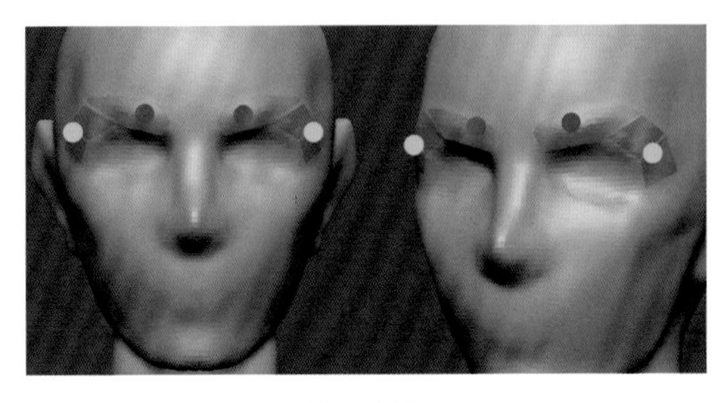

图4-113

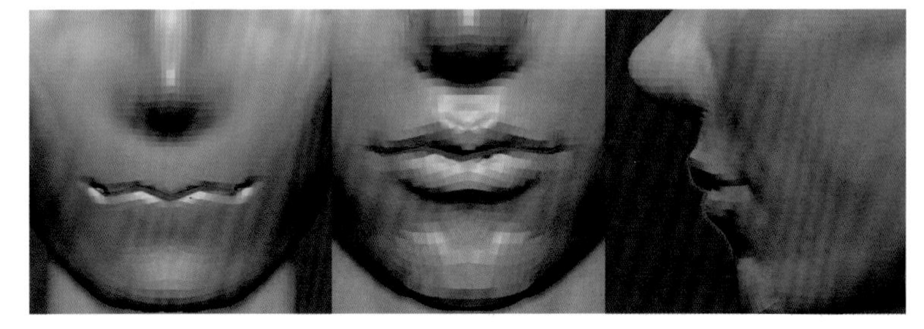

图4-114

9 雕刻时要多从仰视的角度向上观察，并且修正嘴唇形状，如图4-115所示。

10 使用Standard在眼窝处初步雕刻上、下眼睑，注意眼睑的弧形，从侧面看，上眼睑比下眼睑略微凸出。另外，要严格注意三庭五眼的比例，如比例不正确需反复修改，如图4-116所示。

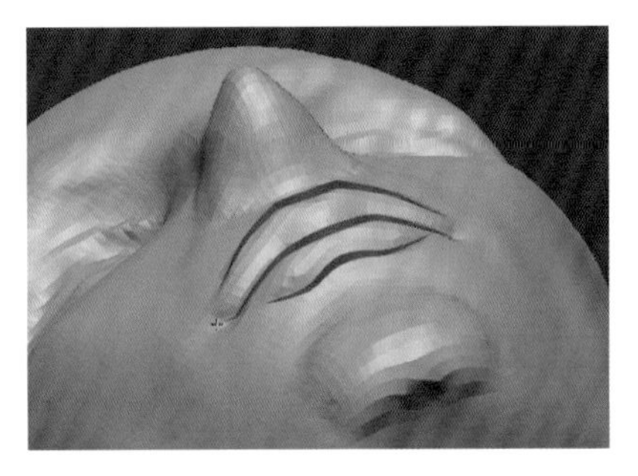

图4-115

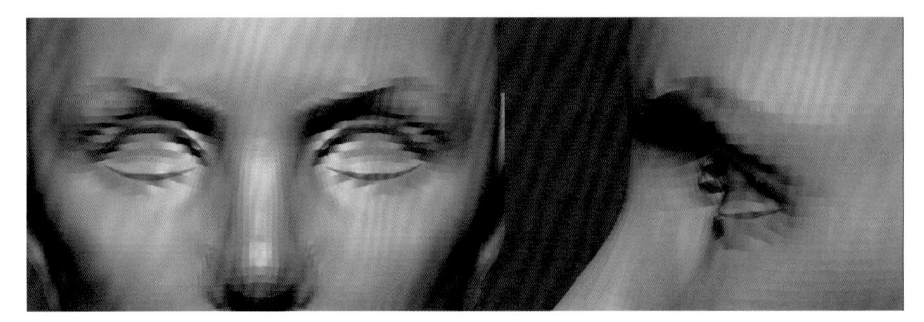

图4-116

11 与雕刻嘴唇一样，我们需要从各个方向，特别是仰视的方向观察和修正，如图4-117所示。

12 升级以后雕刻鼻翼。从鼻翼开始向鼻头过渡，注意它们之间的关系，并在鼻底雕刻鼻孔，如图4-118所示。

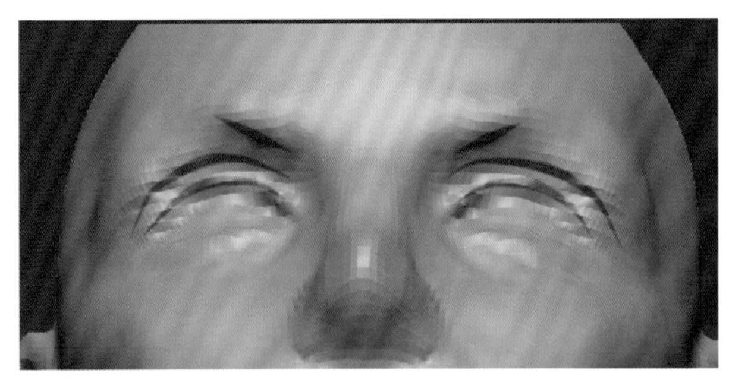

图4-117

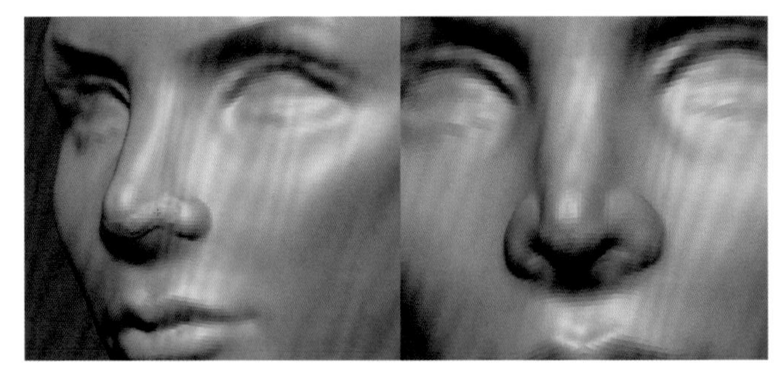

图4-118

13 继续调整鼻翼的形体，注意女性的鼻翼小巧但较饱满，如图4-119所示。

14 深入雕刻眼窝及眼睑的结构。将鼻梁靠近眉骨部分的结构雕刻得更加立体，而且要加强眼睑的立体形状，如图4-120所示。

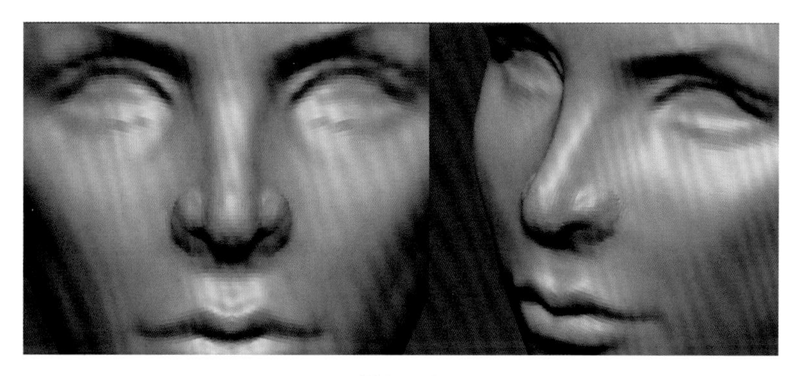

图4-119

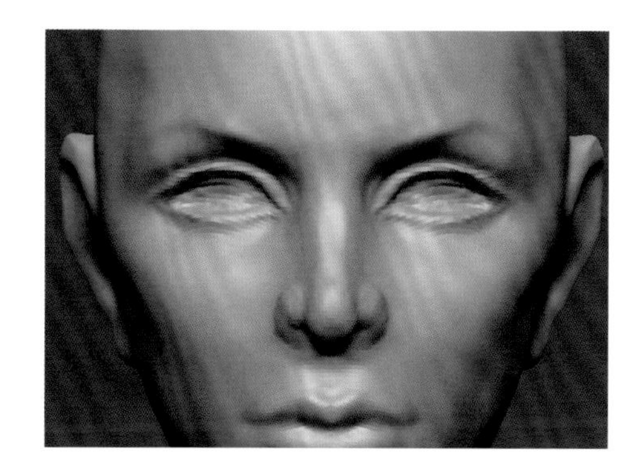

图4-120

15 在雕刻的过程中，我们需要反复目测比例，一旦发现比例有误就需要立即修改。通过目测，我们发现眼睛稍微有点大，按住Ctrl键将眼睛进行蒙版操作，然后反选并且按住Ctrl键单击蒙版部位，对蒙版进行柔化，如图4-121所示。

16 使用Scale对眼睛进行缩放，并且调整位置。调整完毕后的效果如图4-122所示。

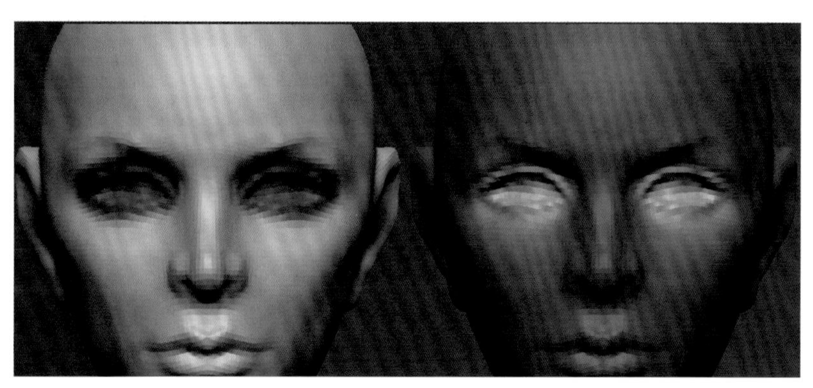

图4-121

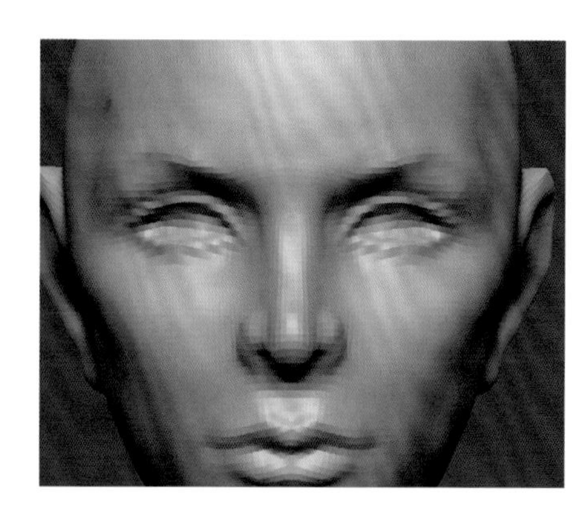

图4-122

17 对照真实的耳朵照片雕刻耳朵的结构，如图4-123所示。

18 将头部细分值上升一级，雕刻头部细节。雕刻眉骨、鼻孔及嘴部的结构，使结构更加清晰。特别是嘴部，在雕刻时将唇珠以及下唇唇线的造型加以强化，如图4-124所示。

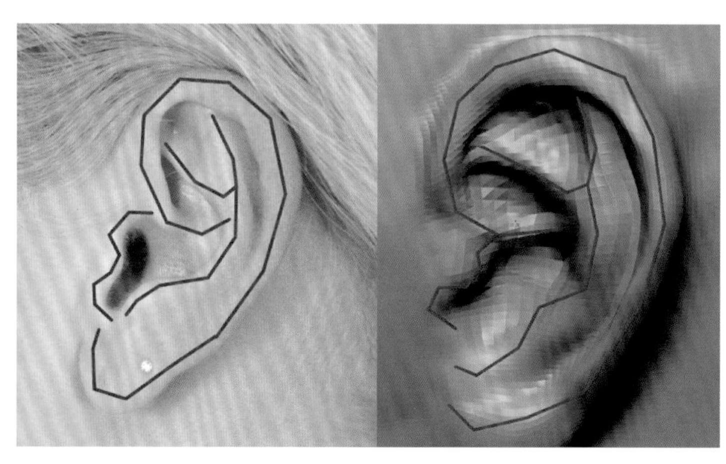

图4-123

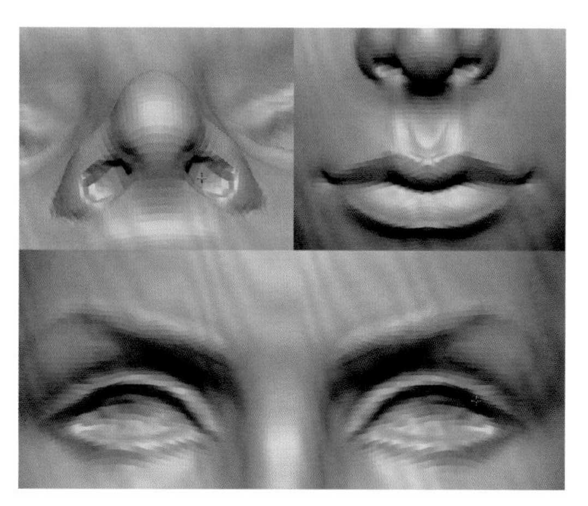

图4-124

19 最后，为眼睛添加眼球。具体的添加步骤可以参考本节的视频文件，添加完眼球后，调整上、下眼睑，使眼睑完全包裹住眼球，如图4-125所示。

20 使用Move调整头部造型，使女性头部的形体既有明显骨点，又圆润而柔美，如图4-126所示。

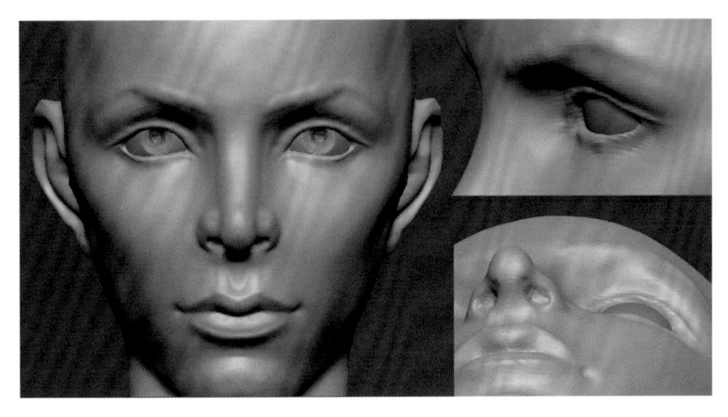

图4-125

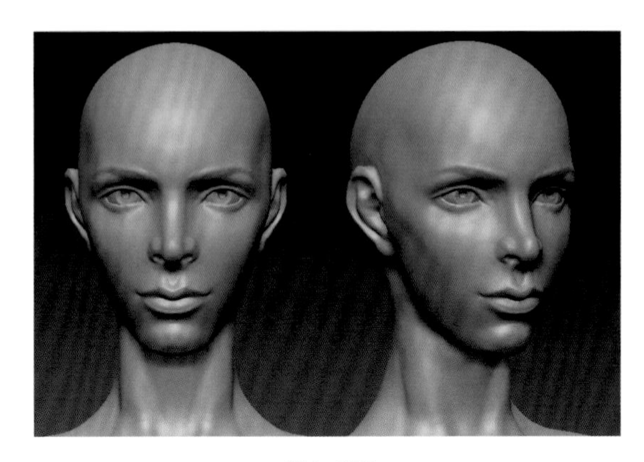

图4-126

21 雕刻完的女性形体如图4-127所示。

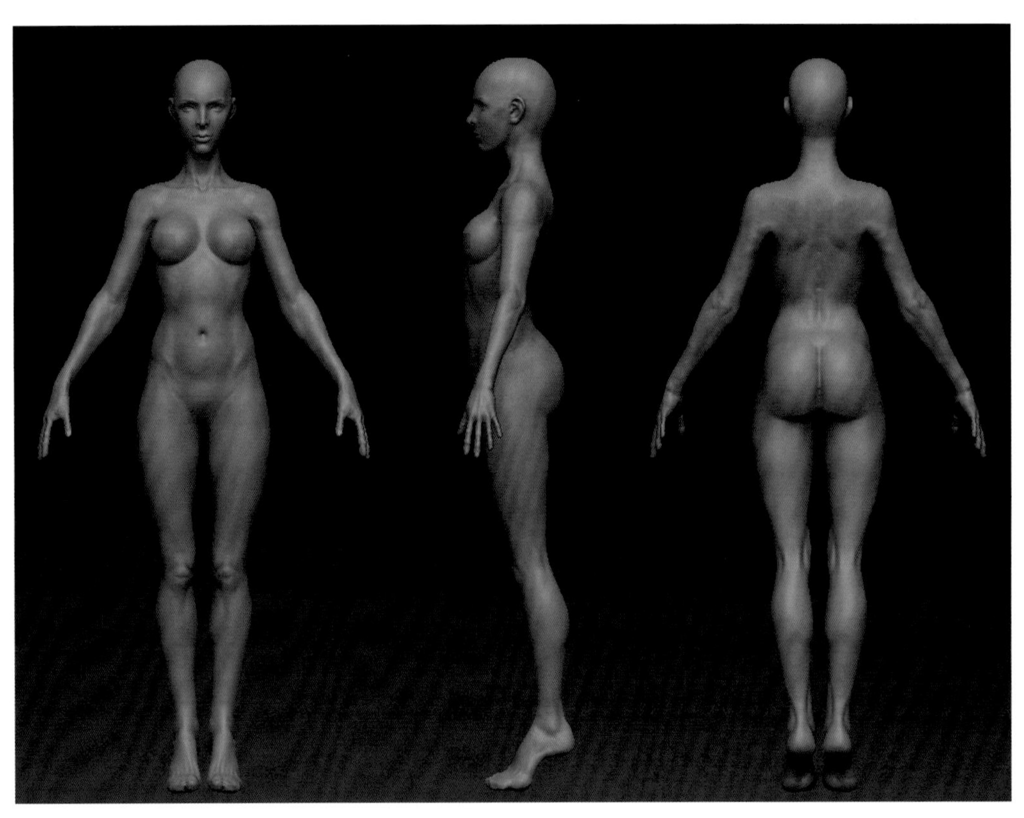

图4-127

## 4.2.4 拓扑女性人体

使用二代Z球雕刻的女人体，其布线是比较混乱的，即使雕刻得形体生动，细节丰富，也仍然不能满足游戏或者影视动画等行业对于模型的要求。在游戏或者影视动画领域，因为角色的贴图和运动需要，需要非常规整且符合运动原理的布线，所以我们有必要对于雕刻的角色进行重拓扑，以得到正确的布线。

**软件简介**

在本书中，我们使用的重拓扑软件是3D-COAT（如图4-128所示），这款软件实际上是针对次世代游戏开发者开发的三维雕刻软件，其功能包含了三维雕刻、贴图绘制、UV拆分和重拓扑等，在三维雕刻方面虽然逊色于ZBrush强大的雕刻工具和面数优化能力，但其拓扑功能十分强大，而且简单、易上手。在本书中，我们使用3D-COAT V3.5进行重拓扑操作。

图4-128

**软件布局简介**

3D-COAT是一个综合性的软件，但我们在此章中只应用到了其拓扑功能。我们会着重介绍拓扑功能，其他功能只做了解。

安装完3D-COAT V3.5后，开启此软件（该软件有完全中文版，开启以后可以使用简体中文显示界面）。3D-COAT V3.5的开启界面如图4-129所示。

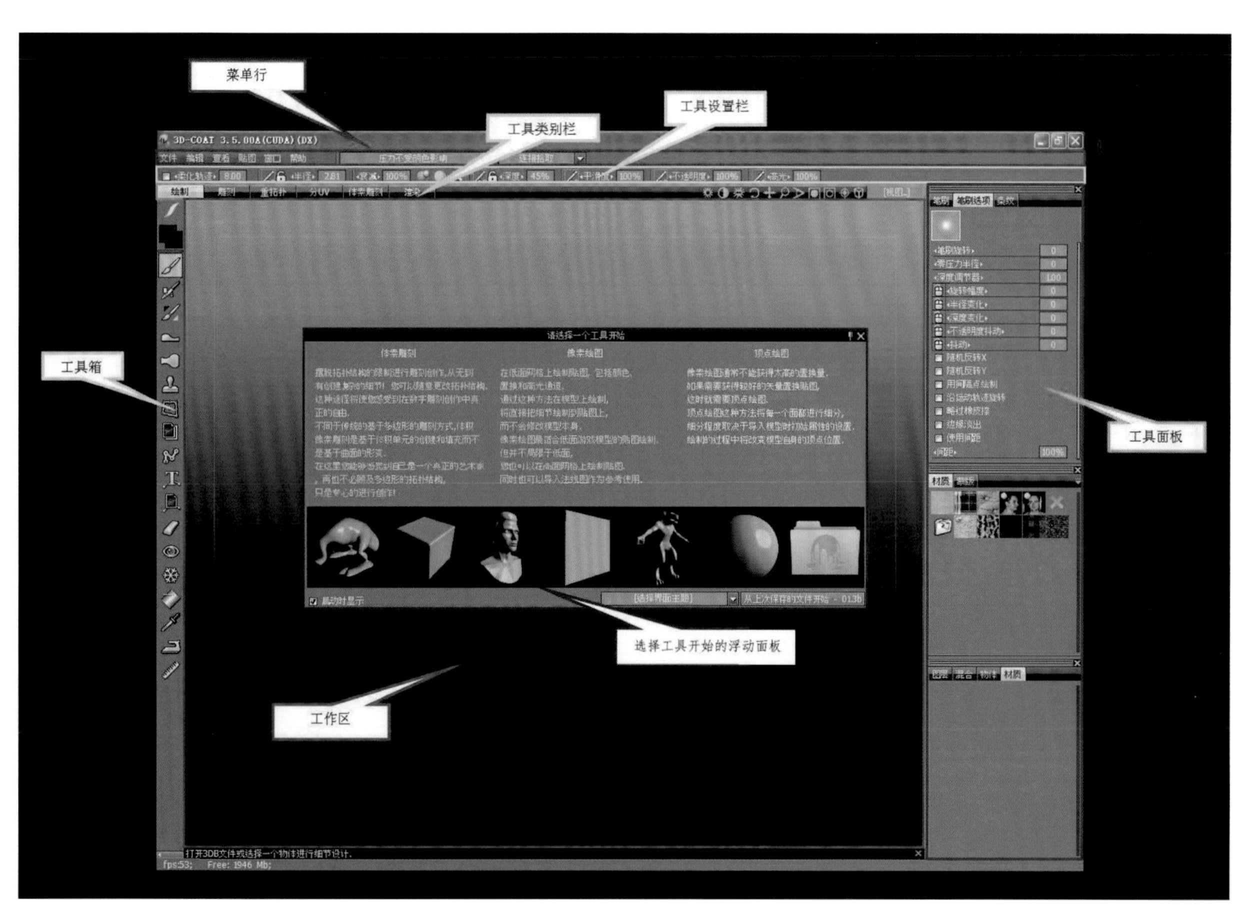


图4-129

我们可以从图中很清晰地看到3D-COAT V3.5的界面布局。屏幕中间的浮动面板是让用户选择一个工具，然后开始不同类别的工作。面板中的第一项是体素雕刻，此项是3D-COAT V3.5的一个引以为豪的功能，其基本思想比同时期的ZBrush以曲面变形为雕塑手段的雕刻思想先进，雕刻的手段基于对体积的改变，例如，在ZBrush 4.0内，雕刻一个球体的时候，你不可能把球体挖透，但利用3D-COAT V3.5的体素功能则可以做到。

但因为其对CPU的占用非常大，所以它的体素雕刻功能的效率大打折扣。剩余两项中，像素绘图是使用绘画工具在低模上绘制贴图，其功能和Body Paint相类似；顶点绘图是使用绘画工具在高模上绘画，其作用类似与ZBrush的Poly-paint功能。

### 拓扑工具简介

如果我们不进行雕刻或者贴图的工作，就可以直接关闭该浮动面板。当我们单击不同工具类别的时候，左侧的工具栏会发生不同的变化，如图4-130所示。

单击“文件”菜单，然后选择“导入”，再选择“参考模型”，选择工程文件\第4章女性人体雕刻\4.2.4 拓扑女性人体\女性人体雕刻.Obj文件。在本例中，我们使用上节雕塑的女性人体来讲解拓扑工具。将女性人体导入到3D-COAT V3.5中以后，单击“重拓扑”按钮，会出现新的重拓扑图层，如图4-131所示。

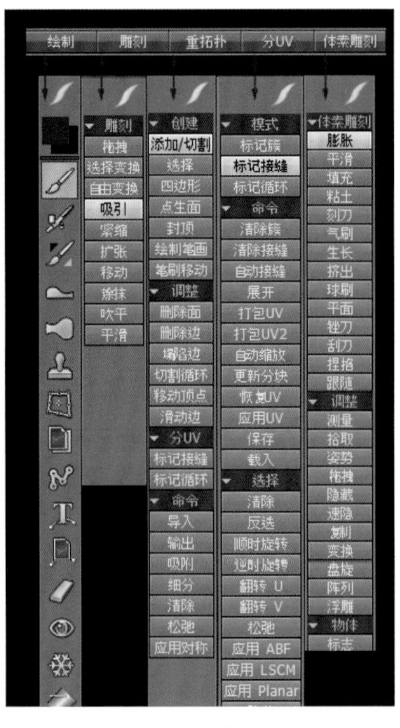


图4-130

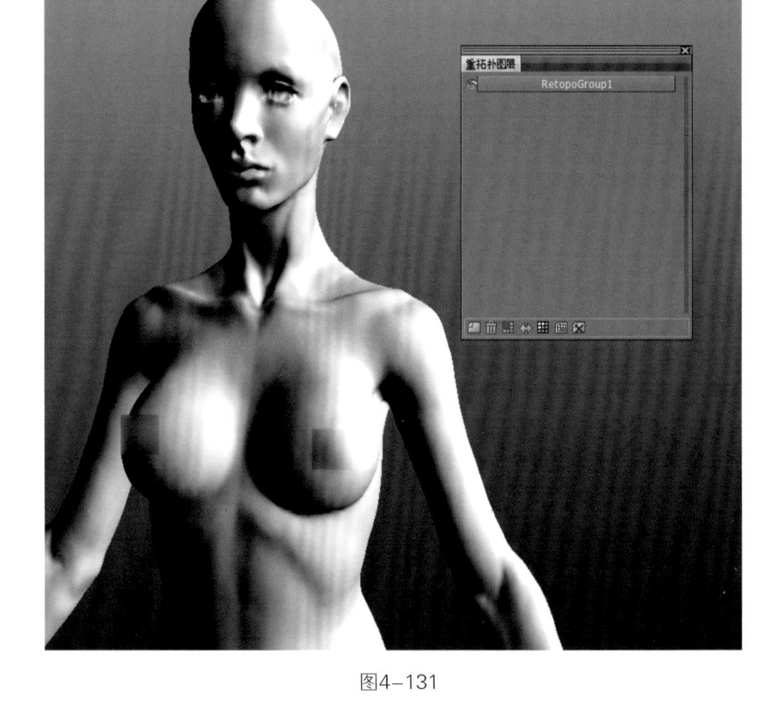


图4-131

默认的灯光效果对比太强，不利于拓扑，所以我们要更改其灯光显示模式。单击菜单栏上的“查看”按钮，选择“弱柔和阴影”，或者按键盘上的快捷键7，改变显示模式后，前后的显示对比如图4-132所示。

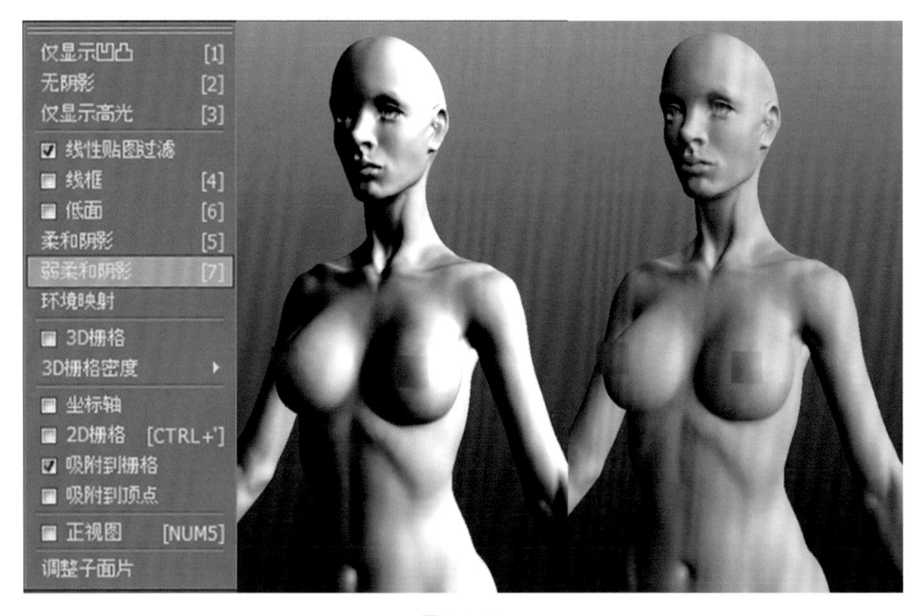


图4-132

导入拓扑对象以后，就需要对视图进行旋转、平移和缩放的操作，这样有利于观察和进一步的拓扑，3D-COAT V3.5可以很方便地进行这些操作。

旋转视角：按住鼠标左键，在操作区的空白处拖曳鼠标。

平移视角：按住鼠标中键，在操作区的空白处拖曳鼠标。

缩放视角：按住鼠标右键，在操作区的空白处拖曳鼠标。

另外，大家也可以使用屏幕右上角的视图和灯光调整工具调整视角和灯光，如图4-133所示。

其操作方法均为在按钮上按住鼠标左键，然后左右移动。

**注意：**灯光调整系列按钮可以改变灯光和环境光的强弱，以及灯光的方向，这使我们在拓扑的过程中可以观察得更清晰和舒适。

现在我们已经熟悉了3D-COAT V3.5的视图操作，而且有了比较适合拓扑的显示效果，接下来开始认识拓扑工具箱。拓扑工具箱分为5个部分，本章重点介绍的是其中的创建、调整和命令3个部分，如图4-134所示。

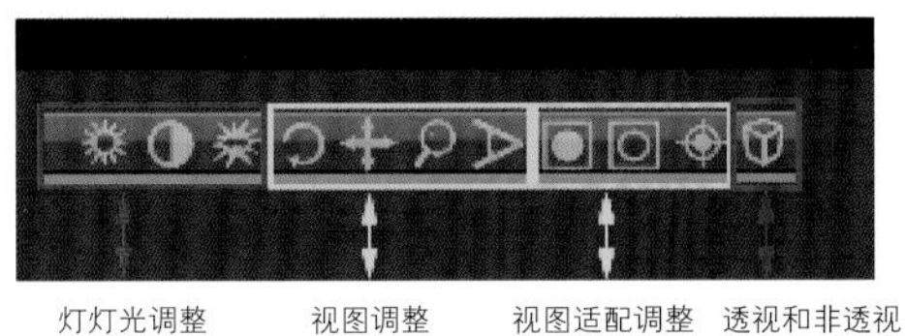


图4-133

| 创建 | 调整 | 命令 |
| --- | --- | --- |
| 添加/切割 | 删除面 | 导入 |
| 选择 | 删除边 | 输出 |
| 四边形 | 塌陷边 | 吸附 |
| 点生面 | 切割循环 | 细分 |
| 封顶 | 移动顶点 | 清除 |
| 绘制笔画 | 滑动边 | 松弛 |
| 笔刷移动 | | 应用对称 |

图4-134

**创建：**我们先来认识"点生面"工具。单击"点生面"按钮，在球体的任意位置左键单击4个点，然后将鼠标指针放在由这4个点围绕而成的区域中，这时出现了蓝色的线框标记。鼠标指针所在位置不同，线框标记不同，如图4-135所示。

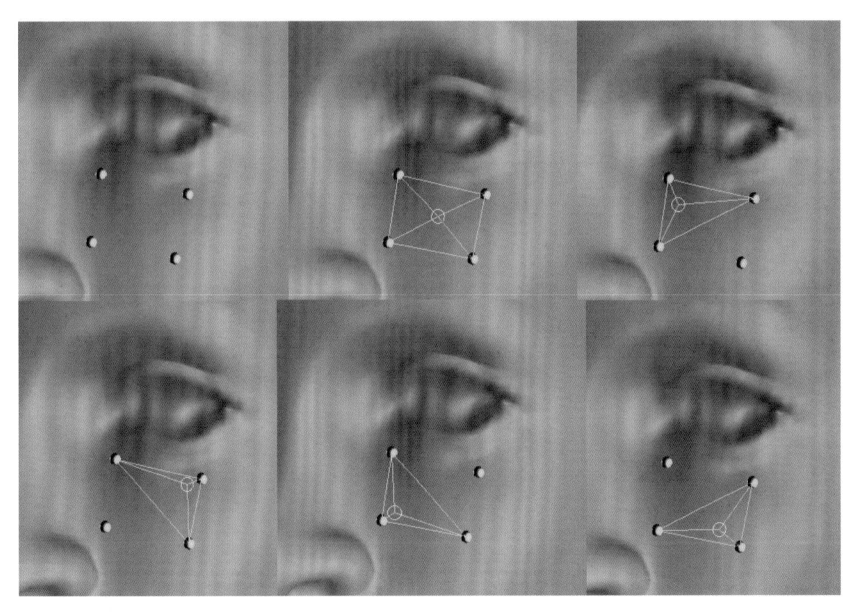

图4-135

在线框标记上单击右键，就会生成面，如图4-136所示。

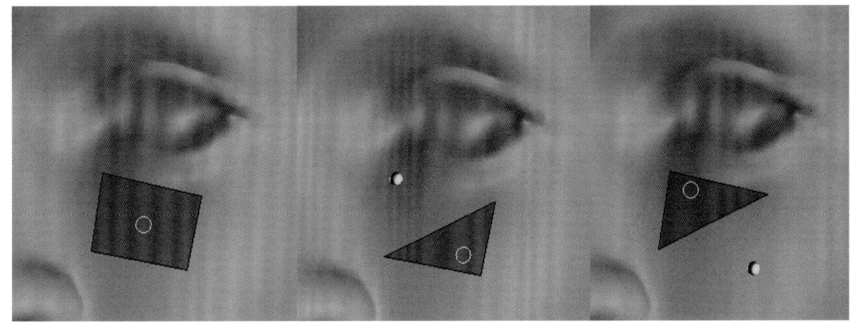

图4-136

我们如果熟悉拓扑结构的话，可以先使用“点生面”工具点出系列点，然后右键连续单击，生成面，如图4-137所示。

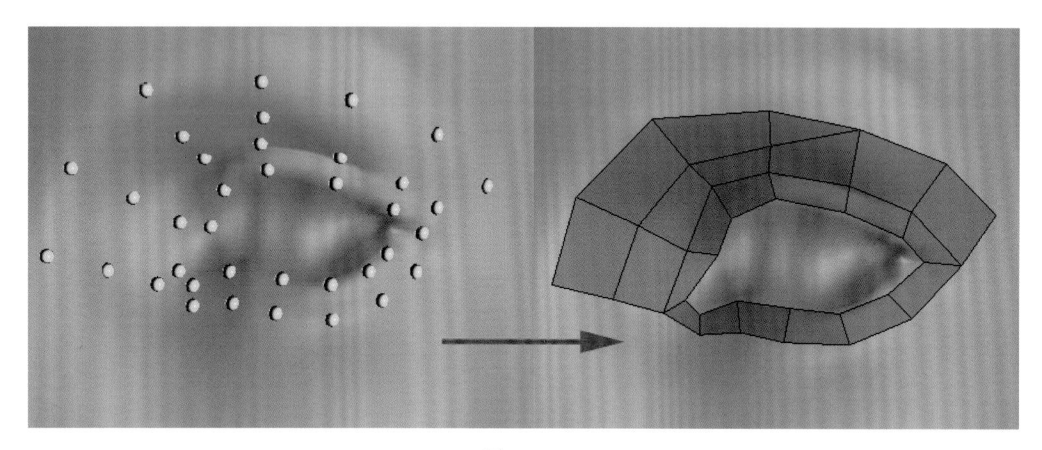

图4-137

在已有面的基础上，单击“四边形”工具，单击任意一个面，然后通过单击鼠标左键确定新面的另外两个面，就生成了新的面。使用此工具，可以连续创建面，如图4-138所示。

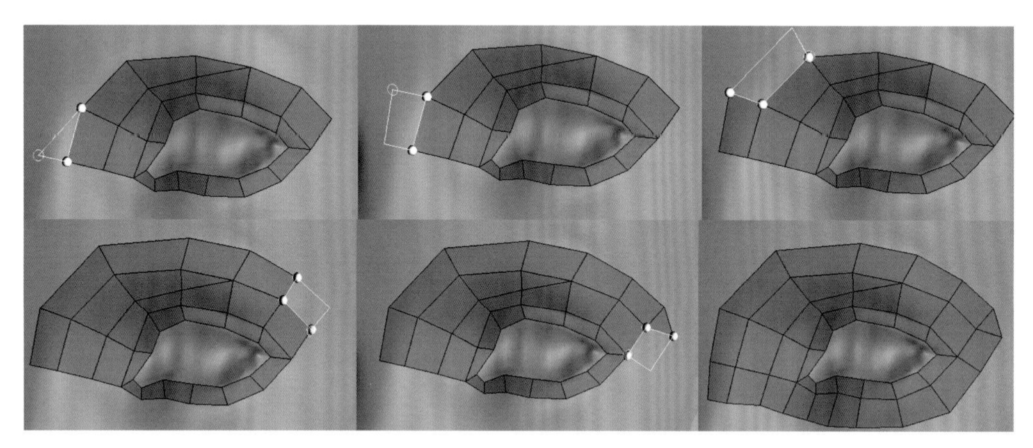

图4-138

“封顶”工具不是很常用，主要用于在封闭边围绕的区域上生成面，如图4-139所示。

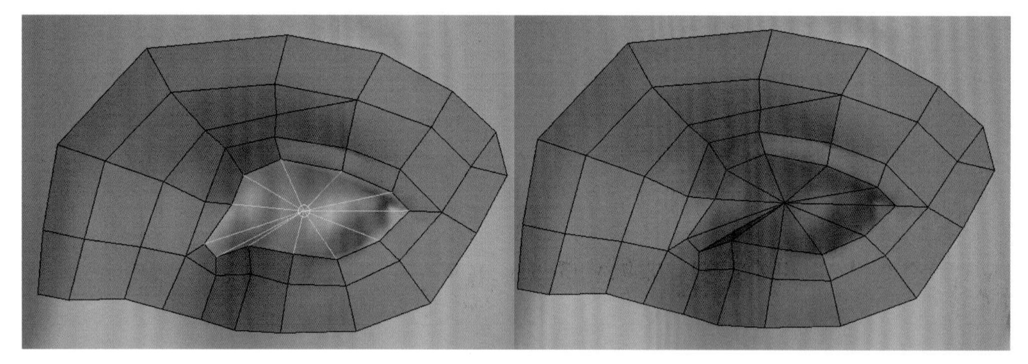

图4-139

“绘制画笔”工具很灵活，单击该按钮，在参考模型上绘制拓扑线，然后按Enter键，由拓扑线围成的封闭区域中会生成面，如图4-140所示。

“笔刷移动”工具类似于软选择，其选择的范围由笔刷大小确定，使用此工具可以批量调整点，如图4-141所示。想要调整笔刷大小时，可以调整工具属性栏当中的半径值，或者按键盘上的左、右中括号键。

图4-140

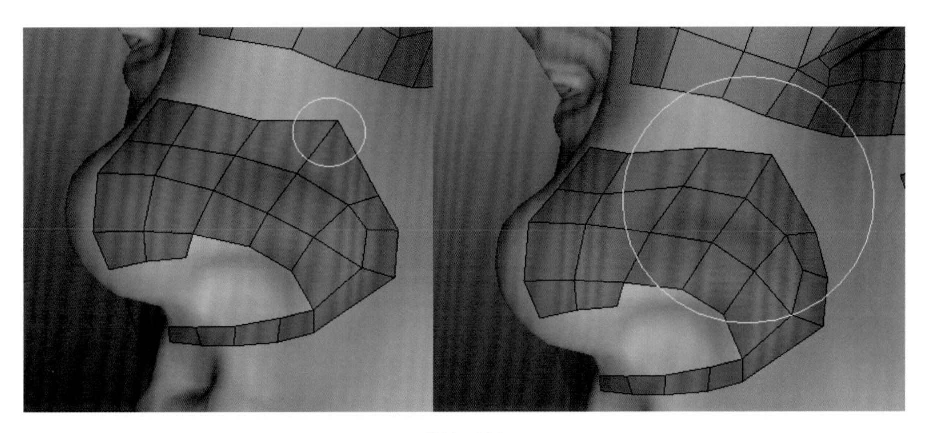

图4-141

**调整：**创建完面以后，就要对点线面进行调整。"删除面"和"删除边"按钮不做详细描述，但当单击"删除面"按钮后，按住Ctrl键可以删除连接在一起的多边形，如图4-142所示。

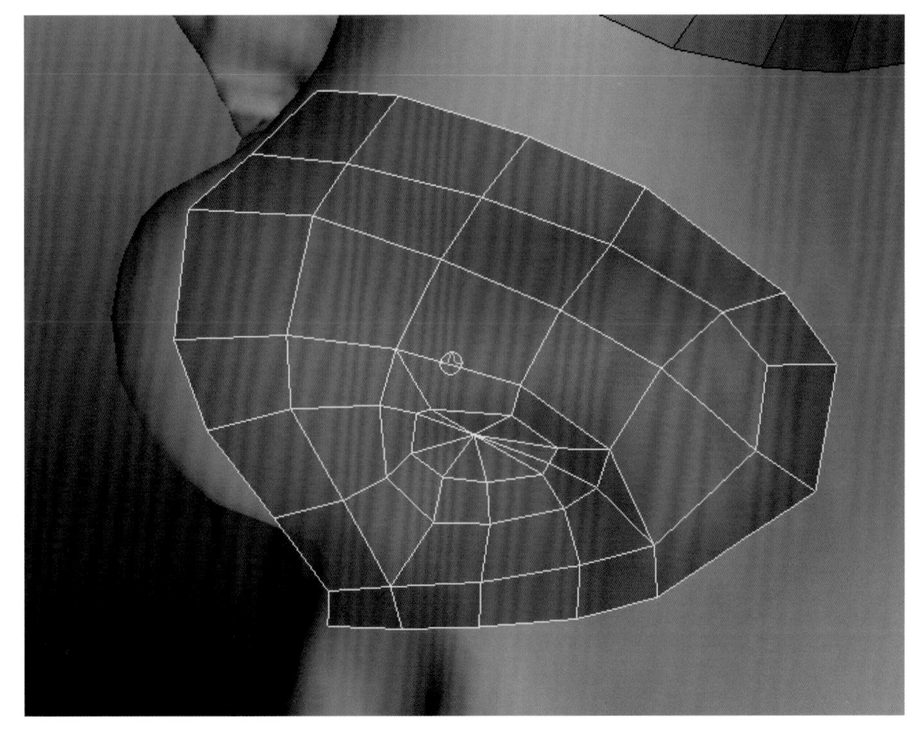

图4-142

"塌陷边"工具很实用，特别是在游戏拓扑中，可以快速将多余的面减掉，按住Ctrl键，可以塌陷环边，如图4-143所示。

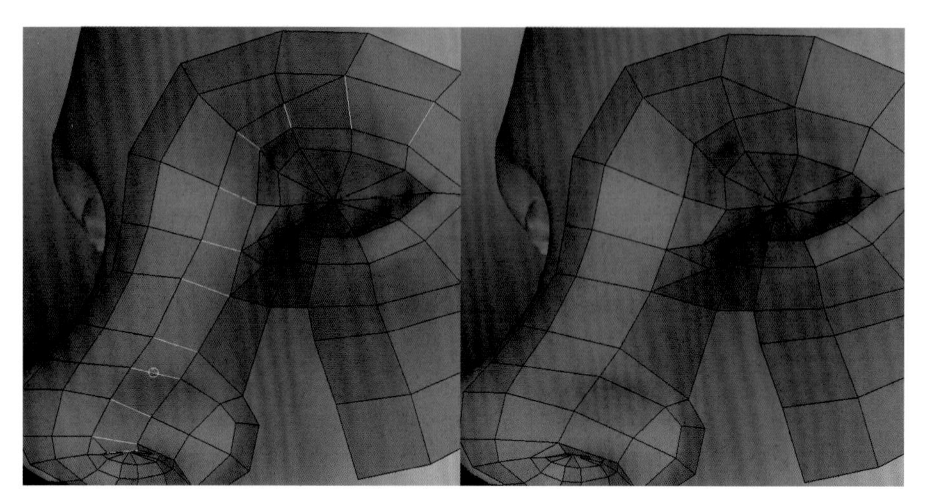

图4-143

“切割循环”工具非常快捷、方便，单击“切割循环”按钮后，将鼠标指针放置在一条边上，可以在与此条边相邻的所有循环边上加入边，而且新增的边会自动调节至与参考表面一致，如图4-144所示。

图4-144

“移动顶点”工具类似其他三维软件当中的移动工具，该工具可以移动物体的顶点，而且在移动时，被移动的顶点始终贴合在参考表面上，如图4-145所示。

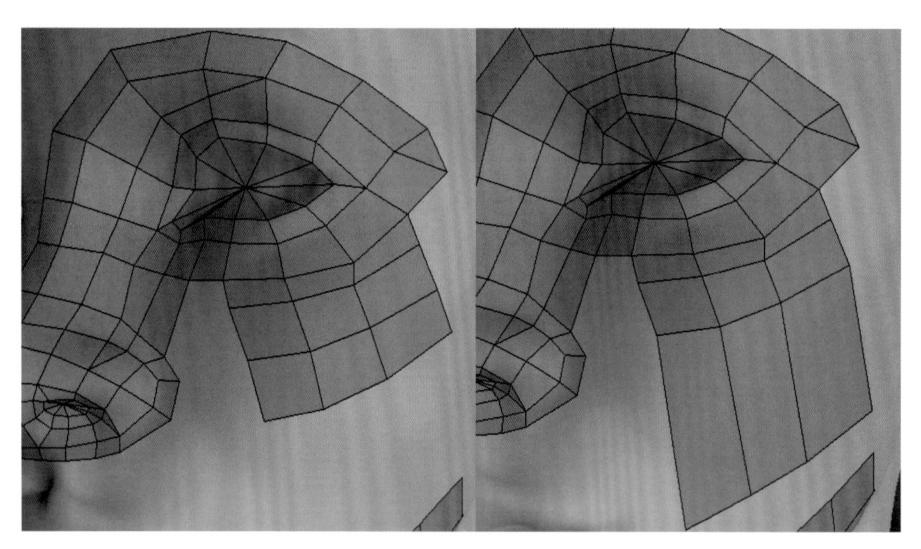

图4-145

“移动顶点”工具不能批量移动点，这是和笔刷移动工具不同的地方。

“滑动边”工具可以在参考表面上移动边，单击该工具，然后选择一条边，按住鼠标左键进行移动就可以滑动边，配合Ctrl键可以滑动由边组成的一条线，如图4-146所示。

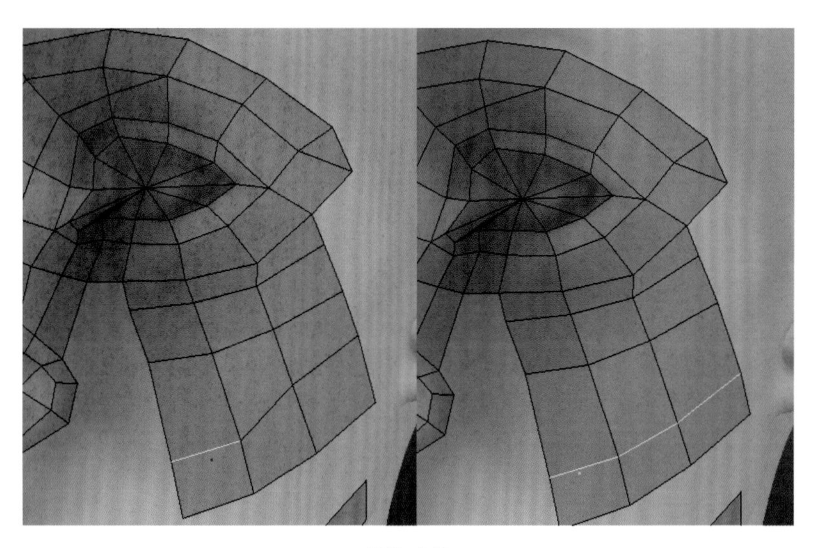

图4-146

**命令：**命令类工具是为了配合3D-COAT V3.5的工作流程而设计的。因为这款软件主要针对游戏设计，所以其高模转化为低模必须很顺畅。在这里，"导入"和"吸附"工具因为应用原因仅作为了解。

"输出"按钮负责将拓扑完的模型输出。

"松弛"命令是非常重要的命令，它可以使我们拓扑的面和线进行均匀的排布，应用该工具后效果如图4-147所示。

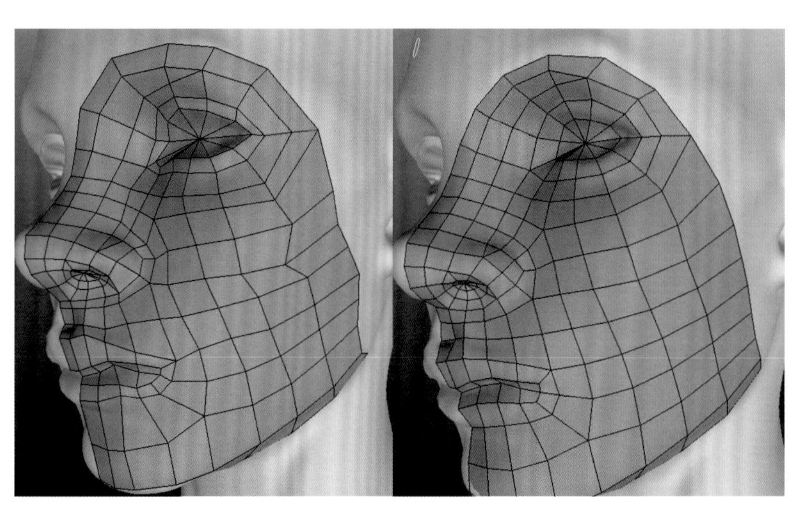

图4-147

"细分"命令可以将重拓扑模型进行细分，如图4-148所示。

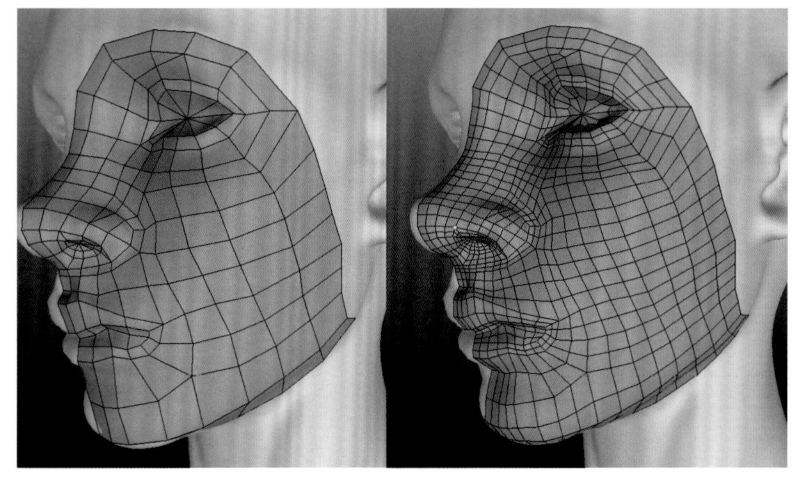

图4-148

“清除”命令可以清除整个拓扑模型。

“应用对称”命令是非常棒的一个命令，单击应用此命令前，按S键会弹出一个浮动菜单，一般选择按$x$轴对称，这样，我们在一边拓扑时，另一边就会出现对称的面，如图4–149所示。

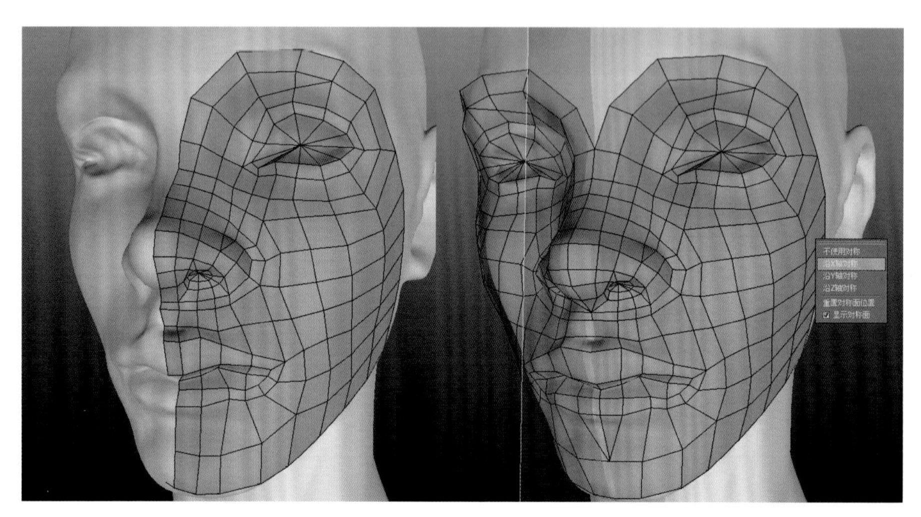

图4–149

确定拓扑结构正确后，再单击“应用对称”，会缝合左右的面，然后取消对称即可，如图4–150所示。

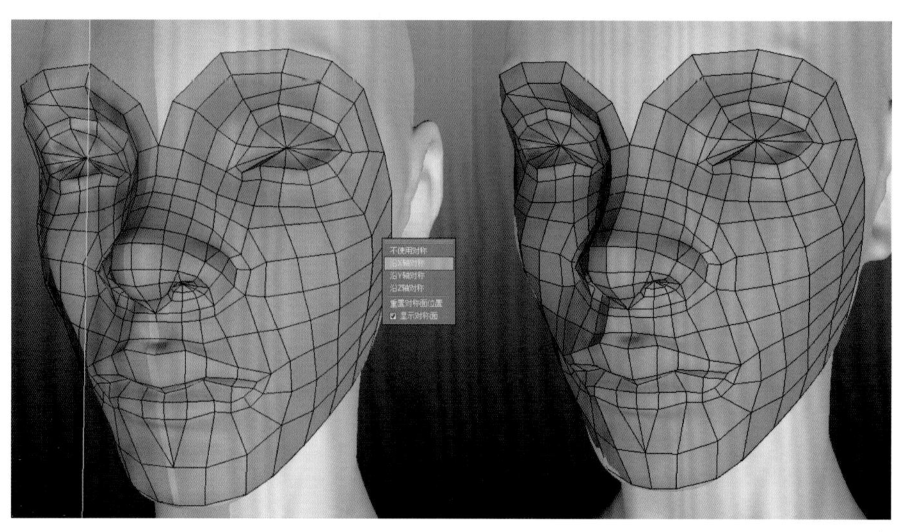

图4–150

### 自动重拓扑

自动重拓扑是3D–COAT V3.5非常高效的工具，它可以使平常我们花费一两个小时才可以完成的工作在几分钟之内搞定。我们通过对女性人体的初步拓扑过程来讲解自动重拓扑。单击“文件”菜单中的“导入”，选择“模型”（自动重拓扑），选择工程文件\第4章女性人体雕刻\4.2.4 拓扑女性人体\女性人体雕刻.Obj文件，在弹出的第一个对话框的估算数值对话框中，输入3000（此面数为四边形面数，但因为是估算面数，上下会有浮动），单击“确定”按钮，如图4–151所示。

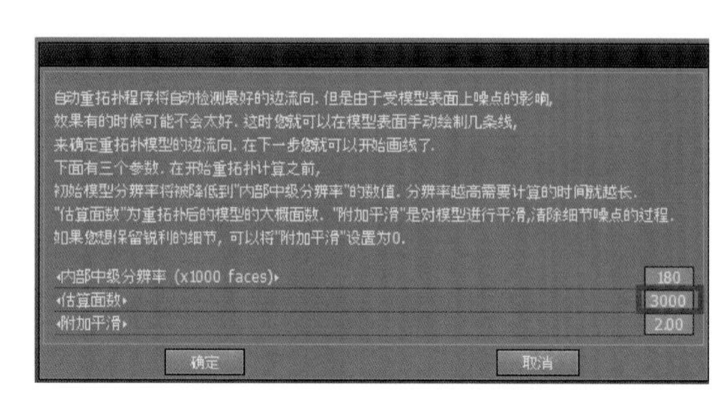


图4–151

在第二个对话框的提示下，在模型表面绘制需要较高面数的区域（在绘制之前，可以按S键，调出“应用对称”命令（选择按*X*轴对称），如图4-152所示。

在第三个对话框的提示下，在模型表面绘制拓扑走向。在这里需要着重强调的是，绘制拓扑走向时，需要按照形体走势绘制，特别是面部，在必要的时候，要参考很好的布线图，如图4-153所示。

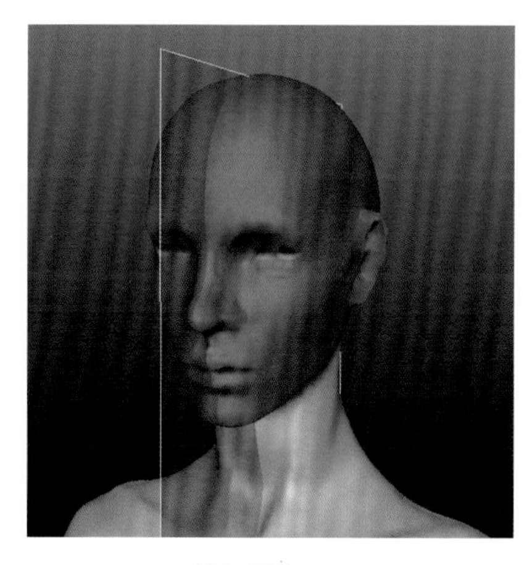

图4-152

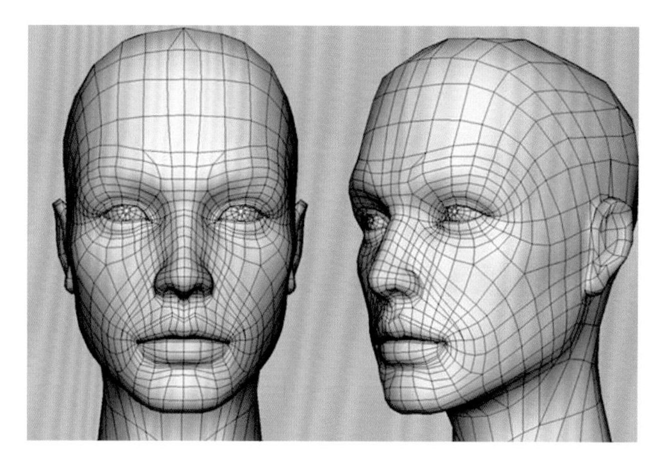

图4-153

绘制完拓扑走势的效果如图4-154所示。

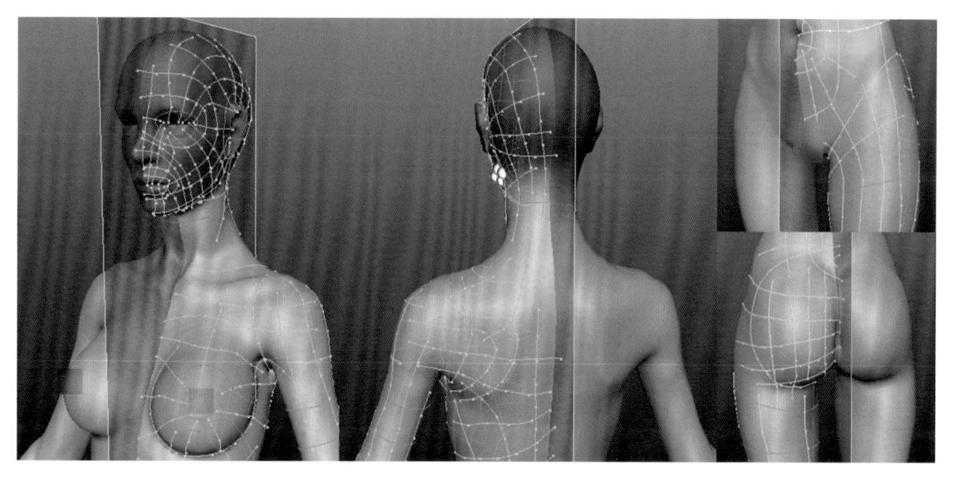

图4-154

然后，单击“下一步”按钮，生成的拓扑结构如图4-155所示。

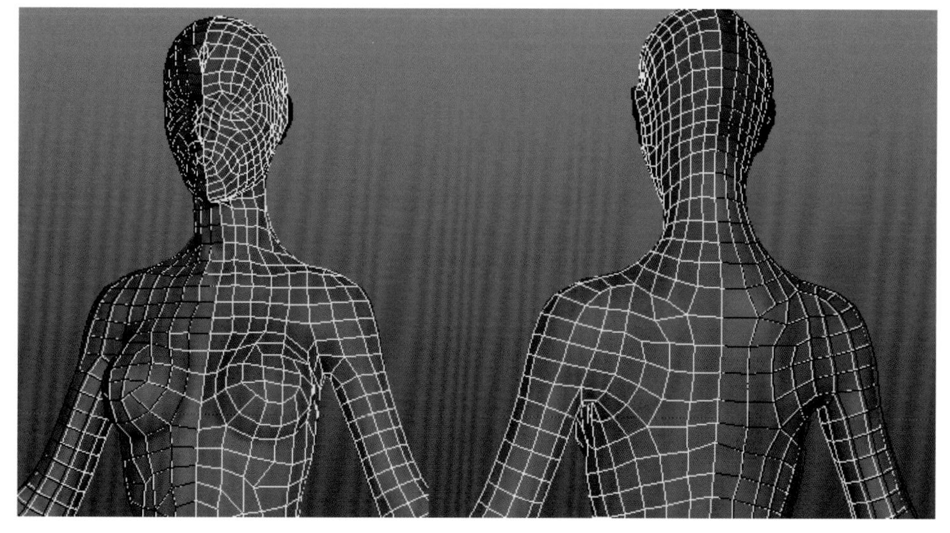

图4-155

此时，按S键，取消对称，如图4-156所示。

生成的结构会让大家惊喜，但也有不尽如人意的部分，如手指等，如图4-157所示。

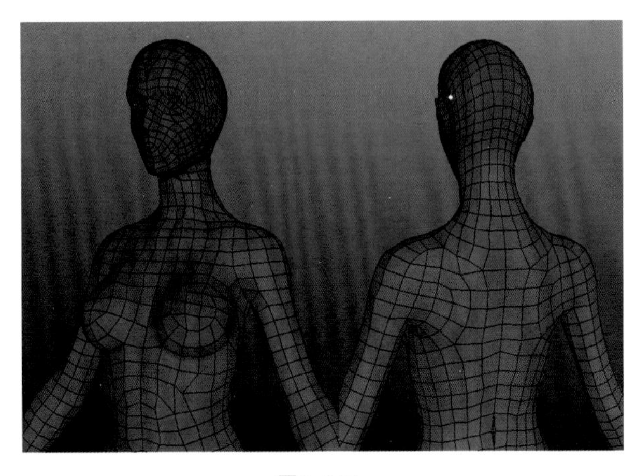

图4-156

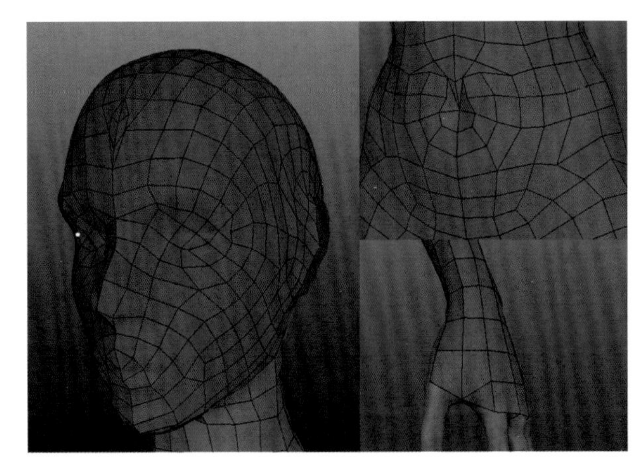

图4-157

我们可以单击删除中线相邻的一侧面，按住Ctrl键，配合“删除面”工具，删除一半，如图4-158所示。

图4-158

按S键，按照*x*轴进行对称，然后利用“点生面”等工具，重新拓扑出正确的结构。拓扑结构没有问题后，单击拓扑浮动面板下的“对称复制”按钮，然后利用“输出”按钮输出模型，如图4-159所示。

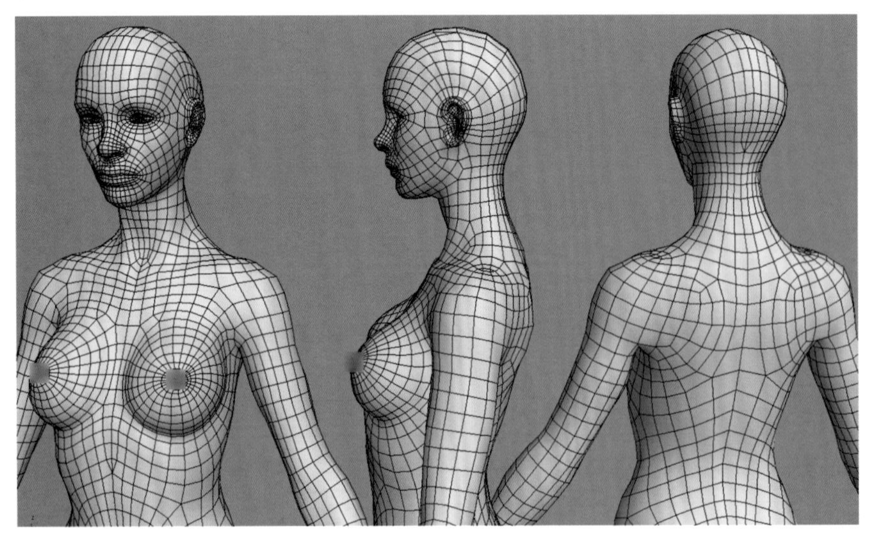

图4-159

具体结构请参照标准无问题.Obj文件。

## 4.3 雕刻优美的舞蹈姿态

现在，我们已经有了一个形体优美、布线正确的模型。接下来我们要使用这个模型雕刻舞蹈动态。其整体工作流程如下。

（1）使用Z球制作骨架。

（2）将模型绑定到骨架上。

（3）通过调整骨架，塑造不同的姿态。

（4）蒙皮后，使用姿态对称雕刻女性人体造型。

（5）制作旋转展台动画。

下面，我们正式进入到雕刻舞蹈姿态的学习中。

### 4.3.1 调整姿态

#### 1. 创建人体骨架

1 首先，在ZBrush 4.0中，单击Import按钮，载入工程文件\第4章女性人体雕刻\4.3.1 调整姿态\标准无问题.Obj文件，载入上节我们拓扑完成的女性形体，按Shift+F组合键，以线框显示，再次检查布线是否有误，如图4-160所示。

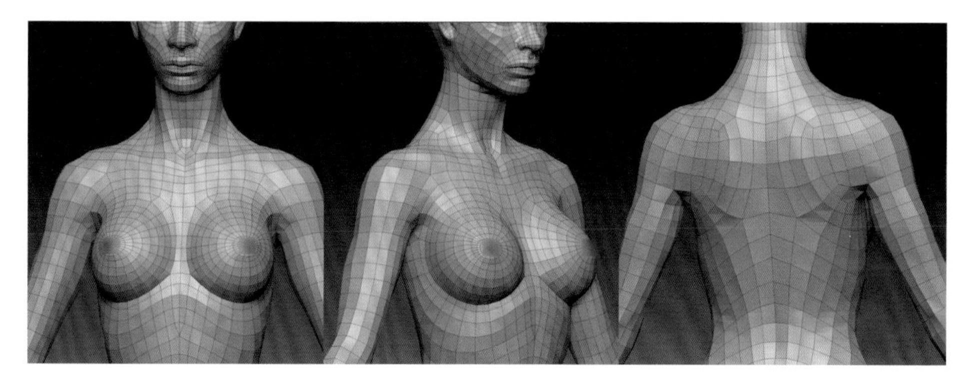

图4-160

2 确认无误后，单击Tool面板中的SimpleBrush按钮，在弹出的对话框中单击Switch，按Ctrl+N组合键，清空画布。然后，拖曳出Z球，使用Rigging子面板当中的Select Mesh按钮将女性人体模型和Z球装配到一起，按X键进入对称编辑模式。最后，将Z球进行缩放和移动，并放置在腰部，如图4-161所示。

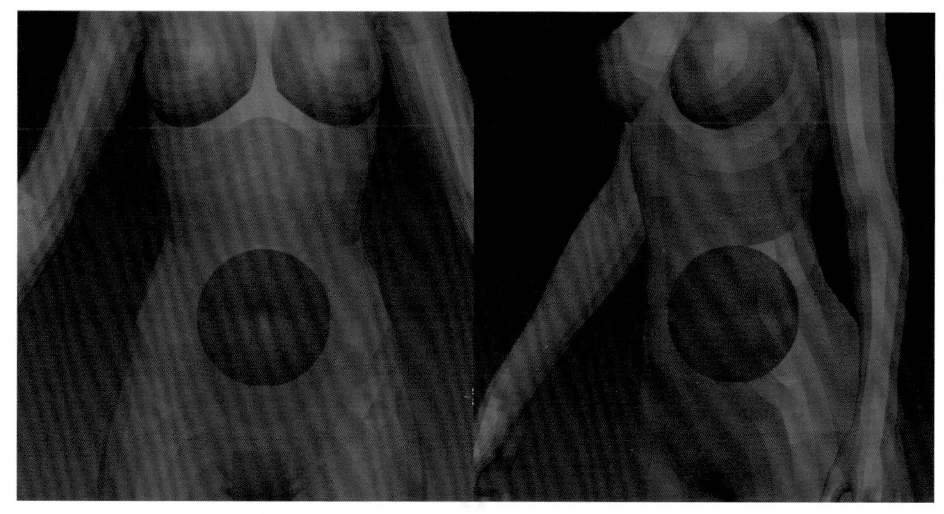

图4-161

3 现在开始在根Z球上进行骨架的创建。先向上创建控制腰椎和胸椎的两节Z球链。然后，在乳沟中间分出两个支链，并将新创建的Z球移动到肩部，如图4-162所示。

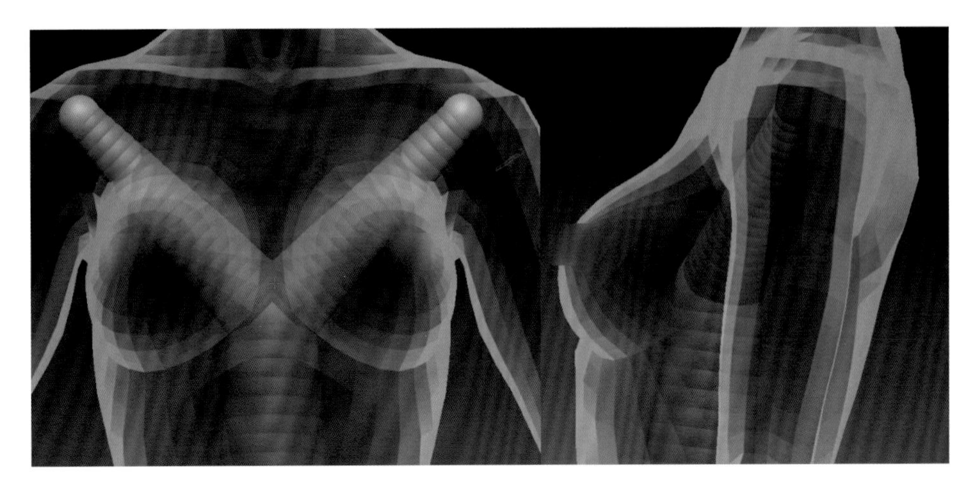

图4-162

4 这两条Z球链控制肩部和胸部上沿。

在模拟胸椎的Z球链上再创建一个Z球，以此Z球为基础，创建两条Z球链，分别控制左、右乳房。用同样的方法再次在腰椎处建立两条Z球链，用于控制腰部两侧的肌肉，如图4-163所示。

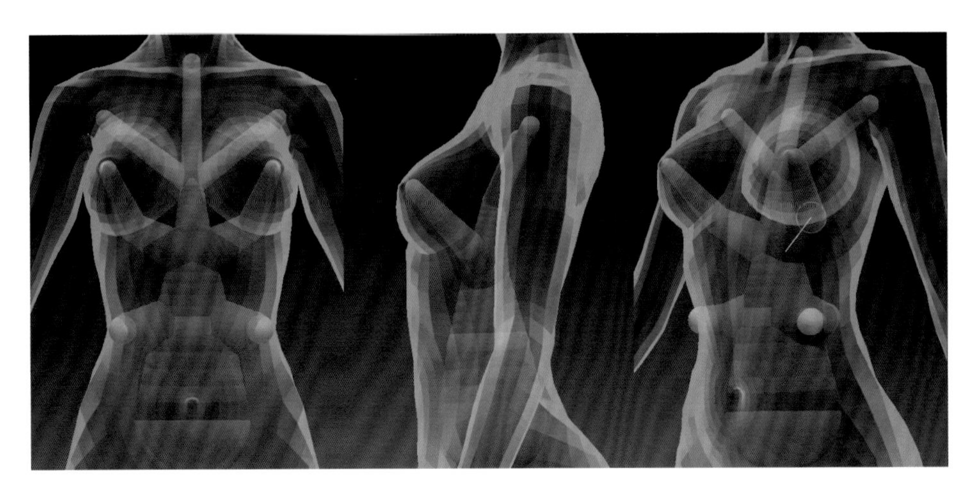

图4-163

5 在根Z球处，向下创建一个Z球，然后将其移动至裆部，此Z球用来控制下腹和裆部的运动，如图4-164所示。

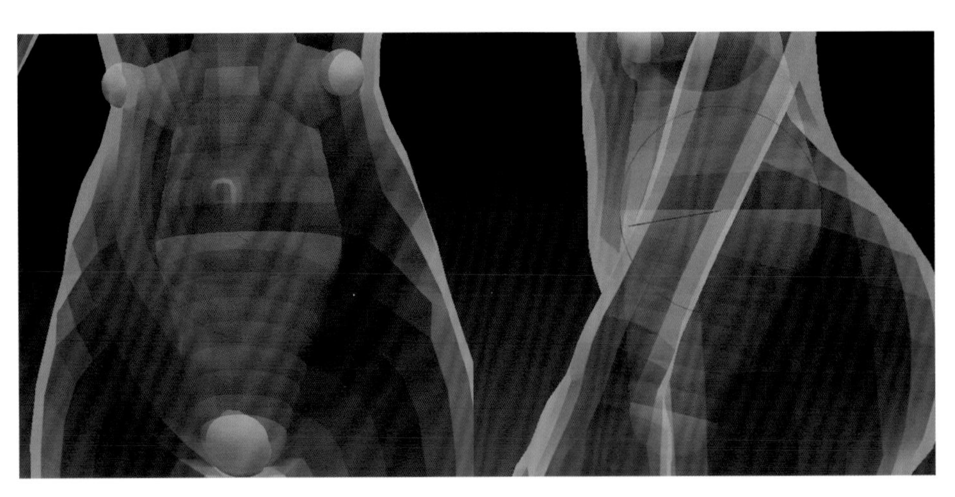

图4-164

6 在根Z球的两侧创建模拟髋关节的Z球链。注意，在关节处一般都需要3个Z球，这样可以很好地控制关节的运动，如图4-165所示。

7 大腿、小腿和膝盖处的Z球链较为简单，在此不再赘述。足部的Z球链如图4-166所示，这样可以很好地控制足跟、足弓和足尖的运动。

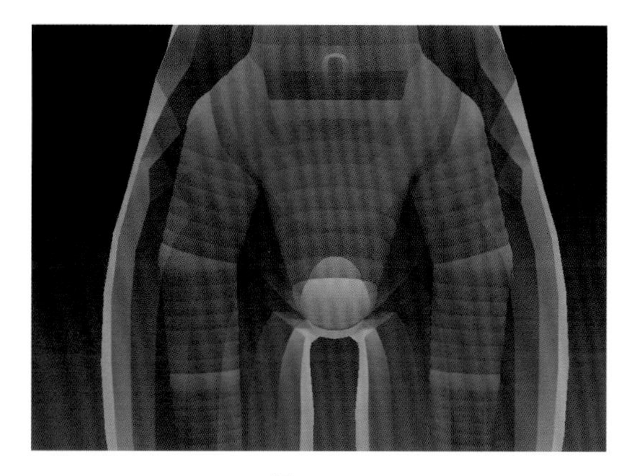

图4-165

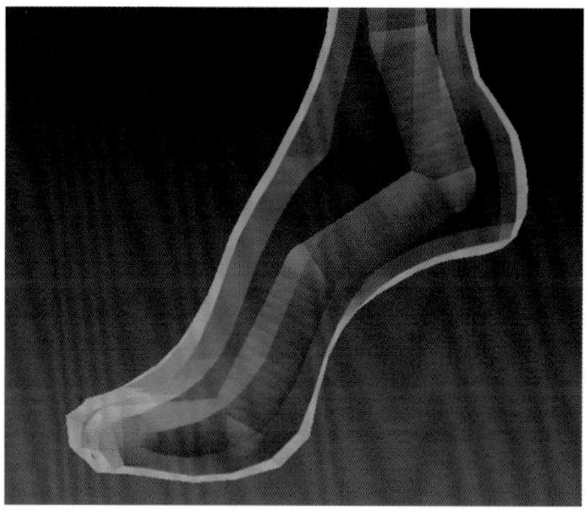

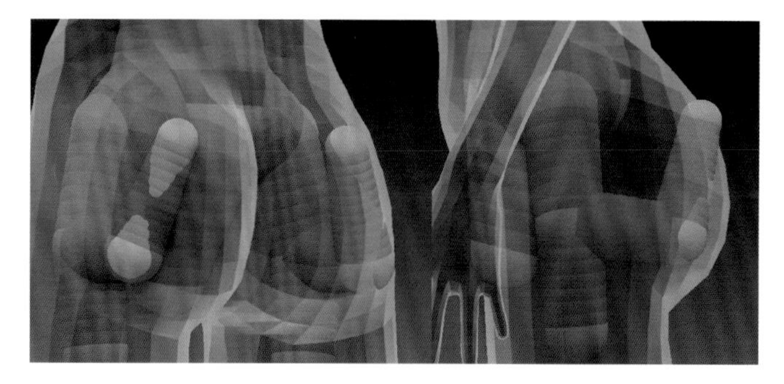

图4-166

8 回到上身，在胸骨处的Z球上添加Z球，并将其移动至锁骨窝处，继续向上创建颈部和头部的Z球链，如图4-167所示。

9 手臂和手部的Z球链较简单，不做描述。臀部是很重要的部分，我们需要为臀部肌肉创建控制链，如图4-168所示。

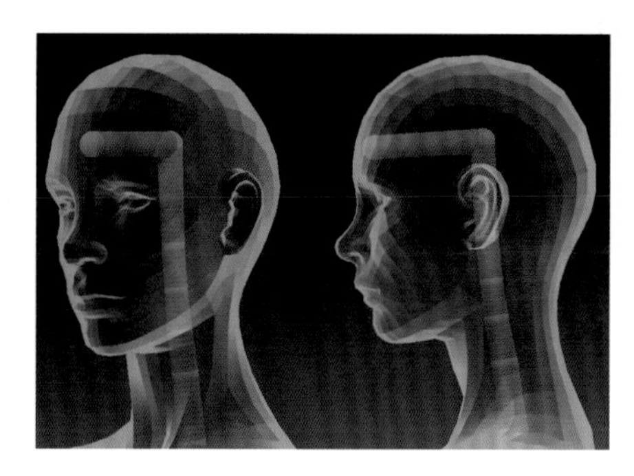

图4-167

图4-168

10 整个的人体骨架创建完毕，如图4-169所示。

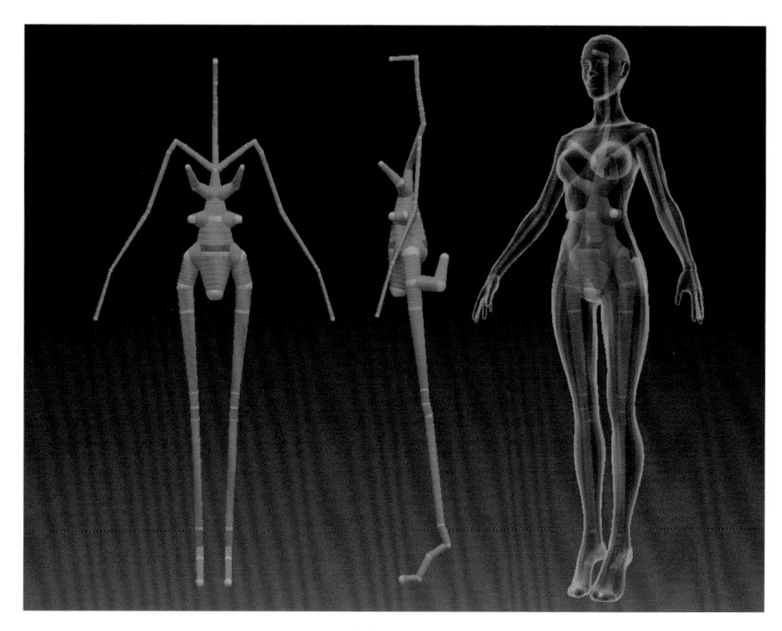

图4-169

### 2. 绑定骨骼并测试

1 建立完骨架后，我们只需要单击Rigging子面板当中的Bind Mesh按钮就可完成整个模型的绑定工作，非常快速、高效，如图4-170所示。

2 绑定后，我们需要移动或者旋转Z球链来测试绑定效果。首先，我们旋转Z球链，可以看到手臂被非常好地绑定在骨架上，另外我们还可以对肩部进行抬起等动作，如图4-171所示。

3 进一步测试其他的骨骼，我们会在测试当中体会到Z球绑定骨骼的强大。最后，我们摆一个较为夸张的舞蹈动作，如图4-172所示。大家可以根据自己的喜好，摆出各种动态效果。

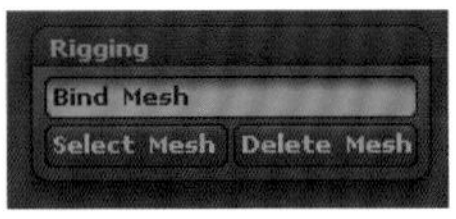

图4-170

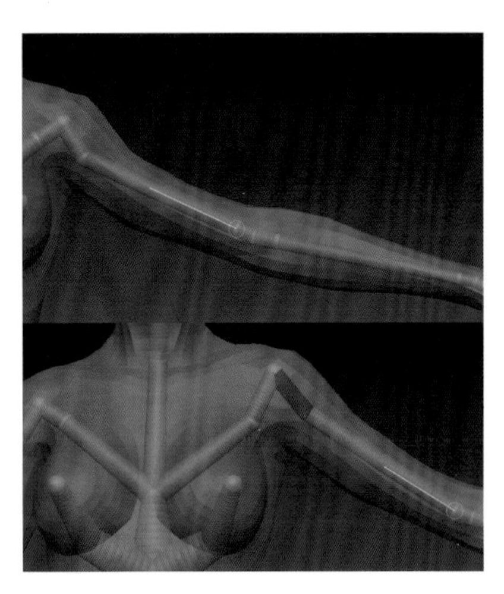

图4-171

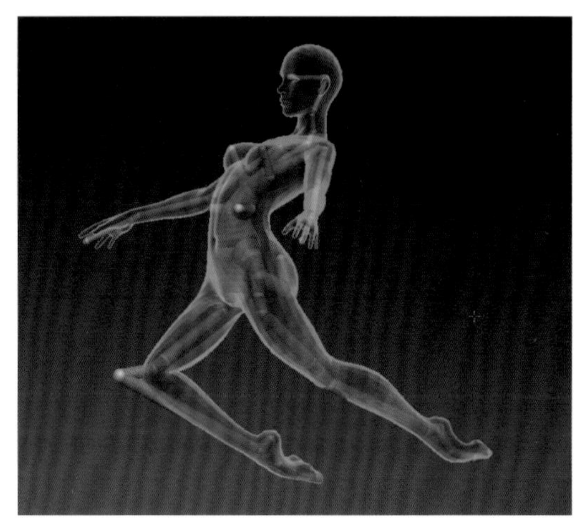

图4-172

### 3. 调整姿态

芭蕾是世界上最优雅的舞蹈之一。在这一小节，我们要将上节绑定好的角色进行姿态的调整，塑造出一种动态平衡的芭蕾舞姿。首先，我们要了解芭蕾舞姿。在进行雕刻之前，我们需要搜集大量的芭蕾舞图片，对芭蕾的平衡、动势和手势，以及肌肉的运动等有比较深入全面的了解，如图4-173所示。

下面，我们根据芭蕾的动作来调整姿态，首先调出工程文件\第4章女性人体雕刻\4.3.1 调整姿态\绑骨标准形.Ztl文件。

1 调整的时候，我们尽量将某一视角下的动作调整好后，再来调整另外视角的姿态，例如，先调整正面姿态，然后再调整侧面姿态。首先，我们调整正面的曲线，按键盘上的R键，切换至旋转工具，旋转腰部的Z球链；然后将角色的右腿进行旋转，如图4-174所示。

图4-173

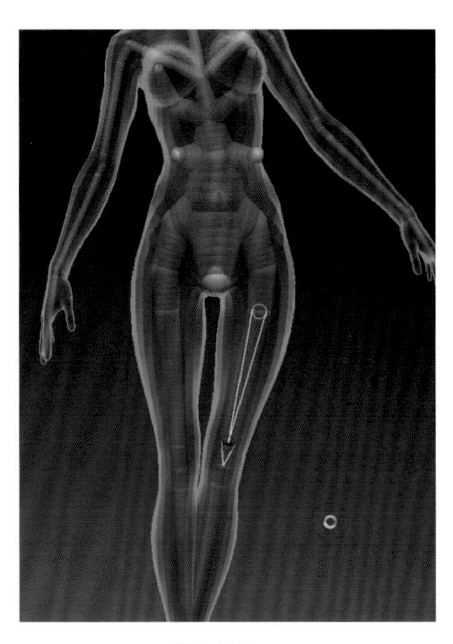

图4-174

2 将角色的左腿进行旋转。这里要注意的是，角色的左腿抬得较高。对于这种大范围的姿态调整来说，在调整腿根部的Z球链时，要注意其对臀部的影响，有时会造成臀部网格的扭曲，如图4-175所示。

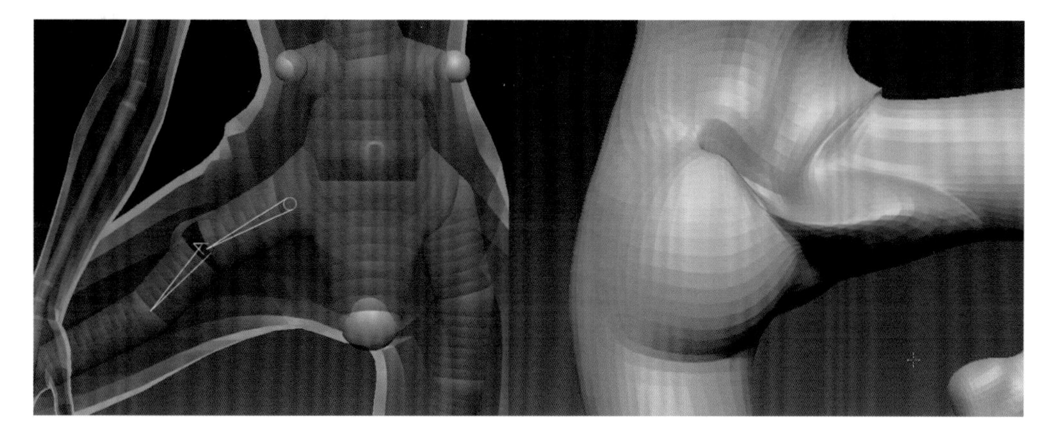

图4-175

3 正确的做法是保持髋关节下第一根Z球链不做大范围的旋转，利用旋转第二根Z球链来控制左腿的抬起角度，这样可以保持控制臀部肌肉的Z球链不发生大幅度的旋转，从而保证臀部形状的正确，如图4-176所示。

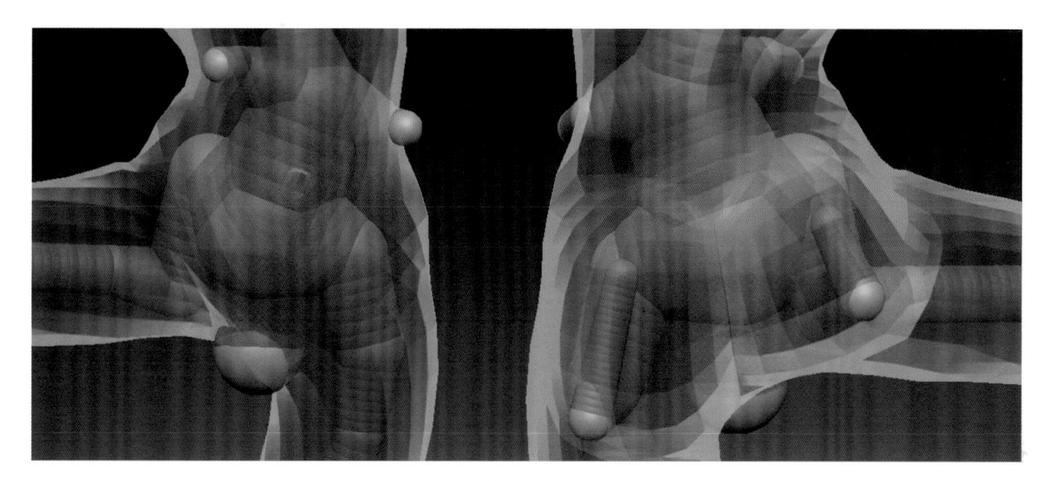

图4-176

4 将左侧小腿向内旋转。我们看到大腿和小腿临近关节处的交叉较严重，这时我们可以通过调整膝盖处的Z球来修正形体，如图4-177所示。

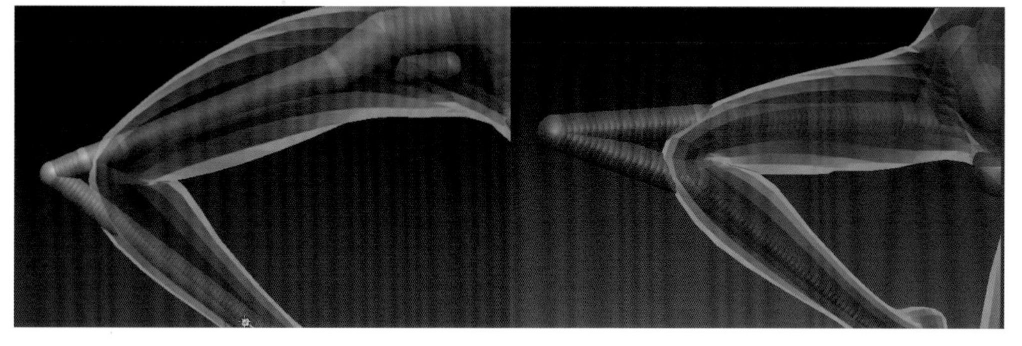

图4-177

5 调节左、右脚的形态，使右脚足尖着地，右脚向内弯曲，如图4-178所示。

6 展开手臂，如图4-179所示，注意手臂的连线要舒缓而流畅。

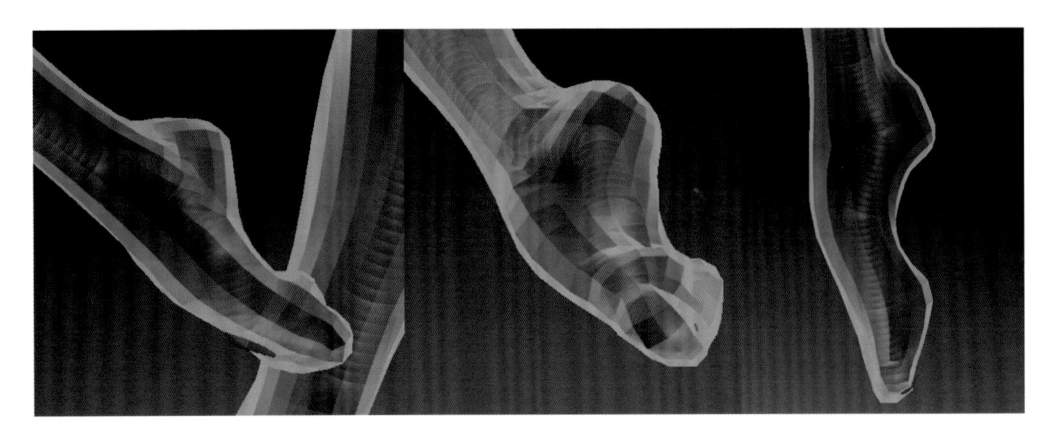

图4-178

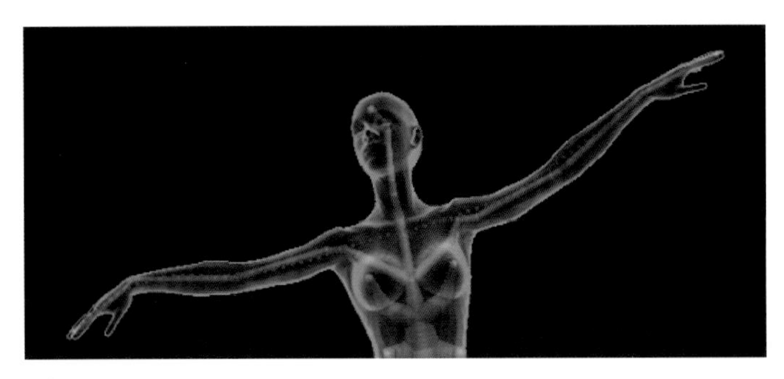

图4-179

7 调整完正面的造型后，我们来调整侧面曲线。在人体的动态中，因为要获得平衡和缓冲，无时无刻不充满着曲线美，特别在舞蹈动作中，如图4-180所示。

8 通过观察图4-181左侧人体发现，侧面基本没有任何曲线，显然是不合理的。我们通过调节上身后仰的角度和腿部的角度来初步得到侧面的动势曲线，如图4-181所示。

图4-180

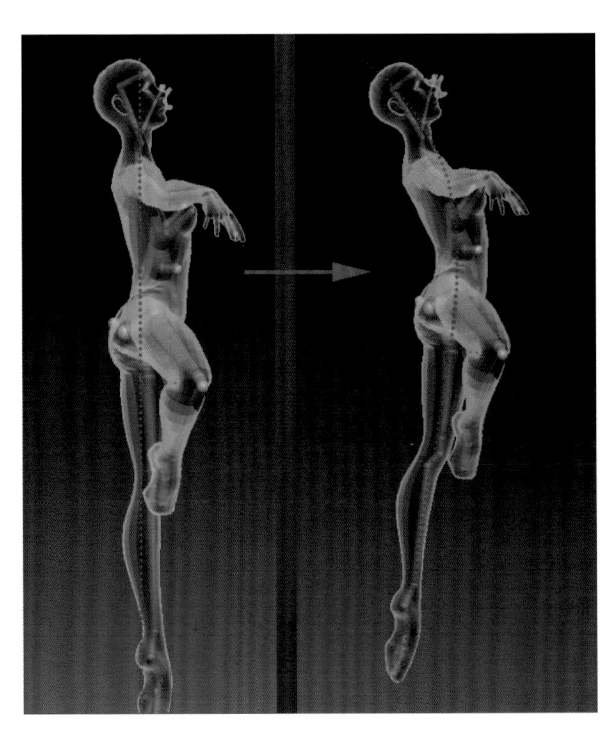

图4-181

9 在这个环节我们需要注意，不能对根Z球进行移动和旋转，因为一旦根Z球的位置关系发生变化，角色的网格就会产生扭曲，以头部为例，如图4-182所示。

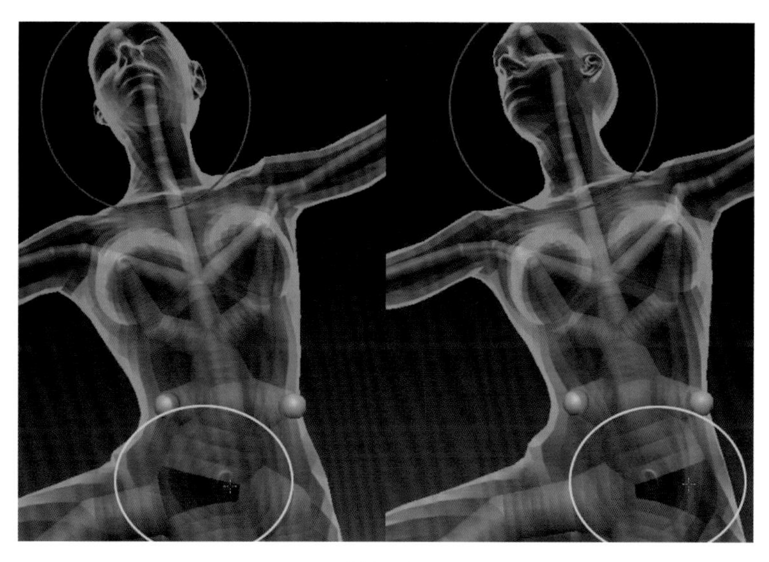

图4-182

10 通过对Z球链的旋转和移动，我们对头部和上肢继续进行调整。注意头部向前伸，并且有一种绷紧的力量感，如图4-183所示。现在，角色的姿态基本已经完成，我们可以按快捷键A，或者使用Tool面板下的Adaptive Skin（自适应蒙皮）子面板中的Preview按钮进行蒙皮预览。如果发现局部的网格会发生不正确的形变，则需通过移动或者旋转Z球链来修正。

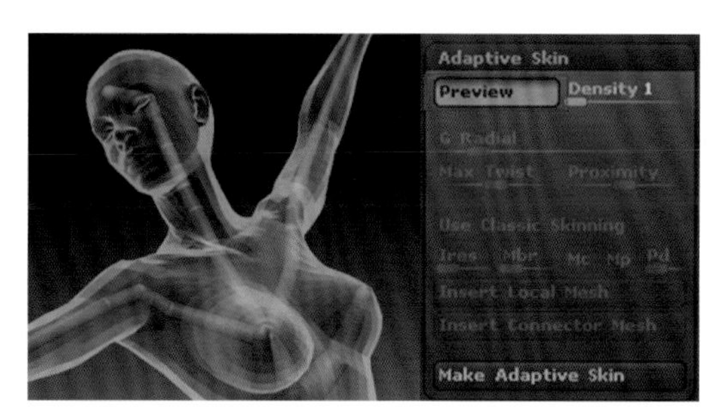


图4-183

11 在真正进入雕刻之前，我们需要通过按A键反复切换预览和对Z球链反复修正，认真检查并校正，最终效果如图4-184所示。

图4-184

12 调整满意后，我们单击Adaptive Skin子面板下的Make Adaptive Skin按钮，进行蒙皮。蒙皮后，在Tool面板下，会出现以Skin为前缀的工具缩略图标，如图4-185所示。

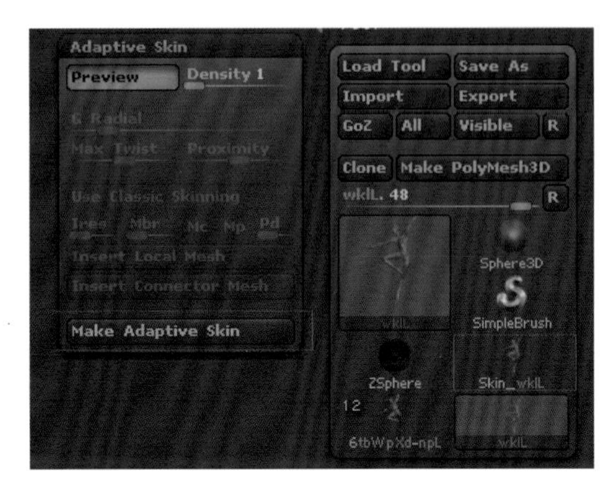


图4-185

这就是我们蒙皮以后的模型。选择该模型，在Geometry面板中细分该模型。根据机器性能不同，细分的最高级可能不同，一般最高级为5到8级。然后降至低级别，对模型进行保存。（对文件的保存和备份是我们工作中需要非常注意和坚持的习惯。在此小节中，从创建骨架、调整姿态再到蒙皮，都需要对不同类别的文件进行及时保存。）

至此，正式雕刻舞蹈姿态的准备工作全部完成。下面，我们进入动态雕刻环节。

## 4.3.2 动态雕刻

### 1. 整体对称雕刻

在接下来的雕刻过程中，有一个原则是需要大家注意的，这也是我在雕刻当中反复强调的一个原则，那就是整体雕刻原则。我们需要将形体（无论静态或者动态）都看成一个整体去雕刻和修正，不要长时间地拘泥于某个局部，比如面部。从一级到最高细分级都在某个局部反复雕刻，寻求完美，这是非常不好的习惯。一方面局部雕刻得再精美、准确，如果与整体脱节，那也一定不是一个好作品；另一方面，抠局部的做法非常耗费时间和精力，使我们的雕塑工作效率极其低下。所以，在以下的雕刻学习过程中，务必遵循整体原则。

1 首先，通过观察修正形体。在调整姿态的过程中，有时会造成形体的扭曲变形或者不对称，比如面部，在雕刻的初始阶段，我们可以在低级别使用Move进行调整和修饰，如图4-186所示。

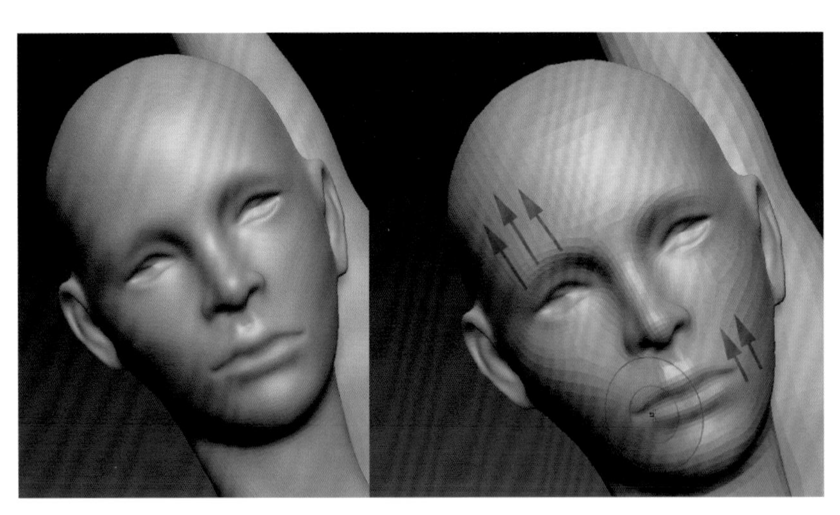

图4-186

2 在进行下一步雕刻之前，开始姿态对称。开启此对称雕刻模式后，可以在拓扑结构相同的位置进行对称雕刻，这非常适合姿态雕刻，如图4-187所示。

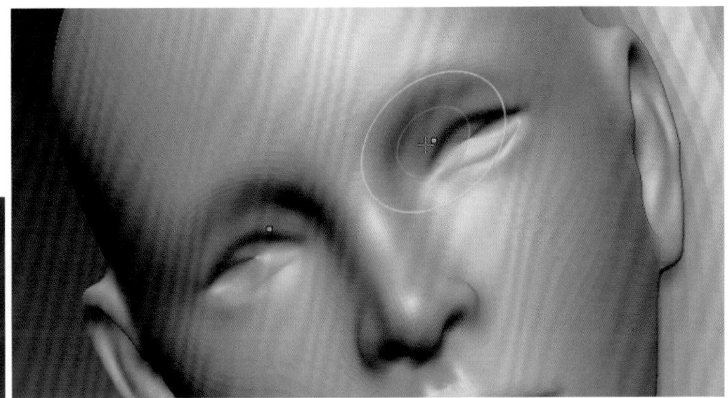


图4-187

3 将模型细分至3级，开启姿态对称。从面部开始雕刻，使用Standard并且开启Lazymouse按钮，初步雕刻面部的眼窝、眉弓、鼻翼和嘴唇等部位，如图4-188所示。

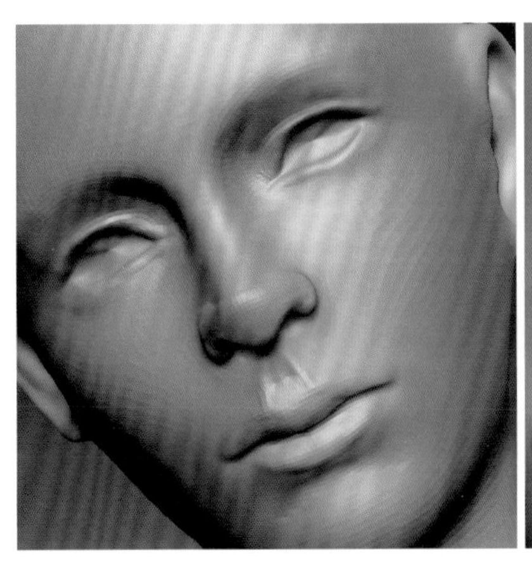
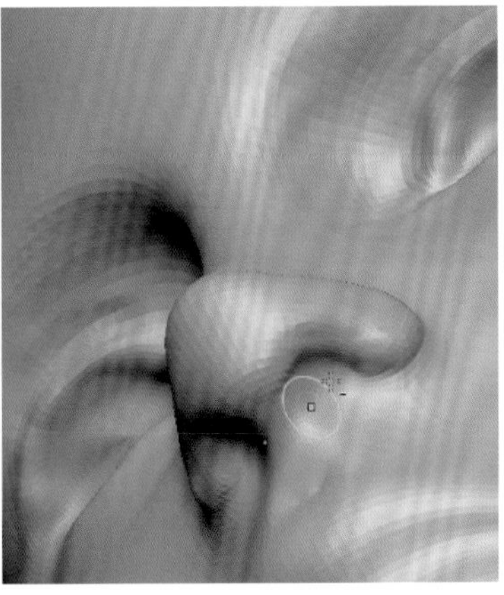

图4-188

4 向下顺延雕刻颈部的胸锁乳突肌部位。胸锁乳突肌在颈部两侧像两条带子，分别连接头骨和锁骨头，如图4-189所示。

5 在头部扭转时，一侧拉伸，一侧收缩，并且形体突出，如图4-190所示。

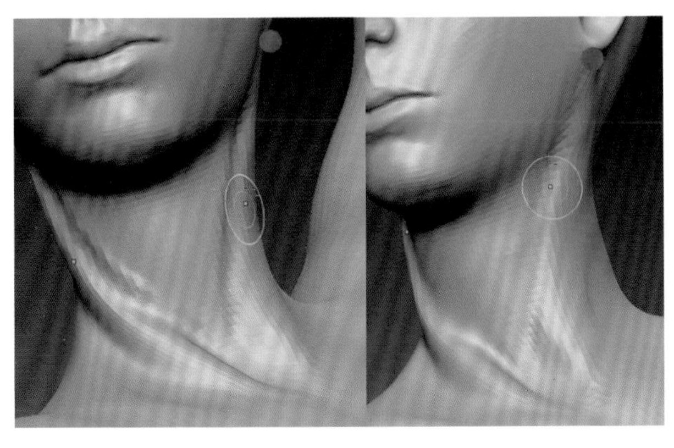

图4-189

图4-190

6 初步雕刻时不用刻意强调形体的准确，只要做到大致自然、舒服，不太突兀即可，特别是在形体扭转较剧烈的部分，如图4-191所示。

7 在胸骨的雕刻中，注意胸骨连接肋骨部分的凸起。此一系列的凸起在舞蹈演员涉及挺胸动作时，都会在体表有很明显的显现，如图4-192所示。

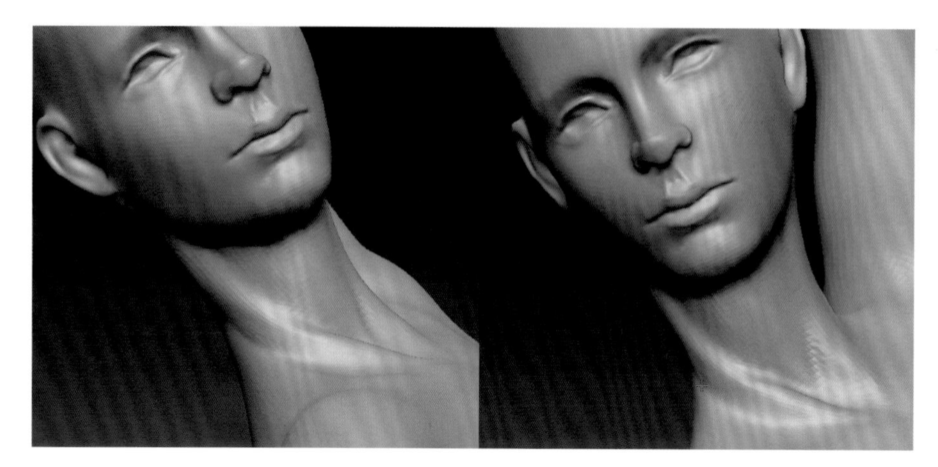

图4-191

8 健美的舞蹈演员的肌肉轮廓清晰，特别是女性舞者，其肌肉形体优美而纤细。在本书所塑造的动态中，因为角色姿态的舒展，使其胸肌得到牵引和拉伸，从而使形体更加优美和舒展，如图4-193所示。

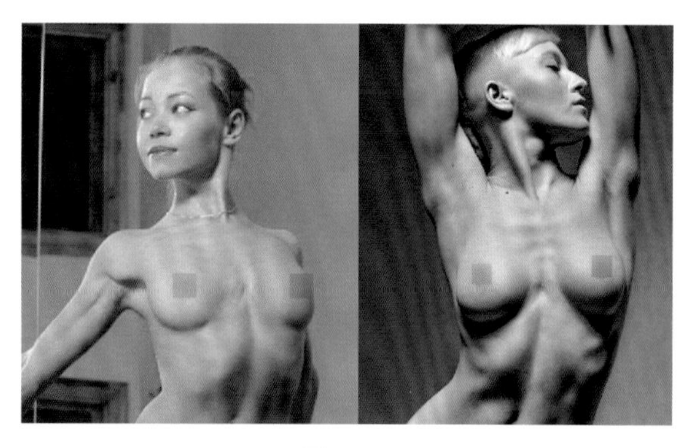

图4-192

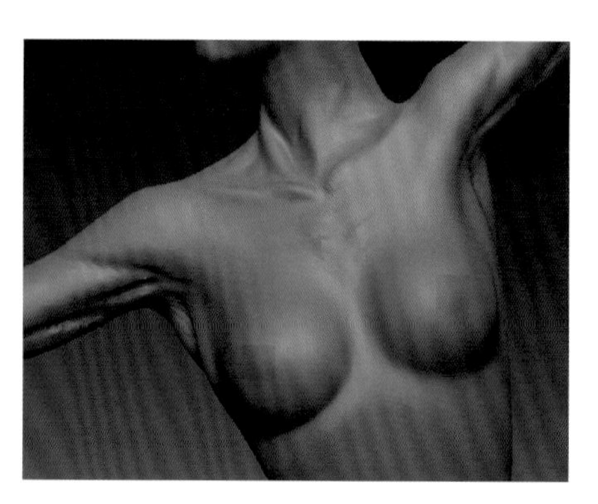

图4-193

9 在肩部、腋窝及大臂的部分，我们需要重视的不仅仅是三角肌、胸大肌、二头肌和三头肌的形状，更加需要重视的是肌肉与肌肉之间的位置关系，以及肌肉的起始位置，比如三头肌覆盖胸大肌，而胸大肌又覆盖二头肌，二头肌与喙缘肌在腋窝下都有非常明显的显现等，我们使用Standard和Clay刻画肌肉和形体结构，如图4-194所示。

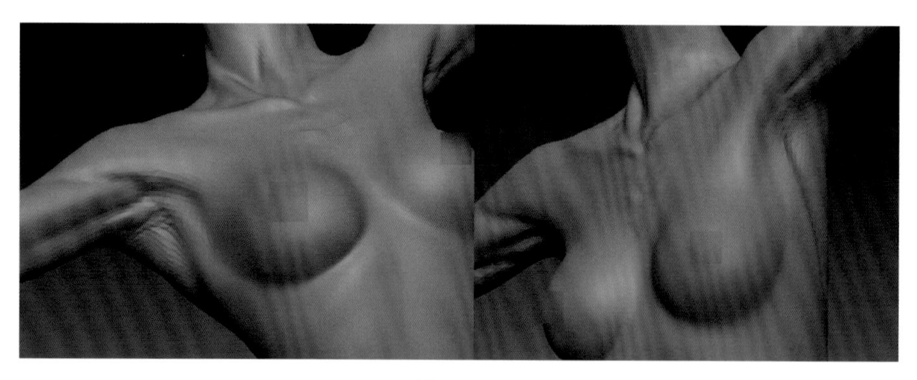

图4-194

10 因为女性的手臂纤细，而肌肉与男性相比又比较平滑，所以在刻画女性的二头肌时，容易将其雕刻成一条比较刻板和平均的体块。这时需要注意肌肉的松紧关系，靠近筋腱位置的形体较明显，其余的部位适当进行柔化处理，如图4-195所示。

11 小臂肌肉界线明显，在雕刻时注意外侧肌肉向内旋转的特点，如图4-196所示。

12 接下来雕刻胸廓部位。首先在乳房下面雕刻胸廓，注意，女性在挺胸的姿态下，其肋弓缘的形态非常明显，而且最下沿的肋骨与胸骨之间的夹角较为锐利，如图4-197所示。

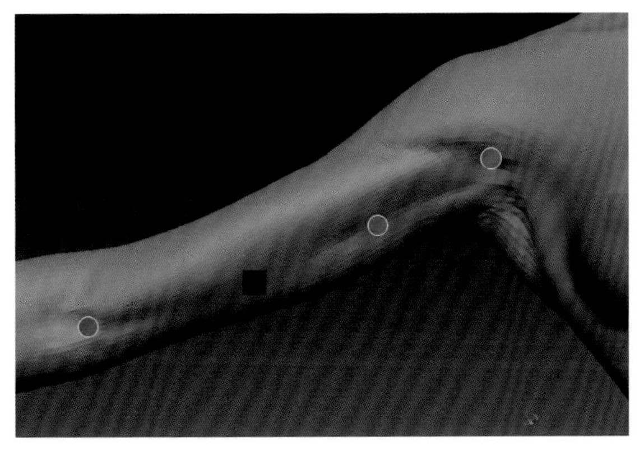

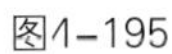

图4-195

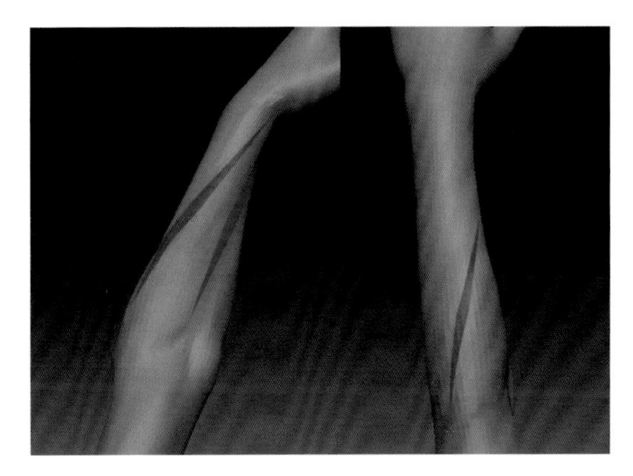

图4-196

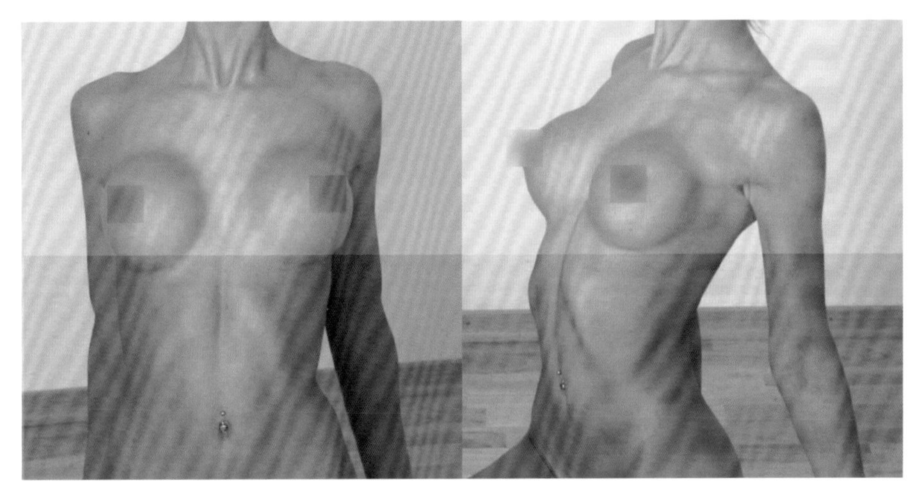

图4-197

13 多角度观察肋弓形状，并且雕刻两侧肋骨，必要时，可以关闭姿态对称，进行单侧的修正。在雕刻时，也要注意背阔肌、前锯肌和肋骨之间的关系，如图4-198所示。

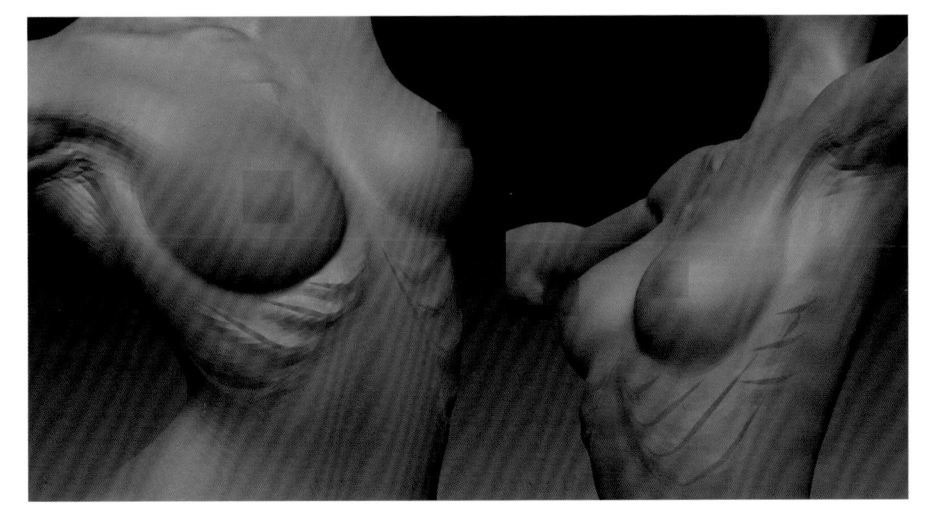

图4-198

14 健美女性的腹部肌肉呈现优美的条状凸起，同男性腹部的块状肌肉不同，女性腹部肌肉横隔不明显，而且在肚脐下方呈现非常美的圆丘状凸起。在雕刻中，既要注意女性肌肉的柔美感，又要尽量保持肌肉的力量感，如图4-199所示。

15 向下雕刻骨盆的形体，注意腹股沟、骨盆的位置。另外在这一阶段，需要强调髂前上棘的位置。女性的腹部及腰臀部是女性形体特征集中体现的部分之一，所以需要在此着重的刻画，而且需要从各个角度观察形体，力求准确、生动，如图4-200所示。

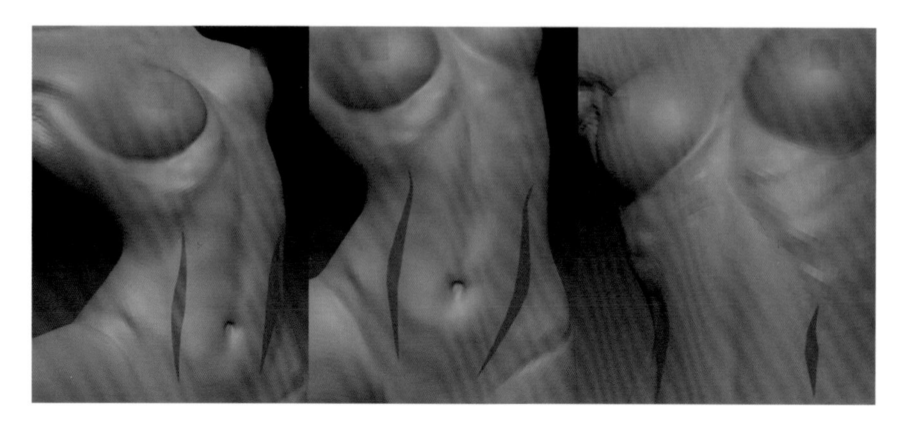

图4-199

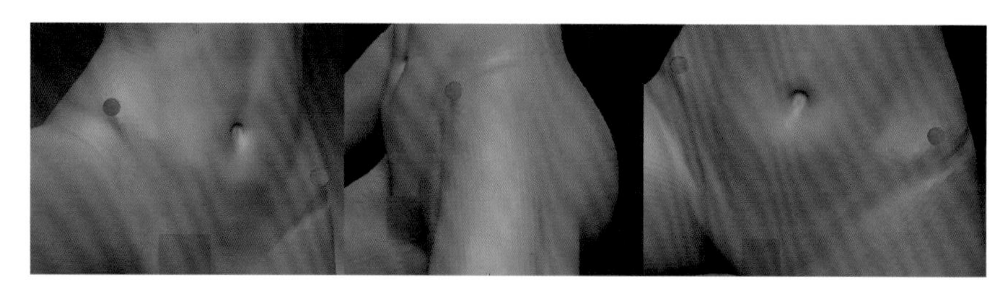

图4-200

16 在芭蕾舞动作当中，腿部的舞蹈动作是最重要的。因此，舞者的腿部肌肉往往比较发达，强健的缝匠肌将大腿分成内、外两大体块，前侧和外侧包含股内肌、股外肌、股直肌和阔筋膜张肌等，内侧和后侧包含耻骨肌、半膜肌和半腱肌等肌肉组织，如图4-201和图4-202所示。

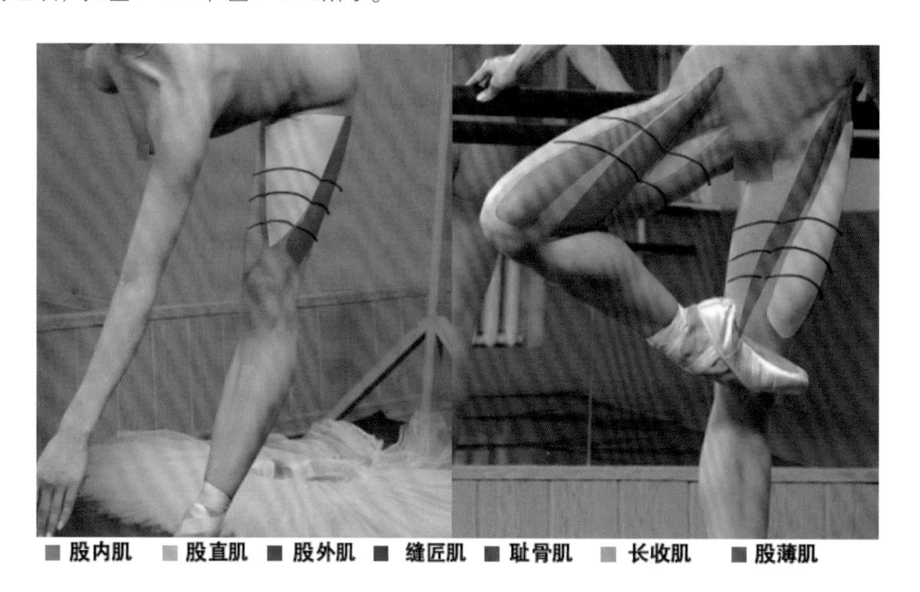


图4-201

17 在雕刻时，先雕刻缝匠肌，借此将内、外两侧的体块相区分，注意缝匠肌起始于髂前上棘，如图4-203所示。

18 分别在大腿内侧和外侧的临近膝盖的部位强调股内肌和股外肌。在此整体初步雕刻的阶段，需要找准位置，初步雕刻左、右腿部因动作造成的形态不同的肌肉，如图4-204所示。

19 小腿部分的重点是胫骨的形态和腓肠肌的形态。在小腿部的前面雕刻胫骨，注意胫骨略微有些弯曲。在小腿的后侧雕刻腓肠肌时，注意比目鱼肌的位置和形态，另外要专注于腓肠肌、比目鱼肌与内外踝及跟腱的联系，如图4-205所示。

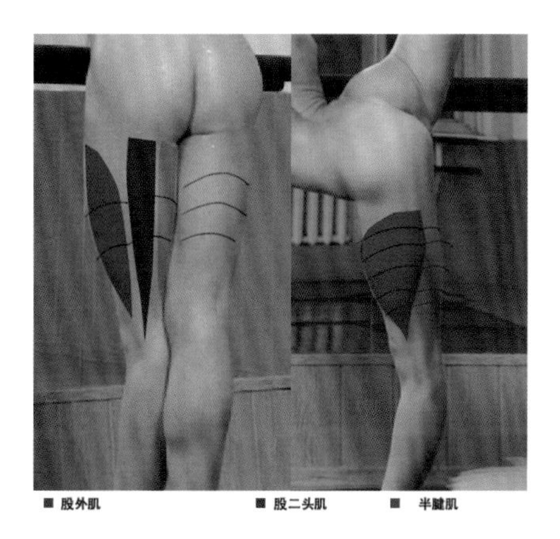
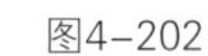


图4-202

图4-203

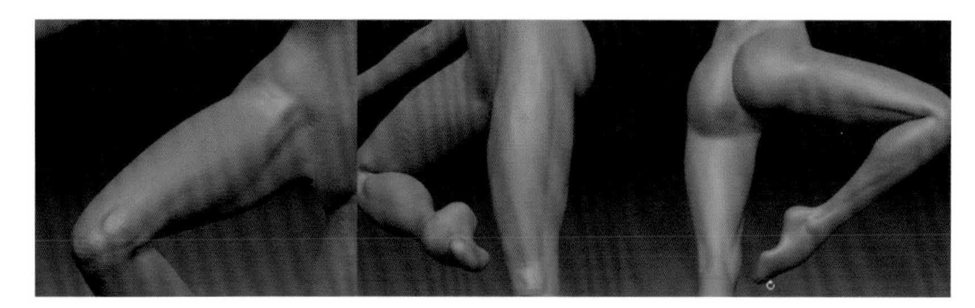

图4-204

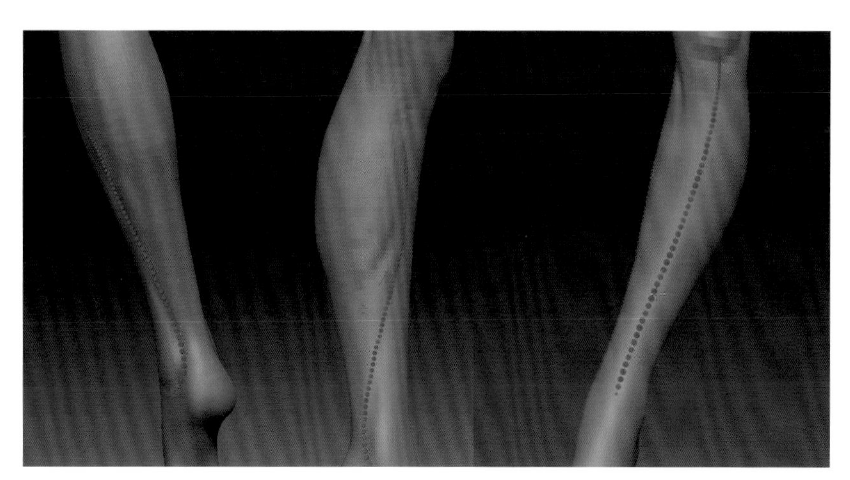

图4-205

20 转到角色的背面，我们先将雕刻的重点放到女性的背部。首先，使用Clay雕刻斜方肌和肩胛骨的形态。注意，因为女性的肌肉较男性肌肉纤薄，所以更多的显现肩胛的形状。然后在肩胛骨下沿以下，按照肋骨的走势向下雕刻肌肉。注意在形体挤压较强的腰部，从后背绕前雕刻出褶皱，如图4-206和图4-207所示。

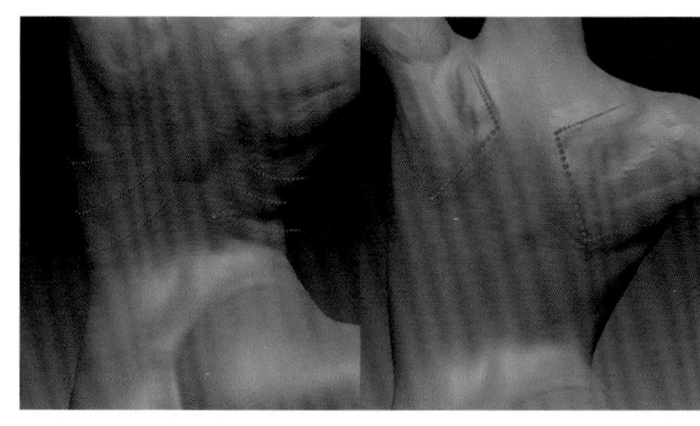

图4-206

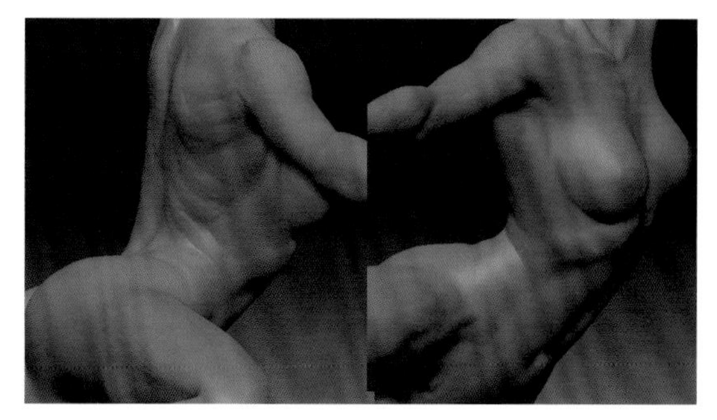

图4-207

至此，整体初步雕刻告一段落。下面我们将对形体进行更加细致、准确的雕刻。

**2. 头颈及胸腹部精细雕刻**

1 将角色模型升至4级，从面部开始进行深入的雕刻。首先，深化眼部结构，因为本案例雕刻的女性面部特征与欧美女性接近，所以注意多分析欧美女性眼部特征，如图4-208所示。

2 雕刻中应注意内眼窝的深陷和眉骨在外部的凸起，如图4-209所示。

图4-208

图4-209

3 使用Clay将鼻翼的部分雕刻得更加饱满，另外注意鼻底部分的结构，如图4-210所示。

4 雕刻上嘴唇时，可以先使用Standard雕刻唇线，以确定唇的范围。在唇珠的位置着重刻画，在雕刻嘴角位置的时候，注意上唇和下唇越靠近嘴角的地方越向内窝，如图4-211所示。

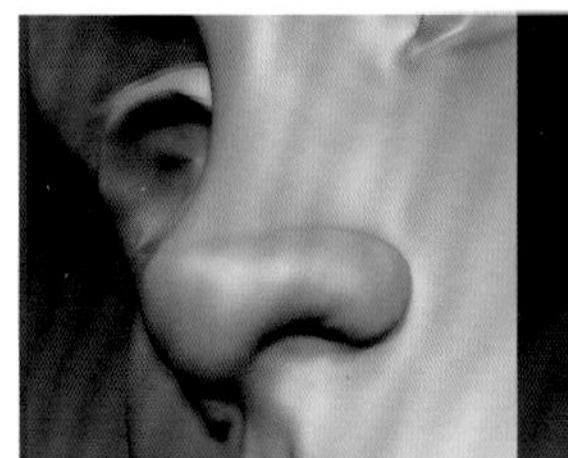
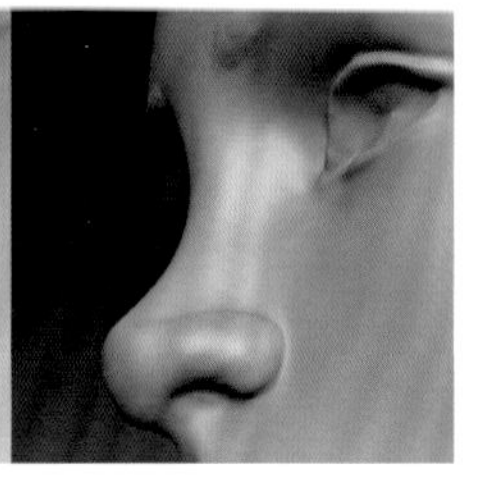

图4-210

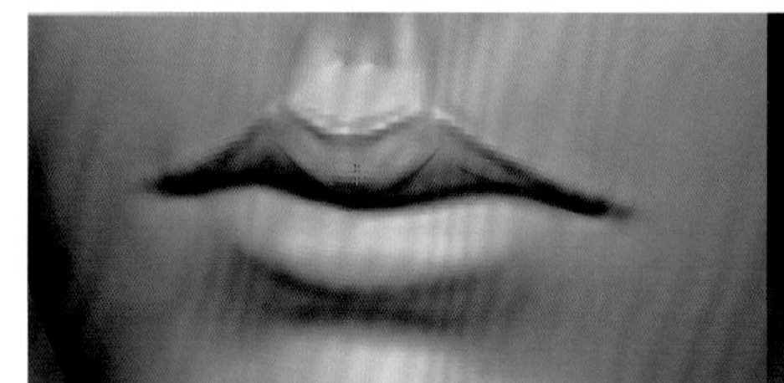
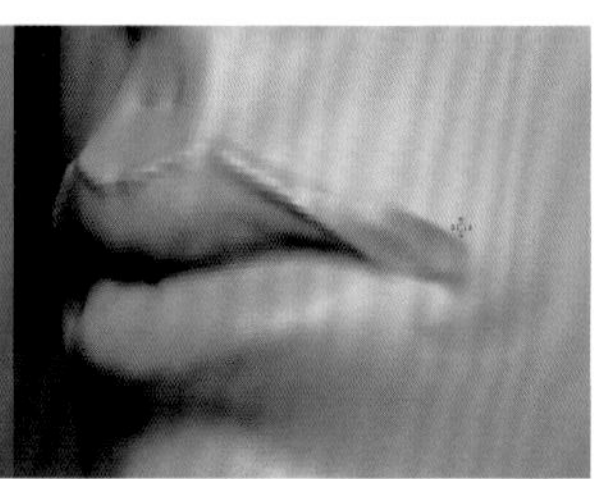

图4-211

5 下唇和上唇的形态不同。在雕刻唇线时，注意下唇的唇线越靠近嘴角的地方越模糊，越会与皮肤融合。另外下唇与上唇相比往往更丰满些，在雕刻时注意上下唇的配合，以及多角度观察，如图4-212所示。

6 对于耳朵，强调其软骨结构是非常重要的。软骨结构是决定耳形的基础，包括外耳郭、内耳郭和耳蜗等。在雕刻的过程中，我们可以使用Standard着重刻画软骨结构，如图4-213所示。

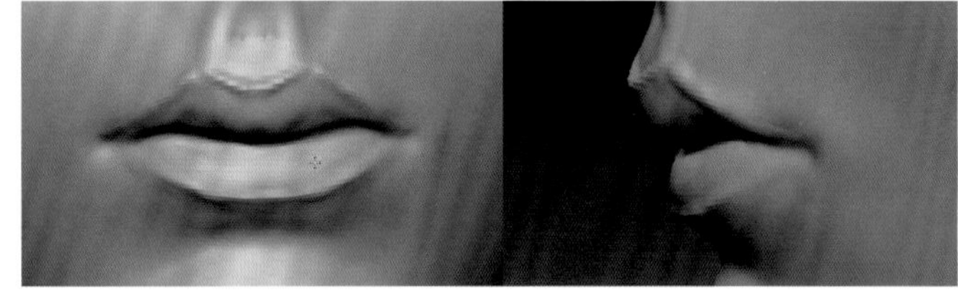
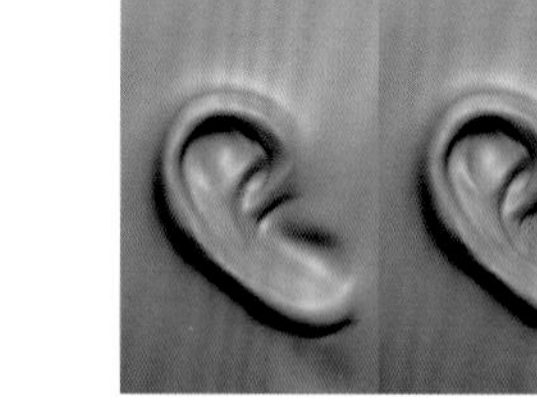

图4-212

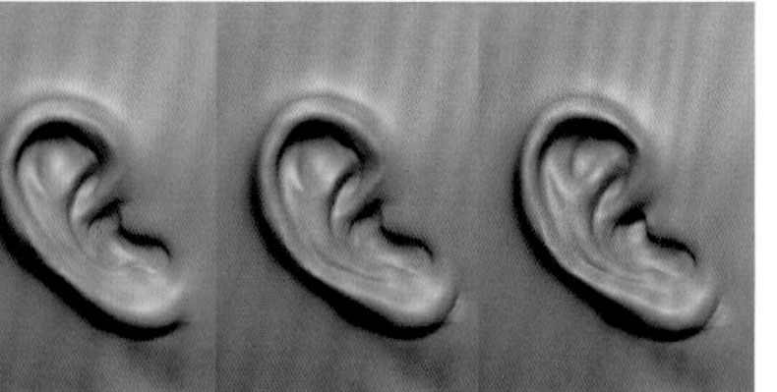

图4-213

7 侧面观察角色下颌角的时候，发现此处结构并不明显，下颌与颈部的分界较模糊，显得人物的面部较胖。因此，强调颌骨结构，并且深入雕刻下巴与颈部的连接处，雕刻前后的对比效果如图4-214所示。

8 面部雕刻完毕后，向下顺延雕刻颈部。在本例中，颈部的雕刻稍微有些难度，因为人物颈部扭转的幅度较大，而且在运动时，其胸锁乳突肌和舌骨肌的形体会比较突出，但只要抓住肌肉起始位置及控制好隆起的幅度，就会雕刻出优美、自然的颈部。雕刻期间，还要多参考芭蕾舞模特的颈部造型，如图4-215所示。

9 在雕刻过程中，虽然姿态对称功能会使我们的工作事半功倍，但有时在某些局部也会造成形体的不准确，如本例中颈部的左侧部位因为拓扑结构的扭转而产生了错误，如图4-216所示。

10 在修正过程中，可以关闭姿态对称功能，利用Smooth和Move修正形体。注意形体不要过于凸出，而且要注意胸锁乳突肌与其他肌肉之间的互相融合的关系，如图4-217所示。

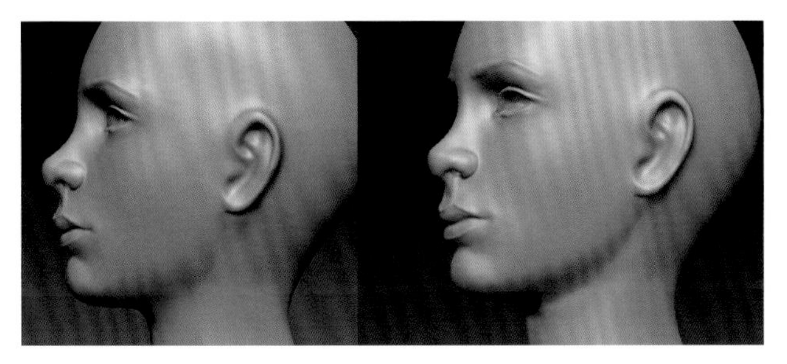

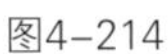

图4-214

图4-215

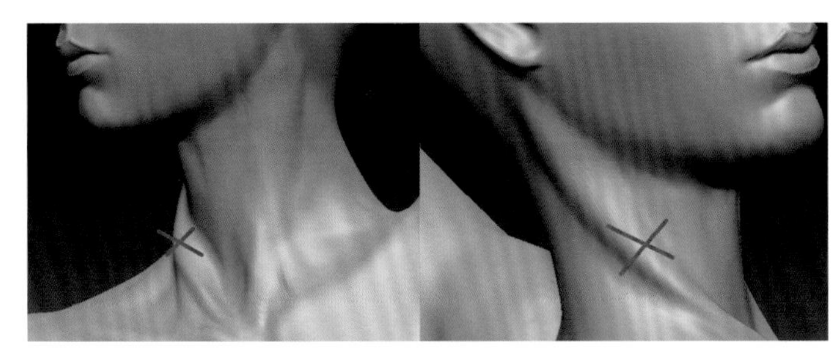

图4-216

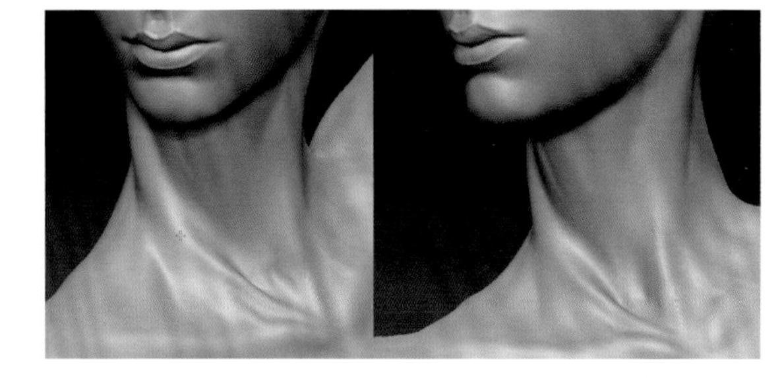

图4-217

11 向下顺延雕刻胸部和临近的三角肌的部分，并对手臂进行雕刻。在手臂的雕刻中，注意小臂处的伸肌和屈肌群，另外肘窝处的三角形区域也需要强调，如图4-218所示。

12 胸骨的部分在升级以后，需要进一步雕刻，同时将体表下的肋骨形态向两侧延伸，并且修正胸骨两侧的凸起，使之自然而不突兀，如图4-219所示。

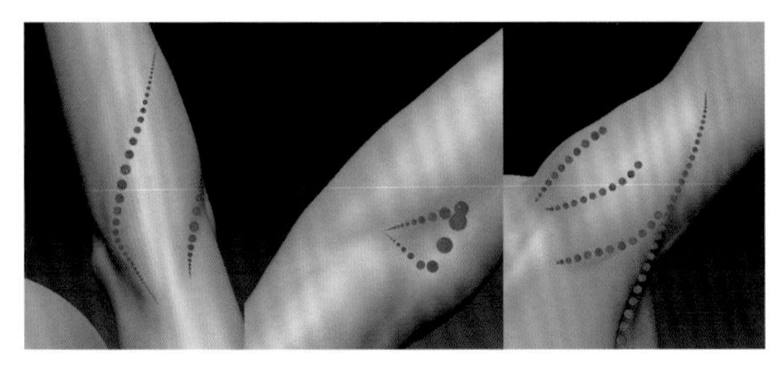

图4-218

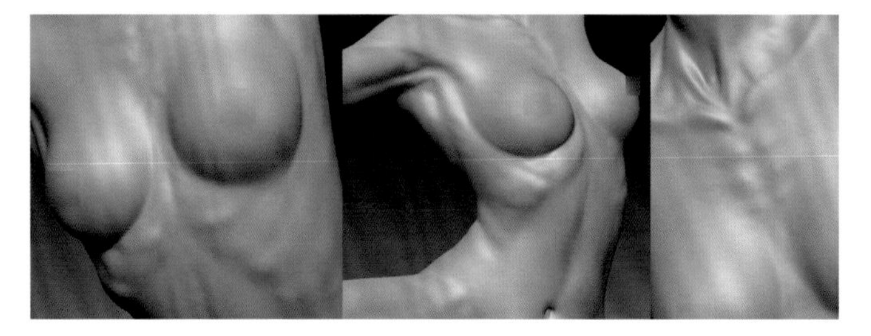

图4-219

13 顺延雕刻胸窝。对于肋弓缘及肋骨造型，在精细雕刻的过程中，要注意其形体的虚实和松紧。一般来说，形体较凸出或较凹陷的位置为实或者紧，形体较平坦的位置为虚或者松。而在运动的过程中，往往伸展的一侧形体较虚，而挤压的一侧形体较实。在角色躯干产生挤压的一侧，我们从后绕前强调挤压产生的腰部的褶皱，如图4-220所示。

14 在腹部，为了强调女性健美的肌肉，我们使用Standard雕刻腹部肌肉横向的凹陷结构，在雕刻时注意不要雕刻出明显的块状结构，以区别于男性腹肌，如图4-221所示。

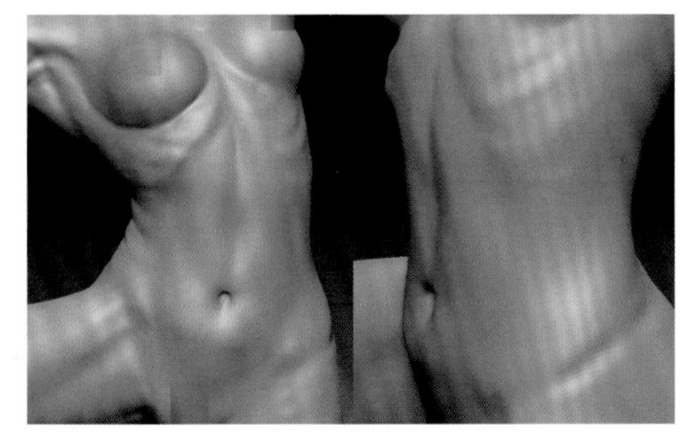

图4-220

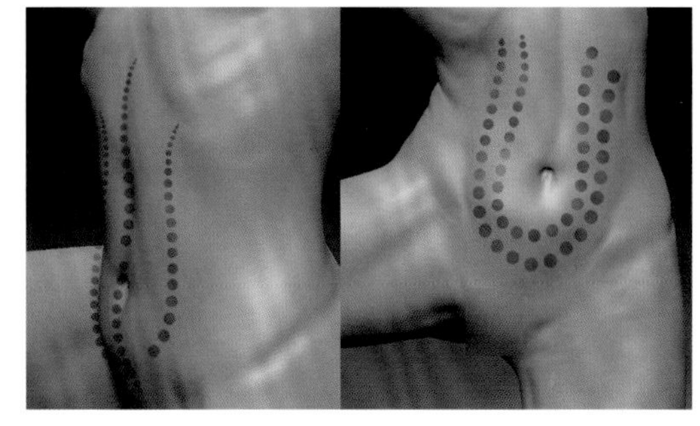

图4-221

### 3. 腿部精细雕刻

1 首先，继续强调髂前上棘处的骨点。然后，从髂前上棘至大腿的下部深入雕刻缝匠肌。注意虚实变化，在起始和结束的部分，将肌肉雕刻得较实，中间的部分较虚。注意，无论是弯曲的腿还是伸直的腿，其缝匠肌都较为凸出，如图4-222所示。

2 接下来，使用Clay强调股内肌、股外肌和股直肌的形态。注意，在伸直状态的大腿一侧，由于负重，肌肉形态更加明显，如图4-223所示。此时，我们可以关闭姿态对称进行雕刻。

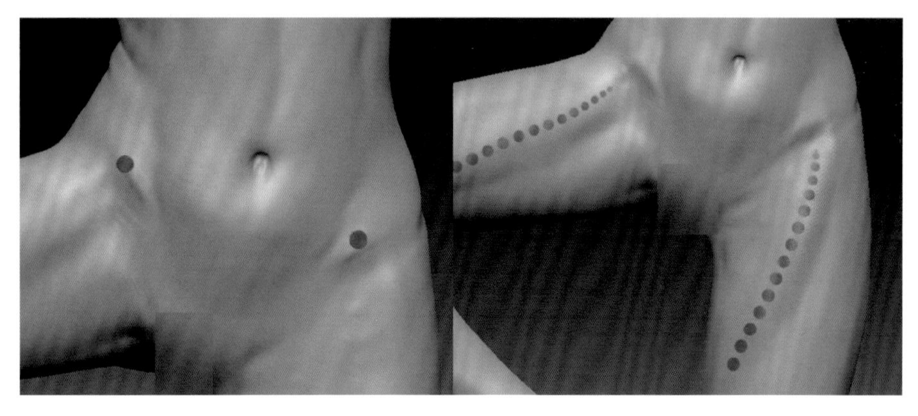

图4-222

图4-223

3 在单腿站立的芭蕾舞动作当中，膝盖上部的肉丘以及膝盖两侧的筋腱会较为凸出，膝盖及上部的结构向上呈现凸字形，而筋腱和肌肉侧向马蹄形扣住膝盖，如图4-224所示。在雕刻时注意肉丘的圆润、膝盖的方硬和筋腱的凸出。

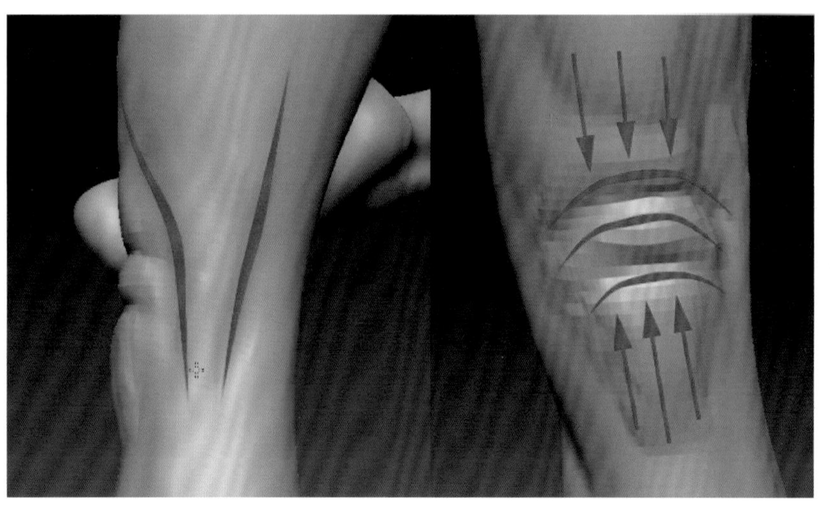

图4-224

4 雕刻弯曲一侧的腿部时，因为肢体运动极限的关系，我们可以选择关闭姿态对称，对其进行单独的修正。通过观察，我们可能会发现一些问题，例如，膝盖位置不正，凸起的结构不正确，或者股内肌、股外肌的形体不对。针对以上几点，我们可以使用Move进行修正，另外还要多角度观察大腿与臀部的关系，发现不正确的地方立即修正，如图4-225所示。

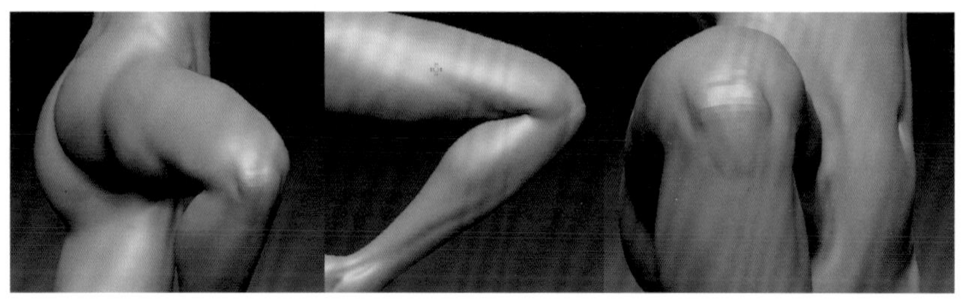

图4-225

5 在雕刻中，为了使小腿浑圆、美观，我们可以选择Magnify进行雕刻。开始雕刻时，可以使用Magnify整体雕刻小腿，使小腿丰满、圆润，这个时候要将重心放在小腿腓肠肌的部位。

6 在平常的轻柔运动中，腓肠肌两侧的比目鱼肌较不明显，但在体现健与美的芭蕾舞中，其往往会在小腿部显示出形体。下面，使用Standard在腓肠肌的两侧雕刻比目鱼肌，如图4-226所示。

7 内、外踝与跟腱是非常重要的部分，它们是小腿与足相连接的部分，起着承上启下的作用。使用Clay雕刻靠近内、外踝的凹陷的部分，然后将内、外踝作为一个骨状结构进行雕刻。另外注意比目鱼肌向下延伸的腱与踝骨头的关系，如图4-227所示。

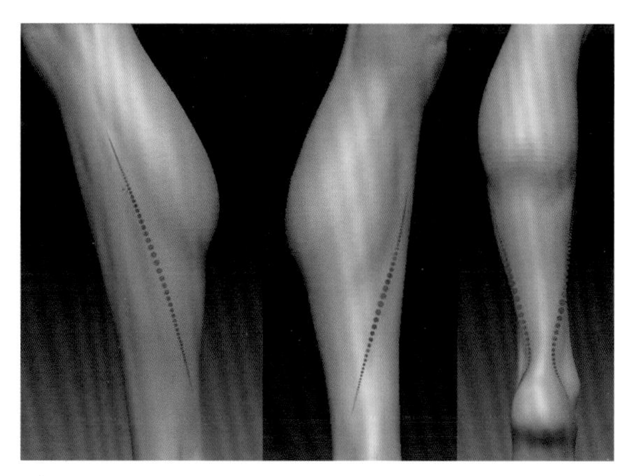

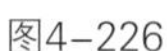

图4-226

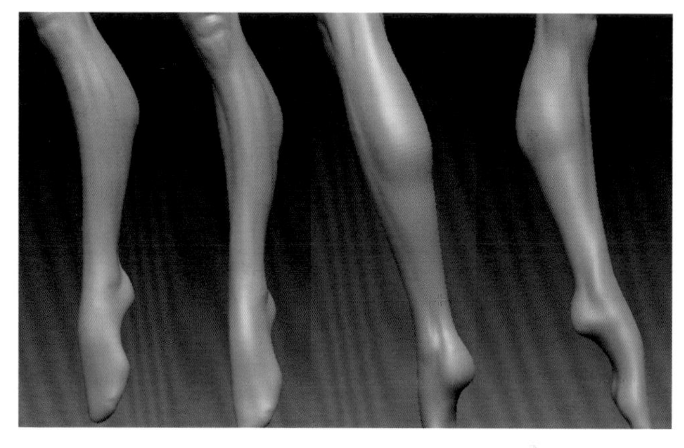

图4-227

8 从各个角度观察腿部。记住，女性腿部要雕刻得浑圆而结实，所以一旦发现腿部出现较方硬的形体特征，就要进行修正，比如大腿的后部，如图4-228所示。

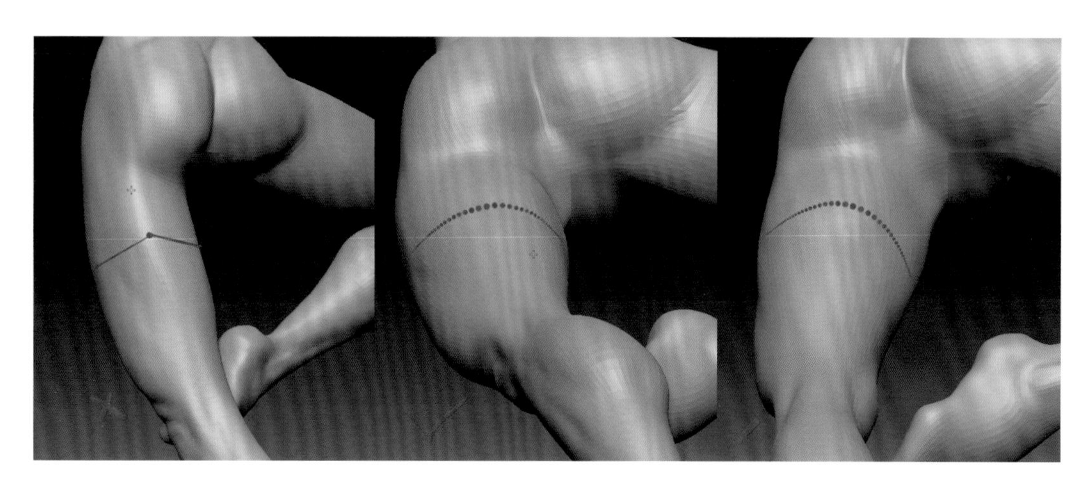

图4-228

### 4. 背部精细雕刻

背部的雕刻要遵循先弄懂原理，然后进行雕刻的原则，否则，盲目雕刻只会使工作低效。在本例中，由于角色的挺胸和展臂，造成肩胛骨及肌肉向脊柱靠拢，因而造成了形态的变化，增加了雕刻的难度。如果了解女性背部的形体特点，雕刻起来就自然得心应手。女性肌肉较平坦，所以背部上部的体块关系主要由肩胛骨、颈肩部和脊柱共同决定，斜方肌与背阔肌依附其上，形成深浅不一的凸起和凹陷，故此位置较难雕刻。背部的其他部位较圆润，比较好理解和掌握。

1 肩胛骨的形状始终是背部雕刻的刻画重点，这一点在女性背部雕刻中尤其重要，所以我们需要强调肩胛骨的上部和下部的骨点，在此形状的基础上雕刻斜方肌。注意，不要因为雕刻肌肉而修改了雕刻好的肩胛骨形状，如图4-229所示。

2 从肩胛骨下面开始，按照肋骨的结构，雕刻背阔肌的一部分。这里要注意，在拉伸和挤压的两侧需要区别对待，在拉伸侧要强调因为肋骨凸起而造成的体表变化，而在挤压侧要强调后背绕前的肌肉褶皱，如图4-230所示。

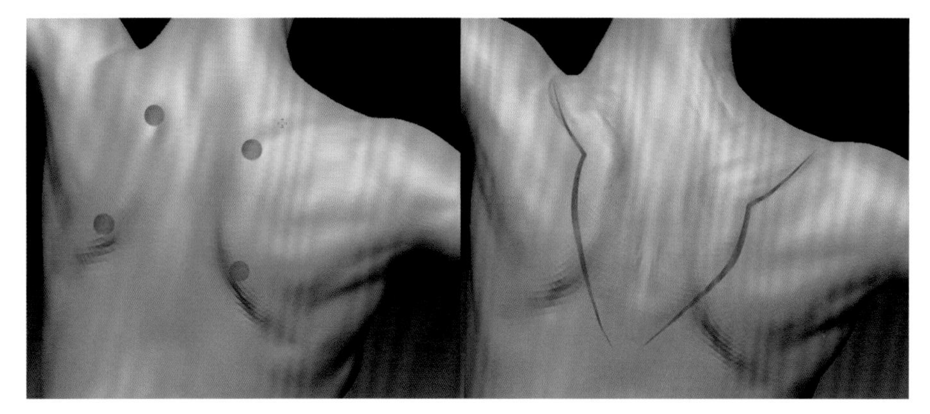

图4-229

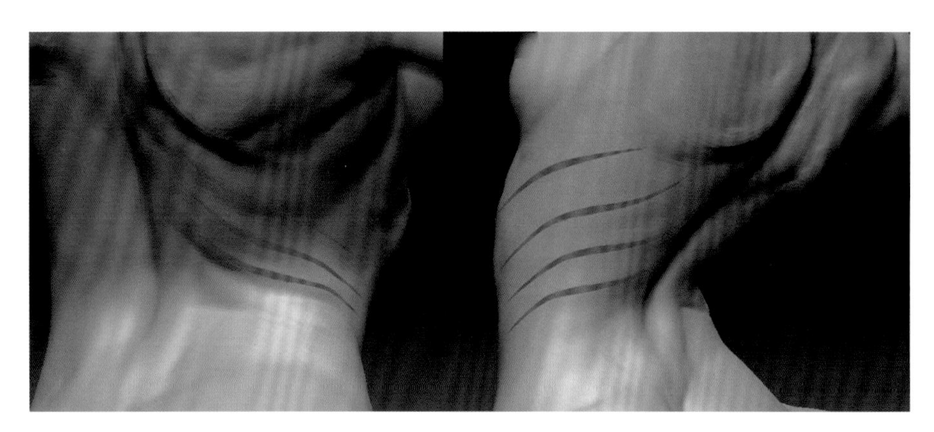

图4-230

3 顺延雕刻骶骨处的形体。女性在腰臀部可以明显地看到骶骨呈现出一个明显的三角形凸起，俗称骶骨三角形。而且，健美的女性的腰臀部，往往在骶骨三角形两侧会有优美的腰窝。在雕刻中应抓住以上的特征，如图4-231所示。

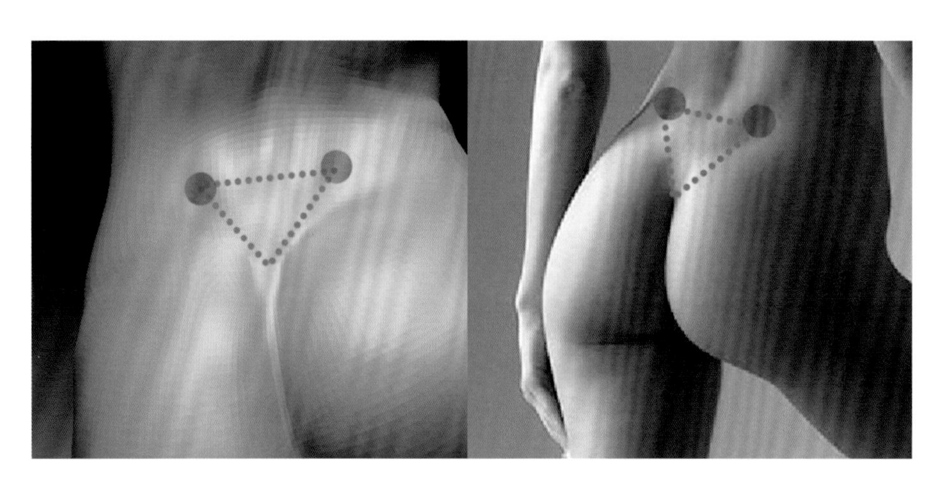

图4-231

### 5. 添加舞鞋

1 舞鞋的添加与睫毛的添加过程基本一致，都是遮罩住身体的某一局部，然后在SubTool工具下单击Extract按钮，产生新形体。为了使芭蕾舞更具美感，芭蕾舞鞋由鞋体和绑带构成。舞者穿上舞鞋后，露出大部分的足背部，在脚踝和足弓的上部，由绑带缠绕，非常优美，如图4-232所示。

2 在绘制蒙版的时候，注意鞋体的形状，如图4-233所示。

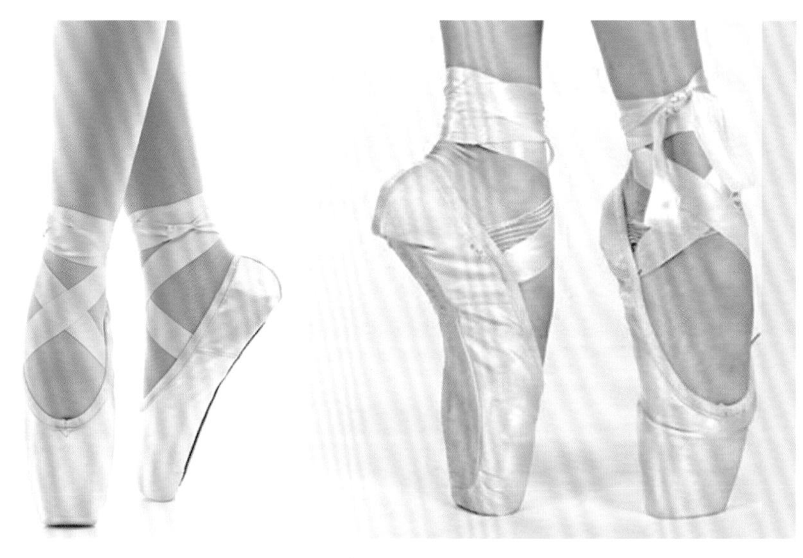

图4-232

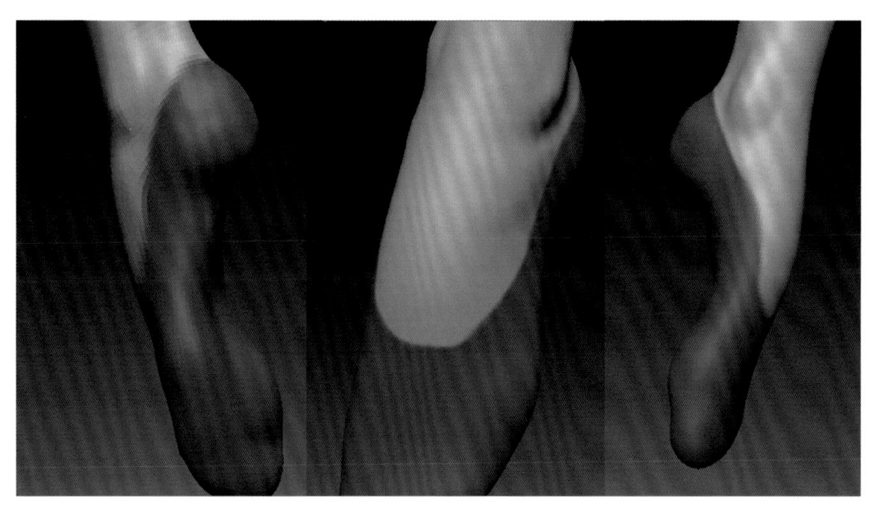

图4-233

3 将Extract的数值调为0.1，挤压出新的形体。选择新的形体，并且取消蒙版，使用Deformation面板当中的Polish和Relax使形体边缘变得柔化，如图4-234所示。（这种方法在以后的机械雕刻中，应用非常广泛，希望大家牢记。）

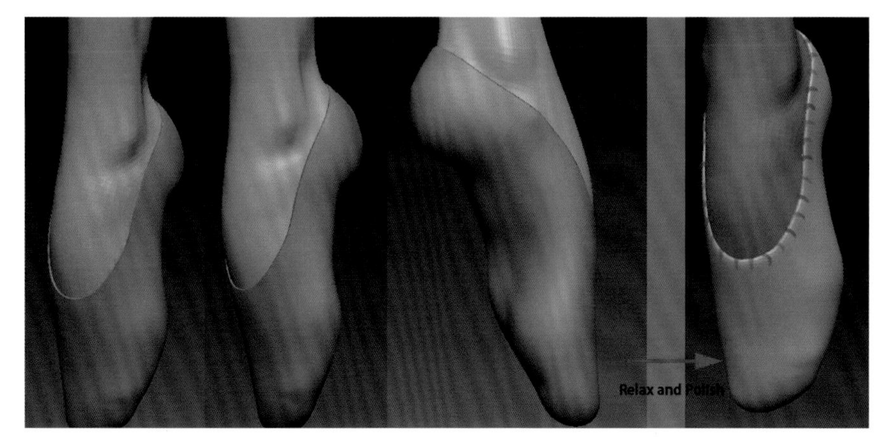


图4-234

4 调整鞋头形体，使鞋头的内、外两侧的弧度基本一致，另外使用Flatten平整鞋底。制作平头的芭蕾舞鞋可以使用Flatten或者Polish等，但在本例中，我们要使用一种新的方法，即利用切割工具将物体的表面变平。首先，按住

Ctrl+Shift组合键，单击套索工具图标，会弹出一系列的工具和笔刷，单击ClipCurve。此笔刷的操作方法较烦琐，我们会在机械雕刻的时候为大家详细介绍，现在只使用其中一种较容易的操作。按住Ctrl+Shift组合键，同时按住鼠标左键或使用画笔向左侧或右侧拖动，此时会出现一条直线，以直线为界分成上、下两个部分，其中一侧带有阴影，这就是被切割掉的一侧。使用ClipCurve切掉鞋尖，如图4-235所示。

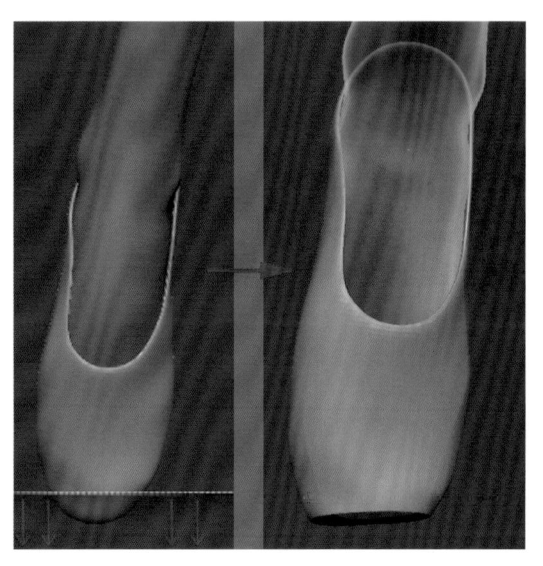

图4-235

5 接下来利用蒙版制作出绑带。使用ClipCurve切割不整齐的边缘，在需要切割曲线轮廓的时候，只需要按住Ctrl+Shift组合键后拉出直线，然后松开Shift键。此时，可以拉出任意方向的直线，在需要制造弧度的点上，按一次Alt键即可拉出曲线，如图4-236所示。

图4-236

6 鞋子的褶皱部分很重要，注意观察舞鞋的褶皱部分产生的位置和方向，利用Standard进行雕刻。完整的鞋子如图4-237所示。将鞋子的各个部分合并成一个整体，然后将其复制到另一只脚上。

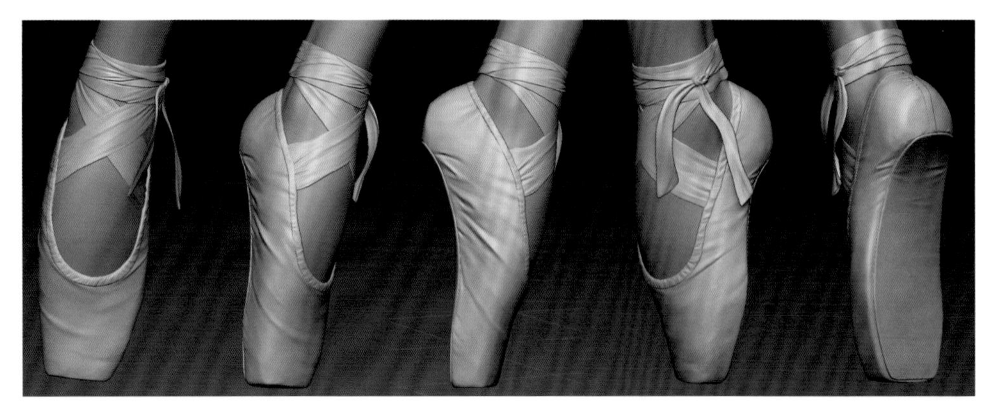

图4-237

至此，较精细的整体雕刻告一段落。下面要进行面部的再一次塑造。

### 6. 面部深入刻画

1 面部始终是人物雕刻当中的重点，塑造时需要精益求精。首先，在眼睑中加入眼球，利用眼球作为参照物，然后观察人物面部，发现角色的人种特点不明确，并且女性面部圆润、优美的特征也没有很好地体现，如图4-238所示。

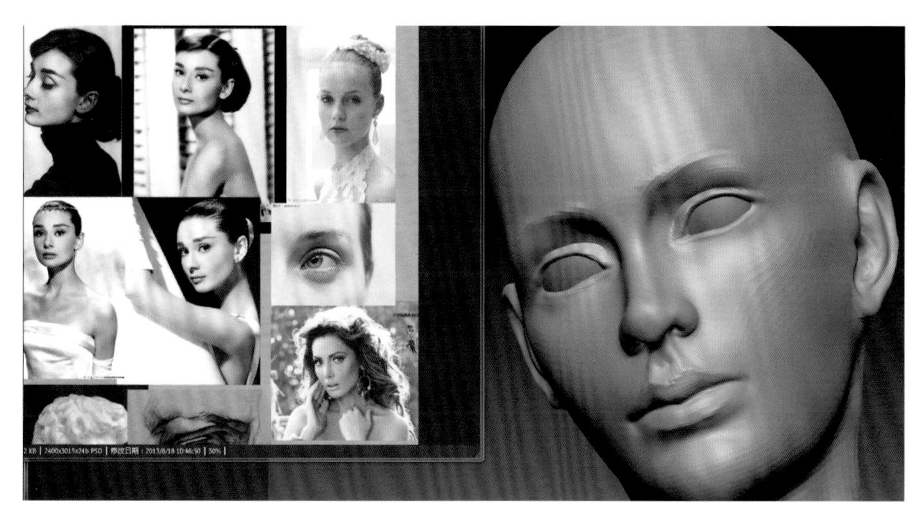

图4-238

2 所以，深入雕刻眼部结构，使外侧眉骨的凸起和内侧眼窝的凹陷更加具有立体感，如图4-239所示。

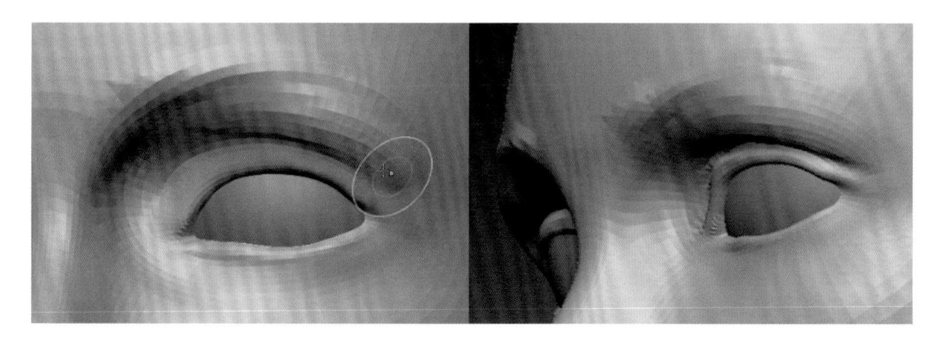

图4-239

3 继续深入雕刻双眼皮的部位，可以使用蒙版作为辅助工具进行刻画，突出上眼睑内窝的造型，如图4-240所示。

图4-240

4 继续深化内眼窝及下眼睑的结构。在眼睛的刻画中，切忌浮躁，一定要认真、细致地把握结构，一旦发现错误就需要立即修正，如图4-241所示。

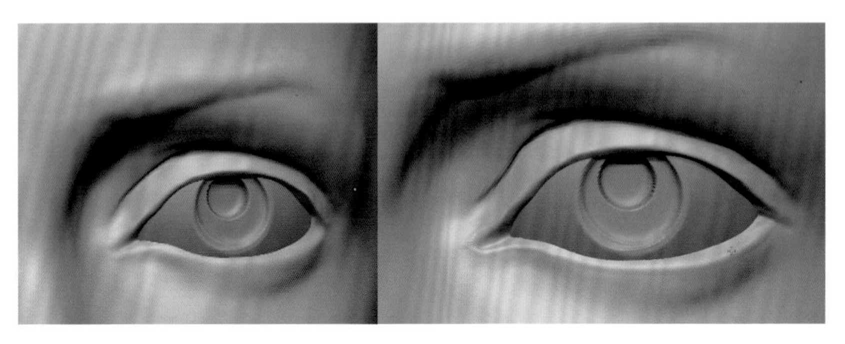

图4-241

5 眼睛雕刻到一定程度后，我们需要将目光拓展到整体的面部。通过观察，我们发现本例中的女性面部的棱角过于分明，而且面颊有些瘦削，如图4-242所示。

6 从希腊和罗马的古典主义雕塑来分析，优美而具有神韵的女性雕塑的面部往往丰润而柔美，所以我们可以先使用Move从各个角度修正面颊的形状，使颧骨不过于凸出，而在靠近嘴部的口轮匝肌的部分又比较饱满，如图4-243所示。

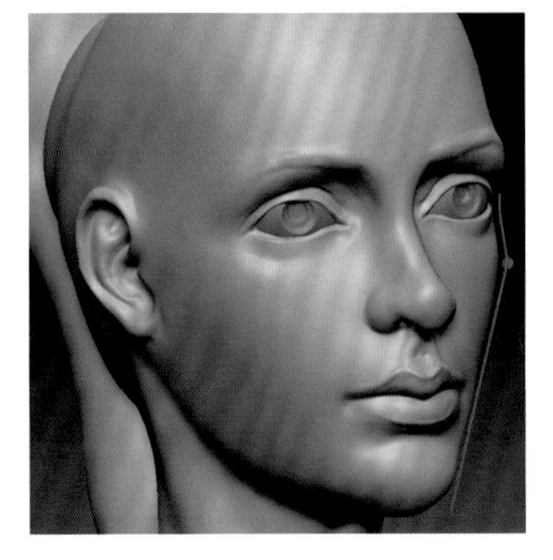

图4-242

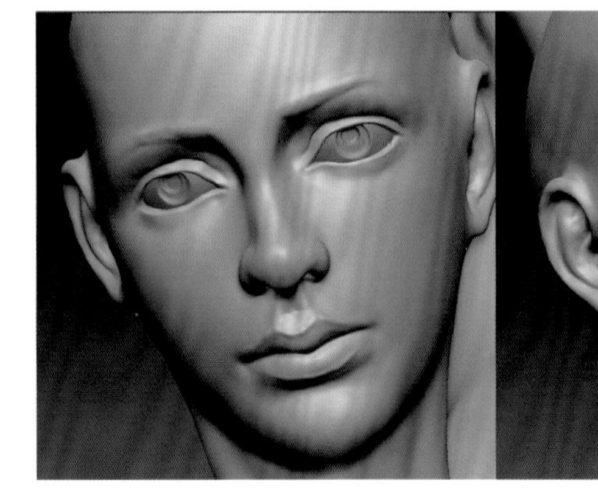

图4-243

7 嘴部造型现在感觉还不够清晰和饱满，特别在嘴角的部分，显得比较呆板，所以使用Clay将嘴角雕刻得微微向上翘起，这样可以赋予角色一定的愉快表情。另外，在嘴角外侧沿口轮匝肌的走向雕刻，使嘴角的部分更加丰润，其正向和侧向造型如图4-244所示。

8 按住Ctrl键配合画笔将上眼睑睫毛部分的区域进行遮罩，然后使用SubTool面板下的Extract按钮，复制一块形体，作为睫毛基础，按住Ctrl键，在空白处拖曳一下，取消这个形体上的蒙版。然后对形体进行细分，刚开始这个形体还不能使用，因为其边缘比较锐利，接下来利用Deformation面板下的Polish和Relax按钮进行柔化，然后利用SnakeHook进行睫毛的拖曳，最终效果如图4-245所示。

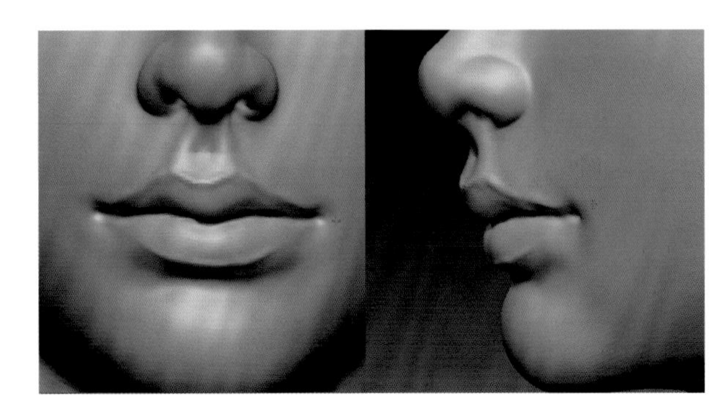

图4-244

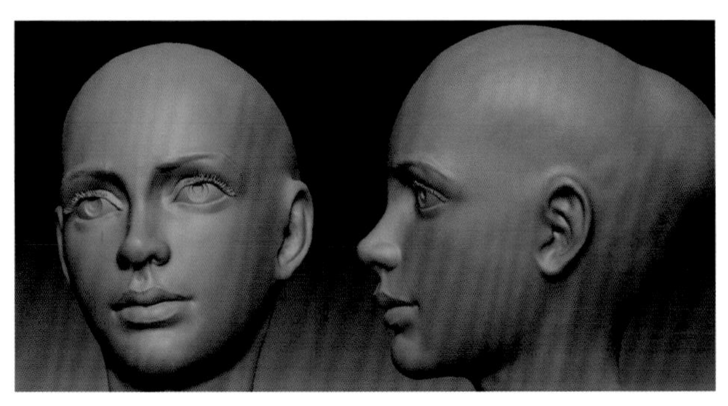

图4-245

9 至此，面部已基本完成。接下来要塑造芭蕾舞的发式，此发式较简洁和利落，一般是将头发拢成一束，然后在后面做一个圆形的发髻。首先使用Clay塑造头发向后拢所形成的一簇一簇的形态，此时的笔刷硬度要调节得稍微强一些，以使笔刷的边缘比较锐利。另外，在雕刻的时候要注意颞线附近发际线的变化，如图4-246所示。

10 升级后使用Standard，按住Alt键将发簇的形态雕刻得更加明显，并且再次使用开启LazyMouse的Clay加强头发的块面关系，如图4-247所示。

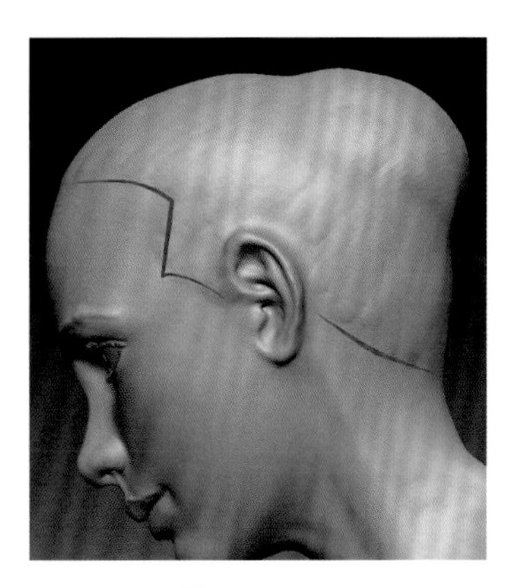

图4-246

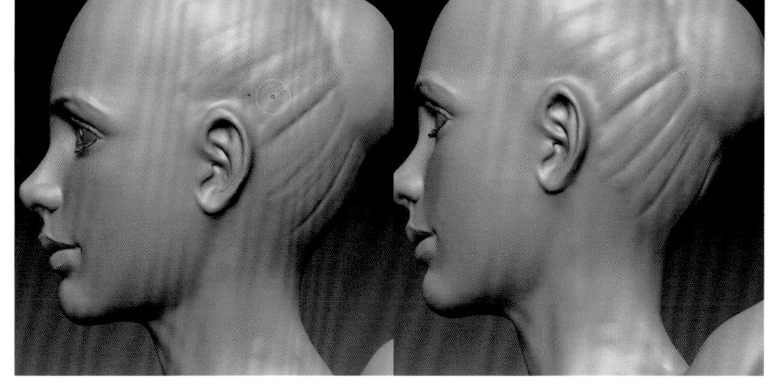

图4-247

11 使用Standard雕刻发髻。注意，发髻的头发结构有点像麻花的结构，是朝一个方向拧在一起的，如图4-248所示。

12 将角色升级至6级，在此级别下，我们要雕刻发丝的结构。这时，我们选择Alpha60配合Clay雕刻发丝。此时，Clay也需要开启LazyMouse选项，这样有利于雕刻出顺滑的发丝。在用笔时，如果交叉用笔，则雕刻出的发丝较为凌乱，一定要每一笔之间都接近平行，如图4-249所示。

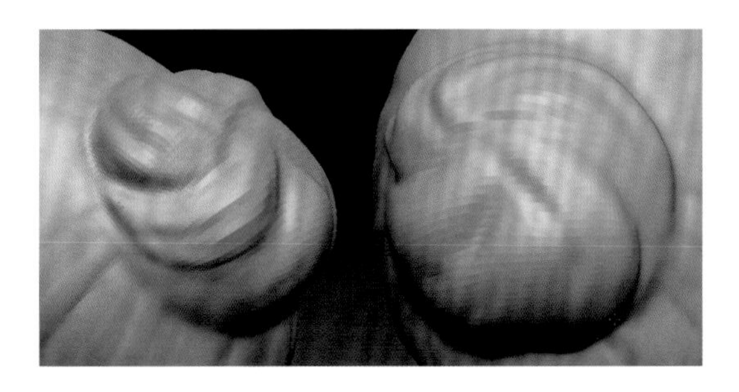

图4-248

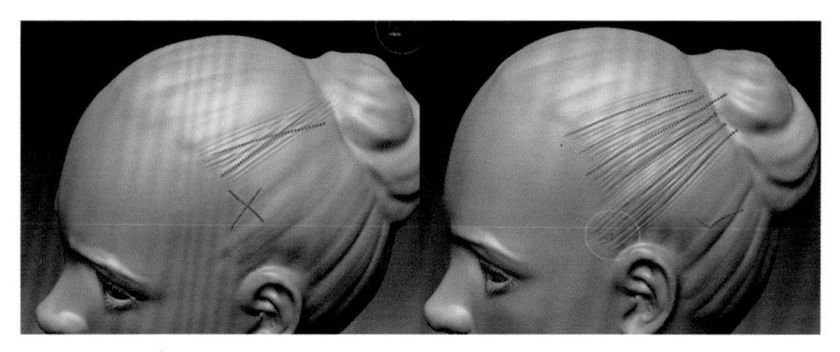

图4-249

13 雕刻完的发式如图4-250所示。

14 再次从各个角度观察面部，并使用Move不断调整面部轮廓，力求面部具有欧美人种特征，且丰润、优美，如图4-251所示。

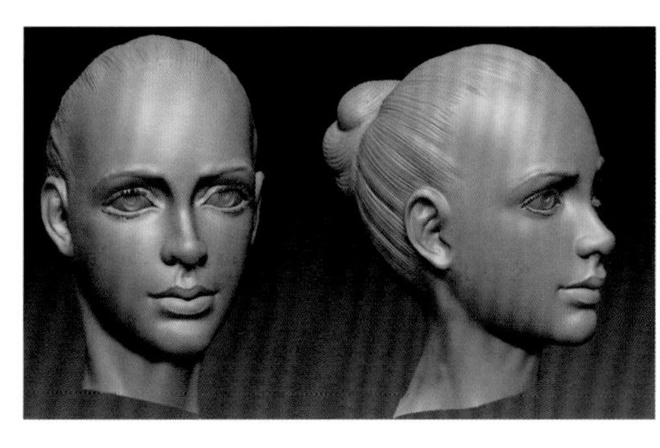

图4-250

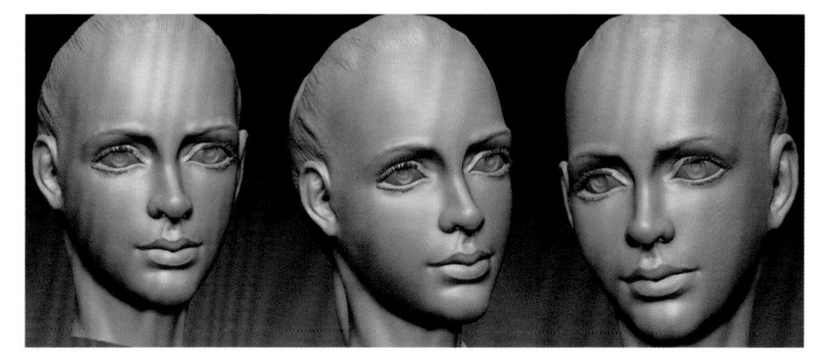

图4-251

至此，女性的舞蹈动势雕刻基本完成。接下来，要为作品增加基座，并且渲染动画。

## 4.3.3 制作并输出动画

### 1. 雕刻基座

1 读者可以根据自己的喜好为自己的作品添加基座，这次我们雕刻的基座是一个类似产生涟漪的水面。我们用ZBrush自带的圆柱体进行雕刻。在画布上拖曳出圆柱体后，进入编辑模式，默认的圆柱体往往不符合我们想要的基座形态，所以需要为其修改参数。展开Initialize面板，其中HDivide的数值控制圆柱的圆周复杂程度，值越大，圆柱越平滑，VDivide的数值控制圆柱体纵向的网格复杂度，如图4-252所示。

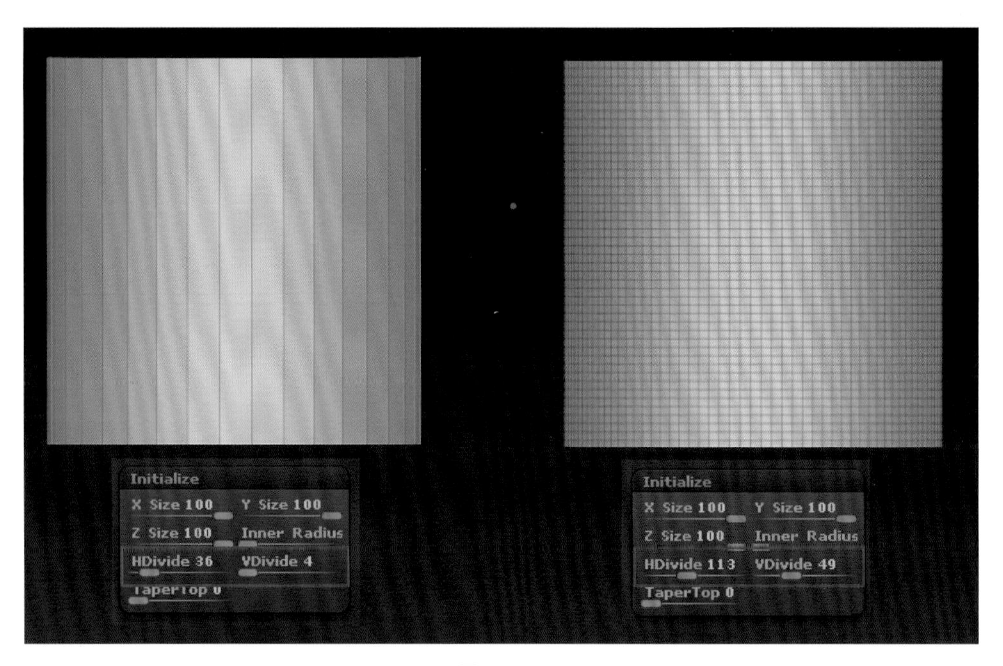


图4-252

2 修改参数，得到一个圆盘状的形体。此时如果对此形体进行细分，则其上表面和下表面的边缘都会受到影响，变得很柔软，所以我们需要对其上、下表面进行锁边处理。首先，单击Tool面板下的Make PolyMesh3D按钮，将圆柱转为Poly Mesh。隐藏除圆柱体上表面以外的所有面，然后单击Geometry面板下的Crease按钮，这时我们发现在上表面的边缘处，出现了一圈虚线，说明锁边成功。锁边前后对比如图4-253所示。最后对下表面进行同样的操作。锁边以后的圆柱体再进行细分的时候，边缘就会比较锐利。

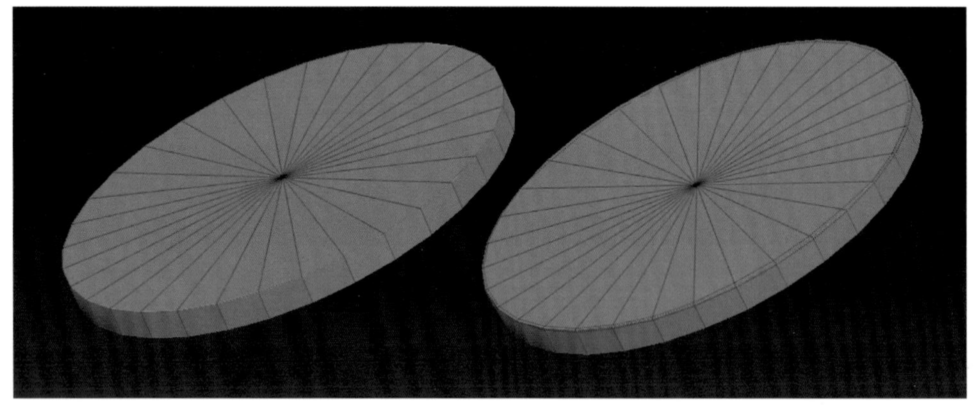

图4-253

3 现在开始雕刻涟漪。在雕刻涟漪的时候，首先需要单击Transform菜单下的Activate Symmetry按钮，然后单击（R）按钮，将RadialCount的数值改为30（此数值越大，在圆周上同时雕刻的笔画就越多）。此时画笔的笔画的中心点有可能不在圆柱中心点上，只需单击屏幕右侧的快捷按钮Local Symmetry即可，如图4-254所示。

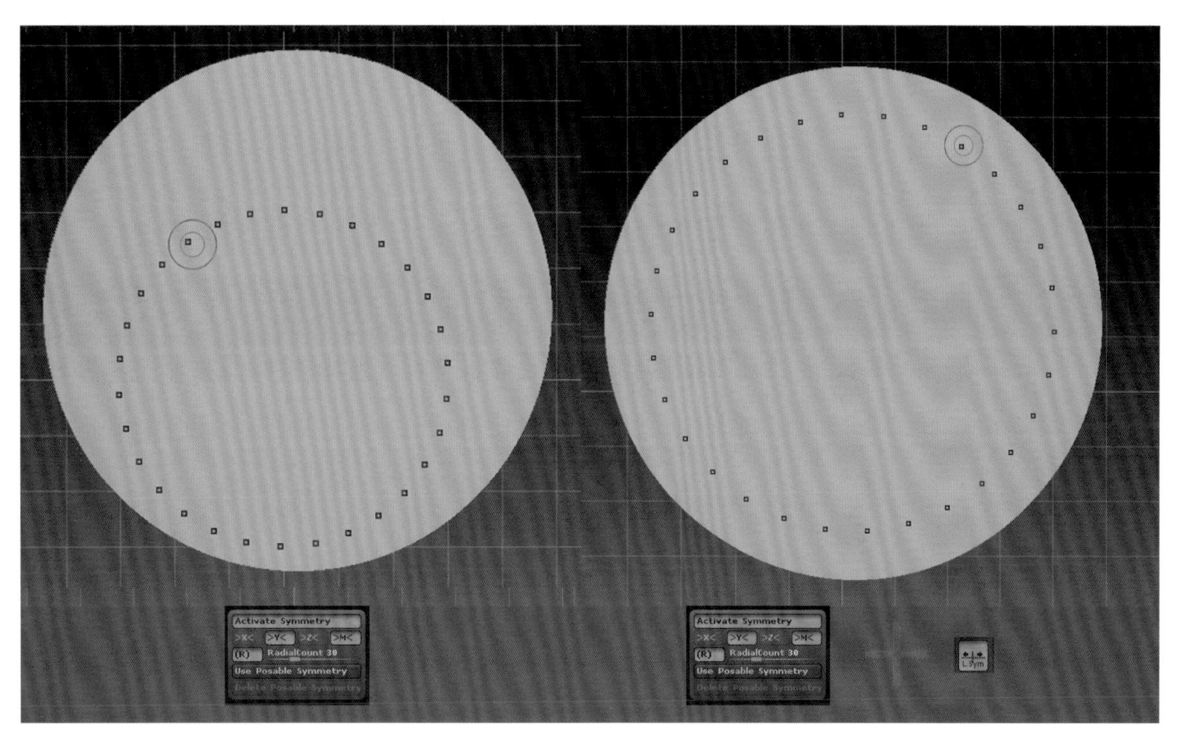


图4-254

4 调出芭蕾舞作品，为角色添加基座。调整基座位置，使角色的脚尖刚好立在水滴上，如图4-255～图4-258所示。优美的女性芭蕾舞者至此全部雕刻完毕。

图4-255

图4-256

图4-257

图4-258

**2. 渲染并输出旋转展台动画**

渲染展台动画时，我们需要应用到Movie菜单下的Turntable按钮，并且需要修改几个重要参数，如图4-259所示。

图4-259

其中Recording FPS控制一秒钟的时间渲染多少帧，默认值为24帧；SpinFrames控制旋转一圈需要多少帧，默认值是36；Spin Cycles的数值是控制渲染多少圈，默认值是5。通过计算可得，按照默认数值，一个旋转展台动画为

36/24×5=7.5s。如果再减去开始和结束时的渐变效果，动画时间就会非常短，所以我们可以通过增加SpinFrames和Spin Cycles的值来增加动画时间。

通过反复测试，得到满意效果之后，单击Turntable按钮进行渲染，然后单击Movie菜单下的Export按钮输出动画，默认输出.Mov格式。在弹出的对话框中可以调节画面质量和压缩类型，本例中渲染的动画可以在视频\第4章女性人体雕刻中找到。

我们的辛勤学习告一段落，恭喜你完成了优美的女性舞者雕刻，现对本章总结如下。

（1）在这一过程中，我们利用ZSketch进行女性大形体的创建，雕刻完静止状态的女性形体，再利用3D-COAT进行重拓扑。这3个步骤可以作为一个阶段——女性形体塑造。

（2）然后，使用Z球链对形体进行绑定，调整姿态，接着进行动态雕刻，这一阶段作为第二个阶段。这一阶段也是关系到最终作品质量的重要阶段，务必参考真正的舞蹈动态，并且根据真人图片进行分析，必要的时候要借助解剖书籍，务必将肌肉形体搞清楚，这样才能雕刻出扎实、出彩的作品。

（3）最后一个阶段就是渲染和输出阶段。在此阶段，只需要调节好参数，控制好画质和时长即可。

这一章节到此结束，下一章我们将对机械战士进行塑造。

# 第 5 章　机械战士

不同的机械体以其硬朗、精密、流线、厚重的感觉形成了不同于生物体的独特美感，同生物体相比，机械体表面光滑规整，各个结构之间契合紧密，而且，为了机械体的各个部分之间的连接以及运动，其上会安装各种螺丝等紧固件，以及连杆或者滑轮之类的传动件，机械体由于其硬朗、利落的特点，更能够成为工业化的代表，所以被广泛地应用到影视、游戏等领域，如图5-1所示。

图5-1

在该书籍第一版的相同章节，我曾经雕刻过一个机械刺客的头像，而当时限于ZBrush在机械雕刻当中有限的技术，所以对机械体雕刻的方法仅限于使用各种切割笔刷及雕刻笔刷，再辅以蒙版及Alpha的技巧，所以制作出的机械刺客还不够精密。而相较于ZBrush4R6，新版的ZBrush4R7在机械及应表面制作当中新增了一整个ZModeler建模套件，使我们制作的自由度及精度直接提升了一个档次。在本章当中，我将带领大家沿着以下3个大模块进行学习，相信学习完本章以后，你也可以创建出一个雄浑有力、精美硬朗的机械战士头像。

1. 创建机械战士粗坯结构；
2. ZModeler+Maya重新制作精密的机械体；
3. 利用蒙版、Alpha及不同笔刷雕刻机械体细节。

## 5.1 雕刻硬表面工具简介

### 5.1.1 常用切割笔刷

在硬表面的雕刻当中，当我们需要对物体进行表面平整，制作出比较严谨的曲面或者平面的时候，我们往往会应用到切割笔刷，而在ZBrush4R7当中，一共有3组切割笔刷，当我们在默认界面的时候，按Ctrl+Shift组合键，会出现SelectRect笔刷，也就是隐藏/显示工具。我们点击SelectRect笔刷，则会出现一系列的扩展笔刷，我们可以在其中发现切割类笔刷。切割类笔刷分为3类，分别是Clip、Slice和Trim，如图5-2所示。我们可以根据需要选择不同的笔刷。

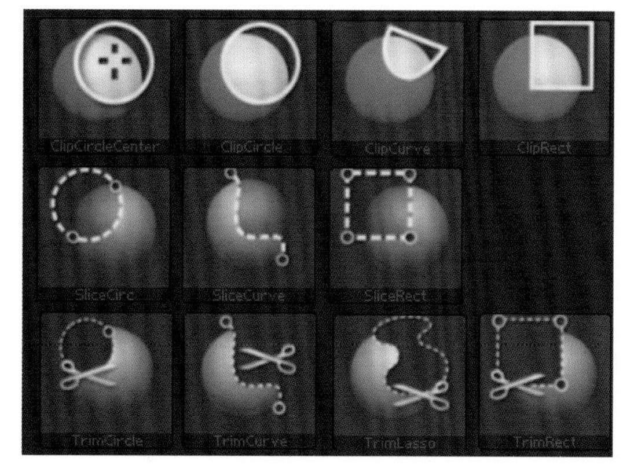


图5-2

现在让我们来了解一下不同分组的切割笔刷的具体功能与使用时的异同点。

首先，Clip、Slic和Trim类型的笔刷使用方式均为按住Ctrl+Shift组合键，然后按鼠标左键，或者使用数位笔，在场景中拖曳出形状或者曲线。若想移动形状或者曲线，则在按住Ctrl+Shift组合键的前提下，再按下空格键。移动到合适的位置以后，如果需要切割或分组，则需要直接松开鼠标左键或者抬起数位笔，则切割的是形状之外或者曲线阴影一侧的部分，如图5-3所示。如果在按住Ctrl+Shift组合键时，再按下Alt键，则切割的是相反的位置，如图5-4所示。

图5-3

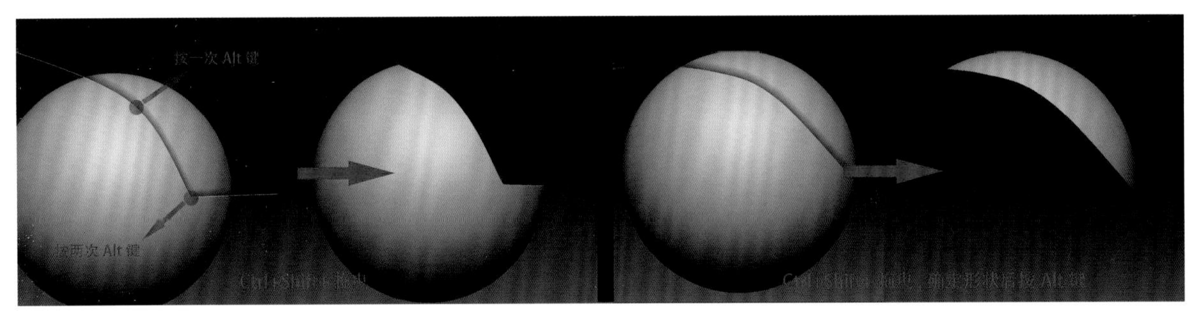


图5-4

Clip类型的笔刷与Trim类型的笔刷相比，是一种假切割笔刷，因为其只能对某些区域的网格进行压平，所以有的时候极容易出现压出一个我们不需要的边界；而Trim笔刷则相当于将某些区域Delete后，又进行了一个Close hole的操作，所以是一种真切割笔刷。两类笔刷的效果如图5-5所示。

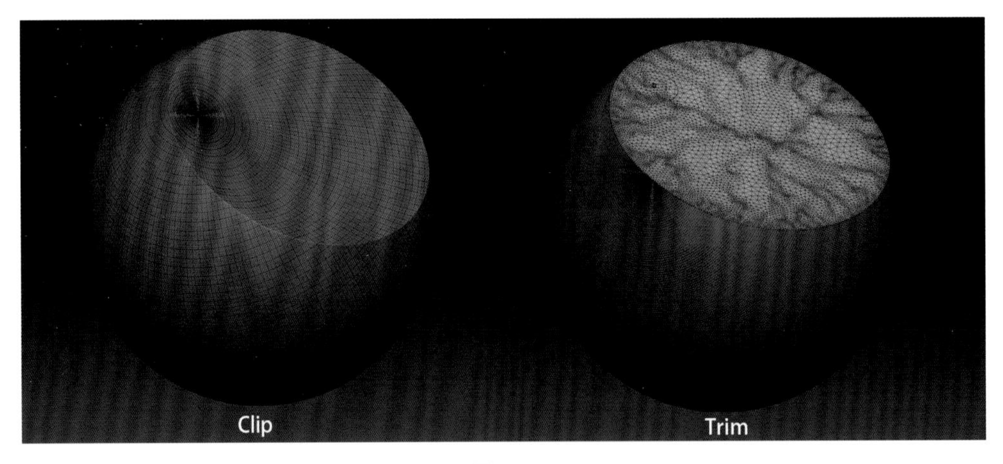


图5-5

Slic类型的笔刷与Trim类型的笔刷相比较而言，只能进行分组而不能进行切割。而Trim笔刷功能就比较全，我们在使用Trim笔刷的时候可以在按住Ctrl+Shift组合键，拉出区域或者曲线的时候，再松开Shift键，此时，Trim类型的笔刷功能就与Slic笔刷一致，都是分组，如图5-6所示。

需要特别注意的是，在这3种类型的笔刷当中，只有Clip笔刷支持对称操作，而且在物体有细分级别的时候仍然可以使用。如果使用其他两种笔刷，需要在雕刻好一面以后，进行Mirror And Weld的操作，如果物体有细分级别，也需要将级别删除。

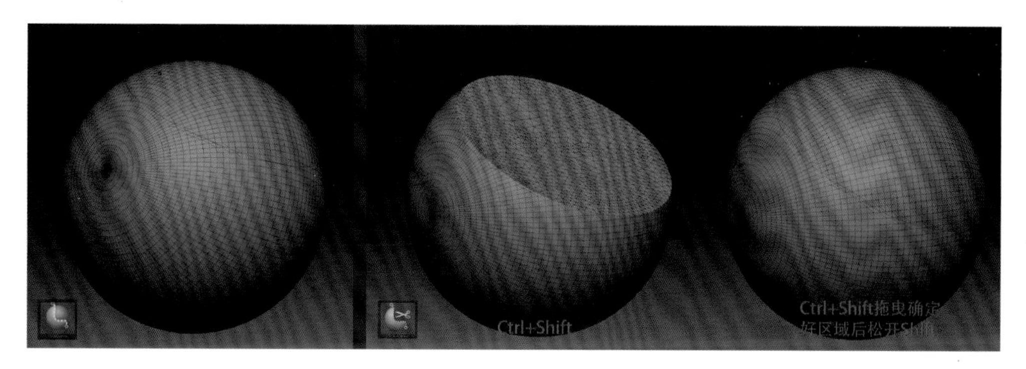


图5-6

## 5.1.2 蒙版的使用技巧

蒙版的使用技巧是雕刻硬表面的过程中必不可少的技巧，灵活的运用蒙版技巧往往使我们的工作事半功倍。按住Ctrl键，点击mask pen笔刷图标，我们可以调出mask笔刷家族，其中在硬表面当中常用的除了MaskPen以外还有MaskCurve和MaskCircle，如图5-7所示（其中MaskCurce的使用方法与切割笔刷相类似，只不过切割笔刷使用的快捷键为Ctrl+Shift组合键，而MaskCurve使用的是Ctrl键）。

通过不同组合可得到适合机械类硬表面的Alpha，然后使用Inflat命令就可以得到凸起或凹陷的结构。如图5-7所示。

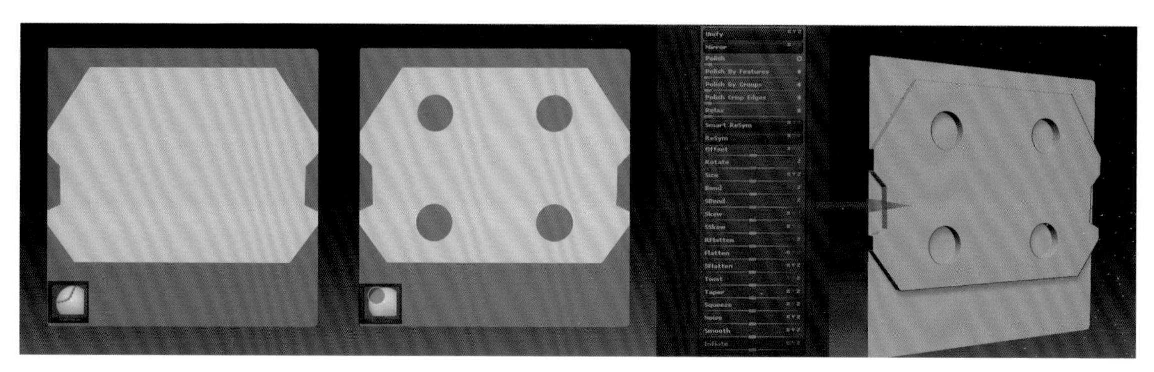

图5-7

在选择MaskPen的前提下，点击Stoke菜单，如图5-8所示进行设置，我们可以把蒙版笔刷设置为直线模式，这样我们就可以使用蒙版绘制不同类型，边缘为直线的蒙版区域，更有利于我们制作符合硬表面特征的结构。

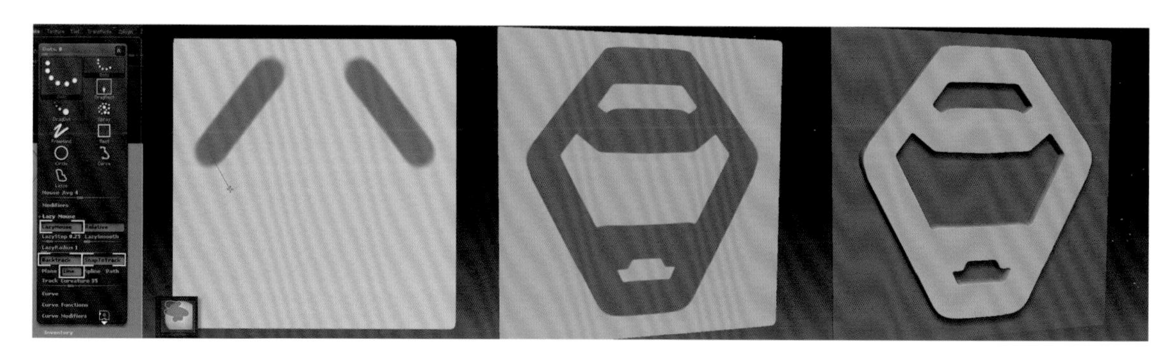

图5-8

## 5.1.3 ZModeler的使用技巧

本章中有相当大的一部分专门介绍ZModeler实战的内容，在此只做简要的提取，将一些常用命令与技巧着重提出，在本章对应的视频文件中大家可以找到ZModeler的基础知识视频。如果需要全面地学习ZModeler基础命令及相应的建模技巧，也可访问腾讯课堂或者搜索大印老师。

在面级别当中QMesh命令是使用频率最高的一个命令，其类似于我们在Maya或者Max当中使用的Extrude命名，但是QMesh命令特有一些功能，例如挖洞、不同比例对齐挤压等，如图5-9和图5-10所示。

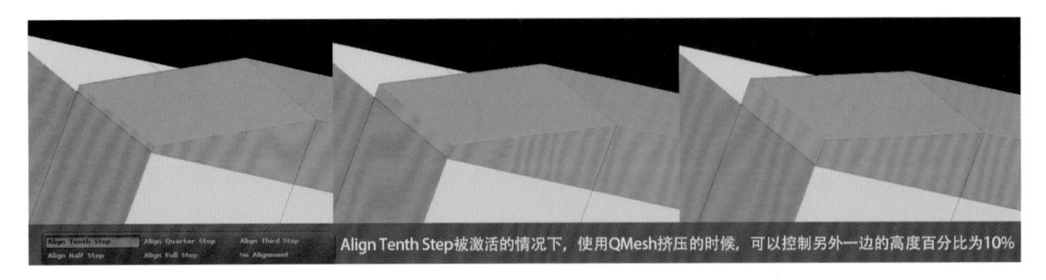


图5-9

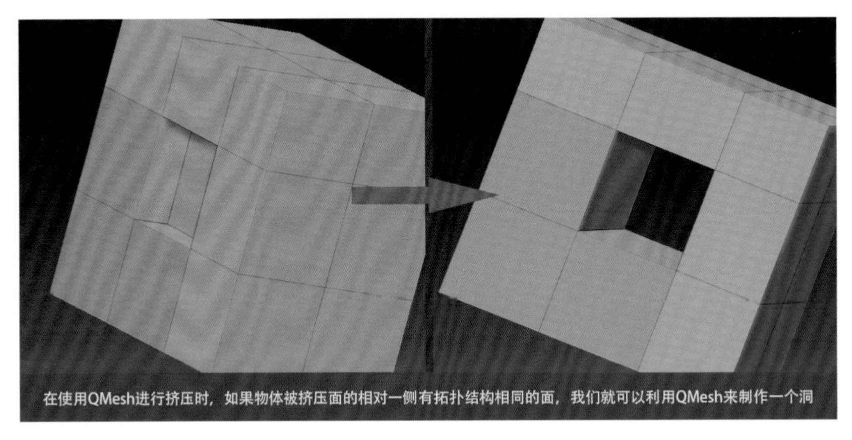


图5-10

Inset命令可以插入面，其对应不同的Modify选项可以得到不同的结果。功能类似于其他三维软件的Inset命令，如图5-11所示。

图5-11

在线级别中，我们经常需要为模型加线，Insert命令可以快速地切割环线。当我们并不想切割一整个环线时，往往需要使用蒙版将不需要添加线的部分进行保护，然后再使用Insert工具进行线的切割，如图5-12所示。

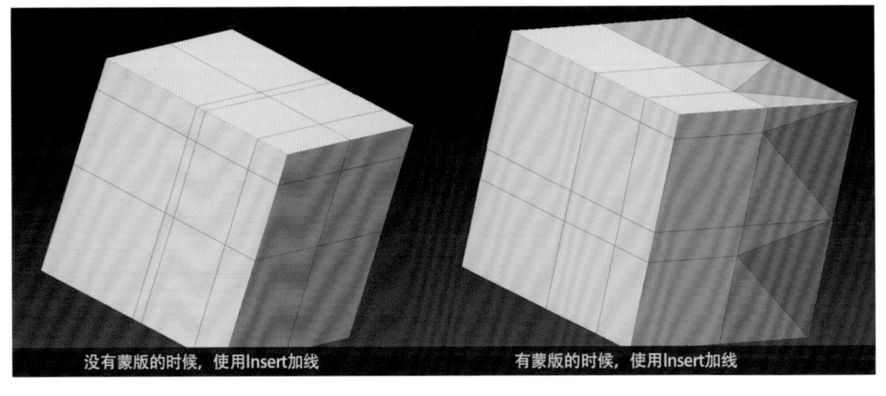


图5-12

如果我们需要切割不同的角度线时，往往需要使用Slice工具来实现，如图5-13所示。

图5-13

对线进行整理的时候，往往会使用到Delete和Collapse命令，这两个命令可以删除多余的对角线或者将一些线进行合并，如图5-14所示。

图5-14

在点级别命令下，有很多非常有用的工具，Split工具可以实现以一个点为圆心，创建出一个圆形的表面。当然这个命令还有不完善的地方，如果周围的面不均匀，并不能产生标准的圆形，在使用Split的时候可以选择使用锁边或者不使用锁边，如图5-15所示。

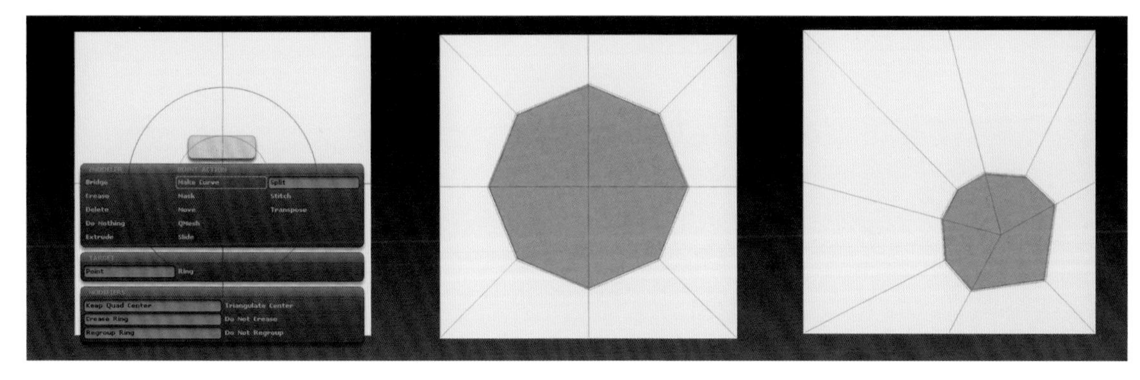

图5-15

综上所述，我们已经简要介绍了制作硬表面机械所需的知识点，现在就让我们进入到塑造机械战士的过程中。

## 5.2 机械体粗坯制作

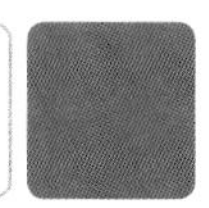

本节我们开始正式学习制作机械战士头像的粗坯部分，粗坯部分使用的工具比较简单，主要是常规笔刷，如Standard、Move、hPolish、Planar和Layer笔刷等。其中hPolish笔刷是常用的使物体表面平滑的笔刷，而Layer笔刷可以在物体表面制作出深浅一致的凹槽或者凸起结构，也是常用的笔刷之一。

## 5.2.1 头部基本粗坯

下面让我们先来分析一下机械战士胸像的构造（我们使用了一张网络上下载的图片作为参考，在此也感谢原画的作者为我提供了良好的思路），只有将造型分析清楚才能做到下手稳、准、快，避免反复修改造成时间的浪费。首先，机械结构分为几个不同的构造，如图5-16所示，红色的部分为头部，包含面部、头冠、后脑及一些附属的配件；从头部向下，蓝色的部分是粗壮的颈部，颈部结构较为复杂，分为不同的穿插结构及各种管线零件，需要进行仔细的塑造；黄色的部分是一个半封闭的护领结构，保护颈部的一些零件部分；在肩部、手臂运动轴的上方覆盖着厚实的块状护肩，护肩将前胸铠甲和后背铠甲连在一起。即使这些结构并不会全部做出来，但由于各个结构之间的穿插、接合及覆盖，也有必要将大部分的结构进行分析。

图5-16

现在我们从一个球体开始进行塑造。在这个大型的阶段，我们主要使用Move笔刷对形体进行移动，首先制作出面部和后脑，然后在顶部的位置绘制蒙版，按W键拖出滑杆，然后进行移动，如图5-17所示。

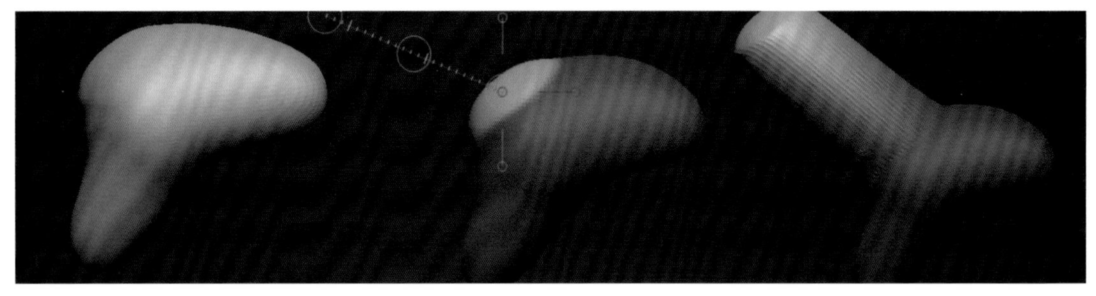

图5-17

移动后网格发生拉伸，单击动态网格，然后使用Smooth笔刷对其进行网格的平滑，如图5-18所示。

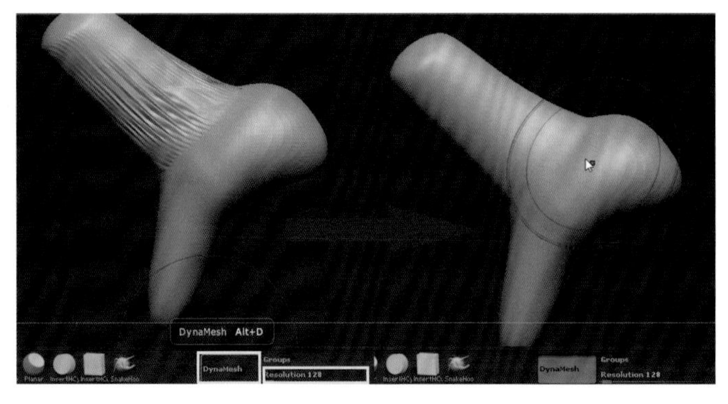


图5-18

使用切割工具将头冠的部分进行切割，然后使用hPolish笔刷对于头冠侧面进行抛光，并且对头冠根部进行过渡处理，使头冠跟头部主题连接得较为自然，如图5-19所示。

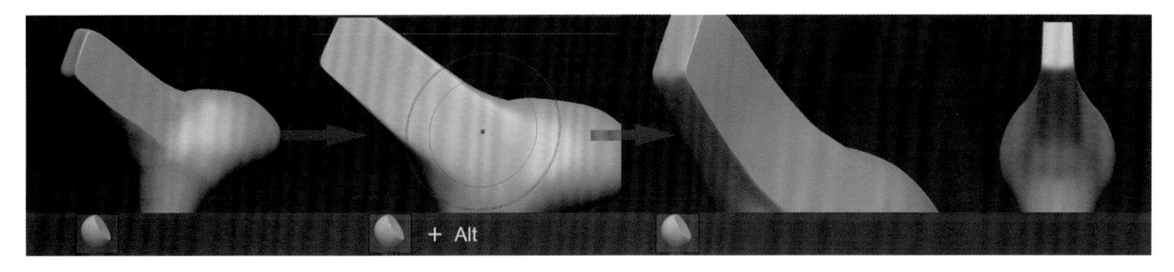


图5-19

接下来同样使用hPolish笔刷对头部侧面顶面及后面和底部进行同样的处理，初步完成的粗坯如图5-20所示。

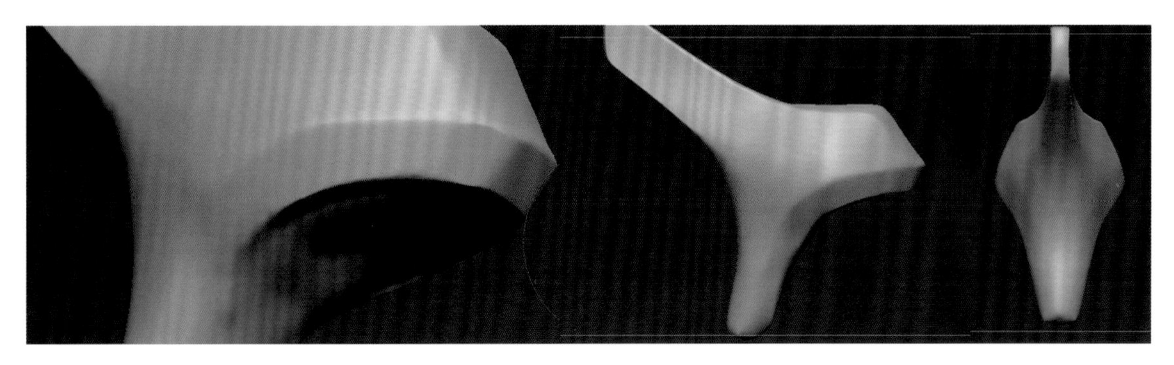

图5-20

现在继续雕刻粗坯结构。首先使用Dam_Standard，按住Alt键，从头部的正面开始将头部正面的中间部分向外拉起，然后使用hPolish笔刷修整局部，如图5-21所示。

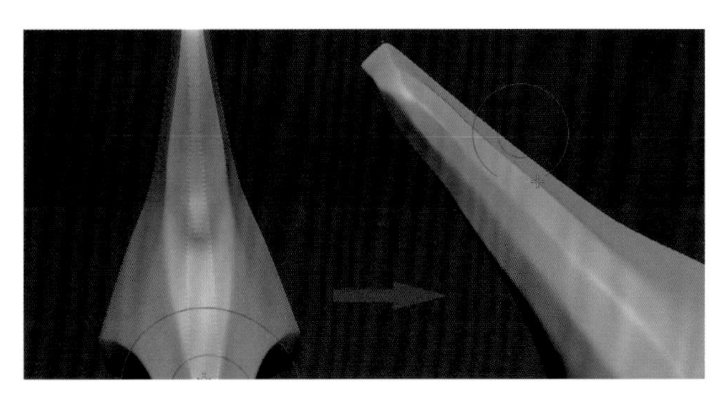

图5-21

对头冠的部分再进行切割，增加头部顶面的厚度，并且在两侧雕刻出倒角的形体，如图5-22所示。

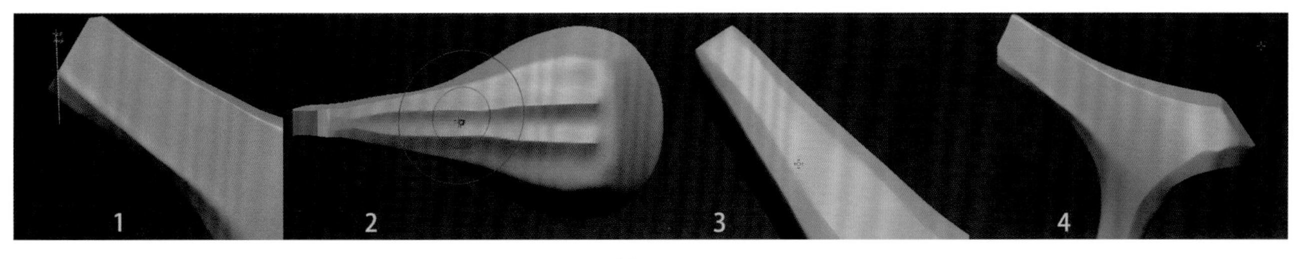


图5-22

为了在头部增加附加的结构，我们将在以后频繁地使用笔刷，使用的笔刷主要有两种，即InsertHCube以及InsertHCylinder笔刷。现在分别插入方体和圆柱，我们使用InsertHCube笔刷在头冠和头部接合的上部区域插入一个方体，并且对这个方体进行移动、旋转和缩放的编辑，最终效果如图5-23所示。

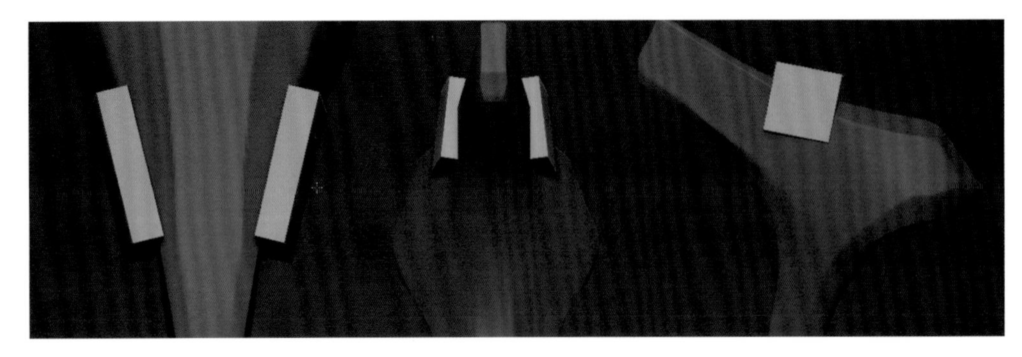

图5-23

插入完成后，在不取消蒙版的情况下，对方体的边缘进行平滑处理和切割处理，如图5-24所示。

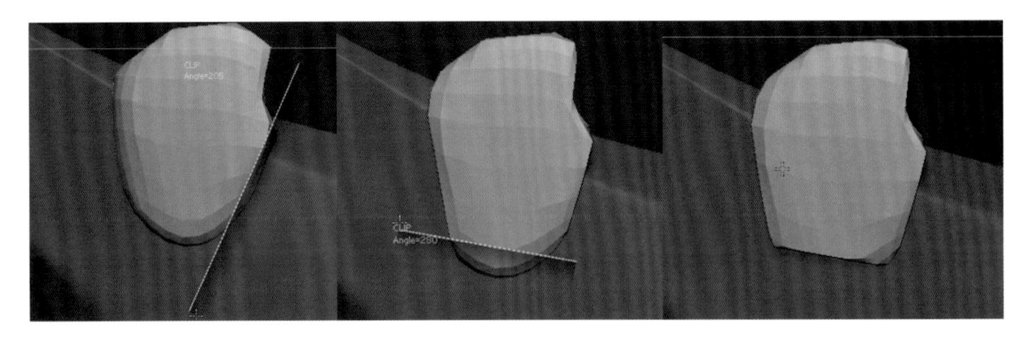

图5-24

切割结束后，对整个头部应用动态网格，并使用hPolish笔刷进行形体的修整，制作出这个结构的倒角部分，如图5-25所示。

图5-25

接下来，我们来制作头顶部的凹陷结构，将来需要在这个凹槽当中放入一些机械构件，按住Ctrl键切换为蒙版笔刷，然后我们在头顶绘制需要制作凹槽的区域。对物体进行反向蒙版后，切换至Move工具，向下拖曳，形成凹槽，如图2-25所示。

图5-26

现在，使用Dam_Standard工具分割头冠和面部，依次将面部的不同区域进行蒙版。然后使用Inflate工具，将面部进行挤压，再对面部进行抛光，增强其块面和转折形体，如图5-27所示。

使用Dam_Standard分割嘴部和下颌之间的形体，使机械粗坯结构分明，如图5-28所示。

图5-27

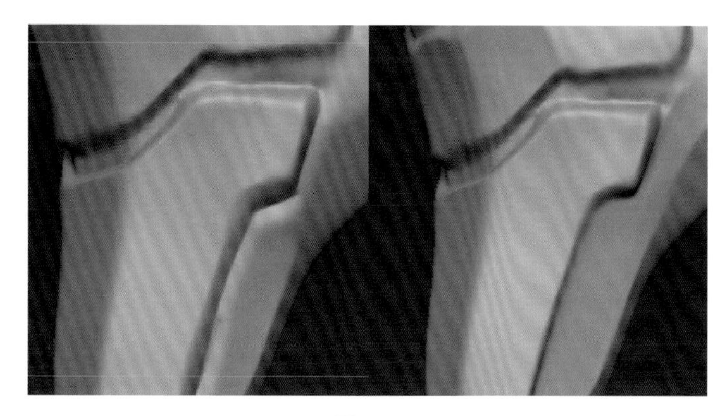

图5-28

在结构塑造的过程中，我们会经常使用一个技法，即按住Alt键的同时使用Dam_Standard笔刷沿某条楞线进行结构强化，因为该笔刷比普通的Standard笔刷更加锐利，适合制作机械部件的槽线和楞线。在头冠和面部接合的部分，我们需要塑造方块状结构，这个方块状结构向上托起头冠，向下插入面部上方，如图5-29所示。

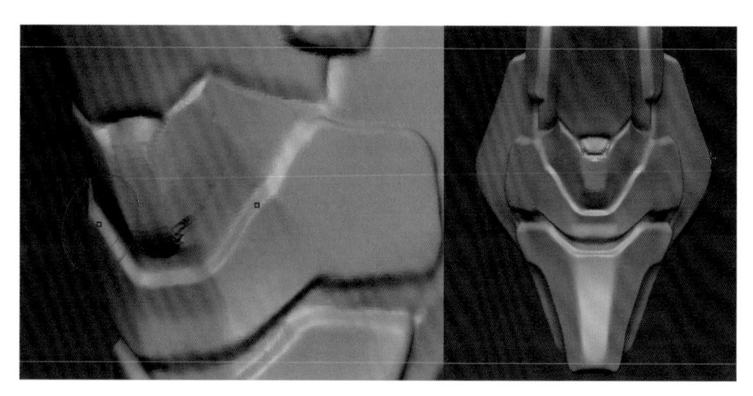

图5-29

这一阶段制作完的粗坯结构如图5-30所示。

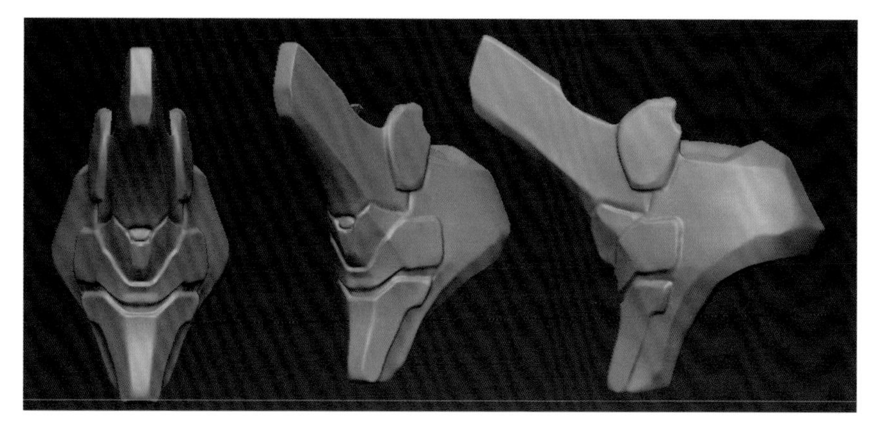

图5-30

## 5.2.2 头部侧面和后面的挡板粗坯

机械头部的侧面和后脑部分被矩形的金属板保护，因此这个地方适合用InsertHCube工具进行制作。在头部的侧面，我们插入一个Cube，然后按下W键切换到移动工具后，对Cube进行调整，如图5-31所示。

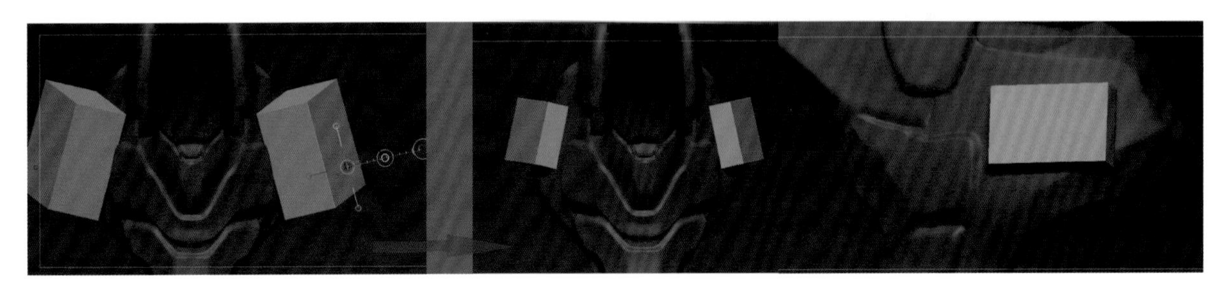

图5-31

将Cube的部分面进行隐藏，将底部显示的面沿其法线方向进行移动，然后将形体前部的大部分面进行隐藏，对后端的部分面沿其法线方向进行移动，得到的形体如图5-32所示。

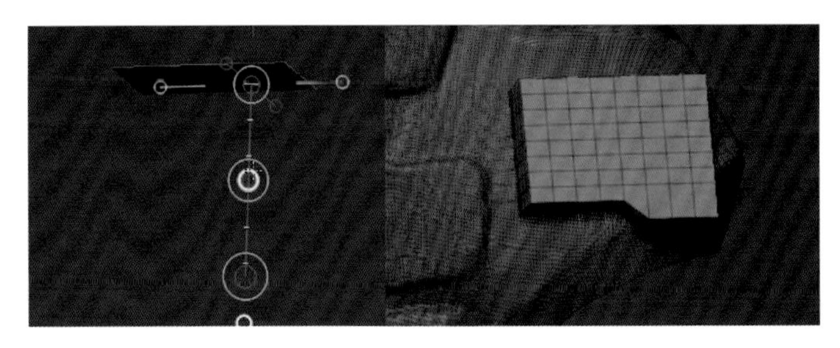

图5-32

对侧面的挡板再进行一些方向和厚度的微调，同时调节头部的形体，使二者更加匹配，如图5-33所示。

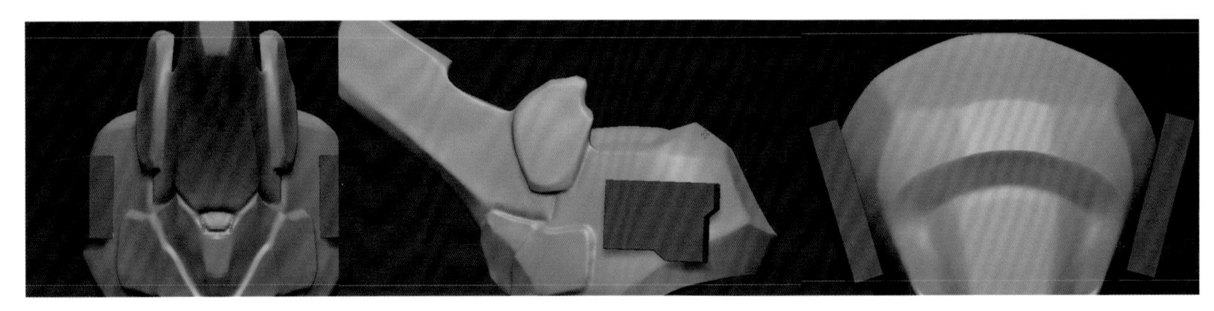

图5-33

对头部再一次应用动态网格以后，我们继续向下制作后挡板的部分，制作方法同侧面挡板基本一致，在此不再赘述，制作完成后的结构如图5-34所示。

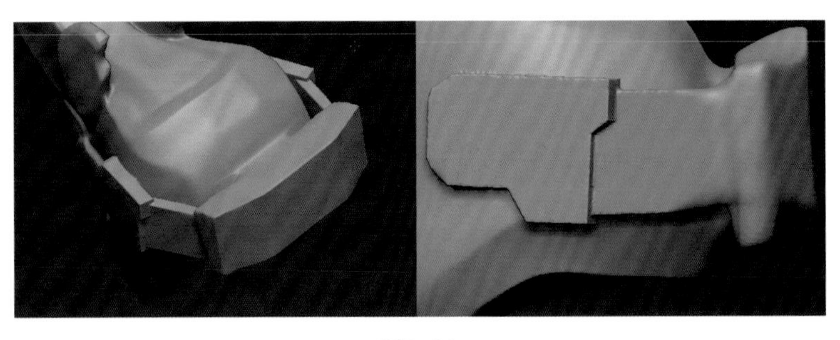

图5-34

将挡板的中间部分进行蒙版，反选后使用Inflate将中间部分向内挤压，这样带有外围凸边的部分就已经做完了，如图5-35所示。

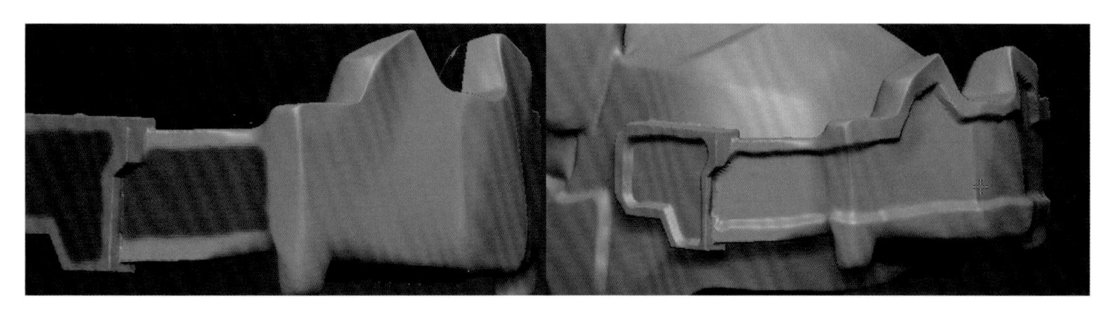

图5-35

### 5.2.3 挡板下侧管线粗坯

现在我们的挡板同后脑部分完全连接在一起了，而我们还需要制作从头顶部经由后脑和挡板空隙穿过的机械结构，所以我们需要打通后脑与后挡板之间的结构。选择InsertHCube，按住Alt键，在后脑和挡板的结合部插入一个Cube，经过调整，我们让Cube整体穿过后脑与挡板的接合部。然后对整个头部应用动态网格，如图5-36所示。

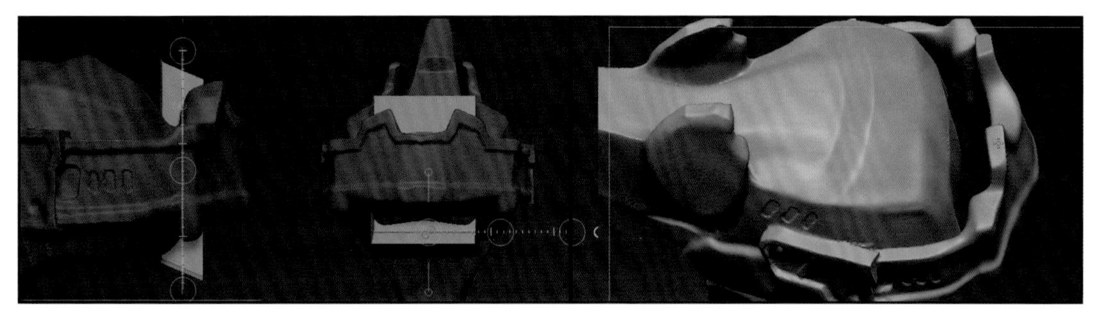

图5-36

在面部的上方，使用Dam_Standard制作结构分割线，该结构分割线在我们使用ZModeler笔刷来制作细节时有很好的定位作用，如图5-37所示。

图5-37

另外，我们使用Dam_Standard及Layer笔刷，在面部的侧面进行细节的添加，如图5-38所示。

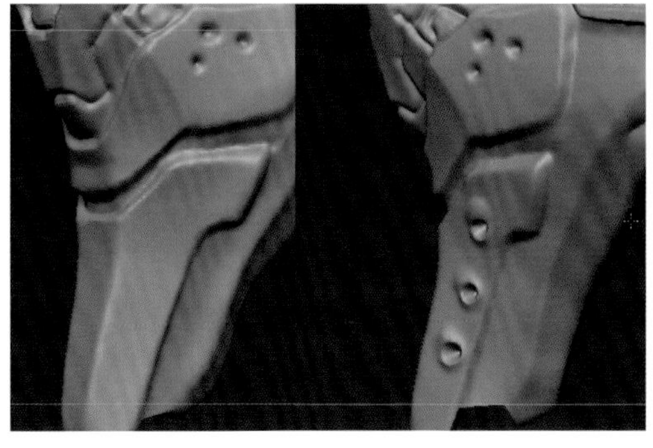

图5-38

在面部的后方及头部的下方，我们使用Clay笔刷进行结构的平整，并且为下颌和头部底部的部分添加分隔线，如图5-39所示。

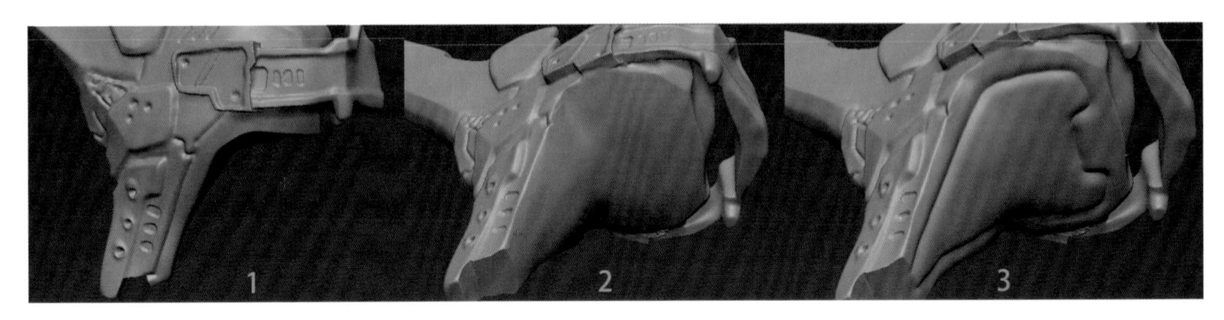


图5-39

在侧面挡板和面罩之间雕刻出凹陷的部分，增加结构的层次关系。从侧面及底部观察，使用Trim笔刷将凹陷的部分进行平整，这样我们就得到了更多的层次，使机械的结构感更强，如图5-40所示。

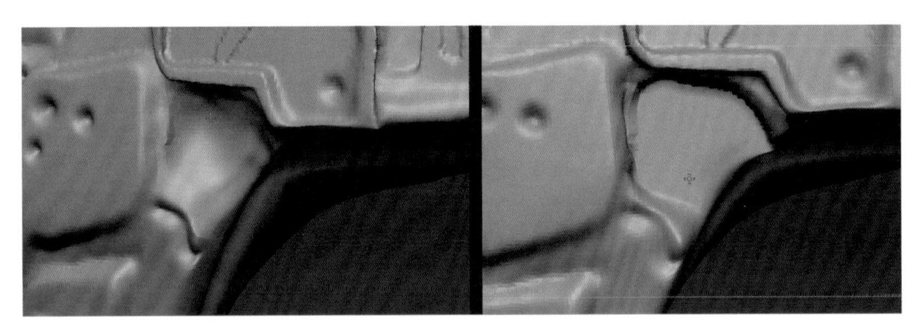

图5-40

在头部的底部、侧面挡板的下面，利用Clay笔刷切出一个凹槽，这样未来有更多的空间可以进行结构的制作，如图5-41所示。

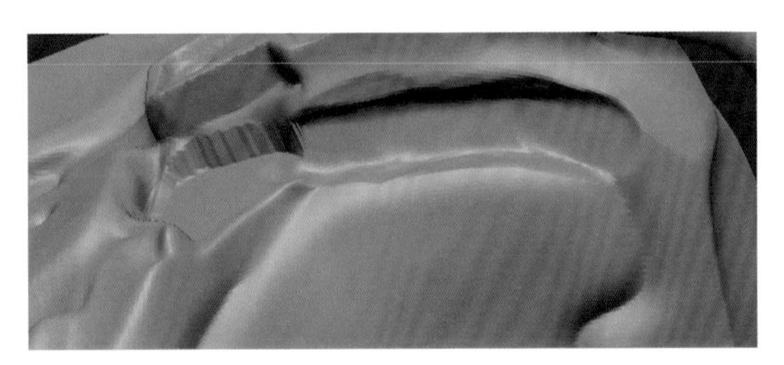

图5-41

同时在类似于耳朵的部分，使用插入笔刷插入一个Cube，调整动态网格，按住Alt键，通过插入一个较小的Cube并应用动态网格来制作一个凹槽，在凹槽内插入圆柱体，最后的效果如图5-42所示。

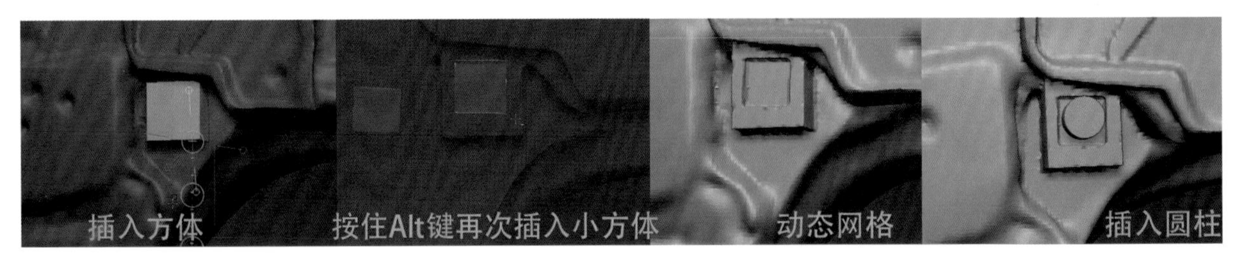


图5-42

从类似耳朵的位置，使用CurveTube拉出一条管线，调整一下管线的粗细，单击一下空白处，确定管线的形态，为了能让管线能够跟机械体紧密地接合，在头部的地方插入一个圆柱体，作为管线的接口，如图5-43所示。

用制作第一根管线相同的方法来制作第2根和第3根管线。

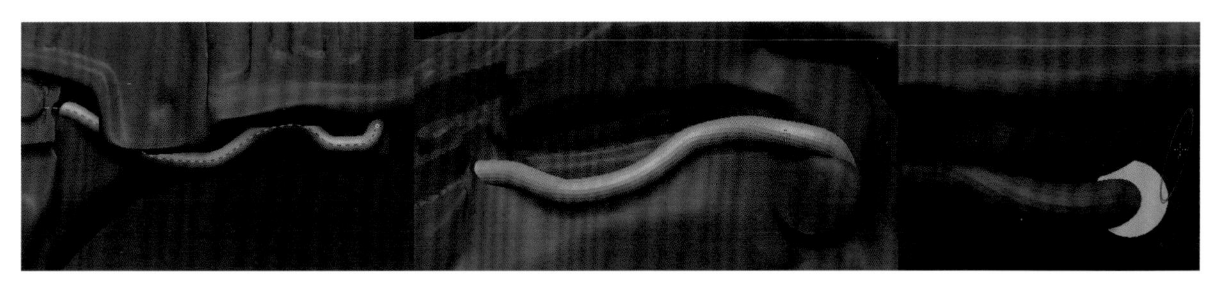

图5-43

## 5.2.4 制作分隔线，细化结构

本小节我们使用分隔线来使机械体的结构和细节更加丰富。首先，使用Dam_Standard笔刷对头冠侧面进行分隔线操作和细节的刻画，一方面我们需要比对原画；另一方面，我们也要理解分隔线的作用，比如在两个结构之间进行形态的丰富，或者对两个结构的边界进行界定，这样有利于我们在细化的时候能够准确和快捷。

在面罩上部，从侧面和前面两个方面进行观察，既要使分割线丰富形体，又不能将大块形体割裂，如图5-44所示。

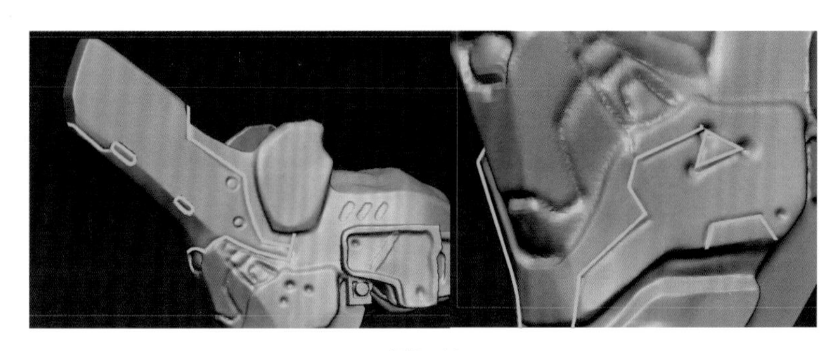

图5-44

在面罩的后方，使用蒙版工具绘制出流线型区域，将此区域做成一个凹槽，增加面罩的立体层次感，并且使用Layer笔刷在后方平坦的结构上制作出3个凹槽，这3个部位也是重要的结构，为机械体添加了更加丰富的细节，如图5-45所示。

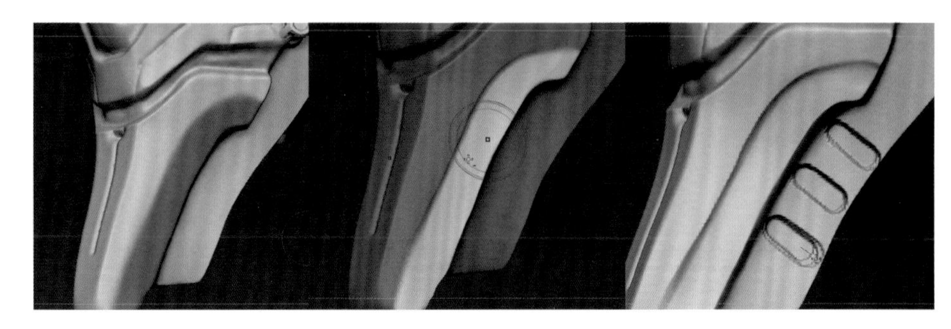

图5-45

利用CurveTube工具在凹槽内添加圆柱形结构，如图5-46所示。

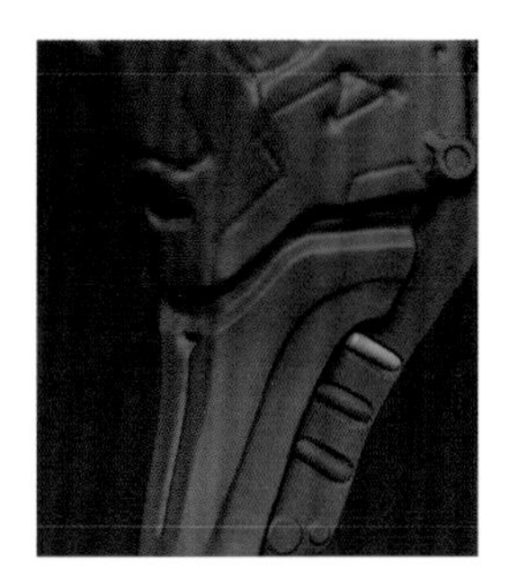

图5-46

回到头冠的部分，使用切割工具在头冠顶部切割出方形的凹槽，利用凹槽的形态添加头冠顶部的分隔线，在分隔线所划定的区域使用蒙版进行绘制，反选后利用移动工具对此区域进行移动，制作出漂亮的凹陷，如图5-47所示。

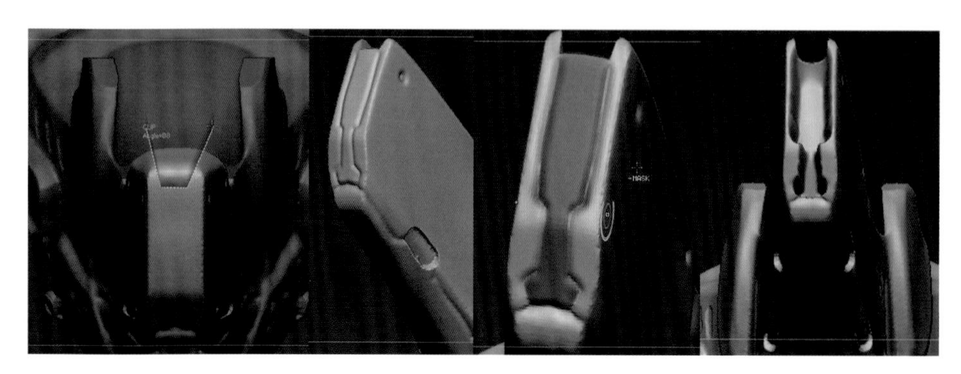

图5-47

头部两侧的叶片状结构上，通过插入笔刷制作出一个凸起的圆环状结构，其制作顺序是先制作圆柱状凹槽，再连续制作圆环状形体，在叶片的外围部分添加分割线，最终效果如图5-48所示。

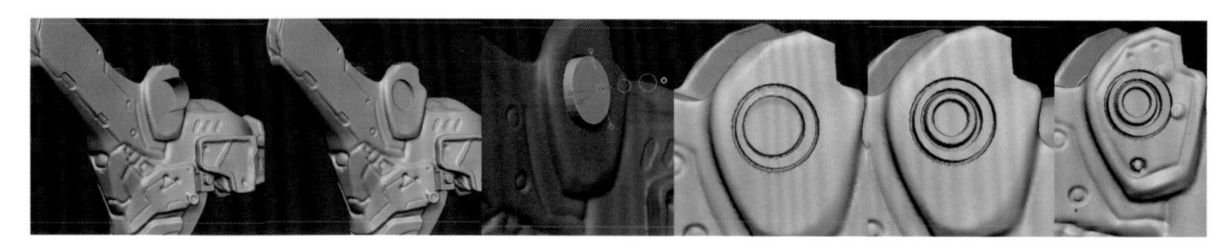

图5-48

在机械体类似下颌的部分，制作出一个弧形的凹陷，在凹陷内部插入圆柱体结构，如图5-49所示。

图5-49

现阶段的整个造型如图5-50所示。

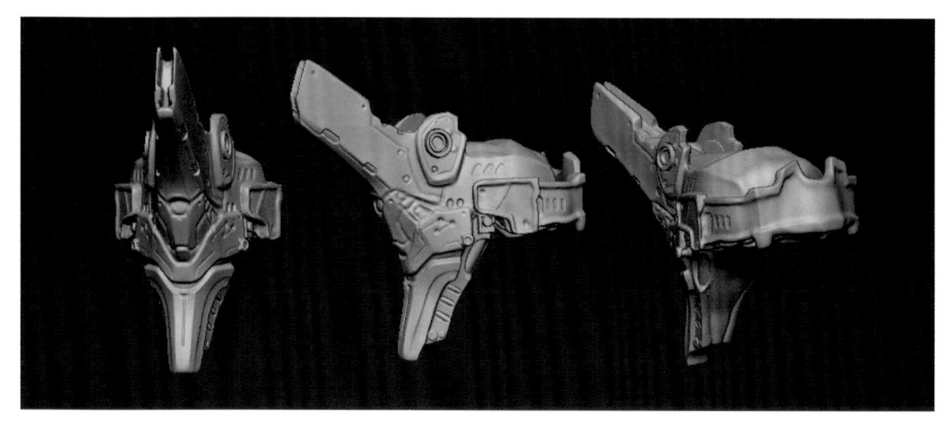

图5-50

## 5.2.5 制作顶部结构

在设定当中，有一个方形加圆柱形的结构，从顶部一直延伸至后脑，本节我们就来制作这个位置的粗坯。

将视角转到顶部的位置，我们在未来需要放置机械构件的地方挖一个槽，在槽内插入一个圆柱体，从侧面和顶面分别观察其位置，要让其与头冠的部分和叶片的部分保持不同的角度，调整好位置后应用动态网格，在圆柱体的末端位置使用Layer笔刷配合圆形的Alpha进行细化，最终效果如图5-51所示。

图5-51

下面利用Shadowbox来进行顶部其他位置的造型，按Ctrl+Shift+D组合键复制头部模型，然后单击ShadowBox按钮，取消蒙版后，将ShadowBox移至合适的位置，并且调整其大小，如图5-52所示。

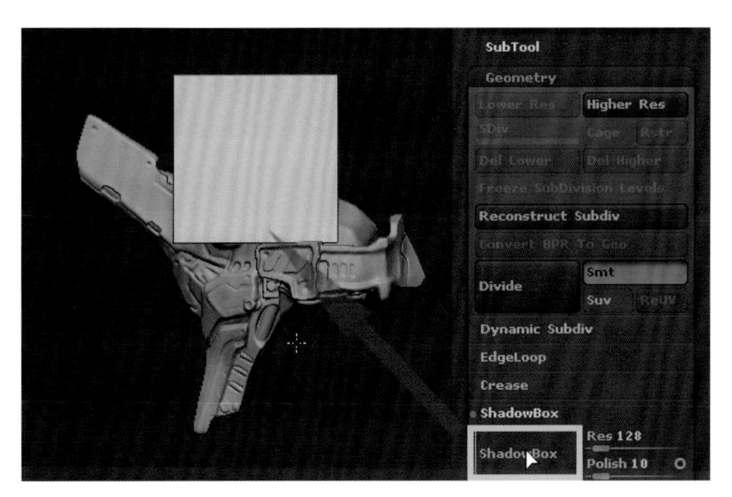


图5-52

开启透明显示，在ShadowBox上绘制出特定的形状，通过不断调整蒙版绘制的形状，我们就可以快速地得到我们想要的立体结构，如图5-53所示。

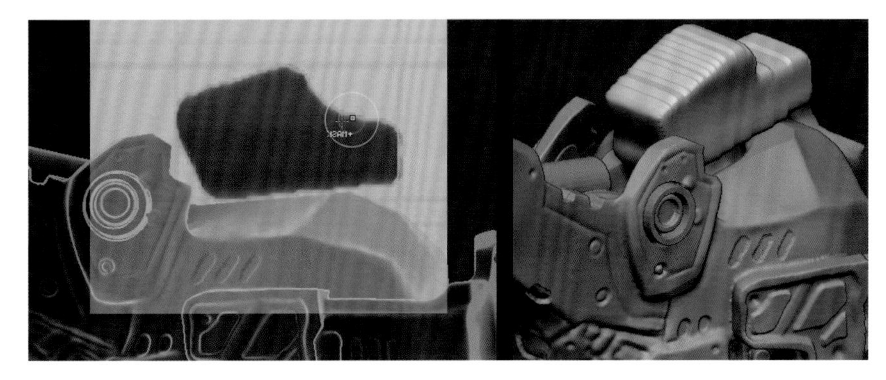

图5-53

基本确定了物体形状之后，我们回到Geometry的面板，再次单击ShadowBox就得到了想要的几何体形状，非常方便。接下来，平滑物体后，我们对这个构件进行切割，最终得到了一个平整的块状结构，如图5-54所示。

在这个块状结构的中间，我们利用蒙版及Inflate对此处进行处理，生成了一个凹槽状结构，如图5-55所示。

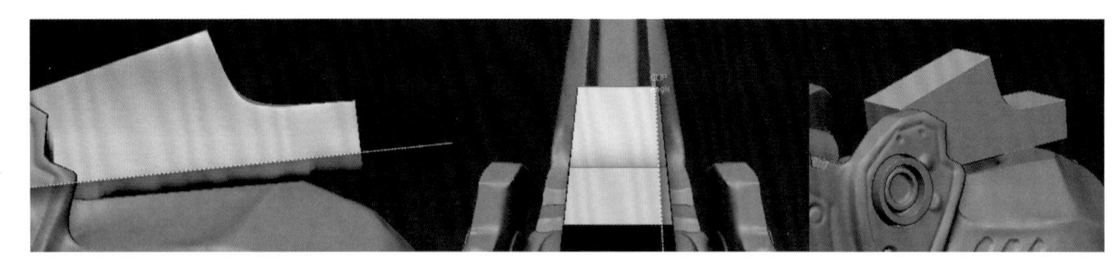

图5-54

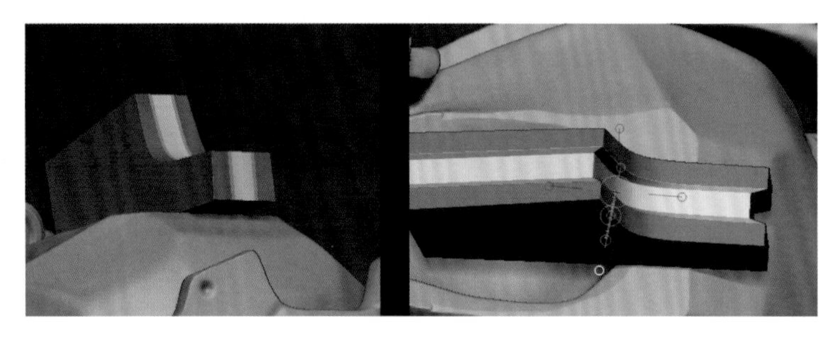

图5-55

复制这个构件，对复制体进行调整，然后将其放置在原来构件的侧面，对其进行动态网格的融合，最终得到如图5-56所示的形体。

图5-56

接下来，在方形构件的前面分别插入方体和圆柱体，并插入代表关节的横向圆柱体，最终将方形构件与早先制作的圆柱体构件进行连接，如图5-57所示。

图5-57

调整顶部方形结构的比例，在粗坯阶段比例非常重要，如果比例不对，将直接影响到后续的细化，而且有可能使后续的细化工作无法进行。调整好以后，在后方的面上依次插入圆柱体和方体，在此处我们要做的是连杆状结构，不用纠结连杆是方形的还是圆形的，我们只需要将整体形态迅速地制作出来，制作完的连杆结构的局部如图5-58所示。

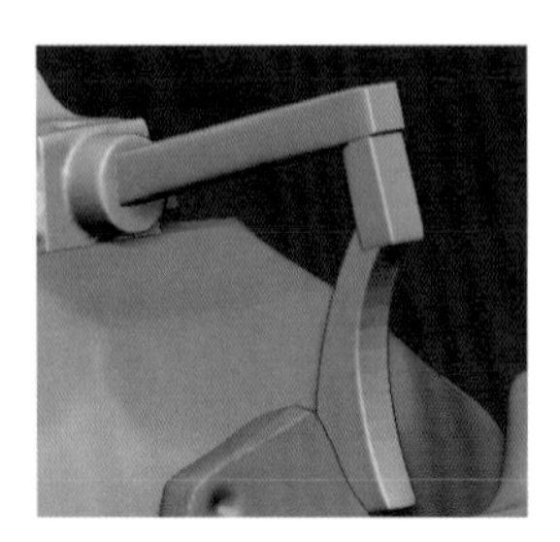

图5-58

为了在连杆的关节处做出标示性结构，我们用SliceCurve笔刷在连杆的关节处进行切割，切割后对关节处进行Smooth操作即可得到清晰的边界，如图5-59所示。

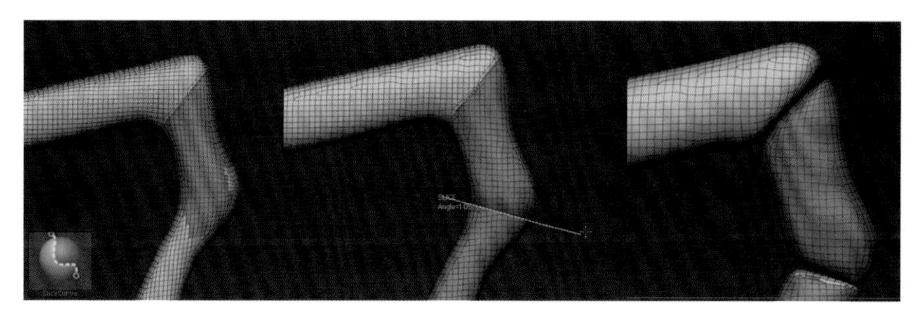

图5-59

在关节处再依次插入圆柱体，作为关节旋转的轴，如图5-60所示。

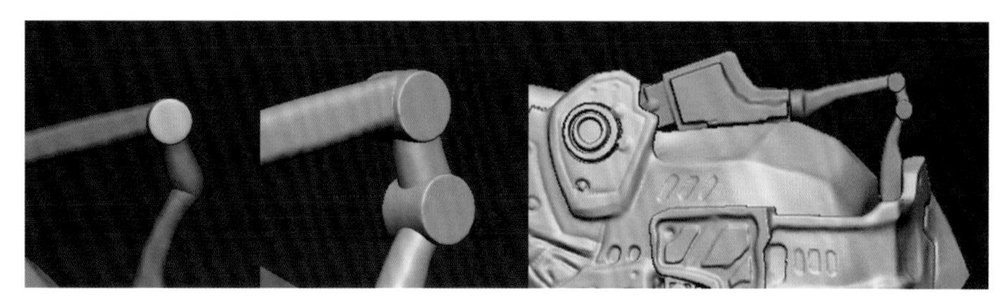

图5-60

## 5.2.6 制作头颈部液压杆及管线粗坯

### 1. 制作头颈部液压杆

首先，在SubTool当中加入一个球体，然后使用移动工具大致调整脖颈部粗坯的形状，颈部跟头部的连接部分需要调整得较为粗壮，在与下颌配合的地方要注意未来的连接，从耳部以下向颈部雕刻出类似胸锁乳突肌的形状，从各个角度观察颈部与头部的配合关系，在颈部的前端，即人类锁骨头的位置，使用蒙版进行反向保护后，将此区域拉出，制作出一个长圆柱状结构，作为未来和前胸护甲的连接，调整后如图5-61所示。

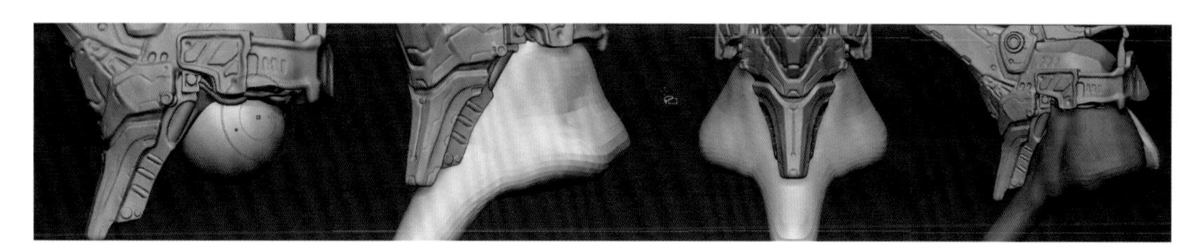

图5-61

对粗坯应用动态网格，然后使用hPolish对胸锁乳突肌、肩部和后面凸起的机械结构进行平整操作，使其显得更加刚硬，如图5-62所示。

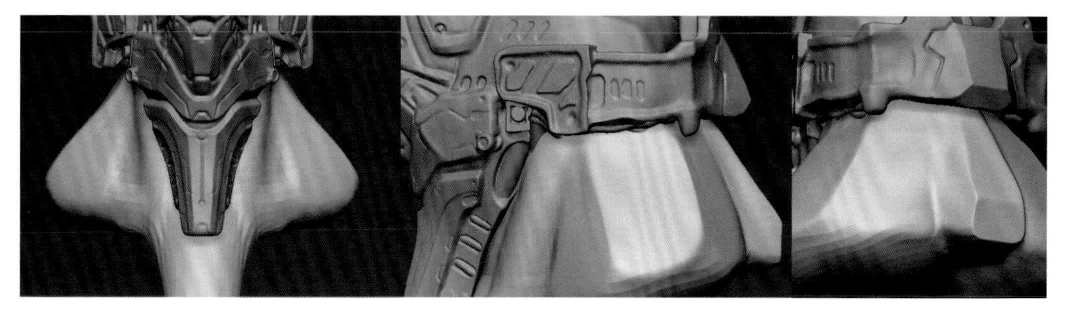

图5-62

在这一阶段，为了避免头底部零件、管线与颈部产生互相的穿插，除了调整颈部外，我们也需要适当地从底部观察并调整头部的一些结构，如图5-63所示。

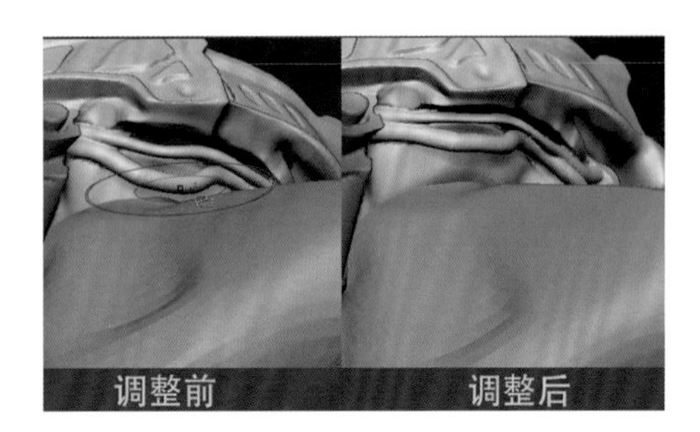


图5-63

为了制作出未来连接颈肩部的管线，我们需要在头部的底部做出接合的部分。首先利用移动工具，配合蒙版向下拖曳出结构，然后在此结构上插入圆柱体，如图5-64所示。

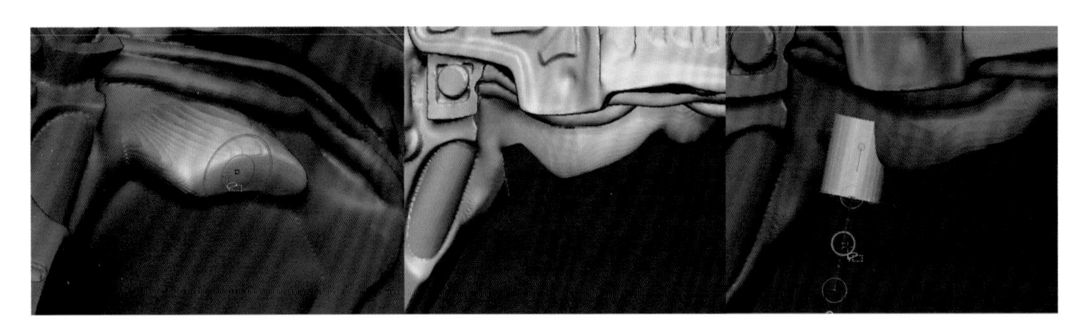

图5-64

复制此圆柱体，做出三个连成一排的结构，然后应用动态网格，在圆柱体底部继续插入圆柱，做出管线连接时卡扣的位置，制作完的结构如图5-65所示。

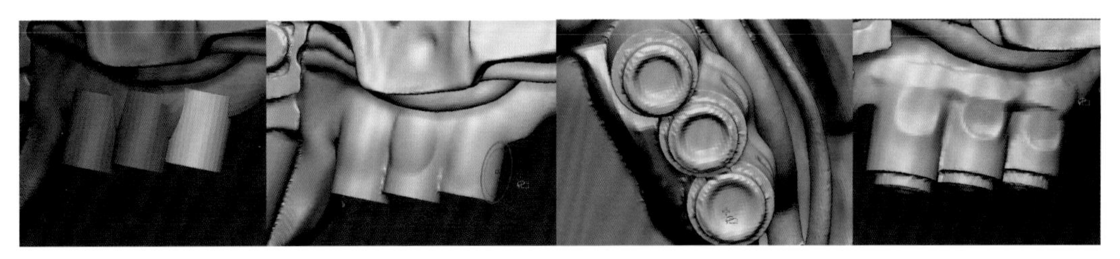

图5-65

在后脑机壳的位置，使用移动工具并配合蒙版保护，拖曳出一个凸起的结构，此结构也是未来与颈部结构相连接的部分，接着我们对此结构进行切割处理，最终处理完的效果如图5-66所示。

图5-66

在颈部贴近下颌的部分，我们需要制作两个液压杆类型的结构，贴在下颌的两侧。首先，我们先要制作液压杆连接头部的部分，上节课我们制作了管线连接的位置，我们在此位置的前面使用蒙版工具提取出一块形状，然后对其进行

Relax，接着用切割工具进行初步切割后对其进行平整操作，平整后的效果如图5-67所示。

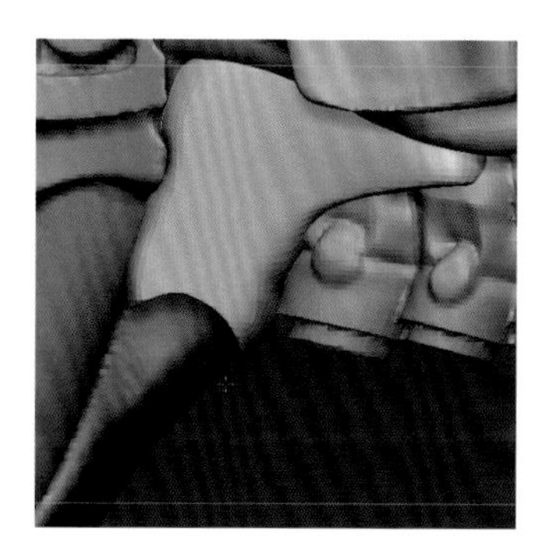

图5-67

在这块结构的侧面，我们再次插入一个圆柱体，这个时候是在做一个复合结构，动态网格后使用Dam_Standard对此结构进行细节雕刻，最后的效果如图5-68所示。

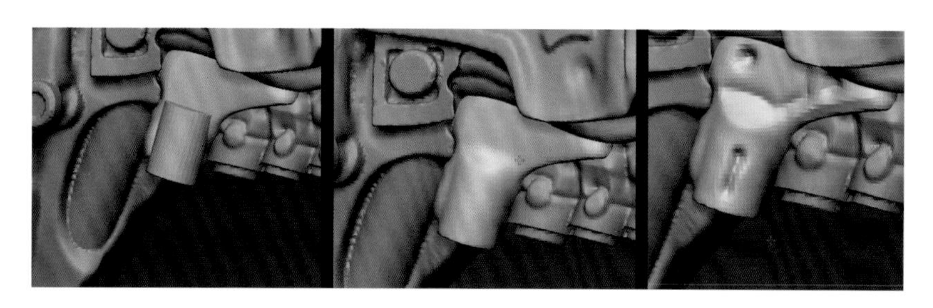

图5-68

添加一个较长的圆柱体，我们可以按下W键，使用移动工具对柱体结构进行调整，然后使其在正面和侧面均贴合于面罩和下颌部分，最终调整的形态如图5-69所示。

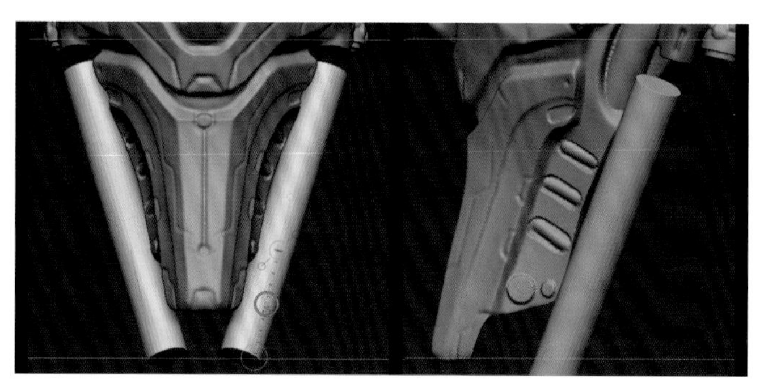

图5-69

现在，增加液压杆的结构。首先，我们用SliceCurve笔刷来进行切割，按下Ctrl+Shift组合键，鼠标单击最细的组将其单独显示，单击GroupsLoops命令插入组，对此组应用Inflat命令将其缩小，这样就在液压杆上增加了一个结构，如图5-70所示。

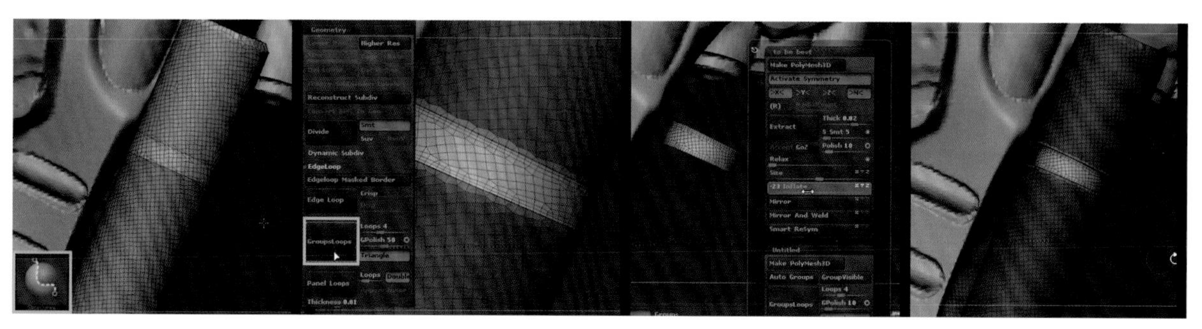


图5-70

在液压杆的顶部插入圆柱体，此圆柱体是作为液压杆跟头部的连接部分，在此圆柱体的横截面上再插入一个圆柱体作为未来旋转的关节，如图5-71所示。

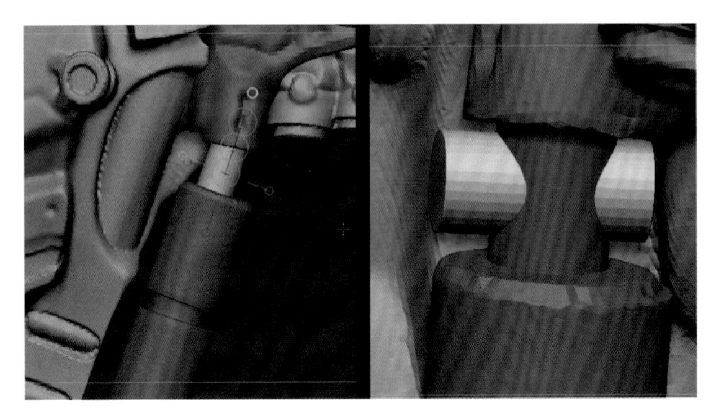

图5-71

应用动态网格以后，对液压杆进行细化，最终效果如图5-72所示。

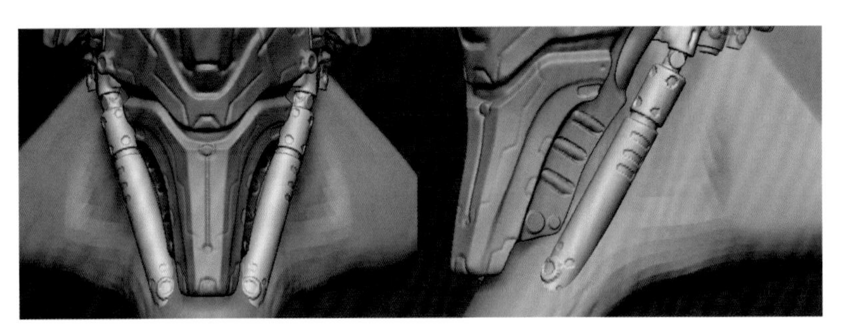

图5-72

现在，在SubTool面板当中显示出肩颈部的粗坯，观察其与头部及液压连杆之间的关系，在肩部与头部接合的部分雕刻出结构连接构件的预留空间，这样我们才能在未来制作细节的时候保留出足够的空间，如图5-73所示。

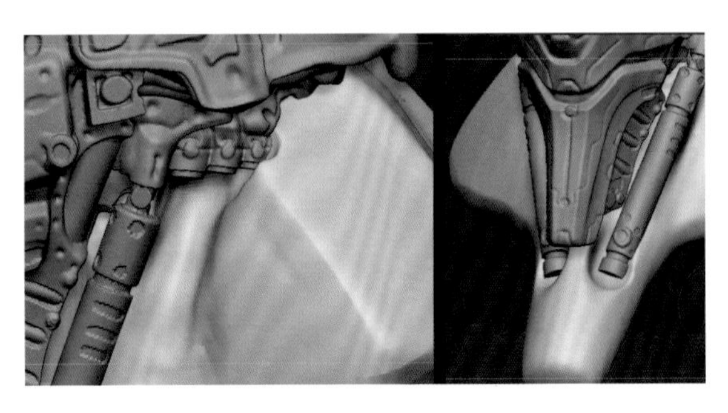

图5-73

在后背的部分挖一些槽，一方面增加结构的美感，另一方面也是作为与后脑机壳相配合的机械结构，如图5-74所示。

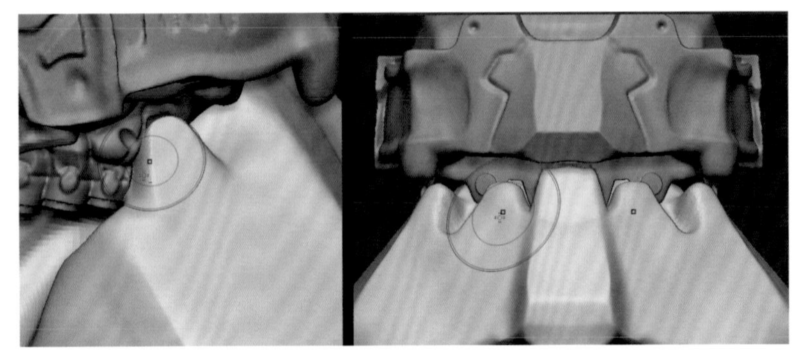

图5-74

### 2. 制作管线粗坯

在面罩的底部，需要制作出与颈部前面关节的连接结构，同样使用插入圆柱体的方法来制作。首先，利用插入笔刷及动态网格命令，制作出液压杆的连接部分，然后制作出较长的液压杆，一直将其插入到膨大的关节处，单独显示液压杆后对其进行切割及细化，最终液压连杆的结构如图5-75所示。

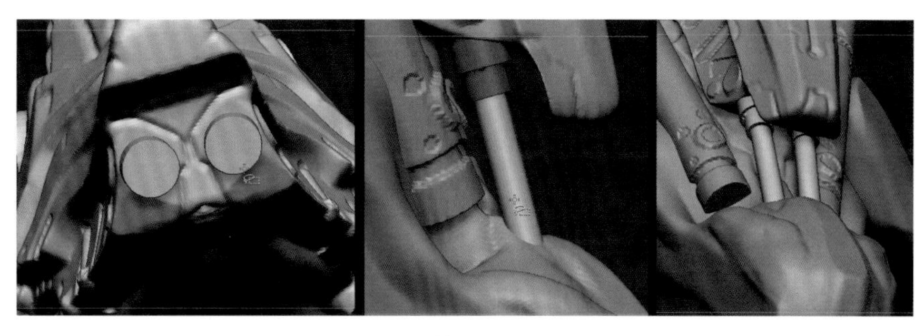

图5-75

选择肩颈部的粗坯结构，在肩部的肩窝处进行雕刻，塑造出一个较深的凹陷，未来我们会在这个部位制作出一些零件和连杆等，同时使用hPolish对粗坯结构进行整体的平整操作，如图5-76所示。

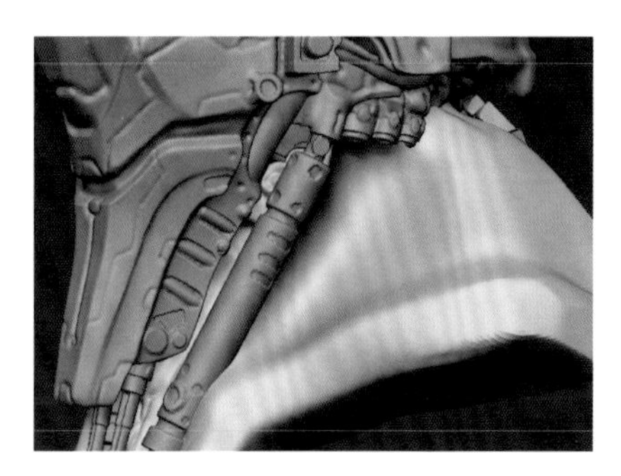

图5-76

选择肩颈部的粗坯结构，在肩部前侧切割出三个凹槽，然后在凹槽之间的结构当中插入三个圆柱体，作为管线连接的结构，如图5-77所示。

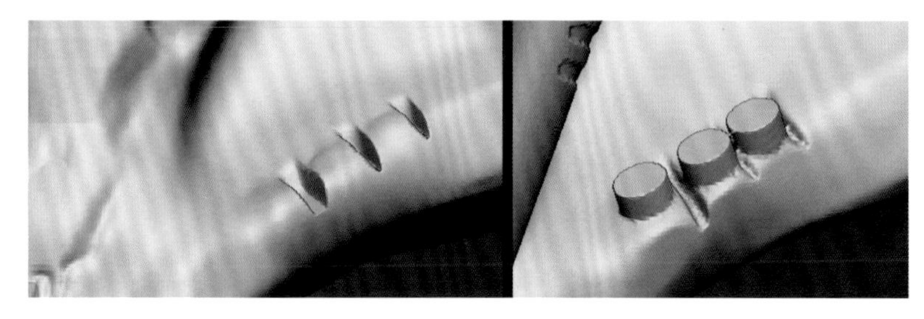

图5-77

使用Curve Tube笔刷，从头部的管线连接处至肩部的管线连接处进行绘制，注意调整曲线的形状，绘制及调整完成后单击空白处确定形体，最后我们得到了如图5-78所示的管线结构。

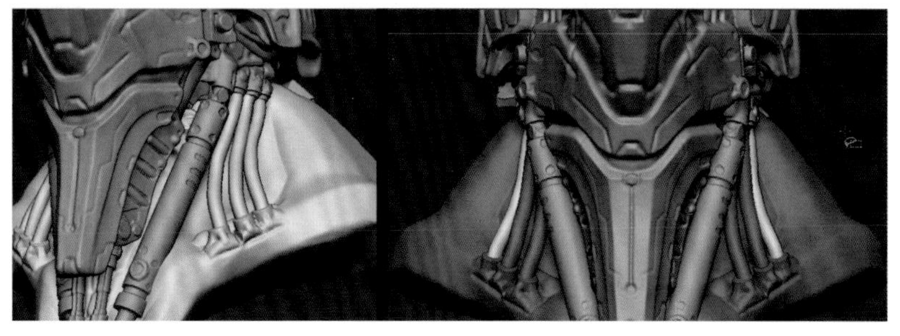

图5-78

## 5.2.7 制作肩窝内零件粗坯

在对肩颈部结构进行部分细化以后，我们将关注的重点放在肩窝的凹槽部分，使用Dam_Standard进行区域的分割，如图5-79所示。

在肩窝部分的结构上，使用移动工具配合蒙版的操作，制作出一个凹陷的结构，这样使肩部的结构更加有层次，如图5-80所示。

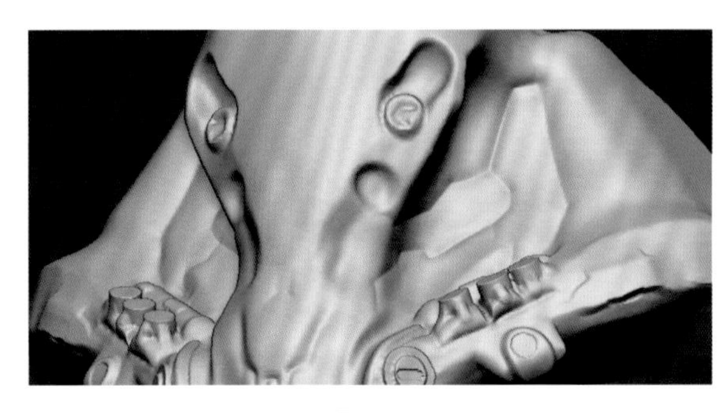
图5-79

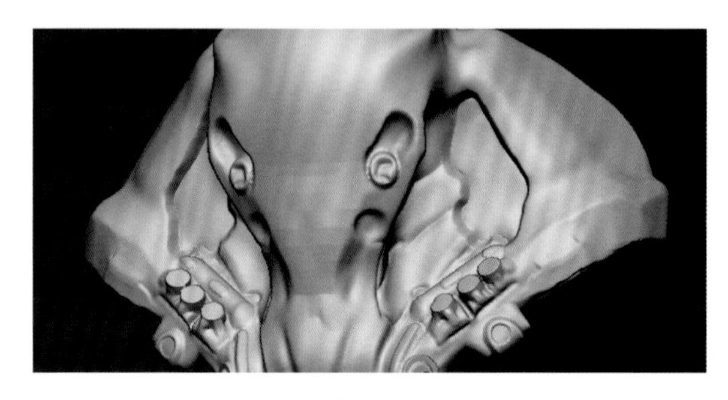
图5-80

在凹槽的内部开始放置零件，零件基本是使用插入笔刷进行制作的，使用基本的几何体，如圆柱、球体等，在这里不再一一赘述。需要注意的是，我们在颈部需要制作出交叉的结构部分，这样可以让机械体有更好的层次和变化，因此我们在肩窝处需要做出一些弯曲的管线，如图5-81所示。

有一些结构是从颈前部开始一直连接至肩窝的部分，这个部分一般使用液压杆的结构方式，首先强化颈部凸起的部分，如图5-82所示。

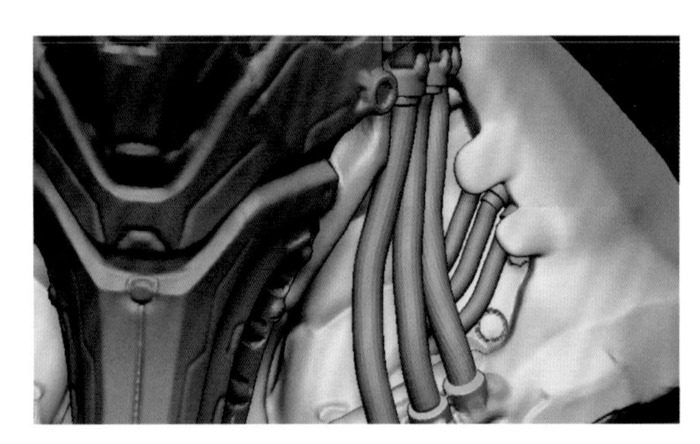
图5-81

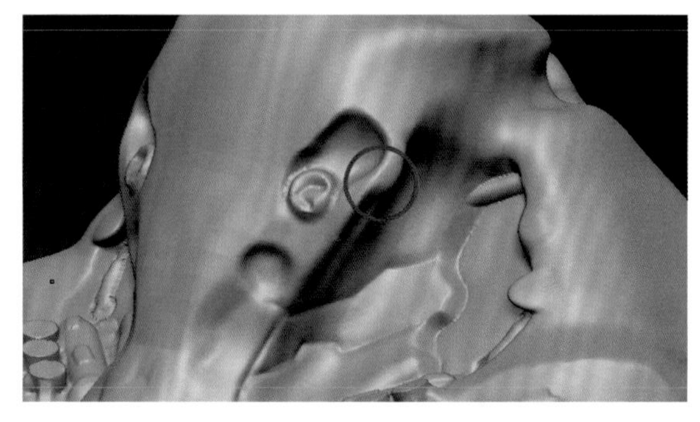
图5-82

在凸起的部分向下顺延插入圆柱体，如图5-83所示。

然后在连杆的末端插入球形关节，在球形关节处再插入3个球体作为二级关节，最终结构如图5-84所示。

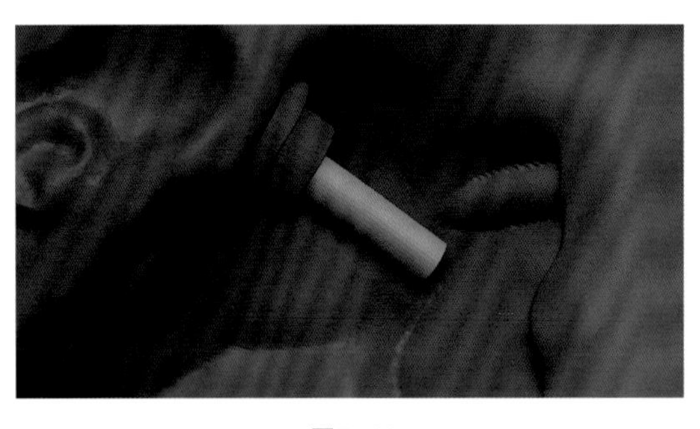
图5-83

图5-84

我们将其他部分进行全部显示，如图5-85所示，可以看到机械零件结构的穿插和层叠的表现为整个形体增加了细节和层次。

在肩窝凹陷的顶端部位利用圆柱体做一个管线连接的基座，这个基座未来连接的是3个管线，因此我们需要在这个圆柱体上做三个凹槽，如图5-86所示。

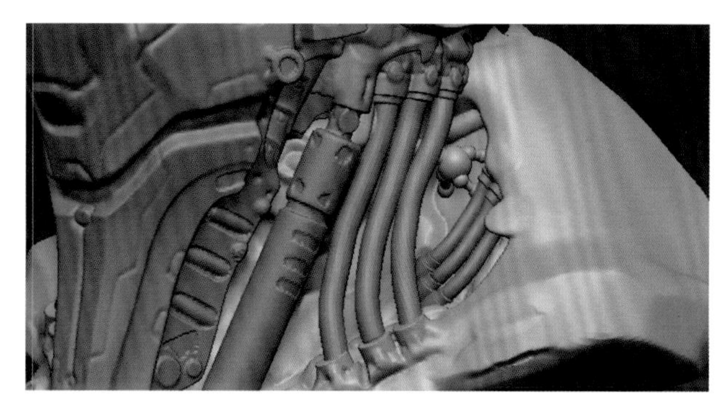

图5-85

在基座的对面插入一个球体，这个球体也作为3条管线在颈部的连接端，使用Curve Tube笔刷制作管线，从球体连接至管线基座，如图5-87所示。

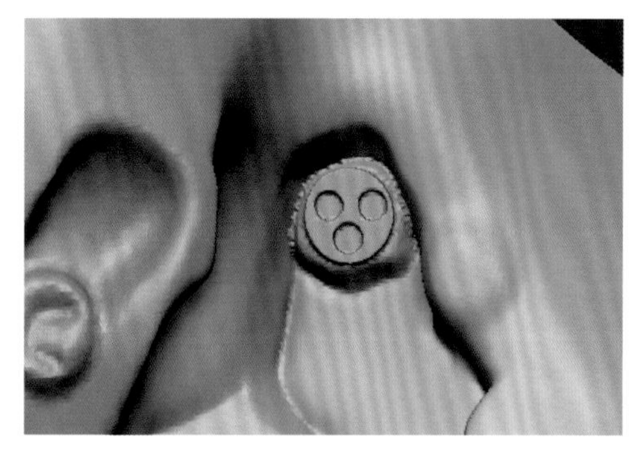

图5-86

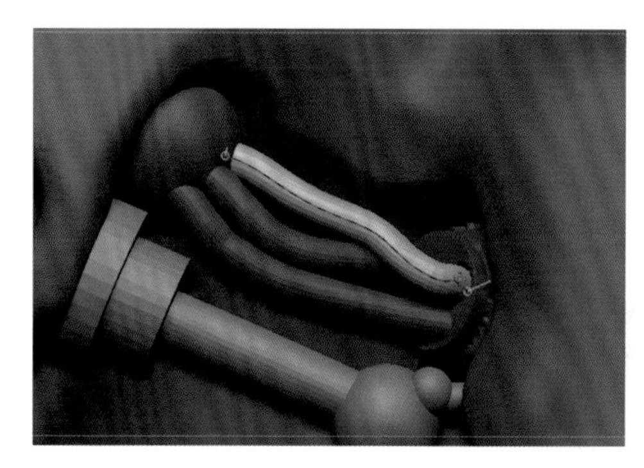

图5-87

在肩窝处的零件中，除上面的基座可用动态网格与肩部粗坯连接在一起外，其他的构件均是独立存在的，便于未来进行精细化处理和修改。

在肩部的前端，我们用一块钢板为其加固，在肩部沿着肩窝的外缘绘制蒙版，提取后对此形状进行切割处理，效果如图5-88所示。

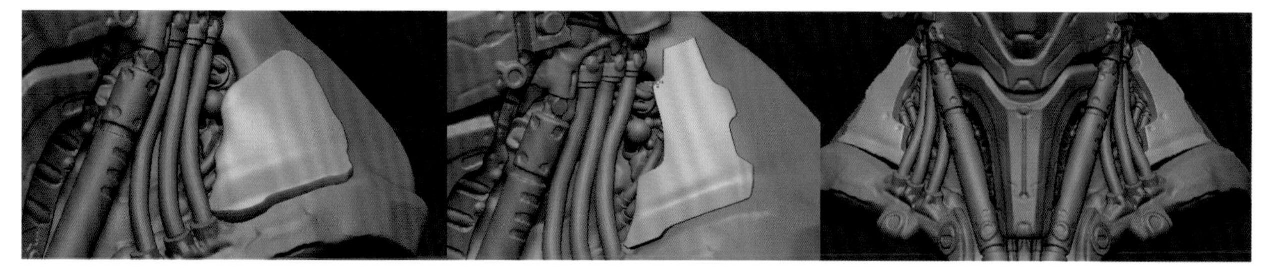

图5-88

肩窝外侧的凹陷部分我们已在上一节中制作了若干的零件，肩窝的内侧与外侧不同，我们不需要制作结构精密的连杆或者管线，我们只需要制作出比较厚实的钢板以及铆钉等，沿着以前做的结构线使用蒙版对此区域进行反向选择，然后利用移动工具做出一定的厚度，钢板结构如图5-89所示。

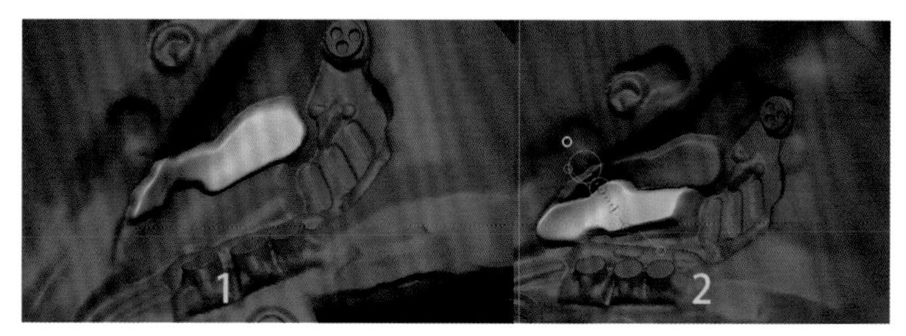


图5-89

将其他结构显示出来以后，我们将新制作的钢板结构进行调整，另外将此形体的外缘调整成一个半圆形，然后在其上斜向插入圆柱体，注意此圆柱体结构需填补前部管线和后面钢板当中的空隙，而且不能与其他的零件有穿插关系，如图5-90所示。

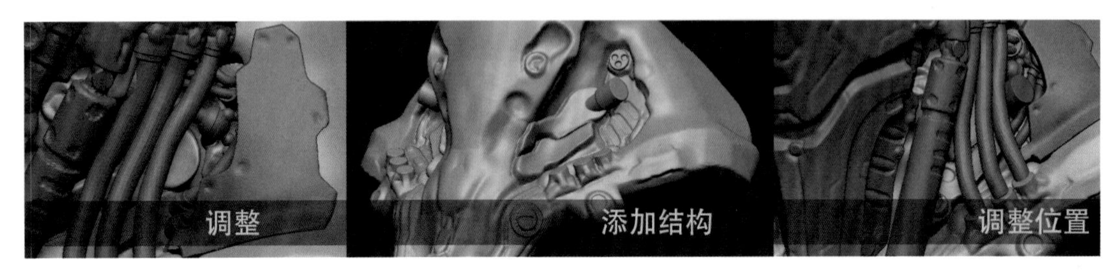


图5-90

开启Activate Edit Opacity（透明显示）。在显示其他零件的情况下，增加内部钢板处的结构细节，如图5-91所示。在下颌底部，我们也可以增加一些紧固的构件，使结构变得非常紧凑，如图5-92所示。

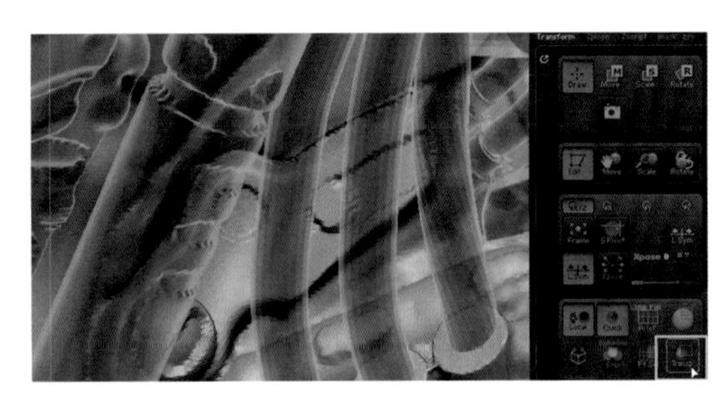

图5-91

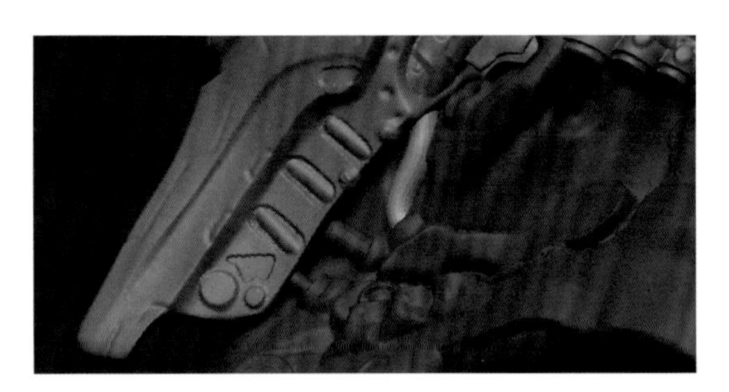

图5-92

现在颈部零件已基本完成，整个机械体的头部如图5-93所示。

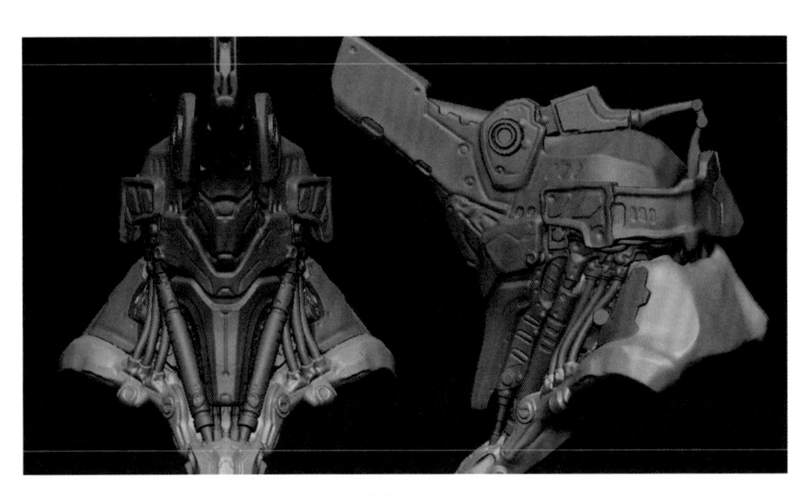

图5-93

## 5.2.8 制作背部护甲，完成整体粗坯结构

接下来，我们制作背部的护甲粗坯。背部不需要做精密的零件，一般都是比较厚重、方硬的护甲结构。首先，我们使用hPolish笔刷来平整后背的凸起结构，将此结构制作得清晰完整，在凸起结构的底部使用Clay及hPolish制作3个小结构，作为加固的结构，如图5-94所示。

在后背部用蒙版提取一个平板状结构，然后对其进行切割，注意其内缘与凸起结构外缘的配合，结构如图5-95所示。

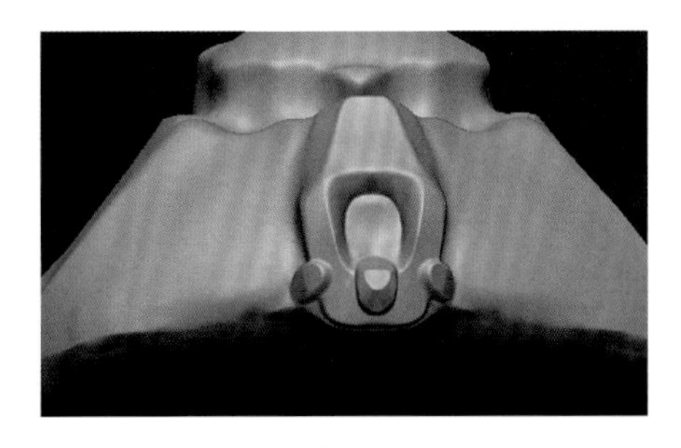

图5-94

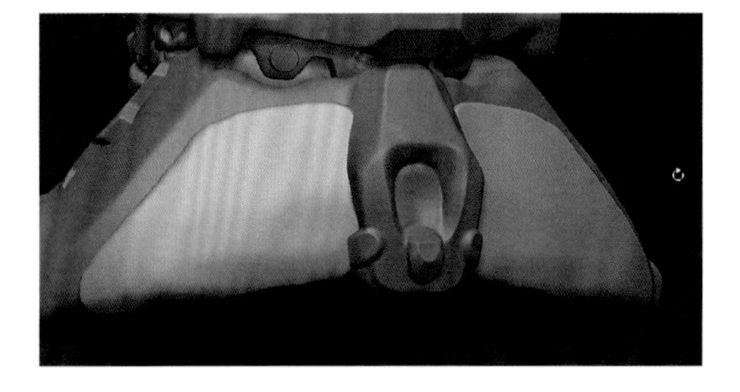

图5-95

现在，在肩部正面及后背各有一块护甲，在前部护甲和后部护甲之间需要制作一些金属的连接，用蒙版提取长条状的形体，注意此形体的厚度要比我们原来制作的护甲厚度要厚一些；然后我们使用切割笔刷，将其上下缘进行切割，对该零件的下部进行蒙版保护；最后使用圆形切割工具将上面的边缘切圆，对下边缘也进行同样的操作，这样就得到了连接前部护甲与背部护甲的金属结构，另外一块的结构也是如此，效果如图5-96所示。

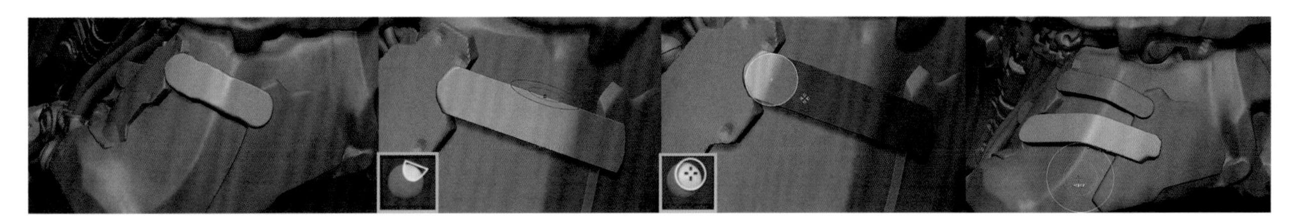

图5-96

接下来我们来制作这两个连接结构下方覆盖的护甲，同样使用蒙版提取、切割的方法进行制作，制作出肩部中间的护甲，反复应用同样的技术制作出护甲及连接件，如图5-97所示。

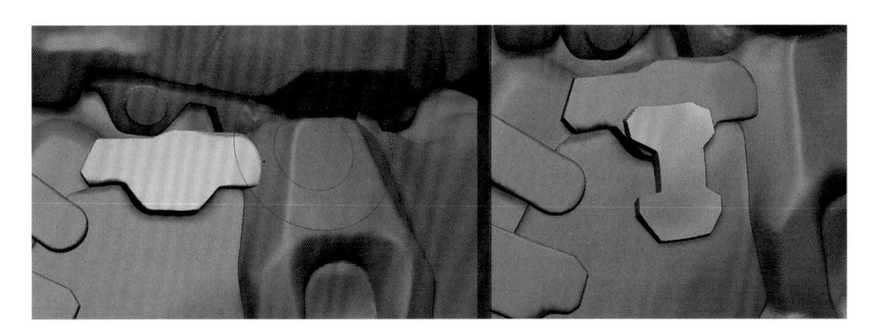

图5-97

头部顶部的连杆现在还是悬空的，我们需要将连杆连接至背部护甲上。首先隐藏遮挡视线的头部后方护甲，然后在后背凸起的结构上插入一个立方体，对立方体进行修改后我们得到一个台体结构，在这个结构的基础上按住Ctrl键，使用移动工具复制该形体，然后对此形体进行缩放操作，做出一个二阶台体，如图5-98所示。

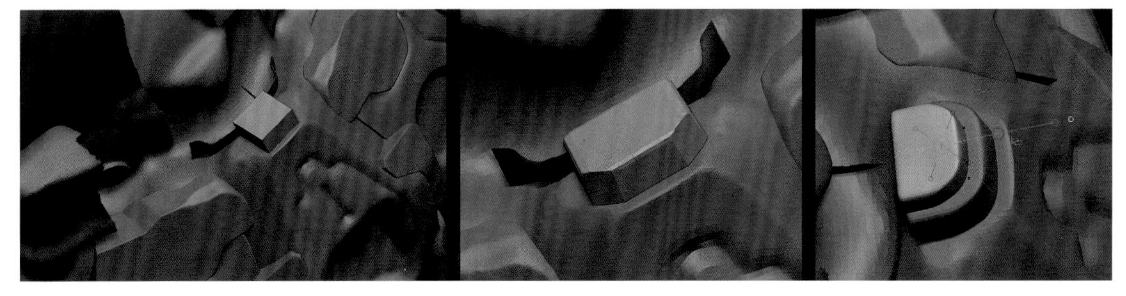

图5-98

按住Alt键，插入一个圆柱体，对这个二阶台体进行动态网格后挖出一个槽，然后继续在台体上插入一个圆柱体，如图5-99所示。

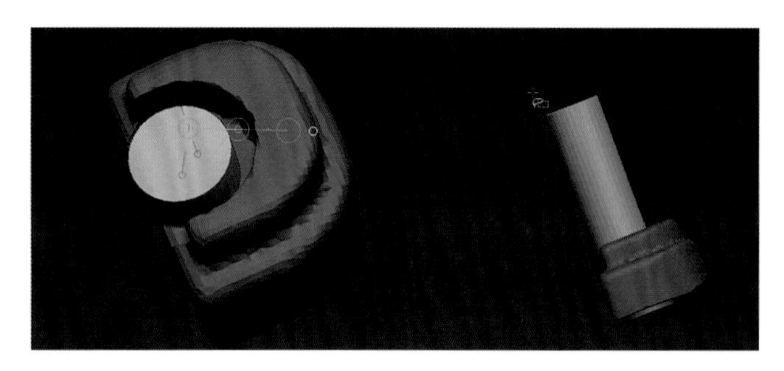

图5-99

选择顶部的机械构件，在末端的位置通过调整和使用圆形切割工具，我们得到了一个半圆形的结构，转到该结构的背面，我们通过蒙版和移动工具制作出一个凹槽，如图5-100所示。

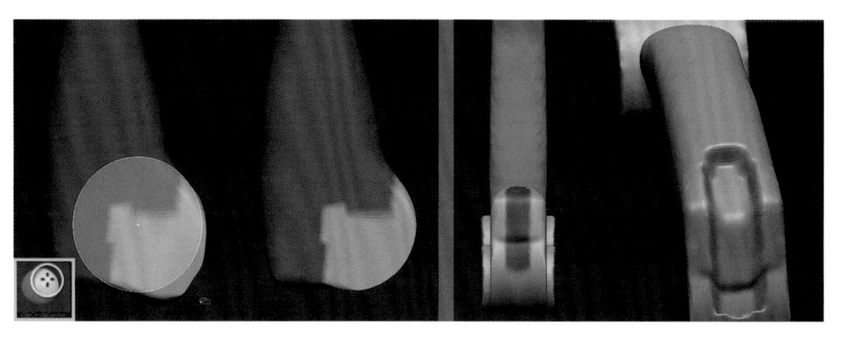

图5-100

在半圆形凸起的部分通过插入笔刷加入一个圆形的轴，插入以后单独显示插入的圆柱体，单击SubTool面板当中的Split Hidden进行分离，如图5-101所示。

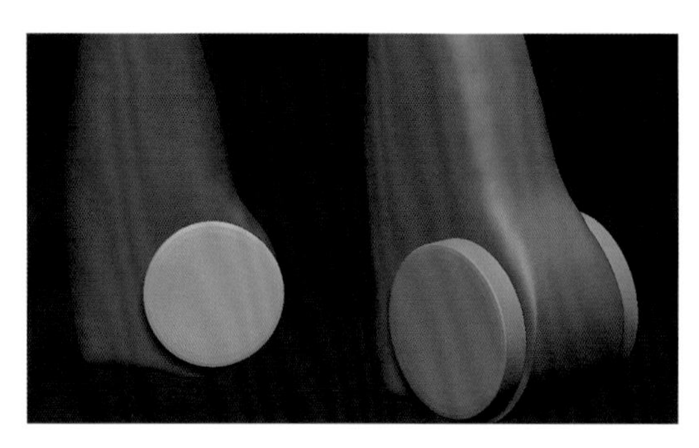

图5-101

选择连杆，在连杆的底部插入圆柱体，通过反复地插入纵向和横向的圆柱体得到了连杆的粗坯结构，如图5-102所示。

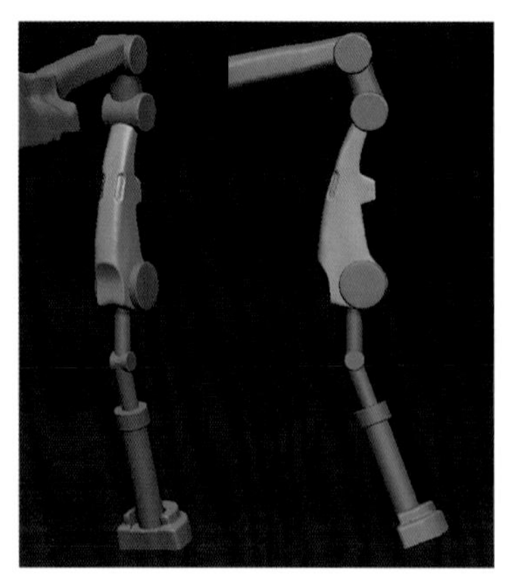

图5-102

现在，机械粗坯部分的制作已经接近尾声，在前部还有一个非常厚重的V字形钢板牢牢地防护着机体结构，这个V字形的结构会卡扣在机体的前面，我们会用已经完成的机械构件来完成V形护甲的制作。首先，复制肩颈部机械粗坯，然后用Resolusion为32的动态网格命令对其进行网格重构，这样我们做出的形体面数会比较低，如图5-103所示。

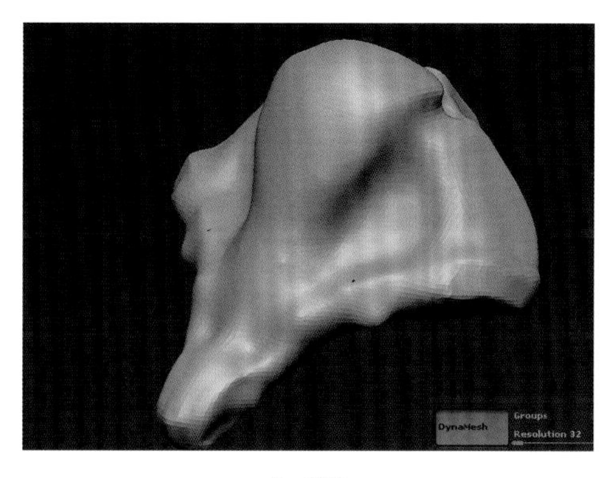


5-103

然后，使用切割笔刷对该重构的粗坯后部和上部进行切割，如图5-104所示。按W键，使用移动命令增加形体的宽度，如图5-105所示。

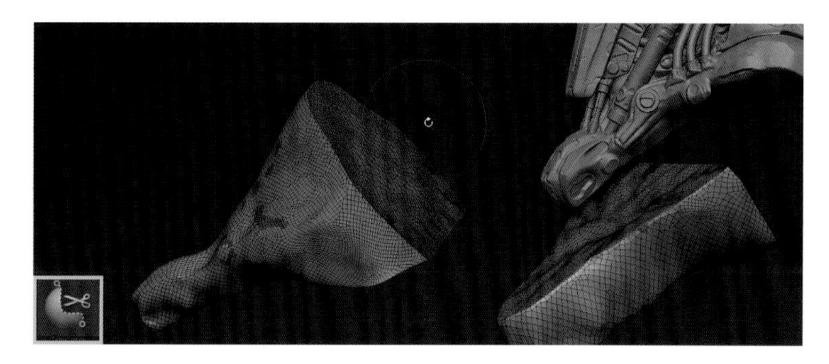

图5-104

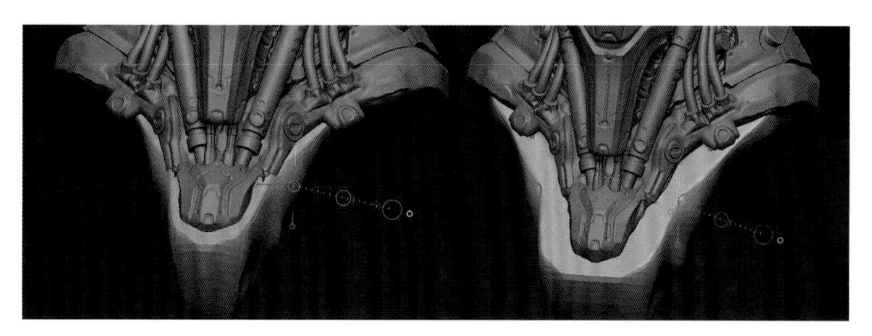

图5-105

分别对机械构建的侧面、顶面和底面进行切割，然后对该物体执行Mirror And Weld命令，使其左右对称，如图5-106所示。

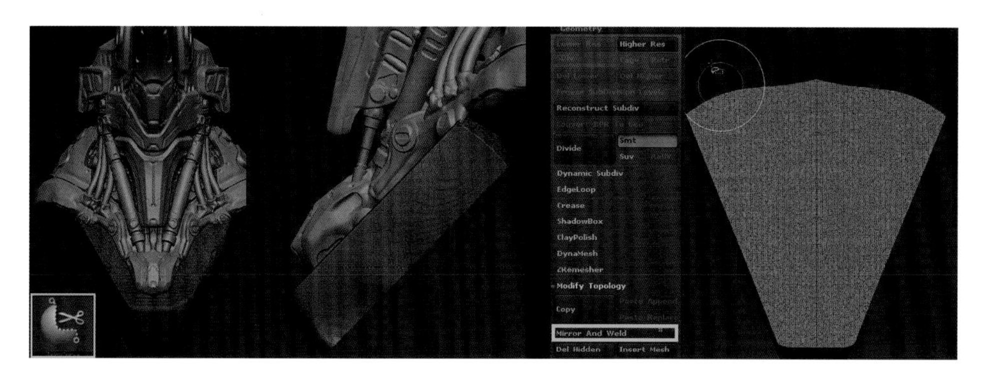


图5-106

用切割笔刷在顶视图进行切割，现在这个并不是我们想要的结构，我们将中间的组进行隐藏，然后将其删掉，在Geometry的Modify Topology当中单击Close Holes，将错误程度降低，如图5-107所示。

图5-107

对护甲进行调整，让其紧密地贴合住其他机甲的结构，如图5-108所示。

调整肩部突出的卡扣结构，使其搭在前部护甲上，如图5-109所示。

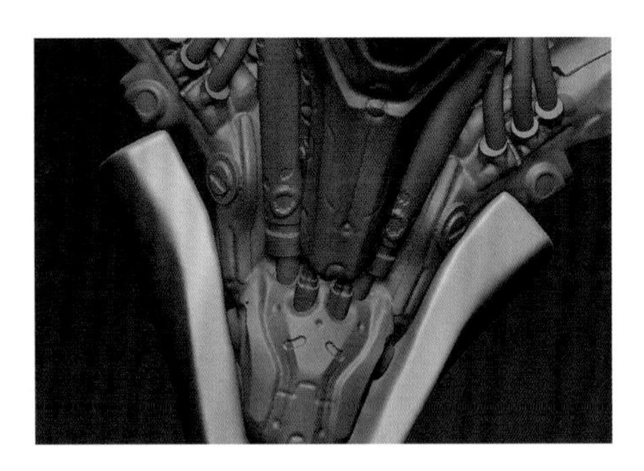

图5-108

图5-109

调整好卡扣的结构，在其上插入圆柱体，调整至合适的位置，如图5-110所示。

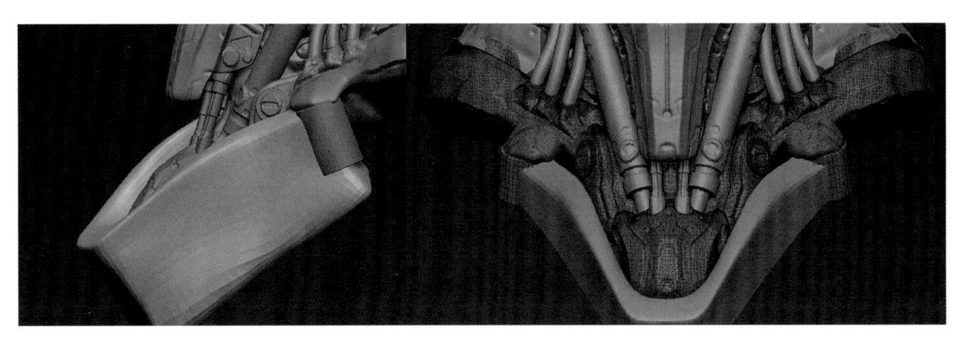

图5-110

将圆柱体利用动态网格与肩颈部粗坯进行连接，然后使用hPolish和Standard笔刷制作结构，再利用插入笔刷来制作圆形顶面的凹陷等结构，如图5-111所示。

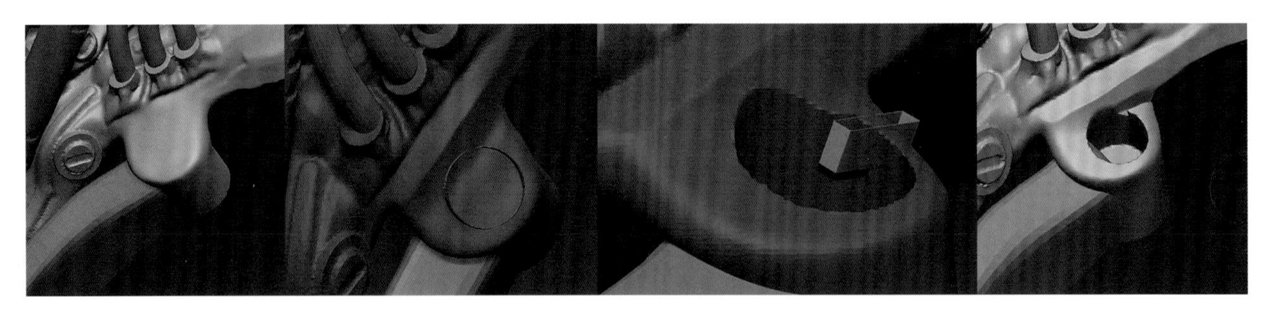

图5-111

最终，粗坯结构全部完成，如图5-112所示。

图5-112

# 5.3 ZModeler+Maya制作机械基础模型

## 5.3.1 制作头冠基础模型

下面我们开始用ZModeler制作头冠的规则机械模型，其实这个阶段我们完成的往往是以往我们使用Maya或者3DS Max进行的步骤，但是现在ZBrush的ZModeler也可以完成其中的步骤，虽然在一些切线、焊接方面ZModeler的表现还不尽如人意，但是其强大的功能已经初露端倪，相信在r7后面的版本当中可以得到逐步的提升，在使用ZModeler进行各个部件重构的过程当中，我们会使用GoZ功能将模型传输到Maya当中，进行更加快捷的改线等操作。

另外，在本节当中我们使用到的ZModeler技术以视频基础课的方式汇总到了本书的视频资料当中，如果大家对ZModeler的使用还不是很熟练，建议观看本书视频教程中的ZModeler基础教程，在此不再对某些具体命令做进一步解释。

将现有文件SubTool列表当中的任意子物体复制一个，然后单击Tool面板下方的Initialize（初始化）子栏目，单击QCube按钮，将物体转为一个立方体，将此立方体通过旋转移动和缩放操作，调整至如图5-113所示的形状和位置。

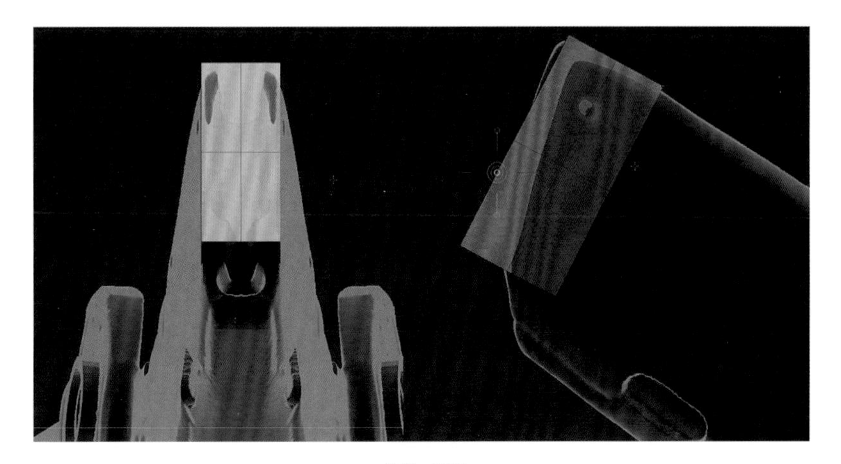

图5-113

选择立方体后面的四个面，通过ZModeler面级别下的QMesh命令对其进行挤压操作，然后使用ZBrush特有的蒙版反选，然后移动点的操作对模型的点进行位置移动。在边级别下，选择Insert，然后按住Alt键对头冠前部的线进行精简，去掉两圈环线，然后移动点，将头冠前部的轮廓进行调整，如图 5-114所示。

因为头冠从顶部来看是个前窄后宽的锥形，所以我们在头冠的后面对其进行不等比的缩放，关于不等比缩放请参看前面的基本操作章节，对其进行完不等比缩放后的效果如图5-115所示。

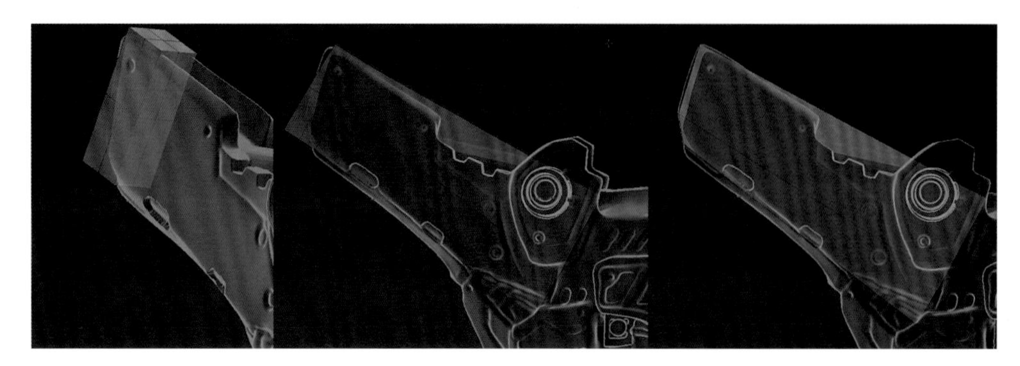

图5-114

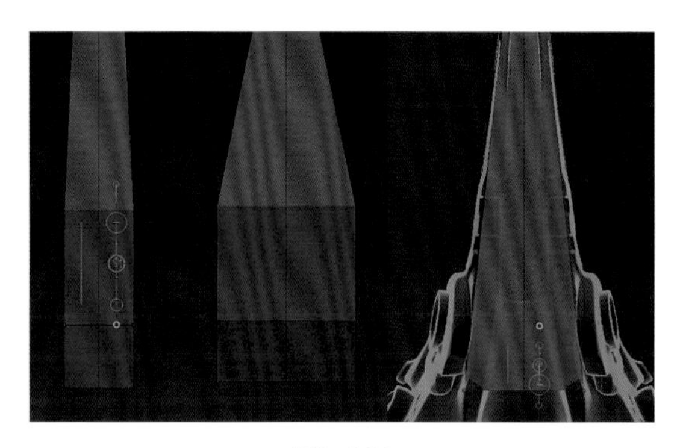

图5-115

在头冠的中后部加线，然后选择头冠底部前面的两个面，对其进行向下的挤压，经过调整后的效果如图5-116所示。

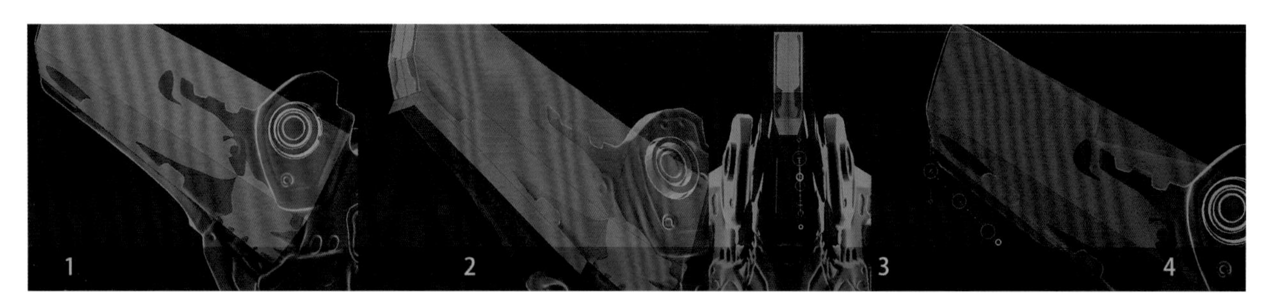


图5-116

在头冠的中间部分有一个锯齿状的结构，为了制作这样的结构，我们在相应的位置进行劈线，如图5-117所示。

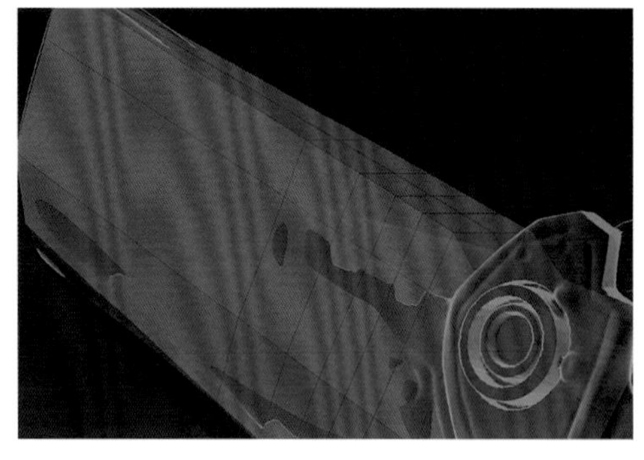

图5-117

使用QMesh向内进行面的挤压，做出锯齿状效果，经过调整后的效果如图5-118所示。

头冠顶部有一个凹槽，未来我们在凹槽当中还要放置连杆装置，现在在顶部一直到头冠的前部，效果如图5-119所示。

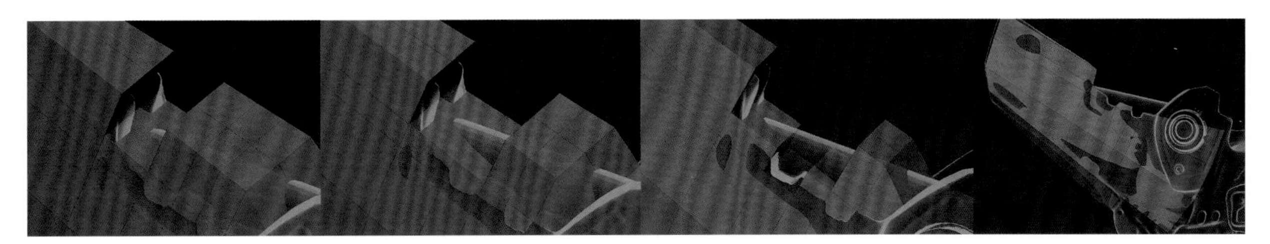

图5-118

图5-119

在面级别选择Inset工具，在modify当中选择Inset Region（按区域插入），然后插入面，我们切换回QMesh命令，在面级别对头冠顶部的凹槽进行逐步的制作，通过各个角度的观察，最终效果如图5-120所示。

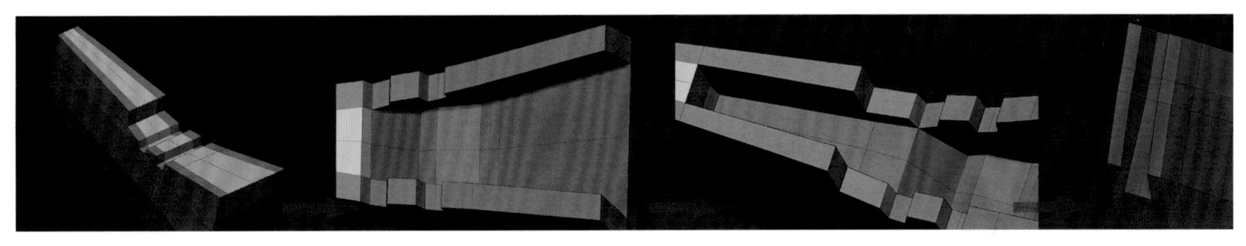

图5-120

接下来，我们为头冠进行卡边，使机械零件更加硬朗，分别在头冠的转折处、头冠的顶面、头冠的外边界以及突出的锯齿状结构处进行卡边操作，如图5-121所示。

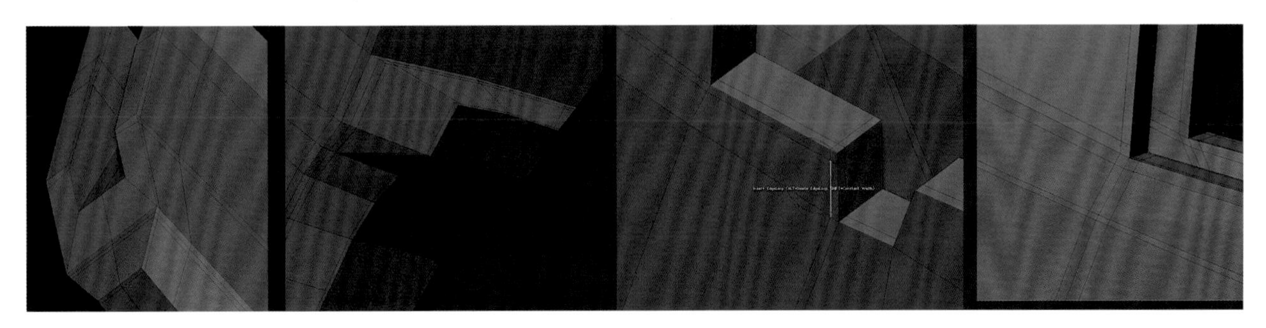

图5-121

## 5.3.2 制作前脸结构及腮部结构

接下来我们向下制作机械体的前脸结构，在头冠的底部我们使用QMesh配合Ctrl键进行面的复制，复制完的面仍然属于整体的一部分；我们通过autogroup命令对其进行分组；分组后隐藏除该面以外的组，对其进行分离；对分离后的面进行精简，去掉边缘的卡线；然后对其进行QMesh挤压，经过调整以后所得到的形体如图5-122所示。

图5-122

加线以后，对面逐步进行挤压、调整，如图5-123所示，在这一阶段注意与粗坯及已经制作完的头冠物体的匹配程度。

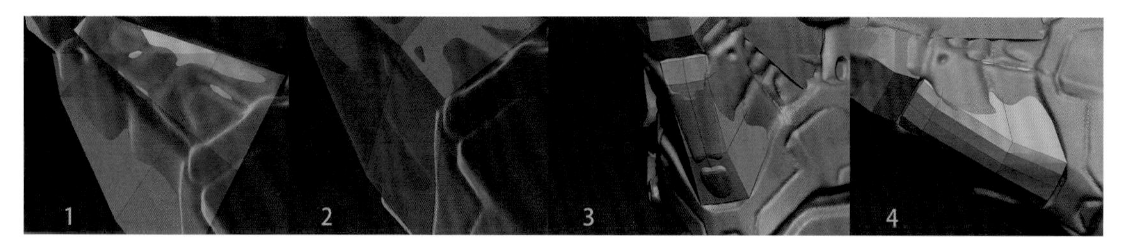


图5-123

对形体向下进行拓展，从侧面和前面对形体进行调整，以使形体与机体粗坯尽量匹配，如图5-124和图5-125所示。

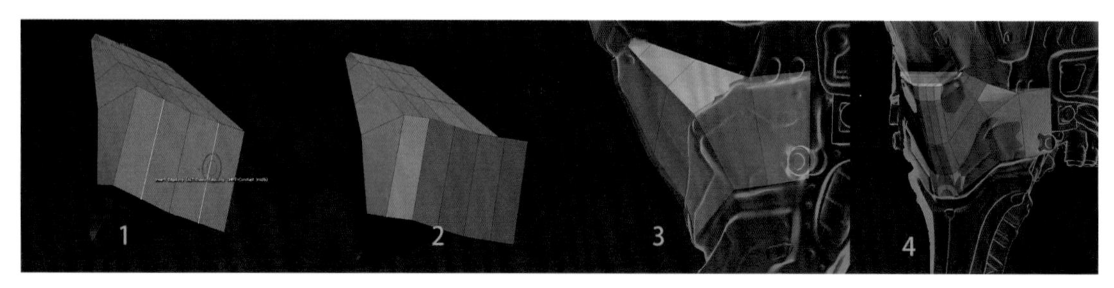


图5-124

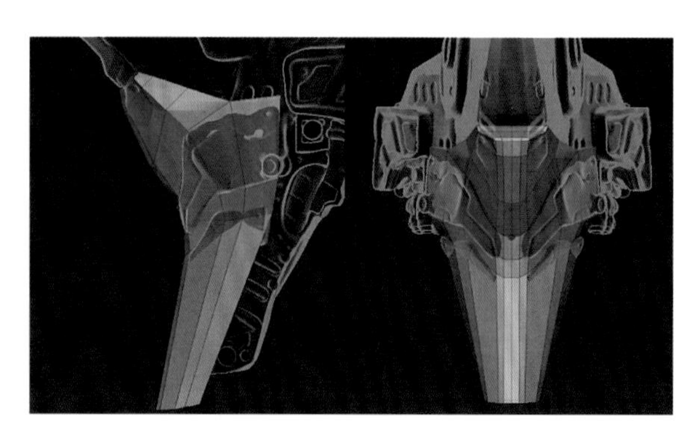

图5-125

调整下颌后面的线，为进一步制作下颌结构做准备，如图5-126所示。

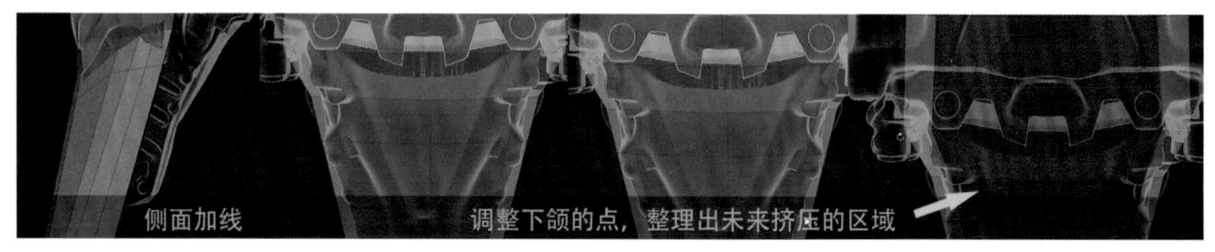


图5-126

通过边的Collapse进行侧面线的整理，将侧面整理出一个环线结构，具体操作过程如图5-127所示。

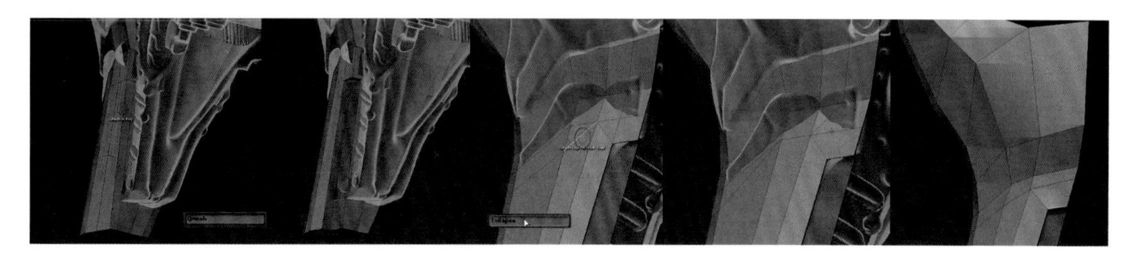

图5-127

在下颌后面再加入一条线，然后对侧面的部分面进行挤压，结构如图5-128所示。

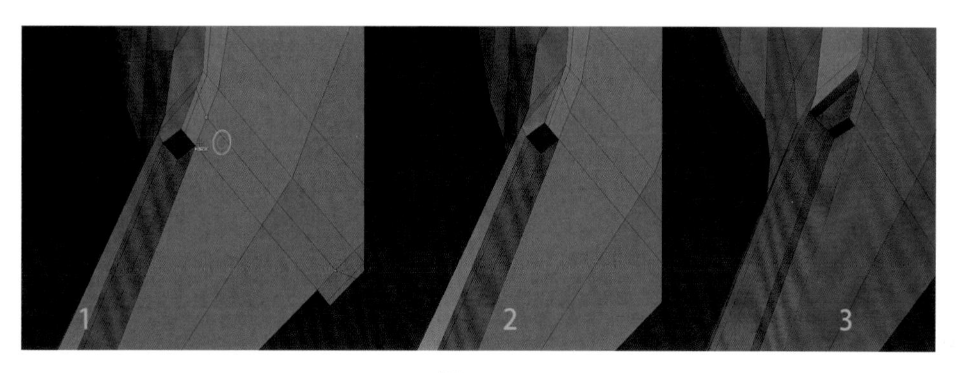


图5-128

现在我们来制作眼部结构，在眼部进行加线，然后对眼部的面进行挤压，如图5-129所示。

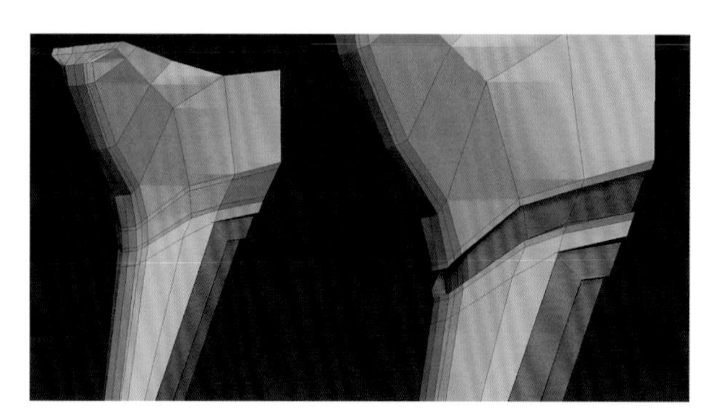

图5-129

为了调整出面罩的弧形结构，我们继续加线，对面罩侧面及正面进行调整，如图5-130所示。
在眼部上方进行挤压处理，如图5-131所示。

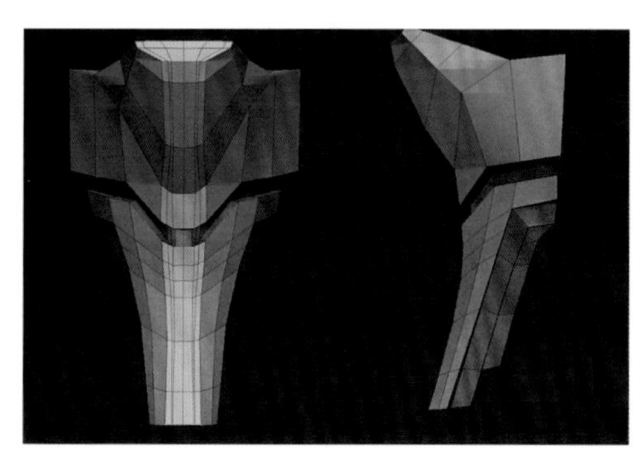

图5-130

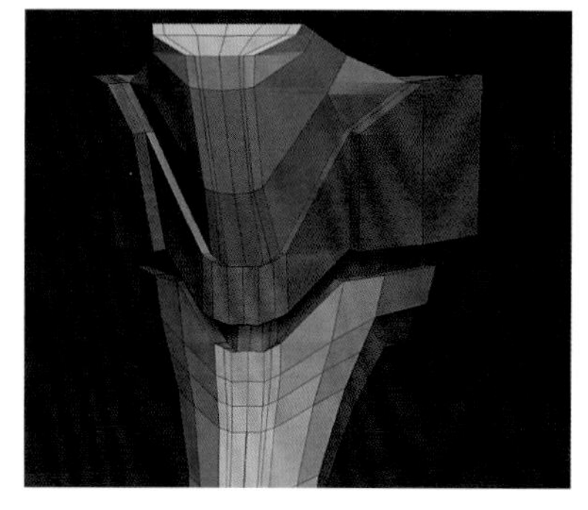

图5-131

再对眼部后方的上面结构进行挤压，这样能够让眼部上方的结构和层次更加丰富，如图5-132所示。

图5-132

接着，我们对眼部周围、下颌的侧边缘、下颌底部等位置进行卡线，如图5-133所示。

图5-133

现在我们继续构建下颌和腮部结构，选中下颌后方的面进行挤压，然后在边级别选择Insert工具，按住Alt键进行减线整理，如图5-134所示。

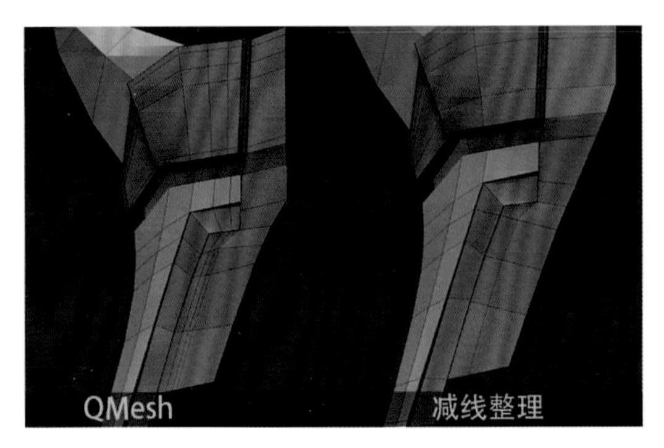


图5-134

为了制作出粗坯结构中腮部的三个凹槽，我们在侧面和后面进行加线，然后使用QMesh工具进行挤压，如图5-135所示。

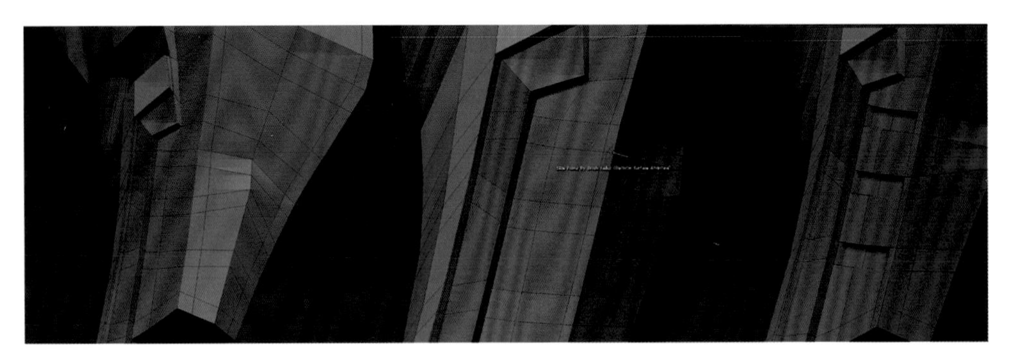

图5-135

挤压以后，为了保证槽内形体的形状，我们在槽内加保护线，然后选中槽内的面进行两次挤压，如图5-136所示。

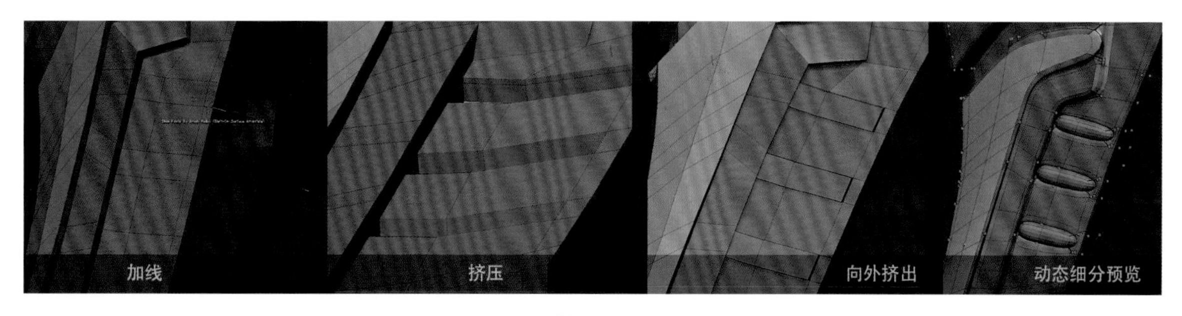


图5-136

在眼睛的后部，比对粗坯我们需要做一个向内的凹槽，未来在内部插入圆柱体结构。首先在侧面和后面加线，然后进行挤压，形成凹槽后进行调整，如图5-137所示。

图5-137

## 5.3.3 制作头冠两侧的叶片结构

在SubTool当中加入一个新的Cube物体，通过移动、缩放和调整点等操作，将其对齐至粗坯的叶片位置，如图5-138所示。

使用ZModeler在点级别下激活Move工具，将点对照粗坯进行调整，调整好后在对应粗坯圆形部分的中心点上使用点级别下的Split进行操作，制作出一个圆形的结构，经过反复的Split操作，我们得到了一个如图5-139所示的结构。

图5-138

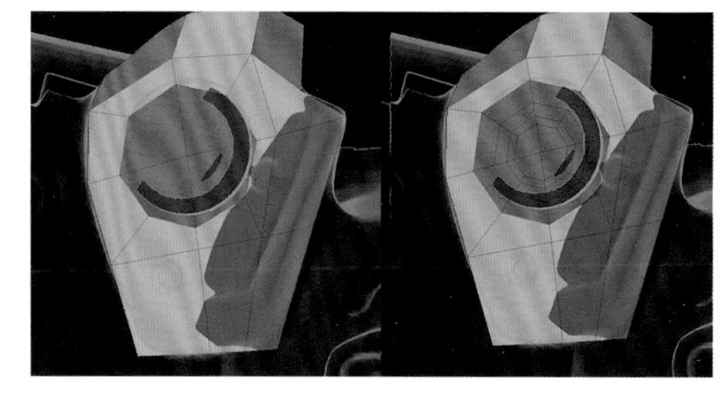

图5-139

对不同的环状结构应用QMesh操作，得到一个同心圆的结构；对某些边应用Bevel，然后对同心圆结构进行卡边，如图5-140所示。

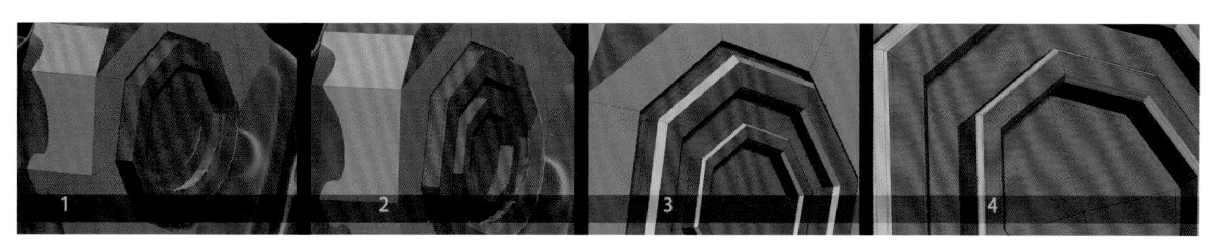


图5-140

现在我们需要在叶片的外围制作一圈凸边，因此需要将叶片外围进行改线。经过分组切割，得到了外圈的线，如图5-141所示。

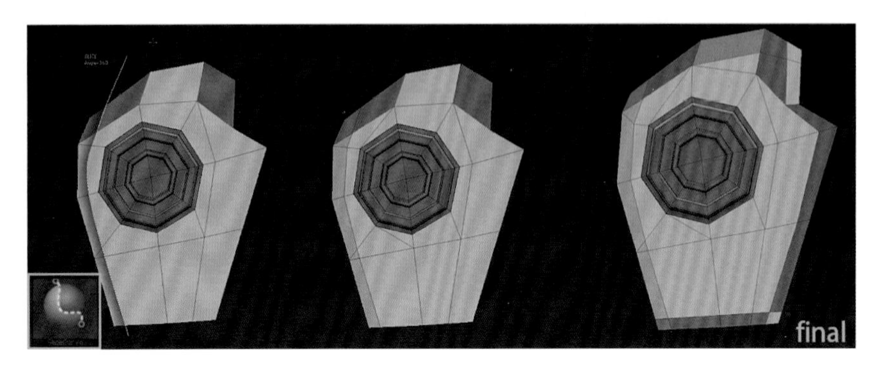


图5-141

接下来，对比较凌乱的点进行调整和合并操作，如图5-142所示。

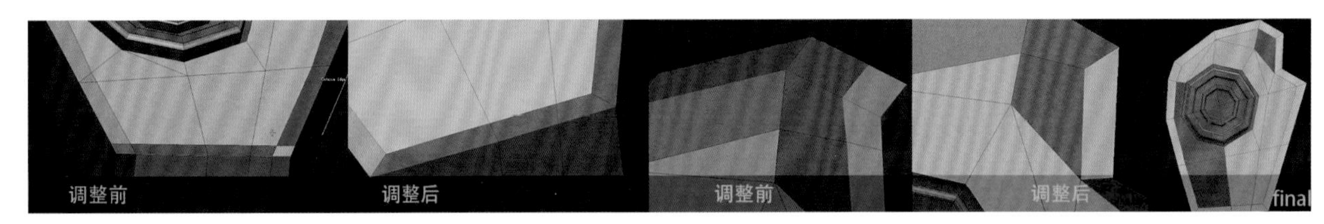


图5-142

现在选择外圈的面，对其进行QMesh操作，如图5-143所示。

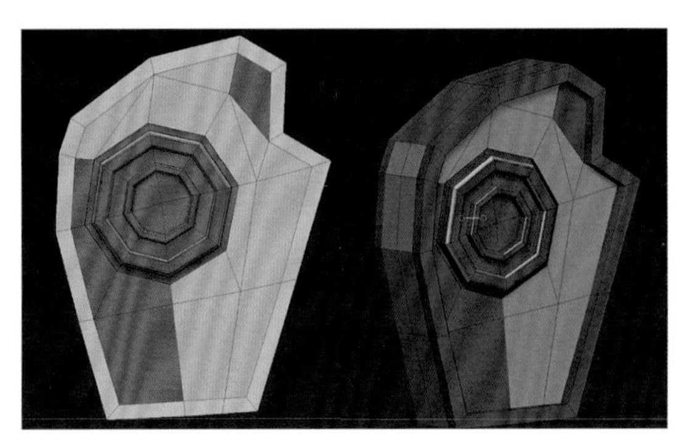

图5-143

由于该叶片结构中间有一个圆形的形体，为了避免在边缘卡线导致圆形结构受到影响，我们使用ZModeler当中面级别对应的Crease（锁边）进行操作，这样既不用加线，又能够达到很硬朗的机械感。注意，在Crease设置的MODIFIERS中要选择Outer Targets，我们对所需要进行锁边的面一组一组地进行Crease设置，如图5-144所示。

图5-144

按下D键后，就可以看到锁边前后的区别，在外圈的内侧也做同样的操作，最终完成叶片的基础模型，如图5-145所示。

图5-145

复制后，对其进行Mirror（镜像）操作后，把两个叶片进行合并。至此，叶片部分我们已经制作完毕。

## 5.3.4 制作脑部机壳

接下来我们要制作叶片后面的脑部机壳，因为我们在制作的时候是按照各个局部进行拼装制作的，所以一定要注意拼装的边界线。加载一个Cube物体，调整下大小，然后用这个立方体先概括下脑部的机壳，调整形体，将其从侧面调整至与脑部轮廓基本一致，如图5-146所示。

图5-146

然后对形体进行切线并调整，从顶部观察，将其调整为前窄后宽的形体，如图5-147所示。

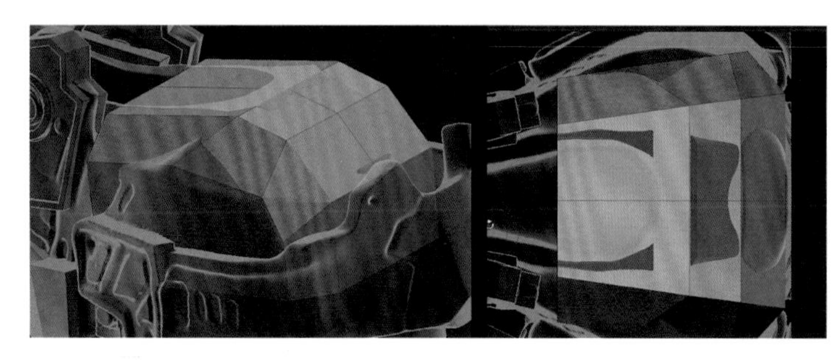

图5-147

在机壳的顶部和前部选择局部的面进行Inset的操作，然后使用QMesh制作出较深的凹槽，如图5-148所示。

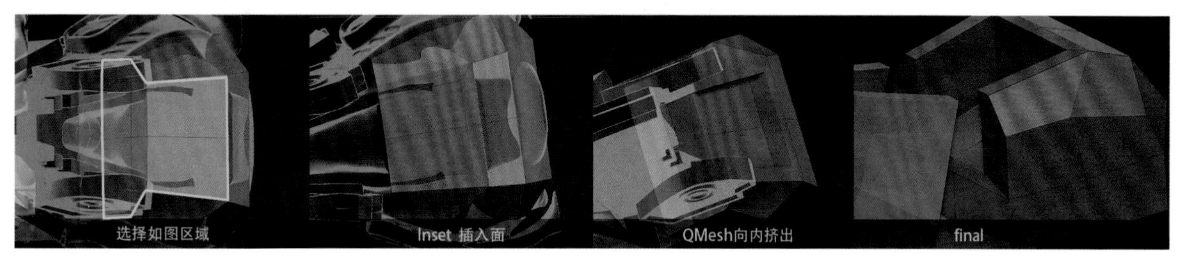


图5-148

隐藏叶片物体后，显示顶冠与脑部机壳现在的关系，如图5-149所示。

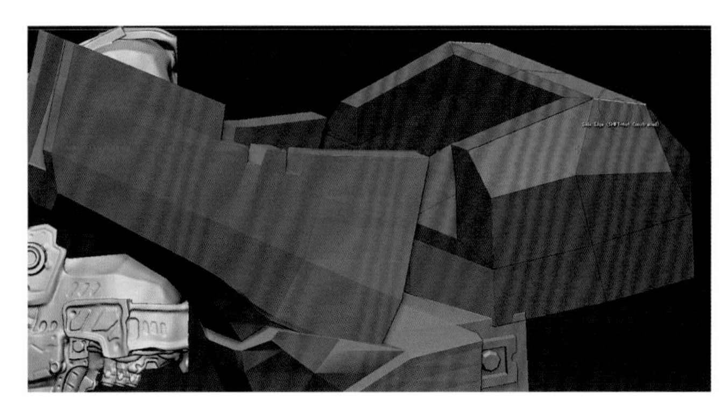

图5-149

选择机壳前部的面，QMesh制作出新的结构，然后我们将此结构进行调整，使后脑机壳与前部的顶冠相匹配，如图5-150所示。

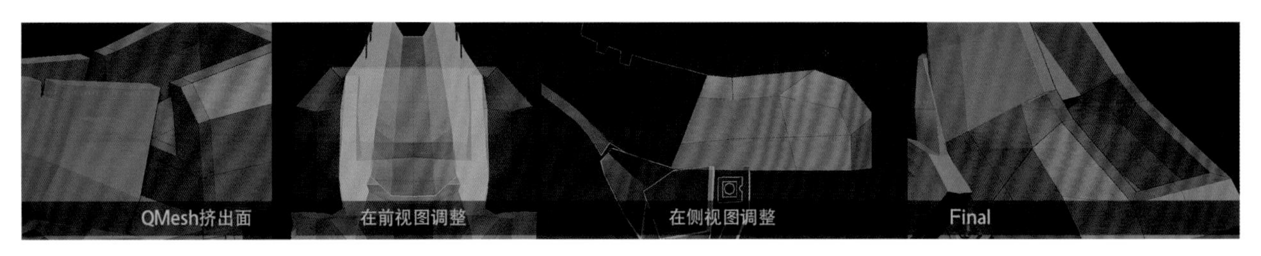


图5-150

选择脑部机壳底面的所有面和前部的两个面，对其进行Inset操作，如图5-151所示。

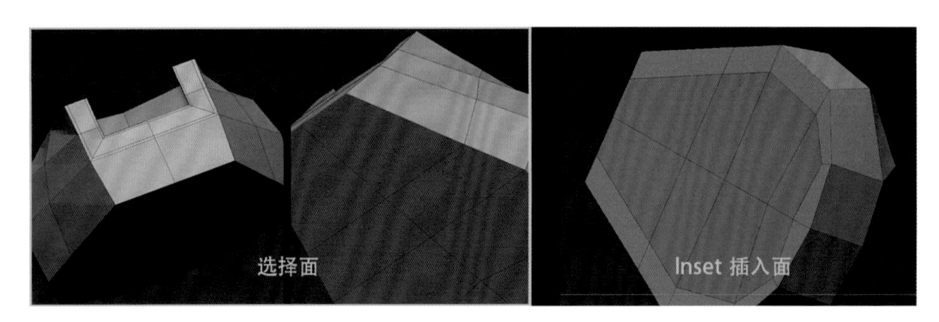


图5-151

然后，选择新插入的面再次执行插入的操作，如图 5-152所示。

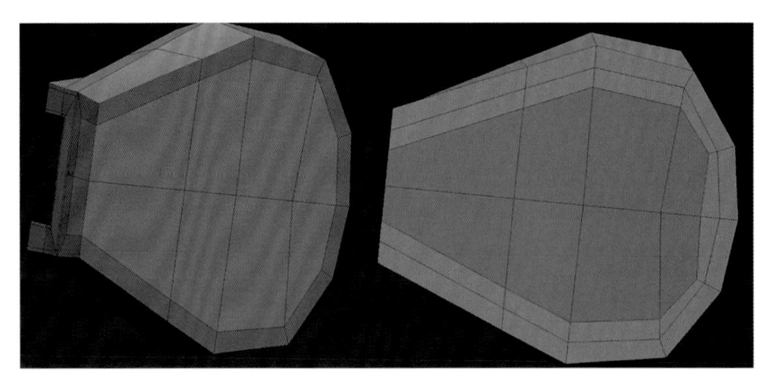

图5-152

为了制作出底部后方凸起的结构，我们选择后方的面进行挤压，然后进行调整，如图5-153和图5-154所示。

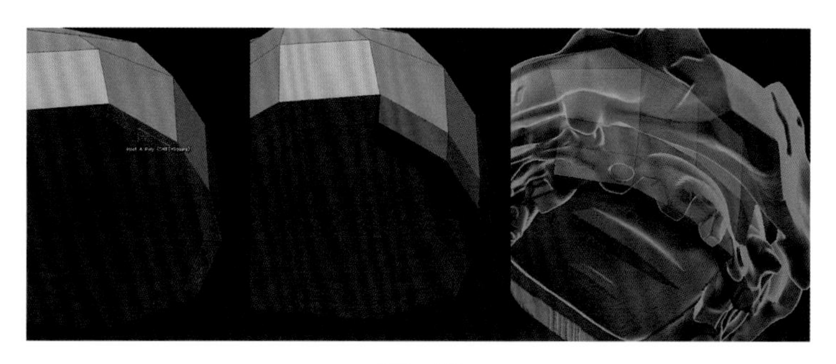

图5-153

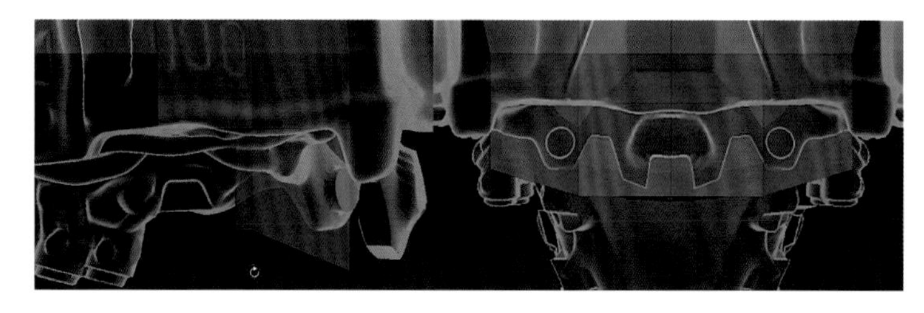

图5-154

根据粗坯结构判断，我们需要在机壳底部再制作一层结构。对内层结构经过调整以后，在后部外层的机壳表面加线，选择内层的面使用QMesh向下进行挤压操作，然后得到如图5-155所示的面。

图5-155

在内层结构部分，我们调整形态，使其与粗坯在此位置的结构相匹配，另外选中此位置的面，对其进行Inset操作，如图5-156所示。

图5-156

在底部加两条线，这样做的目的是方便制作凹槽，然后我们选择凹槽位置的面进行QMesh操作，如图5-157所示。

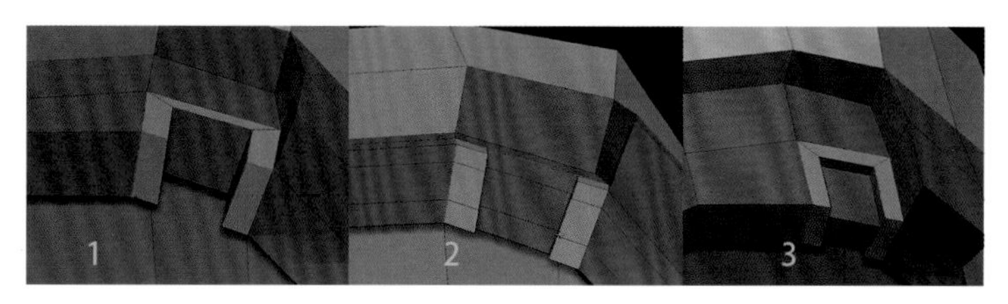


图5-157

按下D键，观察有无废点或者废面存在，如图5-158所示。

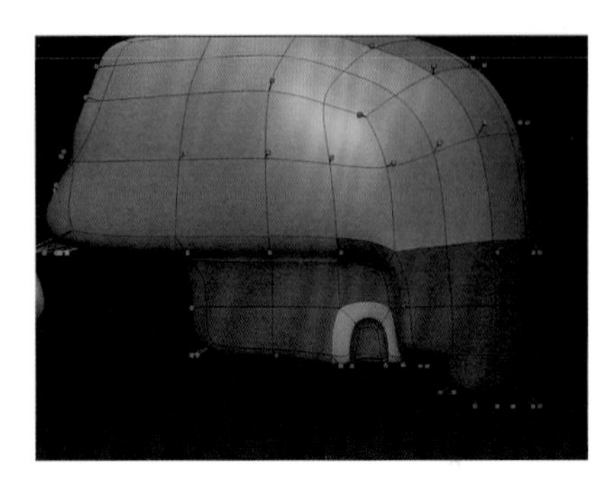

图5-158

在粗坯机壳的后面有凸起状的结构，我们要对形体后部进行调整，如图5-159所示。

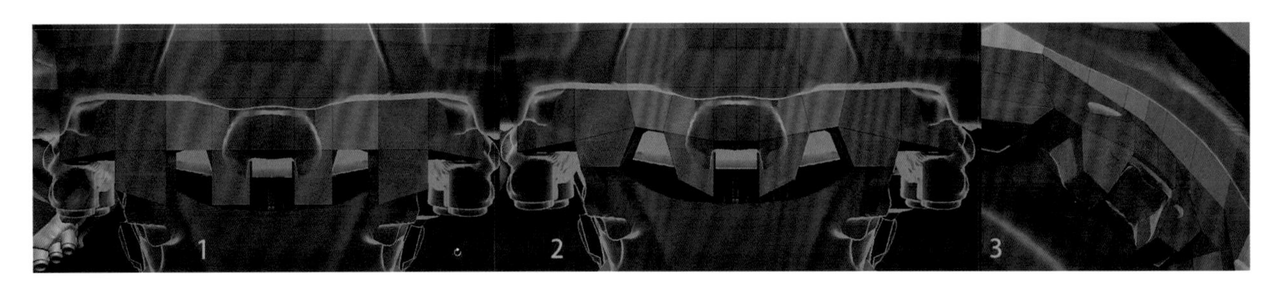


图5-159

选中局部的面，对其操作QMesh，挤压出来一个结构，然后进行调整点线的操作，过程与最终调整完毕的形态如图5-160所示。

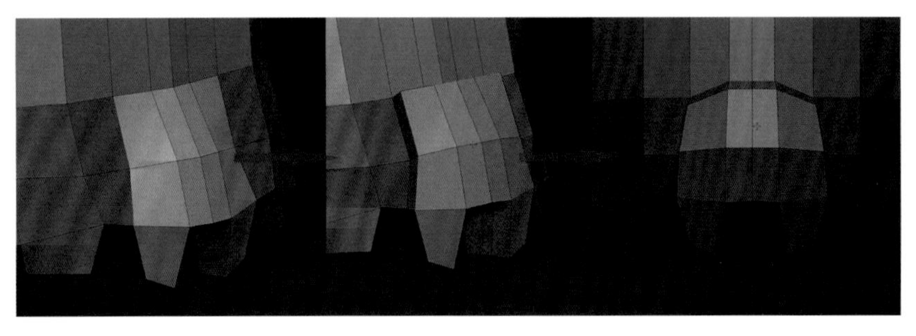

图5-160

在机壳底部，我们为制作靠近腮部的长条形结构做准备。首先选择一个面，应用QMesh向内部挤压一段，这样可以使我们制作的形体宽窄合适，然后选择底部的一个面进行挤压，如图5-161所示。

图5-161

通过对面罩部件的调整，使面罩和头部机壳进行很好的匹配，尽量做到严丝合缝。

## 5.3.5 制作机壳下方的管线及连接构件

为了匹配粗坯管线接头的结构，我们在机壳底部制作出一个三角形状的结构，同样在后面制作出相同的结构，如图5-162所示。

图5-162

为了保持此结构的构造清晰、边缘硬朗，我们需要对其卡线，按下D键对其进行平滑预览，如图5-163所示。

图5-163

显示管线接口（管线接口为圆柱体通过QMesh挤压而成，在这里不再赘述），我们可以看到互相卡扣和接合的关系，如图5-164所示。

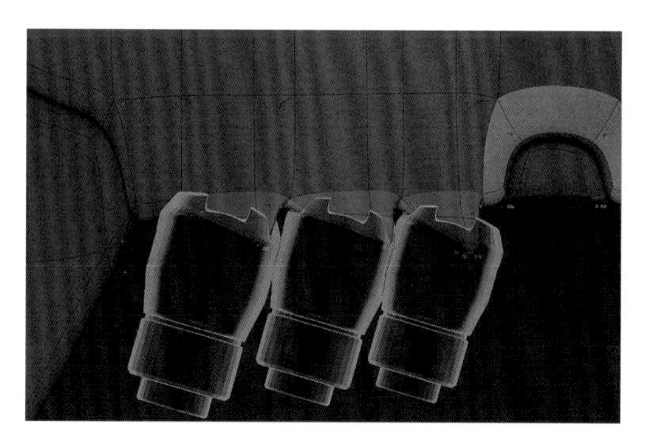

图5-164

调整管线接口，使其与刚制作的三角形结构及粗坯位置匹配，并复制管线接口放置在侧面凹槽区的侧壁上，如图5-165所示。

图5-165

对机壳需要卡线的部位进行卡线，如图5-166所示。

在面罩的后面，我们需要制作出与管线连接的三个结构，因此我们要在横向进行加线，然后在点级别进行Stitch操作，制作出3个圆形的结构，如图5-167所示。

图5-166

图5-167

然后对圆形区域的三组面进行挤压，并且反复应用QMesh和点级别下的Stitch，在接口的相应位置卡线，如图5-168所示。

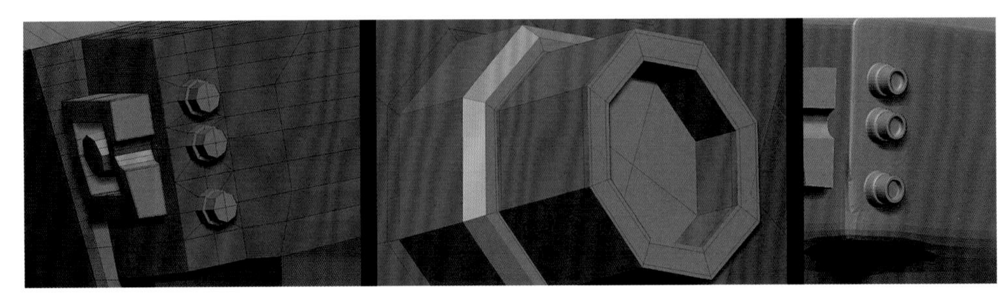

图5-168

现在我们要制作机壳底部的管线，首先我们使用圆柱体来制作管线与接口的接合部分，这里我们要尽量匹配接口的大小，如图5-169所示。

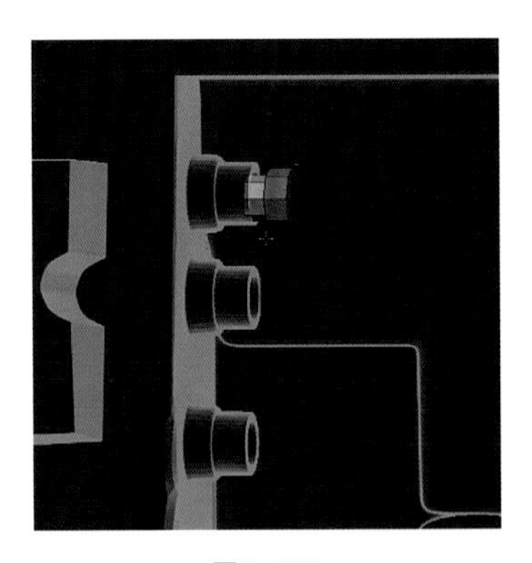

图5-169

然后，对此形体进行点级别的Split以及面级别的QMesh，挤压出管状结构；在管子上加线并且调整，在管线末端制作与接口相连接的部分；最后通过移动等调整得到一根管线，如图5-170所示。

复制另外两根管线，如图5-171所示。

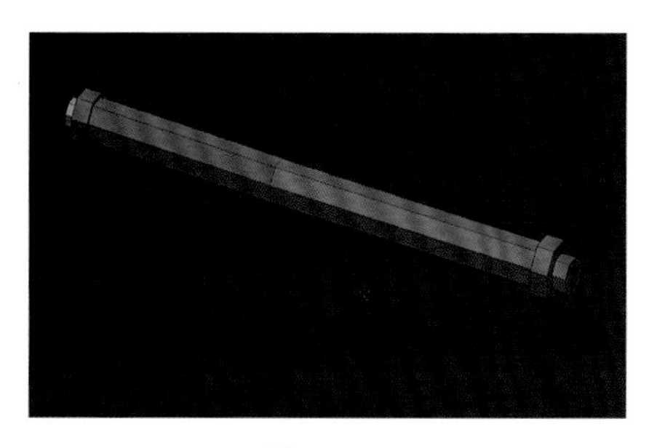

图5-170

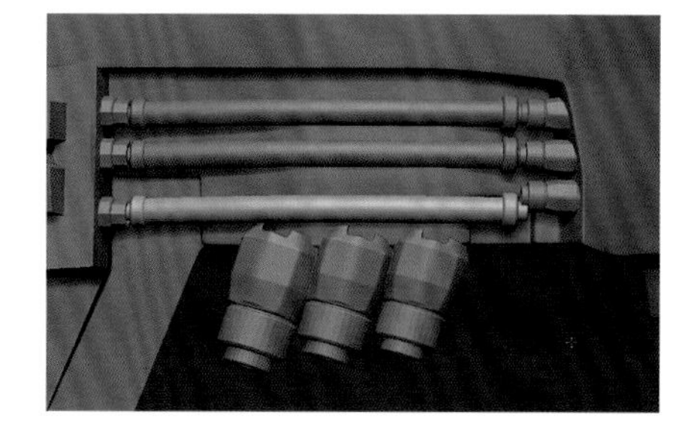

图5-171

现在我们要让管线变得有一些缠绕的感觉，这样可以使物体的形态更加好看，通过对管线末端的调整改变管线连接的接头位置，并且在管线上加线、调整点，可以得到扭转和缠绕在一起的管线，如图5-172所示。

图5-172

在管线上方的结构上进行挤压，在该结构的内外两侧使用点级别的Split制作圆形结构，然后将两个圆形面通过QMesh打通，显示管线后的结构如图5-173所示。

图5-173

## 5.3.6 制作头部侧后方护甲

本节我们制作头的侧面和后面的装甲，该装甲我们依然从一个Cube开始着手。因为粗坯结构当中对应的结构有一定角度的倾斜，所以我们在制作的时候先对侧面做出基本的大结构，然后再对其进行旋转操作，进行对位、加线后再调整，基本模型如图5-174所示。

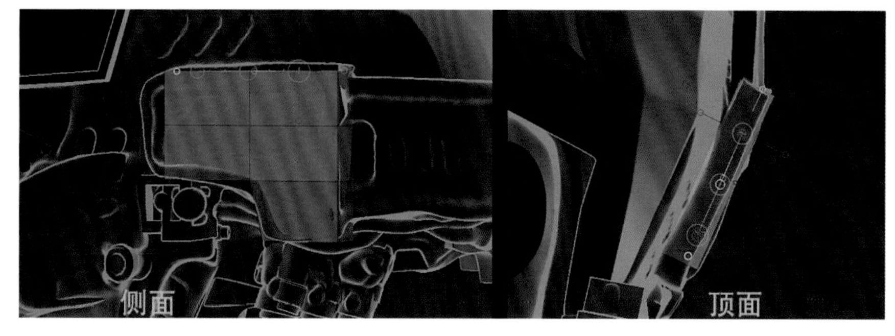


图5-174

我们选中侧面的所有面进行Inset处理，得到了一个具有环边结构的侧面，如图5-175所示。

图5-175

我们将外圈的结构面选中，对其进行QMesh操作将这圈面挤压出来，现在我们将新挤出的面进行倒角处理，然后在倒角边缘以及各种需要硬边的地方进行卡线，如图5-176所示。

图5-176

在此结构的后面，选择局部的面进行QMesh挤压操作，经过挤压和加线调整，我们得到了如图5-177所示的结构。

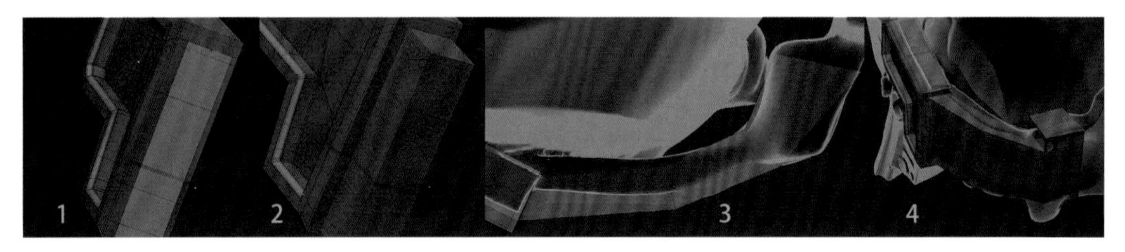


图5-177

在顶部对装甲形状进行调整，继续进行QMesh操作，得到基本形状后在边缘处卡线，过程如图5-178所示。

图5-178

在护甲的中部选择局部的面，对这些面进行Inset操作，调整位置后选中内部的面，向内做QMesh的操作，制作出一个内部的凹陷，如图5-179所示。

图5-179

为了使造型更加准确，对装甲构件的后部形体进行微调，如图5-180所示。

图5-180

整体卡线后的结构如图5-181所示。

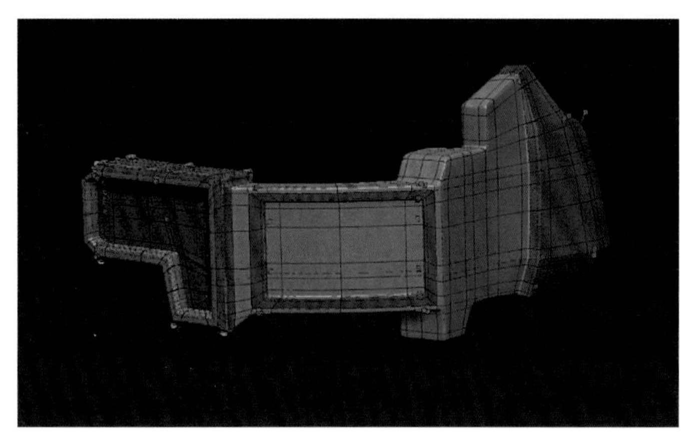

图5-181

## 5.3.7 制作颈部和肩部的基础模型

颈肩部结构是一个比较复杂的结构，如果我们仍然用ZModeler进行从无到有的制作，那无疑是一种灾难，既费时间又不能达到很好的效果。从本节开始我们要从ZRemesher开始，快速形成我们的基本网格，然后将基本网格Goz到Maya当中（Maya的基础视频请参看视频资料的相应章节自行学习，如果读者朋友在3DS Max或其他类似的三维软件的使用方面有比较丰富的经验，那可以用其他软件来代替Maya，基本思路都是一致的），在Maya当中进行改线和某些局部的重新构建。另外，本书及视频资料当中的改线方法提供给大家的是一个思路，不同的结构产生的线型问题是不同的，所以建议大家更多地学习我的思路和方法。

首先，我们对颈肩部结构进行复制，复制以后使用Smooth笔刷等工具对上面的一些小零件进行磨平处理，得到一个相对圆滑、无小零件结构的粗坯，如图5-182所示。

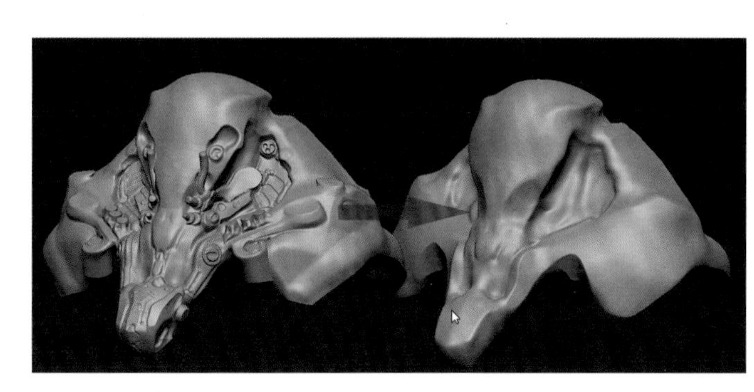

图5-182

这时，我们将ZRemesher当中的Target Polygons Count的数值设为最低值0.1，然后进行ZRemesher，得到如图5-183所示的基础模型（注意，在这个阶段发现某些网格出现挤在一起的情况，请使用Smooth工具将网格拉开）。

现在，我们将前部的圆形凹陷区域的面进行删除，因为此面并未构成很好的环形面，如图5-184所示。

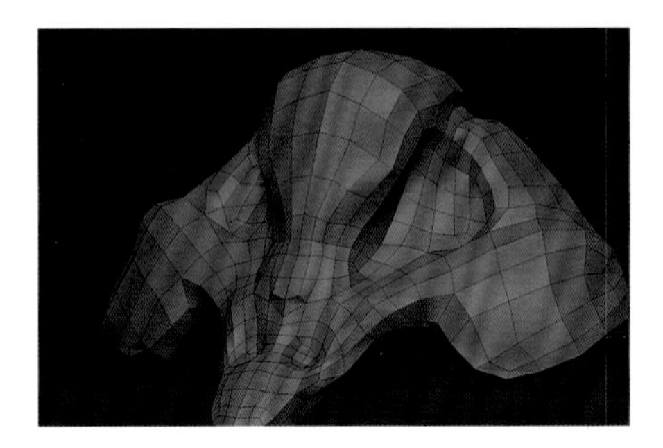

图5-183

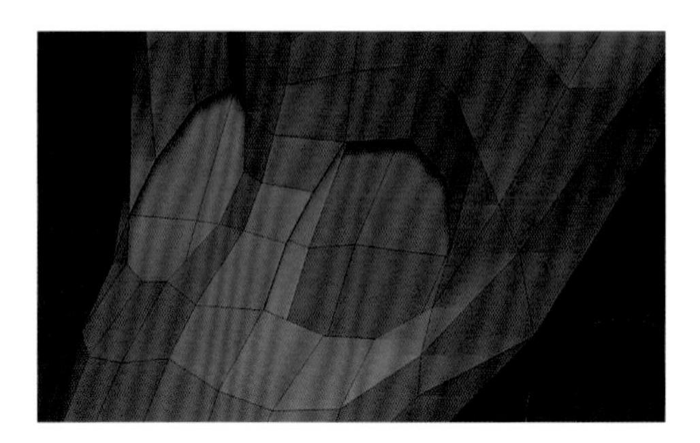

图5-184

然后我们单击Goz发送到Maya当中。在Maya当中，先删除一半以减少工作量，然后对背面布线结构错误的区域进行删除，如图5-185所示。

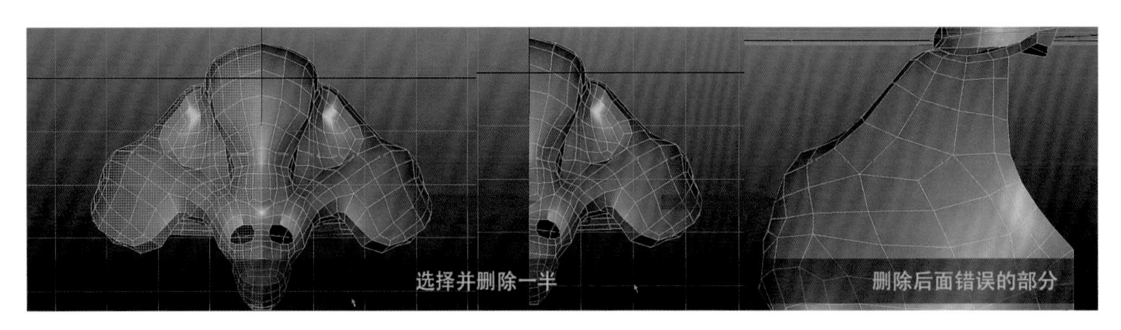


图5-185

现在对后背的布线进行改正，其实我们在布线的时候最常用的线型就是两种，即横竖布线和环形布线。在后背的区域，我们使用横竖布线的方式进行布线，如图5-186所示。

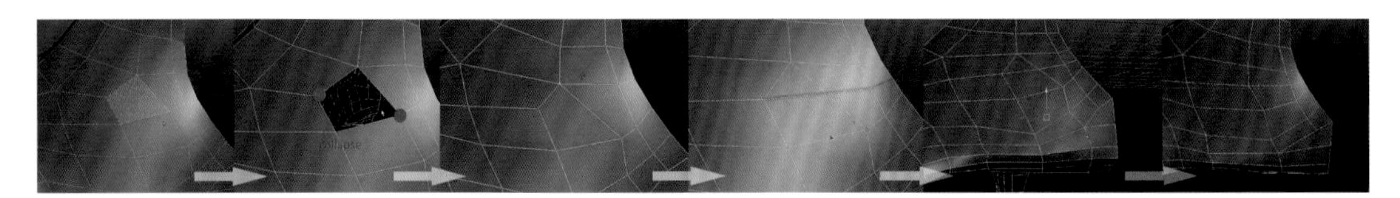

图5-186

接下来对在ZBrush当中删除面的区域周围进行改线，使周围的线都成为向中间聚拢的环形线型，如图5-187所示。

图5-187

在肩部侧面的线并不是很顺，没有完全按照结构走，现在我们需要在侧面进行线型梳理，如图5-188所示。

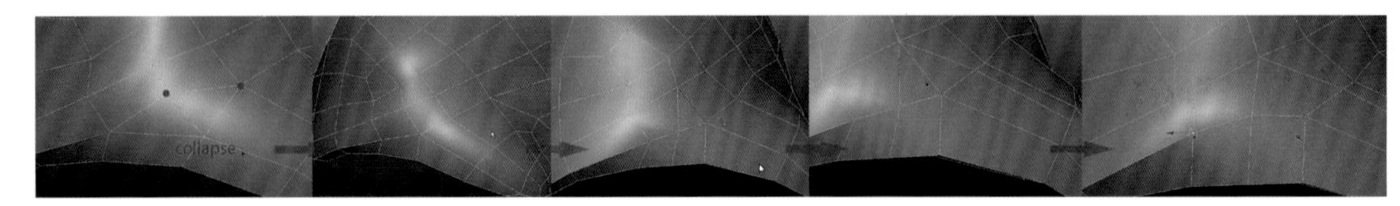


图5-188

在肩部，将线与后背的底边边缘线进行连接，如图5-189所示。

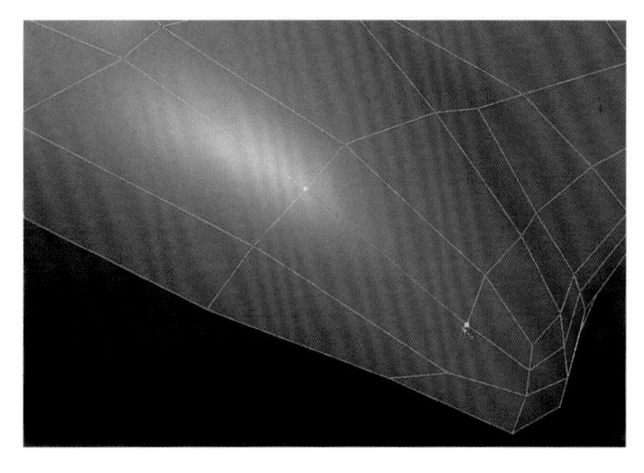

图5-189

在肩部前面窝进去的结构中，线比较复杂，因为未来我们还需要在这个位置加入一个圆柱体，所以务必将此位置的线型改得比较顺畅，在这个位置我们遵循的也是横竖布线，而且要注意改线时的走向和流势，具体过程如图5-190~图5-193所示。

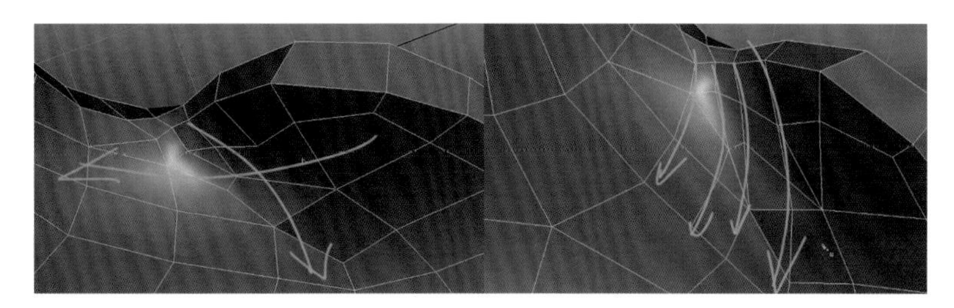

图5-190

图5-191

图5-192

图5-193

在颈部的后面，我们发现线还是很乱，在这里也进行了改线，将其改成横竖的线型，而且从后方一直连接至前方，如图5-194所示。

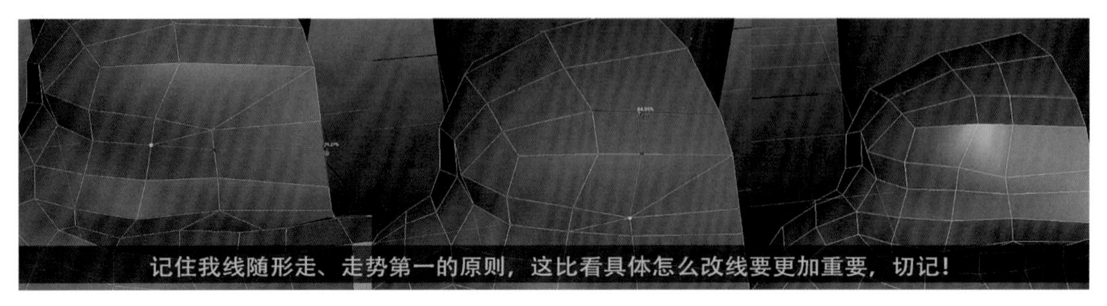


图5-194

现在对背部的结构进行重构，重构后的结构如图5-195所示。

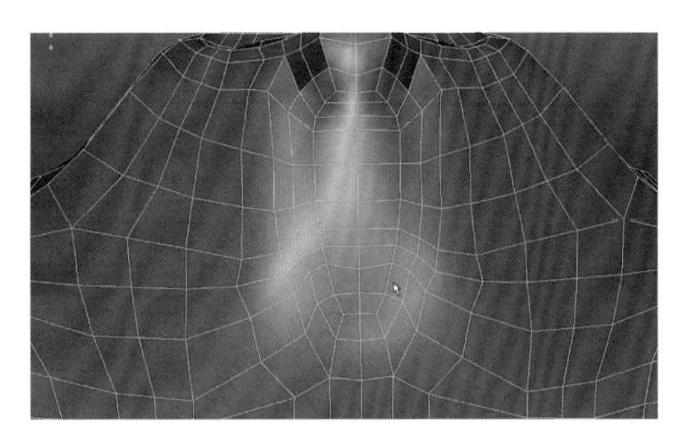

图5-195

这个结构是一个环形结构，比较适合构建背部的凸起和凹陷，现在我们将改线以后的结构以.obj的方式进行导出，然后在ZBrush当中导入进行替换，如图5-196所示。

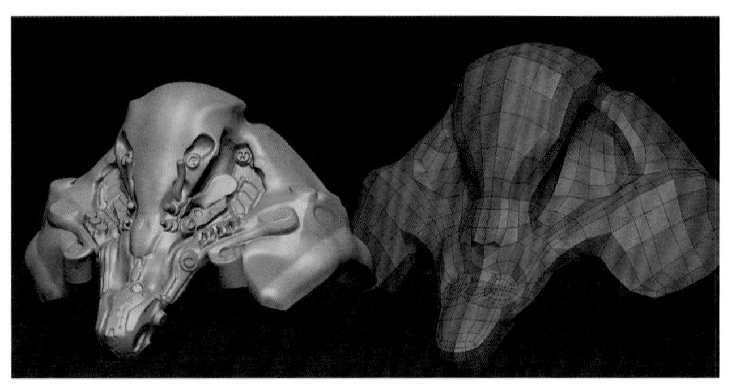

图5-196

现在开启半透明模式，对比我们的粗坯进行大形体的调节，如图5-197所示。

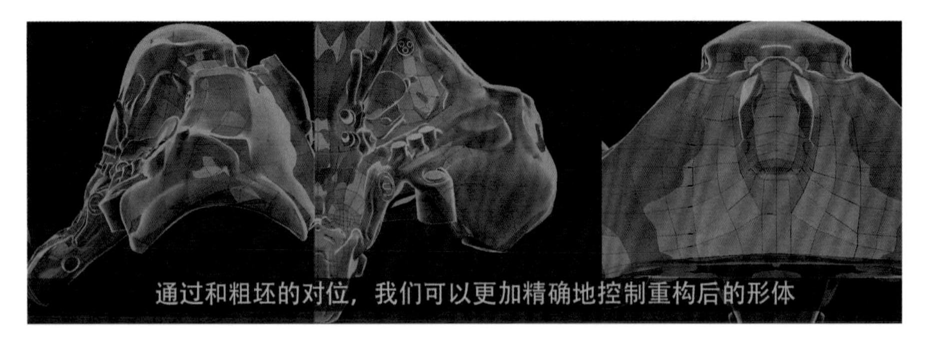


图5-197

选择ZModeler笔刷，选中前部环形面，将面进行向内的挤压，做出圆形的凹陷结构，如图5-198所示。

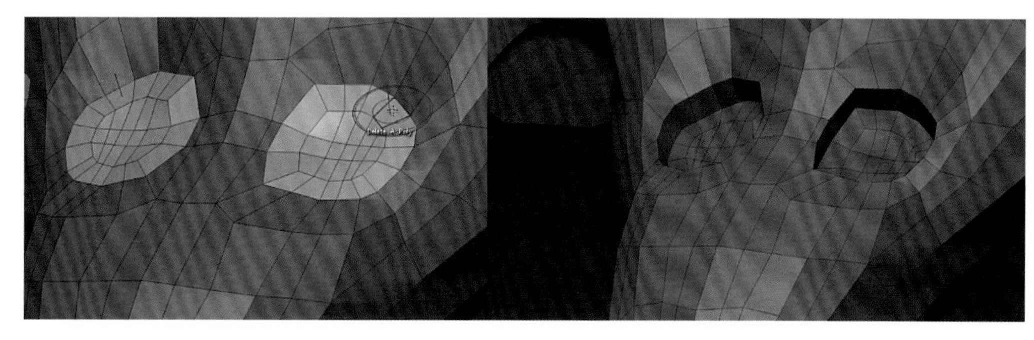

图5-198

在前部侧面，我们需要将结构塑造得更加硬朗，而且不能够影响到全面的圆形结构，所以我们将前部结构进行蒙版，然后添加结构线，如图5-199所示。

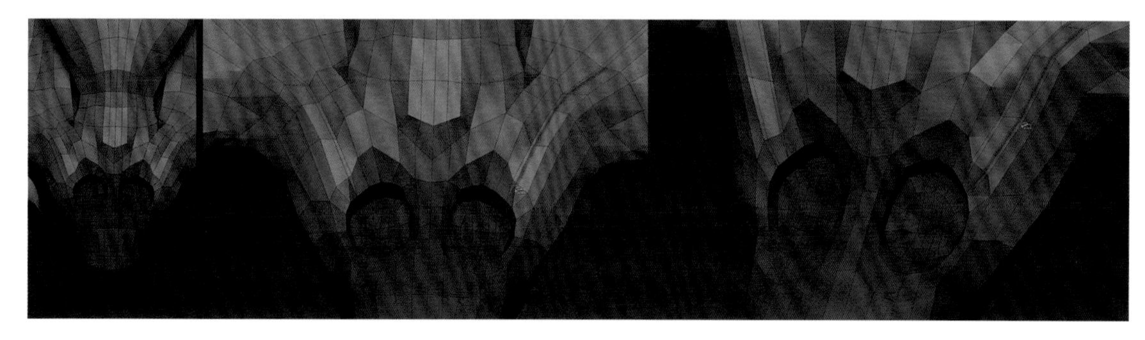

图5-199

在前部选中局部面，然后对这些局部面进行挤压，塑造出前部较大的一个结构，如图5-200所示。

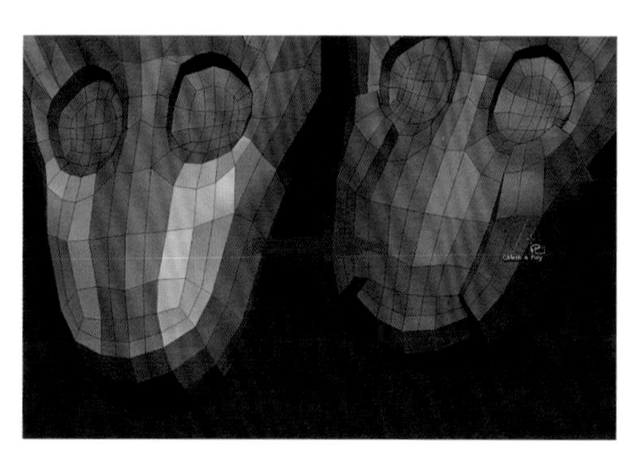

图5-200

为了使该结构更加硬朗，我们在其折角的区域进行卡线；然后选择其侧面上部的区域，对其进行Inset操作；在新产生的面上，进行QMesh操作将其向内挤入，如图5-201所示。

图5-201

现在，我们对前部的凸起造型进行卡边。在卡边的过程中，如果有些卡边结构影响到相邻的圆形结构，那么我们就需要使用蒙版进行保护，如图5-202所示。

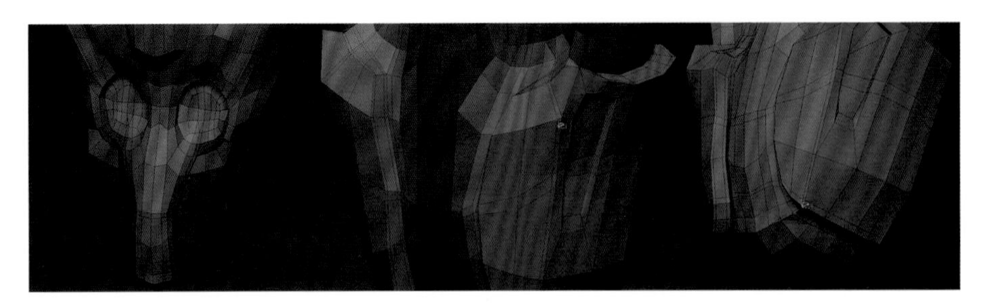

图5-202

制作两个圆形结构，经过调整后我们将这两个圆形区域及中间相邻的部分选中并且向内挤压，如图5-203所示。

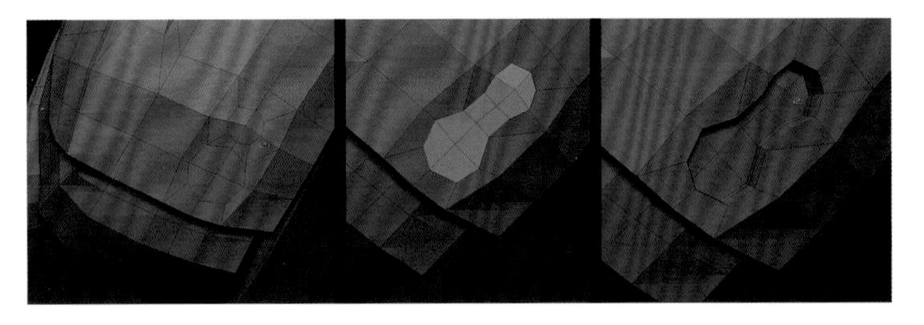

图5-203

在外边缘制作倒角，并且对周围的结构线进行改线，完成效果如图5-204所示。

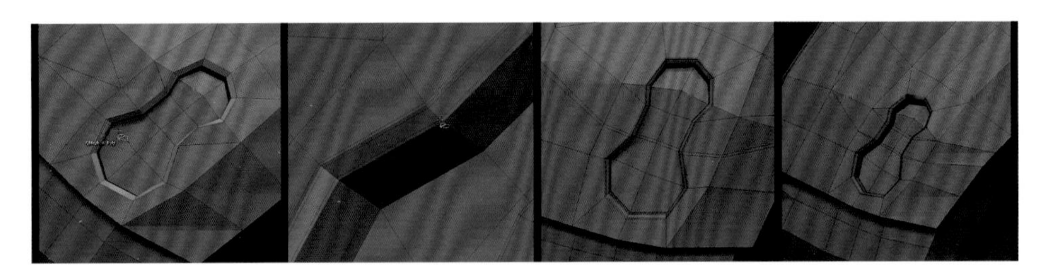

图5-204

为了能让前部凸起结构更加平整，我们使用切割工具（ClipCurve）进行平整，这种方法也是我们在ZBrush当中常用的手法，如图5-205所示。

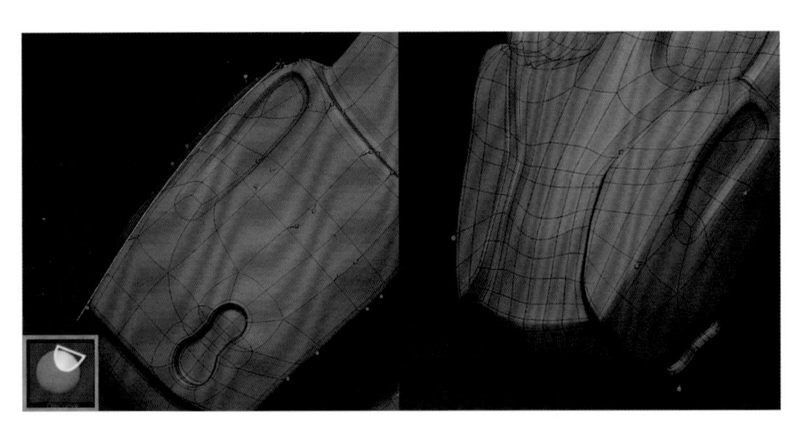

图5-205

## 5.3.8 细化颈部和肩部的基础模型

### 1. 制作颈部凹槽结构

对比原来的颈肩部粗坯快照，我们在颈部发现一个凹槽状结构。现在我们选择对应位置，然后对其进行Inset操作，如图5-206所示。

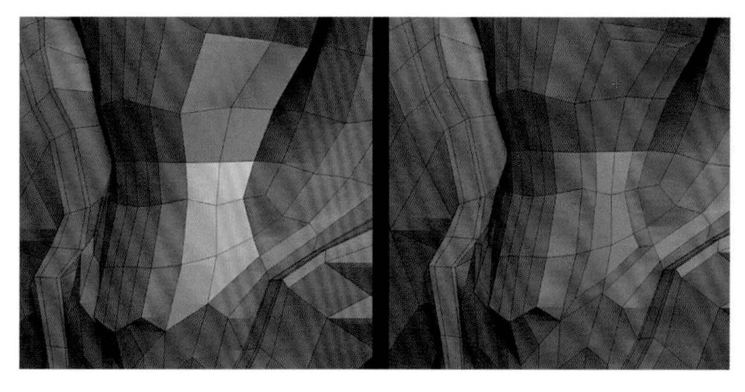

图5-206

利用边的Split命令对结构进行改线，如图5-207所示。

图5-207

选择环形区域内的面，使用QMesh向内挤压，在平滑预览的状态下使用Standard笔刷将凹槽挖得更深一些，如图5-208所示。

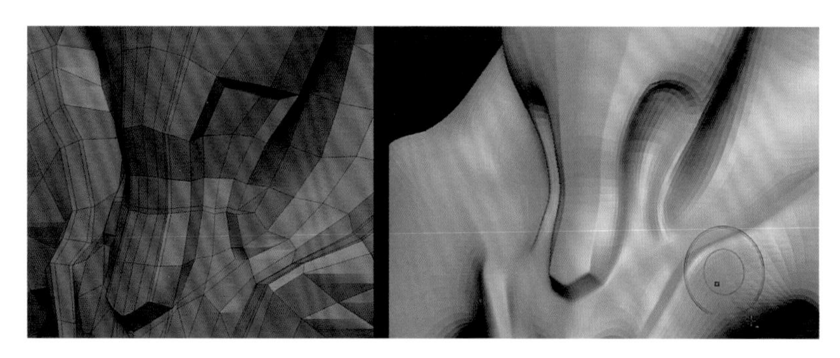

图5-208

选中凹槽上方的部分面，然后使用Inset命令插入面，选中新插入的面向内进行挤压操作；按D键，在平滑预览状态下使用Move笔刷和Standard笔刷对其结构进行调整，如图5-209所示。

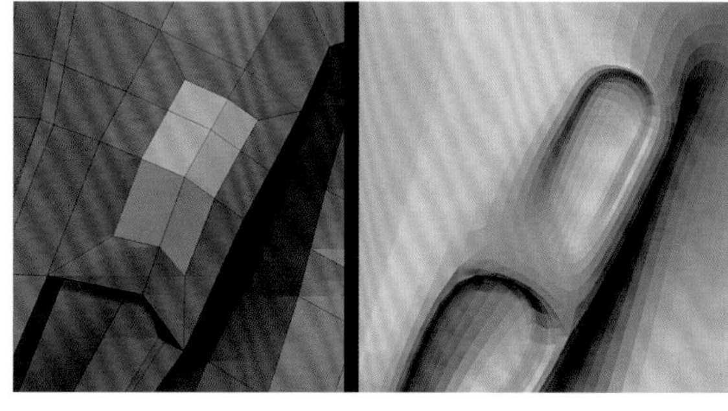

图5-209

在上面的较小凹槽内，制作出一个圆柱状的凸起，对这两个凹槽的边界进行倒角处理，将较小的凹槽内的圆柱体结构进行卡边，结果如图5-210和图5-211所示。

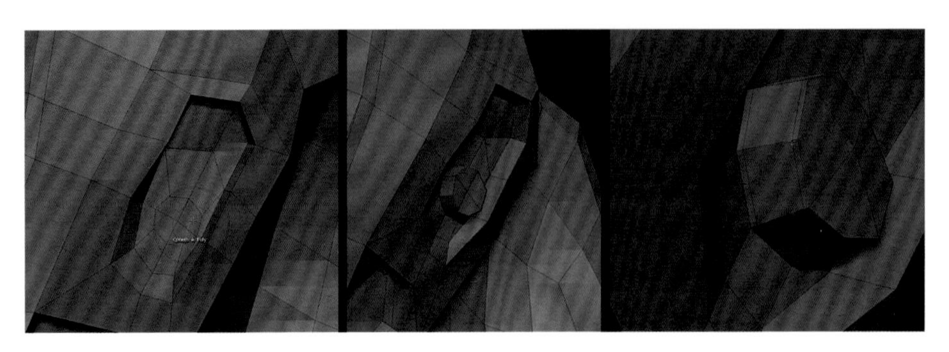

图5-210

图5-211

**2. 细化前部，增加侧面圆柱体结构**

根据粗坯我们还需要在前部结构上增加一个圆柱体结构。调整好线型后，增加圆形结构，然后对其进行QMesh挤压，在一个不完全平整的表面进行挤压的时候，往往我们得到的圆柱表面是不平整的，所以我们需要用ClipCurve笔刷进行平整，如图5-212所示。

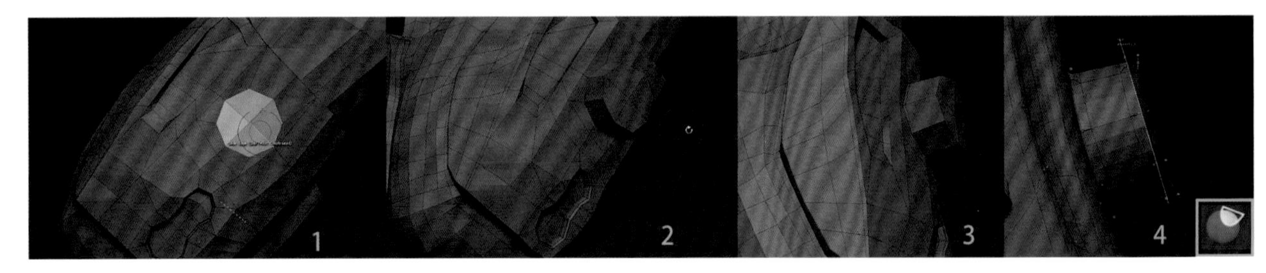


图5-212

接着对圆柱体进行倒角处理以及反复挤压，最终得到一个凸起的圆柱体结构，而此圆柱体的中心还有一个圆形的凹陷，如图5-213所示。

图5-213

在粗坯前部的侧面，有一个分层凸起，而凸起上还有一个圆柱形结构，现在我们就使用ZModeler工具去实现它。首先先对结构进行调整，反复调整形态，不要急于直接挤压出分层结构，如图5-214所示。

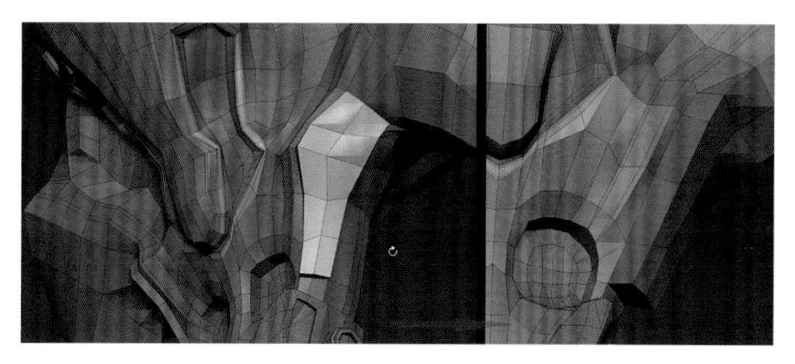

图5-214

隐藏一些结构，并用蒙版蒙住需编辑的结构部分，反选后加线，如图5-215所示。

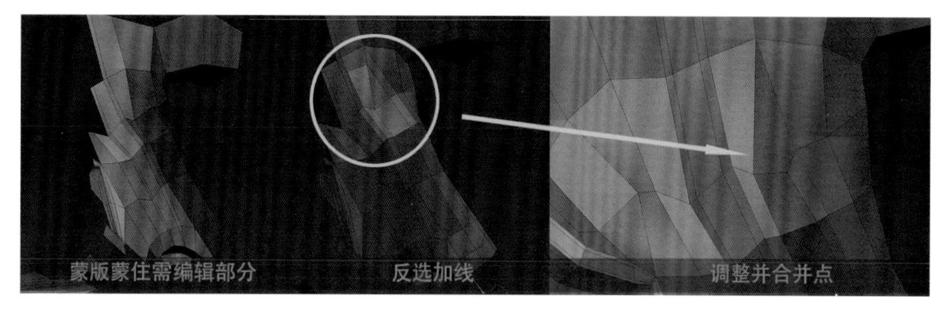


图5-215

在侧面加入圆形结构，将新加入的圆形结构面选中，然后向外进行挤压，挤压以后对圆柱面进行切割平整，如图5-216所示。

图5-216

反复对此圆柱形体进行挤压和倒角操作，最后进行卡线，平滑后得到如图5-217所示的效果。

图5-217

### 3. 整体调整

现在我们需要整体进行调整，以方便后续制作更复杂的结构。显示粗坯与肩颈部基础模型时，我们发现其中侧面的位置偏差较大，按现在的结构已经不能够进行后续结构的制作，因此我们将处于侧面层状凸起结构以外的部分使用蒙版进行保护，然后对此结构进行调整，如图5-218所示。

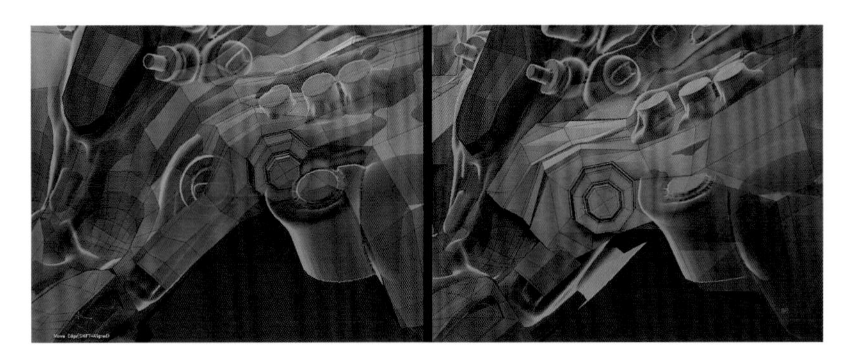

图5-218

调整完大结构后，我们发现有些以前卡边完成的结构会发生形变，所以我们在细部进行调节，如图5-219所示。

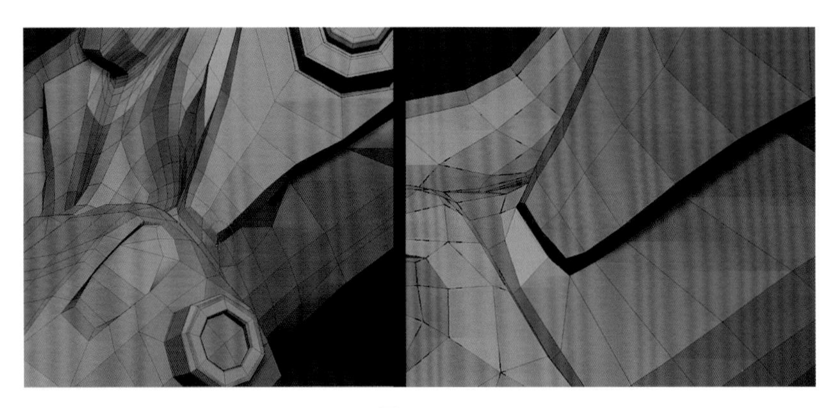

图5-219

调整好的侧面结构如图5-220所示，现在我们可以有足够的空间制作后续的结构。

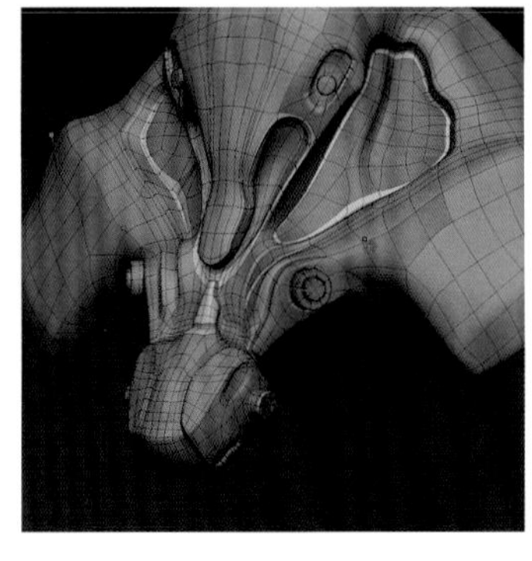

图5-220

### 4. 制作肩部圆形结构

大形体已经调整完毕，Goz到Maya当中后，我们需要在内窝的位置添加圆柱体结构，将圆柱体调整成如图5-221所示的形体。

然后进行位置和大小的调整，与肩部进行对位，如图5-222所示。

为了能够更好地对位，我们隐藏了圆柱体，对颈肩基础模型进行调整，如图5-223所示。

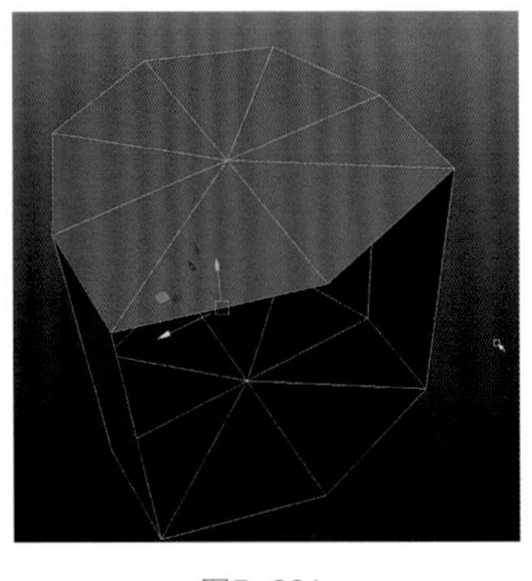

图5-221

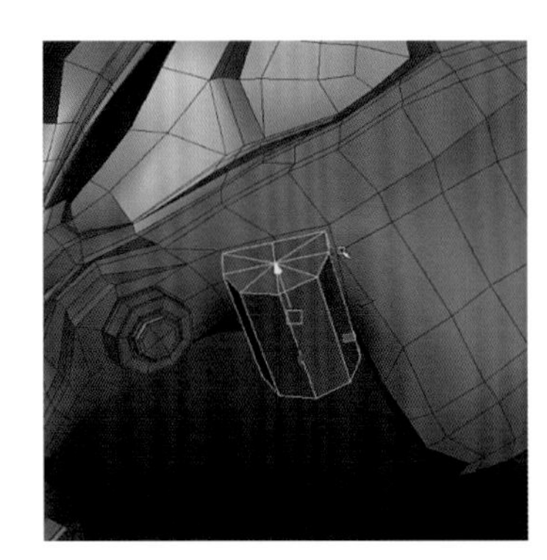

图5-222

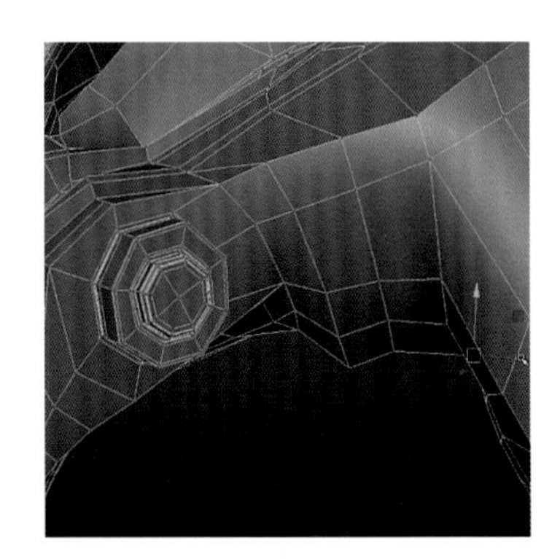

图5-223

此时显示圆柱体，增加环线，与肩部的线进行一一对应。分别删除圆柱体和基础模型的部分面，将二者合并在一起，这时就可以进行点对点的焊接了，焊接完毕后在Maya当中按3键进行平滑的预览，得到如图5-224所示的形体。

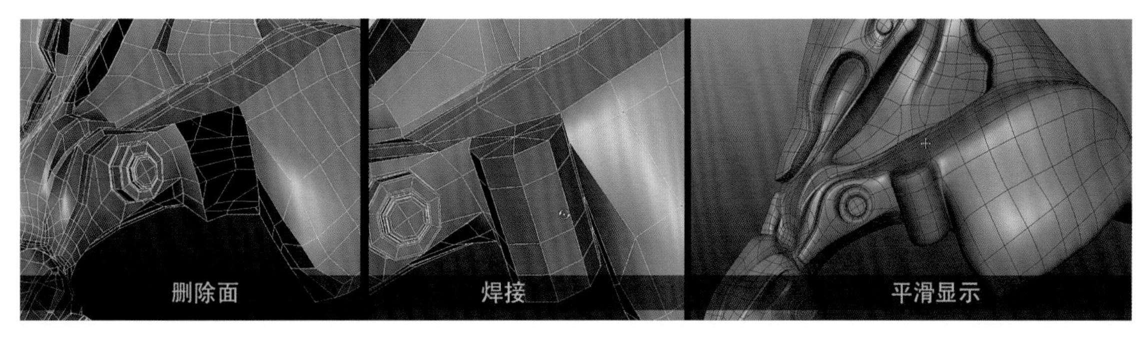


图5-224

对圆柱体上部的面进行卡线处理，并对周围的线进行整理，如图5-225所示。

图5-225

在肩部有一个台体，其末端是个弧形的轮廓，我们在Maya当中进行切线等调整。Goz回ZBrush后，在平滑预览的状态下对台体的弧形轮廓进行调整，如图5-226所示。

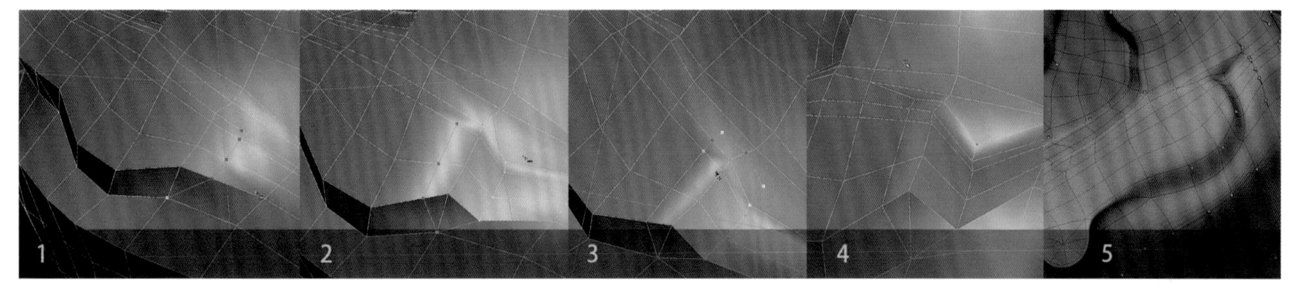


图5-226

回到Maya，我们对台体进行边缘的卡线，这样可以使台体的边缘更加硬朗。Goz回ZBrush以后进行区域蒙版，在台体的底部加线，使结构更加明显，如图5-227所示。

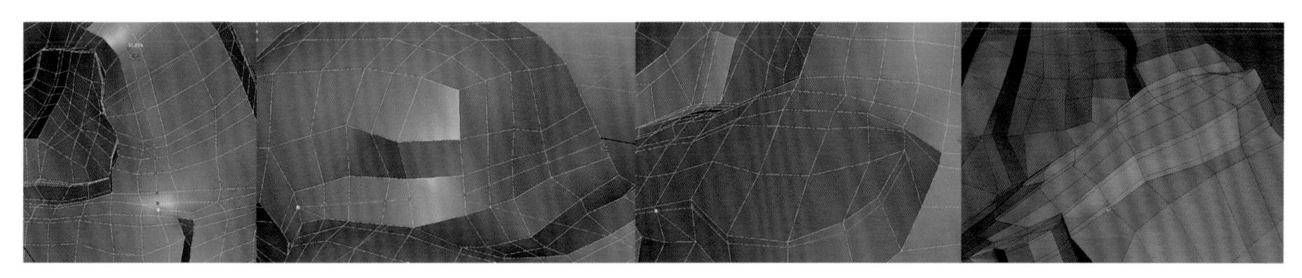

图5-227

在圆柱体的顶端插入圆形面，然后进行QMesh的向下挤压，经过反复地挤压和卡线，结果如图5-228所示。

在肩部插入3个圆形面，作为未来从头部连接至颈部的管线接口，现在挤压出管线接口，如图5-229所示。

我们发现从前面绕到的线分布不均，而且有的地方过于密集，因此我们Goz到Maya当中进行精简，效果如图5-230所示。

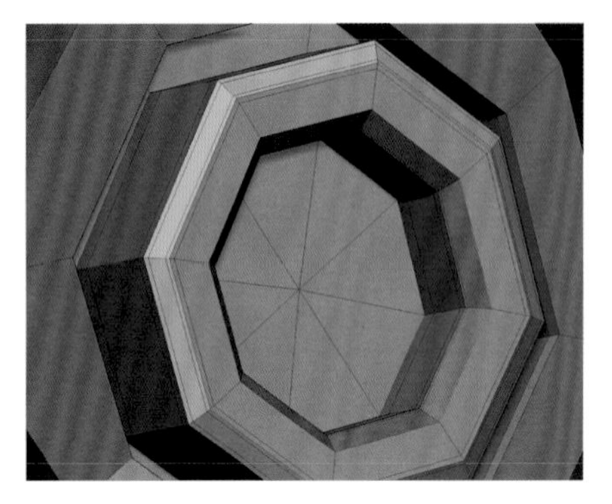

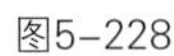

图5-228

图5-229

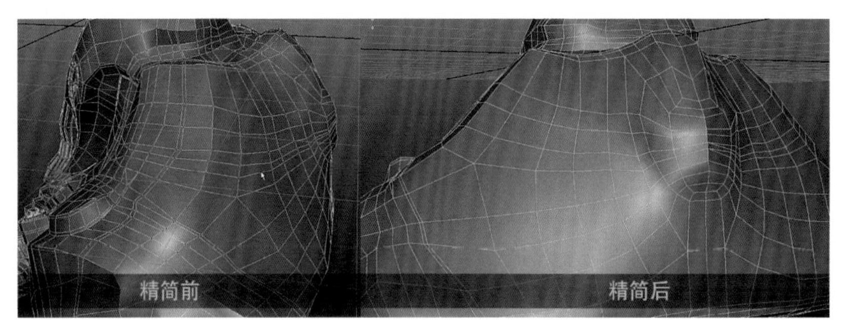


图5-230

现在观察后背凸起的结构，布线也是有问题的，没有从上面一直向下顺延，因此在Maya当中进行改线。如图5-231所示，左侧为正确线型，注意左右对比。

Goz回ZBrush以后，对照粗坯进行形体调整，如图5-232所示。

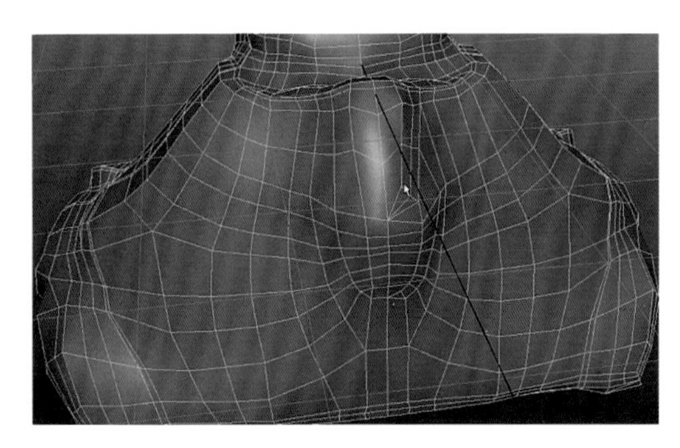

图5-231

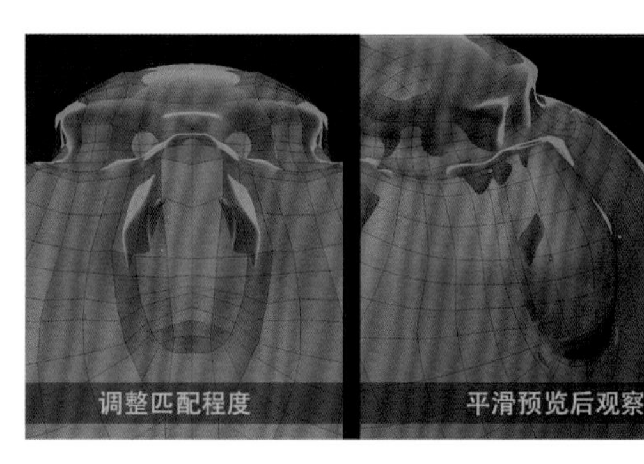


图5-232

选择后背凸起的部分面进行Inset操作，然后向内挤出一个凹陷结构，如图5-233所示。

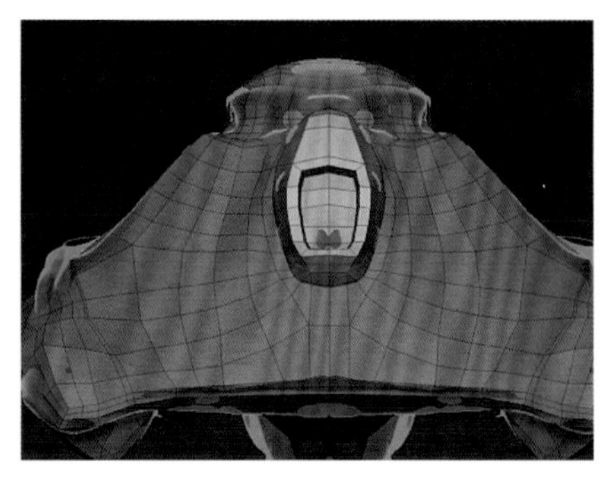

图5-233

在Maya中对凸起结构进行卡边，如图5-234所示。

Goz回ZBrush以后，应用Mirror And Weld命令，将改好的线的一侧对称复制至另外一侧，如图5-235所示。

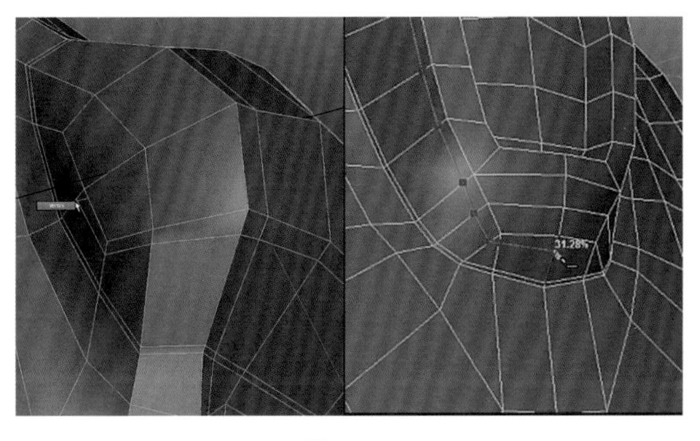

图5-234

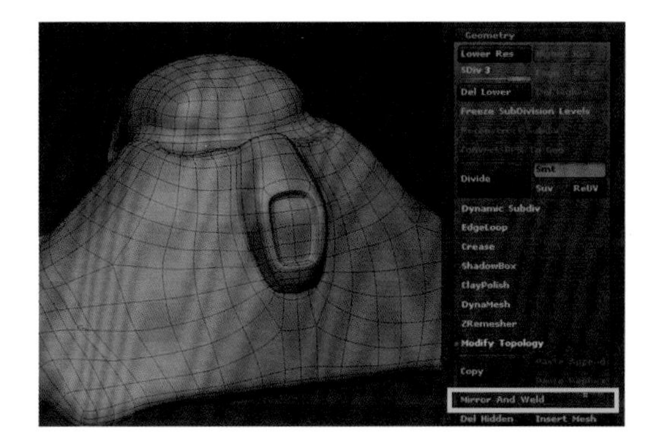


图5-235

通过观察，我们发现肩部的平整度不是很好。在平滑预览的状态下，我们使用切割笔刷从顶部对肩部进行平整，如图5-236所示。

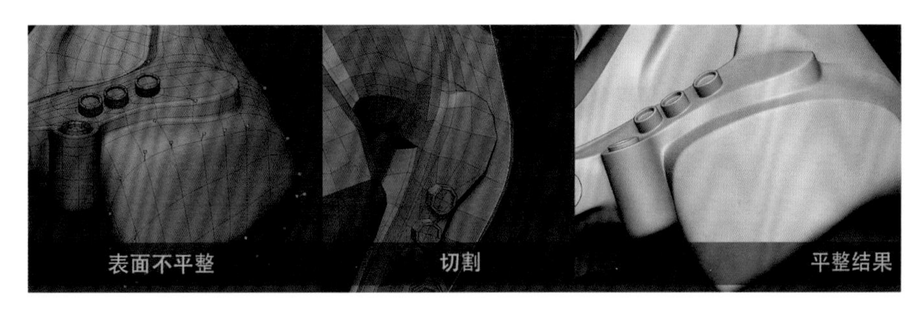


图5-236

我们发现前部和底部的表现都不是很硬朗，因此我们在肩部的前面跟底部进行切割，然后在侧面使用Smooth笔刷对侧面进行平整，如图5-237所示。

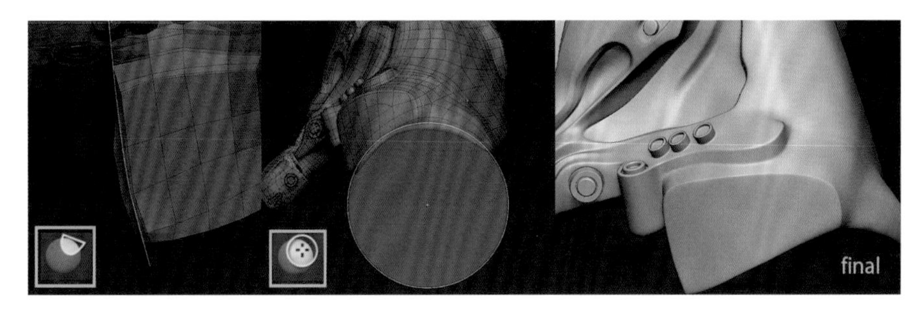


图5-237

在后颈部，我们发现线的走势并没有完全地从后面理顺到前面，需要进行改线，将线从后面一直顺到前面去，如图5-238所示。

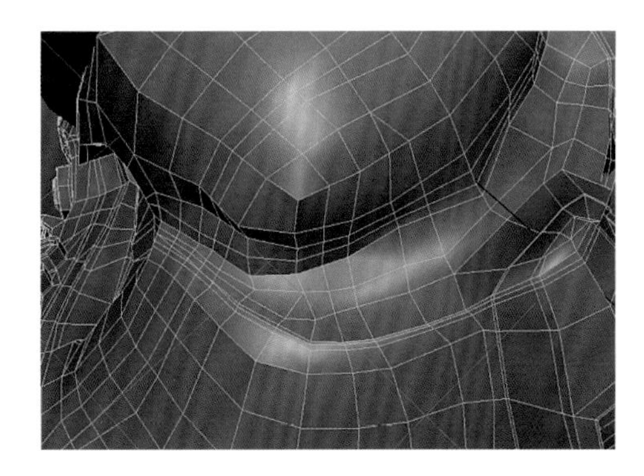

图5-238

平滑显示后，Goz至ZBrush中，我们在后颈部选择部分面，如图5-239所示。

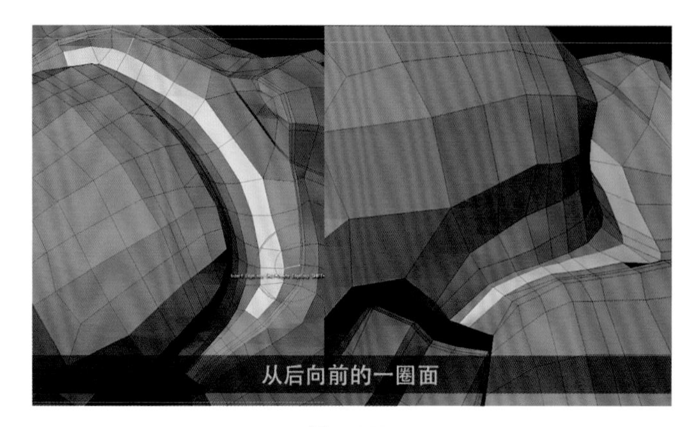


图5-239

然后使用QMesh向下挤压，然后回到Maya并在凹槽边界进行卡线，如图5-240所示。

回到ZBrush，使用Smooth笔刷对表面进行平整，平整完毕后的效果如图5-241所示。

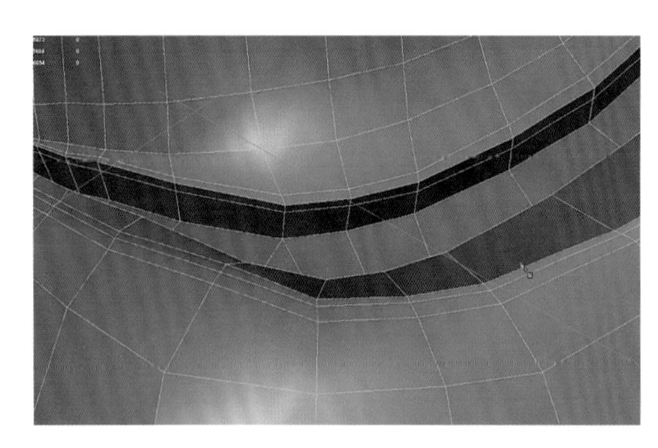

图5-240

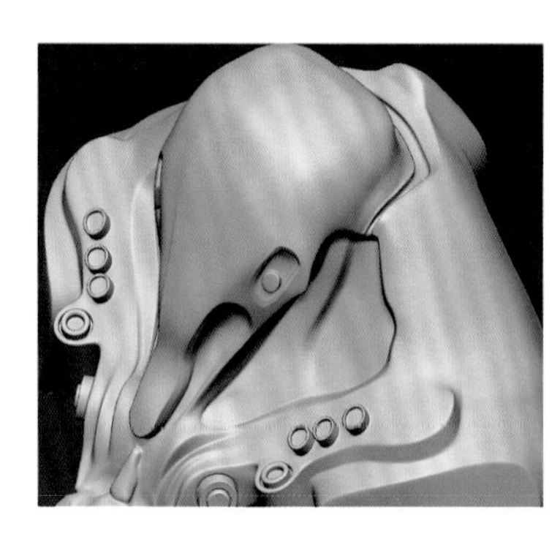

图5-241

至此，肩颈结构大体已经制作完毕。

**5. 细化前部凸起结构**

现在，我们要在前部结构的基础上增加细节。平滑预览后，我们发现前部中间的位置缺乏结构细节，选中中央凸起结构两侧的面，对该区域进行QMesh处理，如图5-242所示。

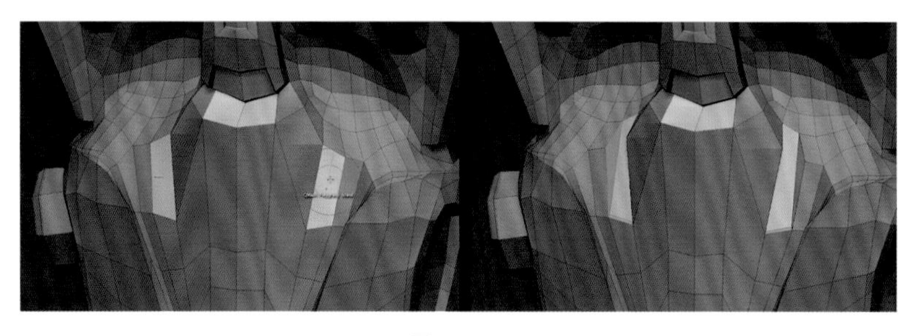

图5-242

选中中间部分局部的面，然后进行挤压，如图5-243所示。

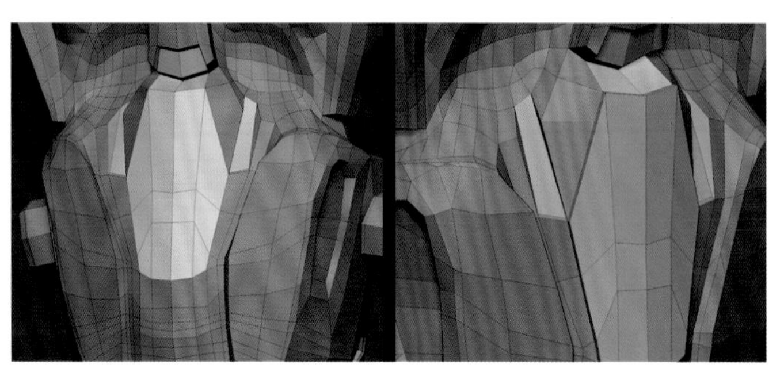

图5-243

沿着新制作好的结构向下选择一系列的面，进行Extrude挤压操作，这时可以看到在前部的结构中制作出一个槽，选择槽体中间的面，向内进行QMesh操作，加深了槽的立体感，如图5-244所示。

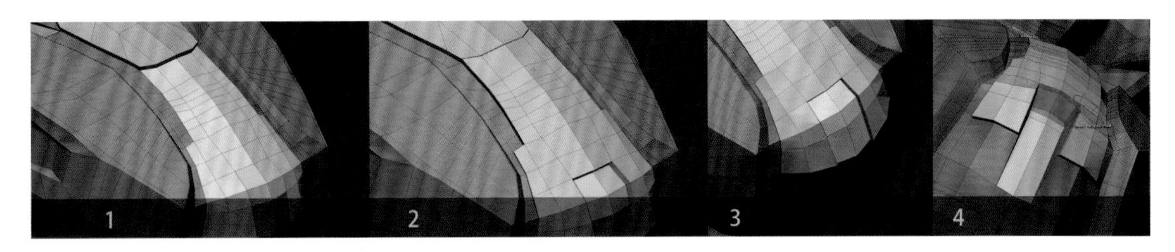


图5-244

现在需要对新制作出的结构进行卡线，但是ZModeler的复杂卡线功能及整合功能并不好，因此依然Goz到Maya当中进行修改。我们对各个结构边依次进行卡线处理，在不影响其他结构的前提下，使新制作出的金属边界变得清晰、硬朗，如图5-245所示。

图5-245

现在，我们来制作肩部凹陷区域的管线，首先制作出一个管线接头，如图5-246所示。

图5-246

然后将此接头进行复制，调整新接头的位置。注意，两个接头的位置要稍微错开，然后将两个接头进行合并。在面级别下使用桥接命令，将鼠标或者数位笔横向或者纵向移动，以调整管线的密度以及曲度关系，调整好的结构如图5-247所示。

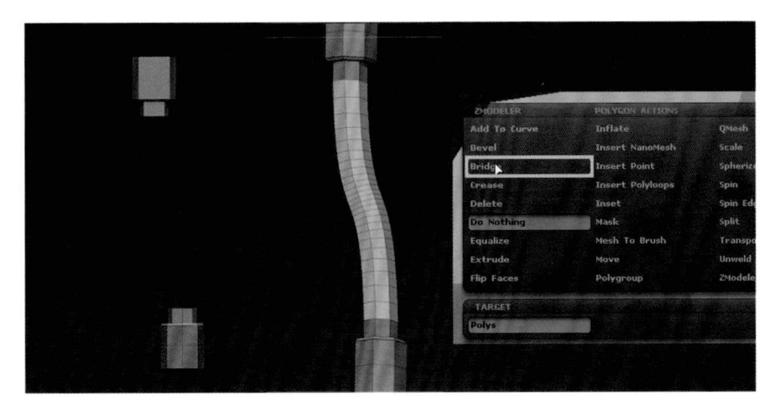


图5-247

对接头进行卡线以后，与粗坯的管线进行对位，然后复制另外两个管线。单独显示管线和肩颈部构件，调整它们之间的位置关系，然后将管线进行左右的复制，制作好的形体如图5-248所示。

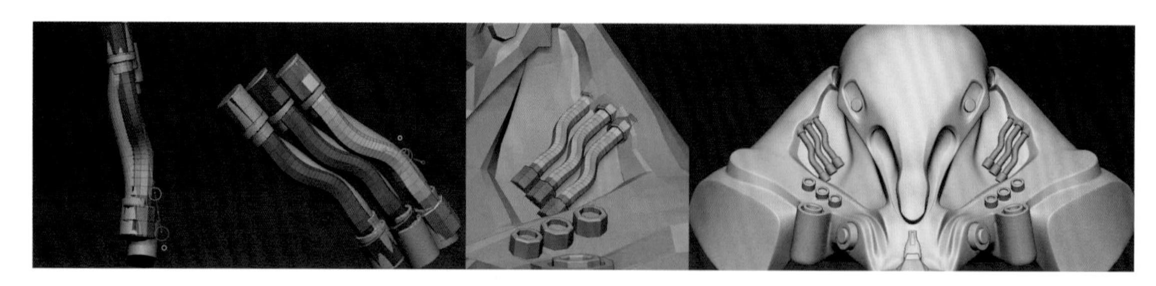

图5-248

## 5.3.9 制作肩窝处零件

### 1. 制作凹槽内的平板状零件

现在我们调出原有粗坯，在凹槽内我们使用蒙版，在凸起的零件区域进行绘制。然后我们对该区域进行Extract（提取）操作，对提取出来的形体进行Relax以后进行一次ZRemesher操作，如图5-249所示。

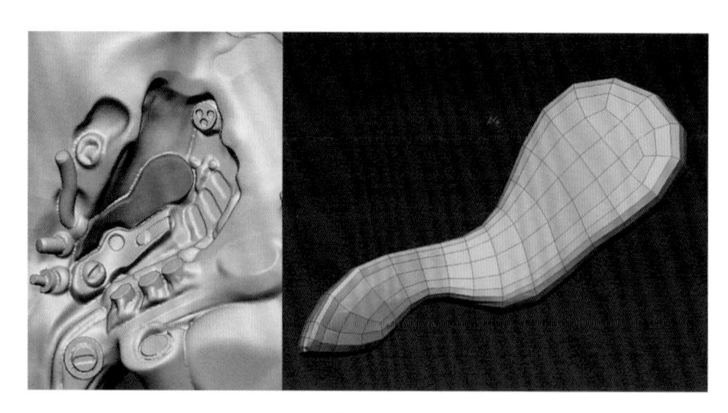

图5-249

由于ZRemesher操作并不能得到非常严谨的布线，我们将该形体Goz到Maya当中。选择一定区域的面，反选后进行删除，对保留下来的面进行挤压操作；选择该形体厚度上的面，再次进行挤压；而后选中所有的面，对面法线进行翻转处理，如图5-250所示。

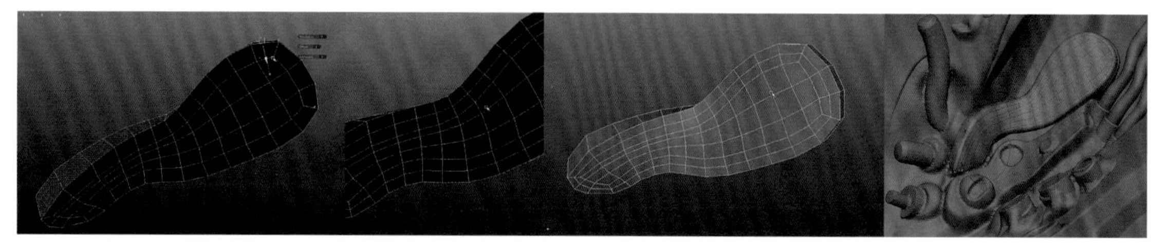

图5-250

Goz到ZBrush当中后，我们对该零件的边线进行倒角处理，然后对倒角进行加线，接着在此零件的后部使用点级别的Split功能加入圆形结构。在相反的一侧，在点级别下单击相应的点，可以得到一个大小一致的圆形结构。利用QMesh打一个圆洞，在孔周围卡线，在平滑预览模式下得到的结构如图5-251所示。

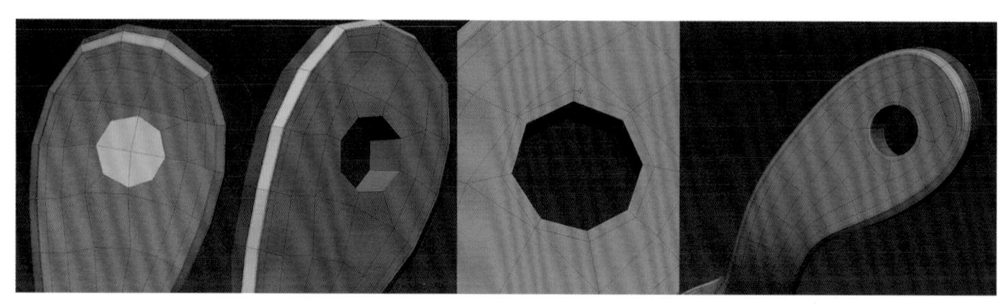

图5-251

现在我们来制作另外一个零件，其大体思路与上一个零件一致，但是有些部分在提取后可能会发生扭曲等问题，这时需要对基本结构进行修整，修整完毕的结构使用ZRemesher进行重构，如图5-252所示。

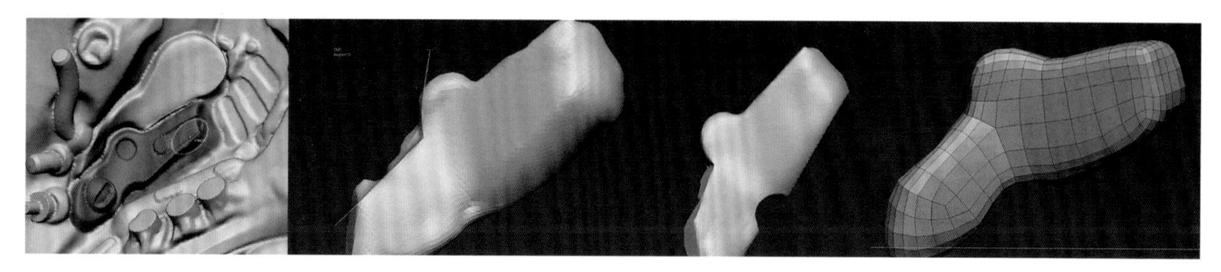

图5-252

Goz到Maya后，我们需要对其中的一些面进行改线，这样可以保证边缘的流畅，如图5-253所示。

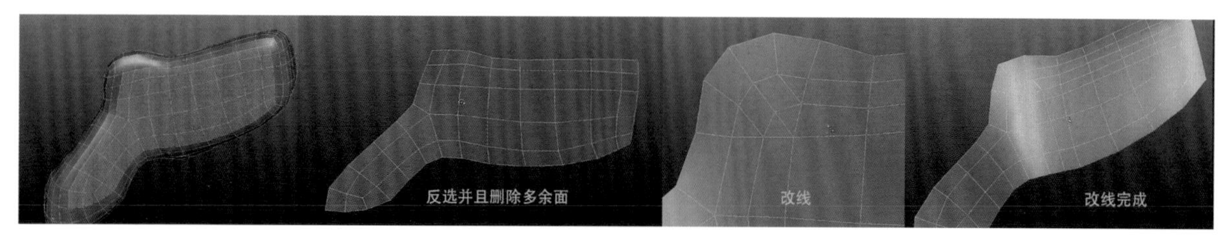


图5-253

挤压出厚度，Goz回ZBrush以后，我们对照粗坯进行形态调整，在边缘为零件增加倒角，如图5-254所示。

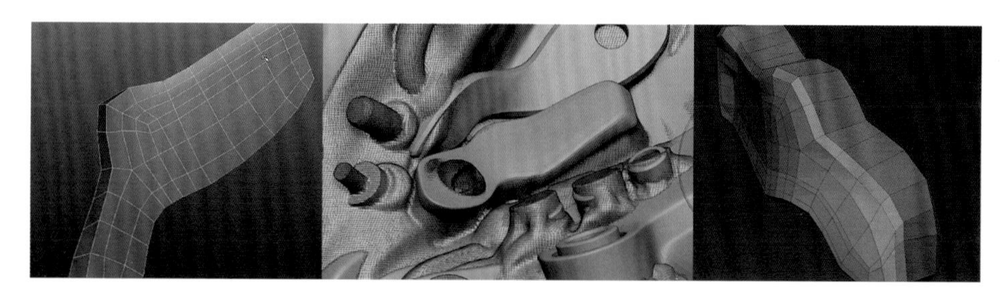

图5-254

然后我们在零件前部挖槽，增加一个圆柱体结构，如图5-255所示。

图5-255

前部再增加一条凹槽，最终效果如图5-256所示。

图5-256

### 2. 制作球形连杆

继续制作凹槽内的零件，这次我们制作的是一个带有球形关节的连杆，为了保证我们制作的物体和粗坯的球形连杆能够很好地吻合，我们复制出粗坯的连杆，将其调整至场景中央，而且使其呈现直立状态，如图5-257所示。

加载一个球体，在球体上选择顶部的部分面；进入点模式，然后用移动工具调整面的形状，让面与圆柱体的底面一致；在面模式，使用Extrude工具向下挤压3次，效果如图5-258所示。

然后选择圆柱体，在底面进行卡线，对圆柱体上部的结构进行挤压、倒角及卡线操作，如图5-259所示。

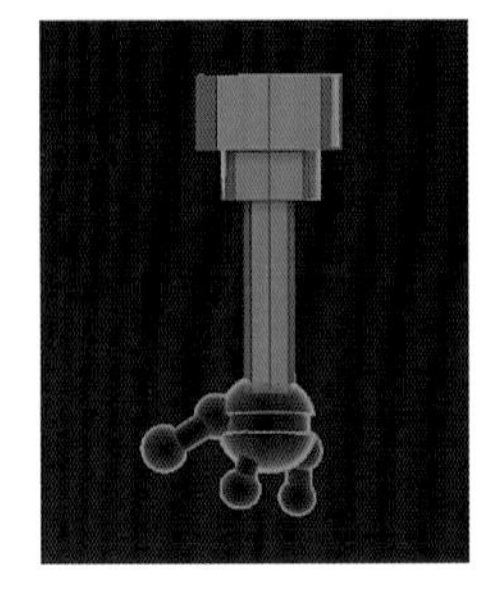

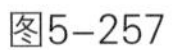

图5-257

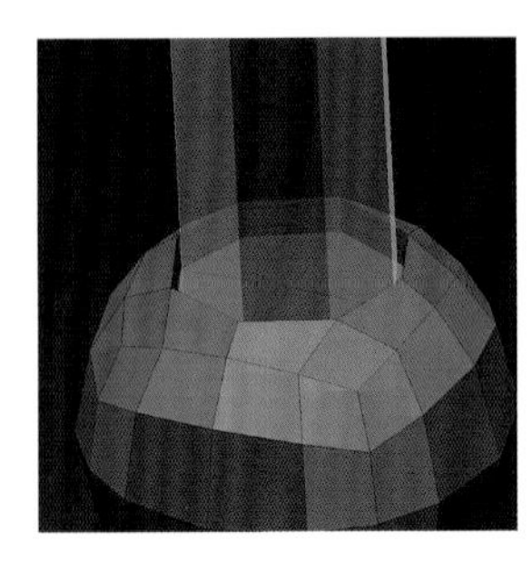

图5-258

图5-259

下面我们来制作连杆下面的3个小关节。首先，将已经制作好的带有凹槽结构的圆形零件进行复制，然后我们选中凹槽内部的面进行挤压，如图5-260所示。

复制该形体，然后将复制后的形体按照$y$轴进行镜像，然后将两个形体进行合并，删除面，进入边级别，选择Bridge，目标选择Two Holes，将两个形体连接在一起，如图5-261所示。

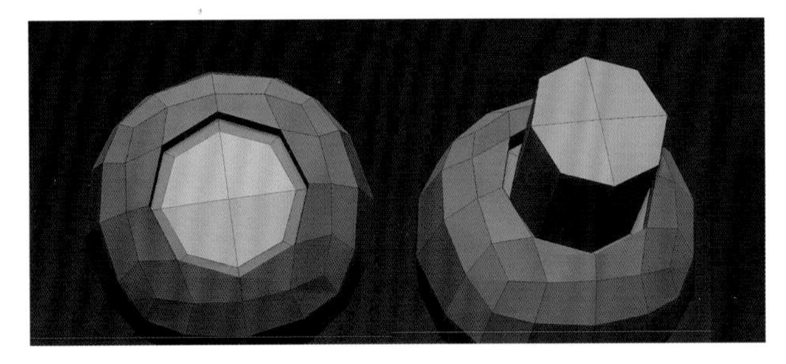

图5-260

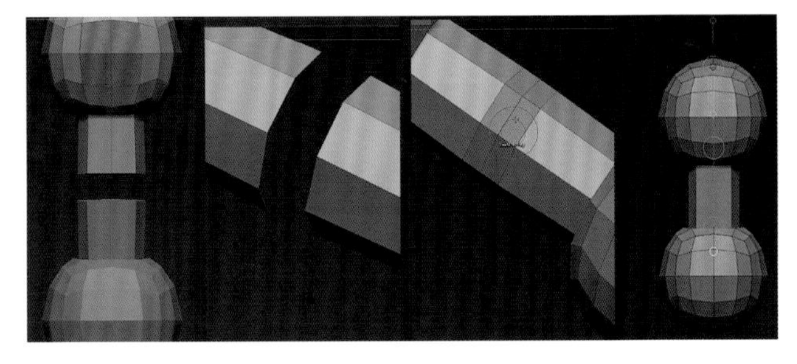

图5-261

对线进行精简后，将完成后的形体进行复制，然后与粗坯的响应结构进行对位，如图5-262所示。

图5-262

现在，合并所有的连杆物体，将该物体与粗坯的连杆结构进行对位。最终，显示肩颈部基础模型，得到如图5-263所示的形体。

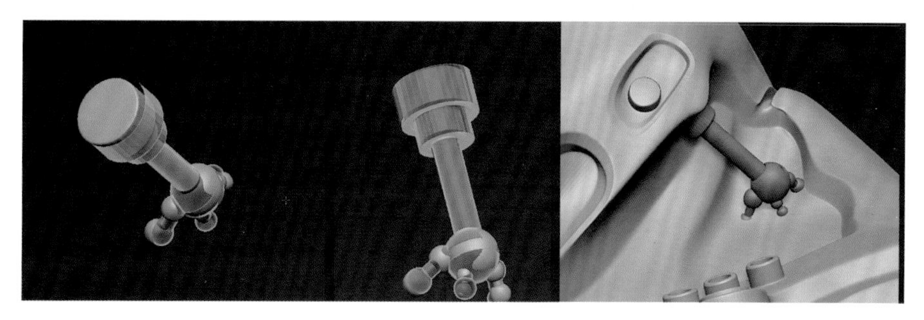

图5-263

### 3. 制作管线连接基座

观察粗坯，在颈部凹槽的上面有一个三线接头的基座，此基座连接的管线通到上方结构的底面。我们使用一个圆柱体来制作这个结构，首先在圆柱体顶面插入一个圆形结构，然后在3个点上依次利用点级别的Split（拆分）工具插入圆形结构，如图5-264所示。

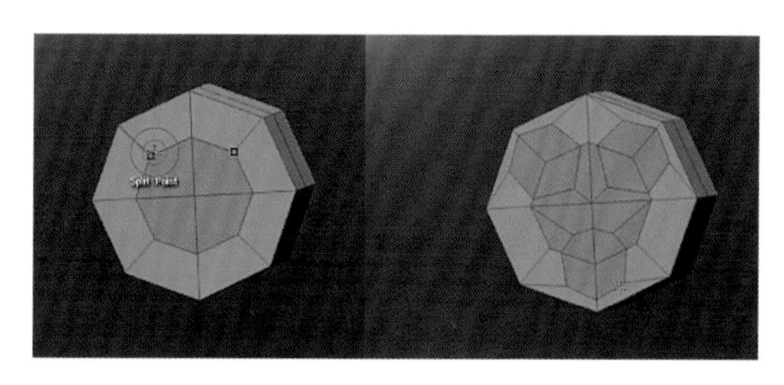

图5-264

经过调整以后，我们对这3个圆形结构向内挤压，然后对圆形凹陷结构卡线，将此零件调整后摆到对应粗坯的位置上，如图5-265所示。

显示出粗坯的管线结构，此结构会成为我们制作精细管线结构的参考，使用Curve Tube在此管线上划线，这样可以省去大量调整的时间，如图5-266所示。

图5-265

图5-266

经过调整，确定形体后单击空白处，确定圆柱管线的形态，然后将此物体分离成独立的物体，使用相同的方法制作另外两条管线，制作完毕后的效果如图5-267所示。

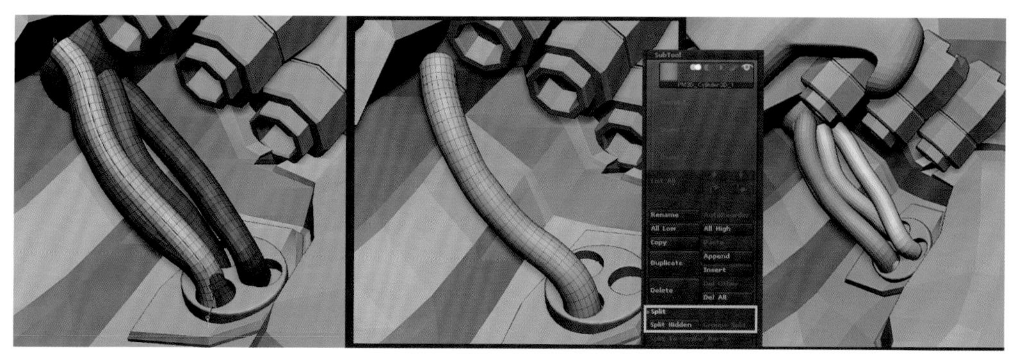

图5-267

现在我们来制作管线底部与基座相连位置的结构。首先选中部分与基座较为靠近的面，然后挤压出厚度，如图5-268所示。

图5-268

然后，在靠近凸起的位置加线，选中环形面向内进行挤压，制作出凹槽，如图5-269所示。

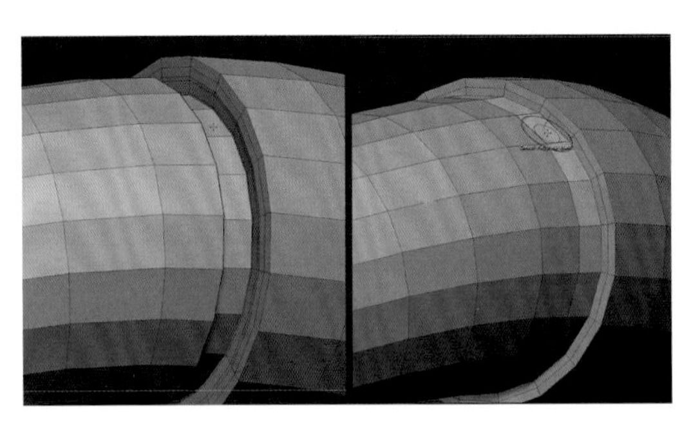

图5-269

对其他的管线也制作同样的结构，在管线的上部也同样制作出凸起结构，此时三条管线制作完毕，如图5-270所示。

颈部与头部的连接处有3条非常漂亮的管线，这3条管线增加了肩颈部的结构层次，我们将连接头部的管线接口零件与肩部进行合并，如图5-271所示。

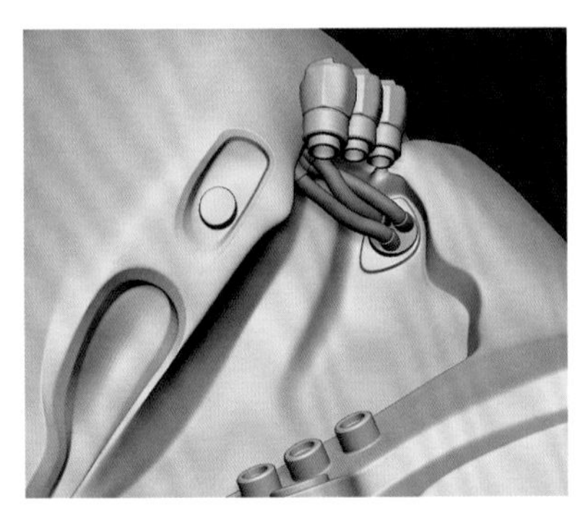

图5-270

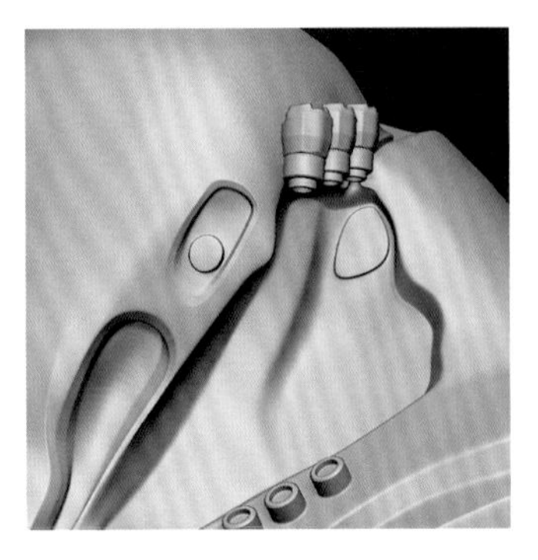

图5-271

然后，将接口处的面进行删除，如图5-272所示。

图5-272

这样做是为了我们使用边级别的Bridge进行两个结构之间的桥接，在桥接的过程中注意调整弯曲度与管线的网格密集程度，经过接口之间的桥接，我们得到了如图5-273所示的结构。

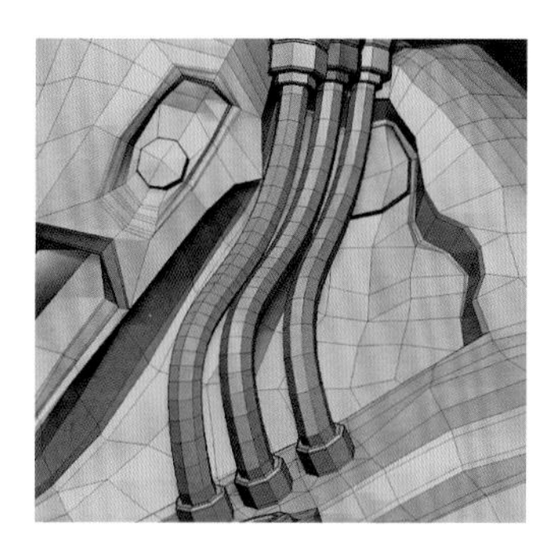

图5-273

将其他零件全部显示，稍稍调整管线的形态，使管线与其他结构不产生穿插，从而得到良好的位置关系，如图5-274所示。

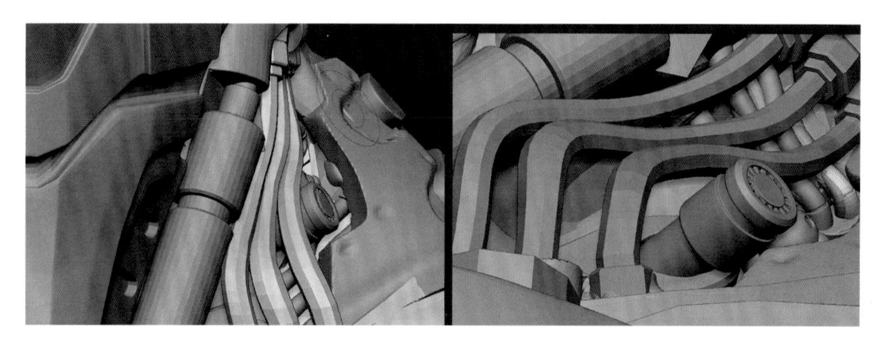

图5-274

## 5.3.10 制作护甲

### 1. 制作前部V形护甲

首先，我们将前部的V形护甲粗坯进行调整，让其与肩部结构的连接更加紧密，使用ZRemesher重构护甲，如图5-275所示。

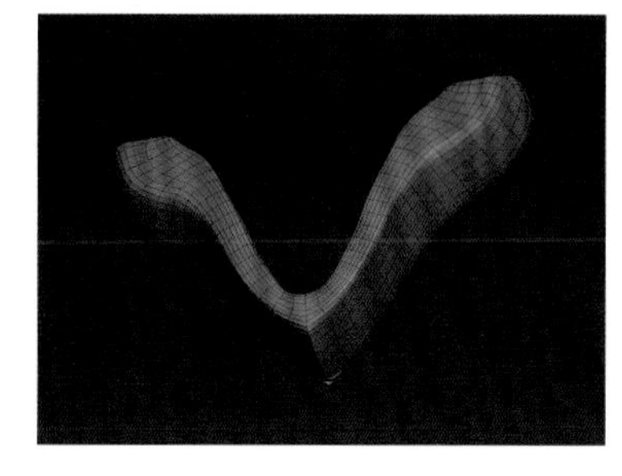

图5-275

然后Goz入Maya，选择部分要保留的面，反选后将其他的面进行删除，对剩下的面进行改线，如图5-276所示。

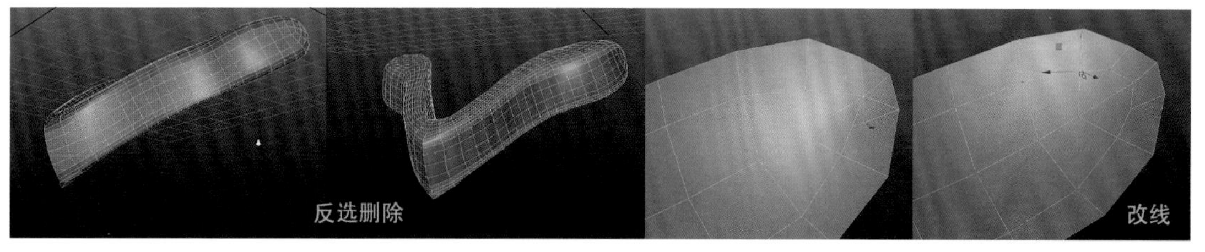


图5-276

现在对称复制面，然后将两个结构结合起来，并对重合点进行焊接，如图5-277所示。

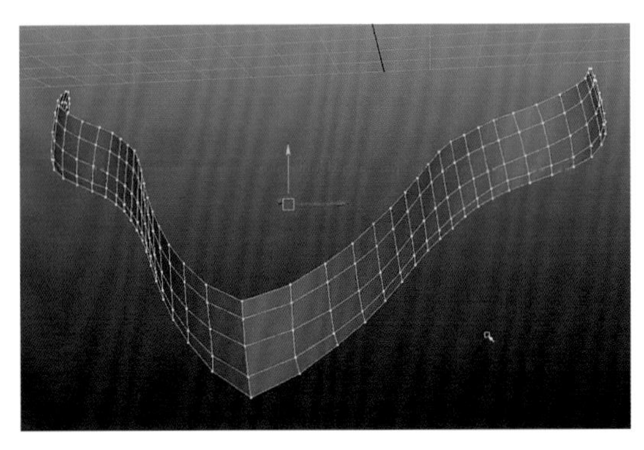

图5-277

然后选中所有面挤压出厚度，选中顶部和底部的环面进行挤压，翻转法线，导入ZBrush，对照粗坯结构进行形态调整，如图5-278所示。

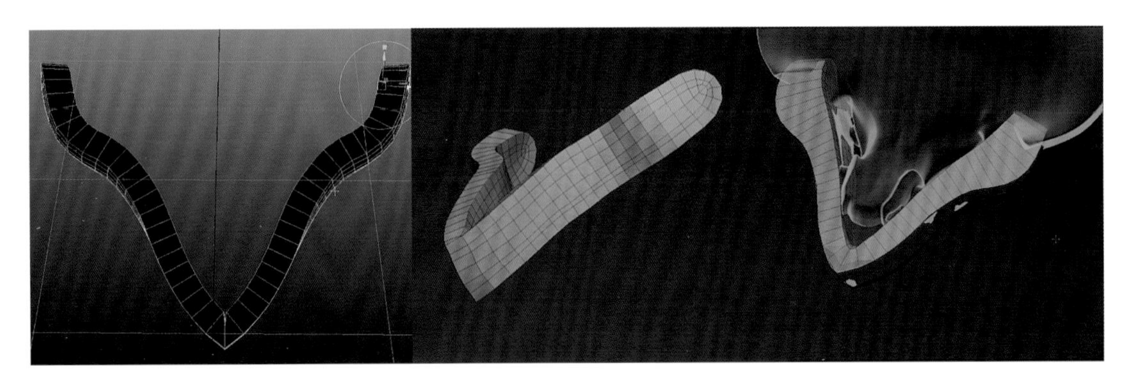

图5-278

在外边界和内边界增加倒角形体并对其卡边，在护甲侧面添加凹槽，如图5-279所示。

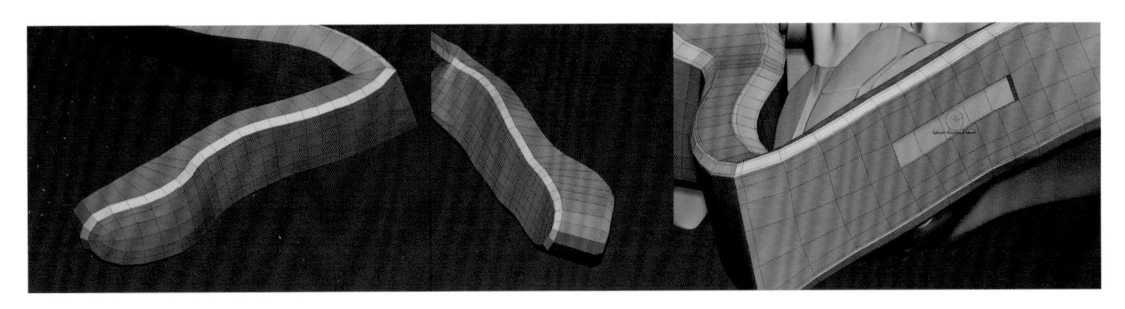

图5-279

将其他零件全部显示，平滑预览后的结构如图5-280所示。

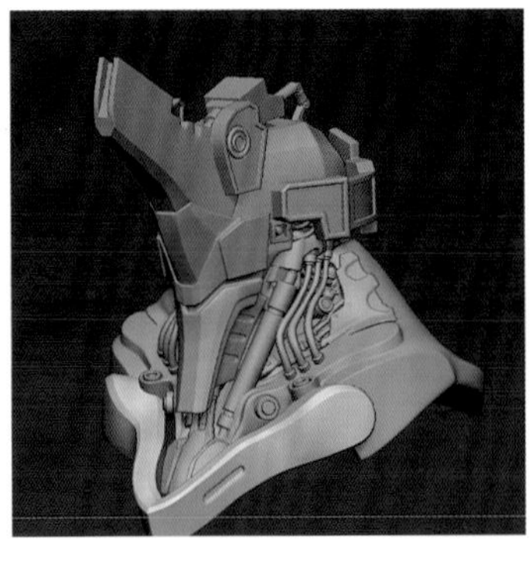

图5-280

### 2. 制作肩部小甲片

在肩部位置有一个小甲片，连接后面的护甲。在这里，我们使用一个Cube物体通过挤压和切线进行形体制作。将加载的Cube物体经过调整与甲片初步对位，如图5-281所示。

然后逐步加线调整，在此过程中可以使用QMesh去掉一些结构，经初步制作以后得到如图5-282所示的结构。

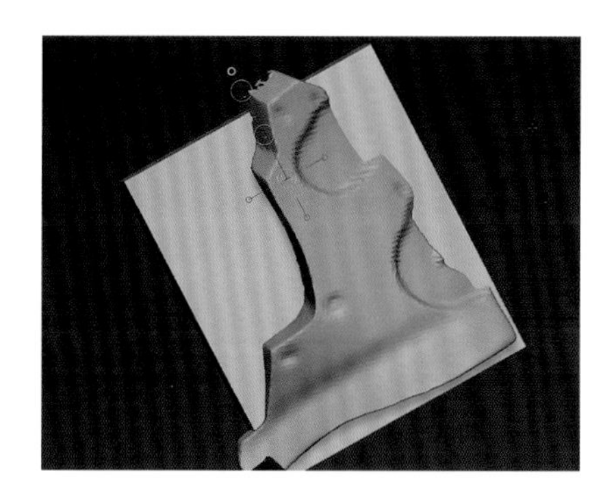

图5-281

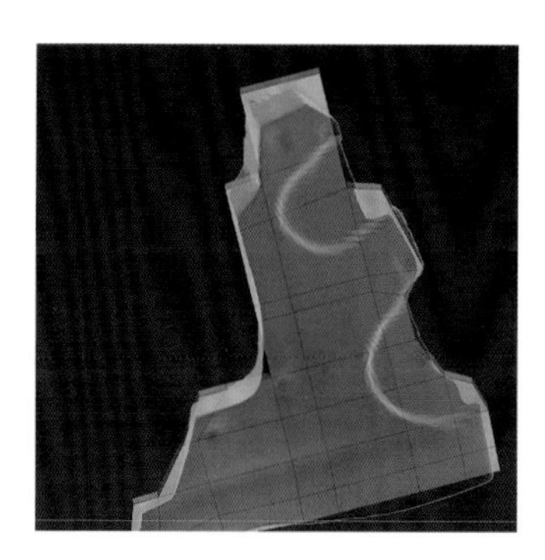

图5-282

在平滑预览模式下，从各个角度对形体进行调整。从底部观察，制作出一个平滑的弧形表面，如图5-283所示。

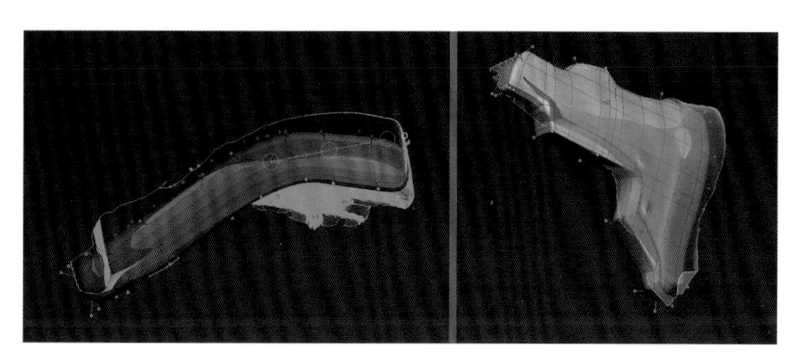

图5-283

现在，选择甲片下部的面进行挤压，如图5-284所示。

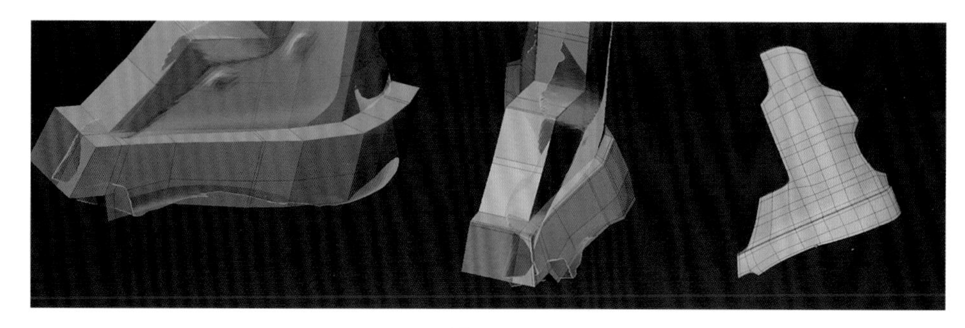

图5-284

对转折的位置进行卡边，并且调整甲片表面线型的疏密程度，平滑预览后的效果如图5-285所示。

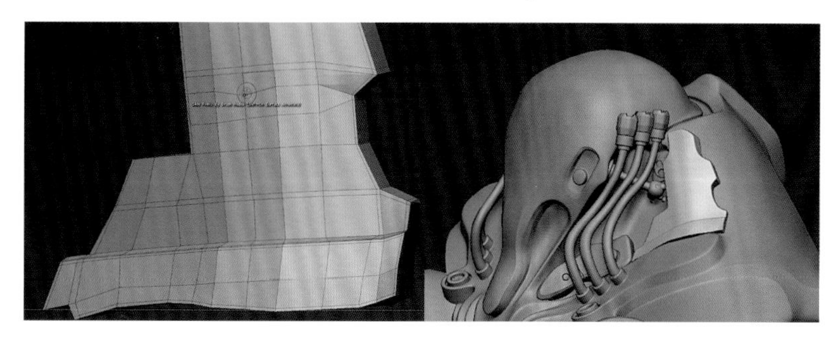

图5-285

在肩部中央偏后的位置有一个甲片，上面附着两个连接构件，对这个甲片的制作沿袭制作肩窝处零件的方法，绘制蒙版、提取、重新布线、Goz至Maya中重新制作厚度。具体的制作步骤在这里略过，过程如图5-286所示。

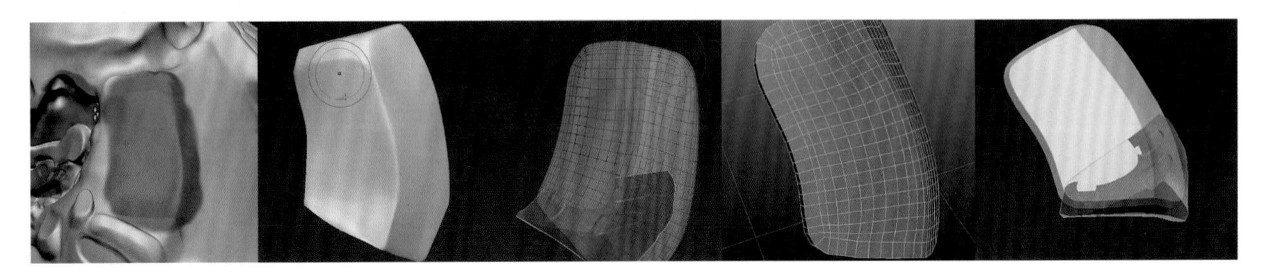

图5-286

### 3. 制作甲片连接件

在肩部有两个负责连接和加固的零件，如图5-287所示。

考虑到其两头都是圆形边缘，我们采用圆柱体作为起始结构，加载进一个圆柱体。经过调整，我们将其放置在连接件粗坯的顶端。然后在激活移动工具的前提下，按住Ctrl键，移动复制另外一个圆柱体，调整位置，如图5-288所示。

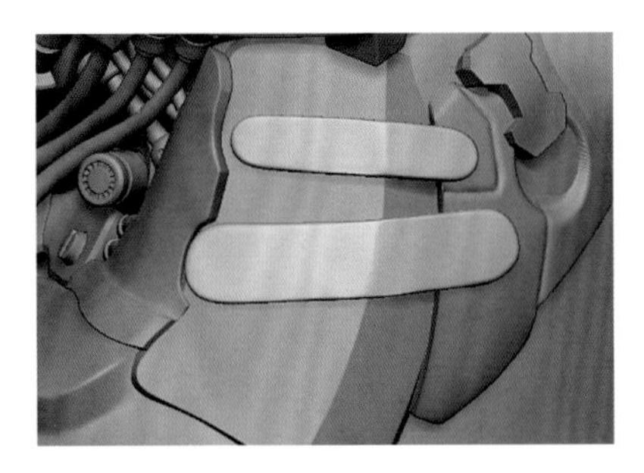

图5-287

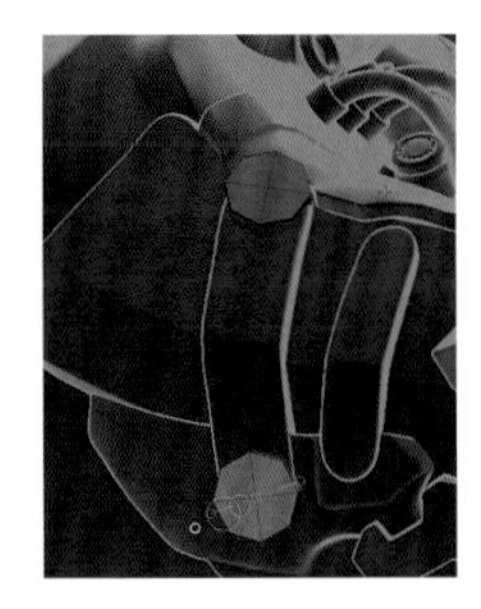

图5-288

接下来我们删除两个圆柱相对的面，使用边的Bridge命令，将两个圆柱体连接起来，如图5-289所示。

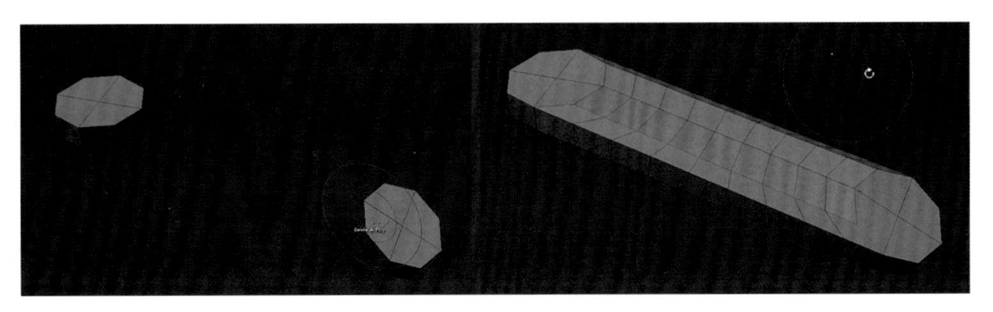

图5-289

现在将中间所有的线去掉，然后参考粗坯结构，使用切割分组工具从顶部进行切割，如图5-290所示。

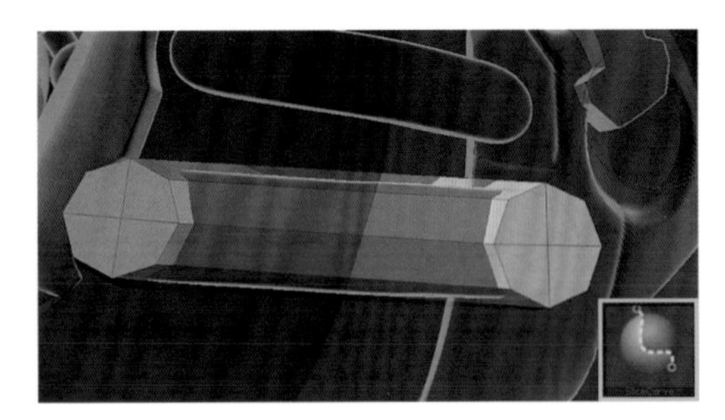

图5-290

经过对结构进行精简，在结构的上部制作出同心圆结构，对下部也进行同样的操作，得到的形体如图5-291所示。

图5-291

现在复制出一个零件，调整至与第2个连接件相一致，如图5-292所示。

但现在的楞线位置还不对，我们Goz到Maya当中，改线后将中线去掉，如图5-293所示。

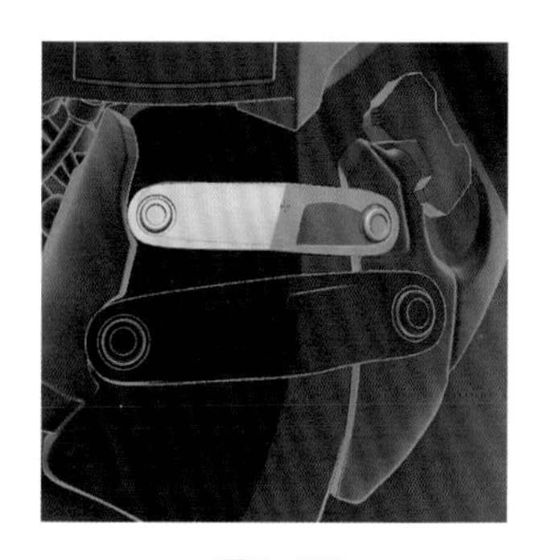

图5-292

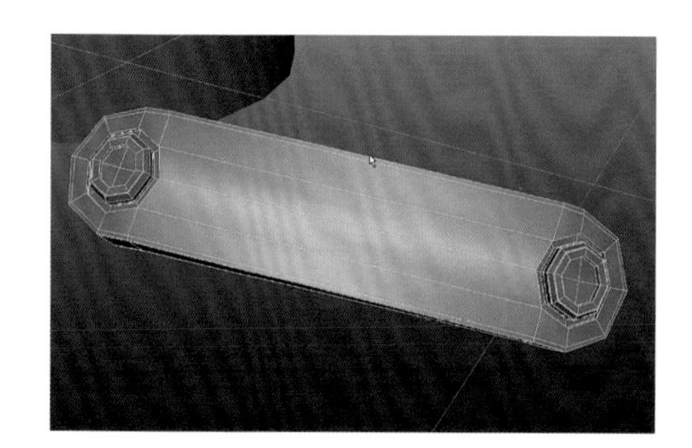

图5-293

然后回到ZBrush后，比对粗坯切割出楞线，调整完毕后两个连接件的位置和形态如图5-294所示。

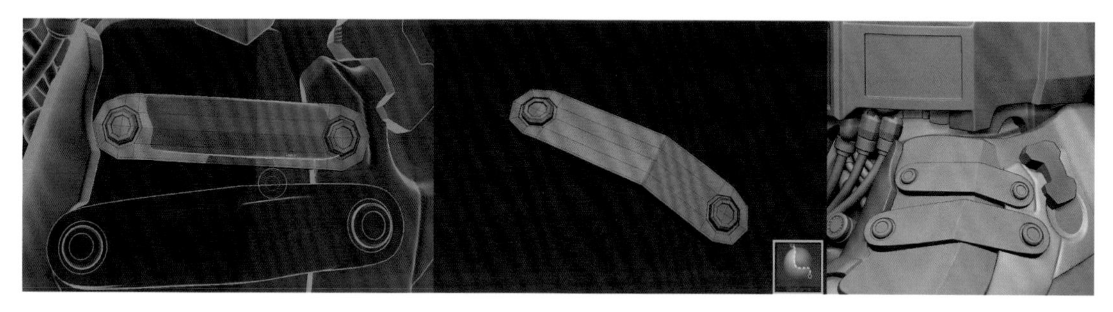

图5-294

**4. 制作后背卡扣的小零件及后背护甲**

在背部凸起结构和连接构件之间有两个翼状甲片，将甲片进行复制，然后对其进行平整，将一些小结构和凹陷全部去除，只留下基本的大结构，如图5-295所示。

将Resolution的值设置得低一些，比如0.2，对该结构进行ZRemesher处理，如图5-296所示。

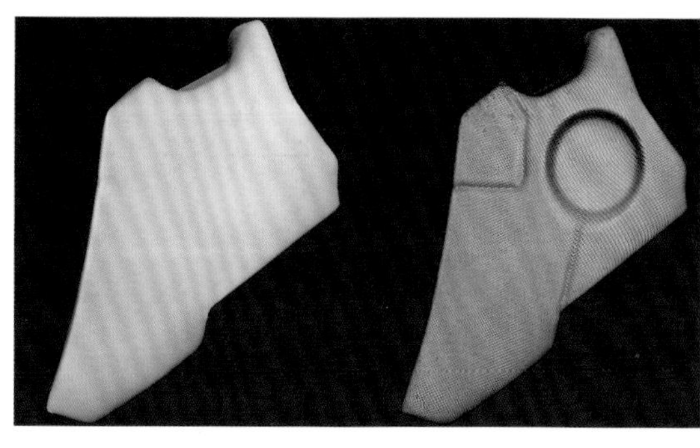

图5-295

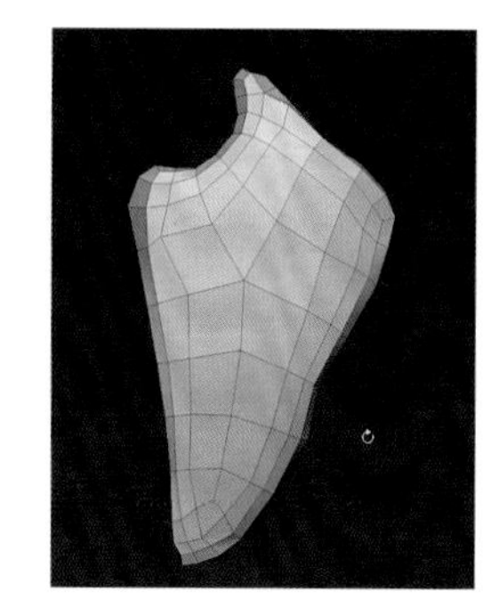

图5-296

保留布线较为规则的部分，选中余面并删除，再将剩余面片进行挤压，制作出厚度，如图5-297所示。

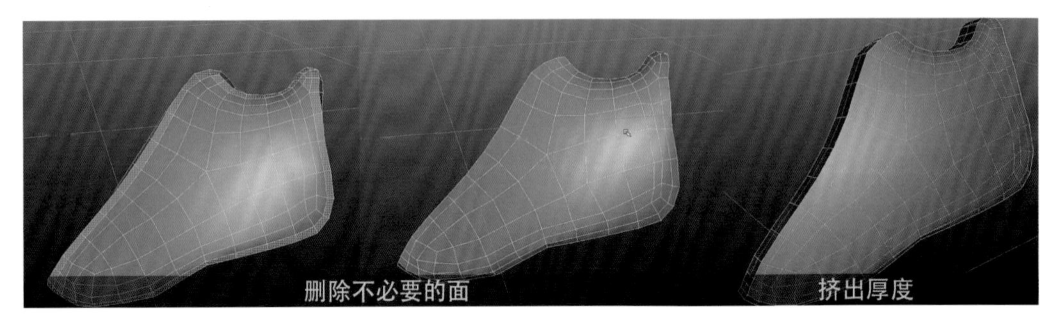


图5-297

对模型的边角部分进行改线，便于未来的卡边操作，如图5-298所示。

图5-298

现在对甲片进行卡线，Goz到ZBrush当中后，对表面的一些不平整位置进行Smooth，我们得到了如图5-299所示的结构。

我们新制作好的甲片凹槽位置还缺少一个卡扣的零件，那么我们使用Cube制作一个卡扣的零件，由于制作较为简单，基本只是利用QMesh的工具进行挤压、加线，过程就不在此呈现，制作完的卡扣如图5-300所示。

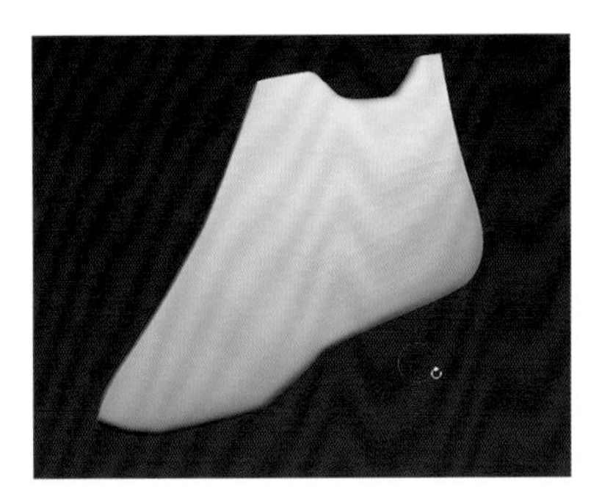

图5-299

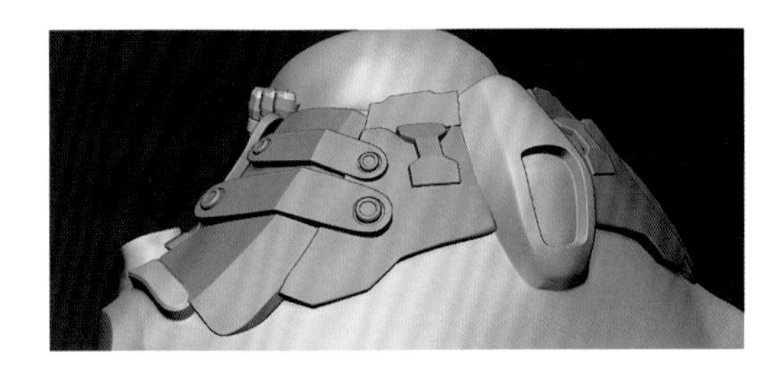

图5-300

现在我们开始制作背部的厚护甲，在这里我们仍然用一个Cube起手，通过QMesh进行挤压，并对点、线、面进行位置的调整，制作出后背护甲的基本结构，如图5-301所示。

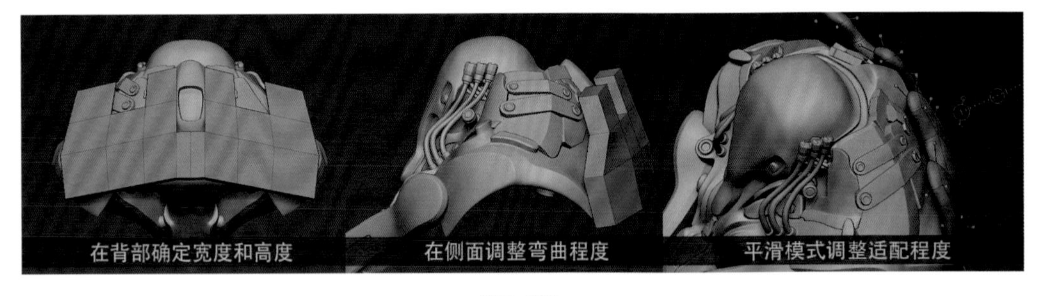


图5-301

选择后背部分面向外挤压，如图5-302所示。

对新挤出的部分进行卡线，然后平滑预览，如图5-303所示。

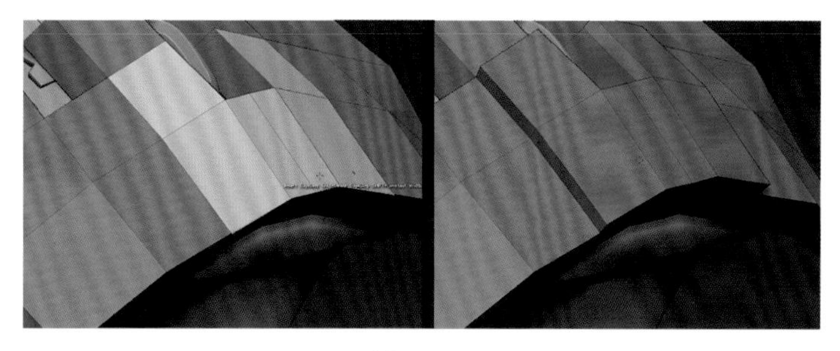

图5-302

在侧面注意调整点、线、面，让护甲结构与肩部较为紧密地结合在一起，如图5-304所示。

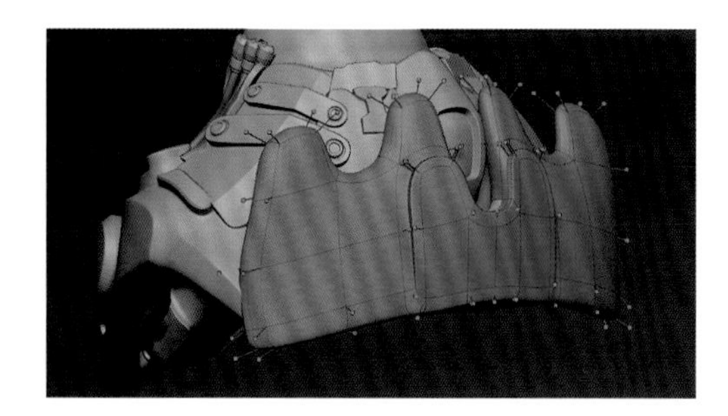

图5-303

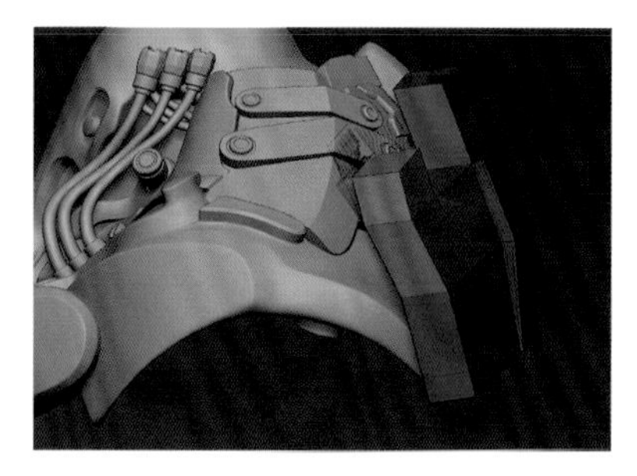

图5-304

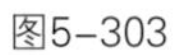

接着在结构上进行卡边，使后面的护甲结构棱角分明，平滑预览后如图5-305所示。

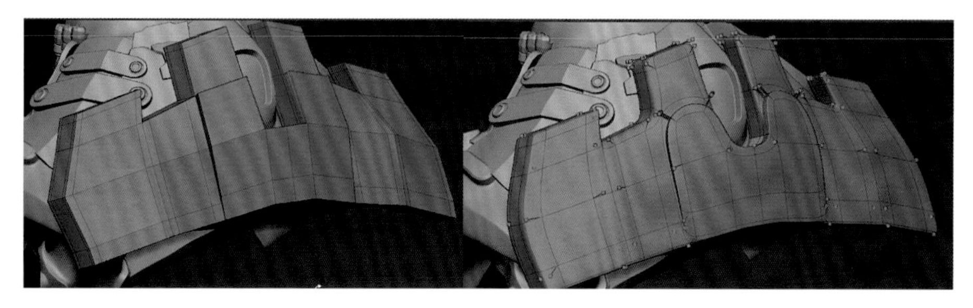

图5-305

现在选中护甲部分面，向内进行挤压，卡线并平滑后制作出两个弧形的凹槽，如图5-306所示。

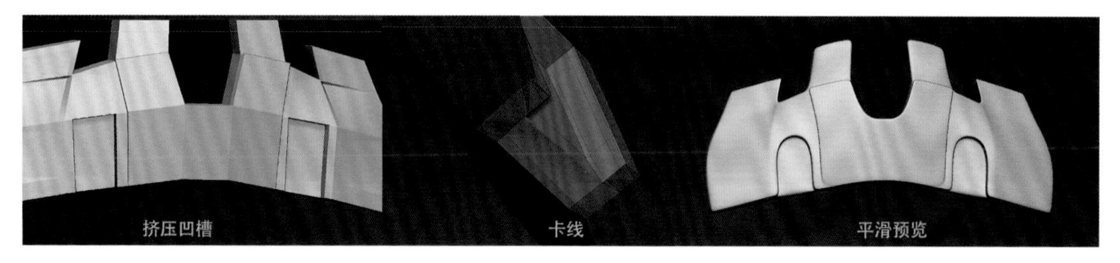


图5-306

在护甲的中间制作出圆形的凹槽，通过反复挤压制作出同心圆的结构，平滑预览后的结构如图5-307所示。

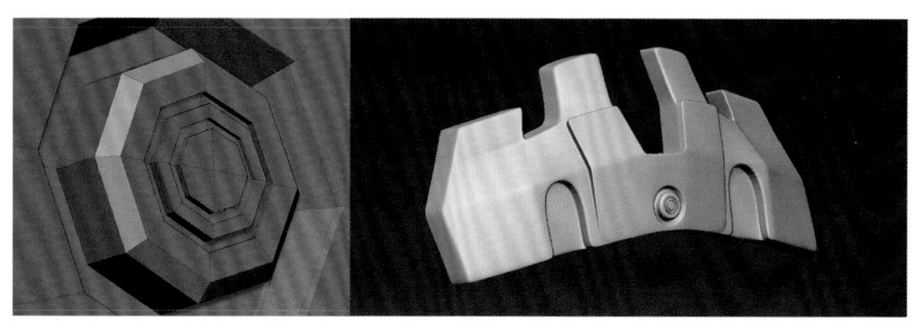

图5-307

### 5. 制作肩部卡扣细节

对照粗坯观察，我们在肩部的位置还需要制作一个卡扣的结构，以便将肩部的甲片牢牢地固定住，如图5-308所示。

图5-308

首先对照粗坯，我们将肩部结构进行调整，以方便后面的制作。选中台体顶端的面进行QMesh挤压，调整后使用Collapse将线进行整理，如图5-309所示。

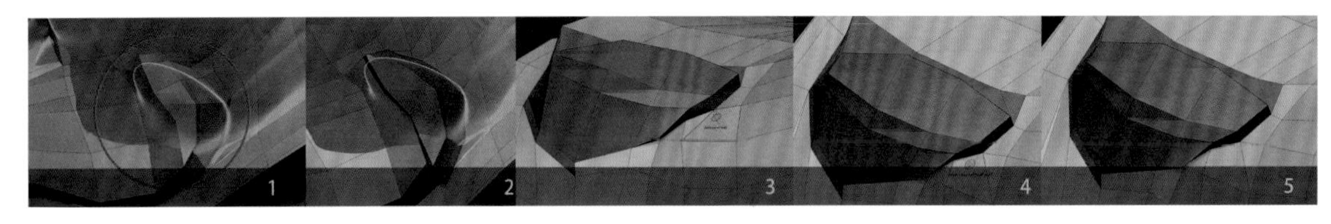


图5-309

为了快速地进行改线和卡线，我们将肩部模型Goz至Maya当中对其进行改线，如图5-310所示。

图5-310

Goz回ZBrush以后，显示肩部甲片，选中部分面进行Inset操作，对部分点、线进行整理，然后向内挤压，如图5-311所示。

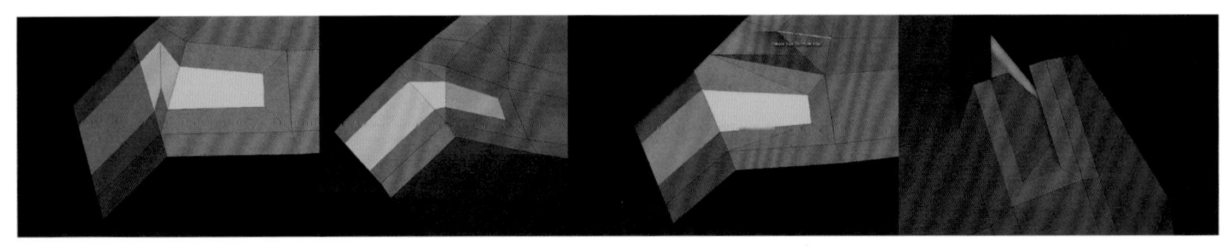

图5-311

现在我们已经得到了一个卡槽，在卡槽周围进行卡线处理，预览后如图5-312所示。我们可以看到卡槽与甲片产生了穿插，现在我们在卡槽中间加线并进行调节，最终结构如图5-313所示。

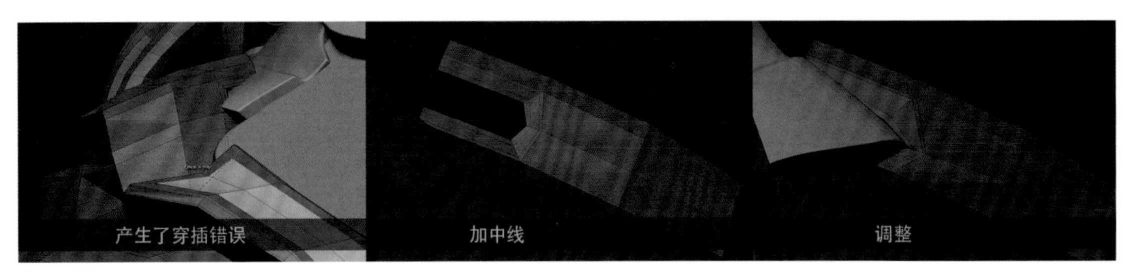


图5-312

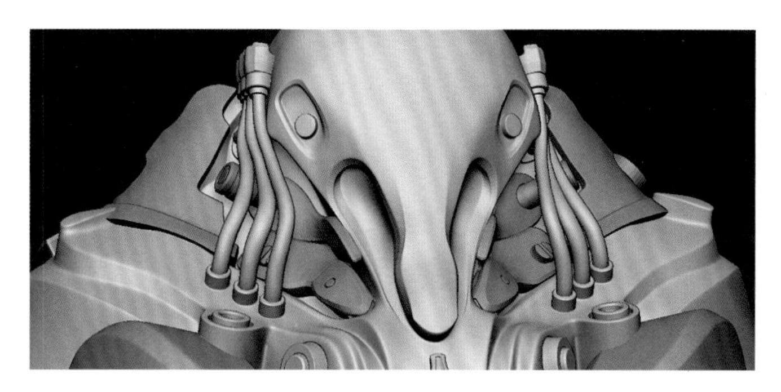

图5-313

# 5.4 制作模型细节

## 5.4.1 雕刻头冠细节

接下来，我们学习怎样用不同的方法制作机体表面的细节。在机体表面，有些细节是不能够直接利用ZModeler或者Maya制作出来的，原因有两个，第一，太费时间，不够经济；第二，我们如果用卡线制作，很多细节会聚集在一起，很难修改，可以说是不可能完成的任务，因此我们使用ZBrush来制作，利用其强大的造型能力，使用较为快捷的方法丰富细节。

丰富细节的方法有以下几种：① 使用Alpha进行细节丰富，是在ZBrush当中常用的方法。而且使用不同的Alpha配合不同的笔画可以制作出很精致的效果，在本书当中所用到的Alpha均可在相应章节中找到。使用不同的Alpha配合DragDot制作出不同的效果，如图5-314所示。② 利用Stroke菜单当中的设置制作出具有直线效果的笔刷，利用直线笔刷制作结构当中的分隔线，如图5-315所示。

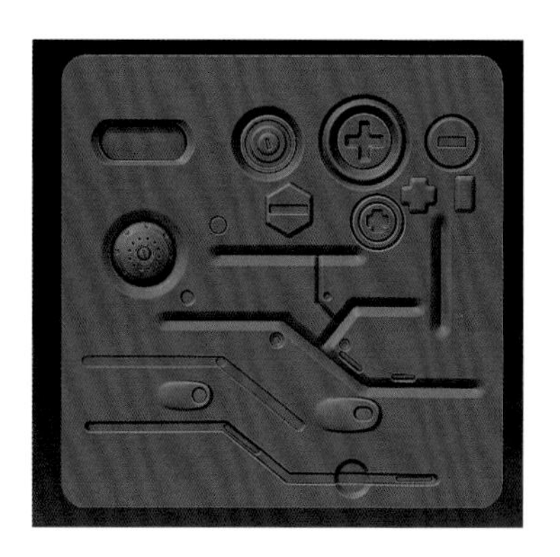

图5-314

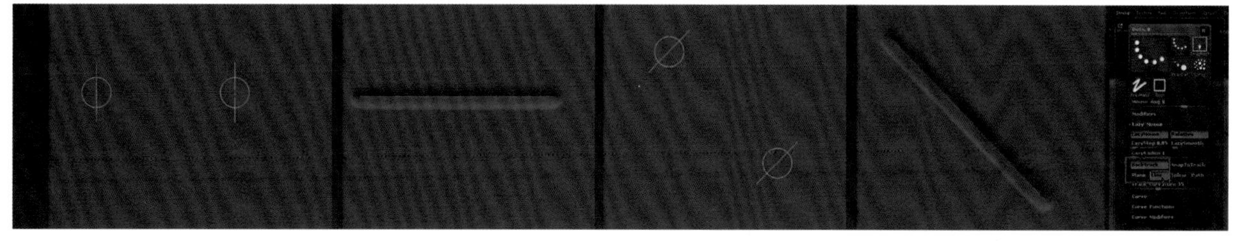

图5-315

我们已经掌握了丰富细节的基本方法，那么接下来我们需要注意在丰富细节的时候不要让细节表现得特别满，要根据结构进行适当地分配。

现在细化头冠部的细节，如图5-316所示，按住Ctrl键切换到蒙版笔刷后，我们将笔画改为curve笔画，该笔画与切割笔画的使用方法一致，现在绘制出如图5-317所示的蒙版。

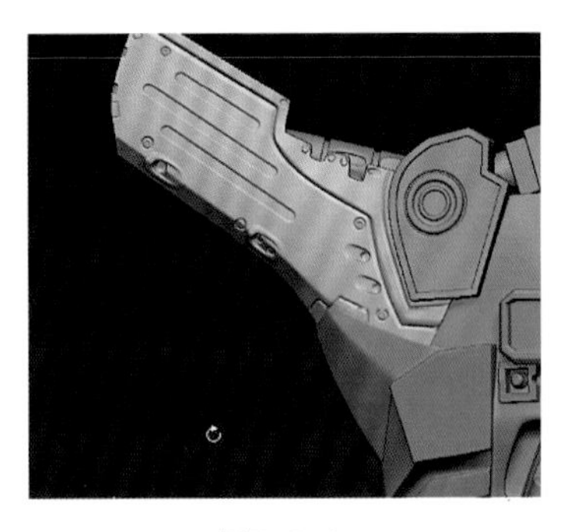

图5-316

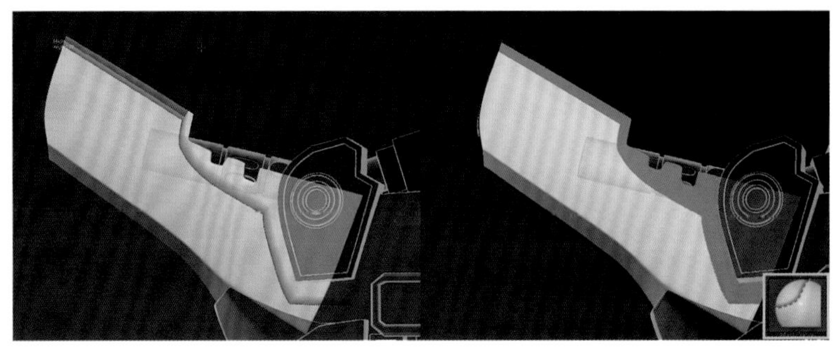

图5-317

然后退出$x$轴对称，按住Ctrl+Alt快捷键就可以去除多余的蒙版，如图5-318所示。

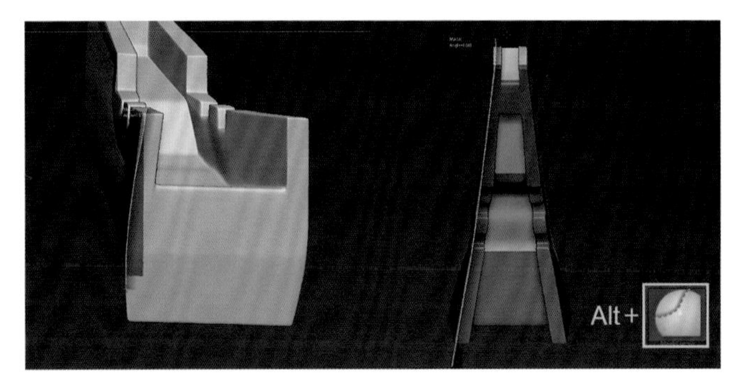


图5-318

按住Ctrl键在蒙版上单击，对蒙版进行虚化，反选后单击W键进入移动工具，向外拖曳形成一个凸起，如图 5-319所示。

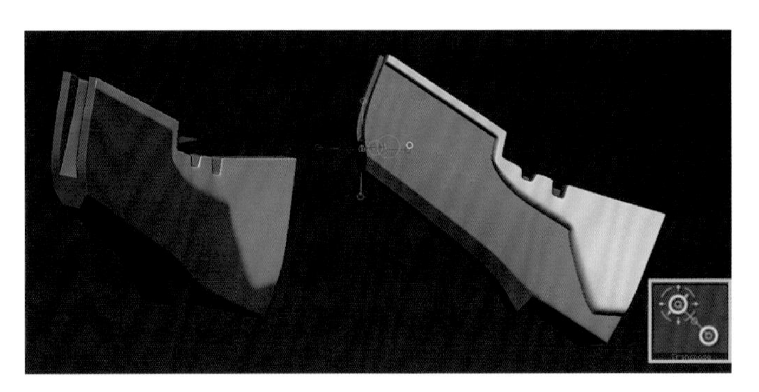

图5-319

然后，切换至Dam_Standard笔刷，设置成直线方式，在凸起的直线边界制作一个结构线，使立体感更强，如图5-320所示。

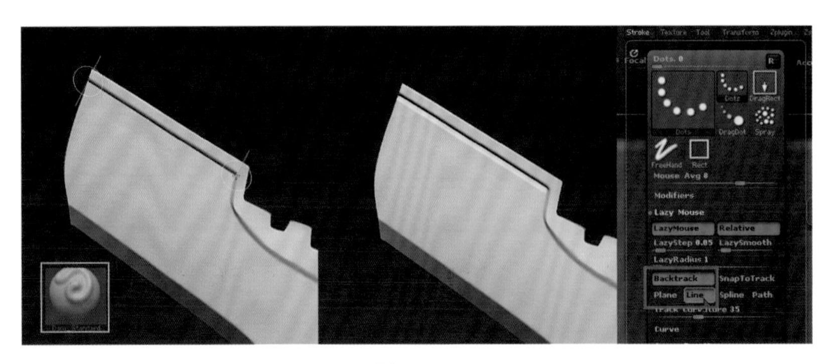


图5-320

关闭Backtrack按钮，使用LazyMouse类型的笔画制作曲线的结构线，如图5-321所示。

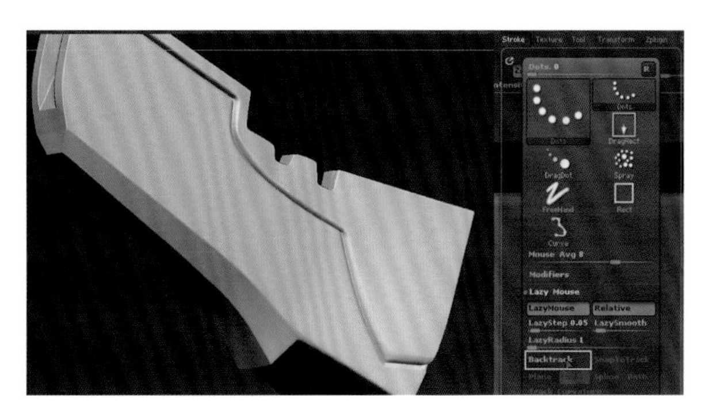

图5-321

然后在Layer笔刷的Alpha上装载03.psd（相应的Alpha素材在配套的章节素材中可以找到），将笔画设置为拖曳笔画，在棱线上制作出凸起的结构。为了让结构更加精细，我们在凸起靠近圆形边缘的位置，向下制作凹槽结构，如图5-322所示。

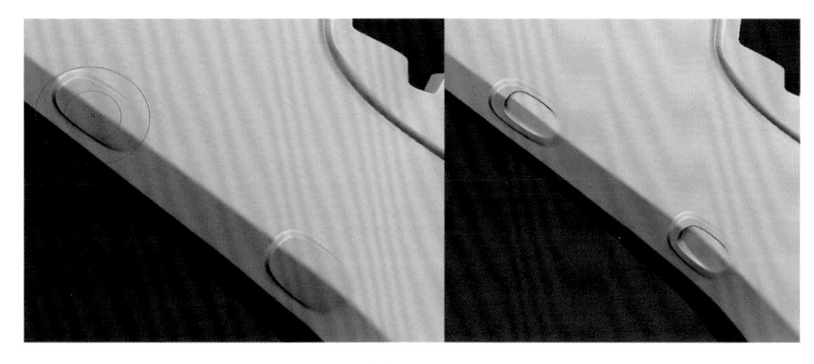

图5-322

重新在Layer笔刷上装载圆形Alpha，使用DragDot笔刷制作出凹陷结构，作为未来放置螺栓等紧固结构的位置，然后选择一个合适的螺帽Alpha，在凹槽内放置螺栓，用同样方法在其他位置也放置螺栓，如图5-323所示。

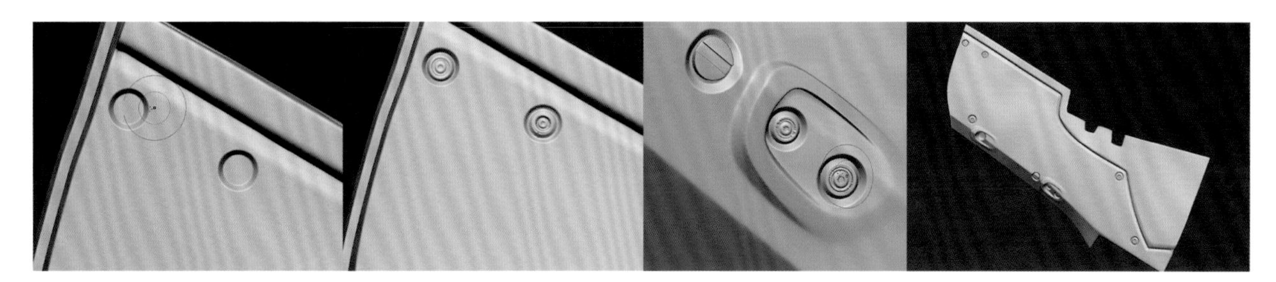

图5-323

在Layer笔刷的Alpha上装载02.psd，然后将笔画切换为DragRect（拖曳）笔画，在头冠的前部边缘线上制作槽体，如图5-324所示。

然后使用Dam_Standard笔刷，设置为曲线模式，显示出侧面的叶片结构，沿着叶片边缘制作结构线，如图5-325所示。

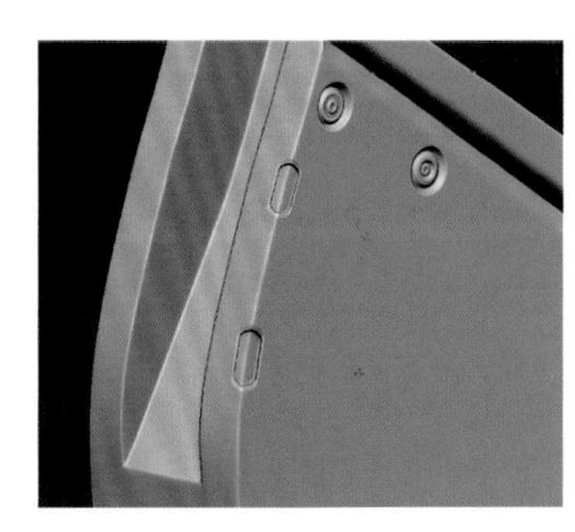

图5-324

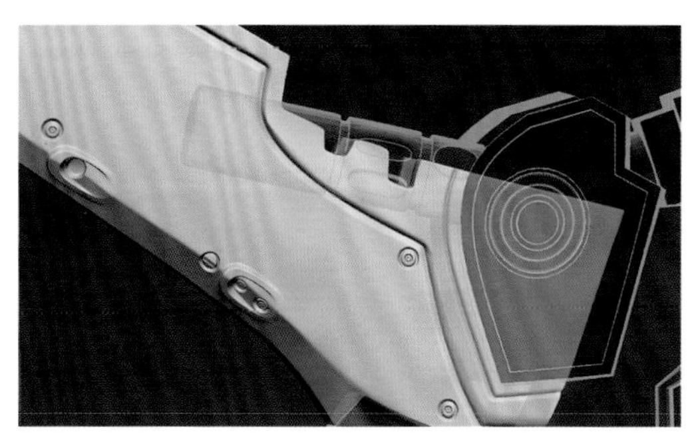

图5-325

再次使用Dam_Standard笔刷，将其设置为直线模式，在头冠的下部和上部制作结构线，如图5-326所示。

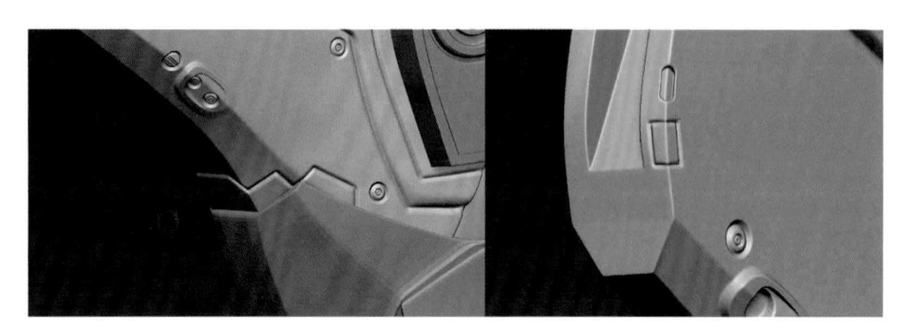

图5-326

将Layer笔刷设置为直线模式，在头冠侧面制作出如图5-327所示的凹槽。

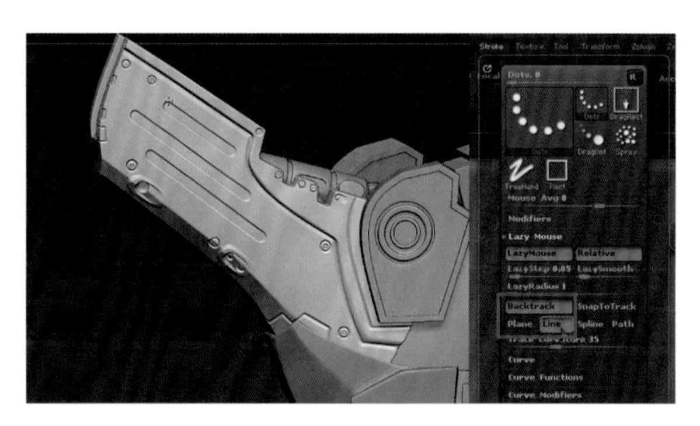

图5-327

在Layer笔刷中装载Alpha为03.psd的图，在头冠下部制作出并列的凹槽结构，并使用TrimHole丰富细节，如图5-328所示。

图5-328

## 5.4.2 细化面罩上部细节

在面罩上部的细节中，侧面的凸起结构是一个很重要的区域，它位于眼睛的上方。首先我们选择Standard笔刷，加载圆形Alpha，在DargDot笔画的帮助下在侧面制作出3个相同大小的圆形凹陷，形成倒三角形状；然后将Alpha换成圆环状，调大笔刷，在3个圆形结构外圈雕刻出圆环形的结构，选择Dam_Standard笔刷，设置为直线模式；然后，在3个结构之间雕刻出连接线，过程如图5-329所示。

图5-329

在边角部分，使用Standard笔刷增加螺栓结构，切换回直线模式下的Dam_Standard笔刷，然后在凸起的边缘部分增加分割线，然后将Alpha换成02.psd（此Alpha是我比较喜欢用的Alpha），做出较短的槽体，侧面凸起上的细节如图5-330所示。

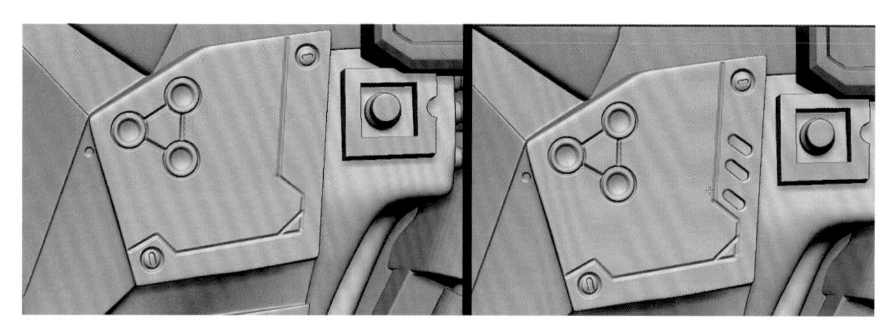

图5-330

按住Ctrl键，然后点开Stroke面板，将蒙版笔刷设置成直线模式，在连接圆形结构与后方边缘线的位置绘制蒙版，反选后使用Inflat命令制作出一个具有转折形状的凹槽，如图5-331所示。

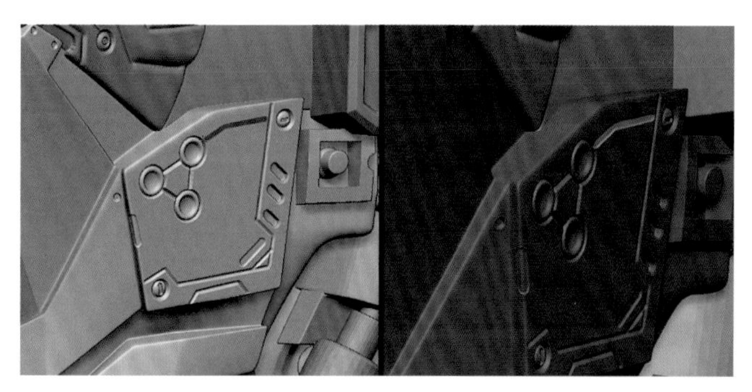

图5-331

现在加载入一个圆柱结构，使用ZModeler命令对其进行修改，制作出的结构经过调整后放在凸起结构的边角处，如图5-332所示。

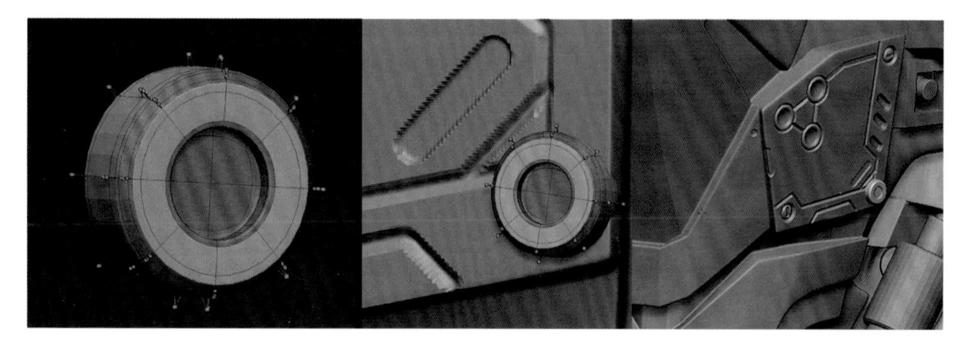

图5-332

### 5.4.3 丰富头冠下部细节

头冠下部是一个梯形结构，我们不适合在这个结构上做特别复杂和较多的结构，要注意直线分割的重要性。首先，我们在头冠下部凹槽的位置使用Clay笔刷，装载完圆形的Alpha以后将Clay笔刷改为直线模式，在凹槽内部制作出3个直线结构，如图5-333所示。

在上一小节，我们使用了设置为直线模式的蒙版笔刷，在这一节我们同样会频繁使用到，现在我们在头冠下部绘制直线蒙版，反选后使用Inflat制作出凹槽，如图5-334所示。

图5-333

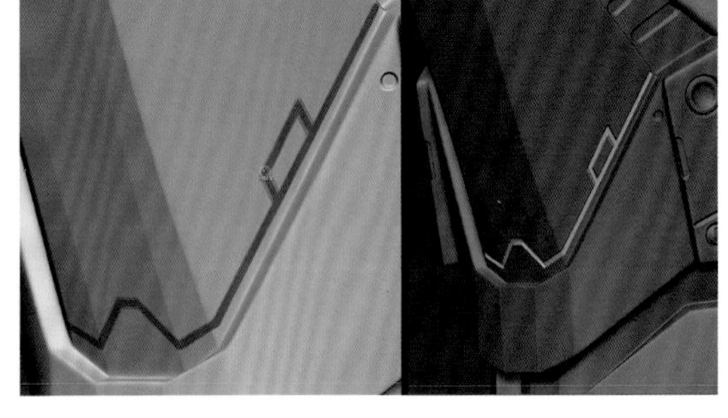

图5-334

将视图调整为正视图，按住Ctrl键然后单击Stroke，将蒙版笔刷设置回默认状态，然后在靠近中央的位置进行框选，将蒙版笔刷再次设置为直线模式，然后绘制剩余的结构线蒙版，如图5-335所示。

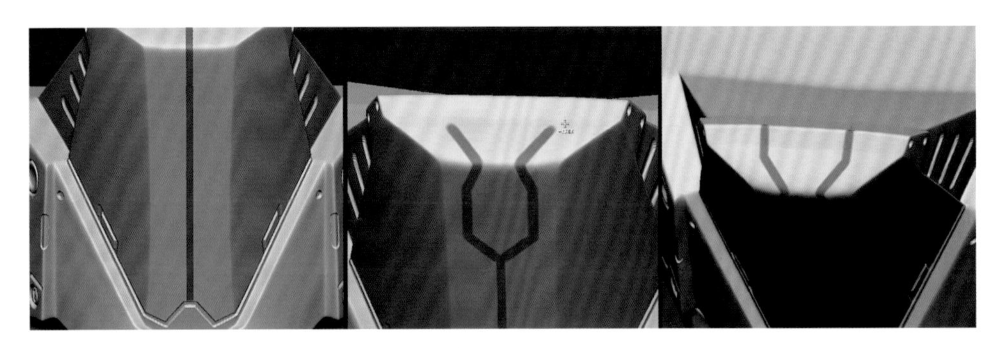

图5-335

改变笔画模式，使用圆形笔画在适当的位置绘制蒙版，反选后制作凹槽，如图5-336所示。

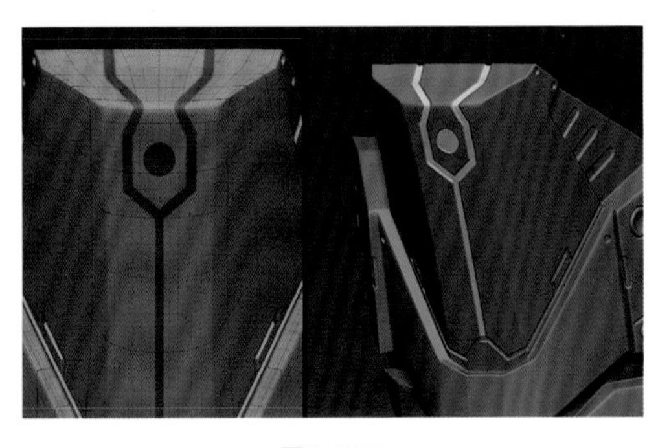

图5-336

然后，在侧面添加螺栓，并绘制四边形蒙版，挤压后反选调整的效果如图5-337所示。

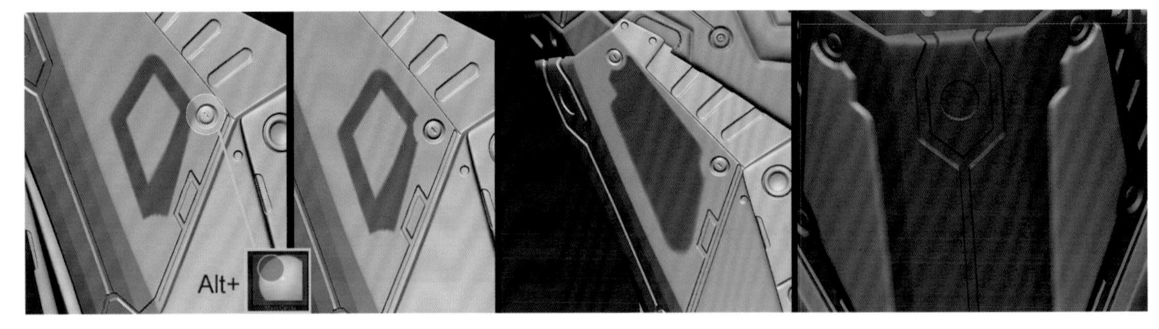


图5-337

## 5.4.4 面罩前部细化

为了在将来制作结构时，使其边缘清晰且形态硬朗，单击StoreMt存储下模型表面的信息。

首先，使用Dam Standard笔刷雕刻分割线，如图5-338所示。

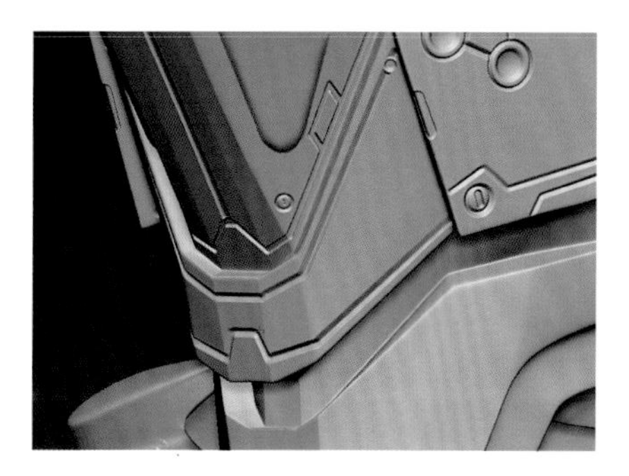

图5-338

在此结构上不要雕刻过多的零件，在靠近凸起结构边缘的部分，绘制梯形结构，反选后制作凹陷。我们可以看到边缘有瑕疵，所以我们将Morph笔刷设置成直线模式，对边缘进行平整，如图5-339和图5-340所示。

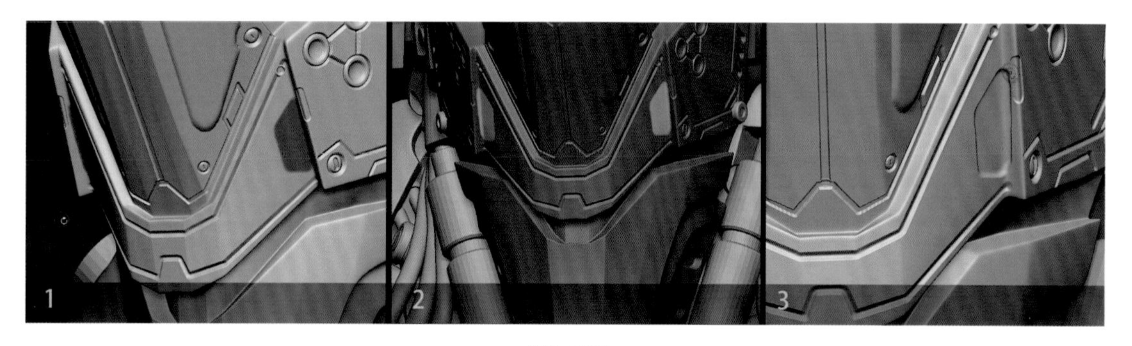


图5-339

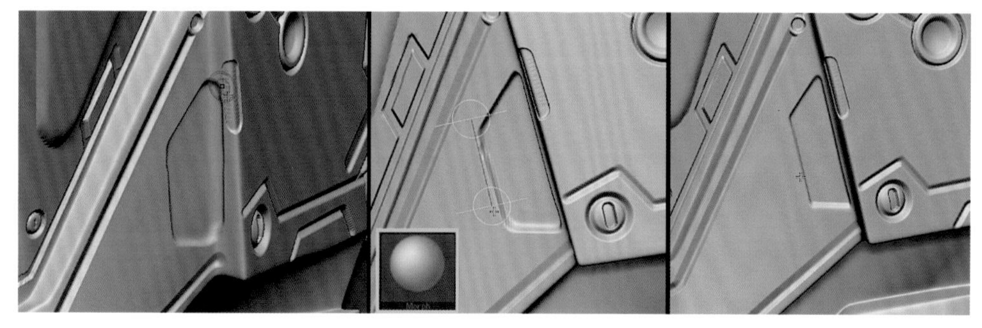

图5-340

在面罩上绘制直线的蒙版，反选后制作凹槽，出现的错误部分使用Morph笔刷进行修正，如图5-341所示。

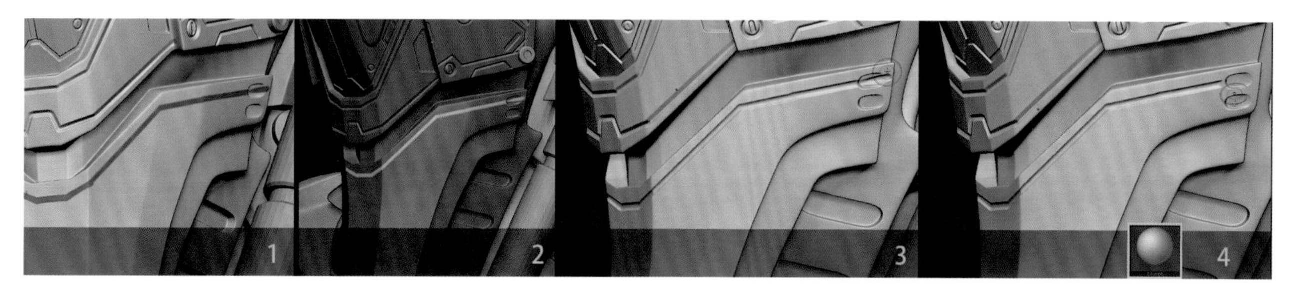


图5-341

现在，我们要在面罩的侧面绘制一条长曲线，在这个阶段要注意手稳一些，绘制的时候看侧面的边缘轮廓，随时调整画笔，如图5-342所示。

在面罩前部绘制蒙版，反选后使用Inflat命令向内挤压，如图5-343所示。

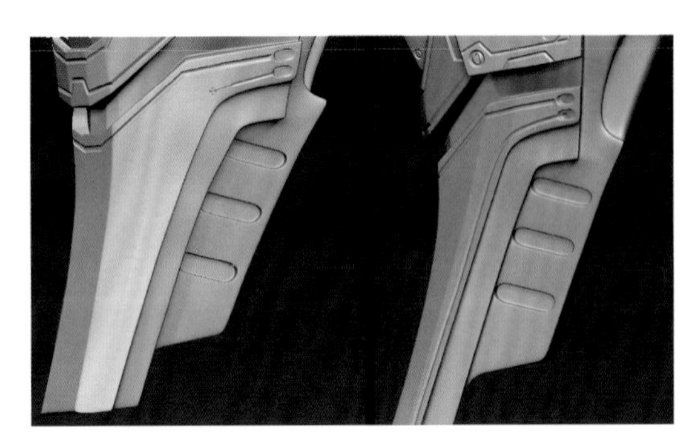

图5-342

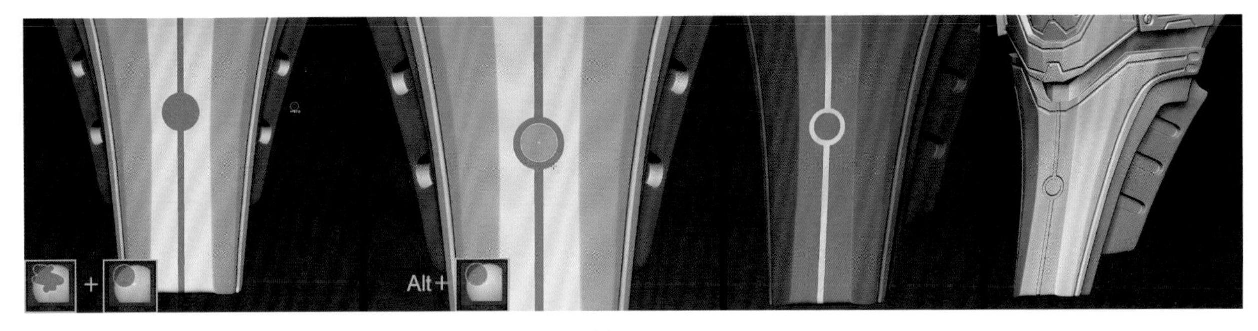


图5-343

然后在面罩的斜面上，利用Dam_Standard命令绘制结构线，将上部的错误利用Morph笔刷进行修正，如图5-344所示。在侧边的位置增加3个螺栓，如图5-345所示。

图5-344

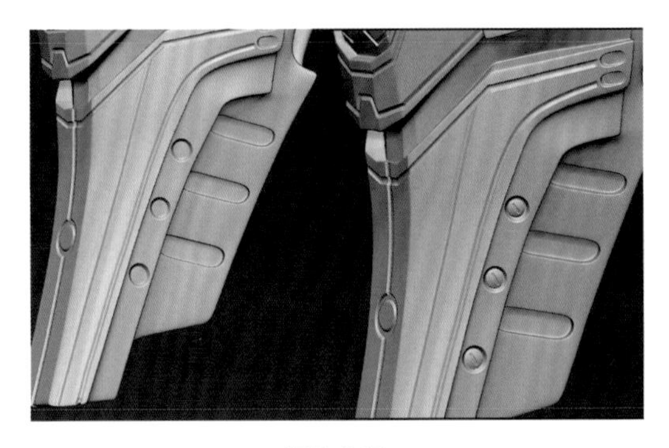

图5-345

在边缘的部位使用Standard笔刷，在Alpha内装载03.psd。先制作凹槽，然后制作凸起，最后使用TrimHole工具向内制作出凹槽，如图5-346所示。

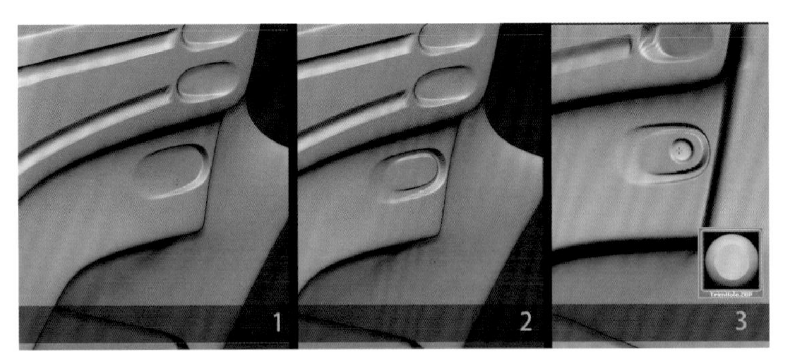


图5-346

在侧面绘制弧形连接线，然后制作两个凹槽细节，并在下部转角的地方制作半圆形的凹槽，如图5-347所示。

接下来，我们来制作后半部分的细节，首先在弧形结构的两端增加螺栓，然后在弧形结构线上增加凹槽细节，如图5-348所示。

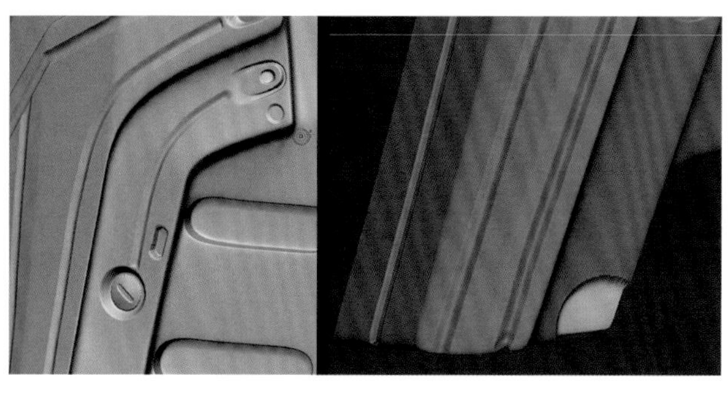

图5-347

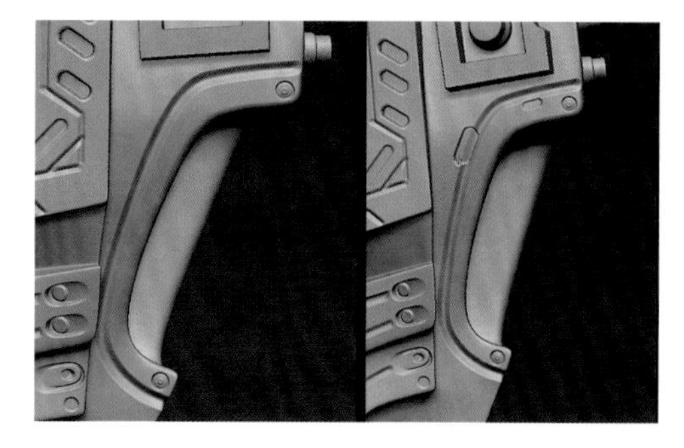

图5-348

然后在后面的结构边缘处利用Dam_Standard笔刷雕刻直线结构线，如图5-349所示。

图5-349

结合结构线为形体添加圆形或者条状凹槽，依次在做好的凹槽内加入螺栓，如图5-350所示。

将Layer笔刷设置成直线模式，在倒角方形的凹槽内雕刻凸起的结构，如图5-351所示。至此，面罩部分就全部完成了，如图5-352所示。

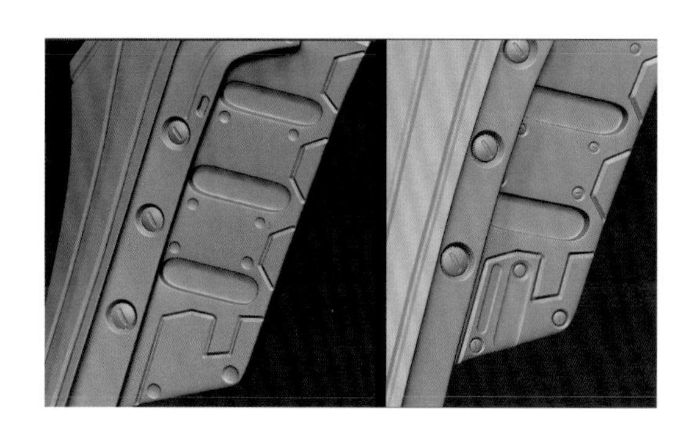

图5-350

图5-351

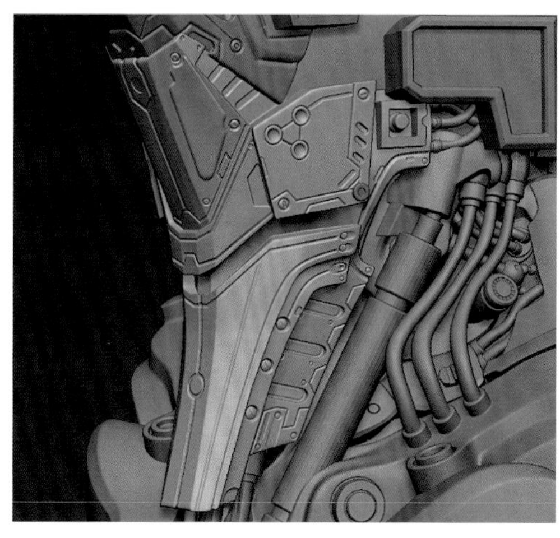

图5-352

## 5.4.5 制作叶片细节

制作叶片细节的时候，我们大量地使用到了蒙版的技巧，这也是我们在制作机械结构时常用的技巧。首先，将蒙版笔刷设置为直线模式；然后在叶片上绘制直线结构；最后，关闭直线模式，将笔画设置为圆形笔画，在叶片的圆形结构上绘制蒙版，结果如图5-353所示。

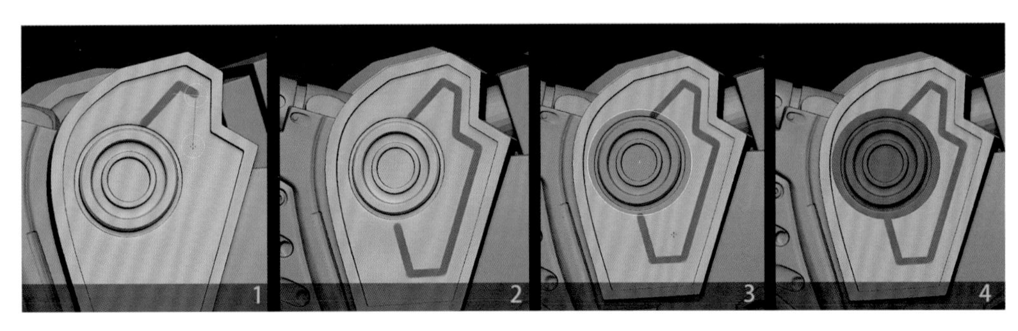


图5-353

现在按住Ctrl键在圆心处拖曳，调整至合适位置后按下Alt键，得到一个圆环状的蒙版结构。为了得到更多的变化，我们将蒙版笔刷设置为直线模式，在圆环形结构上去除一些部分，如图5-354所示。

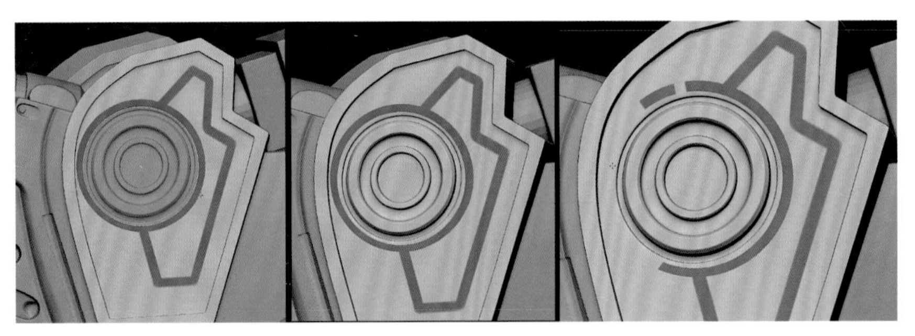

图5-354

对蒙版反选后，向内挤压后得到如图5-355所示的结构。

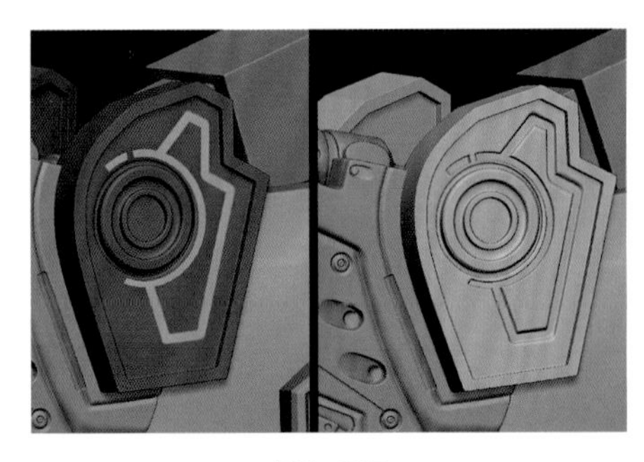

图5-355

使用Layer笔刷在叶片上添加槽线和圆形凹槽，然后在凹槽中添加螺栓，如图5-356所示。

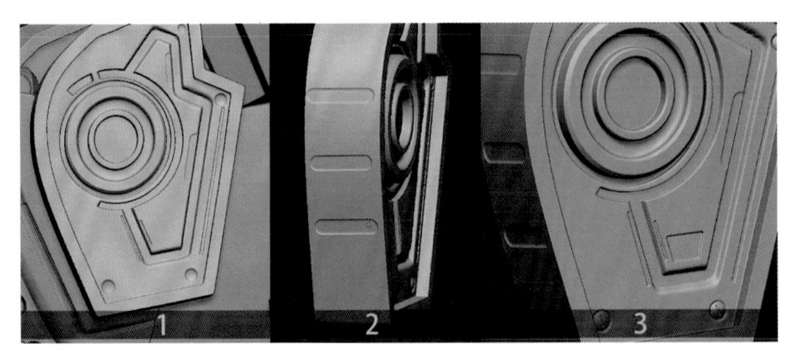


图5-356

在叶片正面制作槽线后，我们回到叶片侧面，为其绘制折线蒙版，反选蒙版后使用Inflat命令向内挤压，如图5-357所示。

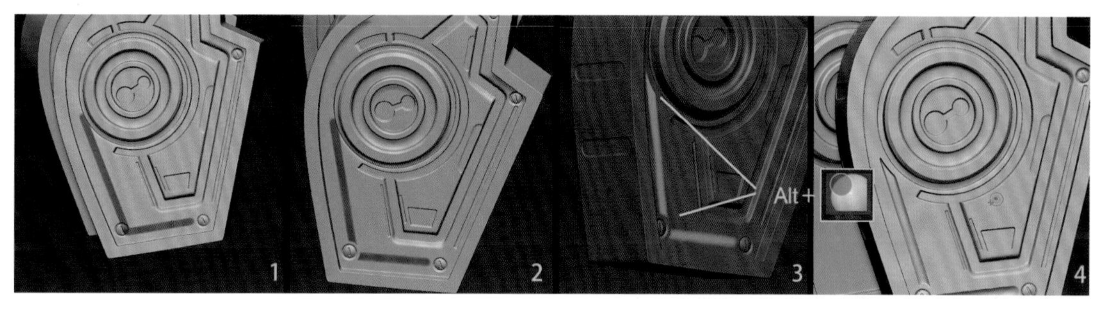


图5-357

## 5.4.6 制作头盔细节

头盔的部分是一整块金属，但是由楞线分割成了不同的块面。首先我们制作前部块面的细节，在头盔前部边缘处制作出与其他结构配合的凸起，如图5-358所示。

根据设定，我们在头盔的侧面制作出4个带有倒角的凹槽，如图5-359所示。

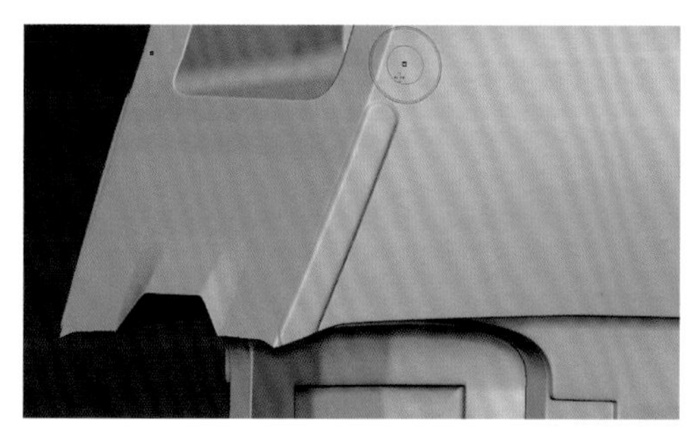

图5-358

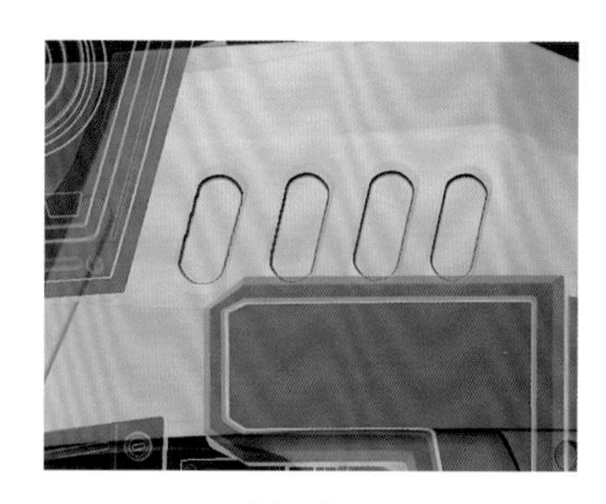

图5-359

在顶部和靠近顶部的侧面，使用Dam_Standard制作分割线，如图5-360所示。

图5-360

在头盔下边缘处，使用Layer笔刷在Alpha内装载08.psd，然后在表面制作连接槽，使结构配合得更加合理，如图5-361所示。

图5-361

在4个凹槽内，使用Layer再制作出较浅的凹槽结构，然后在结构上雕刻凹槽作为未来放置螺栓的位置，使用Layer笔刷装载不同Alpha制作螺栓或者紧固槽体结构，如图5-362所示。

图5-362

继续使用Dam_Standard绘制结构线。在下面的制作当中，我们在一些区域会先用结构线进行区域分割，然后在结构中进行细化，如图5-363所示。

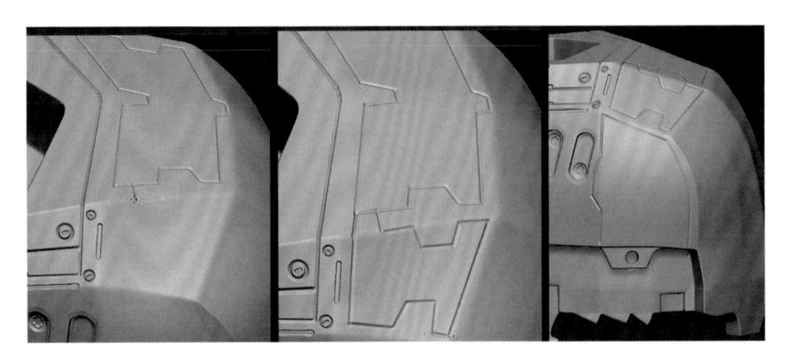

图5-363

接下来，我们使用蒙版工具绘制蒙版，反选后对该区域使用移动工具向外拖曳，制作出一个平板状的凸起，如图5-364所示。

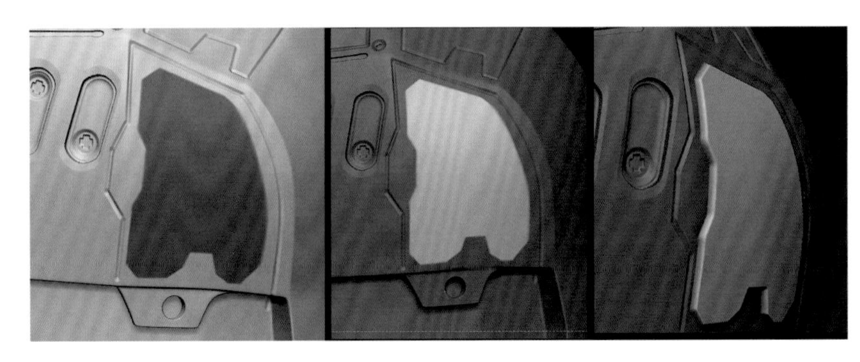

图5-364

然后，在凸起的边缘用Dam_Standard制作出一圈结构线，再在中间绘制结构线，如图5-365所示。

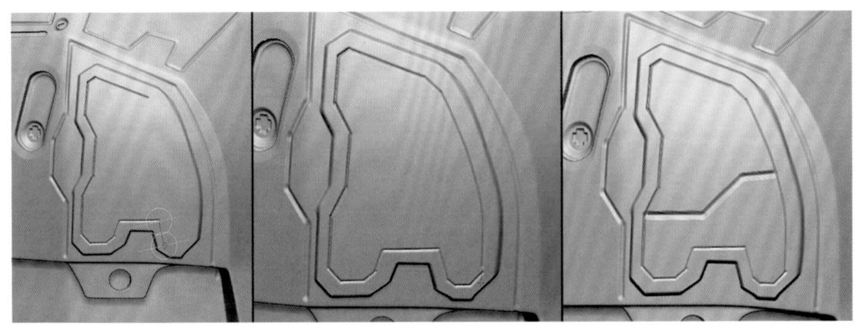

图5-365

在钢板表面绘制蒙版，反选后制作出平板状的凸起结构，如图5-366所示。

接下来，使用装载菱形Alpha的Layer笔刷制作出凸起结构，另外在边角处添加紧固结构，如图5-367所示。

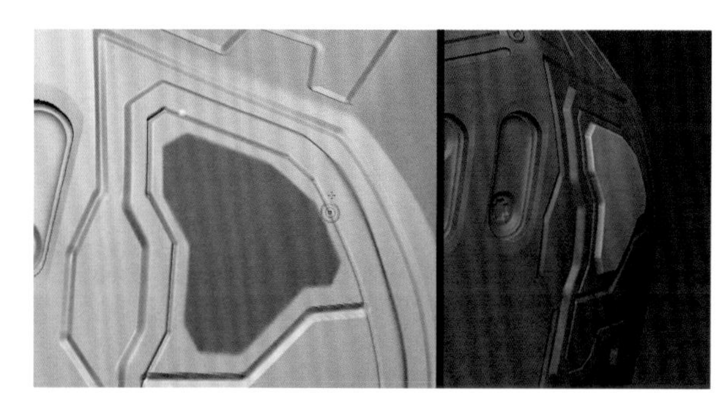

图5-366

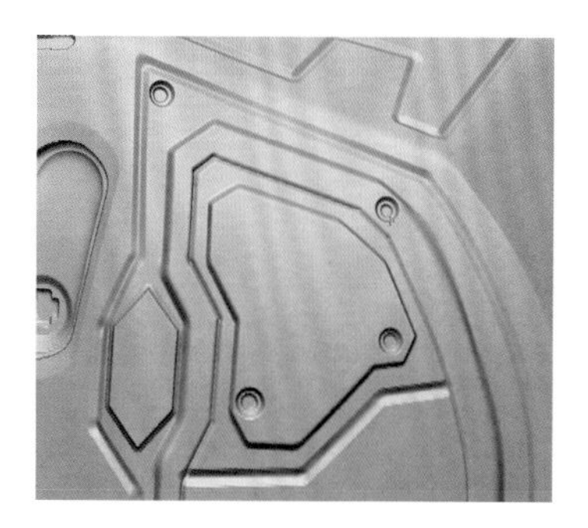

图5-367

继续在其他区域添加细节。结构线建立以后，我们的大部分结构都是跟着结构线进行制作，现在平行于结构线，使用蒙版笔刷来绘制蒙版，反选后制作凹槽，然后在凹槽内部利用不同Alpha继续细化，如图5-368所示。

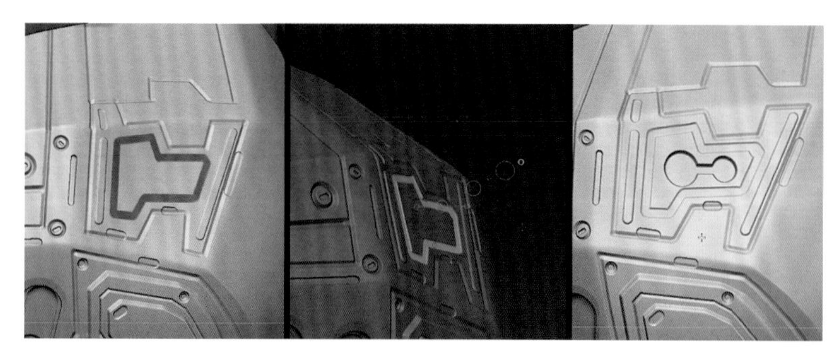

图5-368

在顶部钢板上，使用Layer制作一些直线的凸起、槽体或者圆形螺栓，结构如图5-369所示。

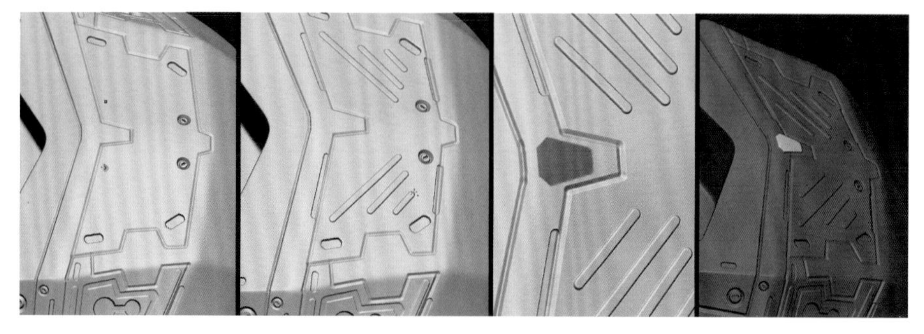

图5-369

**注意：**我们现在要制作出类似坦克钢板一样的结构。如图5-370所示，显示出其他部分的结构，我们的细节使机械体更加完善。

图5-370

绘制后脑钢板的结构线，然后使用与上节相同的制作方法绘制蒙版并制作平板状凸起结构，如图5-371所示。

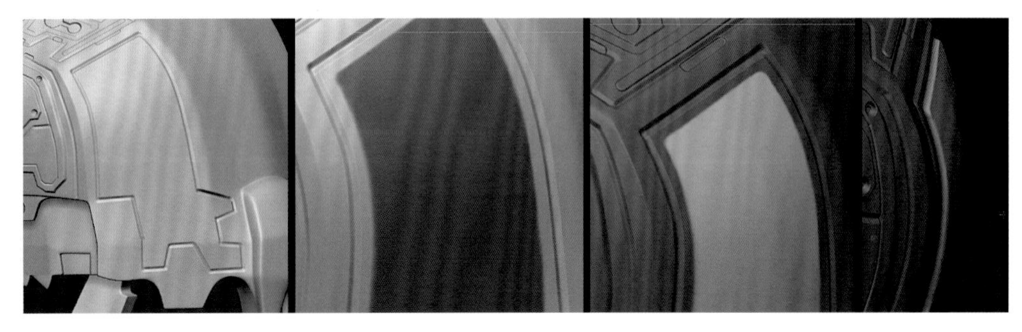

图5-371

在凸起结构的中间部位绘制结构线，然后使用设置为直线模式的Layer笔刷在后脑的护甲上绘制槽线，如图5-372所示。

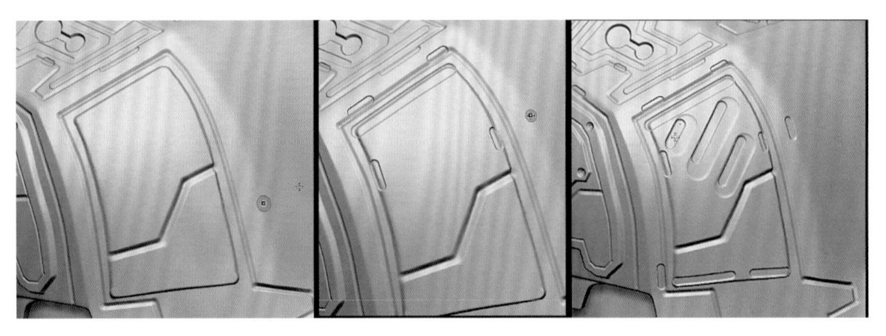

图5-372

在后脑钢板处绘制蒙版，反选后使用移动工具向外移动，做出较厚的凸起解剖，如图5-373所示。

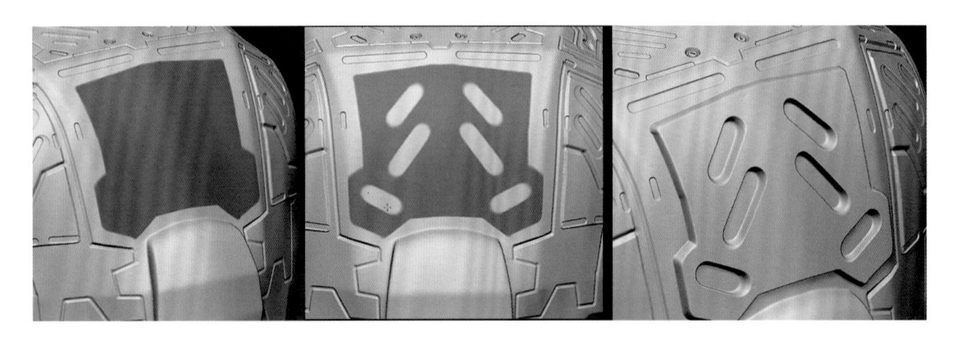

图5-373

然后使用Layer笔刷在槽体内部添加螺栓，如图5-374所示。

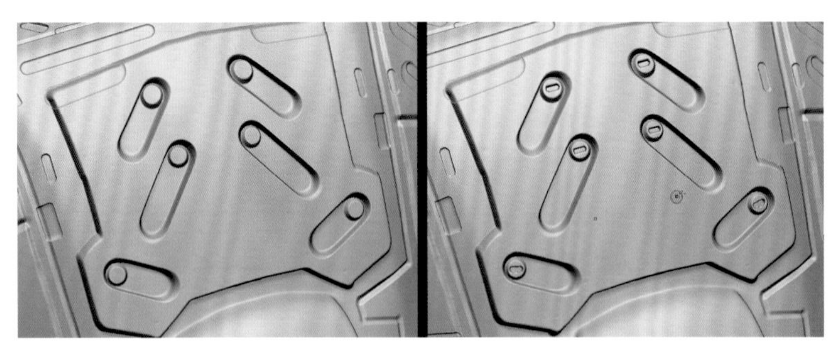

图5-374

主要结构制作完成以后，我们在临近分隔线的边角位置制作螺栓的细节，如图5-375所示。脑部机壳的细节就制作到这里。

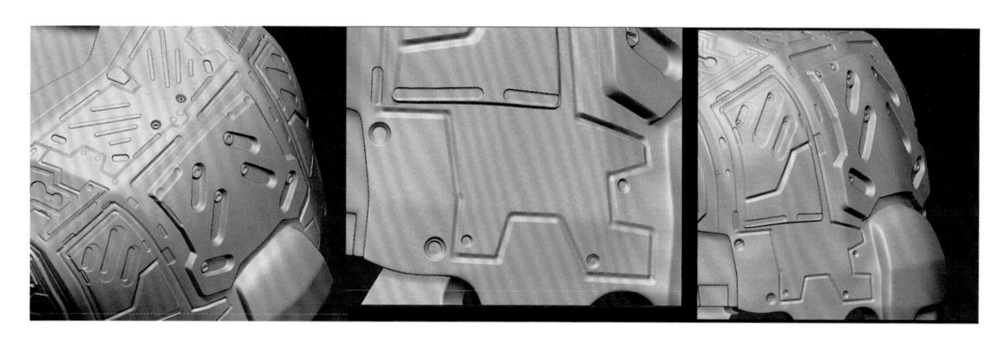

图5-375

## 5.4.7 制作连杆细节

现在我们选择连杆部分的结构，按Shift+F快捷键显示网格以后，我们发现现在的网格密度极不均匀。在这种情况下，我们细分完毕后，极容易出现有的地方密度超高，制作出的细节很好，但是有些地方的密度根本就无法进行细节刻画的情况。另外，用ZModeler制作完毕后，我们发现此网格的分组也非常混乱，如图5-376所示。

图5-376

所以我们需要为网格加线和分配组，首先使用ZModeler工具在网格非常稀疏的地方加线，如图5-377所示。

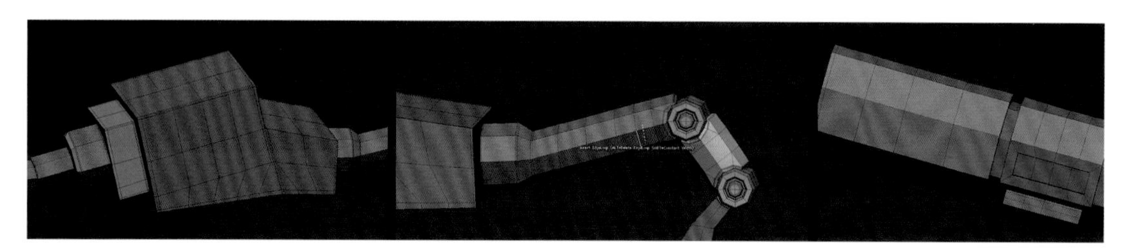

图5-377

现在我们的组仍然很混乱，使用Auto Groups进行分组，分组前后的对比如图5-378所示。

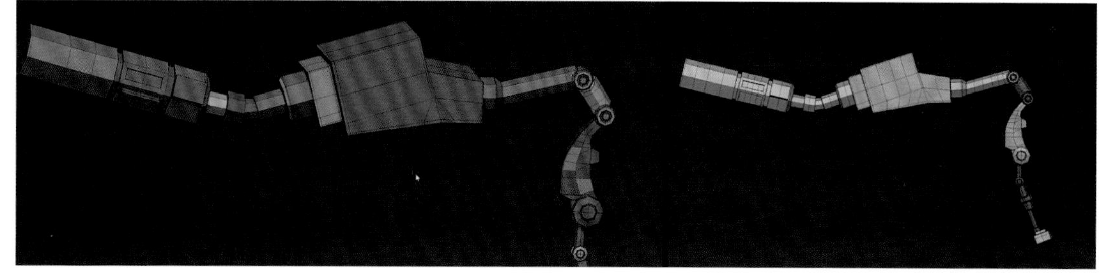

图5-378

现在我们想显示某一个结构，就可以按住Ctrl+Shift键并单击某一分组模型，就可以单独显示并进行雕刻。为了使连杆的细节更加丰富，我们将连杆的前一部分与后一部分进行分离，如图5-379所示。

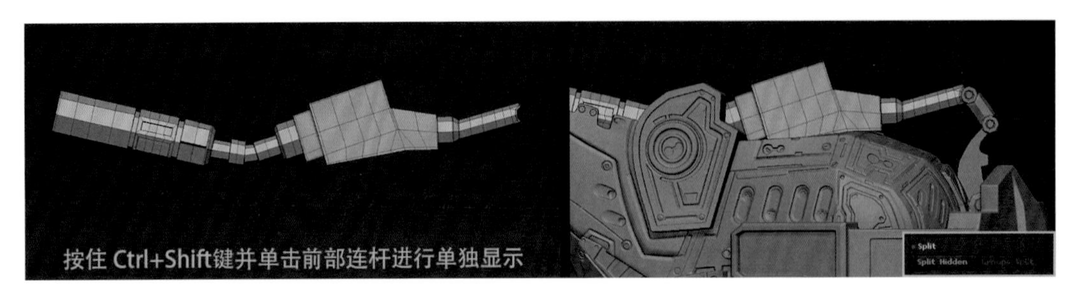


图5-379

选择前部连杆，在制作细节前单击StoreMt存储表面，在连杆的最大方体处我们开始制作细节。首先，我们绘制蒙版，然后反选，使用移动工具向外拖曳，制作出如图5-380所示的结构。

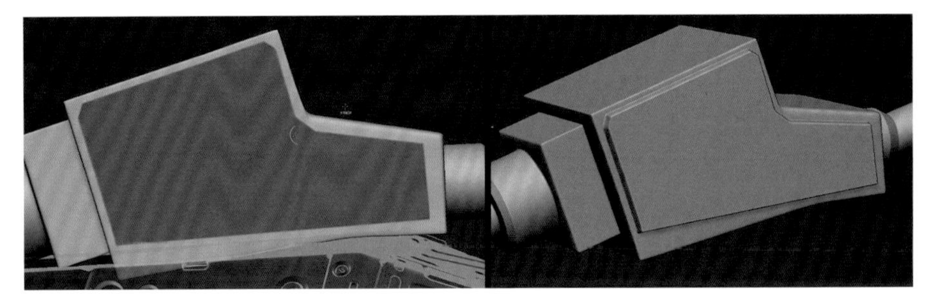

图5-380

然后绘制结构线，在边角处加入六角形螺栓以后，使用与前面相同的方法制作出一个类似梯形的凹槽结构，如图5-381所示。

图5-381

依照梯形凹陷结构和六角形螺栓所在位置制作结构线，效果如图5-382所示。

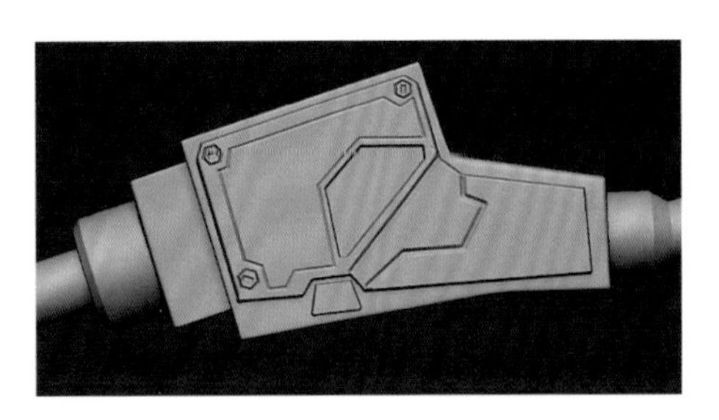

图5-382

使用设置为直线模式的Layer笔刷在表面制作一些直线结构的凹槽，然后在边线上用拖曳笔画制作出小凹槽来丰富结构，如图5-383所示。

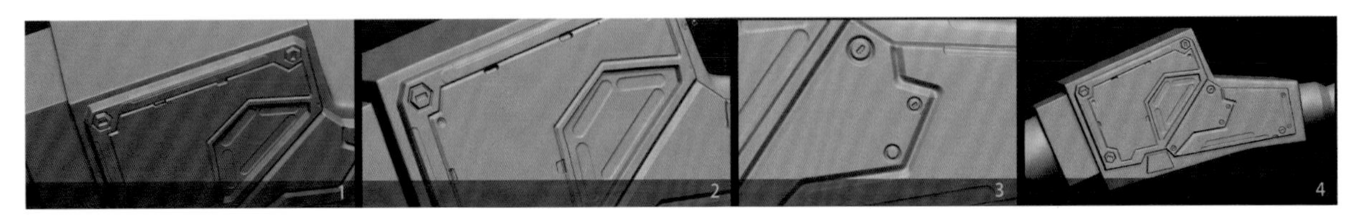


图5-383

连杆前部方体的侧面部分已经完成，现在我们制作后面连杆的细节，在圆柱形连接处的楞线上添加槽体，如图5-384所示。

调整至顶视图，我们使用设置为直线模式的Standard笔刷在顶部制作槽体，如图5-385所示。

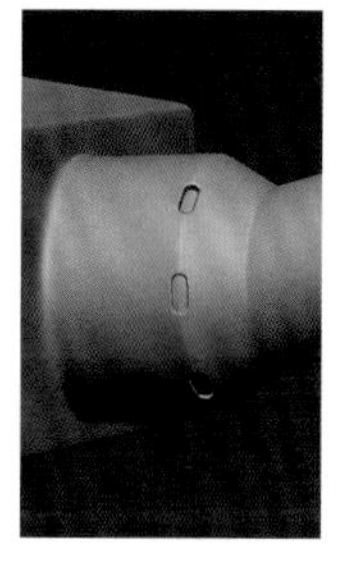

图5-384

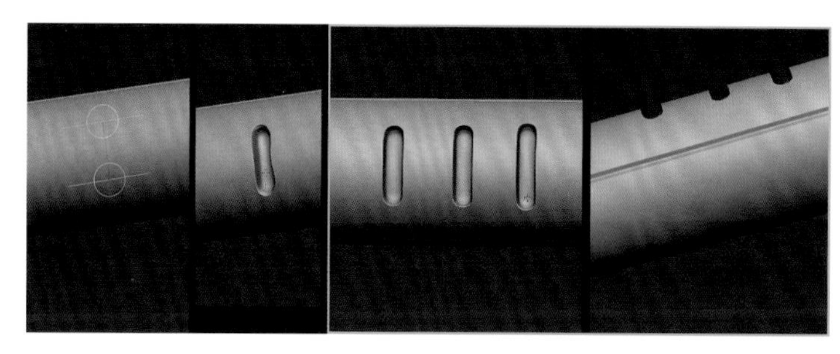

图5-385

使用Dam_Standard笔刷在圆柱连杆的侧面绘制结构线，使用Layer笔刷在连杆侧面制作直线型凹槽，在接头部分添加槽体，另外在直线结构的边缘也添加槽体，如图5-386所示。

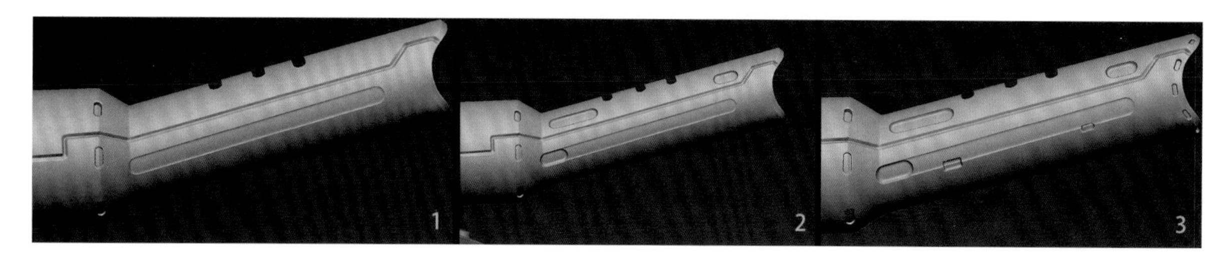



图5-386

在圆柱体顶面的部分使用蒙版工具绘制并列的两条蒙版，锐化蒙版后反选，使用Inflat工具向内挤压，如图5-387所示。

在圆柱体的斜面上使用同样的方法制作向内的凹槽，如图5-388所示。

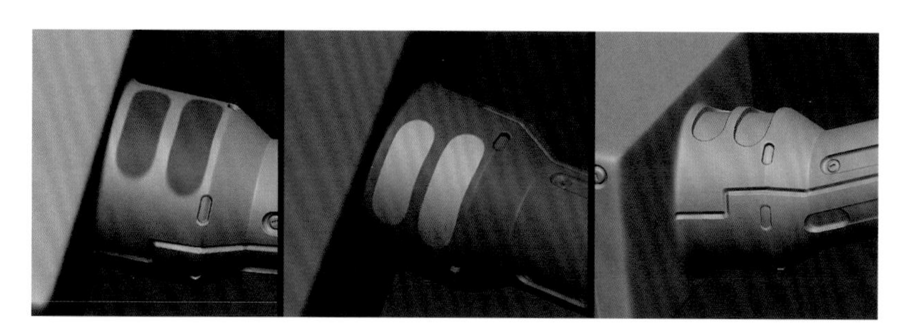

图5-387

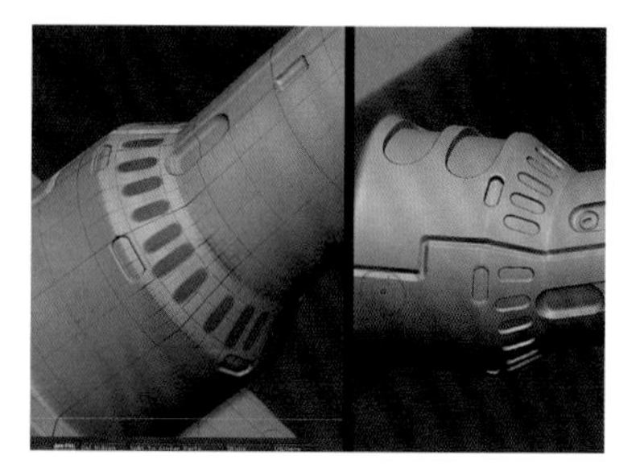

图5-388

在方体结构的后面使用蒙版，反选后制作凸起结构，然后在边角制作螺栓，如图5-389所示。

图5-389

现在我们来制作方体顶面部分的细节。首先使用蒙版和Alpha后，在顶面上制作出如图5-390所示的结构（因为制作方法在前面都已有详述，所以制作类似结构的时候只叙述结果）。

现在以中间凸起结构为依据制作结构线，在4个边角上制作出斜面状的凸起，在凸起上再制作圆形的凹陷，从而使结构更加丰富。在中间的钢板上添加圆形的紧固结构，如图5-391所示。

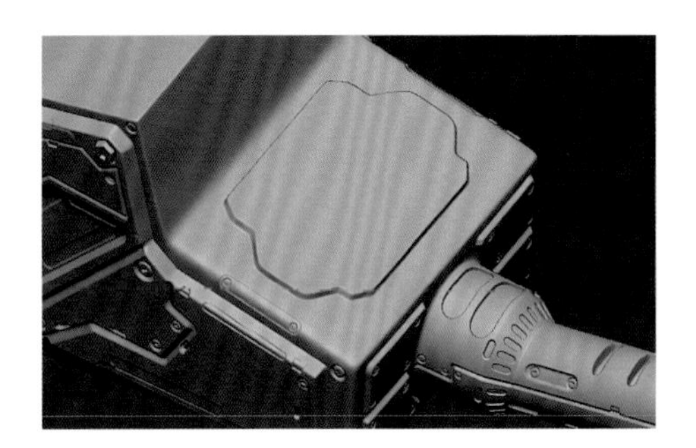

图5-390

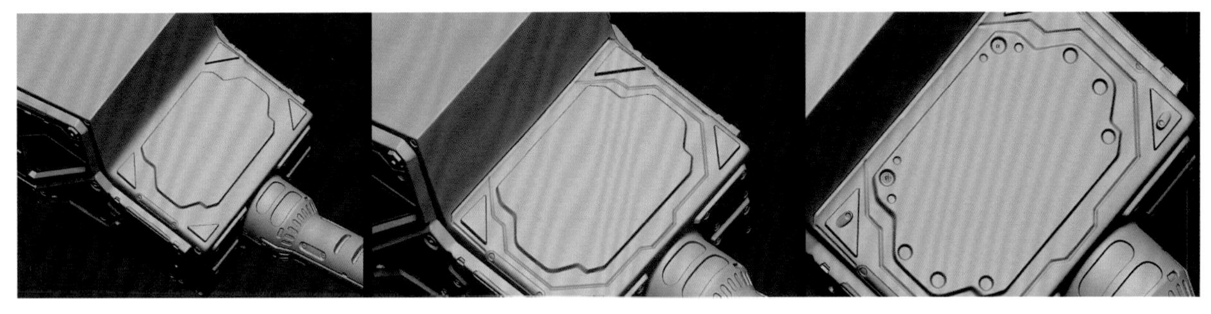

图5-391

继续在钢板上细化，制作出分隔线和槽体，此时基本的细节已经完成，如图5-392所示。

其余项面和侧面的制作方法基本一致，效果如图5-393所示。

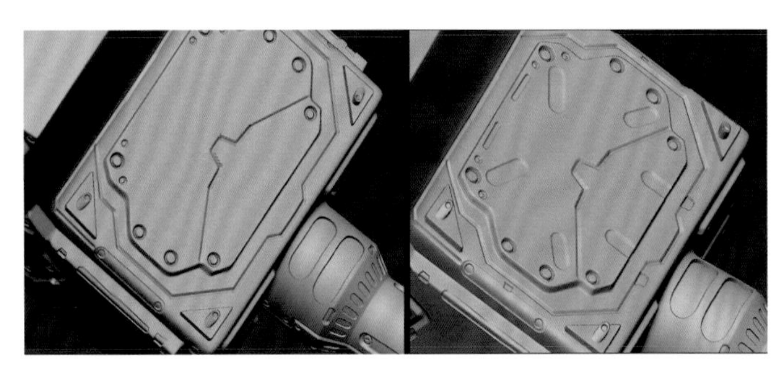

图5-392

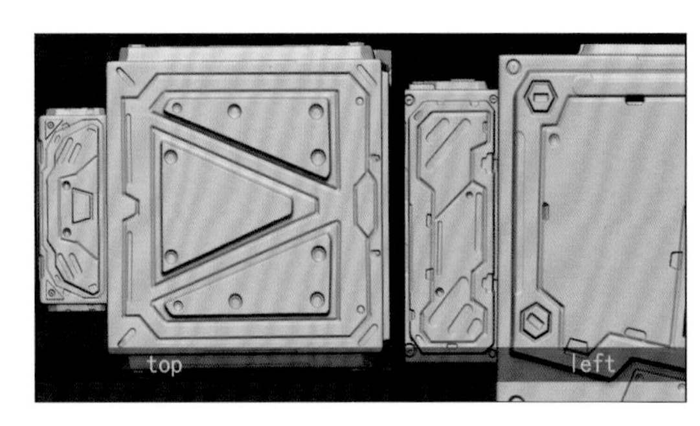


图5-393

在连杆前部的圆柱体接合部，选择Layer笔刷，在Alpha内装载03.psd，使用拖曳笔画制作出较深的斜面凹槽结构。在凹槽内部添加紧固螺栓，并在凹槽周围和圆柱的楞线上分别添加分隔线及凹槽，如图5-394所示。

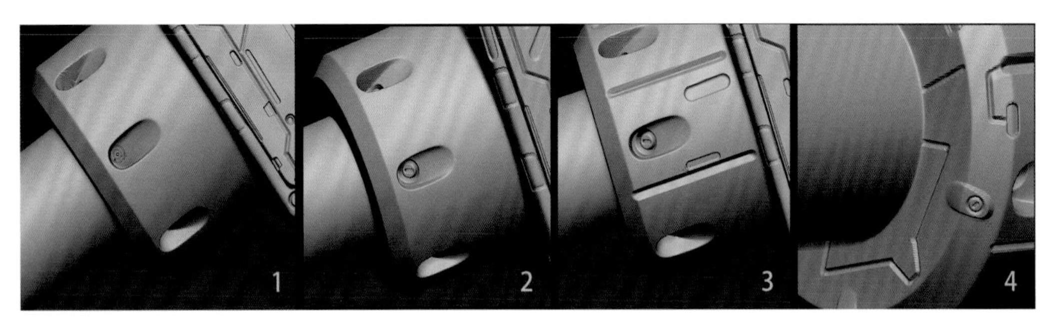


图5-394

继续在前部圆柱体上添加结构线及凹槽，如图5-395和图5-396所示。

在前面的连杆处，我们可以看到一个凸起的结构，我们在这个结构上选择Layer笔刷，使用装载名为09.psd的Alpha，使用拖曳笔画进行创建，在此结构中继续细化，制作出螺栓，如图5-397所示。

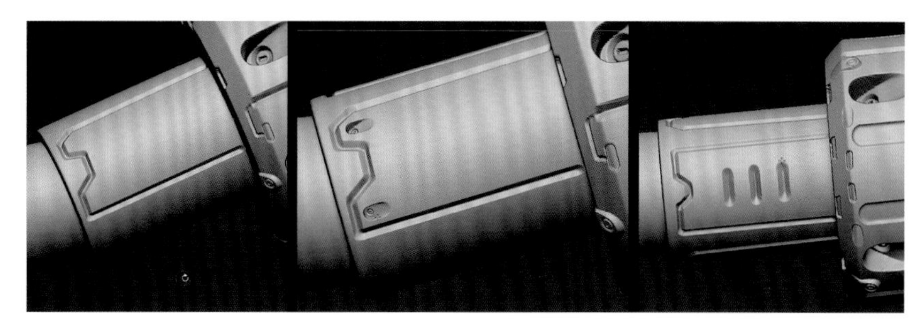

图5-395

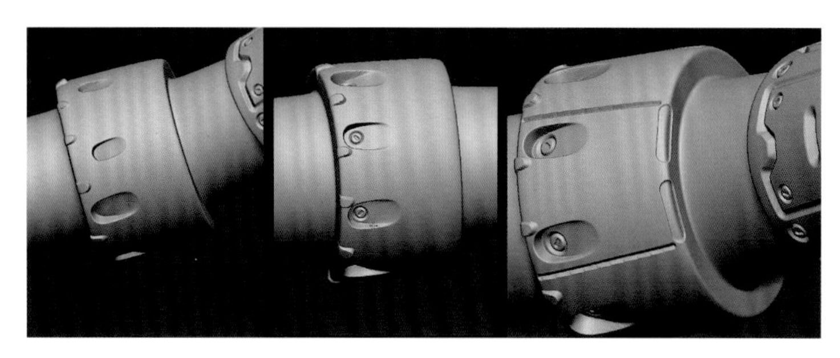

图5-396

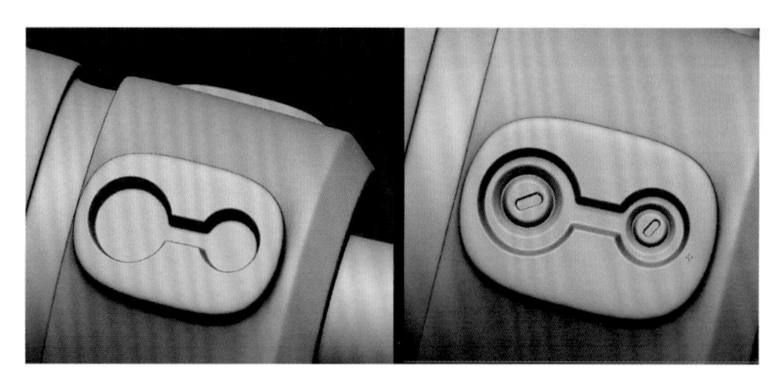

图5-397

在另外一个长条形凸起结构上面我们使用设置为直线模式的Layer，制作出较深的凹槽；在上部的凹槽结构，添加方形的螺栓，然后在中间利用蒙版添加结构，如图5-398所示。

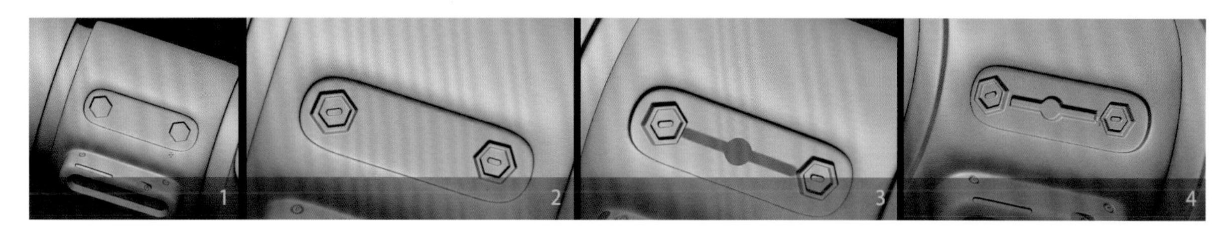


图5-398

本节我们来细化前部连杆局部的细节，先将视图调整至正面，然后使用加载圆形笔画的蒙版工具在圆柱体顶面绘制出圆形蒙版；然后，再次在圆心处按住Ctrl键拖曳，调整至合适大小后，按住Alt键将原来圆形蒙版的中心区域去除，反选后使用Inflat将此区域向内挤压，如图5-399所示。

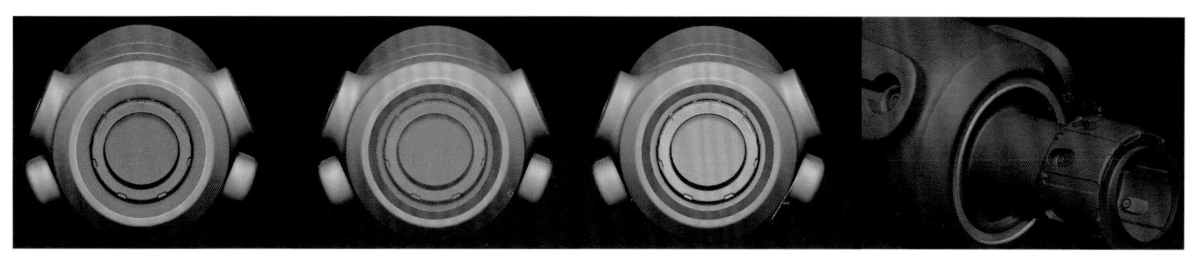

图5-399

在斜面上进行相同的操作，如图5-400所示。

图5-400

在楞线上添加凹槽，并且使用直线模式的Morph笔刷在斜面处的圆环形槽线上制作分隔区域，如图5-401所示。

图5-401

在两个圆柱结构相结合的部分添加螺栓，在圆柱的顶面制作两个凹槽，如图5-402所示。

**注意：** *在这里不需要制作太过于密集的细节，要尽量错落有致，而且必要的时候要做一些留白。*

在圆柱体顶端利用蒙版和Alpha制作出凸起的结构，然后在边角处增加螺栓结构，如图5-403所示。

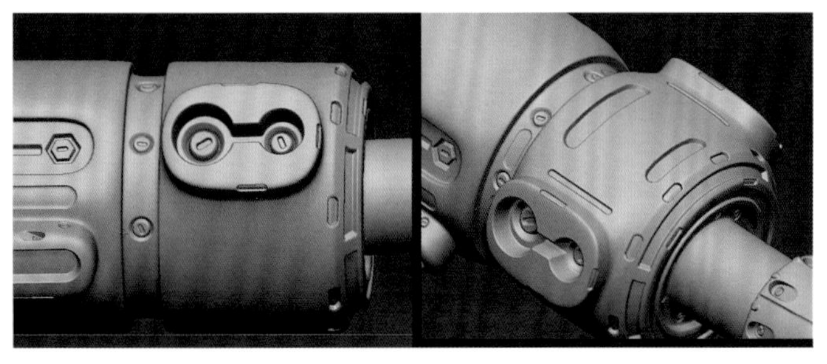

图5-402

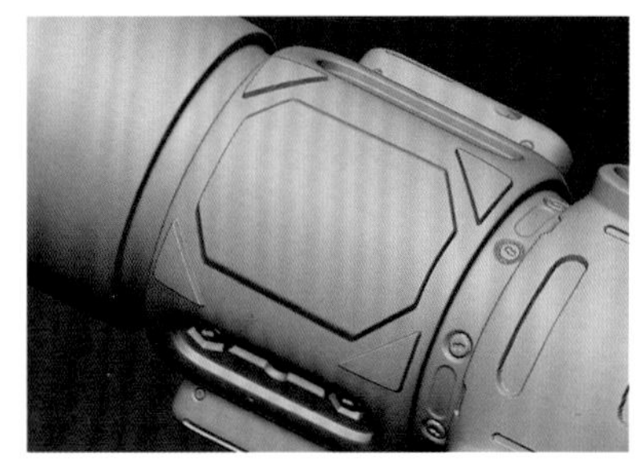

图5-403

在凸起结构的周围绘制出蒙版结构，反选后对蒙版进行处理，然后使用Inflat向内挤压，如图5-404所示。

图5-404

在一些边缘线上制作出槽体结构和一些细节，如图5-405所示。

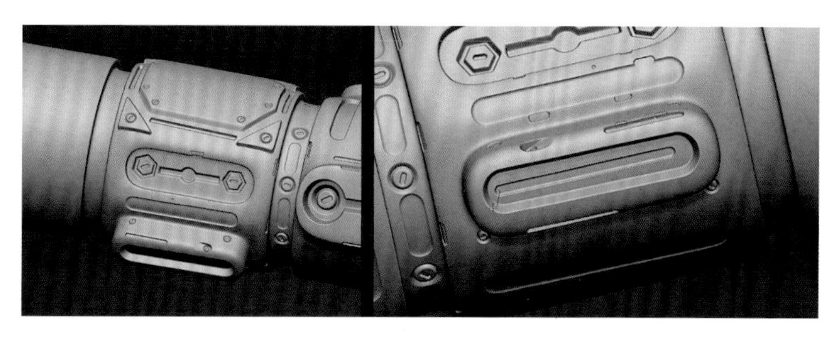

图5-405

现在制作前部连杆的最后一个部分的细节，我们使用蒙版笔刷，将蒙版笔刷的笔画替换为Curve，绘制出蒙版；对蒙版进行适当的虚化以后，反选并使用Inflat制作凸起；用同样的方法再制作出一个凸起结构与一个环状的凹陷结构，如图5-406所示。

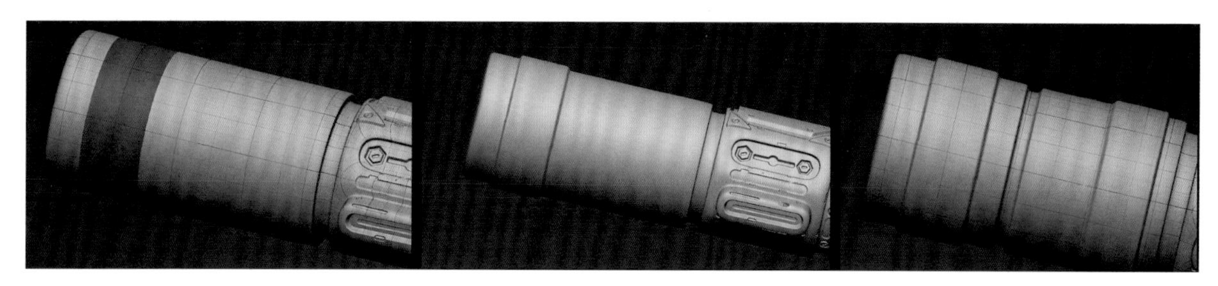

图5-406

使用Morph工具将环状凸起结构进行分割，如图5-407所示。

图5-407

在凸起结构的边角添加螺栓，然后我们使用Morph工具在顶部凸起的位置挖一个槽，现在绘制出蒙版结构，反选后制作凸起，继续添加槽线及螺栓，如图5-408和图5-409所示。

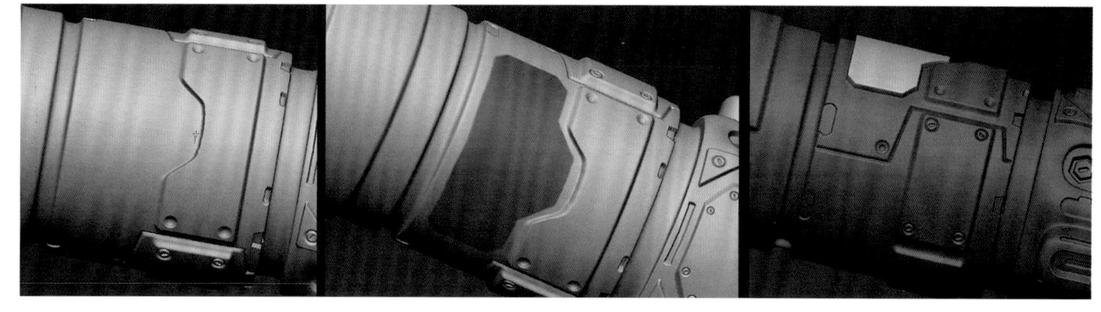

图5-408

现在把头冠的部分显示出来，然后转到顶部视图，在楞线和圆柱体的顶部添加槽线，在顶部区域画出蒙版，反选后向内挤压制作出槽线，过程及结果如图5-410所示。

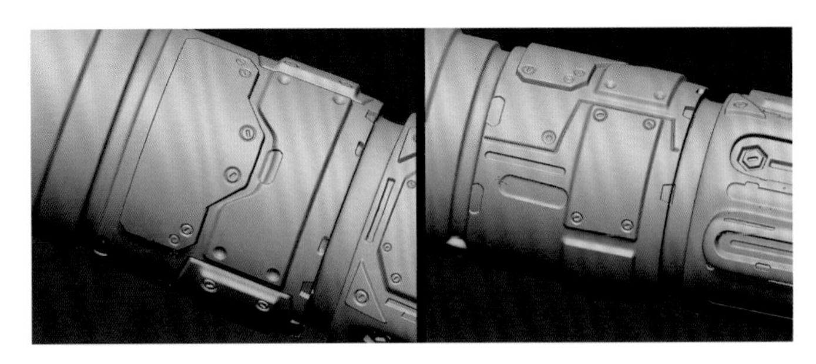

图5-409

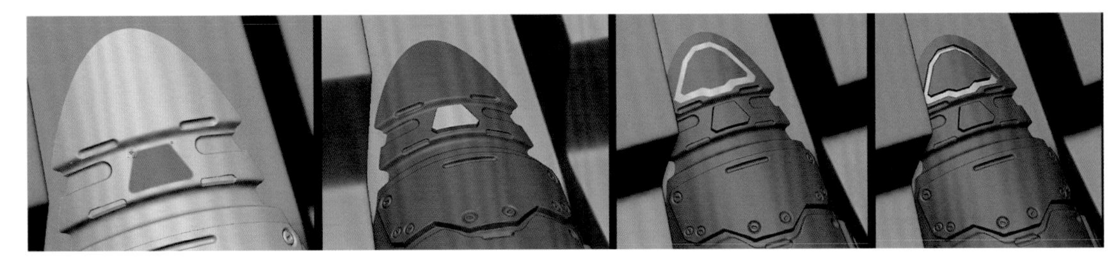

图5-410

在边角及部分槽线内部添加螺栓，现在我们的前部连杆已经全部完成，结构如图5-411所示。

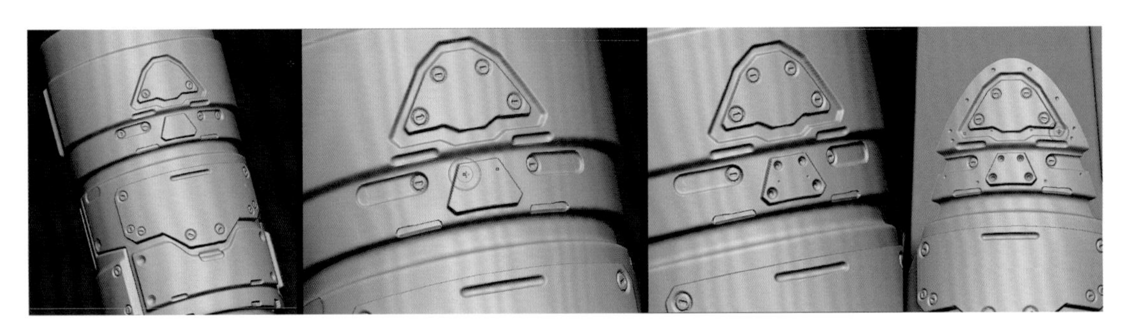

图5-411

现在我们选择后部连杆，然后调整至侧面进行截图，进入Photoshop进行编辑。使用钢笔工具勾勒区域，然后将路径转化为选区，填充为白色，然后对多余的部分进行删除，如图5-412所示。

图5-412

得到图像后按Ctrl键并单击该图层，可以提取出图层的选区，然后单击“选择→修改→收缩”选项，将其收缩至一定宽度，现在对选区内的图层进行复制。按住Ctrl键并单击复制出的图层，提取出其选区，将原始层的此选区内的像素按Delete键删除，如图5-413所示。

将该选区继续收缩，并再次填充白色，对创建的内部图层进行编辑，得到如图5-414所示的效果，此图形会作为Stencil工具帮助我们雕刻连杆侧面的细节。

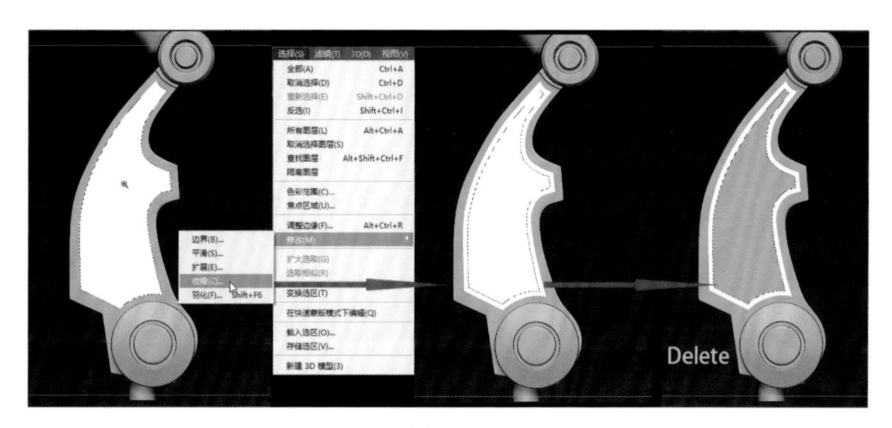


图5-413

图5-414

将黑白图作为Alpha导入到ZBrush当中，然后单击Alpha菜单，在其中寻找到Transfer，选择Make St，然后Alpha就已经转化为模板；按下空格键，使用Move和Scale工具将模板与模型进行对位；然后我们使用Layer笔刷在模型表面雕刻凸起的结构，如图5-415所示。

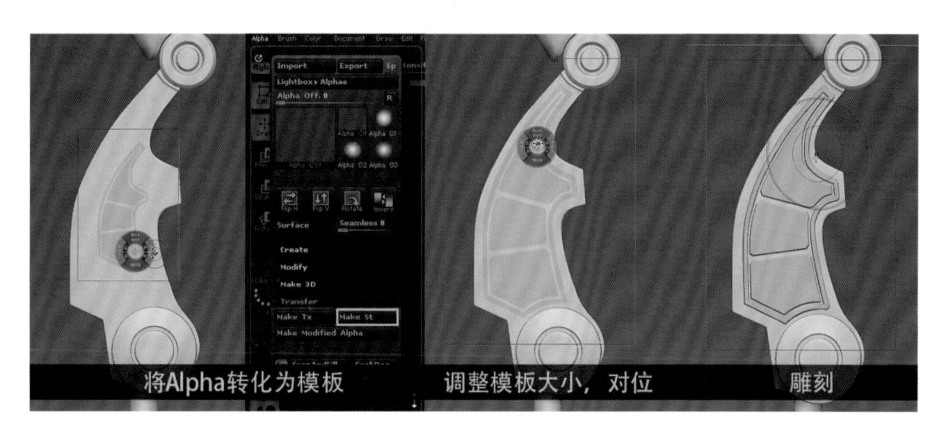


图5-415

现在单击Stencil菜单，再单击Stencil On关闭模板显示，然后在边角的部分增加螺栓结构，如图5-416所示。

中间圆柱形连杆和横向的圆柱形关节处的细节较容易雕刻，在这里就不一一叙述，整个连杆完成后的效果如图5-417所示。

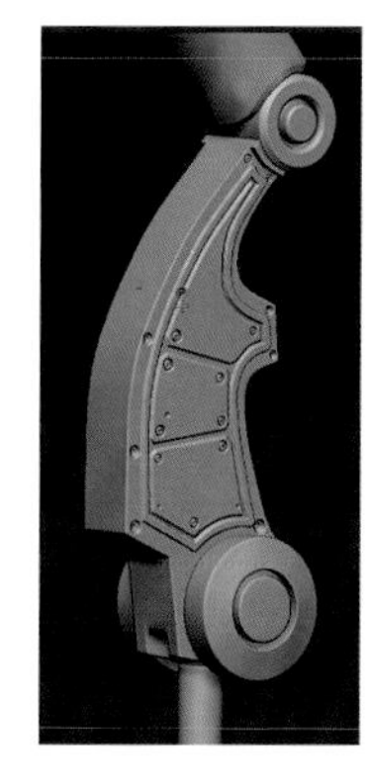

图5-416

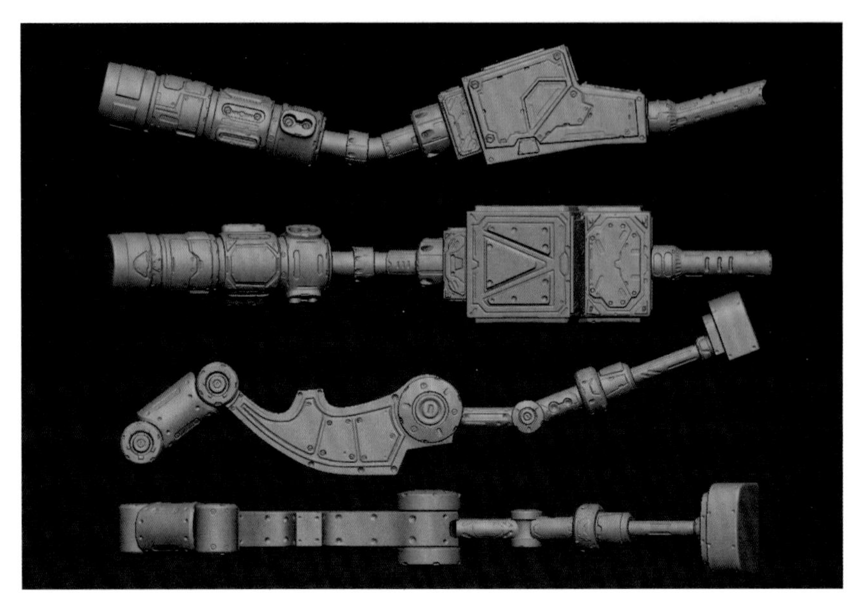

图5-417

## 5.4.8 制作头部侧后方护甲细节

在制作此处细节的时候要注意，此处结构是钢板状结构。我们在这个地方制作的细节更多的是体现厚重感，尤其在侧面两个具有凹面结构的塑造中更是如此，所以侧面部分不适合分割太多的小结构，要保持大结构的完整，而且要添加一些小结构，让整个结构更加丰富。

在侧面绘制蒙版，反选后制作凸起，然后在边角的空白处利用梯形和三角形Alpha增加细节结构，如图5-418所示。

图5-418

在凸起结构上添加螺栓和槽线，如图5-419所示。

图5-419

在两块钢板的连接处使用Layer笔刷，加载梯形的Alpha，使用拖曳笔画，然后制作出一个凹槽，在槽内部加入螺栓等细节，至此前面的钢板部分就做完了，如图5-420所示。

图5-420

在侧面中部的钢板上绘制蒙版，反选后使用Inflat命令制作凸起的结构，然后在边角增加螺栓，并且在凸起的结构上根据外边缘绘制结构线，如图5-421所示。

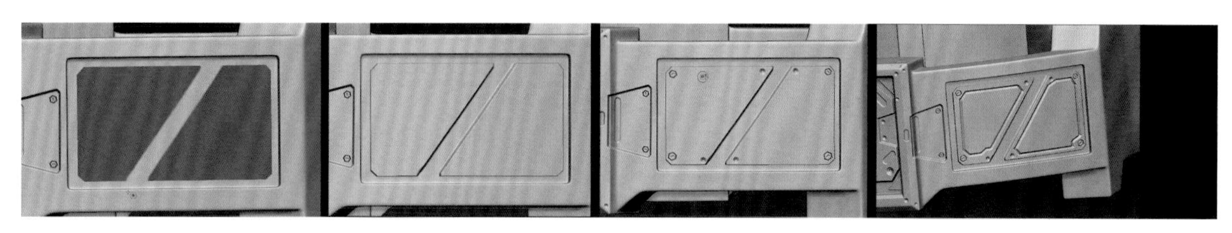

图5-421

添加直线的槽线，在边缘添加小细节，并在下部添加结构线。继续深入细化，特别是在一些槽线的边缘、楞线及槽线圆形区域，另外底部的楞线要和侧面的楞线相结合，结构如图5-422所示。

图5-422

在后脑的装甲处，我们先制作出一个基本结构，对此基本结构使用Dam_Standard进行分隔以后，在边角绘制螺栓及直线凹槽，如图5-423所示。

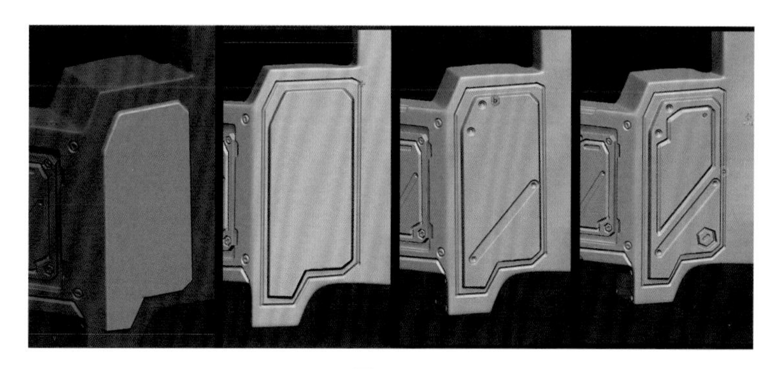

图5-423

然后，在边缘线上添加一些小细节，最终效果如图5-424所示。

在相应的位置上制作3个凹槽，在凹槽的内部和外部使用Dam_Standard笔刷制作结构线，如图5-425所示。

然后在边角的位置添加螺栓，在槽线边缘继续添加细节，再在边角处添加较小的螺栓，另外在装甲的下部也添加分隔线和细节，结构如图5-426所示。

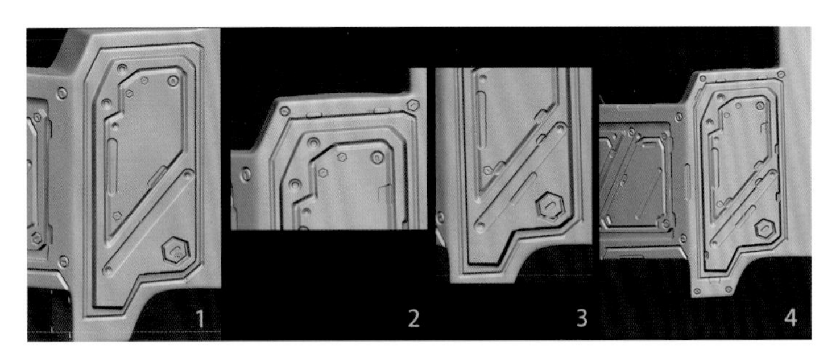

图5-424

图5-425

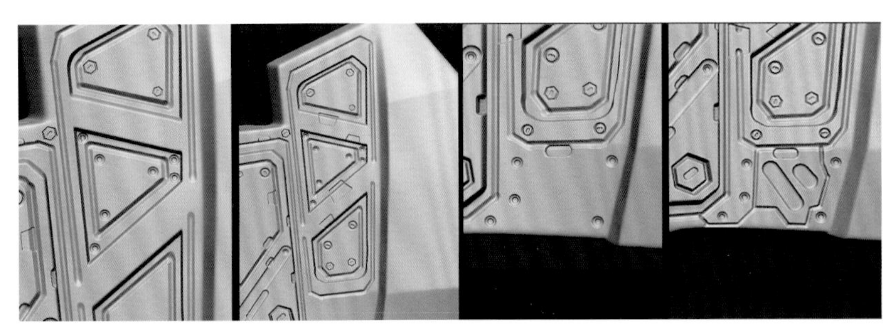
图5-426

现在我们在后脑的护甲上绘制蒙版，反选后使用Inflat挤出厚度，如图5-427所示。

图5-427

在凸起结构的内部雕刻边缘线，在边缘线的基础上雕刻结构线，如图5-428所示。

图5-428

在凸起结构的两侧雕刻结构线，然后添加槽线、凹槽和螺栓等细部结构，至此侧后方装甲结构制作完毕，如图5-429所示。

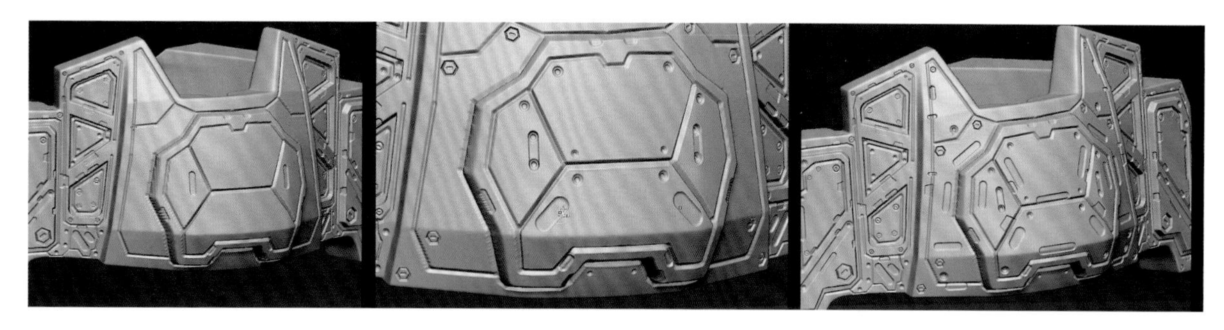

图5-429

### 5.4.9 头部侧面管线细节

首先我们将管线进行分组，选中管线并单击Auto Groups，然后我们可以得到3个独立的组，如图5-430所示。

现在我们观察到管线是有穿插的，如图5-431所示。

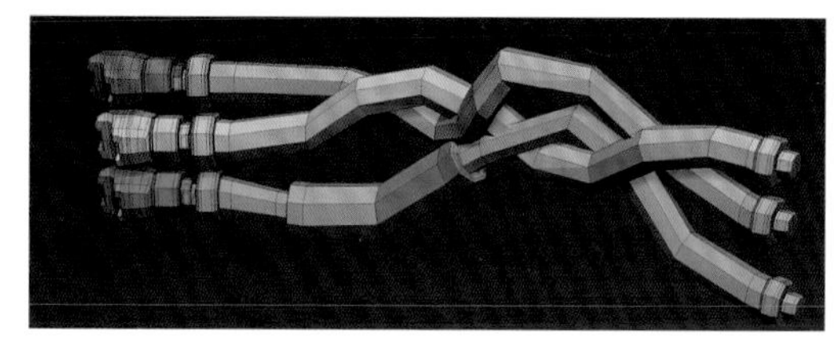

图5-430

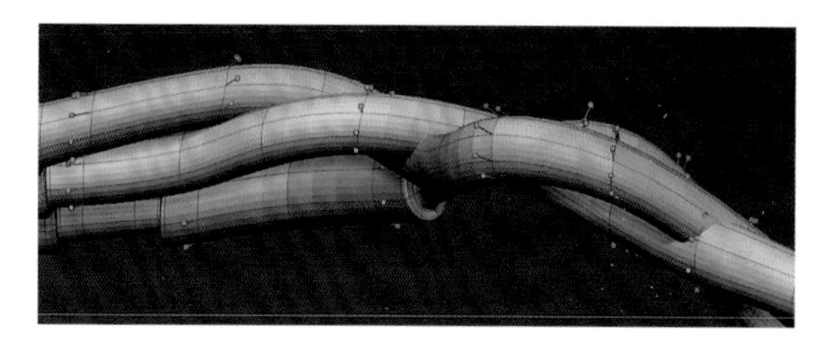

图5-431

因此需要先对管线进行分离，并对单个管线进行调整。按住Ctrl+Shift组合键，单击某一条管线，单独显示该管线后单击Split Hidden按钮对此管线进行分离操作，开启半透明显示，然后对管线从各个位置进行调节，如图5-432所示。

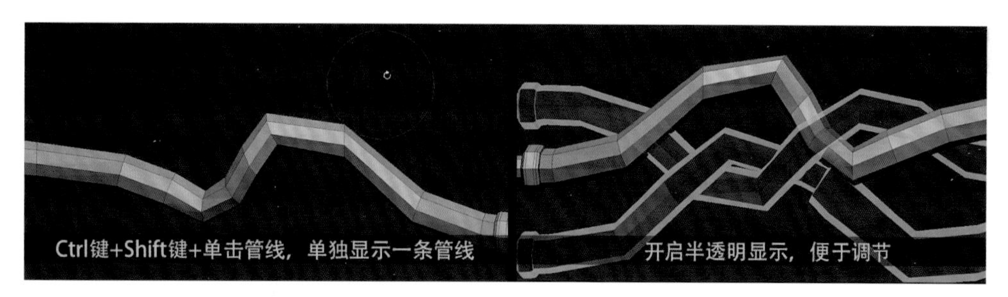


图5-432

通过调节管线的点，我们修正穿插的错误，并且制作出互相缠绕的效果，如图5-433所示。

图5-433

对所有管线做同样的操作，如果管线的面数不够，则可以加线，尽量制作出自然的缠绕效果，如图5-434所示。

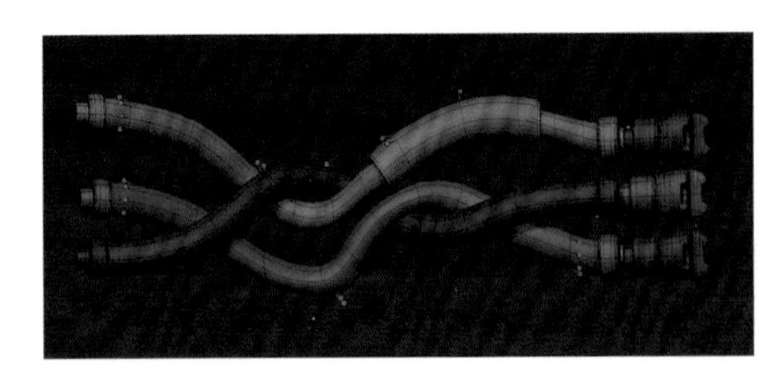

图5-434

我们将头部机壳显示出来，然后使用移动笔刷调整管线与头部机壳之间的位置关系，如图5-435所示。

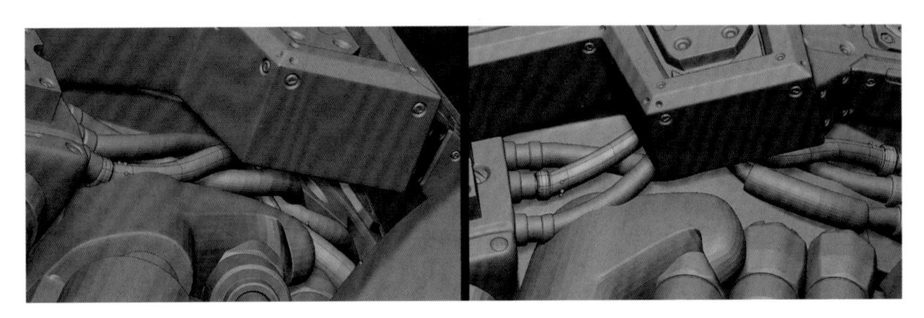

图5-435

将管线接头显示出来，调整管线与接口之间的位置，使之配合紧密；在管线的接头处制作凹槽和紧固结构，如图5-436所示。

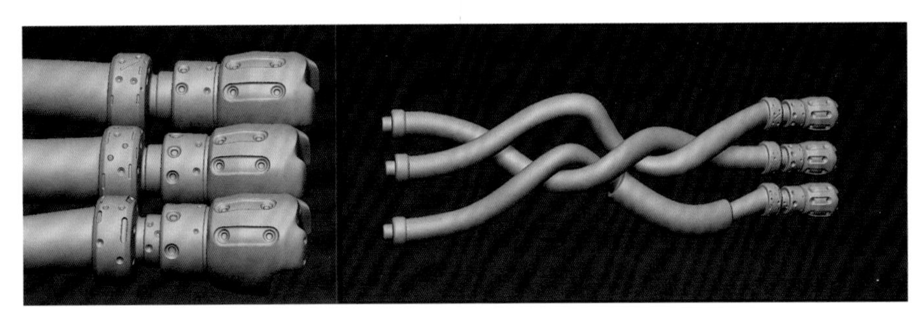

图5-436

现在，我们要为管线软管结构的表面增加细节，在这里我们使用到了NanoMesh技术（有关NanoMesh的具体技术请在相应章节当中找到NanoMesh的视频教程）。本节应用到的知识并不复杂，根据本书的操作步骤就可以轻松搞定。首先，我们利用ZModeler制作一个单体结构，这是一个十字状结构，然后使用ZModeler将此物体转化为插入网格，如图5-437所示。

**注意：**在制作插入笔刷时，要选择Align to Clicked Face Normal，这样才能保证插入的物体贴合物体表面。

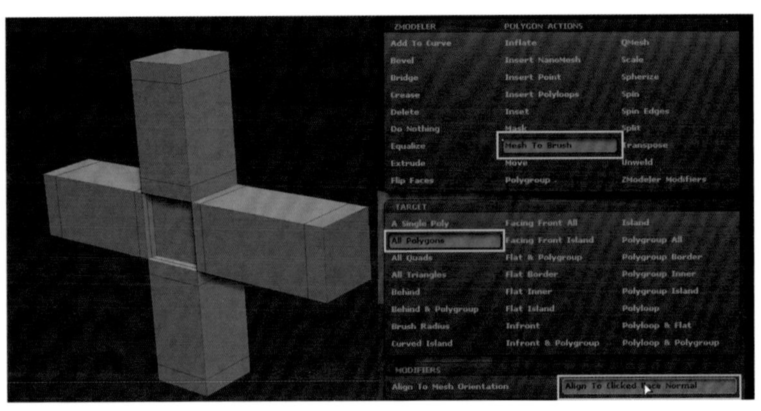


图5-437

然后选择管线，对其进行复制，删除不需要制作网状结构的部分，降低至最低级，然后在网格不均匀的位置加线，如图5-438所示。

图5-438

现在选择管线，然后使用ZModeler工具，在面级别下选择Insert NanoMesh, 在网格面上插入刚刚制作好的十字结构，然后调节NanoMesh菜单当中的Size数值，使十字结构首尾相接，如图5-439所示。

图5-439

最后单击One To Mesh将其转化为可编辑网格，其他管线上面覆盖的网状结构也用此方法依次制作完毕。如图5-440所示，头部侧面管线的细节已经全部完成。

图5-440

在耳后下方的凹槽里有一个圆柱形构件，现在单独显示此构件。首先在表面雕刻出纵向的凹槽，然后在柱体横向结构的楞线上制作凹槽，如图5-441所示。

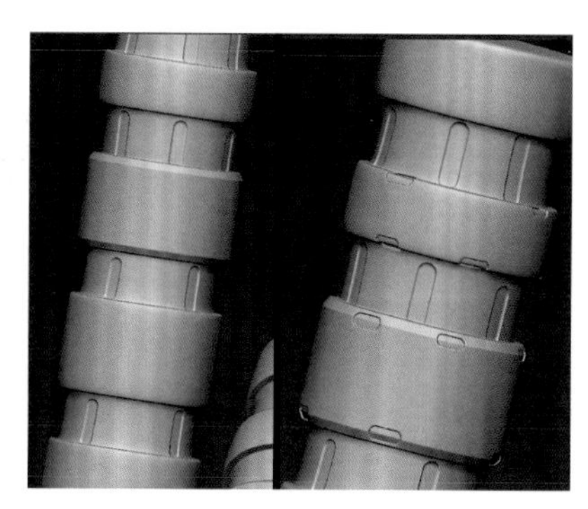

图5-441

现在在已经制作好的纵向凹槽中加入紧固结构和螺栓，在圆柱体的凸起表面上也制作出错落的螺栓结构，如图

5-442所示。

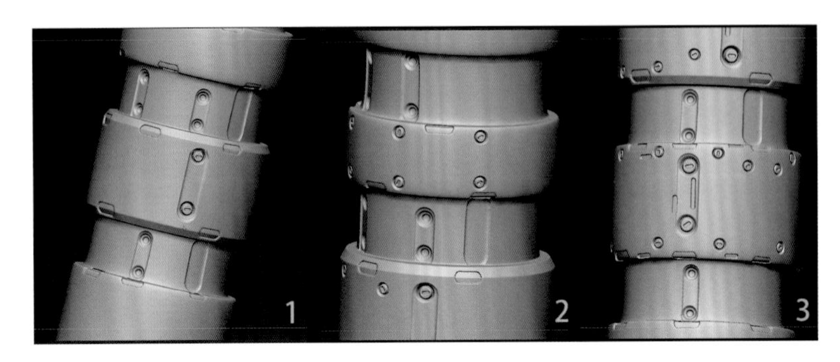


图5-442

接下来，制作连接螺栓和凹槽的结构线，以使结构更加丰富，最后显示出其他零件，观察整体效果，如图5-443所示。

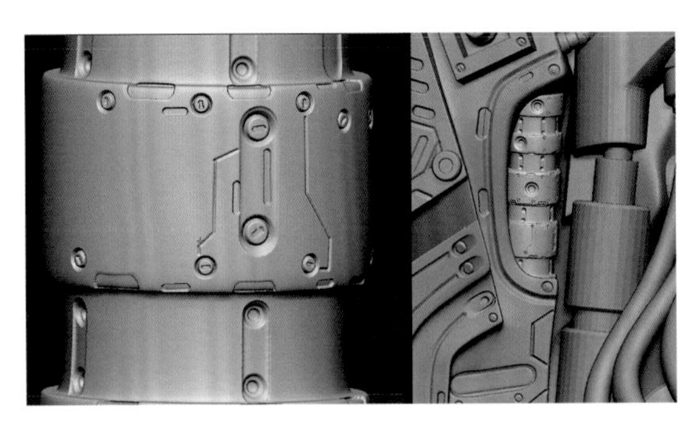

图5-443

现在细化颈部的液压杆细节，首先从接头处的结构开始，使用Layer笔刷雕刻出管线和接头的适配凹槽，如图5-444所示。然后在类似鹰嘴的结构处绘制蒙版，反选后使用移动工具制作凸起结构，如图5-445所示。

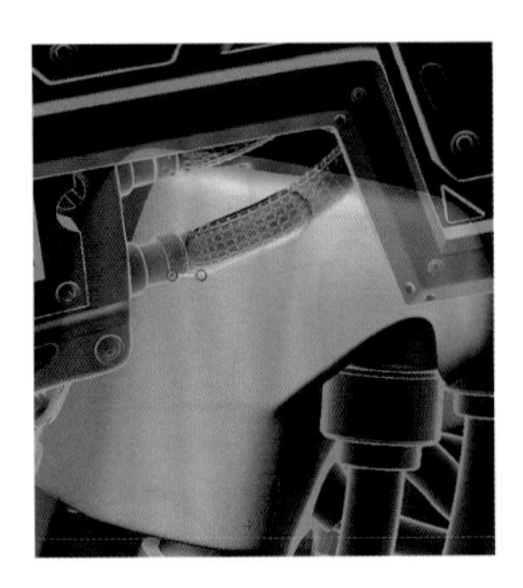

图5-444

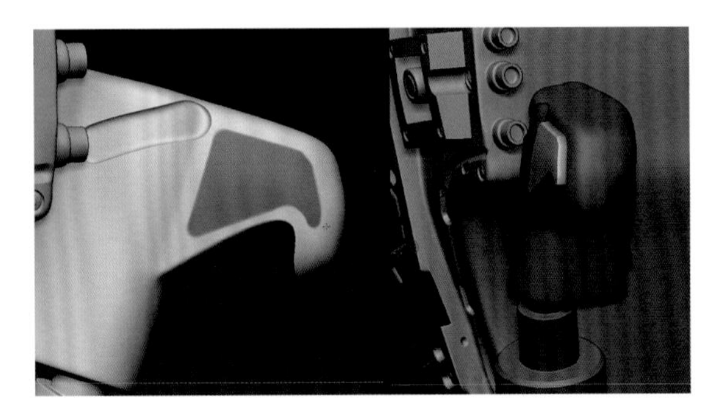

图5-445

在侧面绘制结构线，然后根据结构线的走势在周围放置螺栓，如图5-446所示。

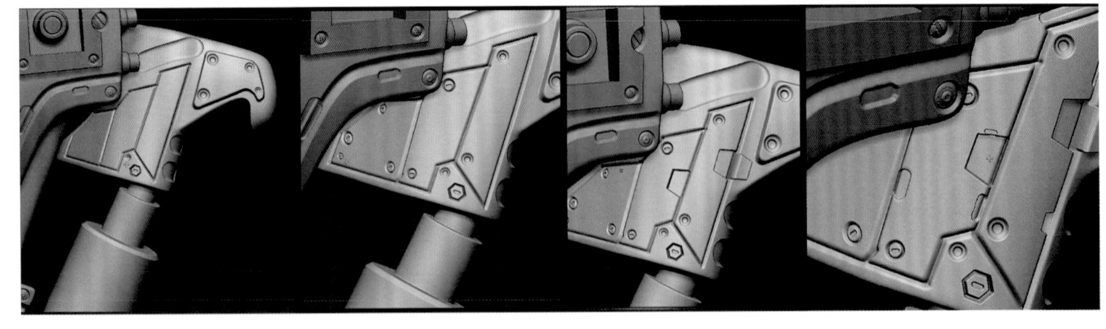

图5-446

在接头的后侧制作出两个横向凹槽，然后在凹槽内放置螺栓，并逐步细化，增加凹槽与螺栓的数量，最后显示其他构件，进行整体观察，过程如图5-447所示。

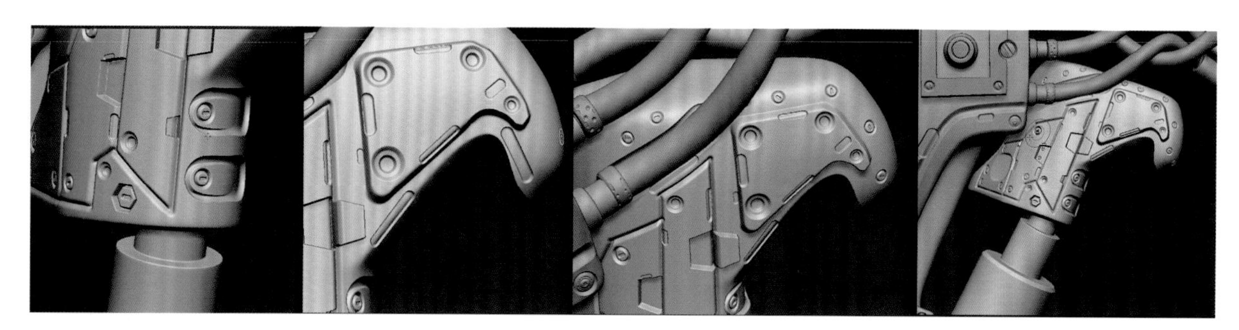

图5-447

继续丰富下面连杆的细节，因为连杆贴近面罩，所以不要在连杆上制作过多的细节，以便作为主体部分的面罩始终处于最显眼的位置。在连杆的正面雕刻一小段凸起结构，在侧面雕刻出从上到下的一段较长的凹槽。接着在正面塑造一条纵向和两条横向的短槽，如图5-448所示。

对槽体进行深化雕刻，并丰富槽体边缘细节，如图5-449所示。

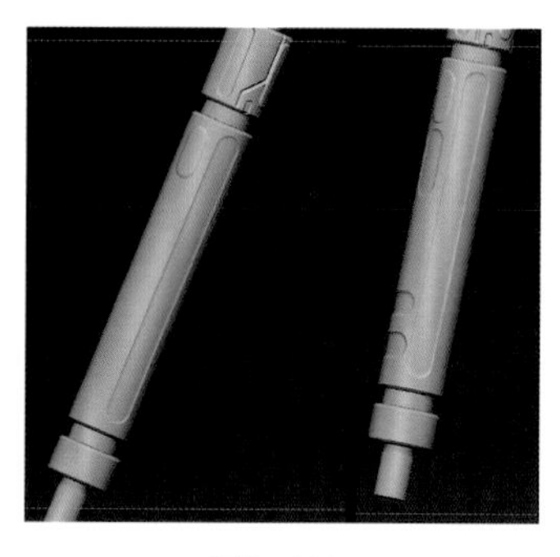

图5-448

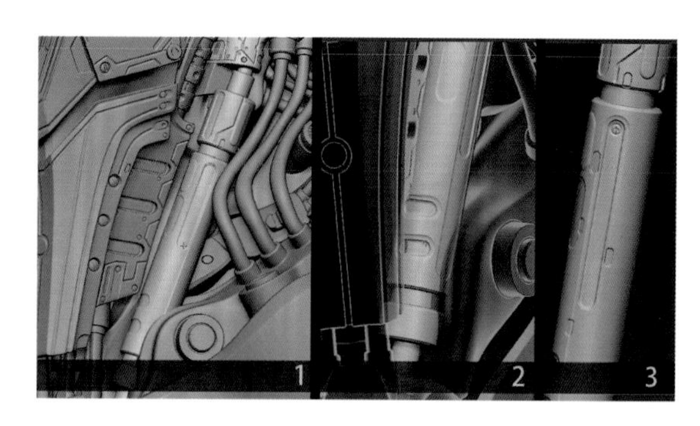


图5-449

在槽内加入螺栓，并且在圆柱体的楞线上加入细节，如图5-450所示。

在连杆正面偏上的位置上，丰富先前雕刻的凸起结构。并且继续用凹槽和螺栓丰富细节，如图5-451所示。

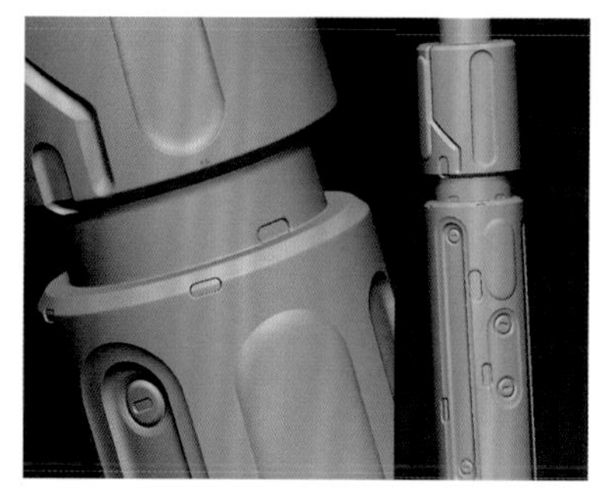

图5-450

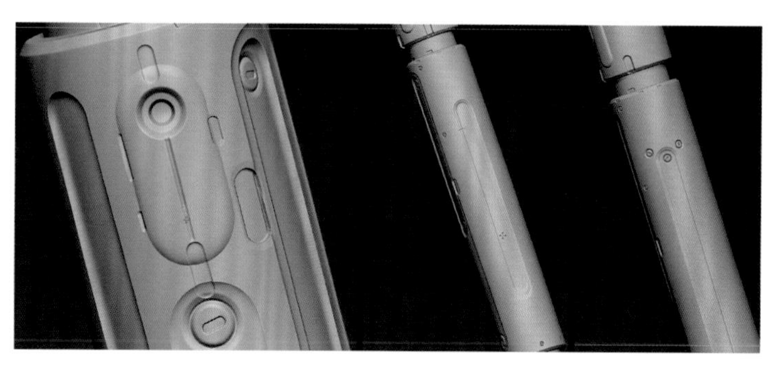

图5-451

在连杆的末端，丰富楞线细节，雕刻出较深的结构，并且加入螺栓，如图5-452所示。

最终显示所有的物体，现阶段形体如图5-453所示。

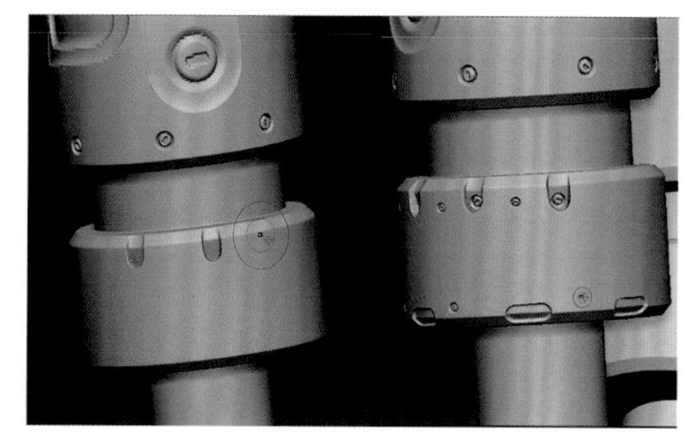

图5-452

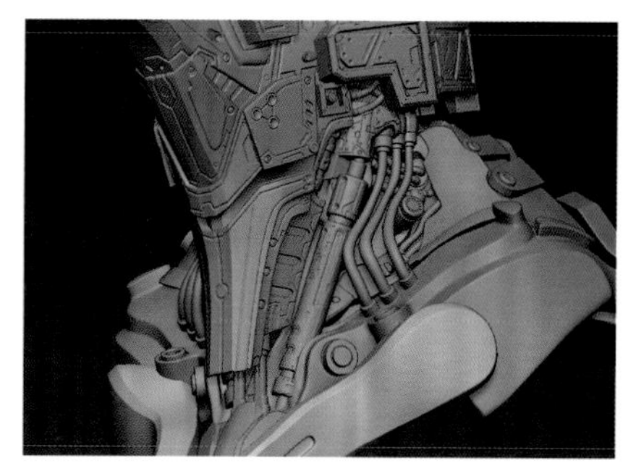

图5-453

第5章 机械战士

## 5.4.10 V形护甲细节

### 1. 基础模型改造

现在的护甲不是很规整，而且在护甲与肩部接合部位没有形成很好的圆形轮廓，如图5-454所示。

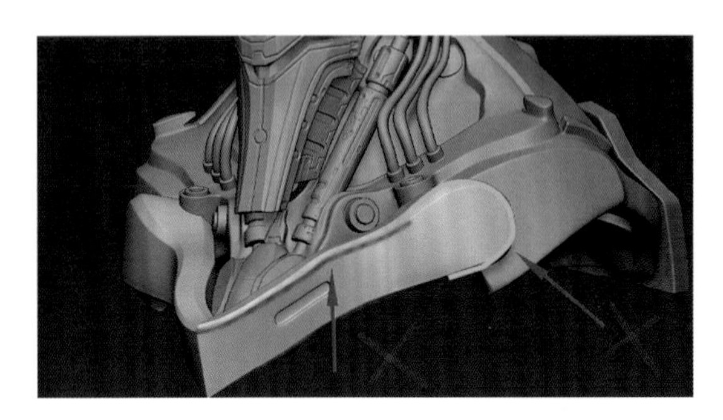

图5-454

为了制作出更加规整的结构，我们将模型进行重新构建。首先，一个简单的圆柱体作为模型开始的基础形体，调整形体大小，将V形护甲的末端进行对位，为了便于制作，先不要旋转圆柱体，如图5-455所示。

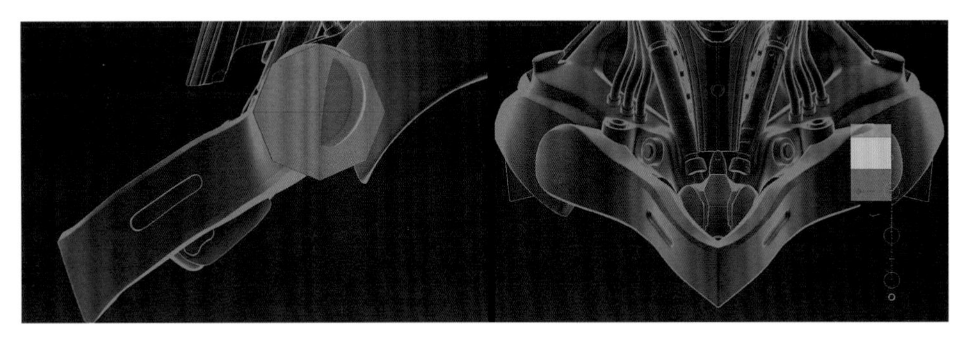

图5-455

现在选中圆柱体前部的两个面，然后进行挤压；将挤压出的面调整平以后，进行二次挤压；在顶视图对形体进行调整，过程如图5-456所示。

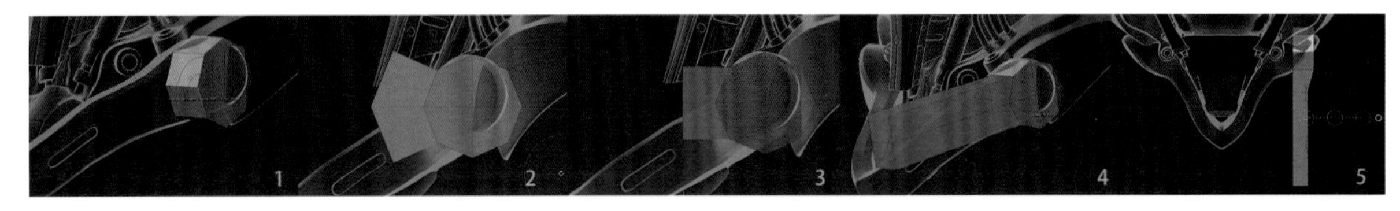


图5-456

现在将作出的形体进行旋转，与原来的护甲模型进行匹配，调整好位置后利用SliceCurve笔刷将其从中间的部分进行切割，如图5-457所示。

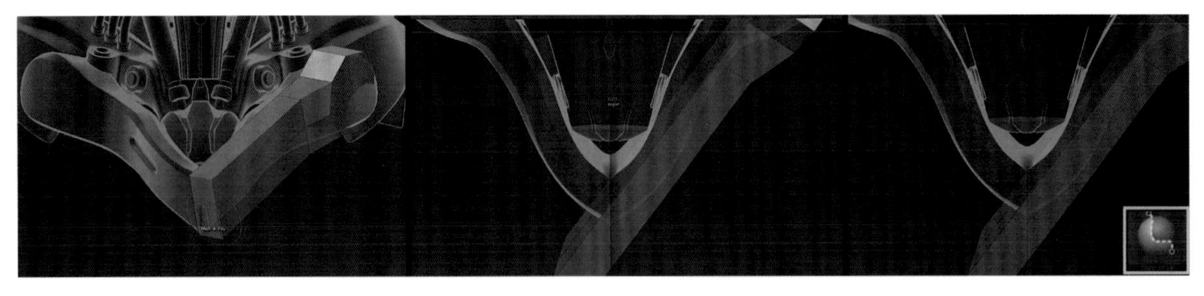

图5-457

将多余的部分删除后，单击Mirror And Weld按钮进行左右对称，如图5-458所示。

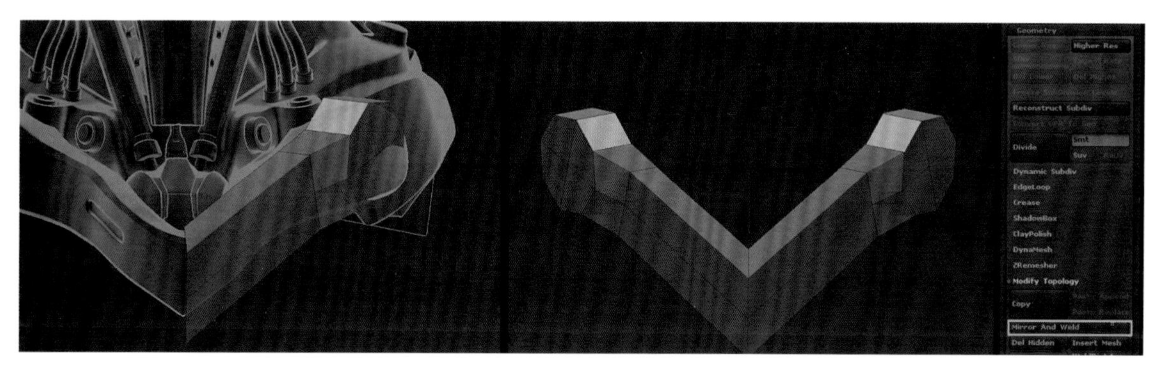


图5-458

利用蒙版保护护甲前面的面，然后对护甲末端的圆形结构进行调整，使之配合肩部的结构，如图5-459所示。

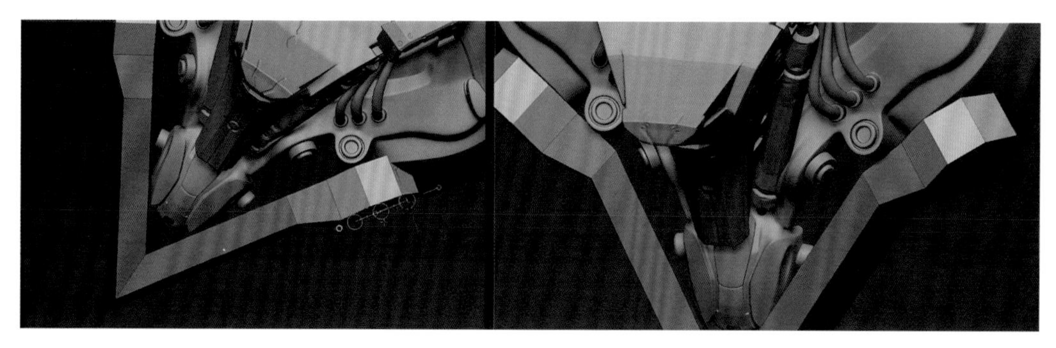

图5-459

在护甲的内侧挤压出一些块状结构，一方面填充空隙，另一方面能够使结构更加紧凑，如图5-460所示。

图5-460

在护甲的外边缘进行倒角处理，并且在倒角和护甲的前尖上加入保护线，如图5-461所示。

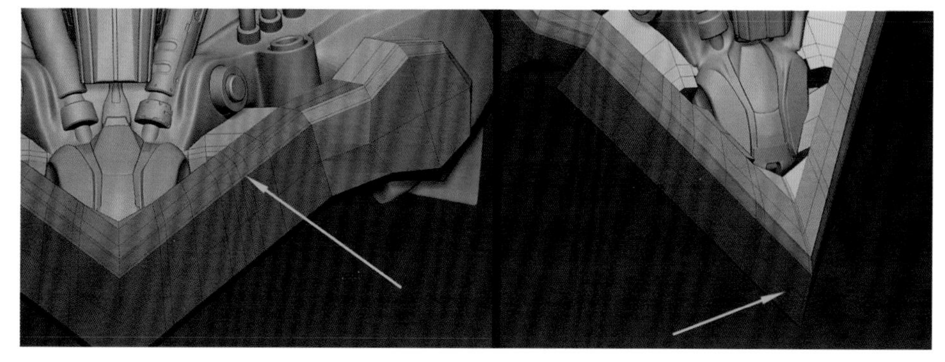

图5-461

在护甲的圆形部分制作出同心圆结构，并增加倒角，然后进行卡边，如图5-462所示。

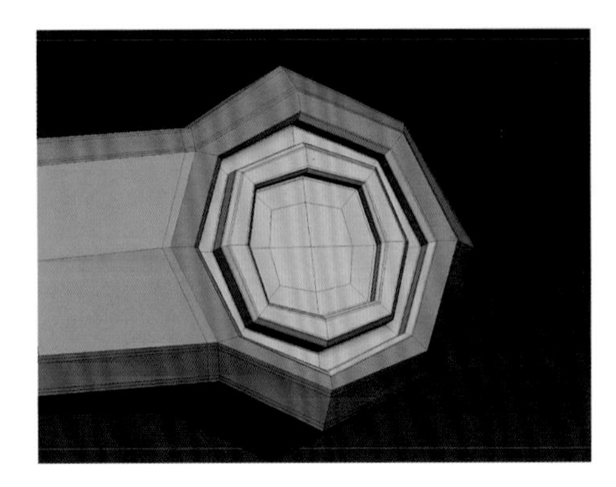

图5-462

为了能够让护甲内侧的方体结构更加硬朗，我们将形体Goz到Maya当中，整理布线，并且在一些结构上卡线，如图5-463所示。

图5-463

最终，Goz回ZBrush后，在ZBrush当中需要调整部分结构，使结构与肩部造型接合得更加紧密，如图5-464所示。至此，模型的重构工作完成。

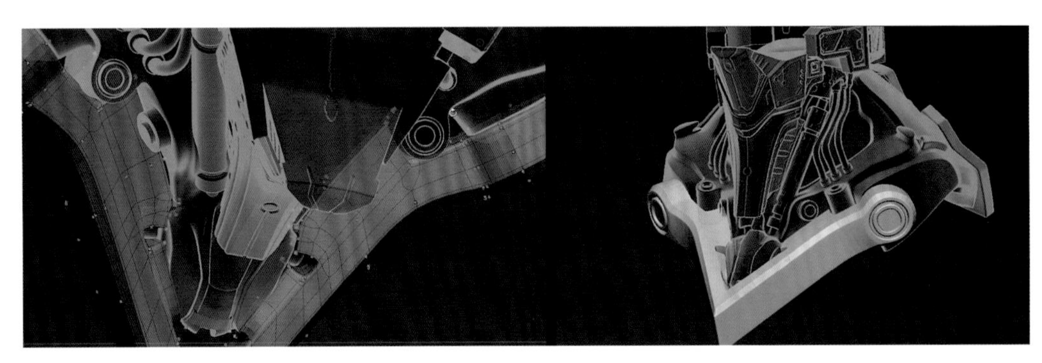

图5-464

### 2. 护甲细节

现在进入到护甲细化的过程，首先在侧面制作横向较长的槽线，在槽线的上下棱线上制作一长一短的凹槽；然后在护甲的楞线上制作较小的槽；最后在圆形结构的前部增加同心圆的凹陷，再加入螺栓，如图5-465所示。

图5-465

在护甲前端，将Layer笔刷的Alpha中加载03.psd，先制作一个凸起结构；然后按住Alt键，在凸起结构上面加入凹陷的结构；在这个复合结构的下面再制作一个凹陷的结构，如图5-466所示。

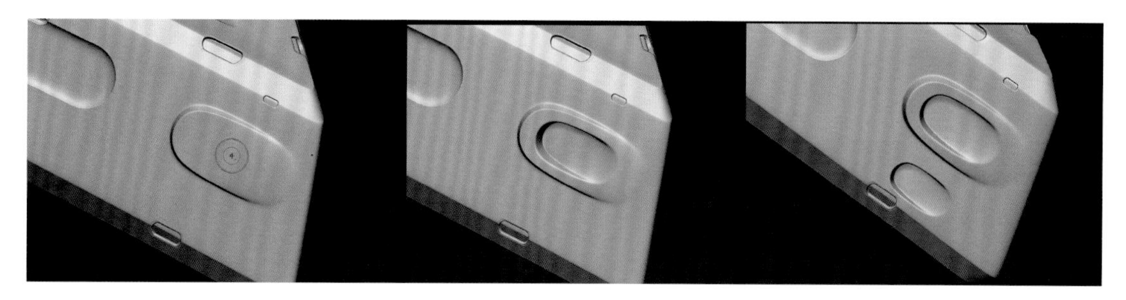

图5-466

在护甲的侧面，用蒙版绘制出需要凸起的结构区域，反选后将此结构凸起，在此结构的周边绘制结构线，如图5-467所示。

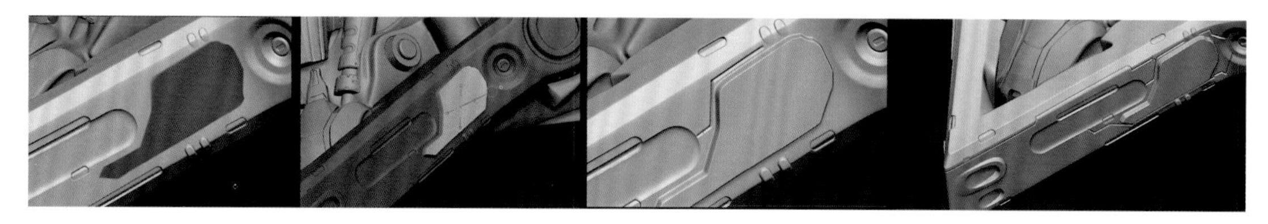

图5-467

在圆形结构的内部加入较深的横向槽线，并在圆形结构附近增加较小的螺栓结构，如图5-468所示。

图5-468

在护甲顶面，使用蒙版和移动工具制作凸起结构，在顶部添加结构线，并在圆形结构的顶面增加凹槽结构，如图5-469所示。

图5-469

在侧面结构的槽内，使用装载圆形Alpha的Standard笔刷绘制出较深的结构，然后在Alpha当中加载NGM_MECH_PROP_14（机械笔刷文件），在凹槽内部制作零件，在结构槽的另一端也是如此，如图5-470所示。

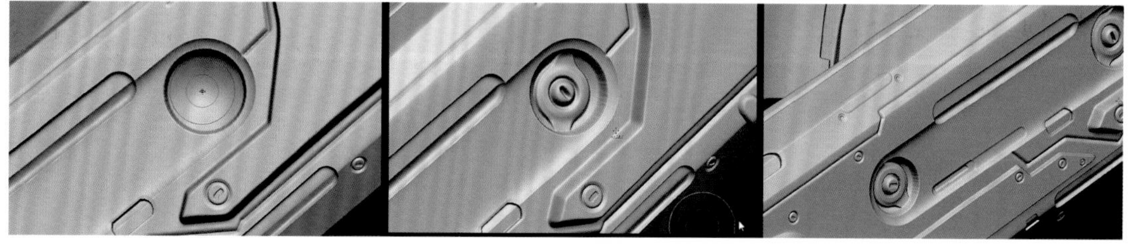

图5-470

添加一些细部的螺栓以后，护甲就已经完成，如图5-471所示。

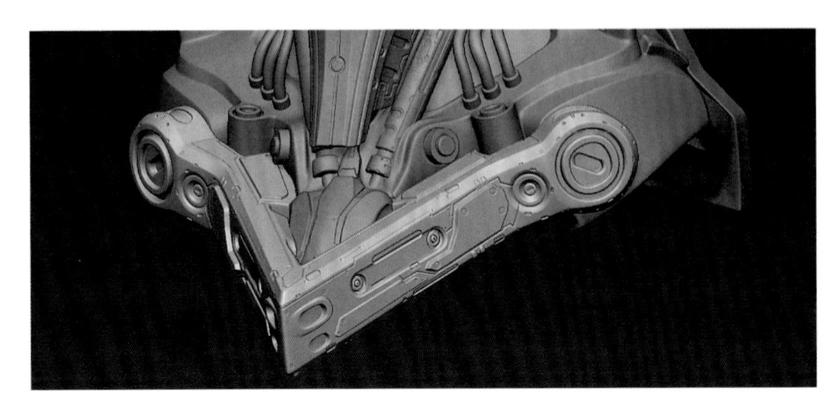

图5-471

### 3. 颈肩部细节

现在细化颈肩部的前部凸起结构，在这里我们使用直线类型的Dam_Standard笔刷沿着侧面凸起的结构绘制结构线，然后利用侧面不同的结构关系使用结构线进行分割，如图5-472所示。

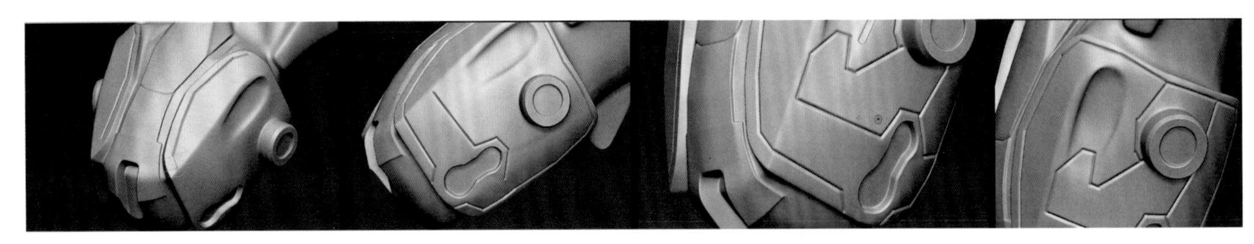

图5-472

通过螺栓以及凸起或者凹陷的长槽来细化结构，如图5-473所示。

图5-473

在前部凸起的结构上依然使用分隔线进行结构强化，如图5-474所示。

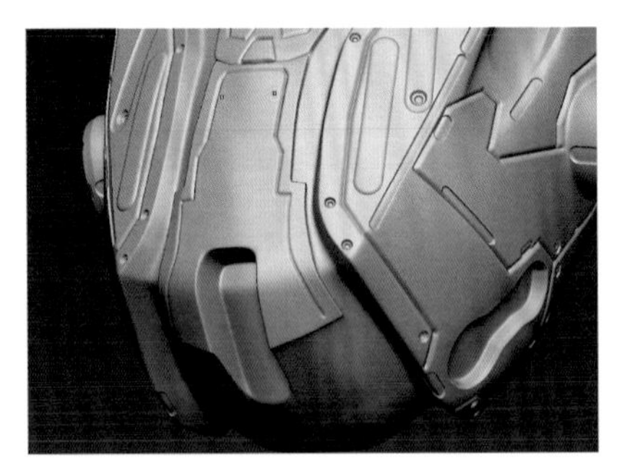

图5-474

在上、下部分别用凸起和凹陷来丰富结构，增加螺栓及凹槽，前部结构如图5-475所示。

观察颈部连杆，发现其与前端有穿插，如图5-476所示。

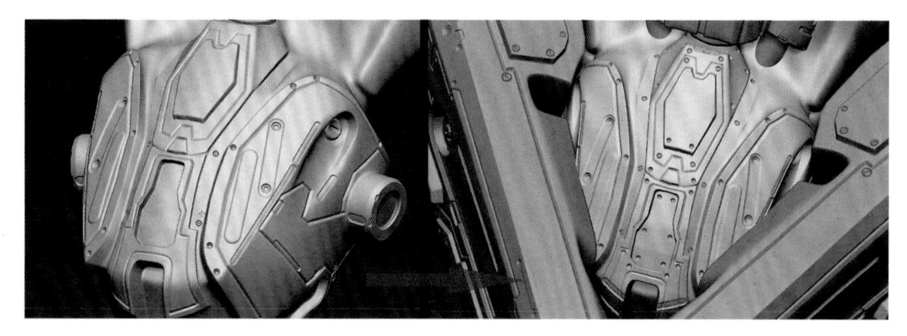

图5-475

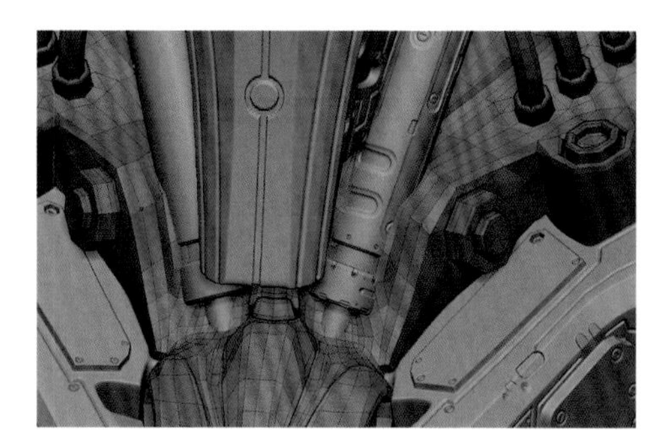

图5-476

我们需要修正穿插的错误，使用Standard按住Alt键向内挖出一道槽。通过不断修正，使颈部连杆与前部结构配合严密，没有穿插，如图5-477所示。

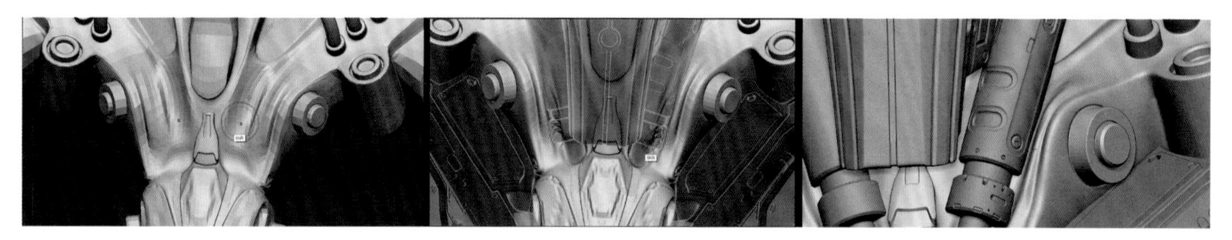

图5-477

在侧面弧形凸起的位置沿弧线添加螺栓和凹槽，并在周围添加结构线，如图5-478所示。

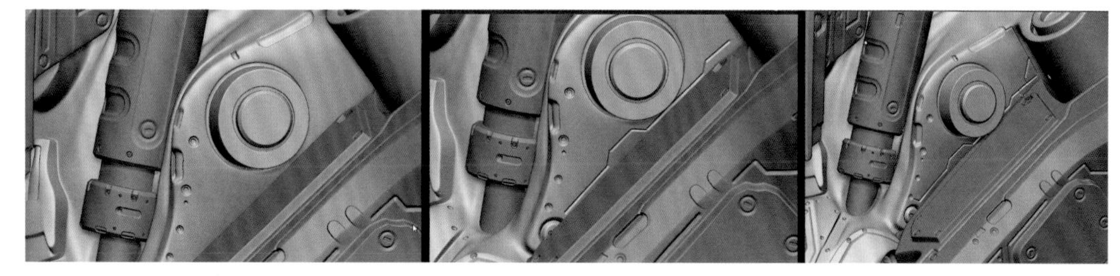

图5-478

通过对凸起的圆柱体结构进行细化，丰富侧面结构，如图5-479所示。

图5-479

在肩部利用蒙版和移动工具制作凸起结构，如图5-480所示。

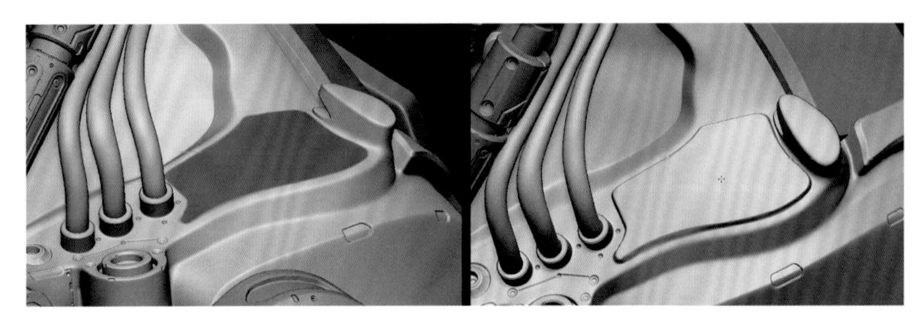

图5-480

在凸起结构的表面利用分隔线和边沿的螺栓来细化结构，如图5-481所示。

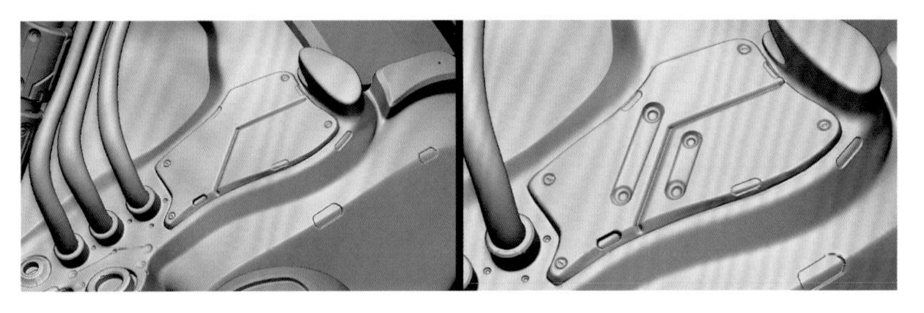

图5-481

在凸起的卡扣结构上，我们通过在底部雕刻结构线、放置螺栓，以及在棱线处添加凹槽等制作出丰富的结构。另外，在卡扣结构的顶面使用蒙版和移动工具制作出凹槽，如图5-482所示。

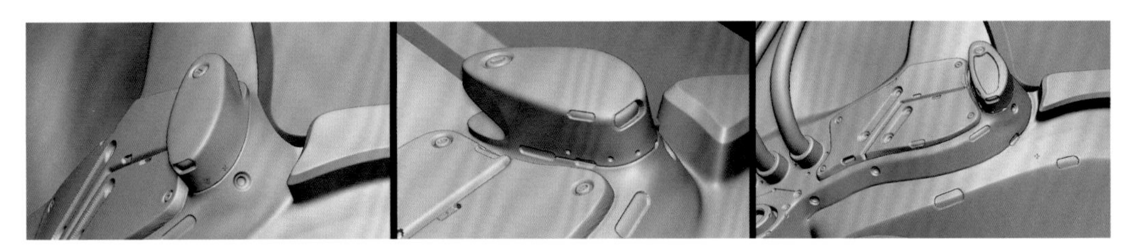

图5-482

在肩部的中上侧沿着肩后部的护甲边缘及前部凹陷边缘绘制蒙版，反选后利用移动工具制作出凸起的结构，如图5-483所示。

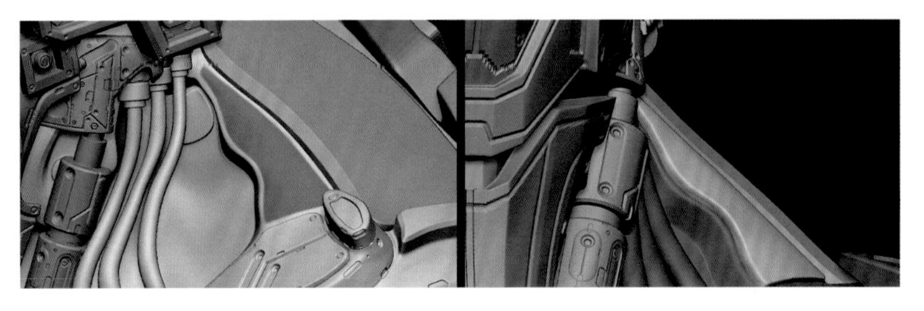

图5-483

在此结构上雕刻出与肩部走势相一致的槽线，并增加螺栓等构件，如图5-484所示。

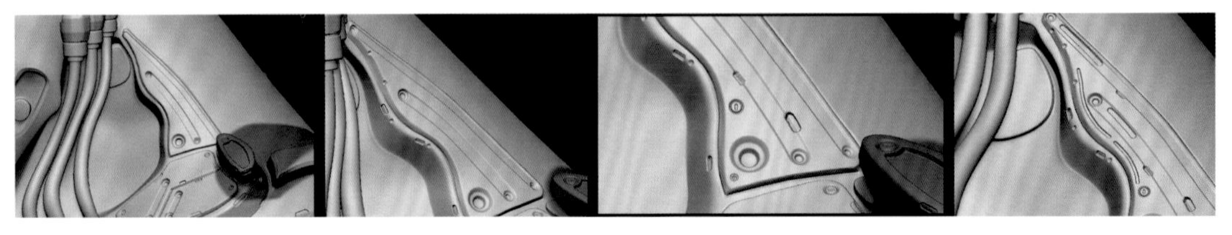

图5-484

肩部造型如图5-485所示。

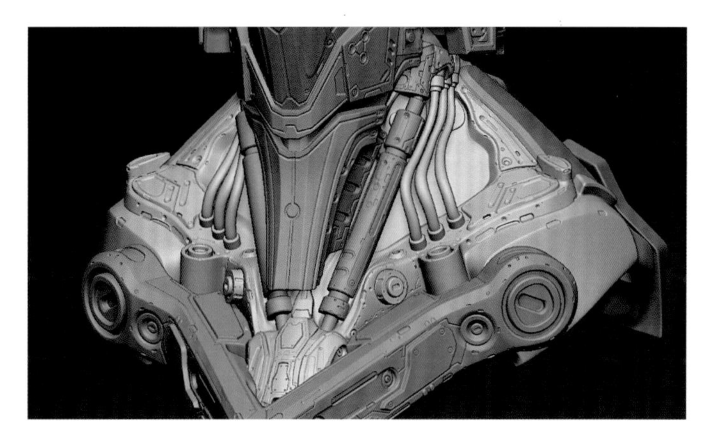

图5-485

肩部向两侧的位置有两个突出的结构，而我们的V形护甲就是通过这个结构相连接的，现在在这个结构上绘制与边缘相一致的蒙版，反选后利用移动工具制作凹陷结构，如图5-486所示。

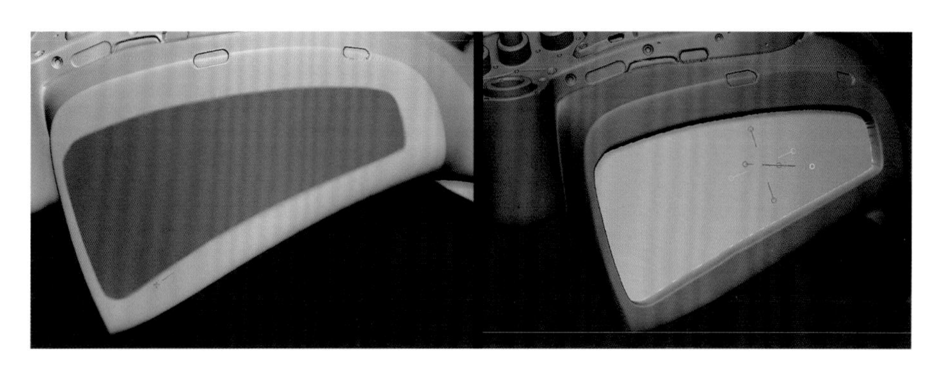

图5-486

单击StoreMt对目标进行存储后，雕刻出三道平行的凹槽，然后使用Morph工具进行修正，如图5-487所示。

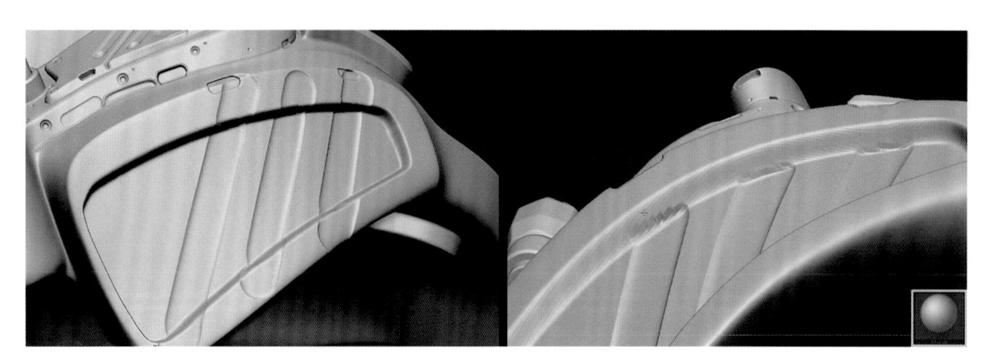

图5-487

分别在上部和下部制作细节，此结构雕刻完毕，如图5-488所示。

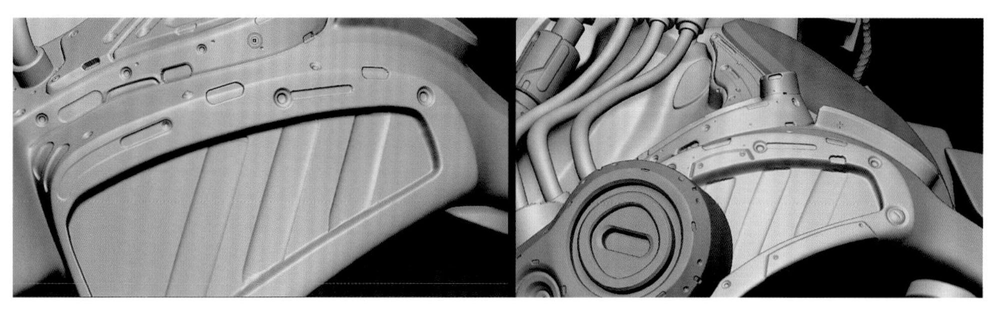

图5-488

在肩部的侧后方按照结构走势制作凹槽，在这个地方要注意沿着弧形走势去制作，不要割裂，要把物体的细节与形体统一起来。在较大的侧面上用Layer 笔刷制作凹槽后，用Morph笔刷来制作分隔的表面，过程与效果如图5-489所示。

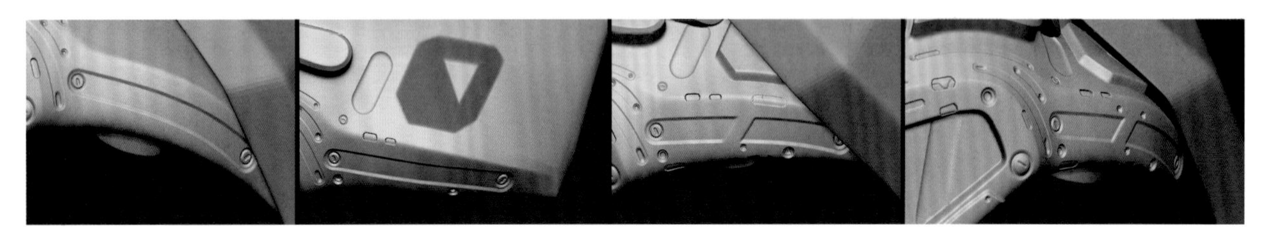

图5-489

在肩部长条形凸起结构上使用螺栓和分隔线进行制作，如图5-490所示。

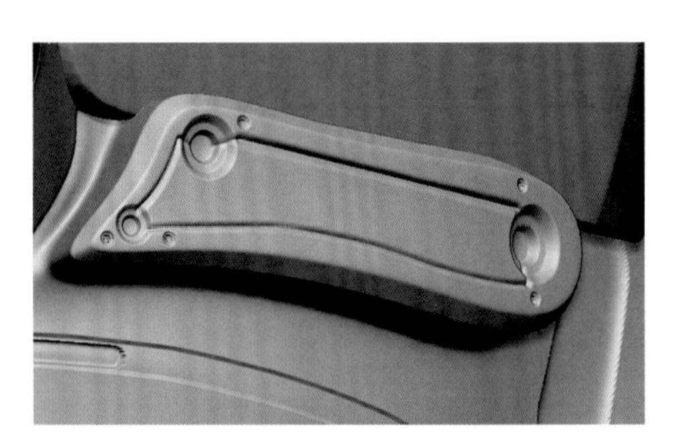

图5-490

背部有一个凸起的结构，我们在背部绘制蒙版，反选后使用Inflate挤压出结构，如图5-491所示。

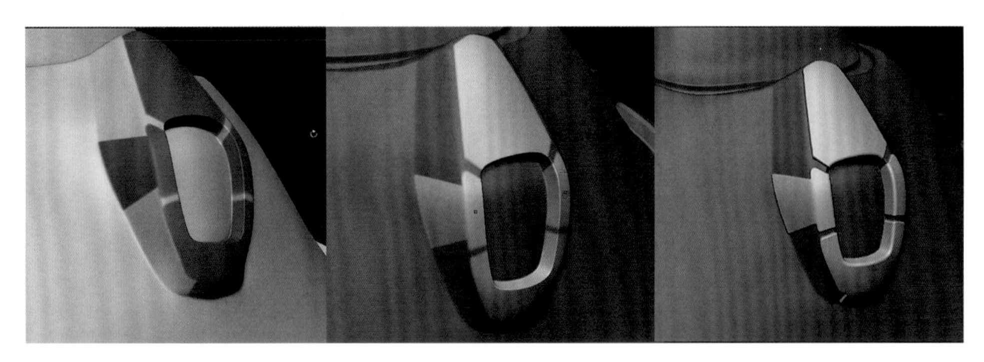

图5-491

在新制作出的结构上绘制分隔线，不要把挤出的区域分割，如图5-492所示。

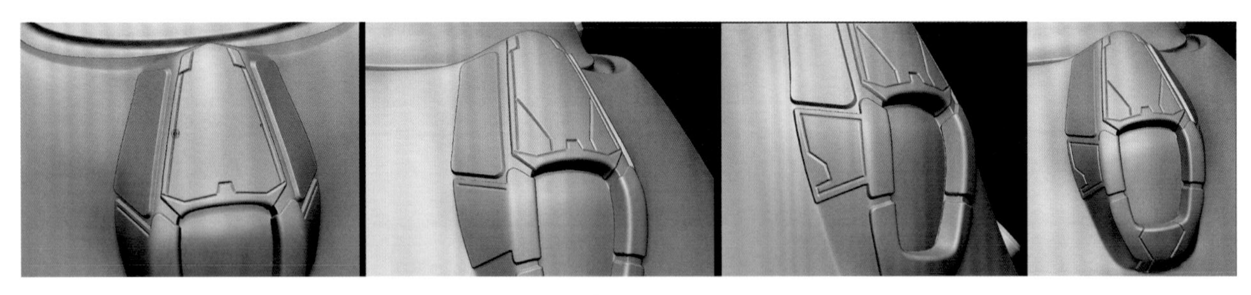

图5-492

在顶面上制作凸起，然后在凸起结构周围加入螺栓，如图5-493所示。

继续在其他位置增加螺栓及凹槽，凸起的外部结构如图5-494所示。

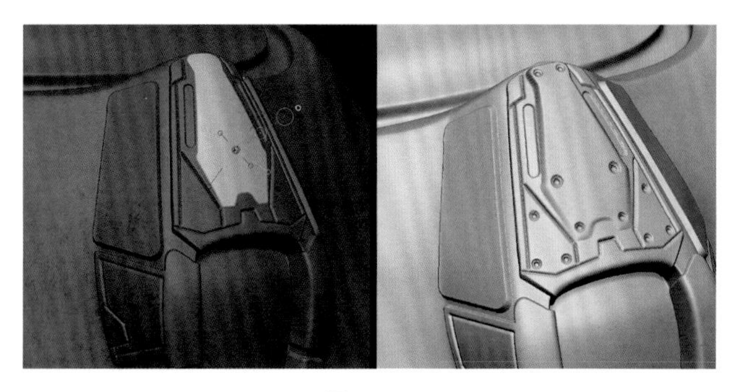

图5-493

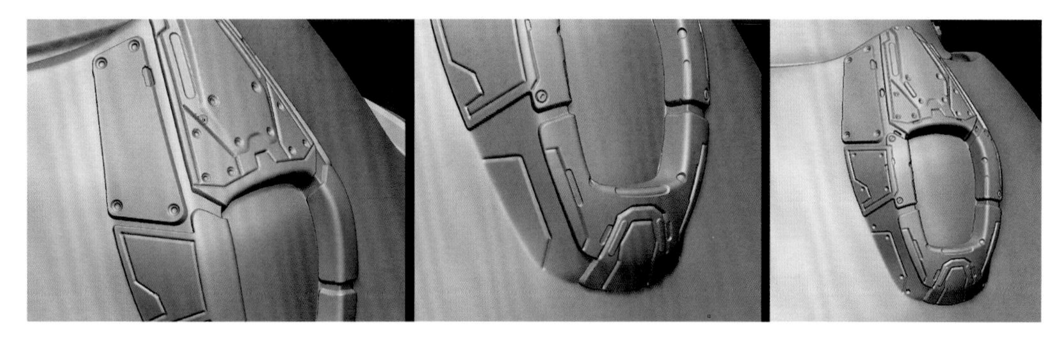

图5-494

在内部绘制蒙版，内部的轮廓要绘制为圆形轮廓，然后制作凸起结构，如图5-495所示。

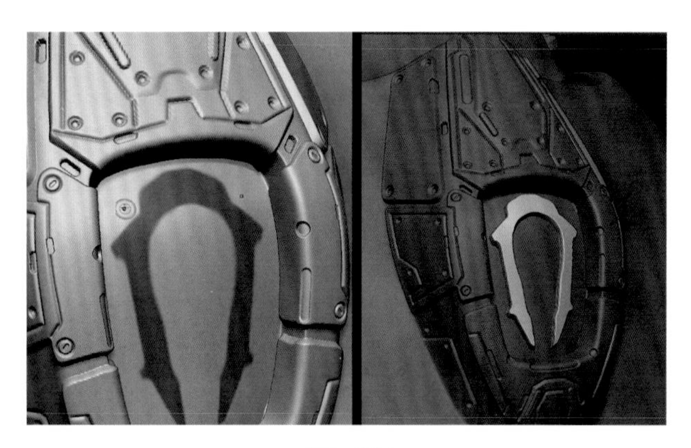

图5-495

在周边增加凸起和分隔线，继续细化结构。在内部加入圆形结构，然后使用分隔线进行连接，背部凸起结构如图5-496所示。

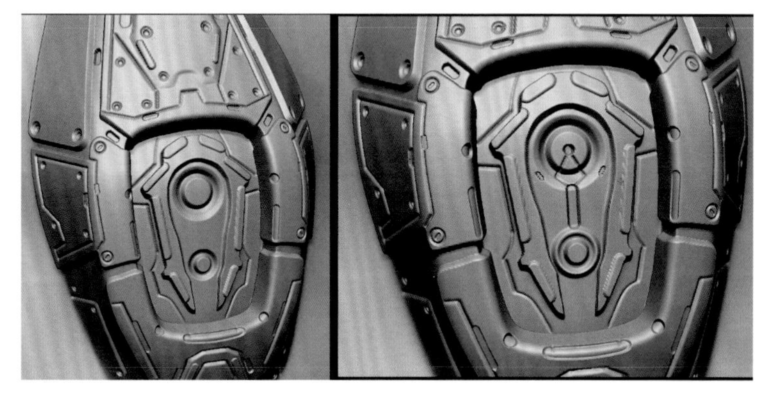

图5-496

在肩部护板部位增加蒙版，反选后制作凹陷的结构，如图5-497所示。

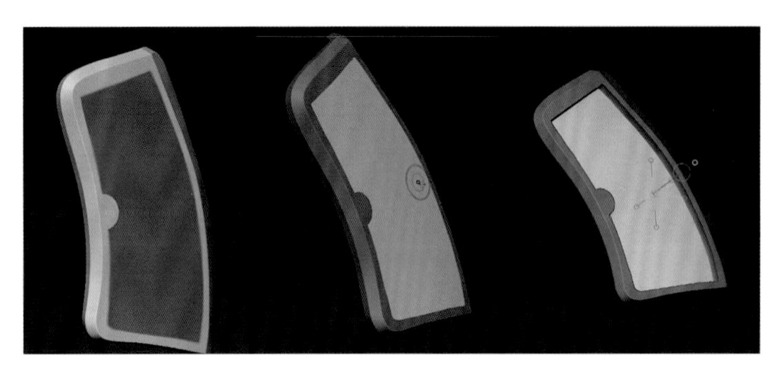

图5-497

在内部凹陷的区域增加蒙版，然后使用相同的手法将此区域向外拖曳，制作出凸起的结构，注意该凸起的结构要与外边缘呈现一定的高度差，如图5-498所示。

单击StoreMt存储目标，使用蒙版绘制3条斜向的槽，反选后使用Inflate向内凹陷，使用Morph工具进行修正，如图5-499所示。

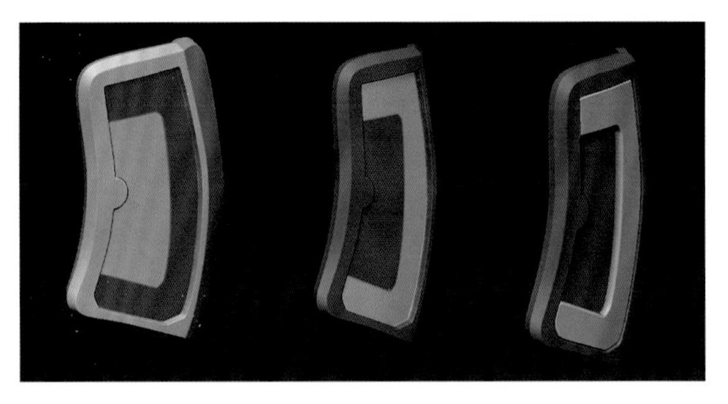

图5-498

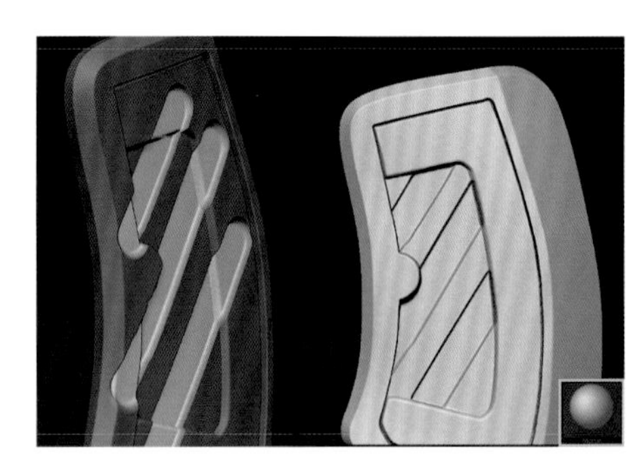

图5-499

在表面添加螺栓、结构线等，以丰富结构，过程如图5-500所示，整个肩片的部分要保持整洁和结构清晰。

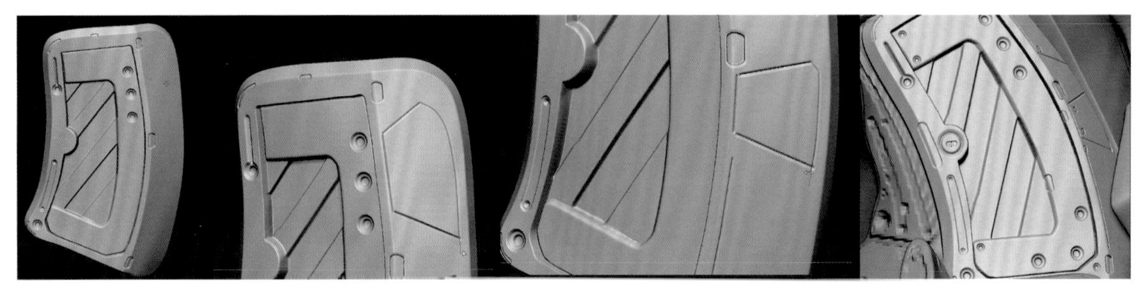

图5-500

选择后面的甲片，显示放在上面的结构件，开启透明，依据二者关系绘制结构线；显示背甲，关闭透明，依据背甲和后面甲片的轮廓绘制蒙版，制作凹陷结构，如图5-501所示。

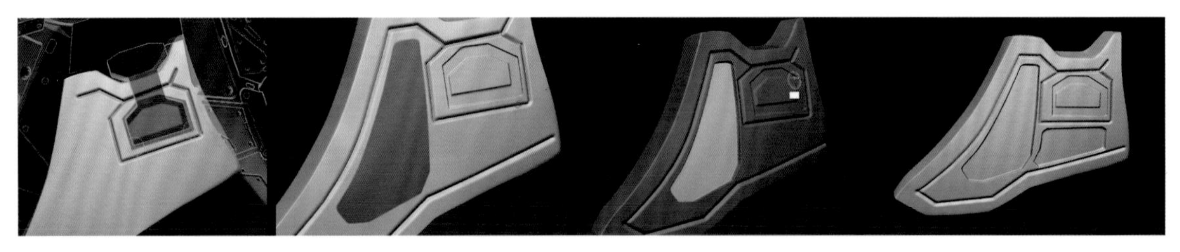

图5-501

继续使用蒙版在凹陷内部绘制结构，然后向外制作凸起，如图5-502所示。

逐步添加螺栓和结构线等细部，如图5-503所示。

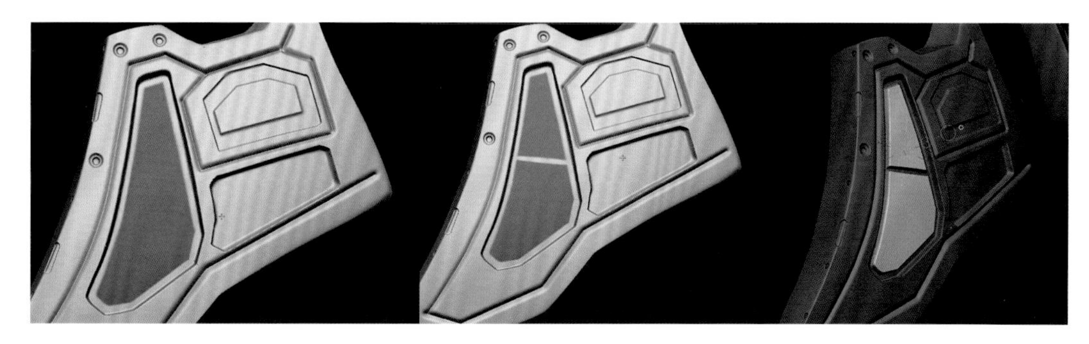

图5-502

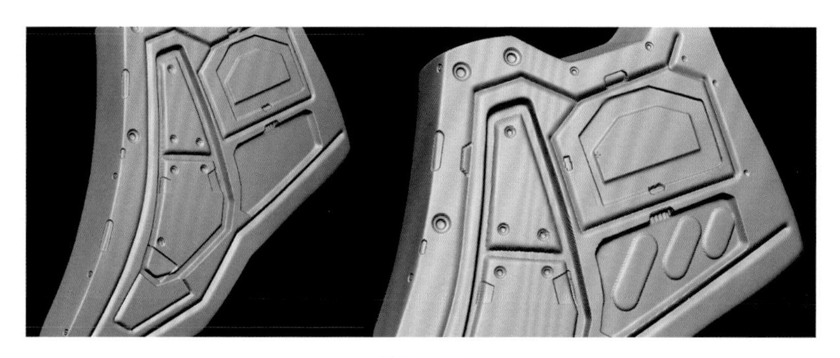

图5-503

在此甲片上部有一个几何体结构，我们沿着结构外边缘制作槽线，添加螺栓后再进行细化，如图5-504所示。

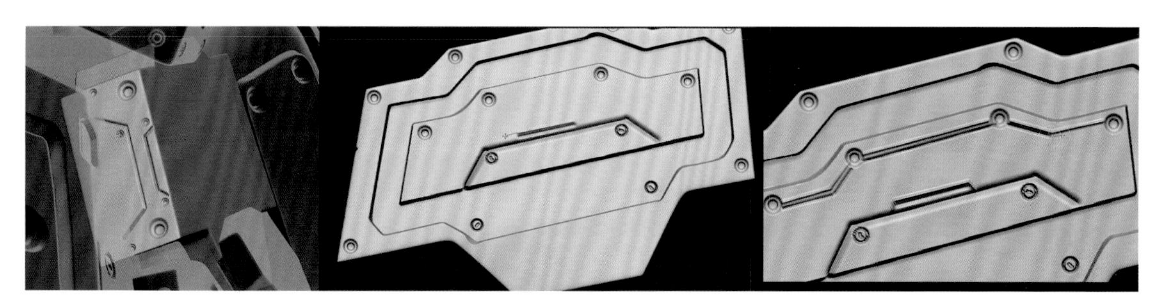

图5-504

现在我们的工作已经接近尾声了，背甲是一大片包裹机械体的结构，因为原来我们就已经制作出清晰的分区，所以开始的工作只需要在分区的边缘增加结构线，让分区更加明显，如图5-505所示。

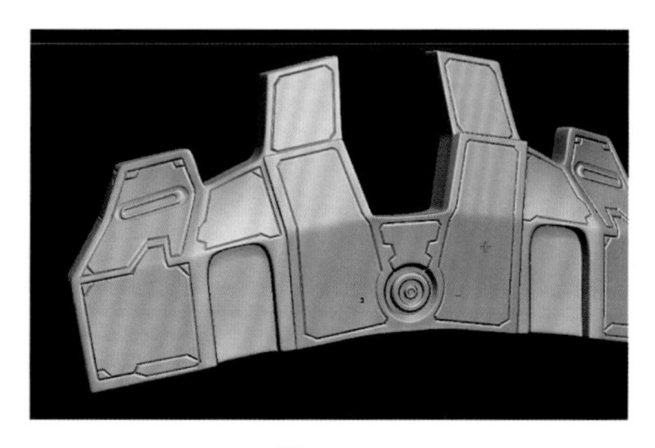

图5-505

在分区的内侧上部，利用蒙版和移动工具增加结构，而内侧中部因为面积比较狭长，可以做更多的变化，如图5-506所示。

继续增加螺栓、槽线的结构，让形体深化，如图5-507所示。

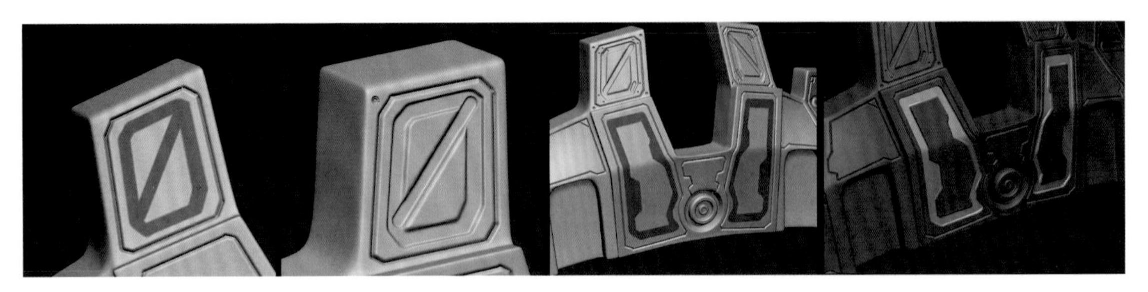

图5-506

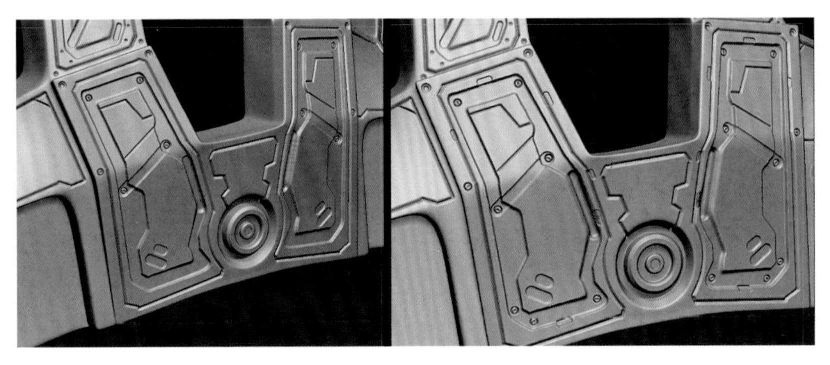

图5-507

在外侧使用相同的步骤和方法，逐步细化，如图5-508所示。

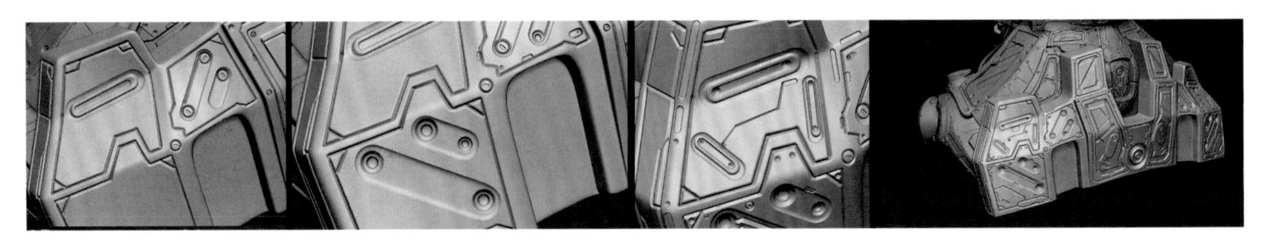

图5-508

现在我们需要在后背部最大的凹槽处添加稍微复杂的蜗轮状结构，为此我们需要制作一个蜗轮状的Alpha。首先在面片上绘制出蜗轮状形体，需要开启z轴向的圆周对称；然后使用Standard笔刷和Dam_Standard笔刷来制作一个蜗轮状结构；单击GrabDoc按钮将其转化为Alpha，然后在凹槽内部添加蜗轮状细节，如图5-509所示。

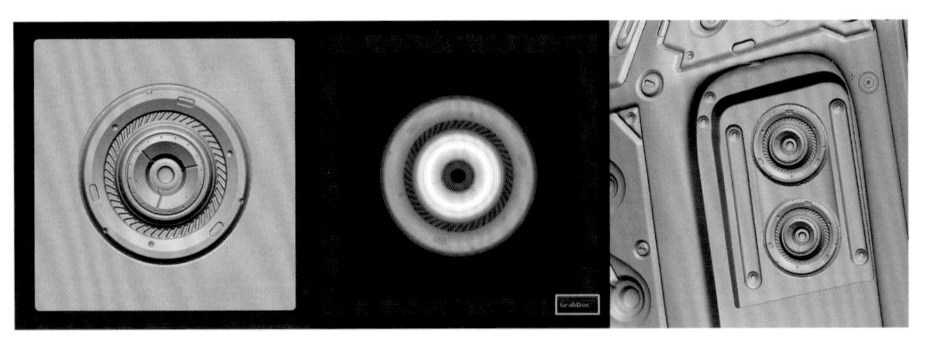

图5-509

至此，后背的护甲已经完成，如图5-510所示。至于肩窝内部的零件等，因为制作方法基本相同，在此就不再赘述，现在我们的机械体已经全部完成。想想真是个大工程，渲染一张图，感受下自己的大作吧！

总结：机械体的案例已经结束，希望能够让大家在硬表面的雕刻能力得到提升，这次我们采用的是粗坯，ZModeler制作基础模型，细分后增加细节的制作过程：第一个阶段，我们的重点放在把握形体上，重点注意整个形体的轮廓结构，在这个阶段可以应用剪影来快速地把握和修改形体；第二个阶段，我们使用ZModeler来制作基本形体的时候，除了要使模型规范以外，更重要的是让模型的各个部分的组合合理而严密；第三个阶段，虽然操作方法较为简单，翻来覆去就是那几种方法，但是我们要注意的并不是方法，而是细节在模型表面排列出的美感。在这里建议大家多参考一些优秀的机械设计，在排列细节的时候既要使细节有一定的留白，又要多变而丰富。

图5-510

# 第6章　恶魔战马

在这一章中，我们开始学习魔幻类四足生物的雕刻。魔幻类生物源于人们对现实事物进行想象或者加工的追求，是想象力不满足于现实环境的一种表现。因此，魔幻类生物在现实当中能够找到它的影子，比如中国的牛头马面、四瑞兽以及埃及的阿努比斯等；另外一方面，其表现出的艺术感染力却是现实生物所无法比拟的。随着现代CG技术的突飞猛进，魔幻类生物已经越来越广泛地出现在银幕和荧屏上，而ZBrush凭借其强大的造型能力成为创造魔幻类生物的主力工具之一。在本章中，我们要塑造一匹彪悍的恶魔战马，它是一匹来自黑暗世界的战马，拥有彪悍的体魄和强大的飞行能力。

在本章中，我们需要按照以下步骤来塑造魔幻类生物:（1）创建战马的基本模型;（2）雕刻恶魔战马;（3）恶魔战马的细节刻画。

## 6.1 创建战马的基本模型

### 6.1.1 参考资料的收集与设定的制作

创建魔幻类生物的时候，我们需要搜集大量的资料来使自己头脑中的形象越来越清晰。在制作带有概念设计色彩的生物时，个人认为前期的准备工作至关重要，我们只有想到才能做到，但什么使我们想到呢？答案是我们必须看到！如果一个概念性的东西在我们脑海中越来越清晰，那么接下来的制作就是水到渠成的事情。如果大家又有比较深厚的软件使用能力和艺术表现能力，则在雕刻中自然行云流水、事半功倍！

**1. 确定资料搜集方向，搜集相关资料**

在搜集资料时不能盲目地进行搜集，只有大致的搜集方向明晰，才能够找到有参考价值的资料。在本例中，该魔幻生物取材于我们现实生活中常见的四足生物——马。所以，对于马我们必须从内而外地进行了解，马的解剖及真实的马的图片是必不可少的。另外，我们在雕刻魔幻生物时，有必要借鉴前人对魔幻生物的概念设定和雕塑作品等，不要将思想完全局限在马这种生物上，必要的时候可以将思路拓展出去，比如我们这次需要塑造的是恶魔战马，它的某些地方有可能像僵尸，身体的一些部分破烂并露出骨头等，我们就需要借鉴某些僵尸等怪物的设定。在我们完成恶魔战马的雕刻后，还需要对其进行姿态调整和再加工，所以现实当中马的姿态图片和一些大师的绘画、雕塑作品都成为我们很好的借鉴素材。因此，我们确定了几个方向:（1）马的解剖图片;（2）马的真实照片;（3）马的绘画和雕塑类作品;（4）相似的其他魔幻生物的绘画和雕塑资料。经过分类，我们可使自己的思路清晰，并且进行高效的搜集，如图6-1~图6-4所示。

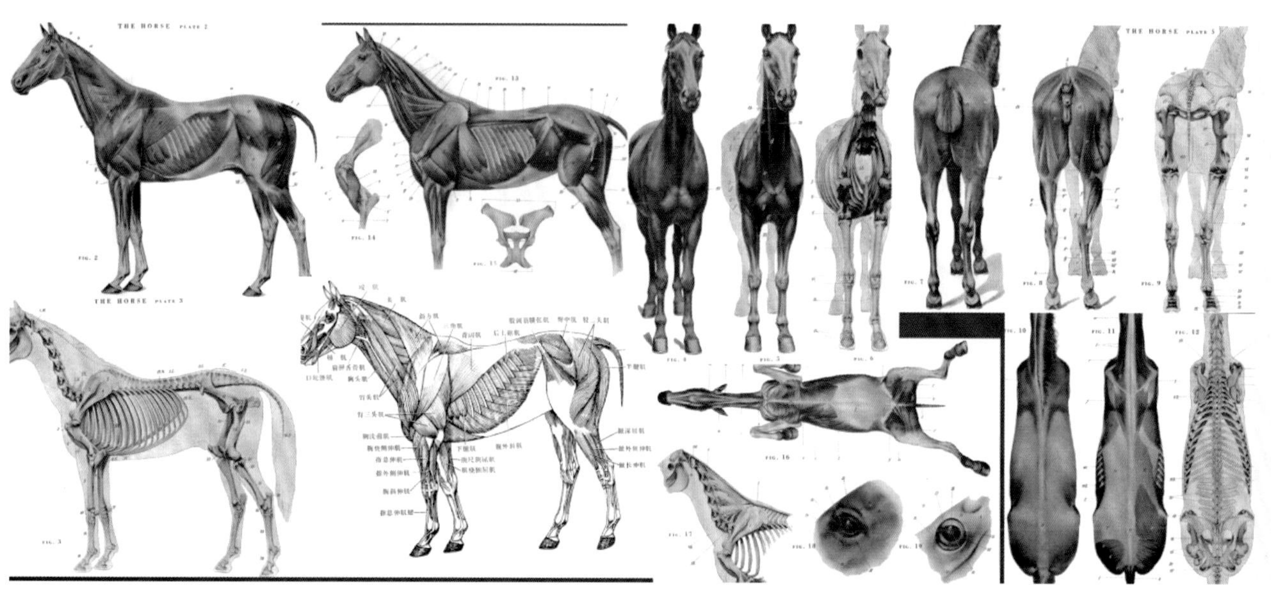

图6-1

图6-2

图6-3

图6-4

### 2. 确定恶魔战马的基本形体

在这一个步骤当中，我们需要借助ZBrush来制作更加直观的概念图。在收集完资料以后，我们需要将资料逐步整合，并形成具体的概念形体。在本例中我们使用ZBrush完成简单基础模型的制作，制作完毕后输出图像；然后在Photoshop当中加以修改，得到我们需要的设定图。这一过程简单而高效，可以非常迅速地制作出我们需要的设定。

首先，在ZBrush中我们使用一个简单的面片制作一个背景图。对于背景图的制作，我们在女性人体雕刻当中已经详细介绍过，在此不再重复。我们选择一副马的解剖图像，如图6-5所示。

图6-5

对马的形体进行分析后，我们发现Z球特别适合制作这种四足生物。所以，我们在SubTool中加入Z球。对Z球进行编辑后，我们得到马的基本形体，如图6-6所示。

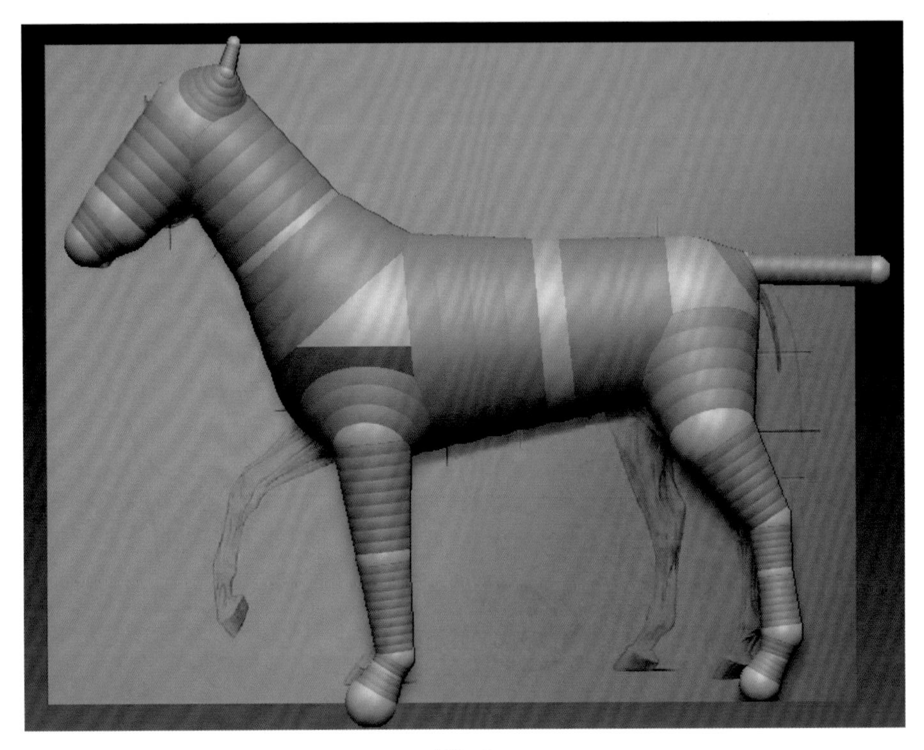

图6-6

为了使恶魔战马充满气势，我们在原来图片的基础上使马头微微抬起，现在就可以蒙皮了。因为我们只是需要一个粗模，所以蒙皮的细分级别设置为1。蒙皮后，其形体如图6-7所示。

图6-7

蒙皮后，将基础模型导入3ds Max中，将马蹄部和马嘴部的造型和布线进行调整，调整后如图6-8所示。

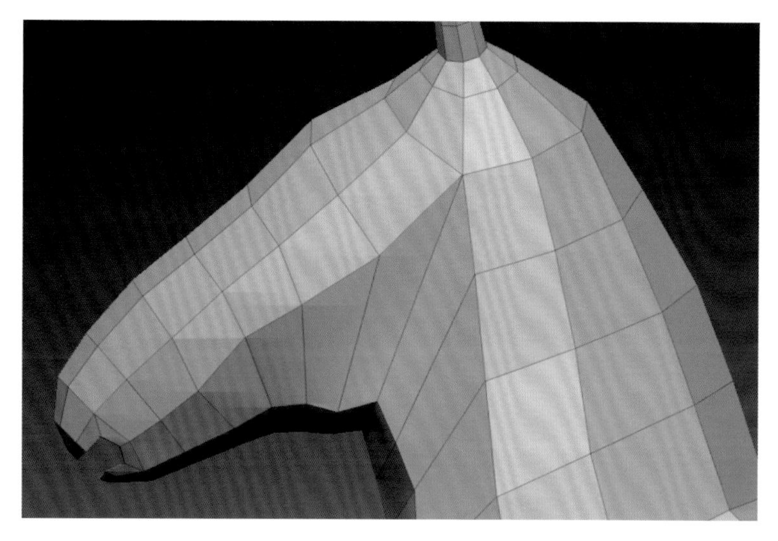

图6-8

现在可以对此基础形体进行雕刻。在雕刻的过程中不用在意细节，只需要注意大形体以及基本的结构和肌肉走势即可。这个小过程比较简单，但大家也需要注意马头部的骨骼结构、前后肢的肌肉分布等，必要的时候调出解剖参考图反复比对。在这个阶段，虽然不必太精准，但良好的结构和走势会为后续的工作带来便捷，如图6-9所示。

图6-9

现在雕刻完成的造型有两个作用，即此造型的渲染图可以修改为设定图；在3D-COAT中，可以将此造型进行拓扑，进而得到布线合理的马身基础形体。现阶段，我们先完成第一点，单击Render菜单，在下拉的面板中选择Best，分别渲染侧面和斜45°，如图6-10所示。

图6-10

在Photoshop中将这两个角度图拼合成一张图，然后拿起你的画笔，开始充分发挥想象力吧！

在这里简单地说一下我的设计思路：这匹恶魔战马是死灵生物，来自暗黑世界，其生前是一匹彪悍的飞马，非常野性，没有任何人能够驯服它，它的骑乘者——蛮族首领也不例外，任何加于其身上的马鞍等附属物都被它踏碎，但是当为它戴上标志其战功的恶魔头骨时，它欣然接受。按照设计思路，综合前面我们搜集的素材，开始绘制设定图。

在这一阶段，可以先不管其他因素，而着重在渲染图的基础上。为了最终效果做出比例的改动，将马的腿部进行了加强以及拉长，马身也相应进行了拉长，使得整体变得修长、健美，如图6-11所示。

图6-11

然后从马的全身肌肉、骨骼，再到翅膀、铁链，最后添加破碎的布料装饰，以此为顺序逐步推进，最终效果如图6-12所示。这里需要强调的是，绘制设定图不是完全按兴趣东画一笔、西画一笔，而是尽量在动笔前想清楚绘制目的，这样即使在绘制的过程中经常不经意间迸发出新的灵感，仍然不妨碍我们进行整体推进。这与雕刻是一个道理，讲究顺序性和整体性。

图6-12

## 6.1.2 拓扑战马基础形体

现在，我们将上一小节雕刻好的“战马的.ztl”文件打开，使用ZBrush导出一个较低级别的.obj文件，我将其命名为“恶魔战马-拓扑粗坯”。找到工程文件\第6章 恶魔战马\6.1 创建战马的基本模型\6.1.2 拓扑战马基础形体，开启3D-COAT，导入该文件，如图6-13所示。

图6-13

按快捷键S，选择按照z轴进行镜像拓扑，如图6-14所示。

图6-14

首先，从最复杂的马头入手。在马头的拓扑当中，我会从马头较硬的额头处入手，然后以眼眶为边界，向下、向前拓扑眼眶及颧骨，如图6-15所示。

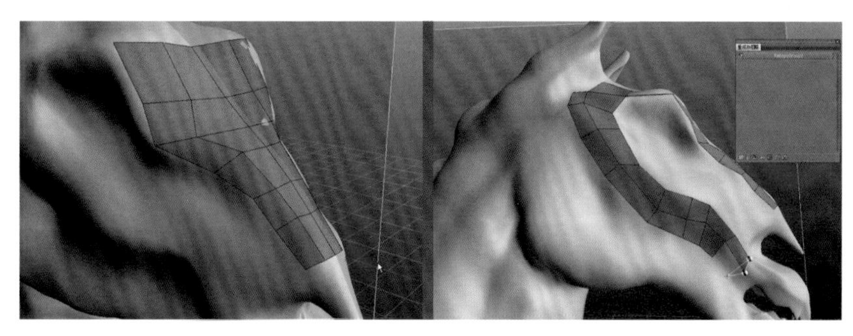

图6-15

封闭眼眶部分，然后将颧骨和鼻梁部分未拓扑的空白处补齐，如图6-16所示。

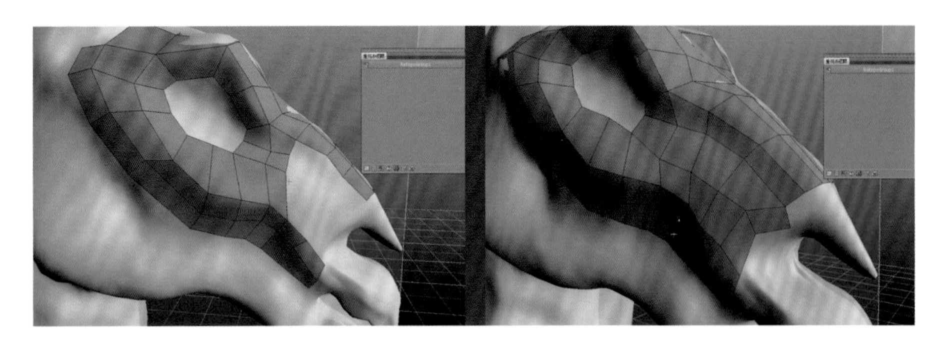

图6-16

在马的下颌部创建面，为了同下颌部的面相连，在颧骨处加面或者减面。将颧骨和下颌处的面相连后，向马的嘴部拓扑，如图6-17所示。

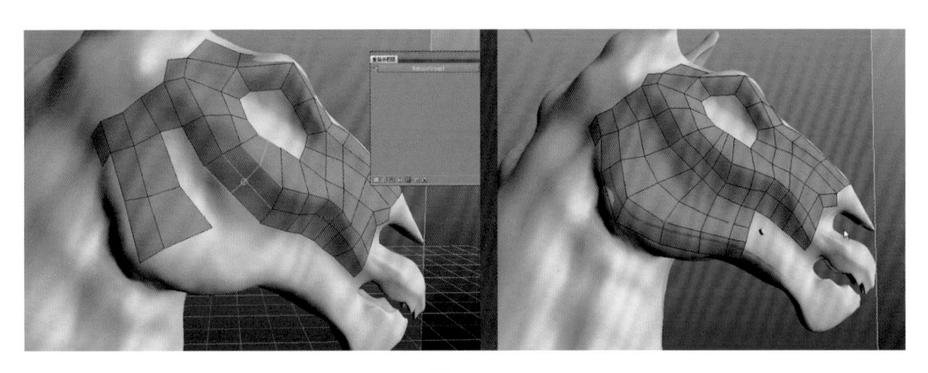

图6-17

在马的嘴部构建出环形的面，并且补齐嘴前部的面，如图6-18所示。

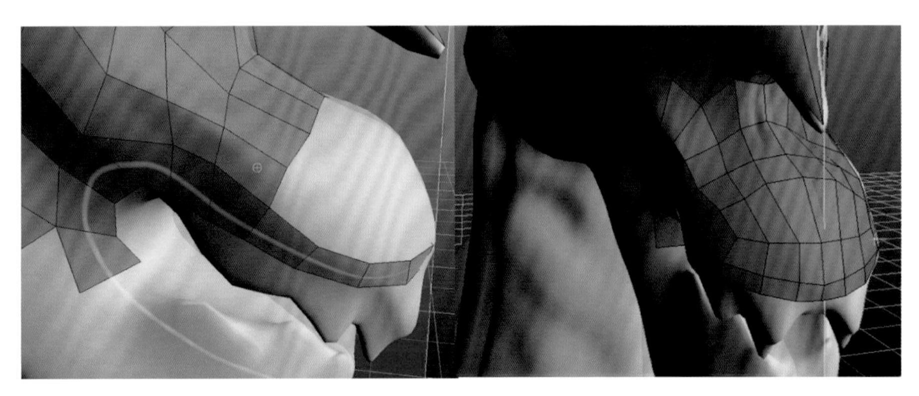

图6-18

在下颌底部创建面，并且补齐眼窝处的面，如图6-19所示。

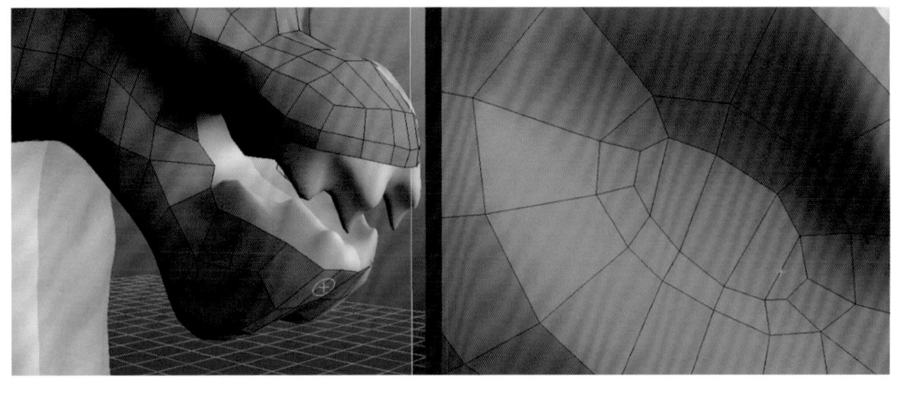

图6-19

马头部基本完成。单击绘制画笔，在屏幕的空白处按住鼠标左键或者按数位笔，向马身处拖拉，画出截面直线。用同样的方法绘出横断面的线，如图6-20所示。

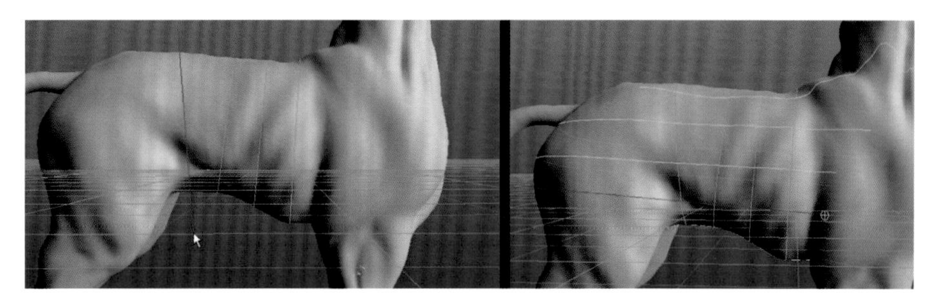

图6-20

按回车键，形成了马身处的面。用此种方法建立的面容易在交界处产生错误，我们将马腹和马背处错误的面删除，如图6-21所示。

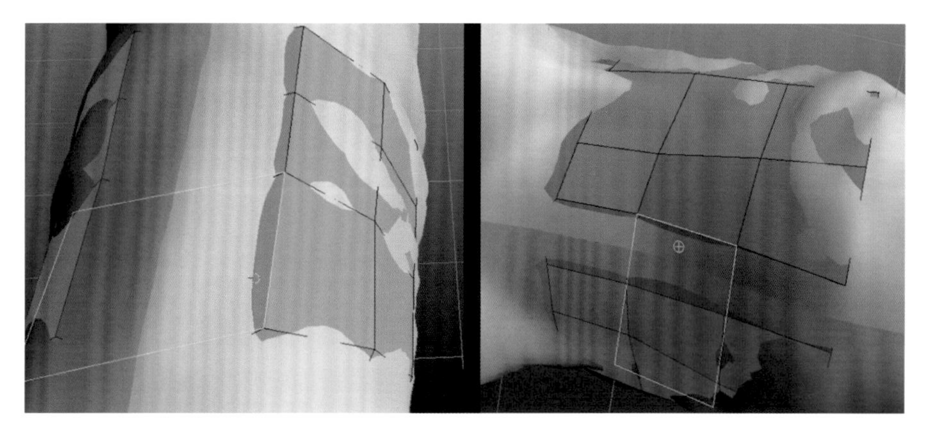

图6-21

补齐中间的面后，我们使用切割循环工具加面。在马的颈部，我们使用同样的方法构建面，如图6-22所示。

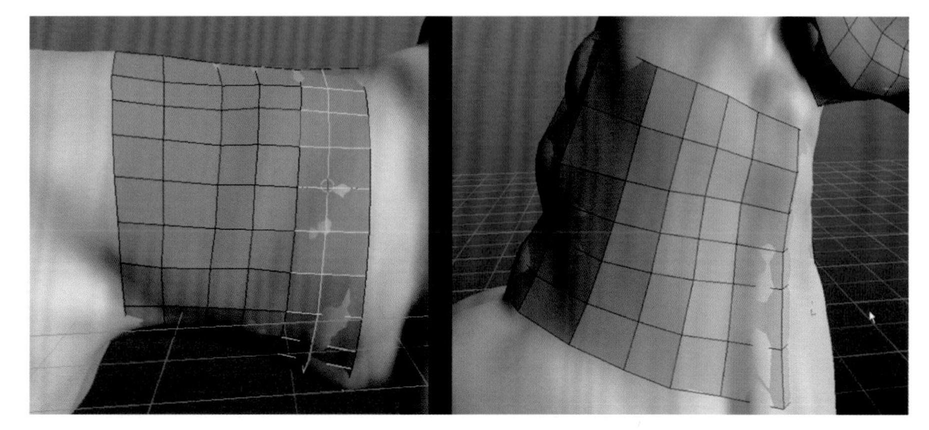

图6-22

分别在马胸部和臀部构建面，将马颈与马身、马臀与马身相连接，并且向下拓扑一段前后肢。在拓扑马胸的时候，要注意对照解剖图，完成肌肉走势的创建，如图6-23所示。

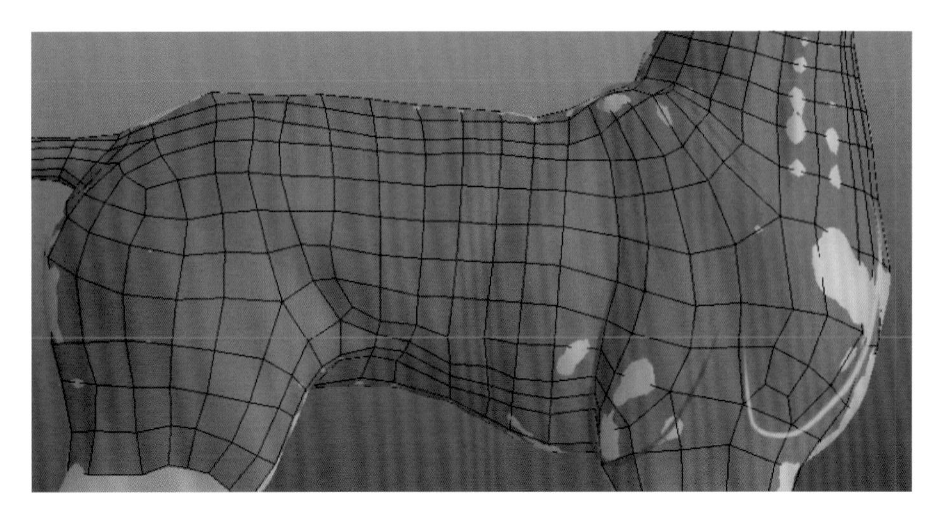

图6-23

在拓扑马尾时，首先关闭对称，然后使用绘制画笔工具创建一系列的截面线和一条走势线，并且将菜单栏之下的参数设置栏中的分段数设置为12，这样我们就创建了一个12边的圆柱体，如图6-24所示。

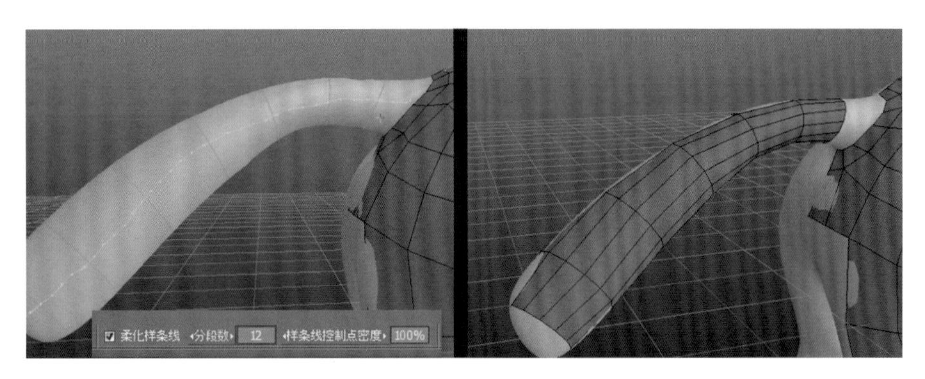


图6-24

选择前视图，并且单击“切换 透视图\正视图”按钮，将视图切换为无透视的前视图，这样方便我们对腿部进行拓扑，如图6-25所示。

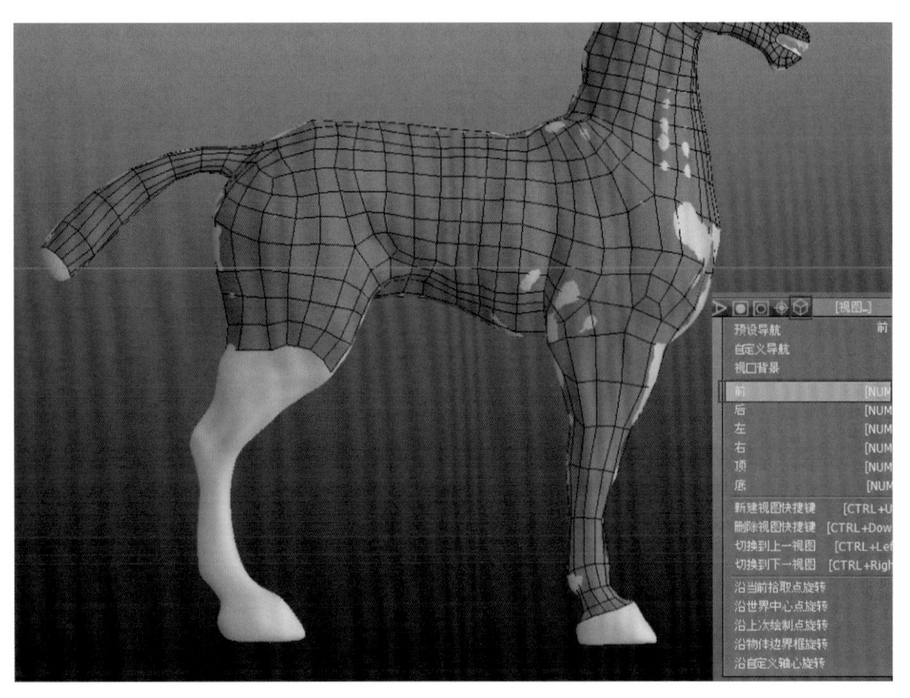


图6-25

使用和拓扑尾部相同的方法对马的前后肢进行拓扑，如图6-26所示。这里需要注意的是，前后肢的边数不见得相同，在本例中后肢的边数设置为12，前肢的边数设置为10，大家可以根据自己的制作过程灵活掌握。

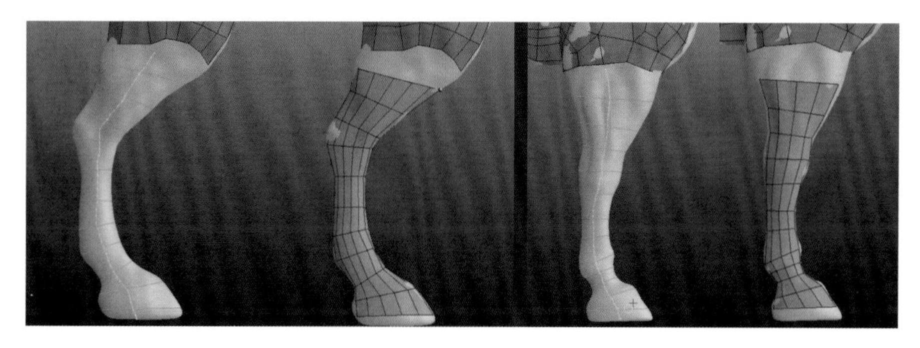

图6-26

将马的前后肢分别与马胸和马臀相连接，最终拓扑完成的形体如图6-27所示。

图6-27

战马的拓扑告一段落。在马的口腔部分，使用拓扑的方法将非常烦琐和困难，所以这一部分我们放在3ds Max当中完成，下一节我们将使用3ds Max配合ZBrush对拓扑的基本形体进行修改。

## 6.1.3 根据设定图修改战马基本模型

### 1. 修改马头与马身模型

拓扑完成后的马的基本形体还不能满足雕刻的需要，原因有两点：一是马的比例与设定图相比还有一些偏差；二是基础模型的结构还不能满足雕刻半骨骼、半肌肉的一些结构。

现在我们需要将基础模型进行修改，来达到未来雕刻精品的要求。首先，在3ds Max 9.0中（使用其他版本也可，本文涉及3ds Max的操作都使用9.0版本）开启软选择，将Falloff设定为较合适的数值，在点级别下同时选中前后腿的点，对照设定图进行调节，直至马腿长度以及关节位置与设定图相一致，如图6-28所示。

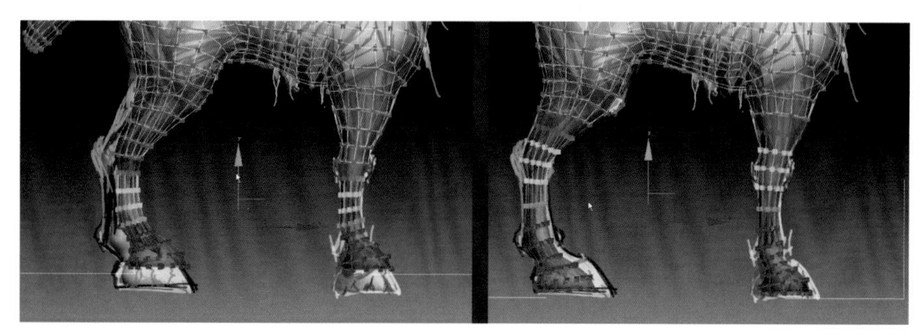

图6-28

然后选中马的后半身，将马身拉长，与设定图相匹配，如图6-29所示。

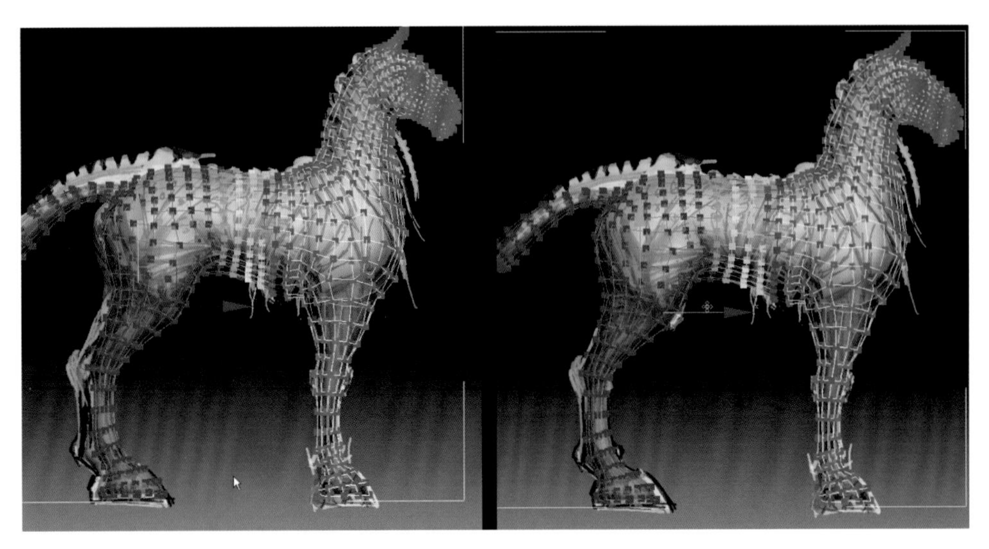

图6-29

选中马的臀部，适当调节马臀与马尾的形状，如图6-30所示。

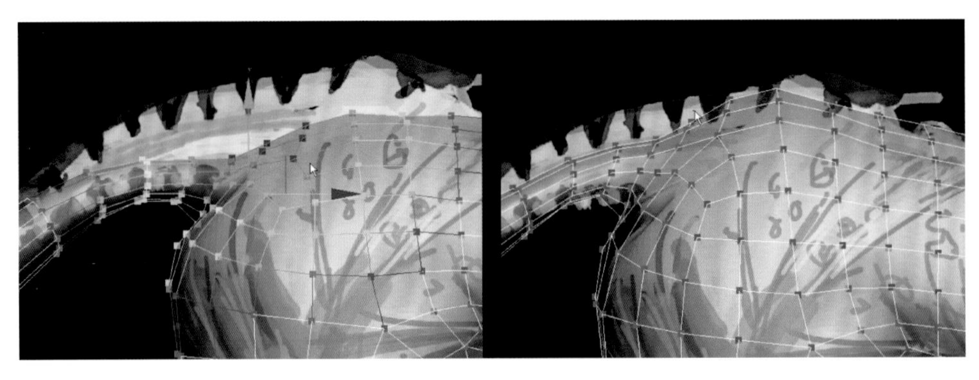

图6-30

在马的肩部进行类似的调节，如图6-31所示。

图6-31

在某些需要缩放的部位同样使用软选择进行操作，在此不再赘述。调节完毕后，我们将重点集中到马头的基础模型的修改上。马头的修改基于马的肌肉和骨骼的解剖结构，我建议大家在制作某种生物的时候最好由内而外地对此生物进行较细致的了解和研究，了解得越多，在制作时越能够有的放矢、得心应手。在这里，我采用三个步骤对马头进行修改：首先，在马的面颊处按照肌肉走向切出破损的缺口；其次，在马头部进行布线的更改，这样更加有利于我们进行雕刻，如鼻部的环线等；最后，增加马头的厚度，并挤压出口腔。现在开始实际操作，首先为了保护基础模型，我们用Detach As Clone选项将马头进行分离复制，如图6-32所示。

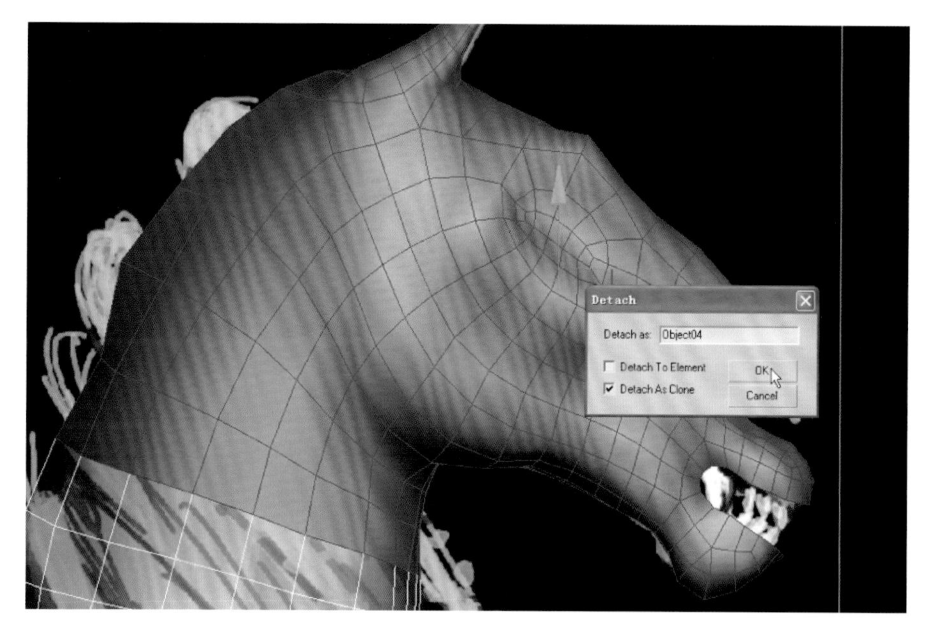


图6-32

对照参考图，对马头面颊处的线进行走势的更改。在此步骤中，尽量与参考设定相吻合，如图6-33所示。

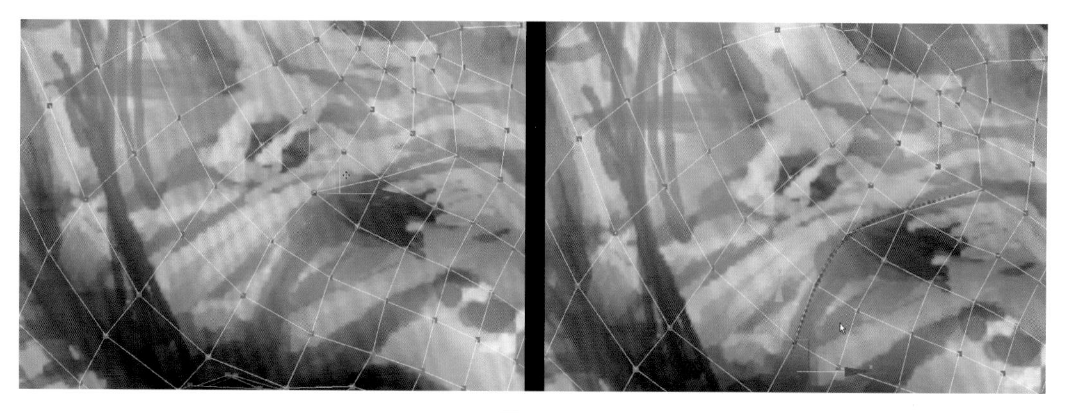

图6-33

更改完一条线以后，在其上更改另外一条线的走势。改完后，将两条对角线去掉，这样就形成了一个比较好的走线趋势，过程如图6-34所示。

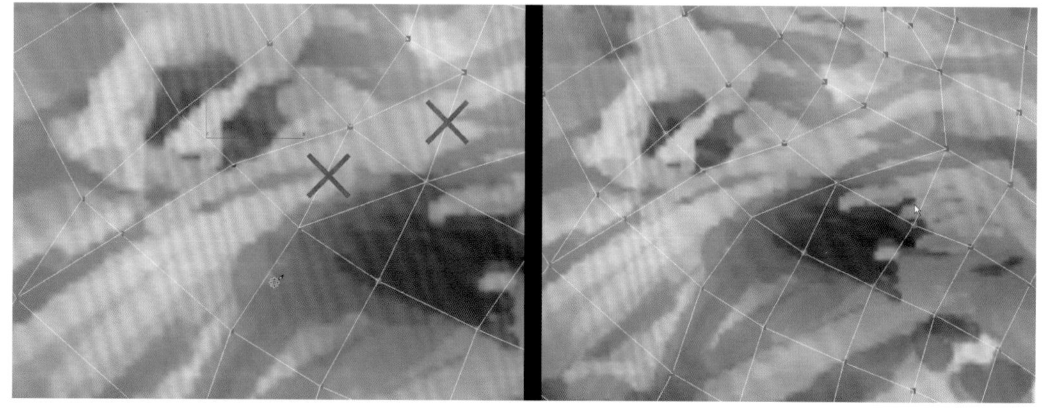

图6-34

在需要抠洞的部位进行切线，尽量使边缘线与设定相匹配，如图6-35所示。

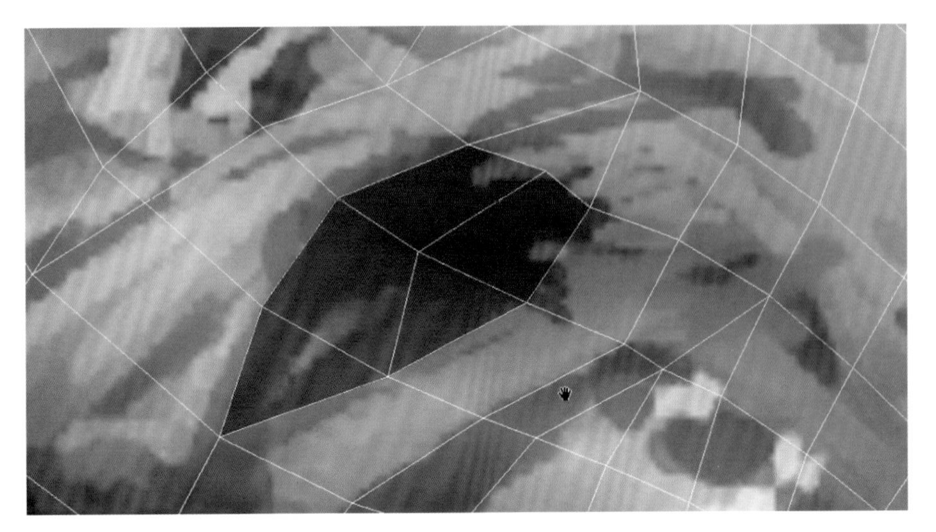

图6-35

将面颊破损处的面进行删除，以便未来进行雕刻，如图6-36所示。

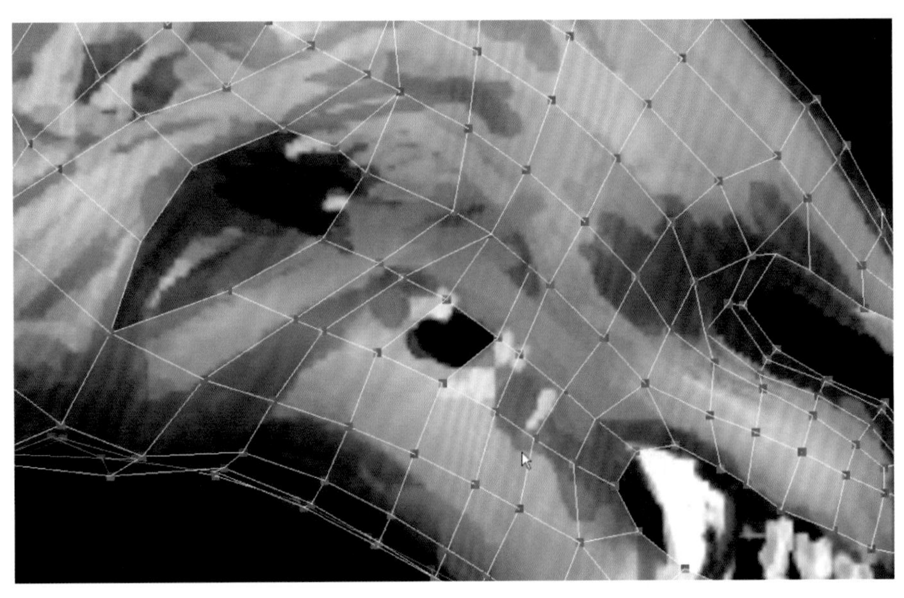

图6-36

在马的颧骨下方切一条半环形的结构线，此结构线可以使颧骨的骨形更加突出。同时，形成了一系列的结构面，以模拟马的骨骼特征，如图6-37所示。

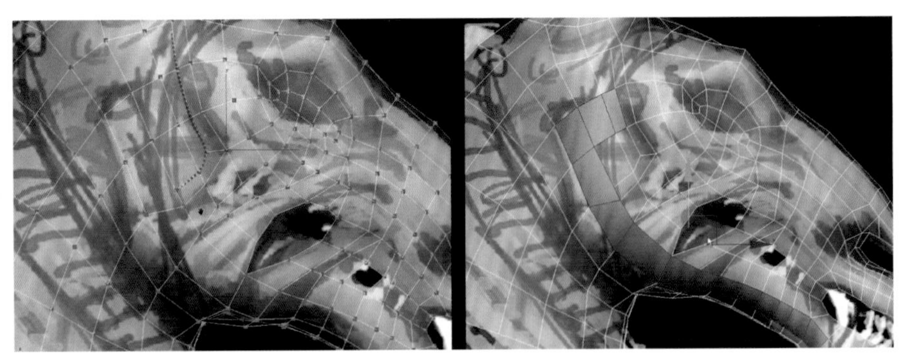

图6-37

现在马的面颊下颌处改线基本完成，但鼻腔部分的线形还不够流畅，因此需要在鼻部进行改线。很多朋友都对改线感觉很头痛，其实只要能够明确线的走势，改线是一件很轻松的事情，比如在本案例的战马鼻部，其未来的基本走势需和形体匹配，所以是一个流畅的环形，如图6-38所示。

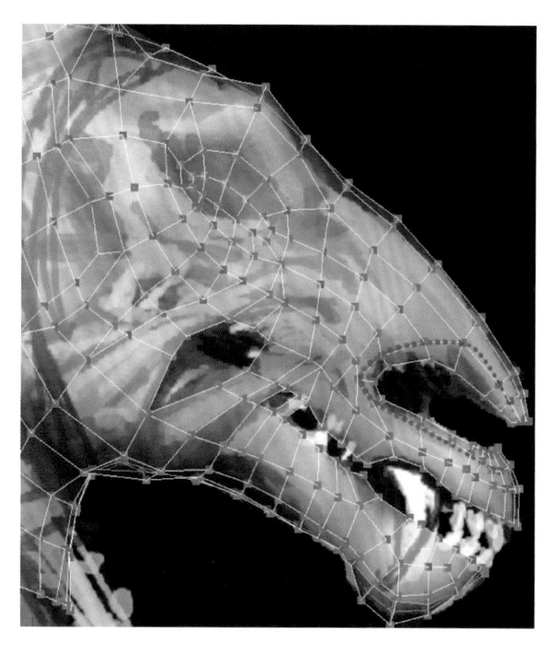

图6-38

现在整体的线形和走势都已经基本更改完毕，但是需要注意的是，在基础模型上出现了很多小的三角面，这些三角面会在雕刻的过程中给我们带来很大的麻烦，比如出现针尖状的凸起而且无法使用Smooth对其进行平滑，所以这些三角面需要在整体改线完毕后进行去除。一般去掉三角面的方法就是向上、向下地连接线，然后将多余的对角线去除，并且调整线间距，使之均匀。由于此马头模型较简单，去除三角面的方法基本只用这一种。还有一种方法是环状切割，适合制作破损的肌肉部分，如图6-39和图6-40所示。

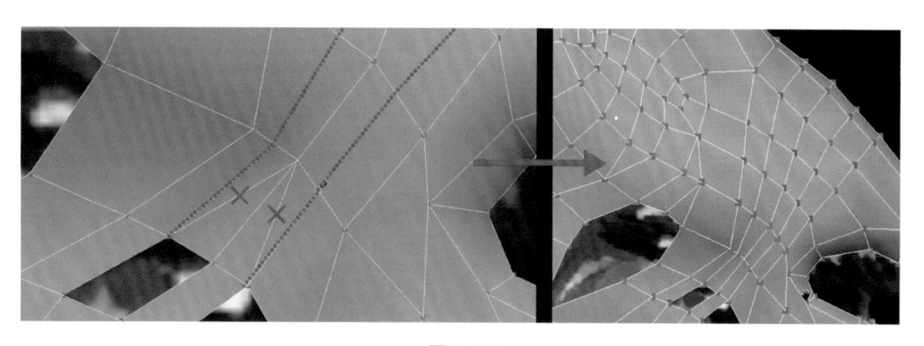

图6-39

图6-40

修改完毕后，马头的整体布线如图6-41所示，虽然还存在两个三角面，但它们都被放置在不重要的位置上。为马头基础模型添加Shell修改器，留出牙床部位的面，其余的内部面全部删除，如图6-41所示。

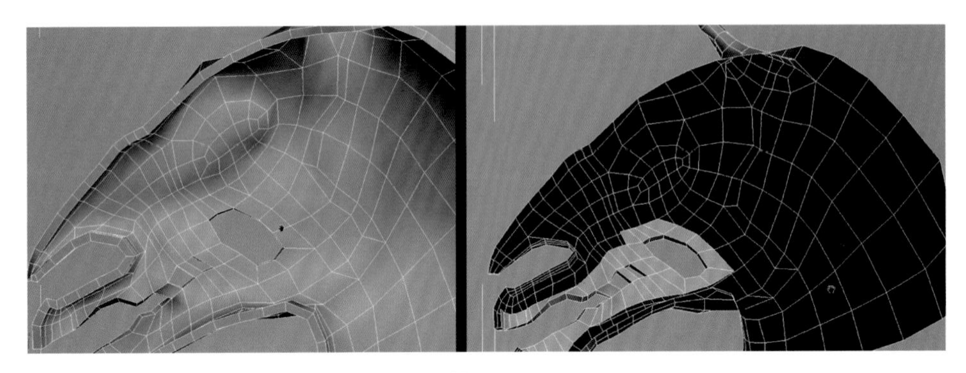

图6-41

选择牙床部分的面，向内挤压出牙床，牙床作为牙齿的附着部分，如图6-42所示。

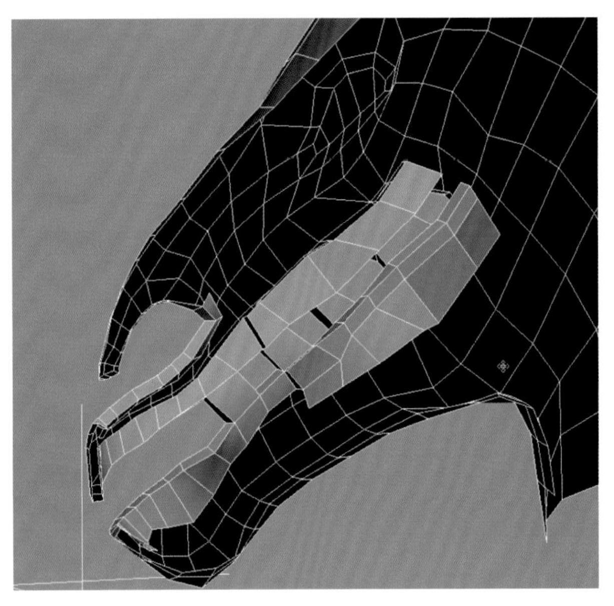

图6-42

现在，对一个简单的Box经过一次细分，再稍加修改，得到了一个牙齿的基础形体。对此牙齿的基础形体进行复制，然后将复制的牙齿进行摆放。在这里需要注意的是牙齿与牙床部位的比例，不要把牙齿做得太大或者太小，这一点建议大家参考马的解剖图，将牙齿的数量特别是前部牙齿的数量搞清楚。牙齿全部摆放完毕后，效果如图6-43所示。

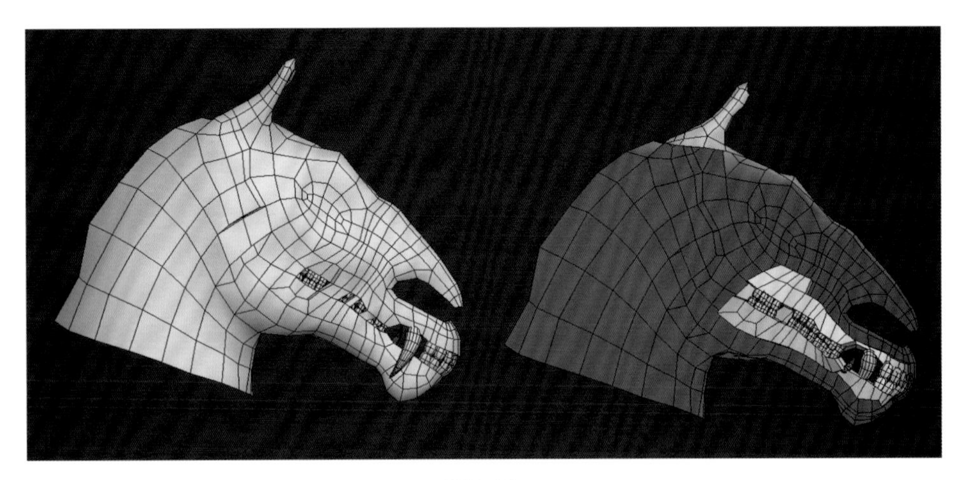

图6-43

马头的模型完成后，我们要将其进行Smooth，以初步检查进入ZBrush后细分一级的形态。这一步比较重要，因为在3ds Max当中进行编辑的时候，有时会有废点或者废面出现，不进行Smooth的话一般难以发现这种错误，所以我们需要先进行一次Smooth，然后判断是否有废点和废面存在，Smooth结果如图6-44所示。

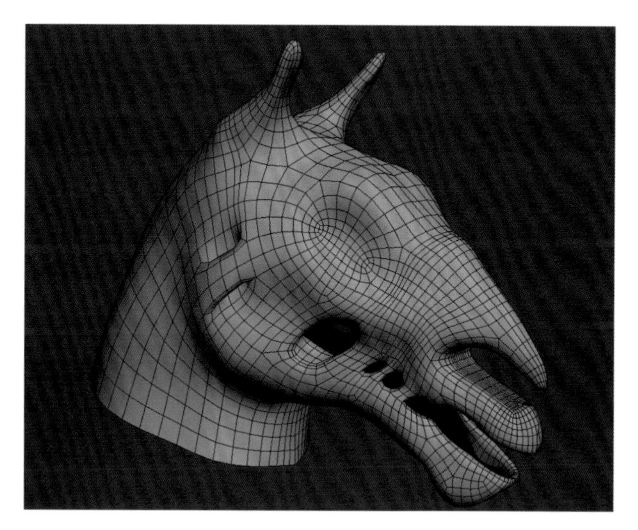

图6-44

接下来我们要对马身处进行修改，制作凸出身体的肋骨。同修改马头一样，首先还是对马身的局部进行分离复制，如图6-45所示。

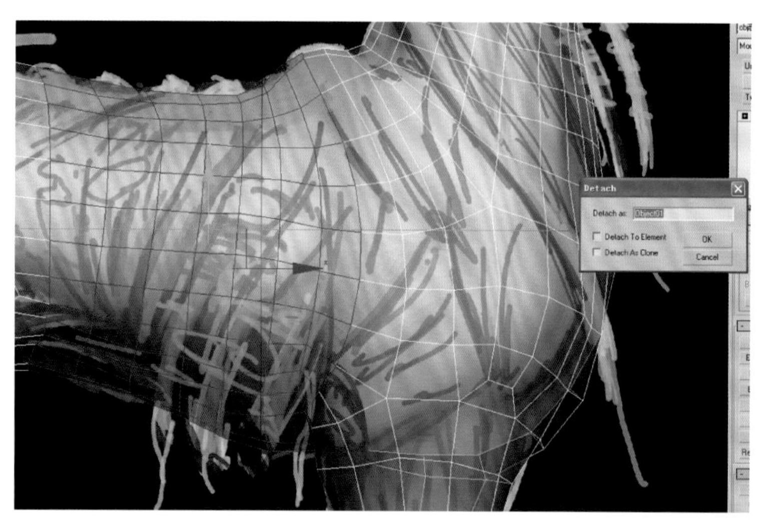


图6-45

对照设定图，在肋骨的部分切割和调整出梯形截面，然后单击Extrude Along Spline，在弹出的对话框中单击Pick Spline按钮，选择一根事先从旁边提取的线，单击OK按钮，这样就能快速地挤压出一根肋骨，过程如图6-46所示。

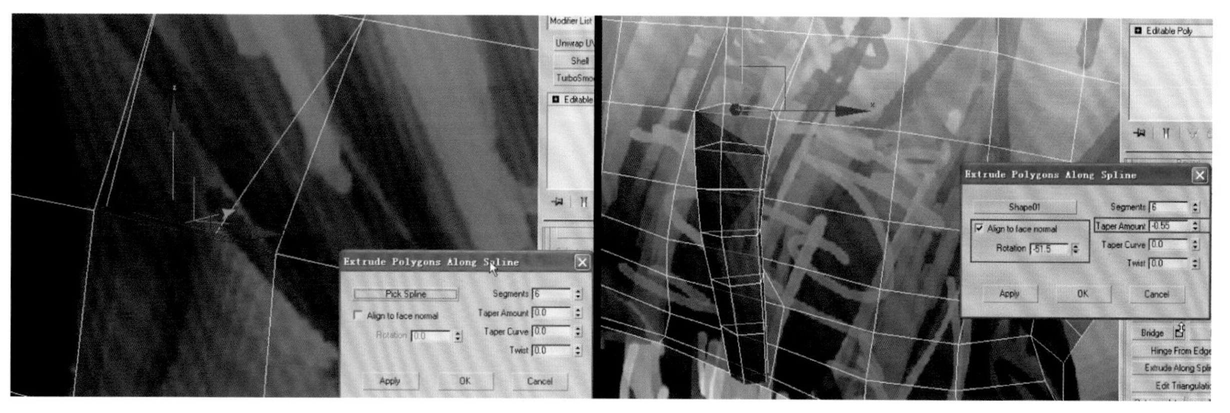


图6-46

使用相同方法制作出其他肋骨，完成的模型如图6-47所示。

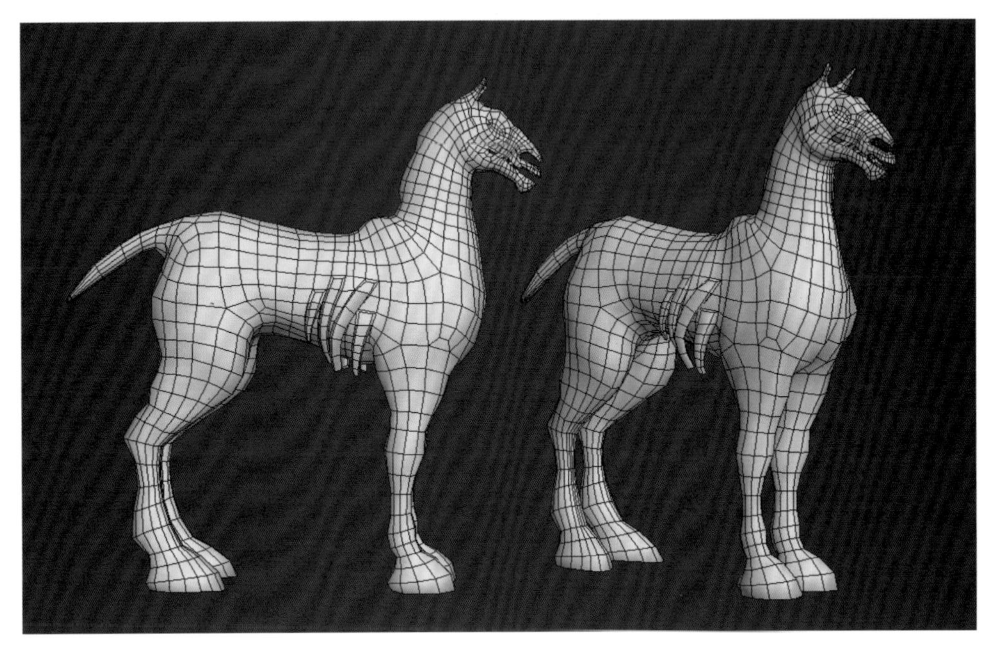

图6-47

马的身体部分已经修改完毕，接下来需要制作恶魔战马的翅膀。恶魔战马的翅膀既有骨架又有皮膜，比较适合使用Z球建立骨骼链，然后用ZSketch添加皮膜的方法进行创建。

**2. 根据设定图制作翅膀**

翅膀的部分较为复杂，我采用较为综合的制作方法。首先，使用Z球搭建翅膀的骨架，然后使用ZSketch添加皮膜，接着使用3D-COAT拓扑皮膜，最后在3ds Max当中对翅膀进行整合。

（1）搭建翅膀骨架并使用ZSketch添加皮膜。

1 开启ZBrush，使用在第4章中介绍的制作参考模板的方法制作出翅膀的参考模板，图片采用“设计稿-加上翅膀.jpeg”文件（工程文件\第6章 恶魔战马\6.1.3 根据设定图修改战马基础模型\设计稿），制作好的参考模板如图6-48所示。

图6-48

2 在SubTool面板中，增加一个根Z球。这时我们发现，根Z球和模板贴在了一起，为了保证后续的制作和观察的方便，需要将模板向后移动一些，如图6-49所示。

图6-49

3 单击Transform菜单，激活按Z轴对称，创建的过程非常简单，在这里不再赘述。需要提示的一点是，使用Z球进行骨架类创建时，一般先创建一个根Z球、一个目标Z球，目标Z球放置在形体末端。然后在目标Z球和根Z球间创建关节点，这样创建的效率会很高，创建骨架的过程如图6-50所示。

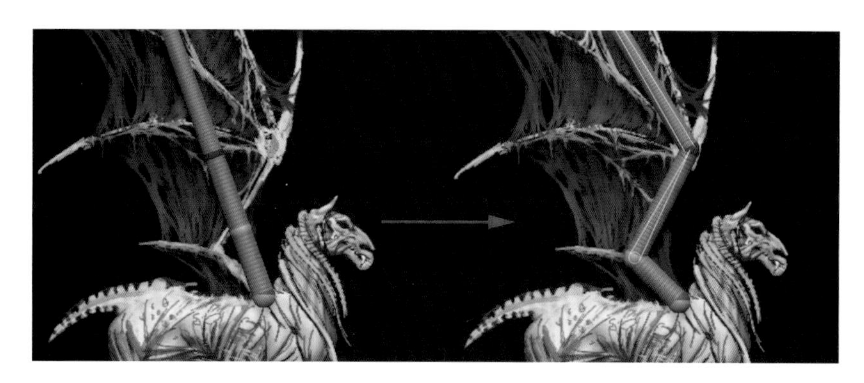
图6-50

4 创建完毕的翅膀骨架如图6-51所示。

图6-51

5 将此文件进行保存，文件命名为“翅膀”。在Tool面板下，找到Zsketch子面板，单击EditSketch将其激活，或者直接按Shift+A快捷键进入二代Z球的编辑模式，按L键开启Lazy Mouse并选择Armature，对照参考模板在骨架之间进行绘制，如图6-52所示。注意，尽量附着在骨架上，如果偏离骨架，有可能会绘制到后面的背景模板上。

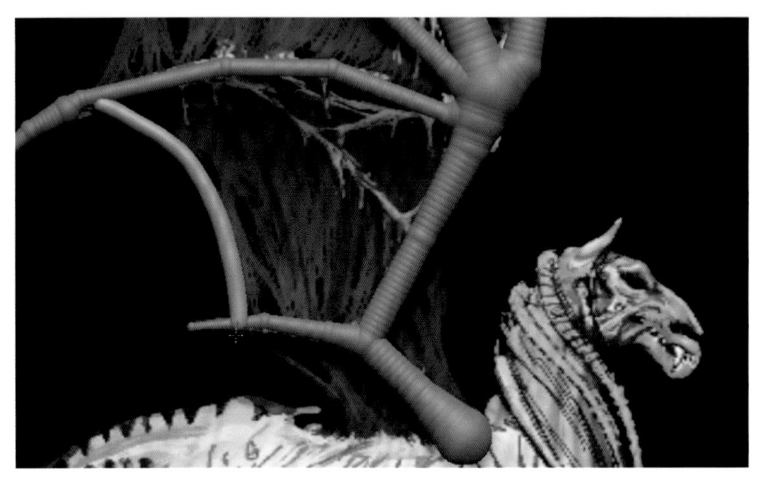

图6-52

6 在绘制时，注意翅膀的破损之处，如图6-53所示。

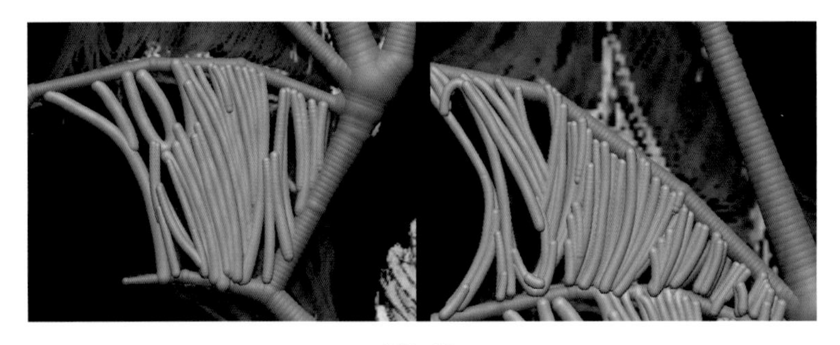

图6-53

7 翅膀初步绘制完毕，如图6-54所示。

图6-54

8 现在的翅膀还存在很多问题，比如翅膀的背面应该是向外凸起的，而现在的翅膀是一个平面。首先，按Shift键对ZSketch进行平滑和过渡，如图6-55所示。

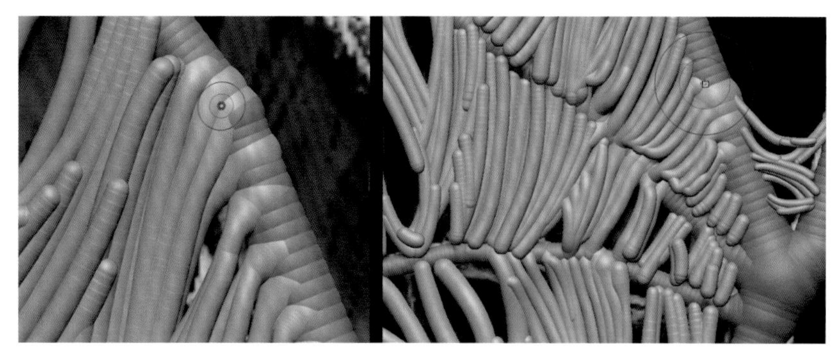

图6-55

9 按W键，或者单击Move按钮，使用移动工具将二代Z球进行移动，使翅膀背部凸起，如图6-56所示。

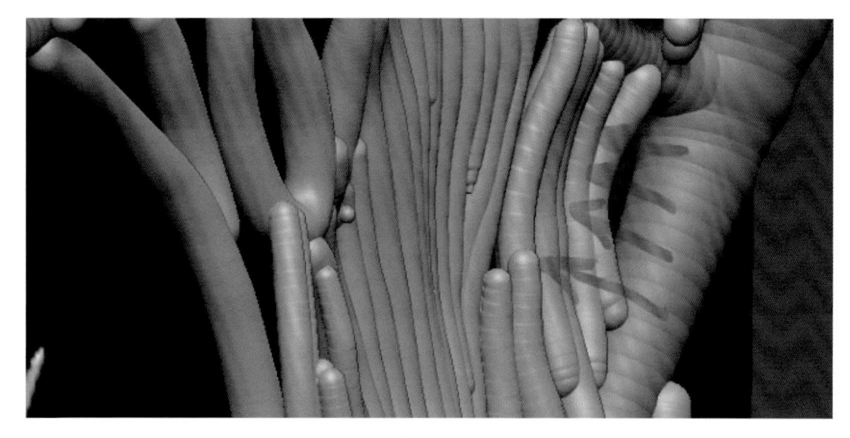

图6-56

10 在某些二代Z球与翅膀骨架脱离的位置使用Smooth工具进行平滑和过渡。翅膀形态修改完成的效果，如图6-57所示。

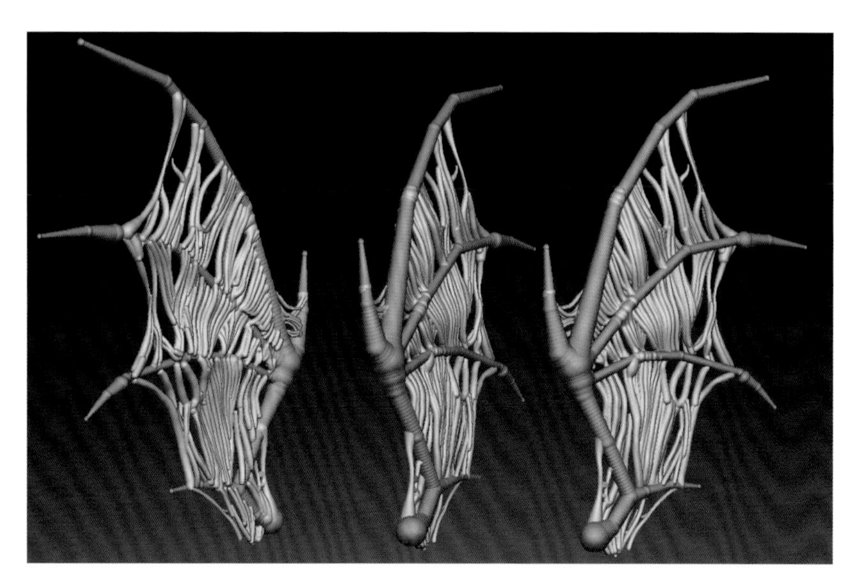

图6-57

11 现在可以对翅膀进行蒙皮了。展开Tool下的Unified Skin子面板，将Resolution的值设置为512，SDiv的值设置为0。按A键预览无误以后，单击Make Unified Skin按钮生成蒙皮，蒙皮物体的名称以Skin开头，如图6-58所示。

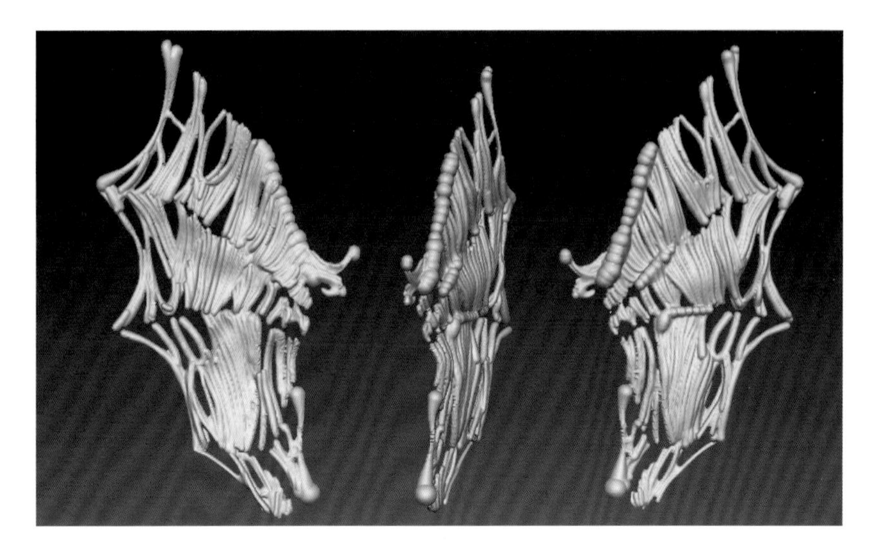

图6-58

12 将此物体加入到原来的翅膀文件的SubTool中，选择此物体，在Geometry面板中将细分级别增加为3级，如图6-59所示。

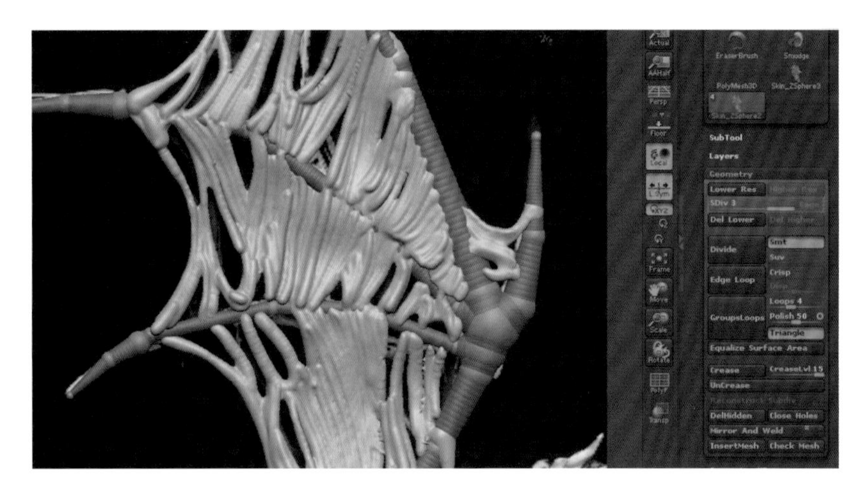


图6-59

13 使用Clay和Smooth对皮膜进行平整。翅膀平整完毕后，如图6-60所示。

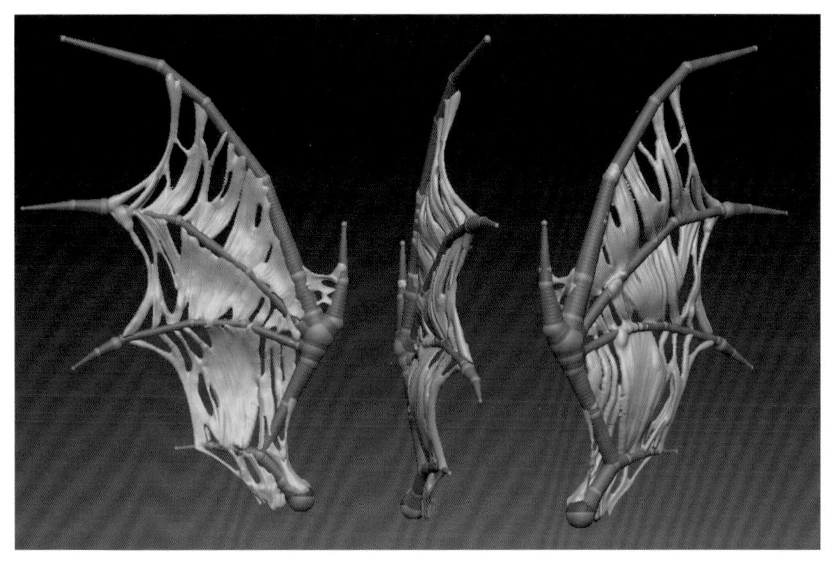

图6-60

（2）在3D-COAT中拓扑皮翼。

平整完毕的皮膜作为拓扑的粗模，单击Export按钮将其输出为“皮翼.obj”文件。选择由Z球创建的翅膀骨架，展开Aadaptive Skin面板，将Density的值设置为1，将G Radial的值设置为8，将其输出为“骨翼.obj”文件，如图6-61所示（此文件可以在工程文件\第6章 恶魔战马\6.1.3 根据设定图修改战马基础模型\obj中找到）。

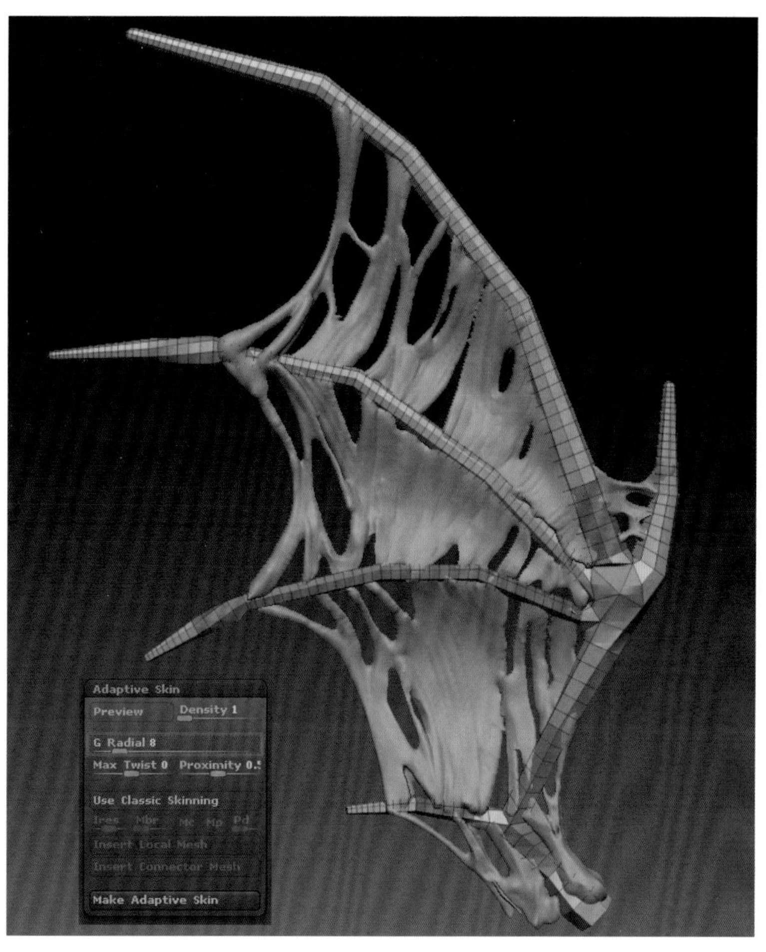


图6-61

开启3D-COAT，导入“皮翼.obj”文件，拓扑的过程较为烦琐，这里不做详细的讲解，大家只要注意3点即可：一是尽量不要产生三角面；二是在破损的洞状边缘产生环形结构；三是对于皮翼，我们只拓扑单面，背面通过3ds Max制作，如图6-62所示。

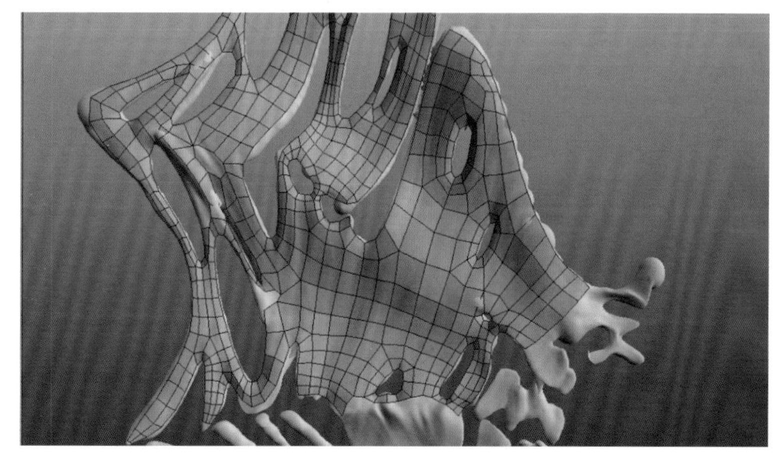

图6-62

拓扑完成后的整体结构如图6-63所示。

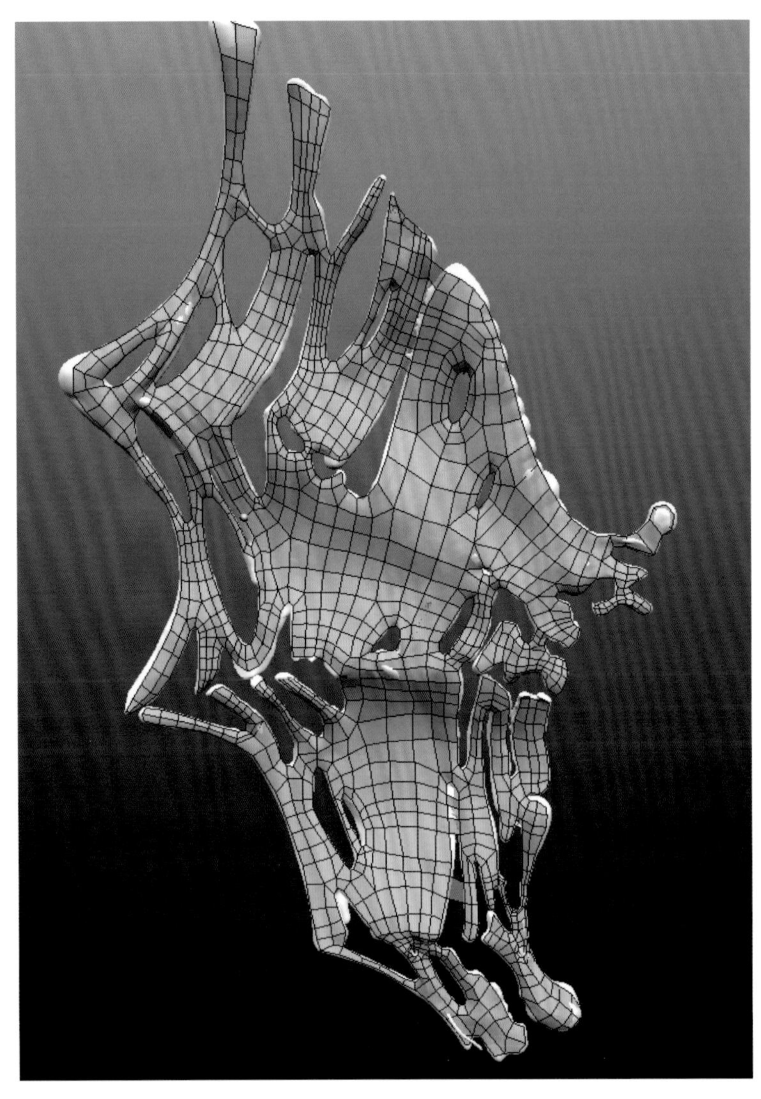

图6-63

（3）在3ds Max中整合翅膀的基础模型。

1 开启3ds Max，导入“皮翼.obj”文件和“骨翼.obj”文件，如图6-64所示。

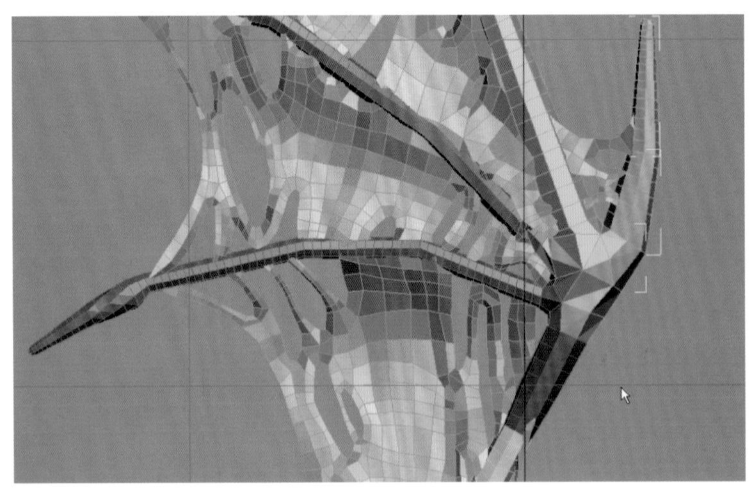

图6-64

2 选择骨翼，将骨翼的各个部分进行Attach操作，将骨翼的各个部分连成一体，将关节处的错误交叉进行修正，如图6-65所示。

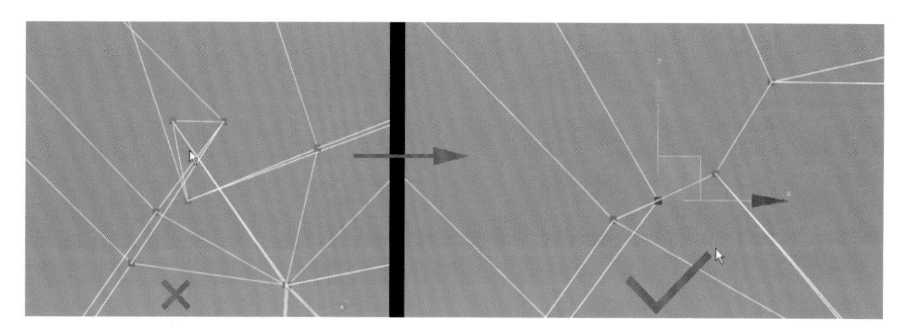

图6-65

3 选择骨翼的所有点，调出Weld Vertices浮动面板，将Weld Threshold的数值设置成一个比较低的值，在本例中我设置为0.001m。单击Apply按钮，将重复的点焊接起来，如图6-66所示。

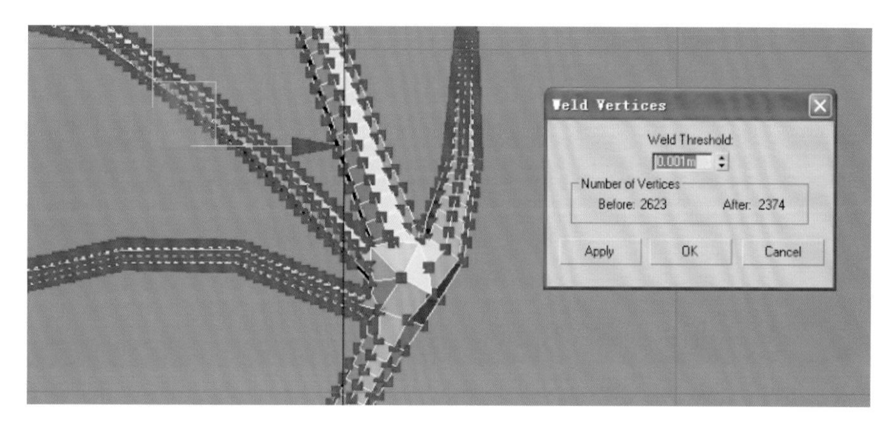


图6-66

4 因为骨翼的截面线太多，为了在后续的合并操作中高效而简便，我们需要将截面线进行精简，而手动精简显然太过麻烦，在这里我使用3ds Max的PolyBoost插件。开启PolyBoost插件后，选择骨翼上的一条边，然后在Selection面板上单击DotLoop按钮，注意将间隔值Gap设为1，如图6-67所示。

5 我们已经高效选择了需要的边，按住Alt键将关节处选择的边从选择中剔除，按Alt+R组合键，然后对选择的环形圈进行塌陷，如图6-68所示。

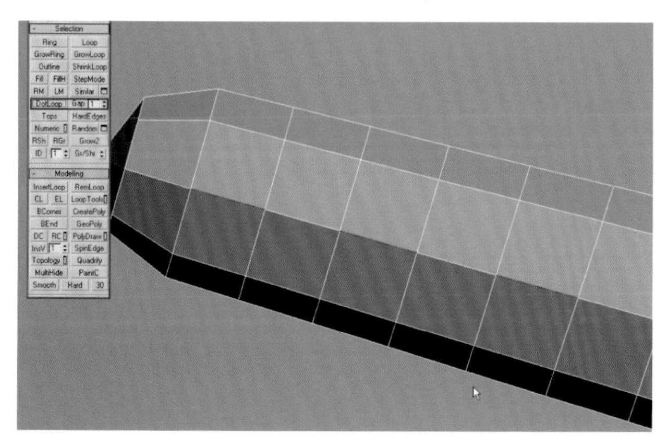

图6-67

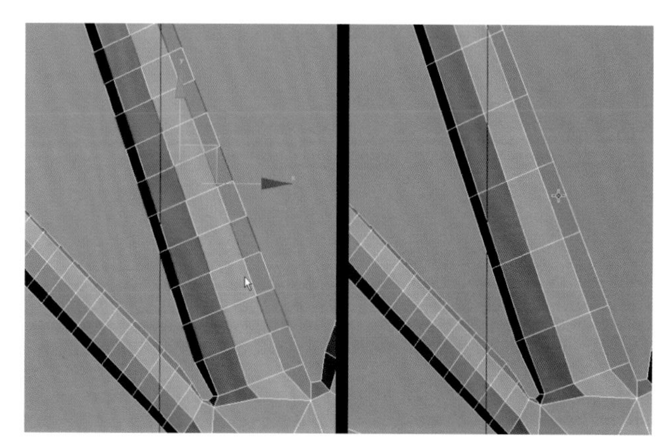

图6-68

6 使用相同的方法简化骨翼上的边，并将骨翼上有些扭曲的翅尖删除，在关节处存在三角面的地方进行改线，去除三角面，如图6-69所示。

图6-69

7 将骨翼的面删除一半，整理后使用Symmetry命令，将骨翼修改为对称形体，如图6-70所示。

图6-70

8 在删除翅尖的位置重新创建没有扭曲的翅尖，并将创建好的翅尖进行复制，移动到需要补齐翅尖的位置，然后进行焊接，如图6-71所示。

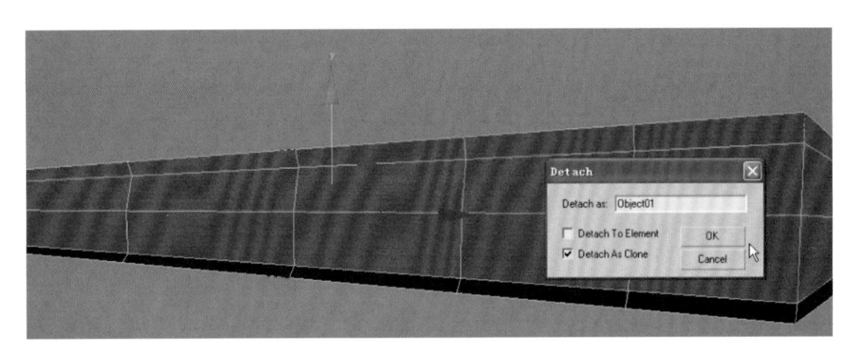


图6-71

9 骨翼的修改基本完成，下面要修改皮翼。皮翼的修改遵循两个步骤：一是调整皮翼，使皮翼和骨翼相配合；二是为皮翼增加厚度。现在先来调整皮翼，将皮翼与骨翼相穿插的面删掉，然后调整皮翼与骨翼未来相连接的交界面，使其断面线与骨翼相配合，如图6-72所示。

图6-72

10 有时需要手工在皮翼与骨翼相穿插的面上切线，删除多余面后调整，如图6-73所示。

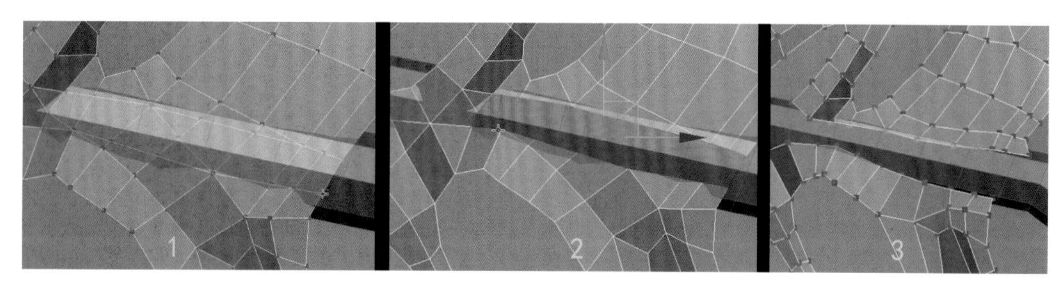


图6-73

11 按照上述方法，我们将皮翼整理完毕，如图6-74所示。

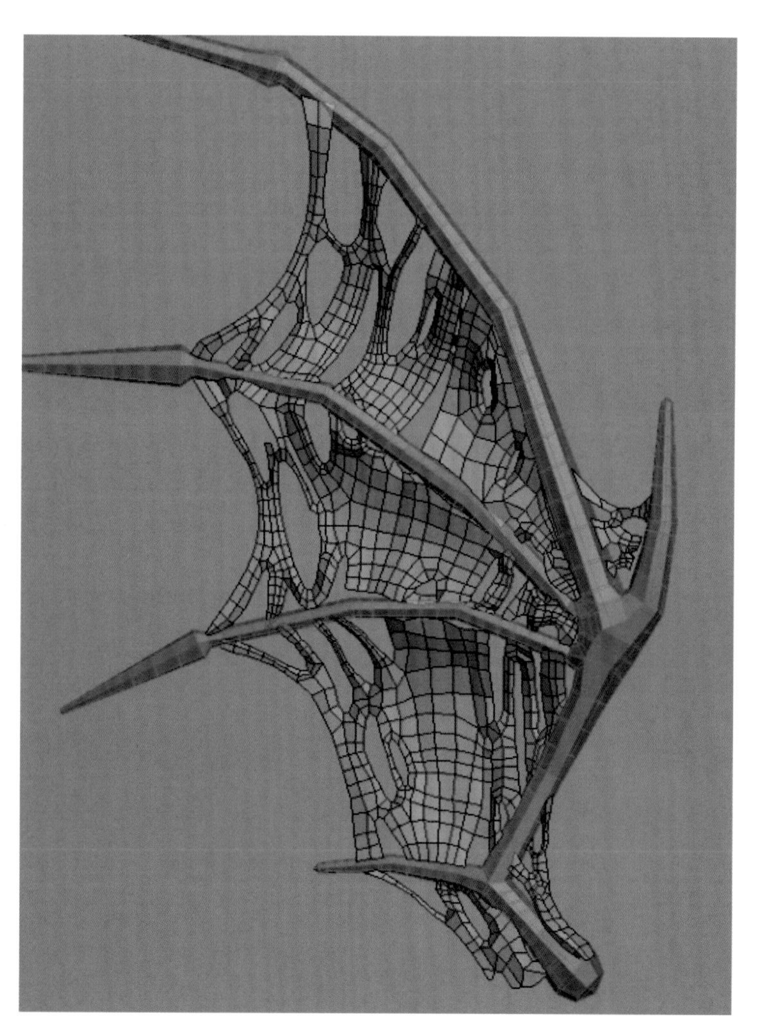

图6-74

12 接下来，我们要为皮翼增加厚度。在这里我并没有使用Shell命令，因为在网格细密且造型较为复杂的面上使用Shell命令容易使挤出的面产生扭曲，所以我采用了一种较麻烦、但最终效果较好的方法。首先，将皮翼复制一份，如图6-75所示。

13 将复制皮翼的面进行翻转，如图6-76所示。

14 选中原有翅膀的面，单击鼠标右键，在弹出的菜单中选择Extrude，挤压两次，将皮翼挤压出厚度，然后将复制后的皮翼与挤压后的皮翼对齐，如图6-77所示。

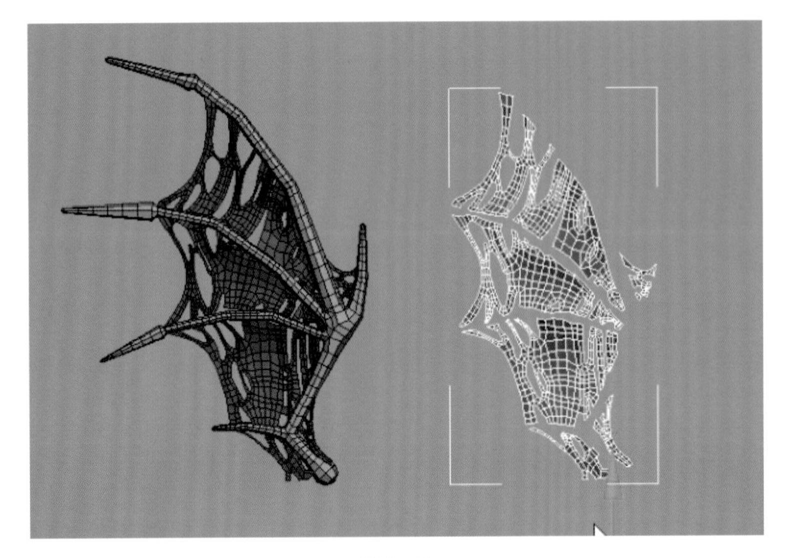

图6-75

图6-76

图6-77

15 将二者进行Attach操作，连在一起，然后选择所有的点，将Weld Threshold的数值设置成一个比较低的值，单击Apply按钮，将重复的点焊接起来，如图6-78所示。

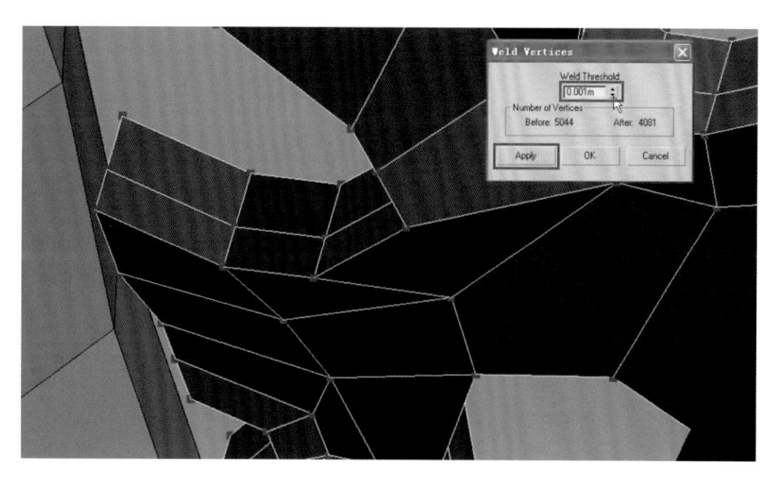


图6-78

16 为了检验是否有漏焊的点，我们需要对皮翼进行Smooth操作，如果整个表面光滑，则无遗漏的焊点，如图6-79所示。

图6-79

17 下一步需要将皮翼与骨翼相连接，将除最上端的皮翼以外的所有其他的皮翼片隐藏，如图6-80所示。

图6-80

18 调整皮翼与骨翼相交接的点，使之两两对应，并且删除多余的面，如图6-81所示。

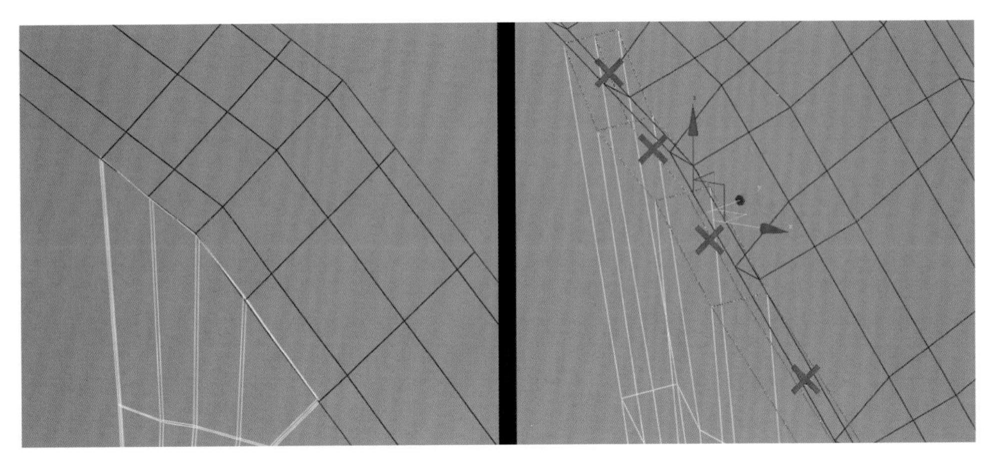

图6-81

19 将所有皮翼与骨翼相交接的点都做同样的处理，并且将骨翼上相对应的面删除，将皮翼与骨翼进行attach操作，连在一起，并将对应的点相焊接，如图6-82和图6-83所示。

图6-82

图6-83

（4）将翅膀与马身相连接。

1 将整合好的翅膀放置在马身上方，并对其进行旋转，调整其位置，如图6-84所示。

2 在将马的身体和翅膀连接在一起之前，我们需要将翅膀和马的面赋予不同的ID，这样做是为了未来在ZBrush中雕刻时便于隐藏不同的部分，如图6-85所示。同样，对于肋骨和前后肢，我们也要设置不同的ID值。

图6-84

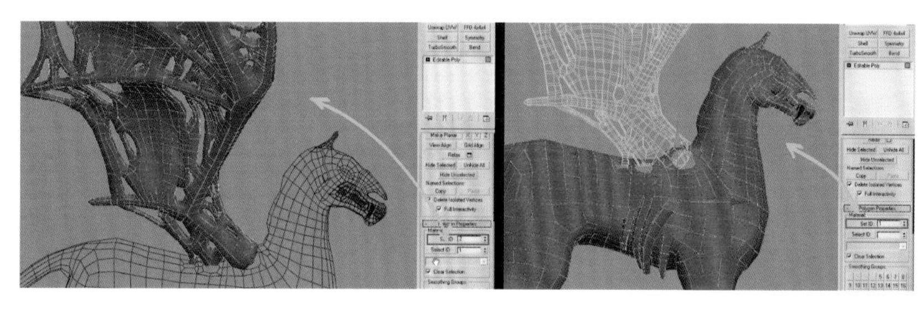
图6-85

3 在马肩部选择一系列的面，使用Insert工具插入面，形成环状结构，如图6-86所示。

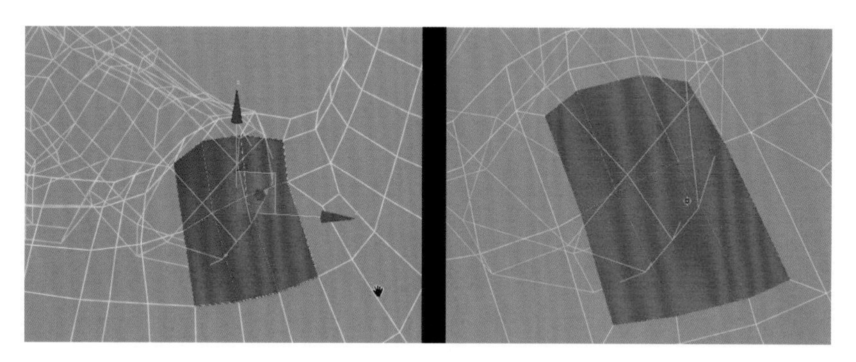
图6-86

4 删除面，形成的边界作为将来和翅膀相连的边界，使用相同的方法制作出另外两个边界，如图6-87所示。

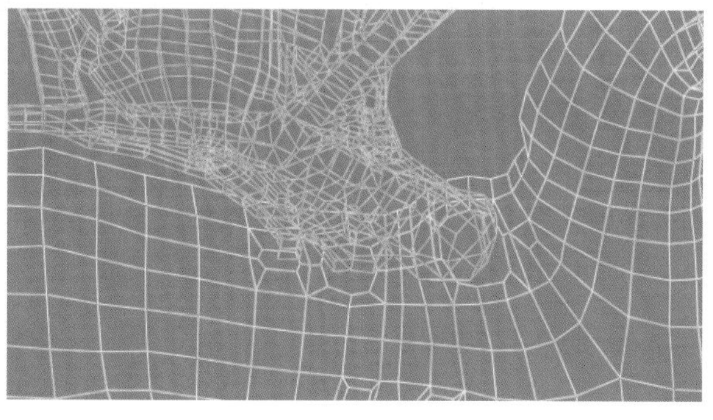
图6-87

5 选择马身和翅膀上的准备连接的两个边界，使用Bridge工具将两个边界桥接，如图6-88所示。

图6-88

6 选择新建立一系列线，按Alt+C快捷键将它们塌陷，如图6-89所示。

图6-89

7 其他的连接部分也应用同样的方法。连接好翅膀的恶魔战马如图6-90所示。

图6-90

在3ds Max当中制作出简易的锁链和胸甲。这些装饰物只是为了让我们更加明确恶魔战马的整体效果，稍后还要做更加细致的制作和修改。

在进入ZBrush进行雕刻之前，我们需要将恶魔战马进行UV处理，以便在ZBrush中方便的设置PolyGroups，分配完的UV如图6-91所示。

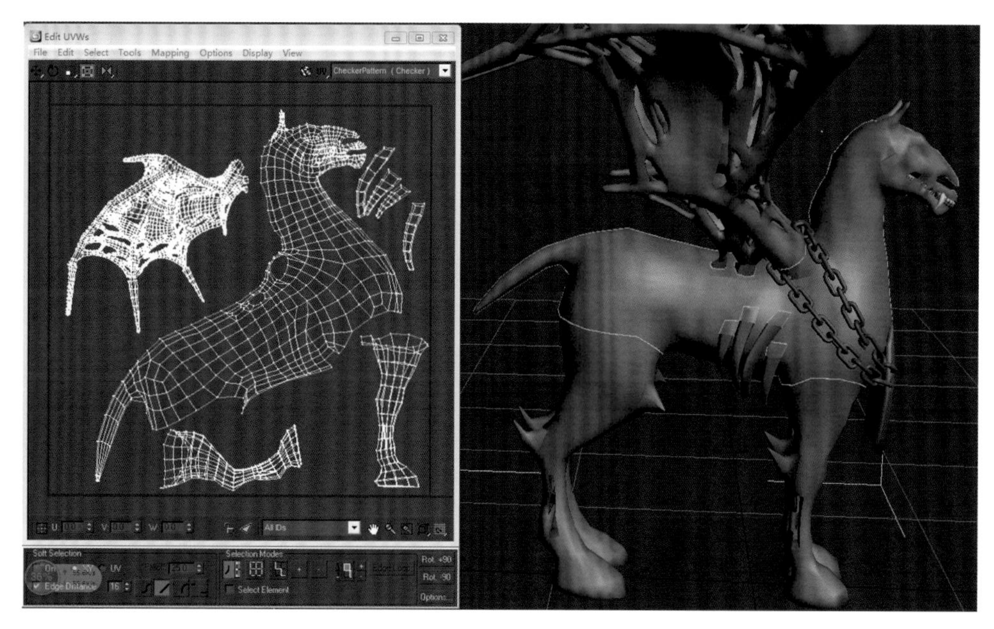


图6-91

## 6.2 雕刻恶魔战马

### 6.2.1 恶魔战马全身初步雕刻

现在我们可以将战马连同一些配饰导入ZBrush中进行雕刻了。这个过程是最让人兴奋的，整体性和渐进性是我的雕刻习惯，我喜欢把雕刻分成几个阶段进行。对于恶魔战马，我把雕刻的步骤分成初步雕刻、进阶雕刻和细节处理三个不同的阶段。下面，我们来进行初步雕刻。

我们在ZBrush中为战马添加一些布料参考物，而后按照马头、身体和四肢以及翅膀为顺序，进行整体雕刻。首先，让我们为战马添加布料参考物。

**1. 添加布料参考物**

将恶魔战马和一些配饰导入ZBrush，将文件保存为“恶魔战马-整体雕刻模版.ztl”文件（此文件可以在工程文件\第6章 恶魔战马\6.2.1 恶魔战马全身初步雕刻\ZIL中找到）。

1 单独显示马匹，展开Polygroups子面板，单击Auto Groups With UV按钮，将马头、马身与翅膀以及肋骨等分配到不同的组，如图6-92所示。

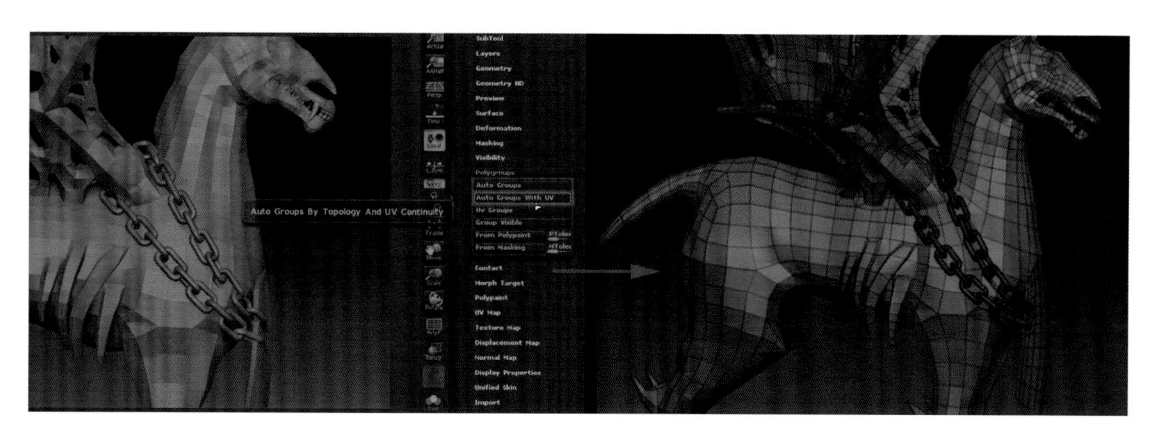


图6-92

2 按Ctrl+Shift快捷键，单击翅膀和肋骨等，将它们隐藏，如图6-93所示。

3 按Ctrl键在马身上绘制蒙版，单击Extract按钮在马身上提取布料参照物（这些物体只是作为形体参考，在后续的制作中还需要在3ds Max中制作出更加规整的布料），如图6-94所示。

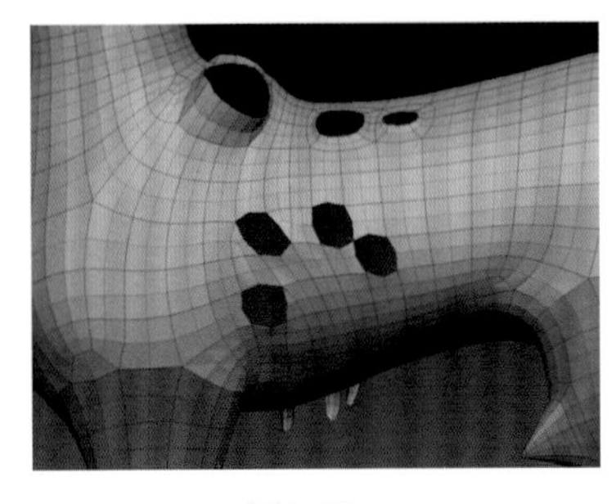

图6-93

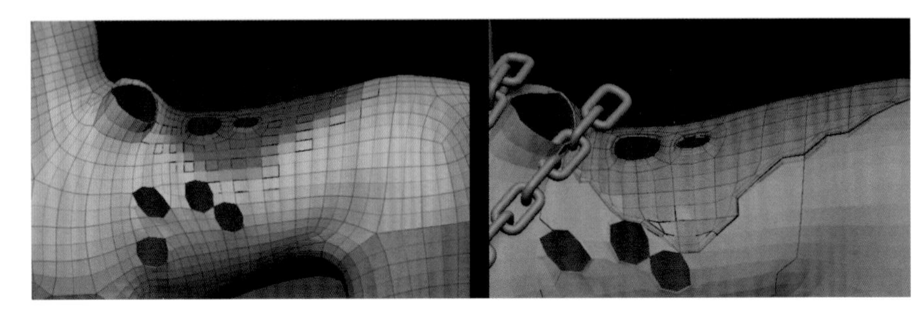

图6-94

4 使用同样的方法制作出其他的布料参照物，然后使用Move向下拖曳布料，形成参差不齐的破损，如图6-95所示。

5 按Ctrl+D组合键对布料参照物进行升级操作，最终形态如图6-96所示。

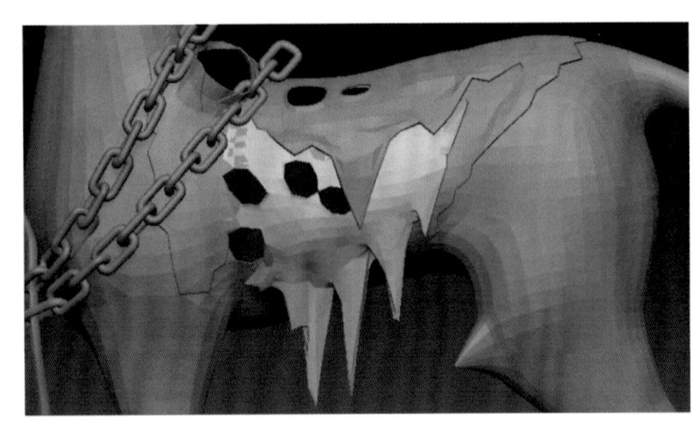

图6-95

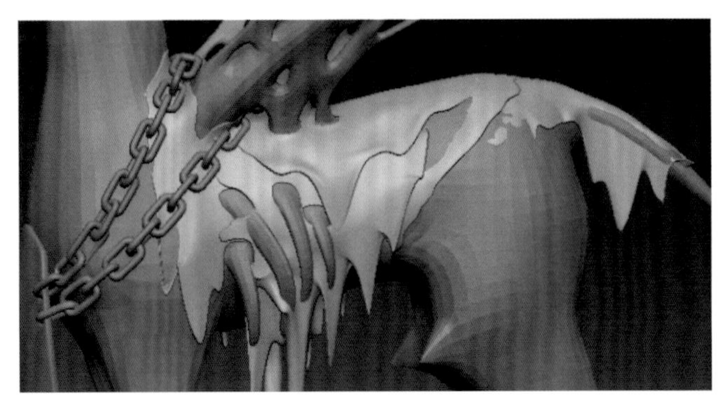

图6-96

**2. 初步雕刻马的头颈部**

1 单独显示战马，将战马细分至5级，然后降回3级，隐藏翅膀部分，如图6-97所示。

2 选择ClayTubes，因为我们雕刻的是一个死灵生物，所以在其头部应该既具备肌肉的特征，也具备部分骨骼特征。首先，我们按照其肌肉生长方向，雕刻附着在骨骼上的薄薄的肌肉，如图6-98所示。

图6-97

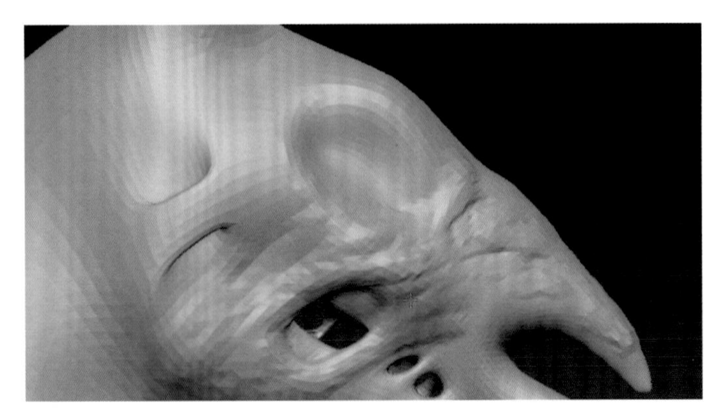

图6-98

3 雕刻时要强调颧骨和眼窝的结构，其实主要还是强调其骨形，如图6-99所示。

4 在马的额头的部分按照其骨骼雕刻出三角形的造型，注意额头比较平坦，如图6-100所示。

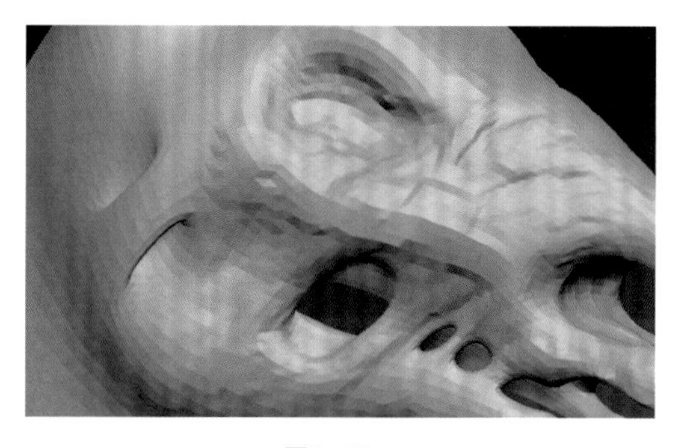

图6-99

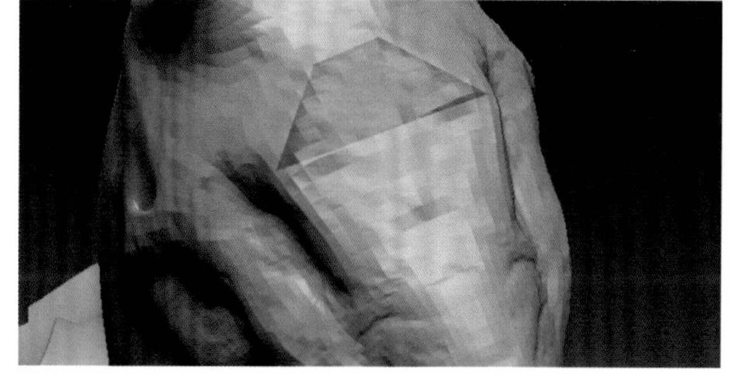

图6-100

5 强调从颧骨到嘴部的骨线，这条骨线对于塑造马的颅骨非常重要，如图6-101所示。

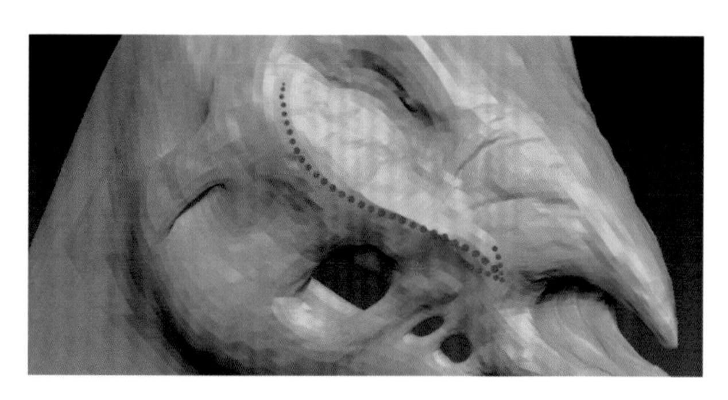

图6-101

6 强调马的眼眶部形体，这个形体能够表现出战马的暴力和冷酷，如图6-102和图6-103所示。

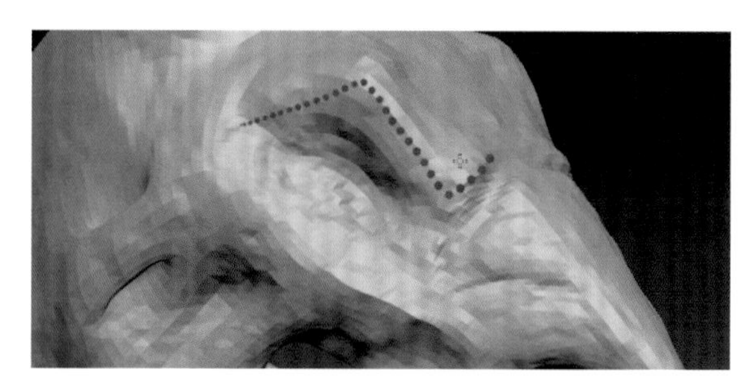

图6-102

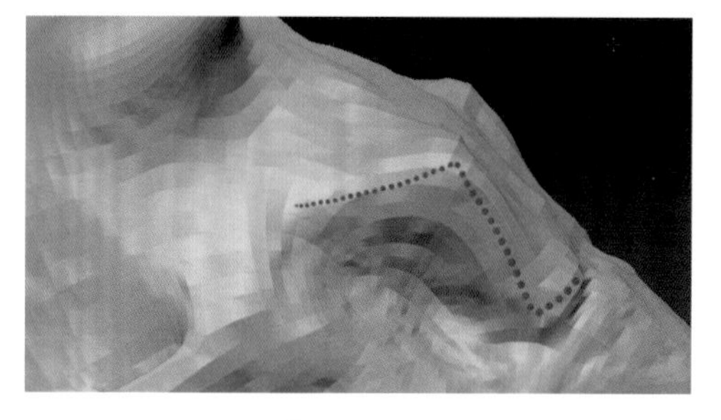

图6-103

7 在眼眶后方和眼眶上方的额头部分，塑造几个块面关系，这些块面关系能够很好地表现马头的骨骼形态，如图6-104所示。

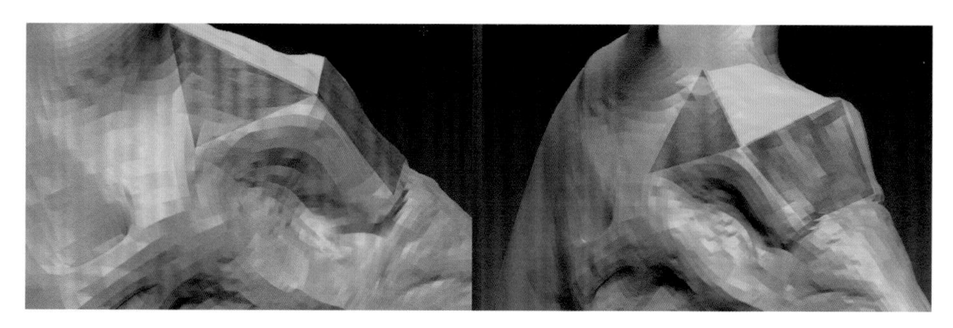

图6-104

8 使用Standard沿肌肉线条强调在骨头上残存的肌肉丝的形态，如图6-105所示。

9 在马的颈部塑造肌肉线条，并且在马颈部雕刻出因为破损而造成的凹坑，如图6-106所示。

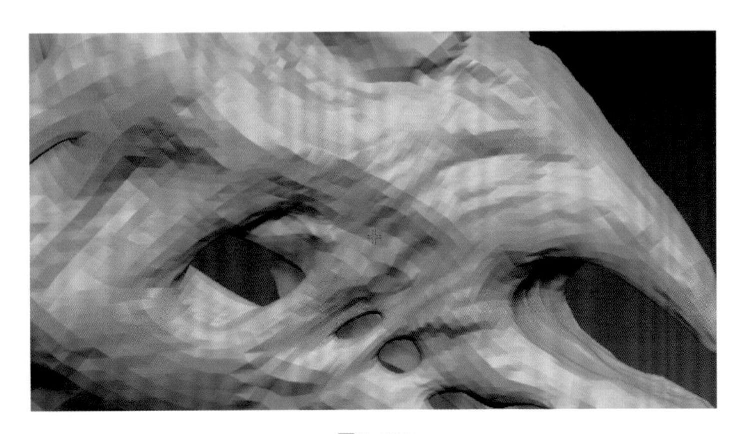

图6-105

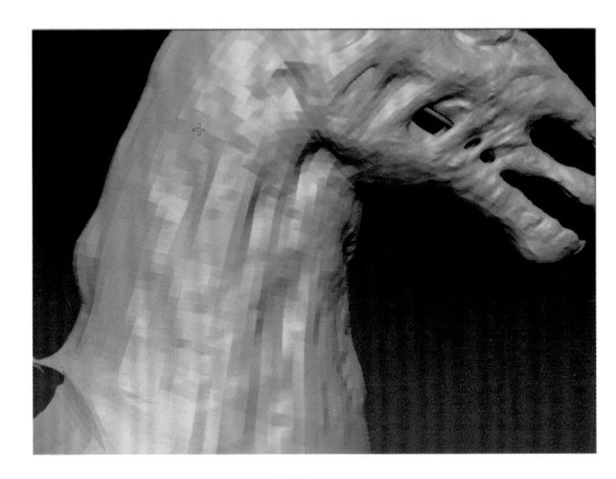

图6-106

10 使用Standard继续强调马头的肌肉线条，并且强调颧骨以及颧骨后面因为骨形造成的凹陷，如图6-107所示。

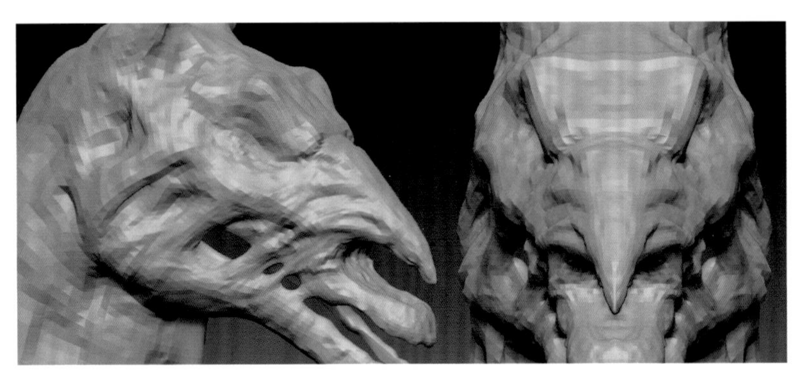

图6-107

### 3. 雕刻马的胸部和前肢

1 顺延向下雕刻胸部的肌肉和腿部肌肉。在雕刻胸部肌肉的时候，注意马胸部比较强壮的块状肌肉以及肌肉的形态特征和走势，如图6-108所示。

2 在马胸的前部雕刻肌肉。在一匹健壮的马身上，无论从前面还是从马的侧面均可以比较清晰地看到这两块肌肉，如图6-109所示。

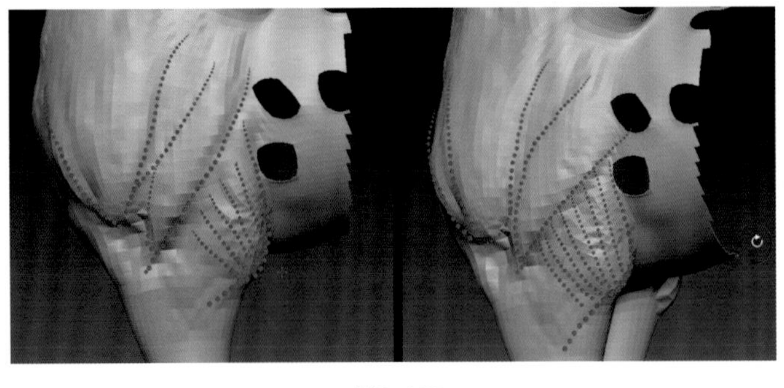

图6-108

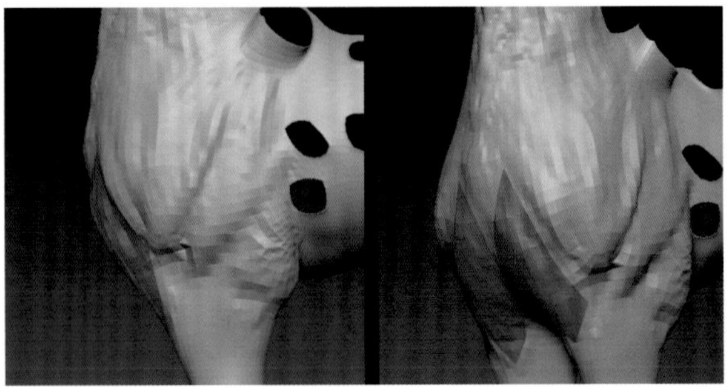

图6-109

3 向下顺延雕刻前腿肌肉。注意在雕刻前部肌肉时，肌肉向内绕行的走势，如图6-110所示。

4 雕刻膝盖的时候，要注意马这种四足动物的骨骼非常强健，而且形态很方硬，如图6-111所示。

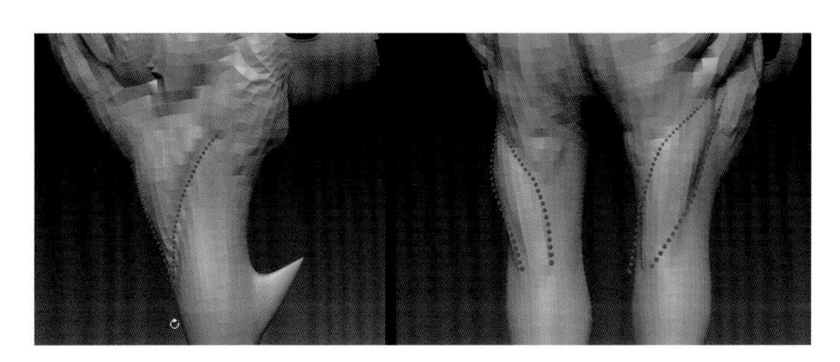

图6-110

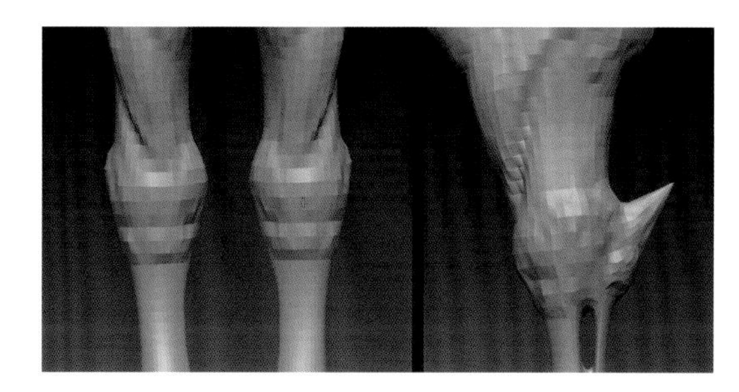

图6-111

5 顺延向下雕刻前肢的小腿部分。小腿部分到马蹄部分基本都以骨形为主，没有过多的肌肉。在雕刻中，要抓住关节处和马蹄部比较硬的感觉，如图6-112所示。

6 选择FormSoft将马蹄上方的关节部位雕刻得比较膨大，突出其骨骼特征，如图6-113所示。

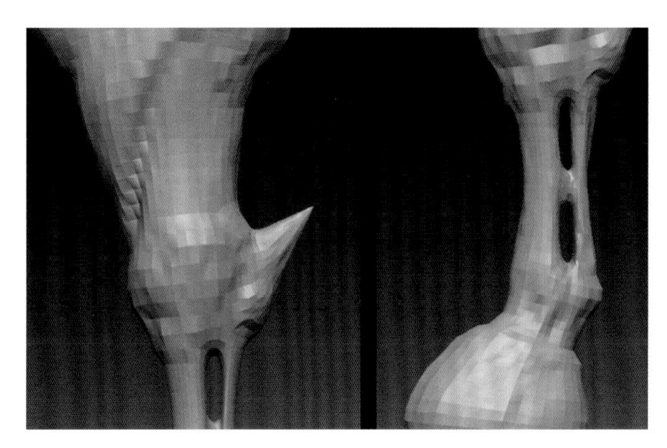

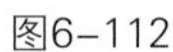

图6-112

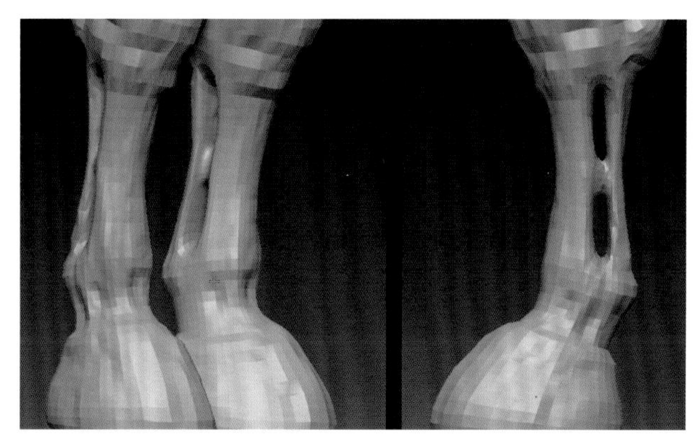

图6-113

7 隐藏除前腿以外的所有形体，集中雕刻前腿。为了方便雕刻前腿的内侧，我们关闭对称，隐藏一侧的前腿。雕刻的前腿内侧结构如图6-114所示。注意，马前腿的肌肉分布有点类似于人体的上肢肌肉分布，前后也有类似于肱二头肌和肱三头肌的肌肉结构。

8 雕刻完的前腿如图6-115所示。

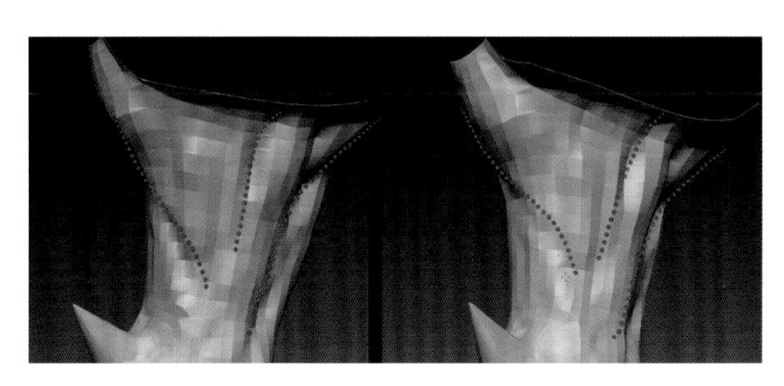

图6-114

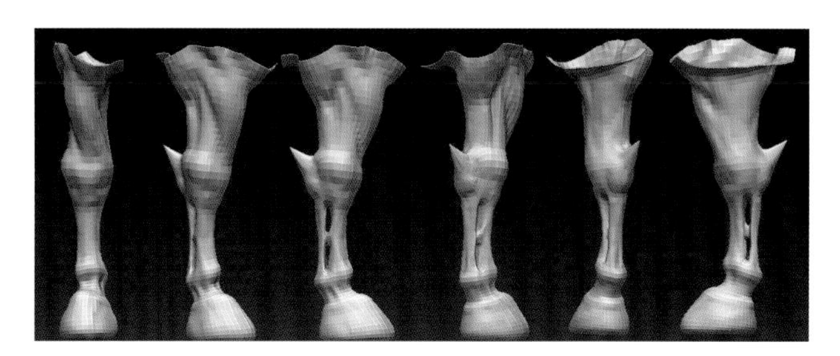

图6-115

### 4. 雕刻马身及后肢

1 隐藏除马头和马身以外的所有形体，开启对称，从马的臀部开始雕刻。注意在马臀部有两个比较大的横叉骨，有点类似于人类的骨盆结构，我们在雕刻的过程中首先就要定准骨骼的位置，如图6-116所示。

2 在马的脊背部位雕刻出凸出体表的脊椎骨，如图6-117所示。

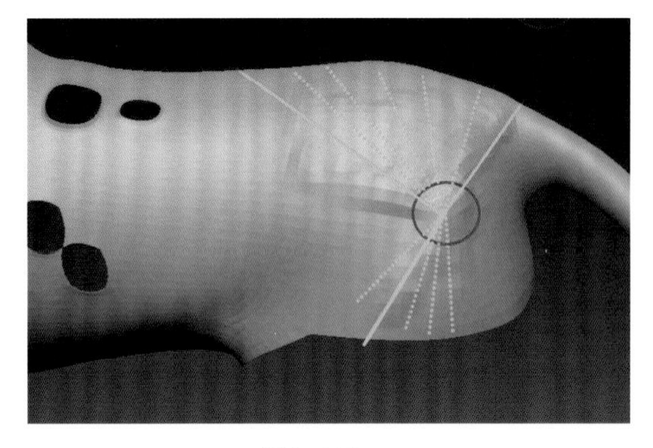

图6-116

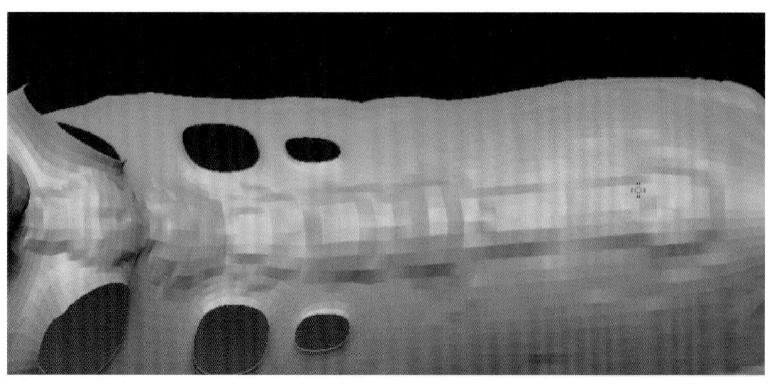

图6-117

3 显示出前后腿，转到战马的腹部，我们将腹部的部分向内雕刻，形成较大的凹陷，如图6-118所示。

4 在肋骨的位置上雕刻出凸出的线条，如图6-119所示。

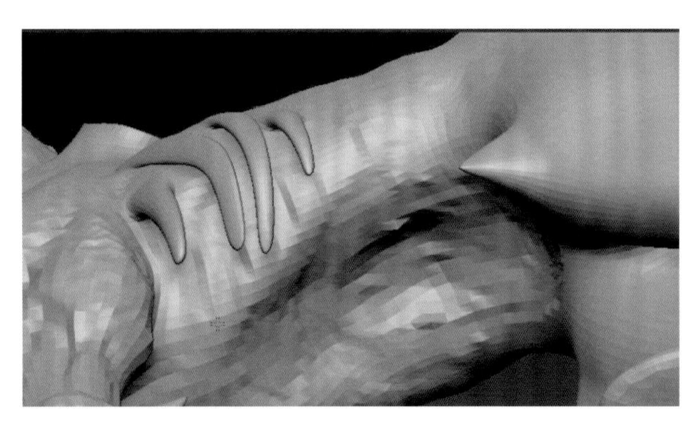

图6-118

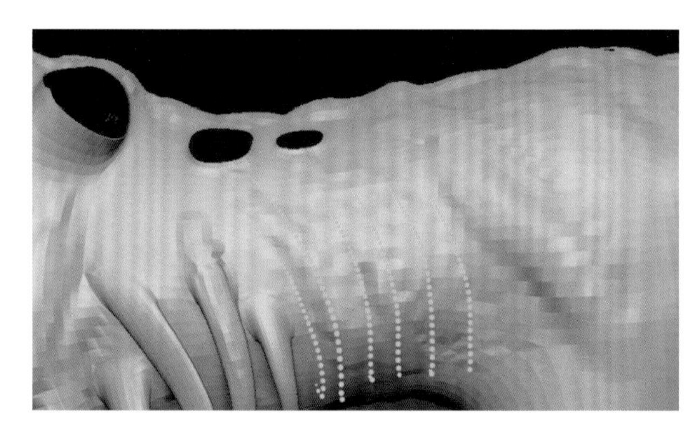

图6-119

5 在马后腿和马腹连接的部位，我使用Standard塑造拉伸的筋腱，如图6-120所示。

6 继续强调臀部既有骨点又有肌肉的形态特征，如图6-121所示。

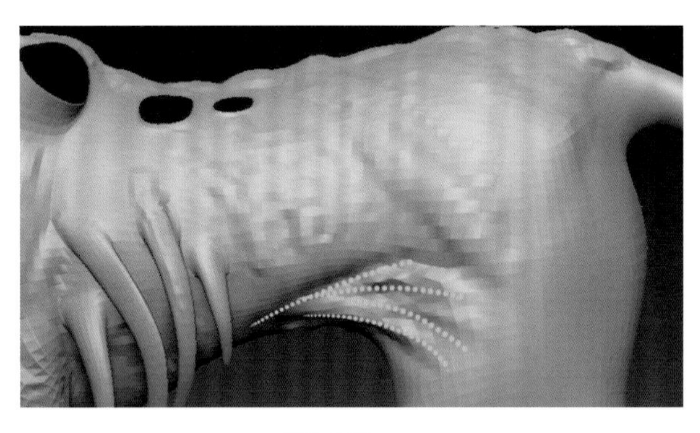

图6-120

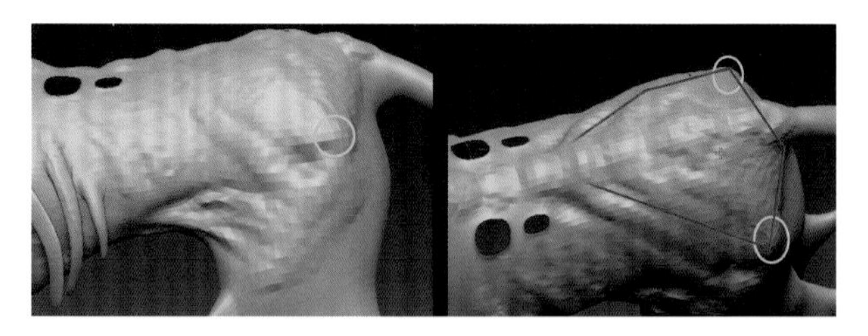

图6-121

7 向下继续雕刻臀部和腿部肌肉。在雕刻过程中大家需要记住一个原则，即肌肉的起点和终点一般都对应于不同的骨骼，如图6-122所示。

8 雕刻后腿部肌肉的时候，要注意和前腿部的肌肉相区分。后腿的肌肉更加强壮，可以说它在某些方面更加类似于人类的下肢，而且在雕刻过程中一方面要遵循解剖的原则，另一方面也要进行某些艺术的夸张。在雕刻后腿时，使用Move将其前部和后部的轮廓加以修正，使之更加充满力量感，如图6-123所示。

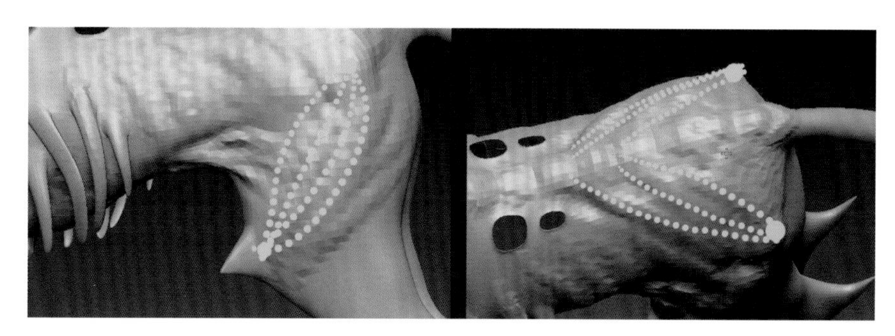

图6-122

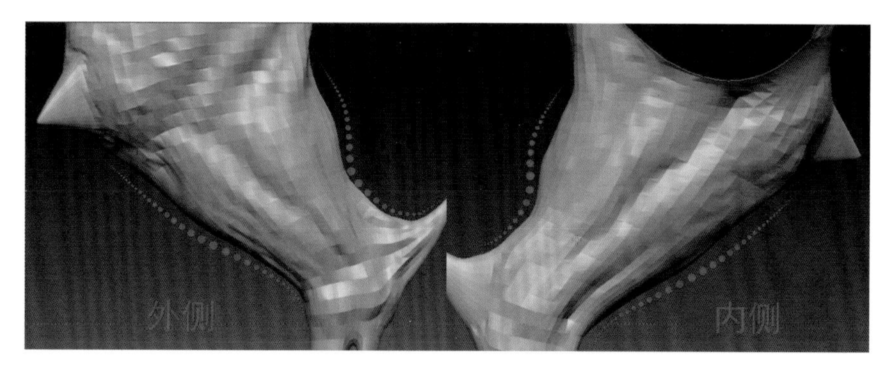


图6-123

初步雕刻完毕的马后腿如图6-124所示。

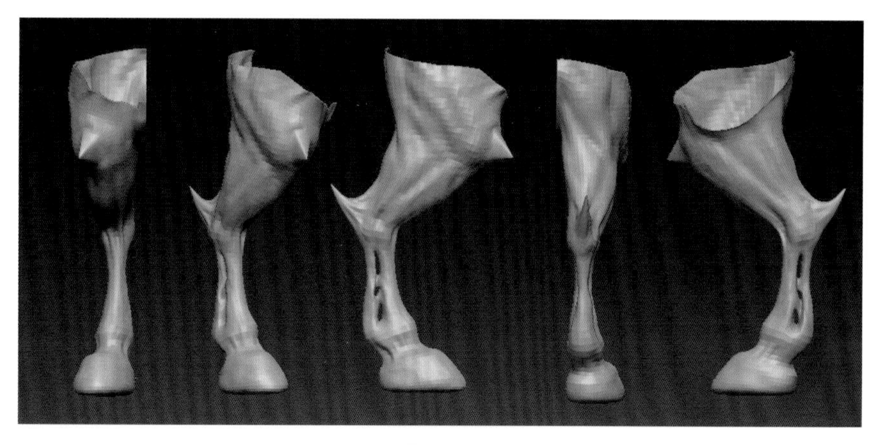

图6-124

继续加强肋骨、背部等肌肉和骨骼结构。初步雕刻完马头和马身等结构后，效果如图6-125所示。

图6-125

### 5. 雕刻翅膀

翅膀的雕刻较为复杂，其难点在于皮翼的塑造。由于在这一阶段只是初步雕刻，不必太刻意追求细节，只需要将皮翼褶皱的形态特征和走势大致雕刻出来即可，更加细致的雕刻放在下一阶段完成。

选择ClayTubes，展开Brush菜单，在Auto Masking子面板当中激活BackfaceMask按钮，这样在雕刻的时候就不会影响到物体的另一半，这对于雕刻翅膀这种薄片物体尤其重要。无论是在初步雕刻还是在精细雕刻，雕刻翅膀时所有应用到的画笔都必须进行如上设置，以后的类似操作不再赘述。

1 雕刻时，先从较硬的翅膀骨架开始，雕刻翅膀关节的骨点。另外使用Standard雕刻骨刺部分的棱线，如图6-126所示。

2 在雕刻较长的骨头时，首先使用Clay雕刻出凸凹不平的感觉，然后着重雕刻表面的骨节和凸起，如图6-127所示。

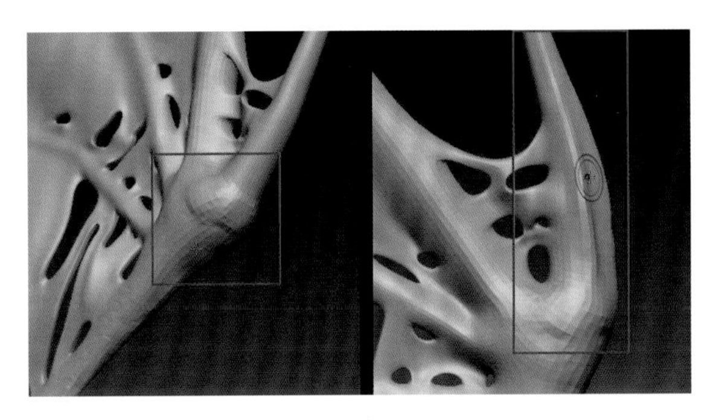

图6-126

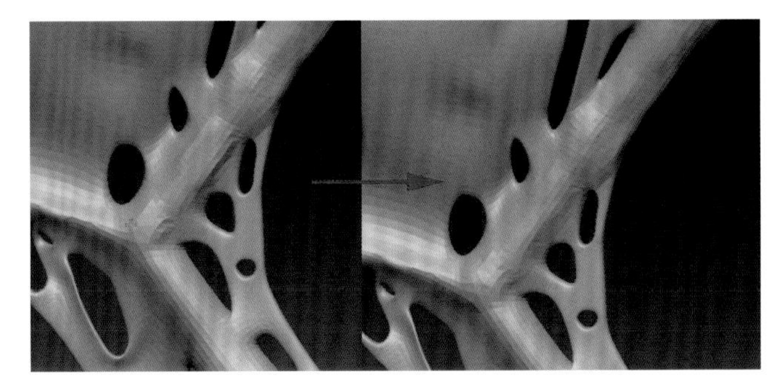

图6-127

3 由于要扇动翅膀，翅膀根部的肌肉就相对多一些。在翅膀根部，雕刻出类似于人体上臂部分肱二头肌和肱三头肌的结构，如图6-128所示。

4 下面我们需要雕刻皮翼。首先从翅膀背面开始，选择Standard，开启LazyMouse，将LazyStep的数值设置为0.11，将LazyRadius设置为27，在皮翼上雕刻出由于拉伸而产生的褶皱。在雕刻中，比较重要的是体现出皮翼形体的走势，如图6-129所示。

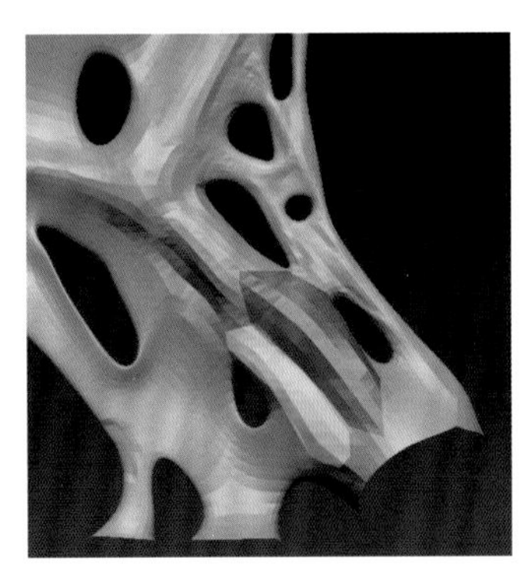

图6-128

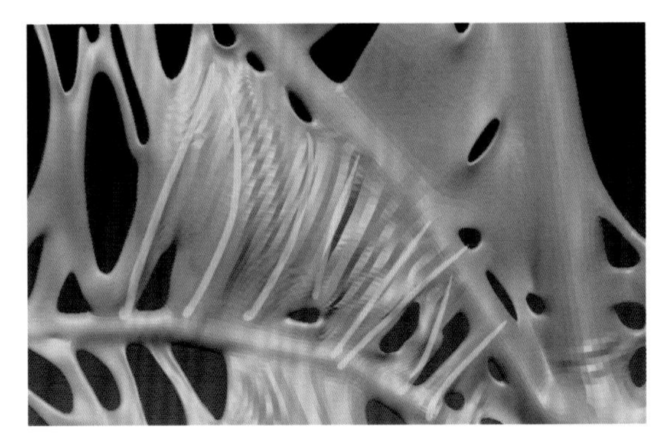

图6-129

5 在骨翼上雕刻出由于皮翼的重力产生的拉伸褶皱，如图6-130所示。

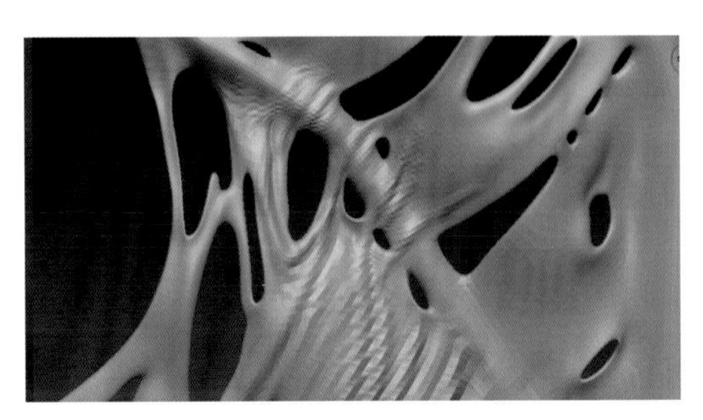

图6-130

6 使用Move将较长而且较直的骨头修正，使之较为自然，如图6-131所示。

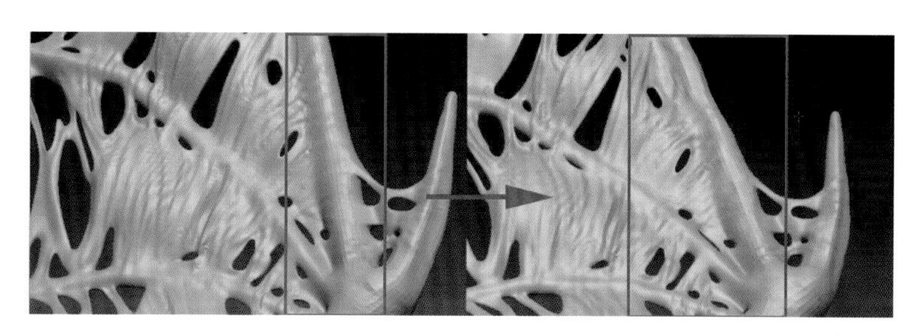

图6-131

7 在较长的结构上，慢慢雕刻出连贯的褶皱，注意这个过程不能太急躁，一旦运笔过快，容易将结构雕碎。在皮翼与骨头相接的地方，雕刻出与破损处相对应的褶皱，如图6-132所示。

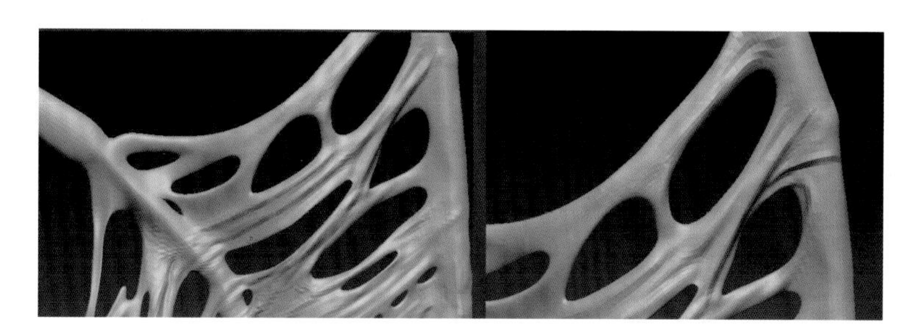

图6-132

8 在骨头交汇处到关节的地方，由于皮翼互相挤压和影响，需要雕刻出以关节为圆心的同心圆状的褶皱，如图6-133所示。

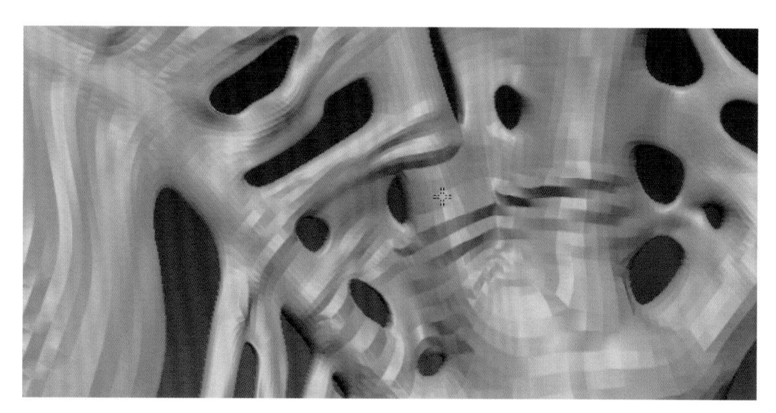

图6-133

9 翅膀的背面结构比较简单，在雕刻的时候不要把背面的结构雕刻得过于复杂。翅膀的背面要与正面相区分，转到翅膀的背面，先从最大关节之上的骨刺着手，雕刻出皮翼对骨刺产生缠绕和拉扯的形态，如图6-134所示。

图6-134

10 翅膀的里面会成为作品的视觉焦点之一，而且翅膀的外侧与翅膀背面相比，结构要更加细腻和复杂，所以在雕刻翅膀里面的时候，我们需要把笔刷缩小，雕刻出更加细致和有层次的结构。层次的丰富对于造型塑造至关重要，在翅膀的雕刻中层次指的是结构的凸出与凹陷，处在同一高度的曲面属于一个层次。如图6-135所示，相同颜色的部分属于同一个层次。

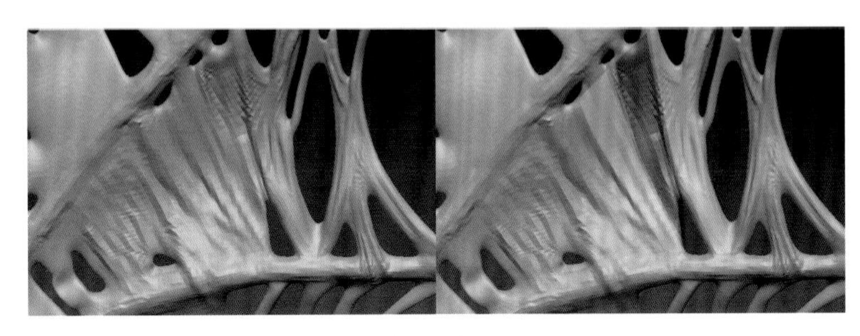

图6-135

11 在雕刻骨架上的结构时，注意上下褶皱结构的衔接，如图6-136所示。

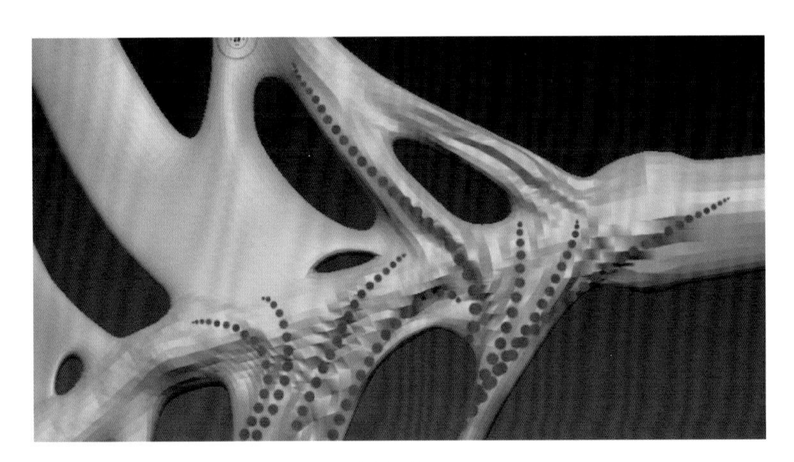

图6-136

12 在雕刻时，注意线条的流畅和变化，如图6-137所示。

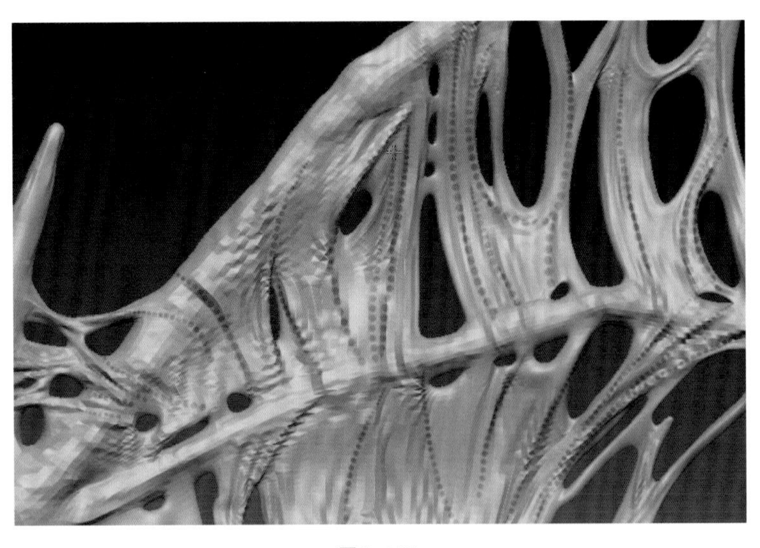

图6-137

13 层次和主次在任何结构的雕刻中都要作为重点。在雕刻中，凡是受力点附近的形体都需要着重处理，以模拟受力后产生的形态变化。另外，在凸凹的变化中也需要将层次雕刻得更加明显，如图6-138所示。

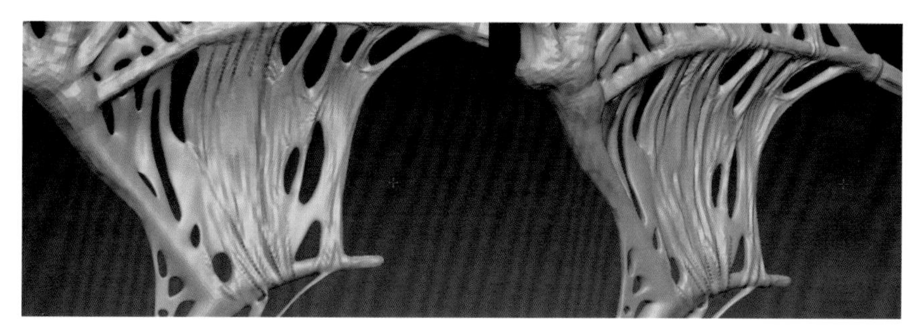

图6-138

14 按照上述的步骤耐心雕刻，初步雕刻完的翅膀形态如图6-139所示。

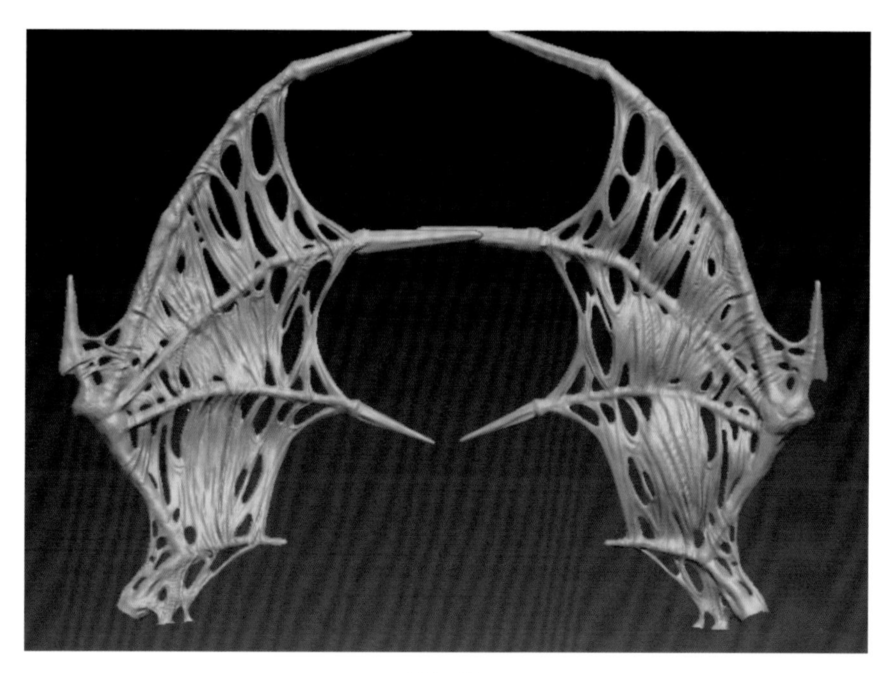

图6-139

15 初步雕刻完毕的恶魔战马如图6-140所示。

图6-140

## 6.2.2 恶魔战马进阶雕刻

整体的初步雕刻已经完成，下面我们来进行第二阶段的进阶雕刻。将按照马头、马身、翅膀、胸甲和布料及骨刺作为雕刻顺序，让我们先从马头开始。

**1. 马头进阶雕刻**

1 马头部分在整个的造型中占有举足轻重的作用，所以我们先从最重要的地方入手，将战马分至4级，然后将除马头之外的部分进行隐藏，如图6-141所示。

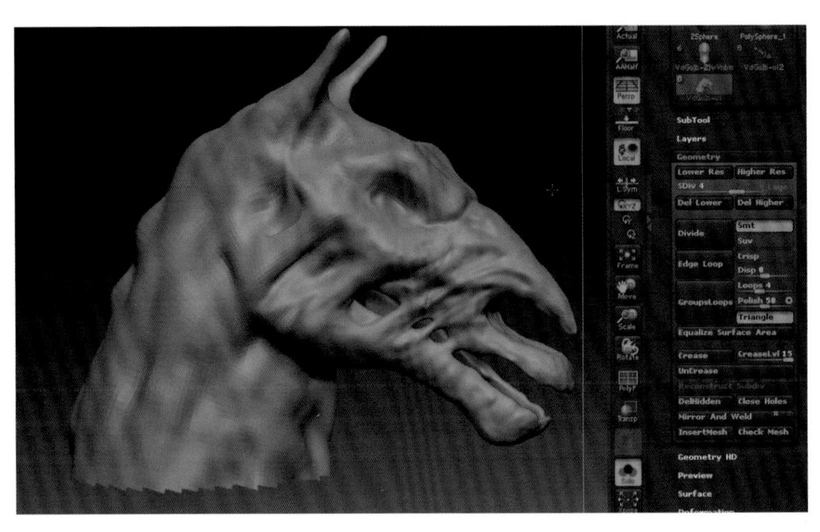


图6-141

2 同样使用ClayTubes沿肌肉结构进行雕刻，如图6-142所示。注意在马的颧骨部位将肌肉雕刻得比较薄，而在马的下颌处，类似人体咬肌的位置我们需要将肌肉雕刻得强健有力。

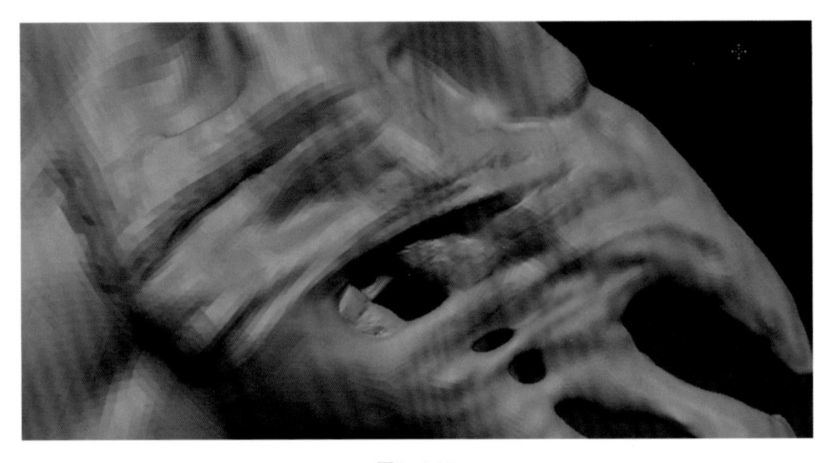

图6-142

3 使用Standard，选择Alpha01，进一步雕刻马头部的肌肉线条。注意嘴部的肌肉要雕刻出紧绷的力量感，这样可以使整个马头充满力量，如图6-143所示。

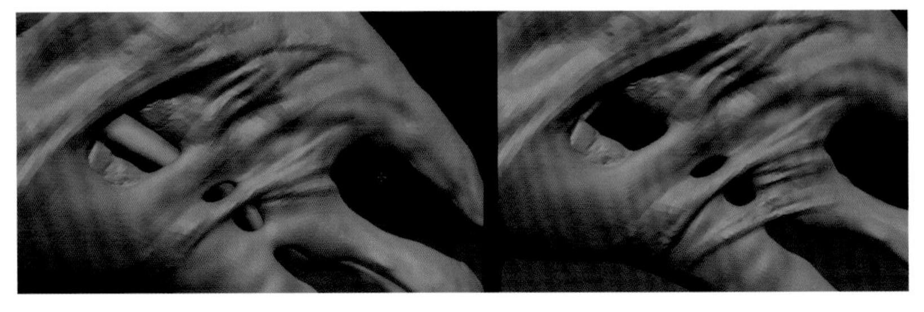

图6-143

4 细化马头的肌肉线条，如图6-144所示。注意统一而有变化的肌肉走势，另外将颧骨后面的凹陷结构塑造得更加明显。

5 继续强化马头肌肉组织的形态，尽量做到疏密相间、有主有次。在马咬肌的位置不宜雕刻太多细节，注意保持整体的块面关系，如图6-145所示。

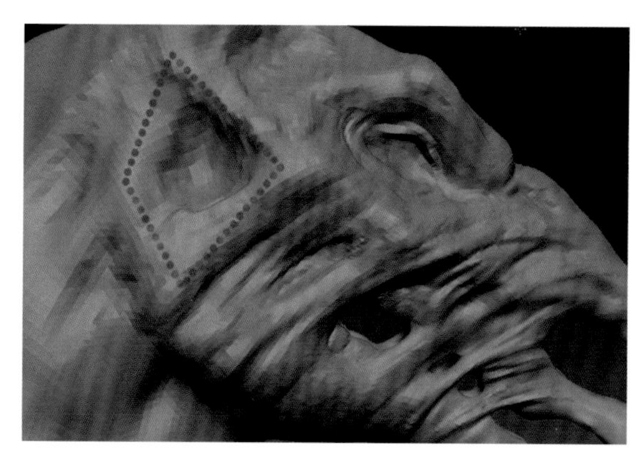

图6-144

图6-145

6 在马的额头部位，继续加强三角形与梯形的块面结构，这些结构有利于表现马额头部分平直和方硬的形态特征，如图6-146所示。

7 利用蒙版保护眼眶部位，使用Move将马的眼睑部分向上拉，雕刻出更加凶悍的结构，如图6-147所示。

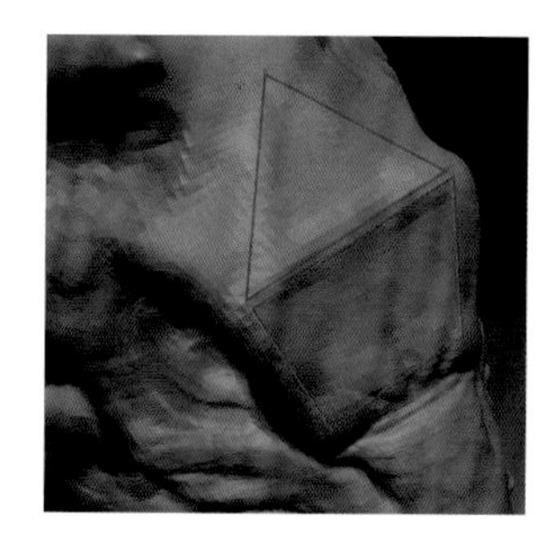

图6-146

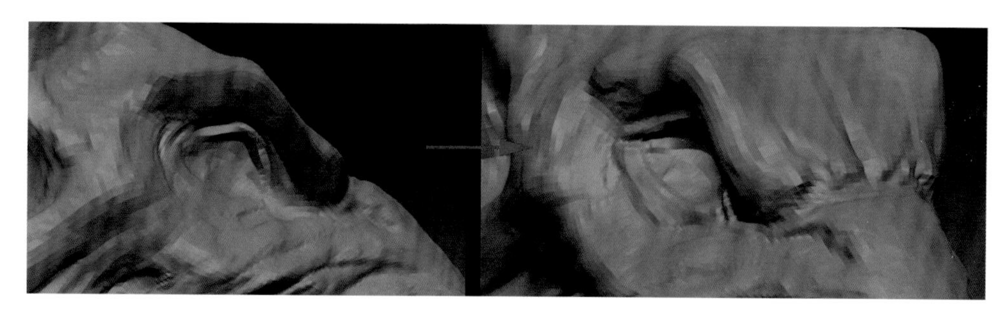

图6-147

8 雕刻马的上牙床，尽量使牙床与牙齿贴合紧密，另外要注意牙床根部的凸起，如图6-148所示。

9 在下牙床部位也用同样手法进行雕刻，使牙齿与牙床紧密地贴合在一起，如图6-149所示。

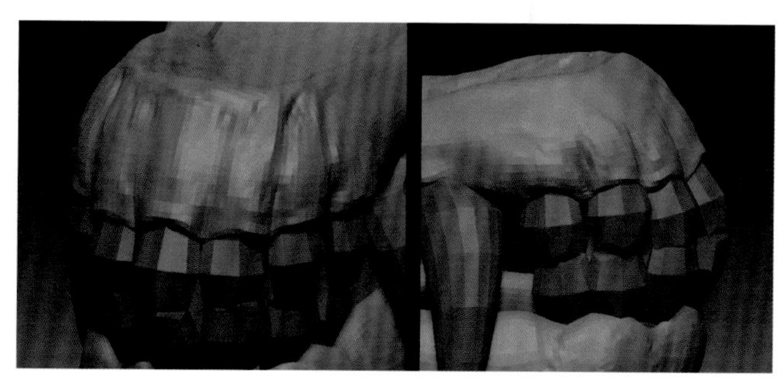

图6-148

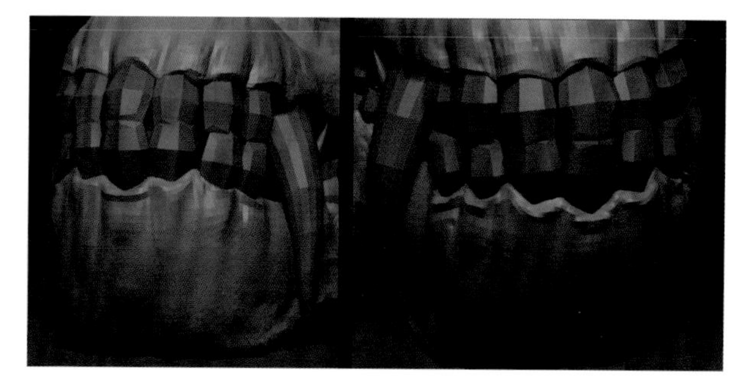

图6-149

10 在马的骨骼部分，使用Standard强调骨骼结构，要雕刻出肌肉、筋腱等结构附着在较硬的形体上的感觉，如图6-150所示。

11 最后，为恶魔战马添加眼球。选择马头，单击Transp按钮，激活半透明显示方式，并且在多个角度调整眼睑，使眼睑紧紧包裹住眼球，如图6-151所示。

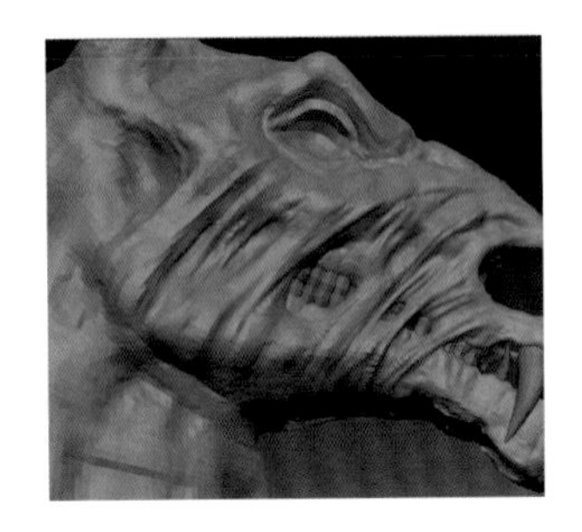

图6-150

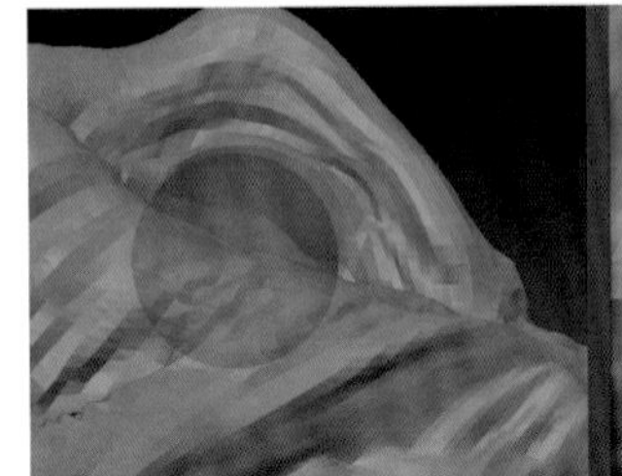
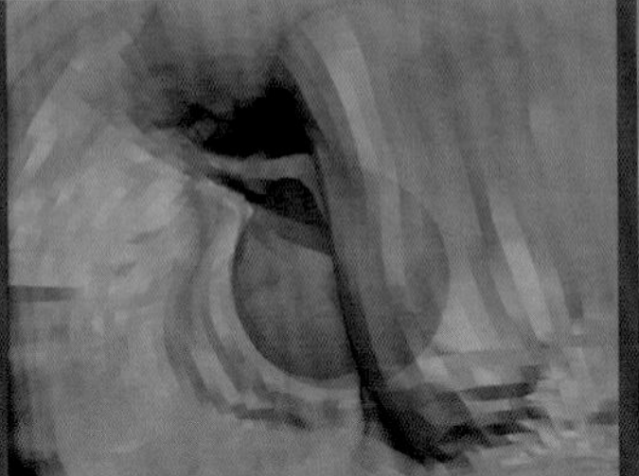
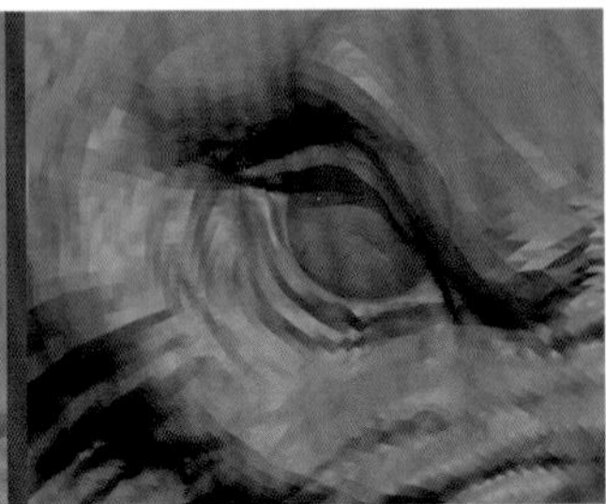

图6-151

12 进阶雕刻完的马头效果如图6-152所示。

图6-152

**2. 马身进阶雕刻**

（1）脖颈、前胸和前肢的雕刻。

1 马头的部分已经完成，现在我们需要将马颈、前胸和前肢进行雕刻。马颈部的雕刻较为简单，在这里我们主要将颈部的肌肉雕刻得更加明显，然后再添加一些褶皱即可，如图6-153所示。

图6-153

2 细分至5级，在马肩部、胸部雕刻骨骼结构，在骨骼结构较清晰的情况下丰富骨骼间的肌肉，如图6-154所示。

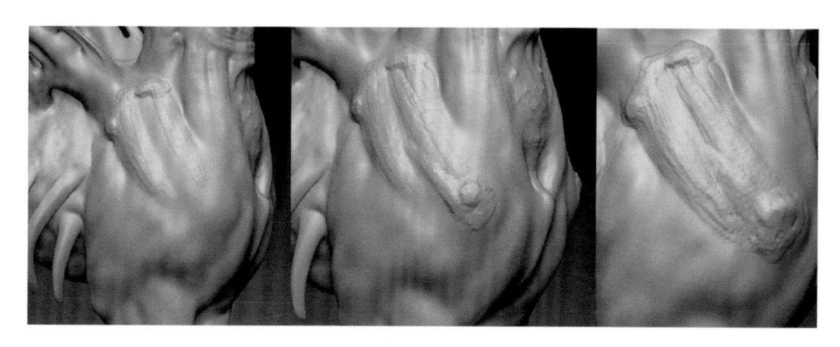

图6-154

3 在马前肢与躯干的衔接处，雕刻大块三角形的肌肉，并使用Standard强调肌肉之间的穿插关系，如图6-155所示。

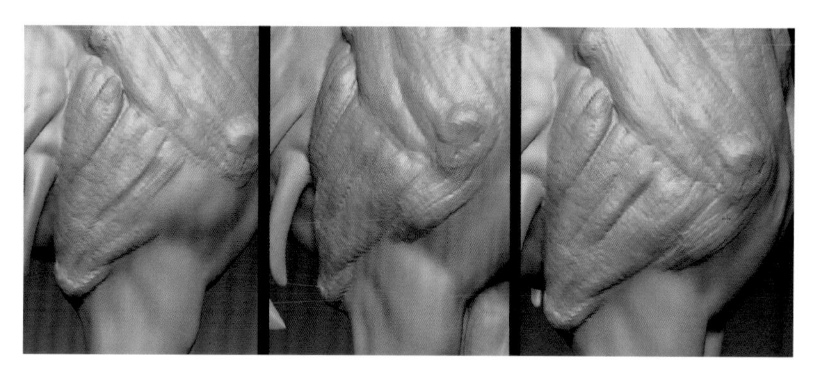

图6-155

4 雕刻前胸肌肉，这两块肌肉组成的结构像一个“八”字，如图6-156所示。

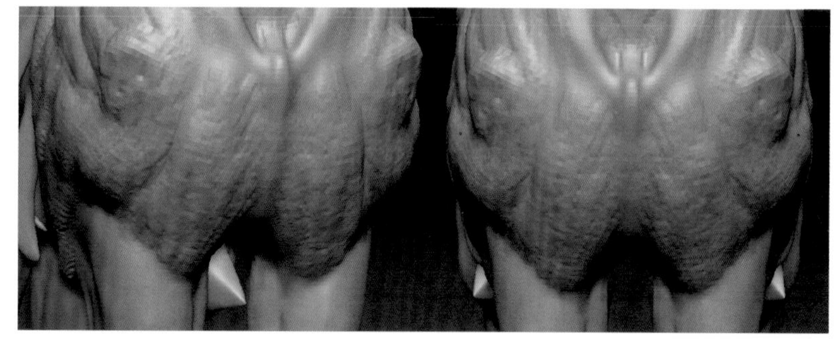

图6-156

5 向下雕刻前腿肌肉，在凸显肌肉结构的同时注意前腿肌肉前部类似于人类上臂的肱三头肌，如图6-157所示。

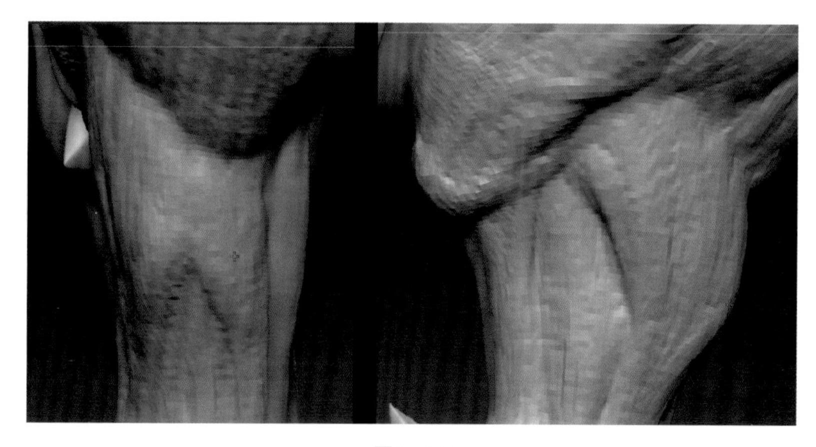

图6-157

6 在膝盖的雕刻中，不仅仅要强调髌骨的形态，而且需要强调膝盖以下类似人类胫骨的骨点。另外在膝盖的侧面，强调骨骼结节和筋腱，如图6-158所示。

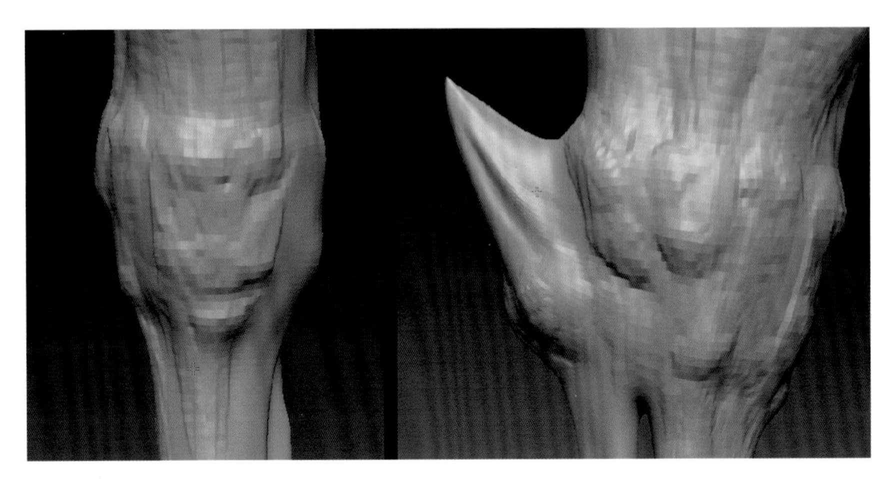

图6-158

7 向下雕刻腿骨，注意强调骨骼的粗隆，在这一阶段需要将骨骼的粗隆位置清晰标示出来，如图6-159所示。

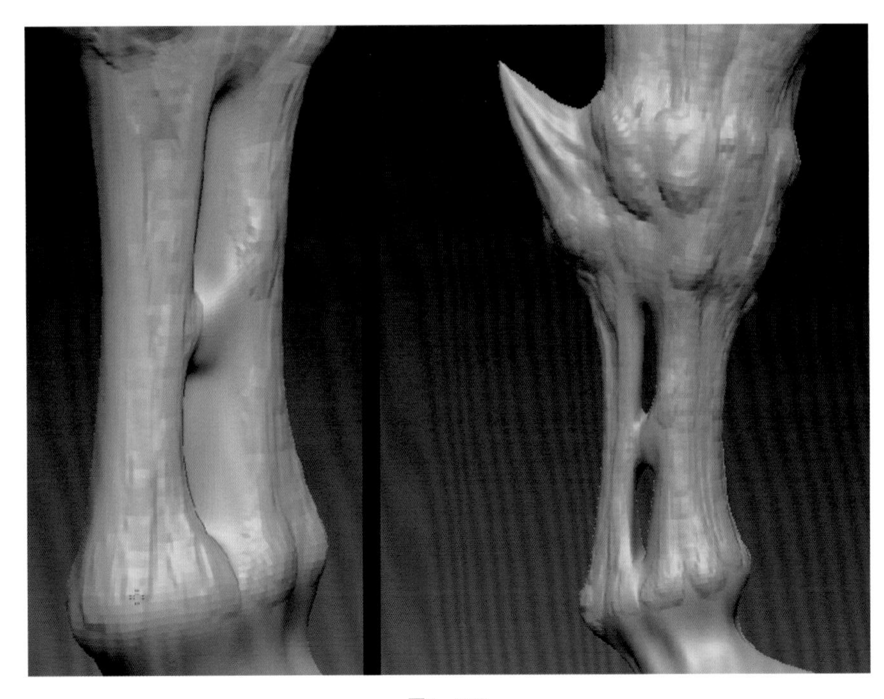

图6-159

8 在马蹄部的雕刻中，注意连接马蹄与腿骨处的筋腱。另外，要注意马蹄底部的破损，如图6-160所示。

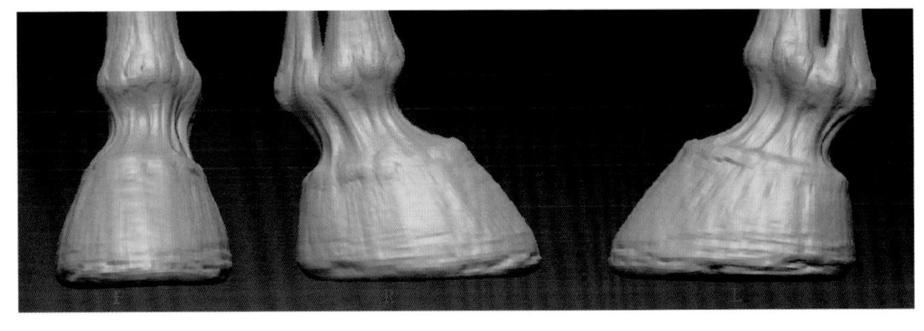

图6-160

（2）躯干及后肢雕刻。

1 隐藏翅膀，我们现在可以清楚地看到进阶雕刻以后同原来形体的区别，如图6-161所示。虽然是在原来基础肌肉走势的基础上进行雕刻，但在这一阶段我们尽量将走势雕刻得更为明显，并添加一些结构性的细节。

2 雕刻躯干时，我会从肋骨与躯干交界的地方开始雕刻，按照肌肉的结构斜向后雕刻，并且突出肋骨穿出肌肉的结构感，如图6-162所示。

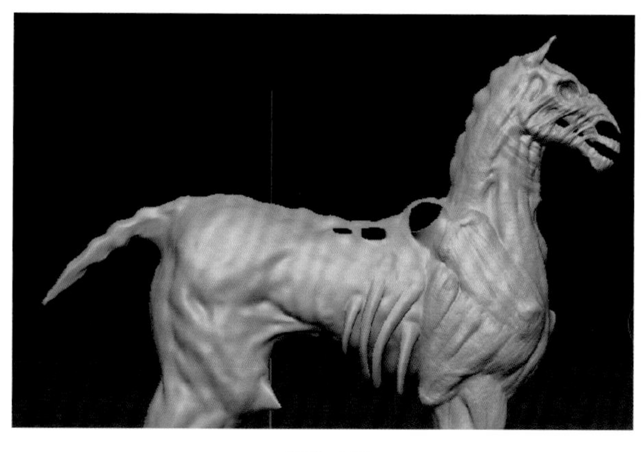

图6-161

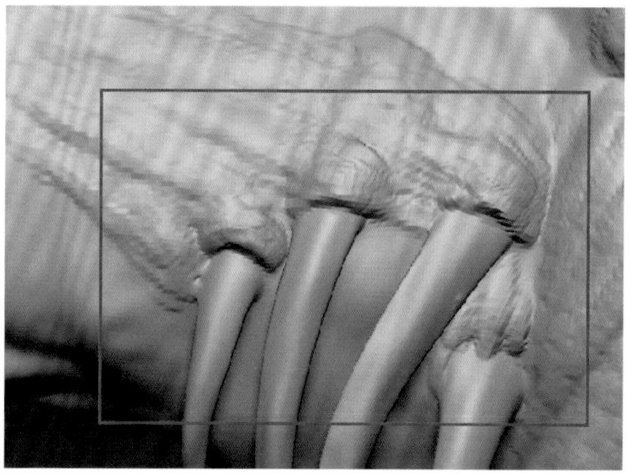

图6-162

3 在马下腹部与后腿连接的部分，雕刻出放射状的肌肉条，如图6-163所示。

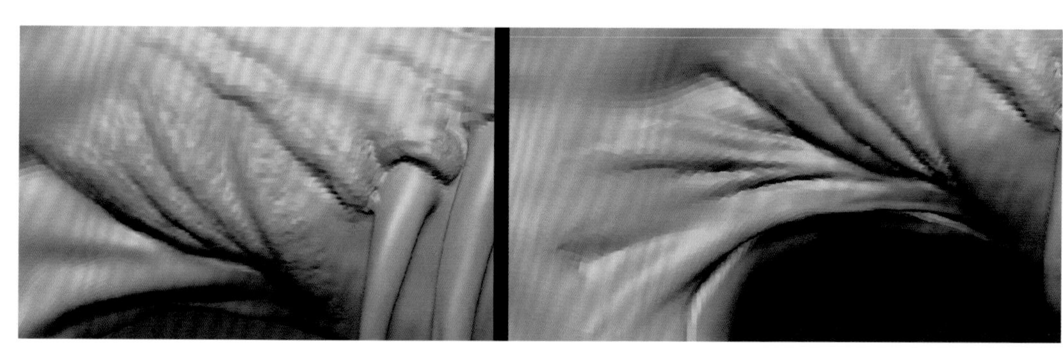

图6-163

4 在马臀部处强调两处骨点，并从骨点处出发向脊背方向雕刻肌肉，如图6-164所示。

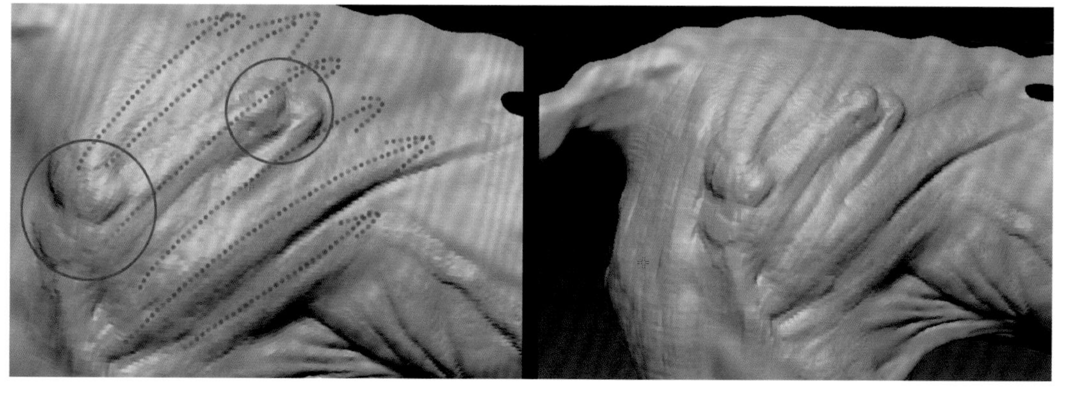

图6-164

5 从骨脊的末端向后腿体表第一关节处斜向下强调肌肉结构，并且强调尖角根部处的结构形态，如图6-165所示。

6 向下雕刻小腿的侧面和后面的肌肉，注意肌肉的覆盖、穿插和扭转的形态，如图6-166所示。

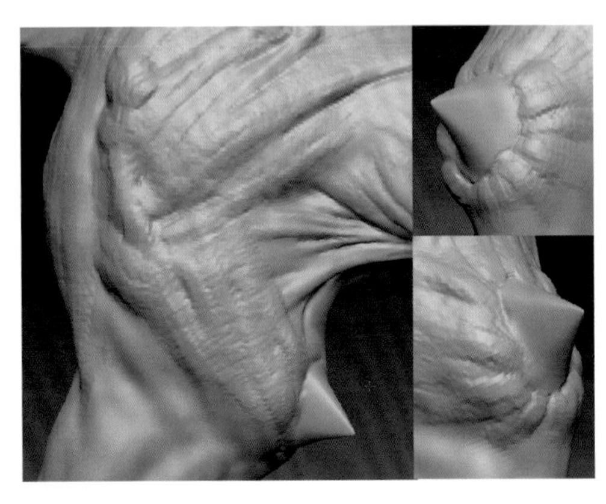

图6-165

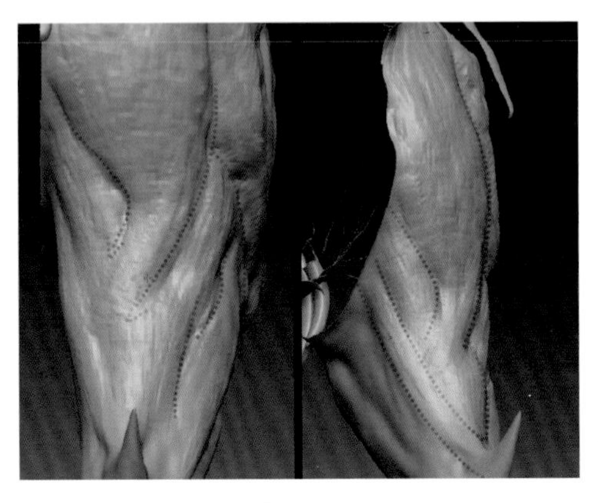

图6-166

7 在马后腿的内侧，从关节向上雕刻出一条斜向上的骨骼形态。这条骨骼插入两块肌肉中，强调这两块肌肉的结构，使之与骨骼的覆盖和穿插关系更加明显。另外使用Smooth和Standard强调肌肉的松紧结构，如图6-167所示。

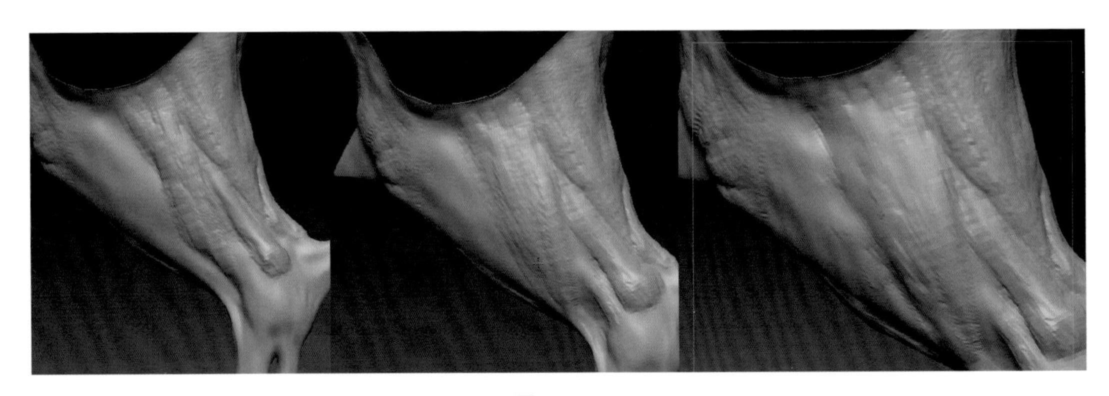

图6-167

8 后腿小腿骨和马蹄的雕刻与前腿类似，马后腿雕刻后的形态如图6-168所示。

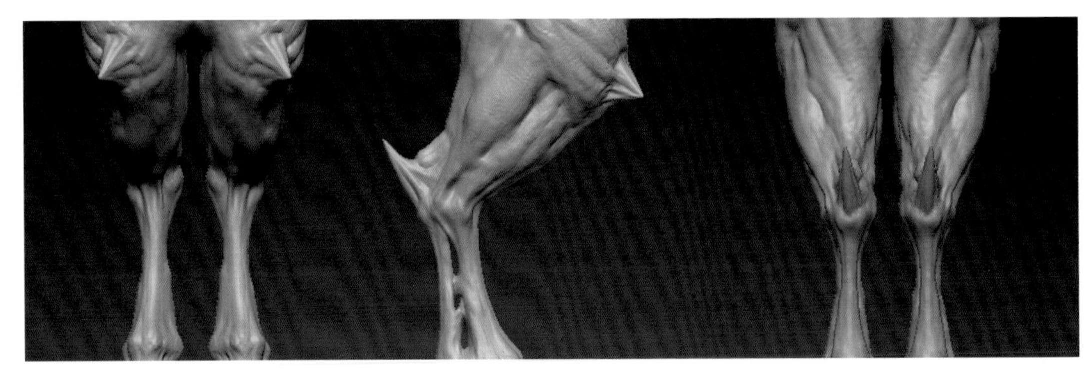

图6-168

9 马的身体部分进阶雕刻后，效果如图6-169所示。

图6-169

### 3. 翅膀进阶雕刻

翅膀的雕刻是恶魔战马中仅次于马头的较复杂的雕刻，所以一定要认真对待。我们先雕刻翅膀外侧，从骨头开始入手。

（1）翅膀外侧的雕刻。

1 雕刻骨头时，先强调关节处较硬而且较凸出的形态，如图6-170所示。

2 为Standard加载名为Alpha01的黑白图，以破损处为中心向周边拓展雕刻皮膜的褶皱，如图6-171所示。

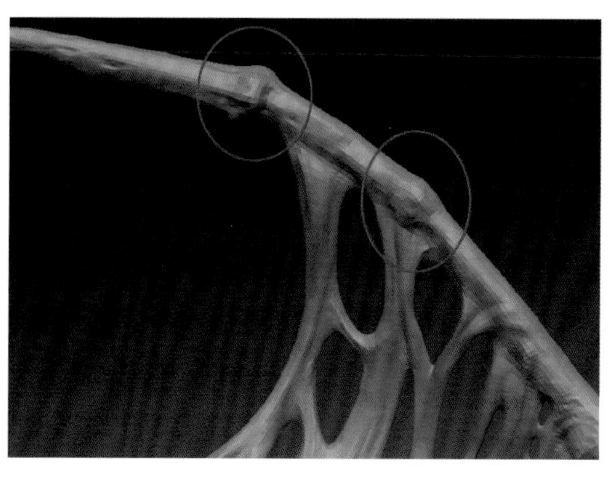

图6-170

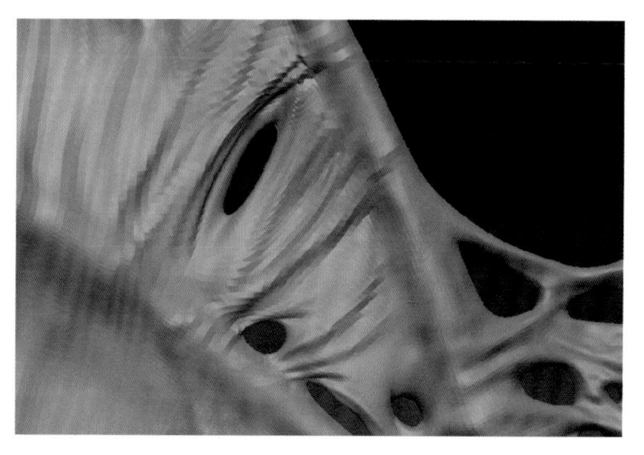

图6-171

3 在雕刻骨刺与骨头之间产生的互相粘连、拉扯的结构时，要注意雕刻的线条要有紧张拉扯的感觉，如图6-172所示。

4 骨头与皮膜之间有的部分融合较好，边界模糊，而有的地方界限较清晰，所以将骨头与皮膜的界线进行认真处理，如图6-173所示。

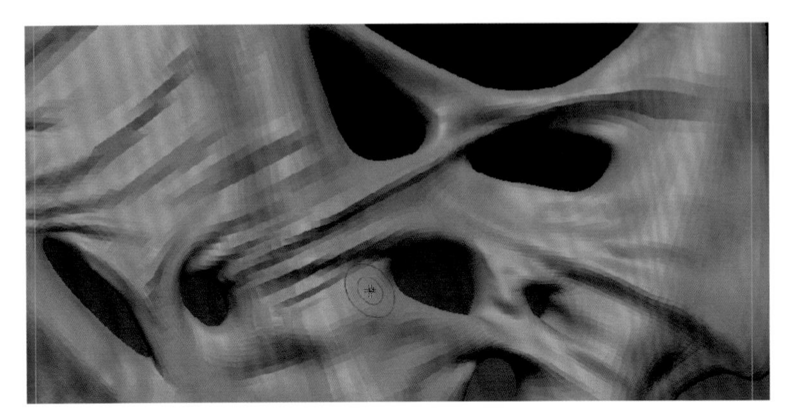

图6-172

图6-173

5 假如破损处与骨头靠得较近，就会产生较明显的拉扯感。注意拉扯造成的骨头上覆盖的皮膜形态，该种形态能够体现薄薄的皮膜覆盖在骨头上的感觉，如图6-174所示。

6 在皮膜的其他部位进行雕刻，注意线条的统一和变化，以及在骨头与皮膜之间的过渡与边界区分，如图6-175所示。

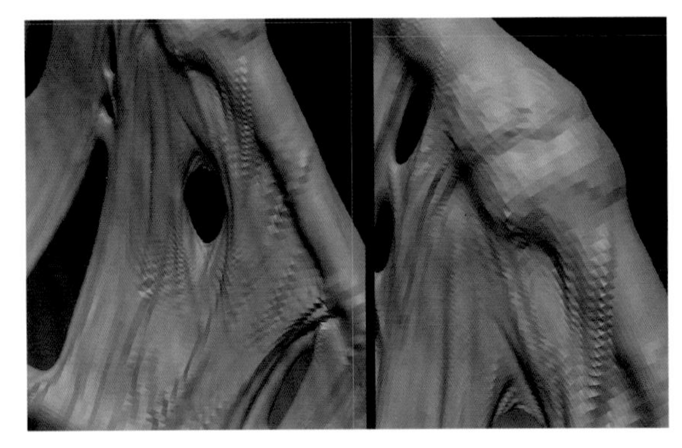

图6-174

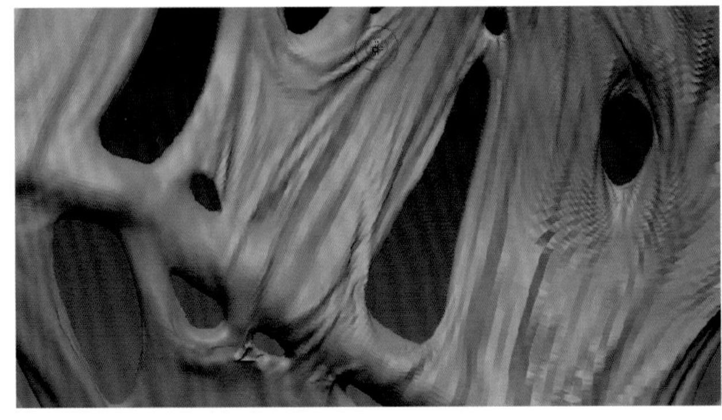

图6-175

7 在雕刻较细致的结构时，不要忘记对大形体的修正。我们可以将翅膀的级别降低，通过观察寻找大形体上的问题。在本例中，使用Move使翅膀的外部向内部凹陷，使翅膀整体的立体形态更加明显，如图6-176所示。

8 骨头将皮膜分成上、中、下三个区域，在雕刻中注意雕刻不同区域之间皮膜的形体穿插与联系，如图6-177所示。

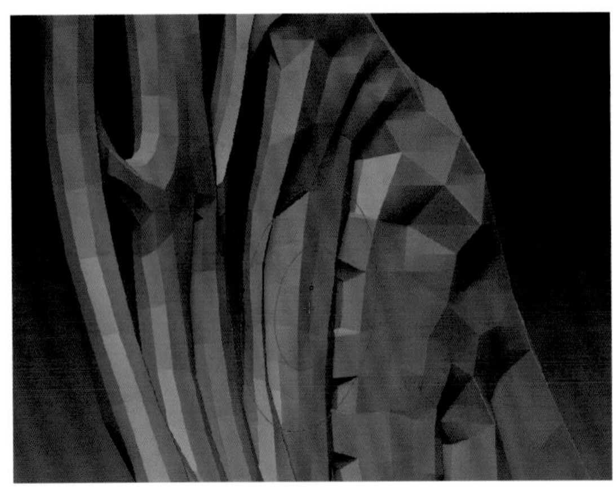

图6-176

图6-177

9 用不同的线条走势将整片的皮膜划分为不同区域和层次，如图6-178所示。

10 注意皮膜层次的塑造，层次比细节更加重要，因此有时可以暂时舍弃细节。使用Clay将层次塑造得更加清晰，如图6-179所示。

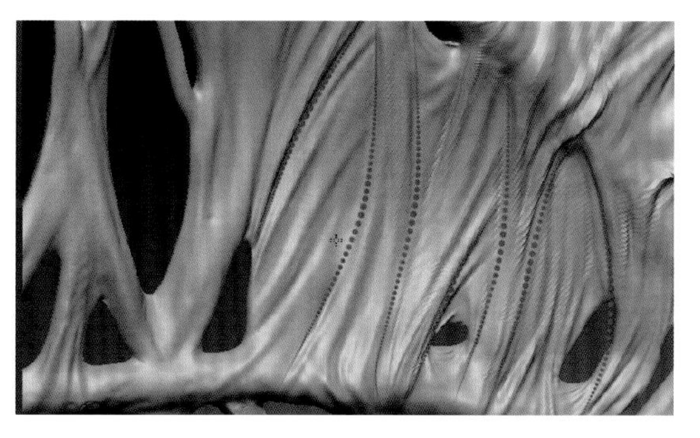

图6-178

图6-179

11 在骨头上更加精细地雕刻皮膜的褶皱，将附着在骨头上的皮膜塑造出较软的感觉，与骨头的硬朗的感觉形成对比，体现感官上的层次感，如图6-180所示。

12 在下方的皮膜处雕刻较长、较流畅的线条，注意区分不同的层次，如图6-181所示。

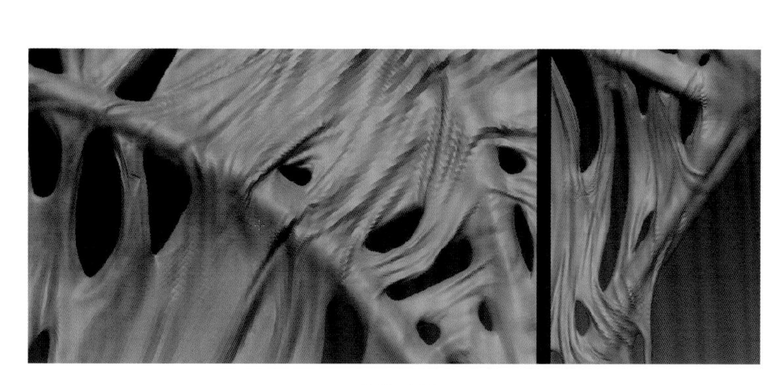

图6-180

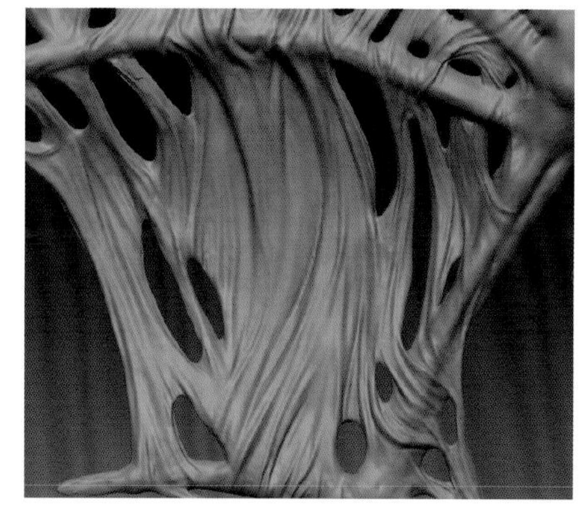

图6-181

13 将缠绕在骨骼上的皮膜雕刻得较为明显，以区分在细长骨骼上较薄的皮膜，如图6-182所示。

14 继续雕刻层次和线条，使层次感和线条变化更加明显，如图6-183所示。

图6-182

图6-183

15 翅膀外侧基本雕刻完毕，如图6-184所示。

图6-184

（2）翅膀内侧的雕刻。

接下来雕刻翅膀的内侧，也就是翅膀的背面。翅膀内侧与翅膀外侧相比更加平坦，没有较细的线条，所以雕刻相对较为简单。

1 在雕刻翅膀内侧形体的时候，我们需要注意主次关系比细节更加重要。细节较多的地方主要集中在靠近骨头的地方，而在上、中、下不同区域的皮膜的中部，往往没有太多的细节，如图6-185所示。

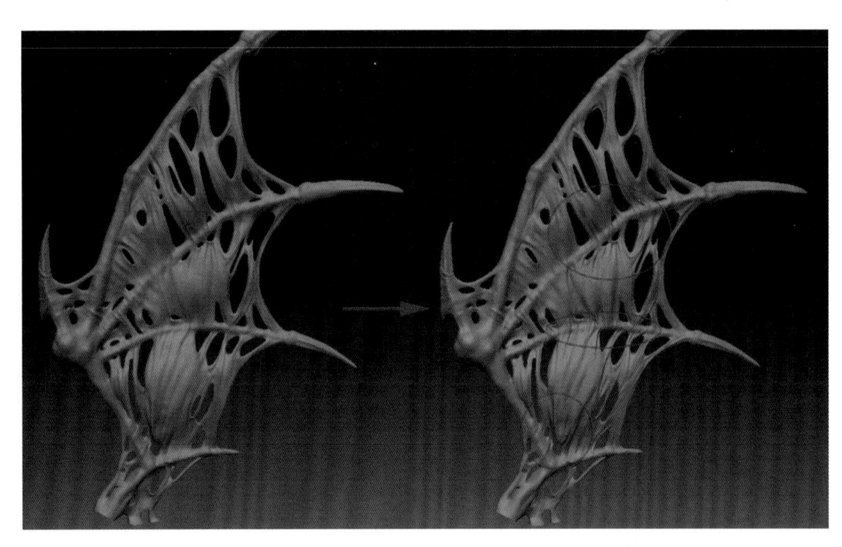

图6-185

2 在骨干上的皮膜部分，我们要雕刻出更多的细节和层次。但是注意翅膀的内侧细节要少于外侧细节，如图6-186所示，左边的是内侧结构，右边是外侧结构。

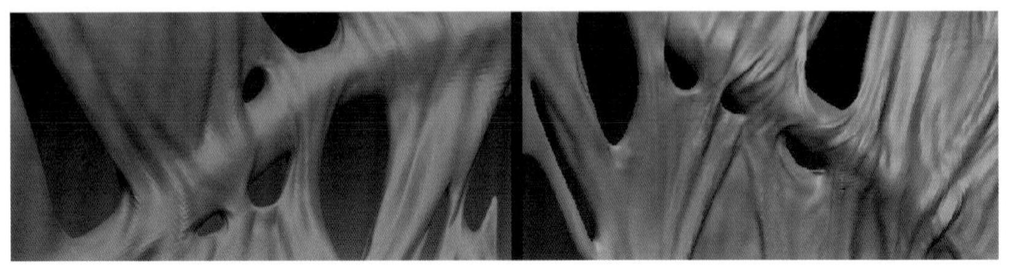

图6-186

3 与雕刻翅膀外侧不同，雕刻内侧时更多地使用Clay或者Clay类型的笔刷来塑造凸起感较强、细节并不多的结构，并更多关注的是层次感的塑造，如图6-187所示。

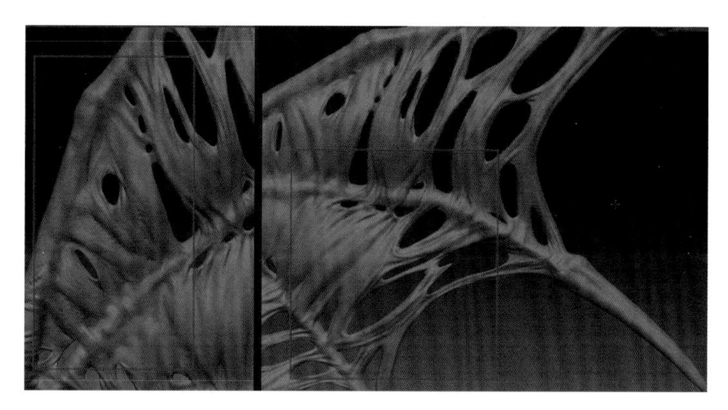

图6-187

4 在翅膀前部的尖角区域，着重体现皮膜由于骨骼的作用产生的拉扯感和融合感，如图6-188所示。

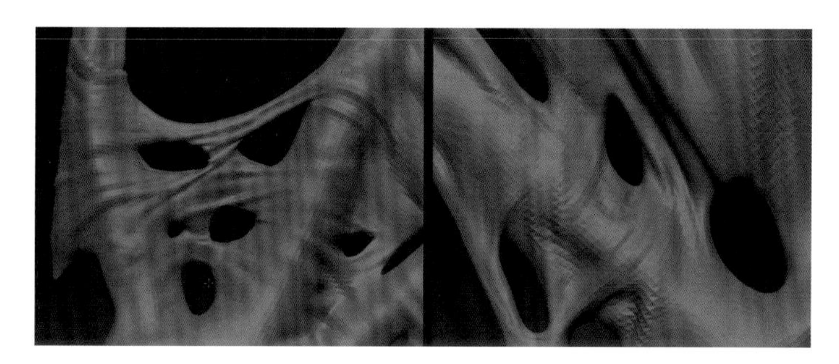

图6-188

5 翅膀进阶雕刻后，外侧和内侧形态如图6-189所示，注意它们的区别。

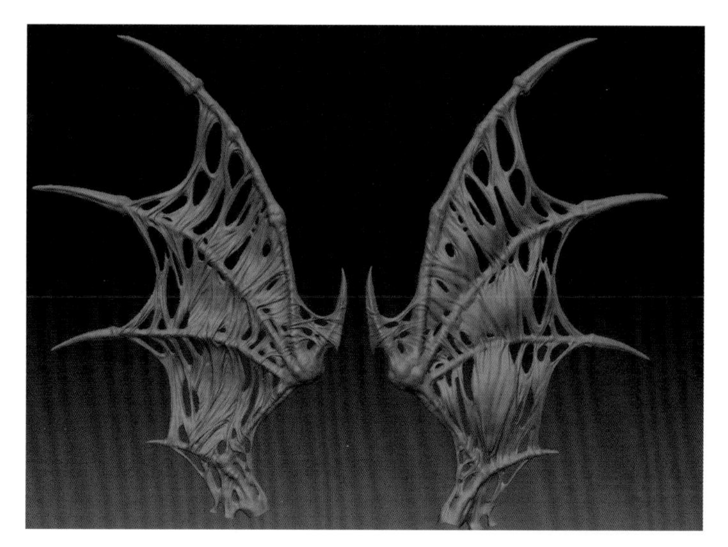

图6-189

（3）整体修正。

整体造型的把控始终贯穿于塑造作品的整个过程，我们不能因为将雕刻进行得越来越细而放松对整体的把控，而且即使我们设计得非常新颖，但是在雕刻过程中依然需要在三维界面中用立体的思维弥补二维平面的不足。在完成战马肉体部分和翅膀部分的进阶雕刻时，重新审视战马的整体雕刻对于后面的雕刻显得尤为重要。现在让我们开始进行承前启后的整体修正。

在SubTool中，选择战马，单击Duplicate按钮复制出另外一个战马体型，对于布料参照物等进行同样的操作，使用移动和缩放工具对新复制出的形体进行修改，如图6-190所示。

图6-190

一般来说，为了保证形体的对比，每完成一个新的形体我们都需要复制一个，然后再加以修改，如图6-191所示。

图6-191

将材质改为Flat Color材质。在修改的过程中，不断观察材质，如图6-192所示。

图6-192

通过修改，选择中间的形体，因为中间的形体与原形体（最右边的形体）相比更加狂放和魁梧。

#### 4. 胸甲进阶雕刻

（1）头骨的雕刻。

1 保存后，按T键退出战马文件的编辑模式，然后按Ctrl+N组合键清空画布，按快捷键“，”调出快速选择的滚动栏，选择其中的DefaultSphere.ZPR文件，如图6-193所示。

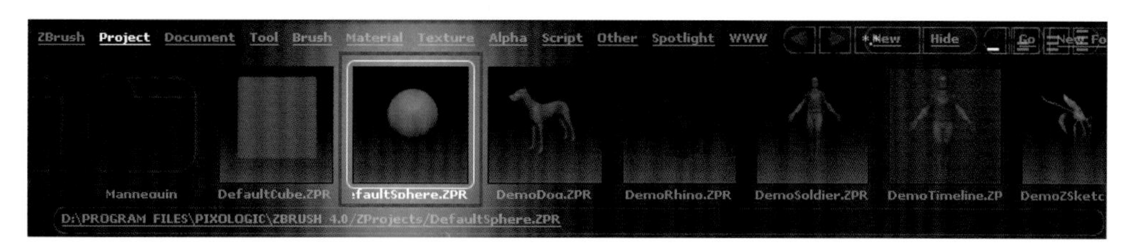


图6-193

2 将此PolySphere细分至6级，按X键开启对称；然后转到侧面，将细分级别降低至2级，使用Move雕刻球体，将形体雕刻得像一个较扁的豌豆；然后转到正面，拖曳出骨甲的颧骨和下巴，如图6-194所示。

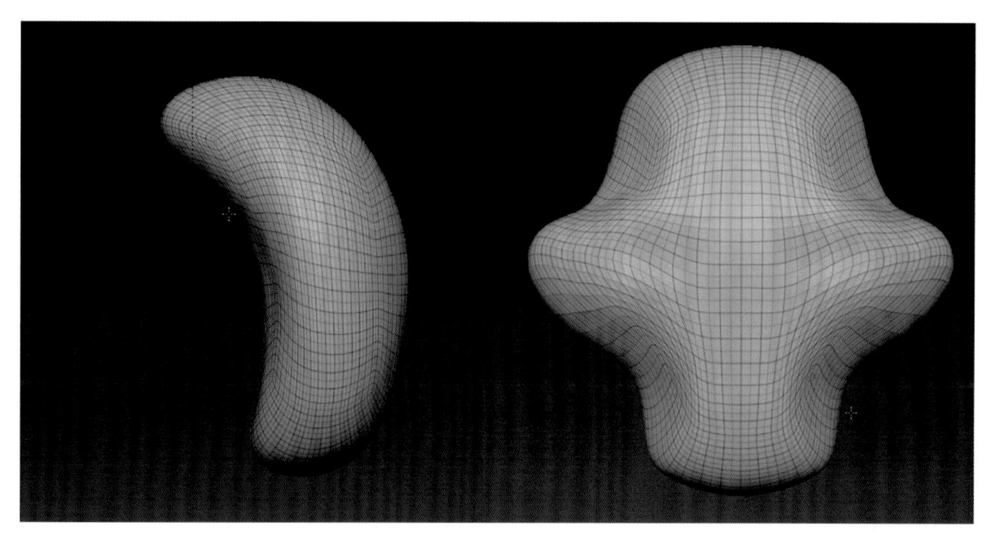

图6-194

3 使用Move移动其眉弓和颧骨部位，尽量使模型在低级别就显示出未来雕刻的大型，而且要注意随时观察其网格变化，不要有非常过分的拉伸出现，如图6-195所示。

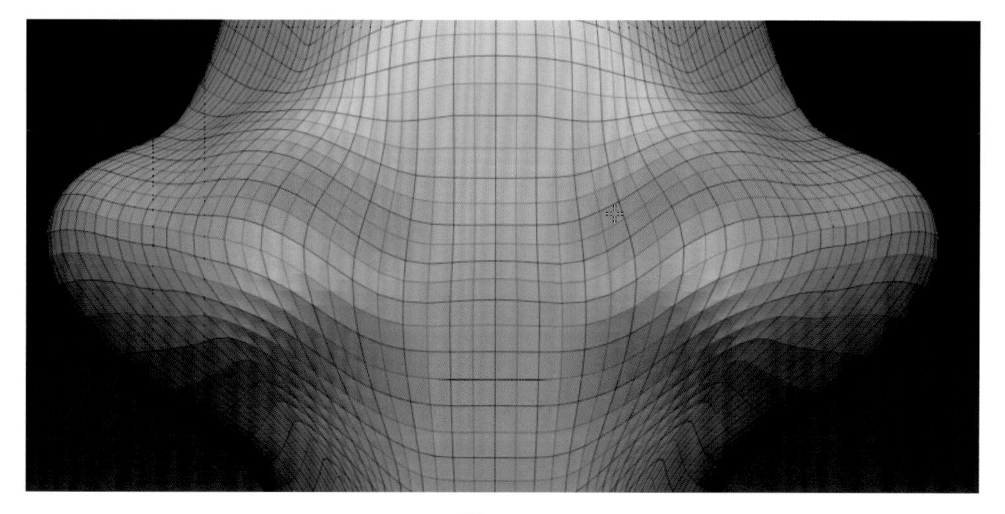

图6-195

4 选择ClayBuildup雕刻头骨的额部，将额部雕刻成一个圆丘状隆起，并雕刻出眼眶和颧骨。注意，雕刻头骨甲的时候与我们在第3章雕刻男性头骨一样，也需要从底部或者顶部调整其面颊的角度，如图6-196所示。

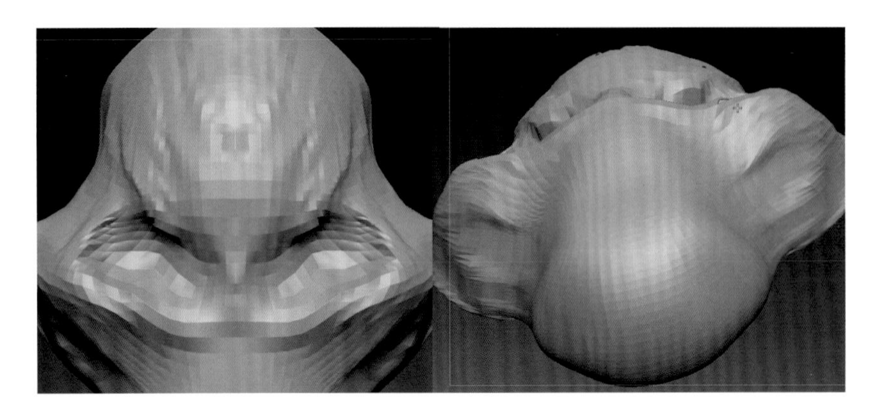

图6-196

5 接着将头骨的鼻部雕刻出来，另外强调上颌骨的形态，并且将上颌骨底部雕刻得较为平整，如图6-197所示。

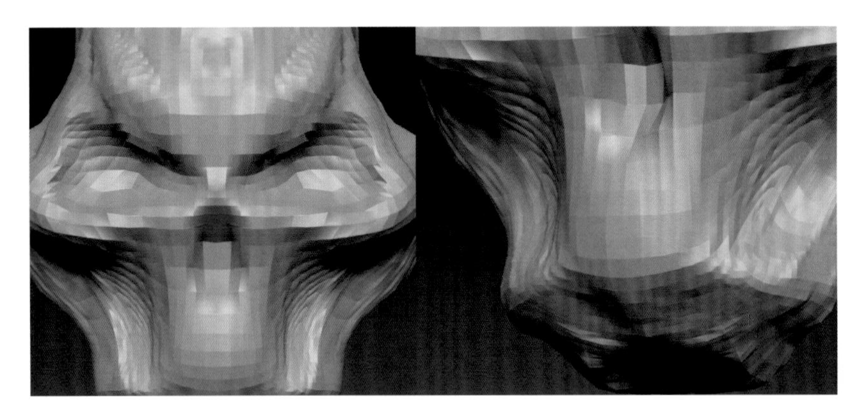

图6-197

6 在SubTool中添加一个圆柱体，经过缩放和移动，将其作为牙齿放在头骨的上颌位置上；然后使用Smooth雕刻圆柱下部，直到圆柱体变成圆锥体；最后对牙齿的下部进行旋转，注意要分别从前面和侧面进行旋转，如图6-198所示。

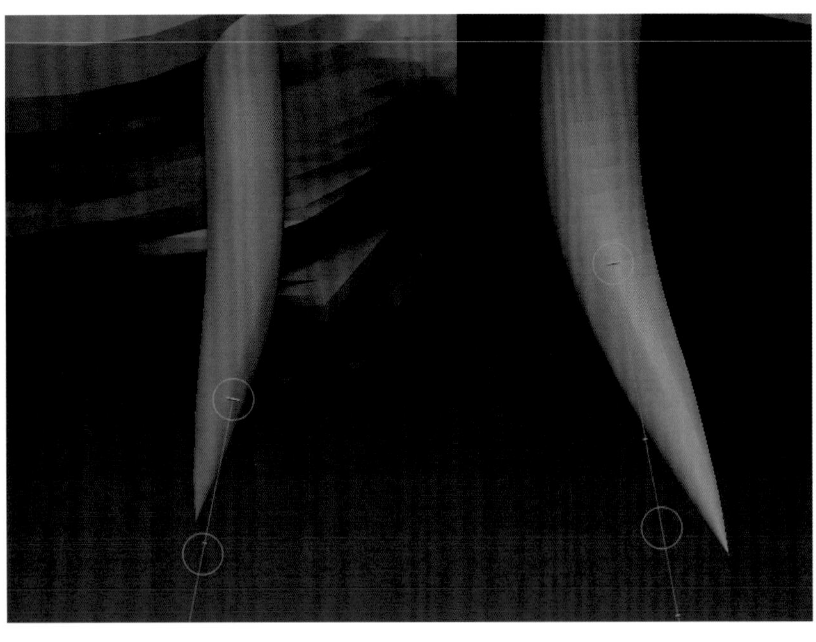

图6-198

7 对牙齿进行复制，排列在上颌骨的下面；将一侧的牙齿进行合并，然后复制到另外一边，如图6-199所示。

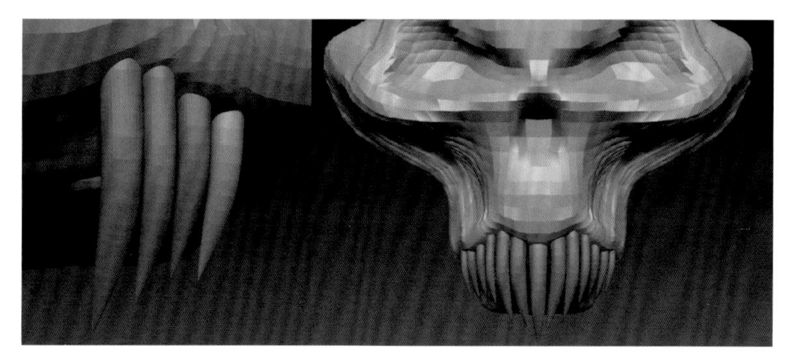

图6-199

8 将头骨升级，雕刻额部和眉弓的细节。雕刻眉弓部的细节时，注意雕刻出眼眶部位骨头的硬朗感觉，从多个角度调整颧骨造型，如图6-200所示。

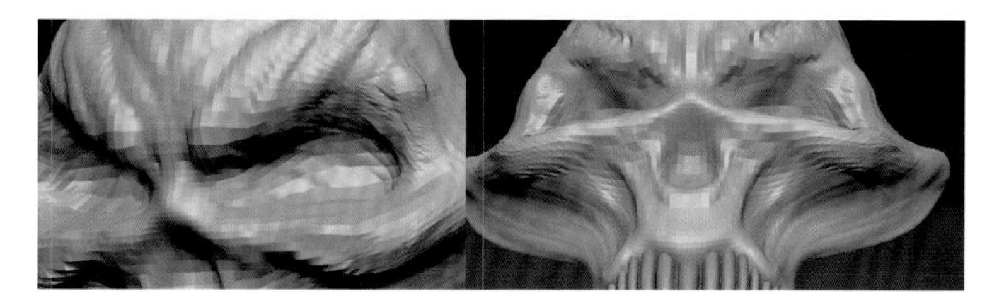

图6-200

9 雕刻出上颌骨牙床部分的形态，如图6-201所示。

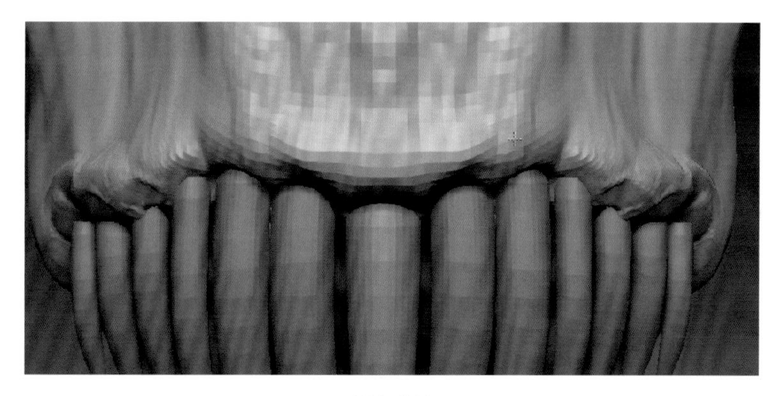

图6-201

10 在颧骨与牙床过渡的部分雕刻出骨骼的凹陷和凸起，如图6-202所示。

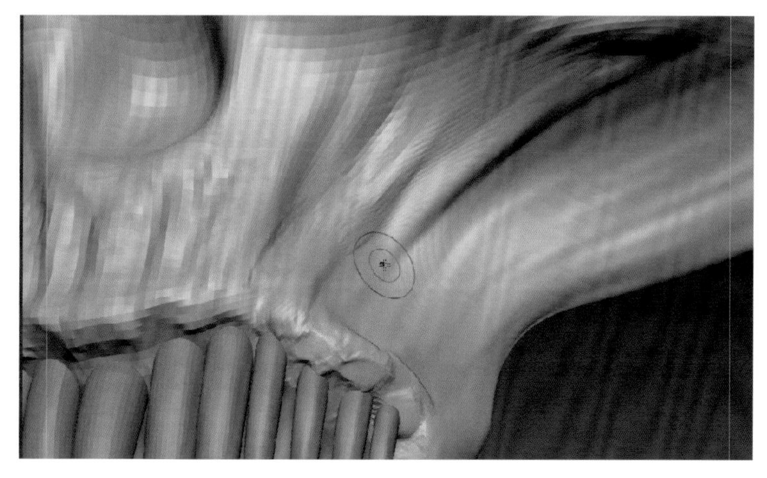

图6-202

11 继续深化眼眶部分的形体，使结构更加凸出，如图6-203所示。

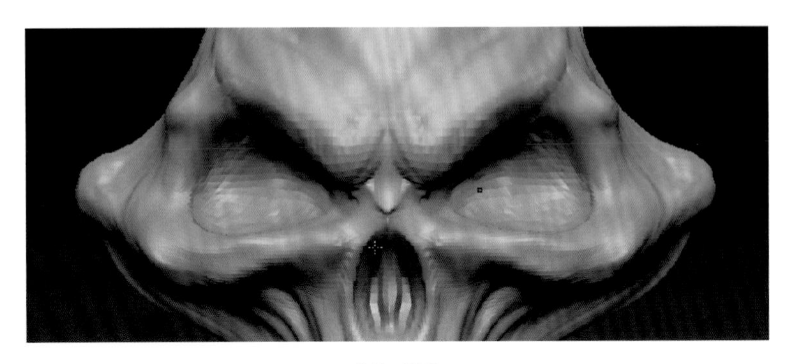

图6-203

12 按P键开启视图的透视，使用Move在透视图中从各个角度调整头骨的形状，如图6-204所示。

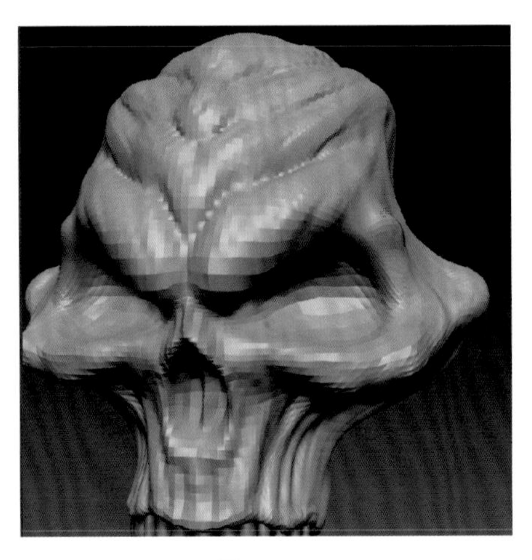

图6-204

13 雕刻眼眶后部的骨骼结构，使眼眶的上部形体更加明显，如图6-205所示。

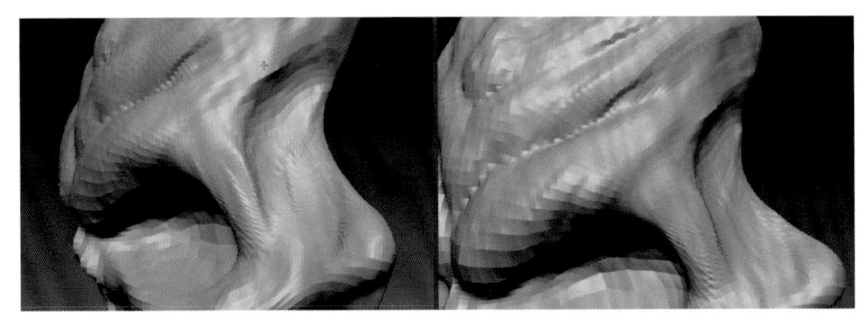

图6-205

现在头骨的形状已基本完成，下面我要给大家介绍两种制作尖角的方法，在不同的制作场合大家可以选择应用，本例最终应用的是第2种方法。

（2）尖角的雕刻。

首先介绍第一种ZBrush和3ds Max相结合进行制作的方法。

1 保存并清空画布后，在Tool面板下随意单击一个物体的缩略图，然后在弹出的浮动面板中选择Spiral3D物体。这是一个海螺状物体，也是我们制作犄角的基本体。在画布空白处，按住鼠标左键创建Spiral3D物体，按T键进入编辑模式，展开Tool面板下的Initialize（初始化）面板，设置参数，如图6-206所示。

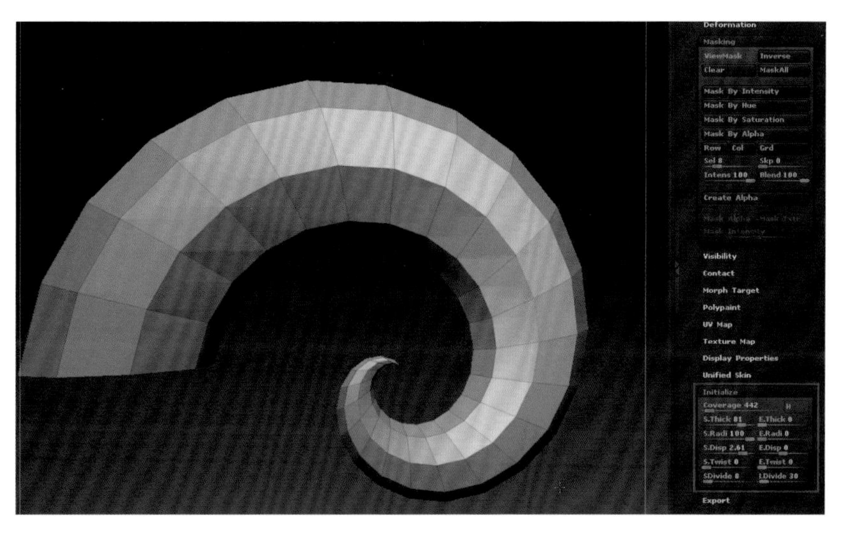


图6-206

2 将创建好的非常简单的模型导出成.obj格式，开启3ds Max 软件，修正尖端错误，如图6-207所示。

图6-207

3 选择如图6-208所示的线，单击Chamfer按钮，或者按Ctrl+Shift+C组合键为所选中的线加双线。

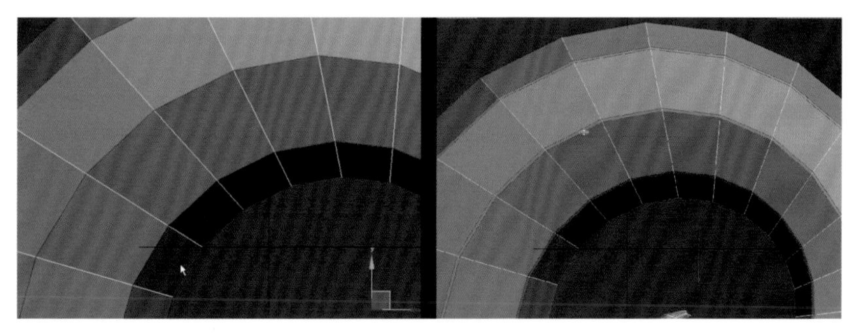

图6-208

4 将尖端的错误点全部选中，然后按Ctrl+Alt+C组合键对所选点进行塌陷，如图6-209所示。

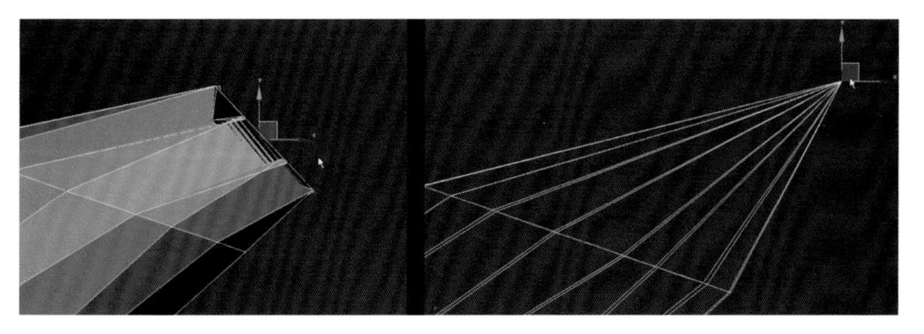

图6-209

5 选择一条截面线，然后按Alt+R组合键选中所有截面线，为其加双线，如图6-210所示。

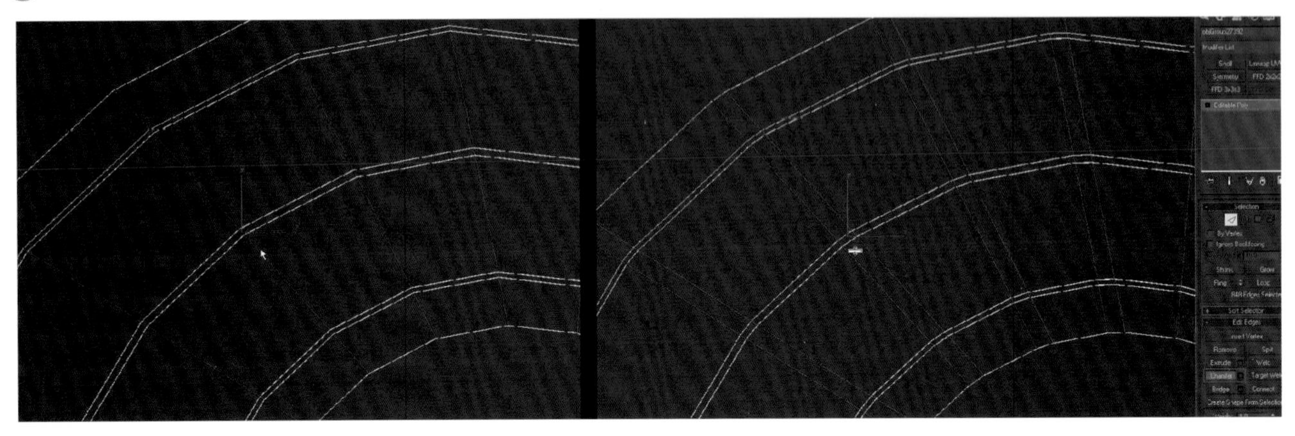

图6-210

6 每间隔一条选择一条截面线，然后按Alt+L组合键选择整圈截面线，对其进行缩放，如图6-211所示。

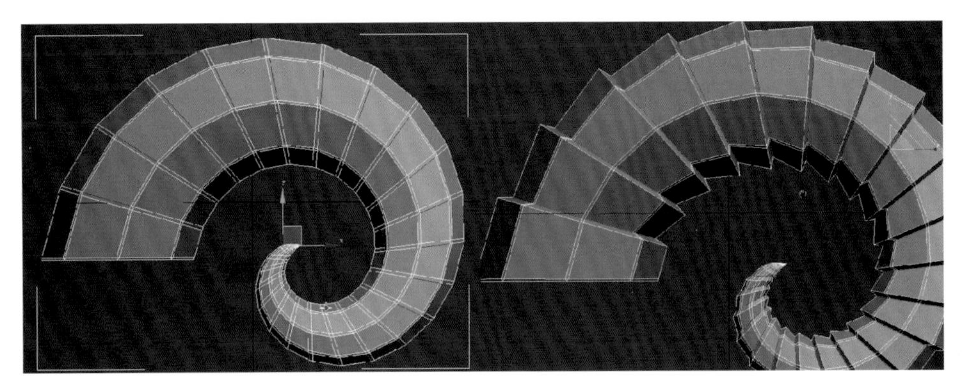

图6-211

7 选择所有截面线，然后加双线，如图6-212所示。

图6-212

8 在棱线上再加入径向的线，这样可以使物体在被平滑以后仍能保持棱线的尖锐，如图6-213所示。

图6-213

9 将此物体导出成.obj文件，接下来就可以导入到ZBrush当中雕刻了。此种方法适合制作类似于羊角的形体，比较快捷，如图6-214所示。

图6-214

现在介绍第2种主要使用3ds Max制作的方法，这也是本例中使用的方法。

1 首先将简化后的战马各部件导入3ds Max中，在骨甲头部处向后画出一条曲线，如图6-215所示。

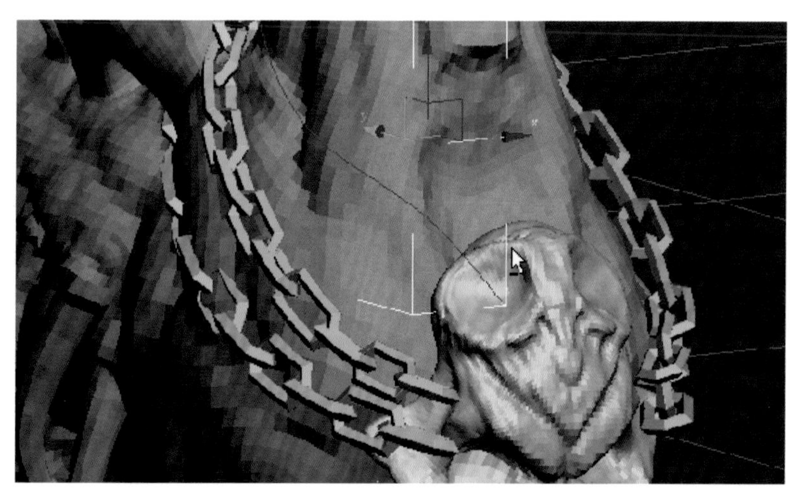

图6-215

2 在未来放置角的部分创建一个圆柱体，将其摆放在合适的位置，如图6-216所示。

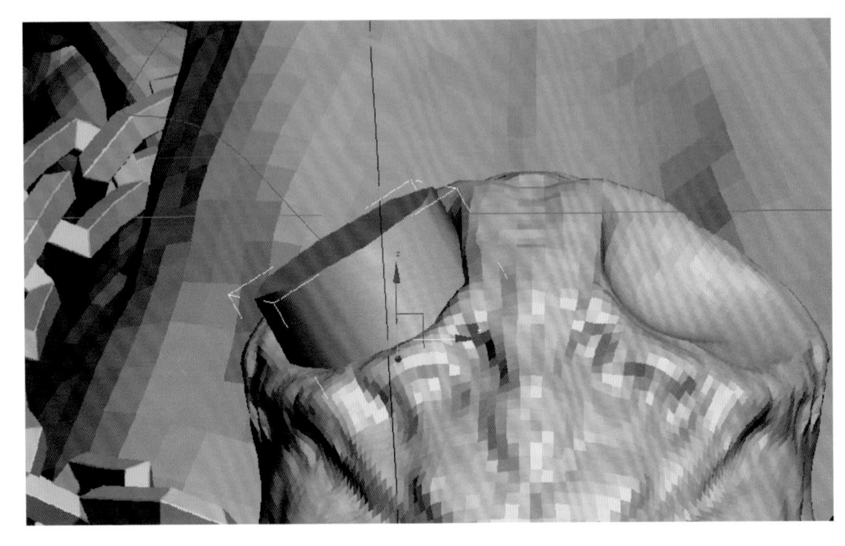

图6-216

3 选择圆柱体顶部的面，单击Extrude Along Spline旁边的方形按钮，调出挤压面板，如图6-217所示。

图6-217

4 单击Pick Spline按钮，拾取事先画好的线，设置参数，如图6-218所示。

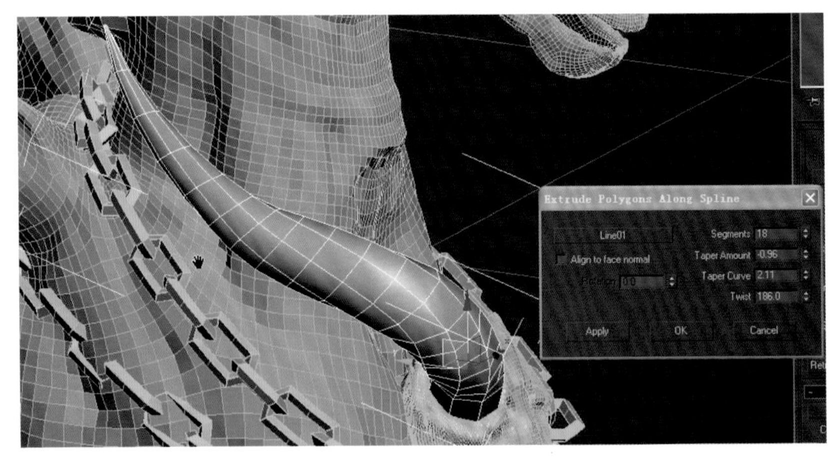


图6-218

5 使用与第1种方法相似的方法，为犄角添加棱线，如图6-219所示。

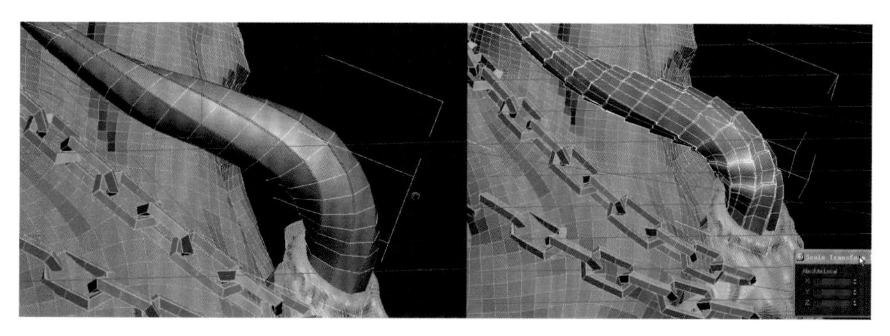

图6-219

6 利用Soft Selection工具调整犄角造型，使之环绕马颈，如图6-220所示。

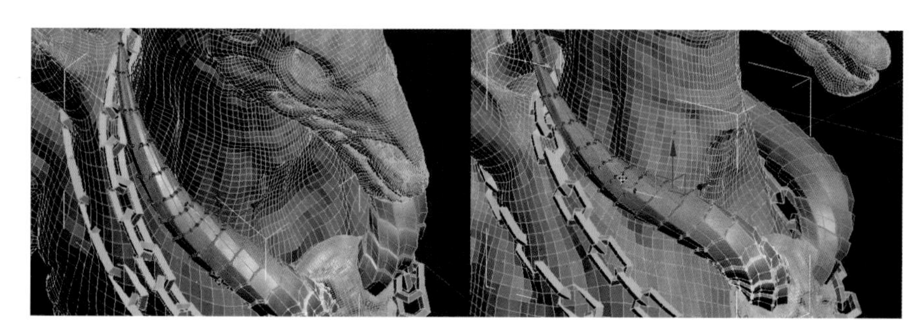

图6-220

在ZBrush中打开战马文件，将骨甲与犄角作为附属物体加载入SubTool中。至此，胸甲的制作告一段落。

**5. 布料及骨刺进阶雕刻**

（1）调整布料及骨刺。

1 根据布料参照物，我们在3ds Max中创建布片，增加其厚度后，作为次物体添加入战马的ZBrush文件中。另外，考虑到面数的原因，我们并不直接在马身上雕刻骨刺，而是与布料一样在3ds Max中制作完骨刺的基本形体，再导入ZBrush中，如图6-221所示。

图6-221

2 通过观察发现，布料和骨刺有好多地方并没有与马的身体进行正确的匹配，因此我们需要对其进行位置上的调整。由于布料重叠的缘故，为了在调整时方便，需要将一块块的布料独立出来。在显示组的状态下，单独显示某一块布料，然后单击SubTool子面板下的Split Hidden按钮将其独立，如图6-222所示。

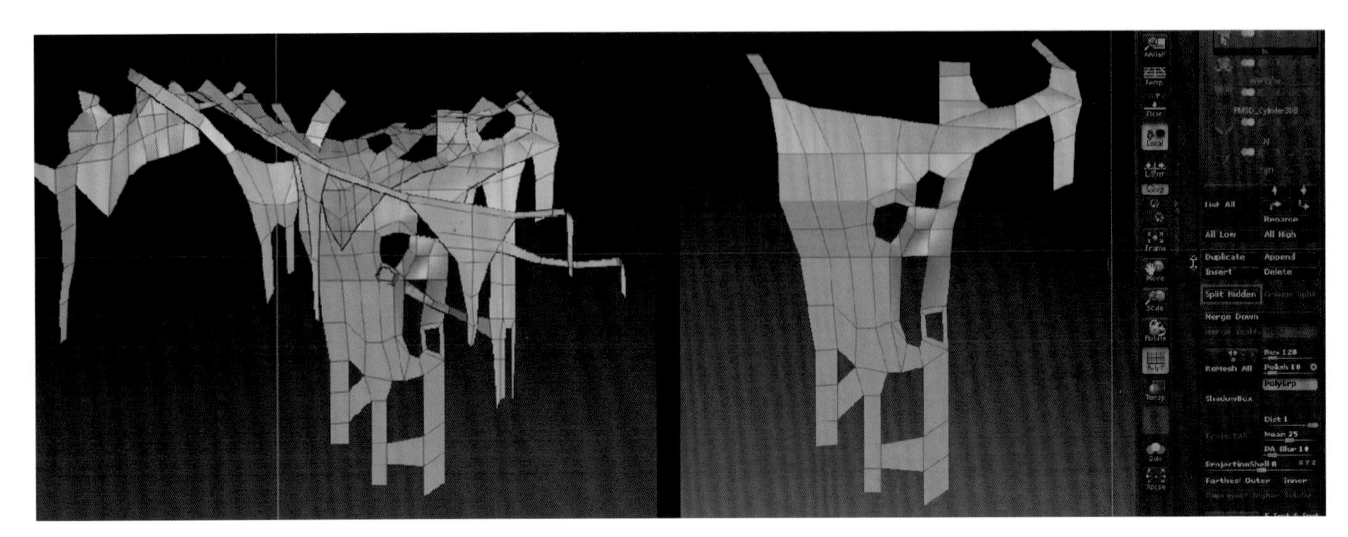


图6-222

3 调整布料时，首先注意布料与马身的匹配，然后要注意布料之间的互相遮蔽，而且要避免不正确的互相穿插。如图6-223所示是调整后各个部分的布料较为正确的位置。

4 下面需要调整骨刺的位置，使用Smooth将马颈的局部和背脊部进行平整，如图6-224所示。

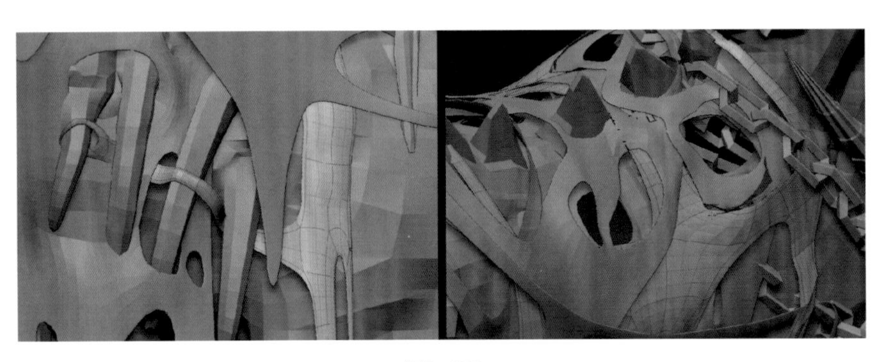

图6-223

图6-224

5 显示骨刺，为了在细分的时候尽量保持骨刺的外轮廓，我们关闭Smt按钮，然后将骨刺细分至6级，如图6-225所示。

图6-225

6 为了提高效率，只需要将脖颈处的骨刺逐一雕刻，然后将雕刻完毕的骨刺进行复制即可。首先，对骨刺进行雕刻，注意其在转折处以及骨刺根部的造型，如图6-226所示。

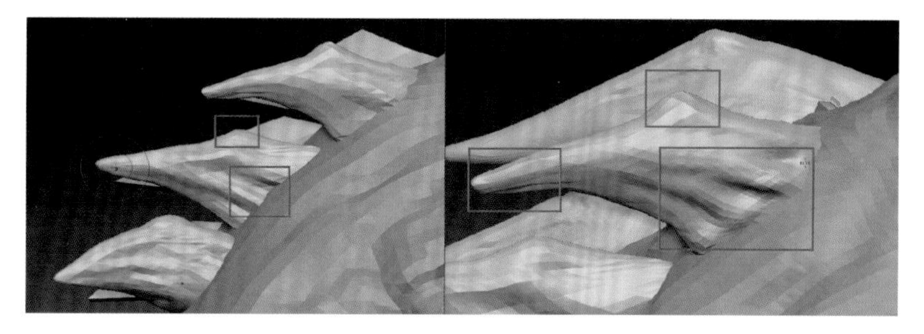

图6-226

7 在骨刺与马颈部结合的部位雕刻出隆起的结构，如图6-227所示。

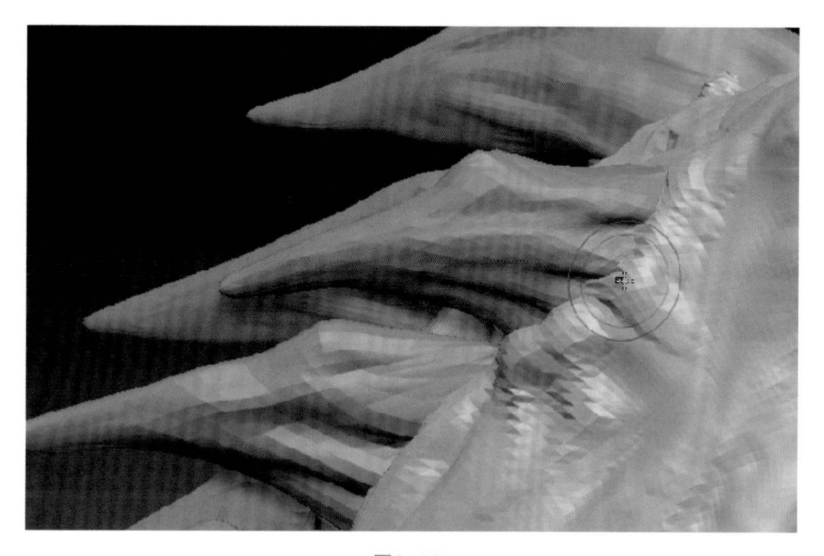

图6-227

8 调整完毕的骨刺与布料的形态，如图6-228所示。

图6-228

（2）布料雕刻。

1 在布料的雕刻中，要注意的是找出布料的受力点，以及因为外力影响而产生的褶皱走向及形态。一般来说，我从布料的支撑点入手，根据外力方向进行雕刻，如图6-229所示。

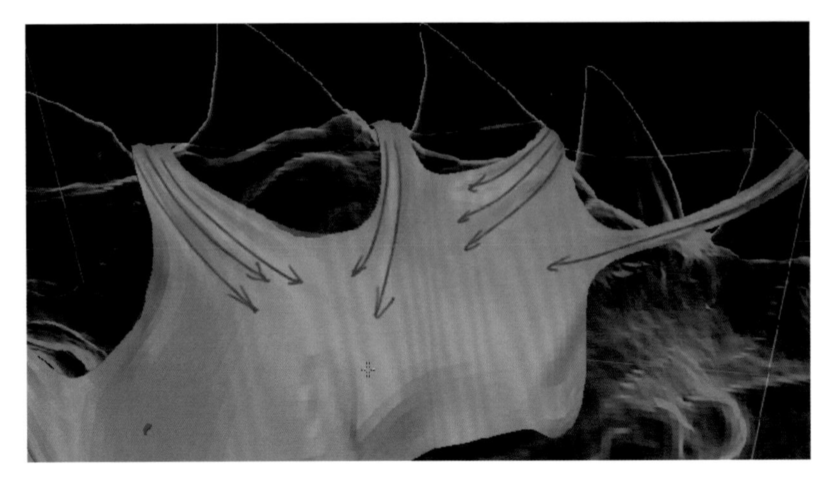

图6-229

2 在布料与骨刺接触的地方，我们需要雕刻出因受力而产生的褶皱以及褶皱之间互相影响和穿插的形态，如图6-230所示。

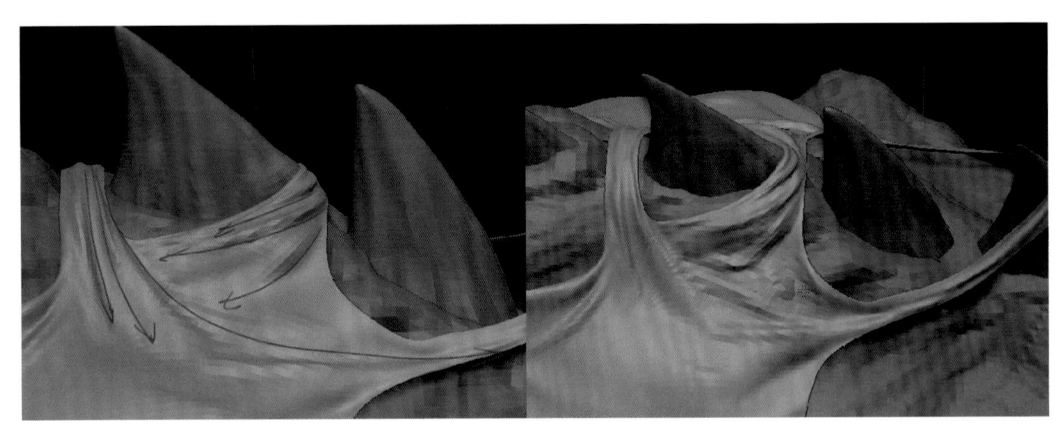

图6-230

3 对于两端距离较大的Y字形布料，我们需要从两端受力点出发进行雕刻。而在布料的下端，褶皱因为重力的作用而下垂，如图6-231所示。

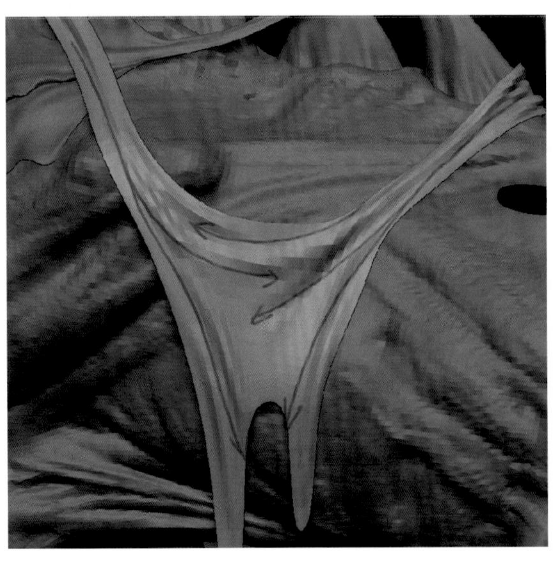

图6-231

4 两端的受力点产生的褶皱最为明显，如图6-232所示。

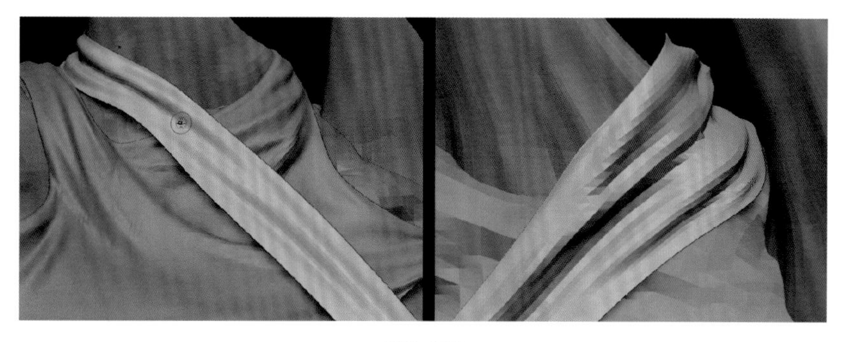

图6-232

5 在深入雕刻的过程中，需要注意主次分明。一般在受力较大的区域，褶皱较为突出和明显，如图6-233所示。

6 当布料与翅膀根部相作用的时候，需要雕刻出涡旋状的褶皱，如图6-234所示。

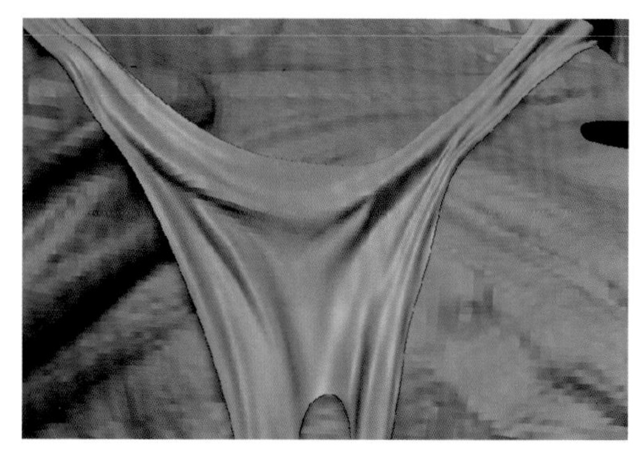

图6-233

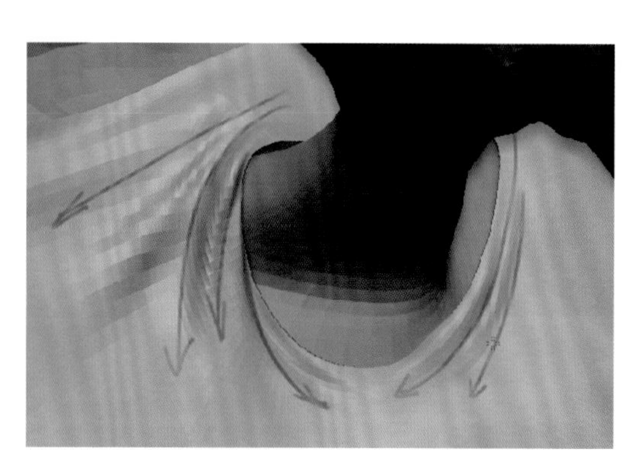

图6-234

7 在布料相互拉扯的地方，雕刻的褶皱既要表现出拉扯的力量感，又要在一定程度上保持布料作为软体而产生的丰富形态，不能千篇一律，如图6-235所示。

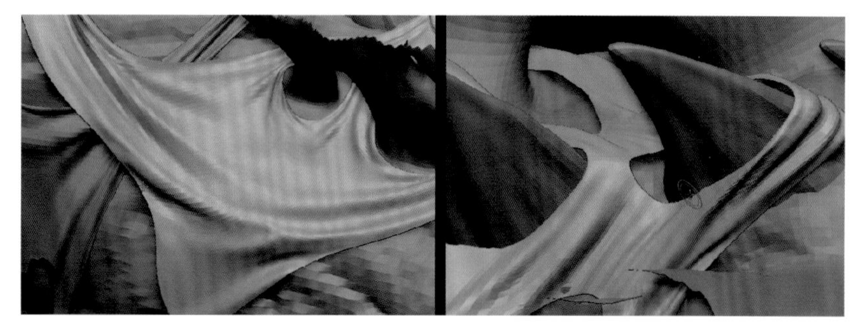

图6-235

8 如果一条布料垂在另外一条布料上面，要通过褶皱体现出布料之间的相互作用，如图6-236所示。

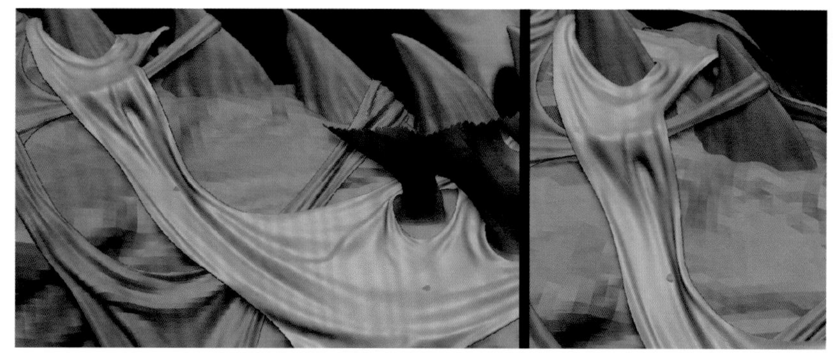

图6-236

9 在肋骨附近的布料，因为肋骨的影响，出现了比较有特点的褶皱，如图6-237所示。

10 在下垂的布料破损的底部，会产生一部分环绕破损边缘的褶皱，而在两侧会产生直线下垂的褶皱，如图6-238所示。

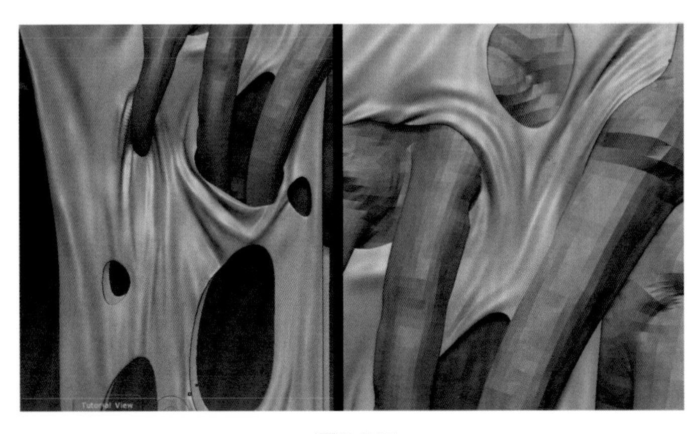

图6-237

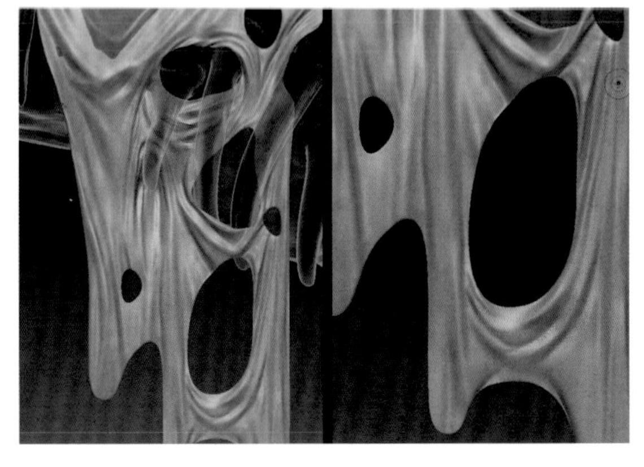

图6-238

11 有些布料被另外一些布料所覆盖，这时需要判断其被覆盖部分的着力点，这样才能更加精准地雕刻出未被覆盖部分的褶皱，如图6-239所示。

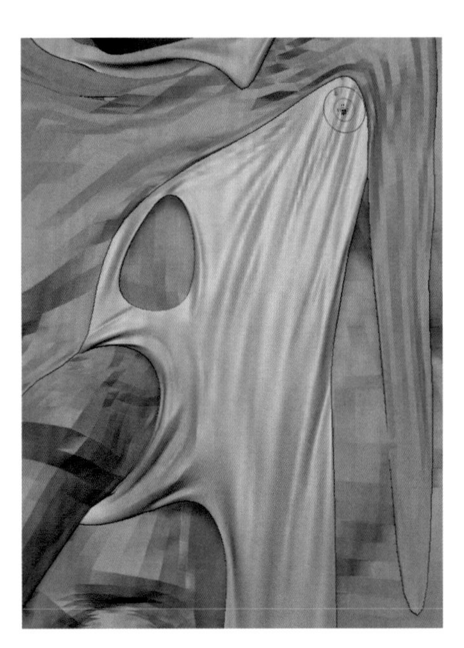

图6-239

12 有些布料非常细长，此时需要开启画笔的LazyMouse，然后仔细刻画，如图6-240所示。

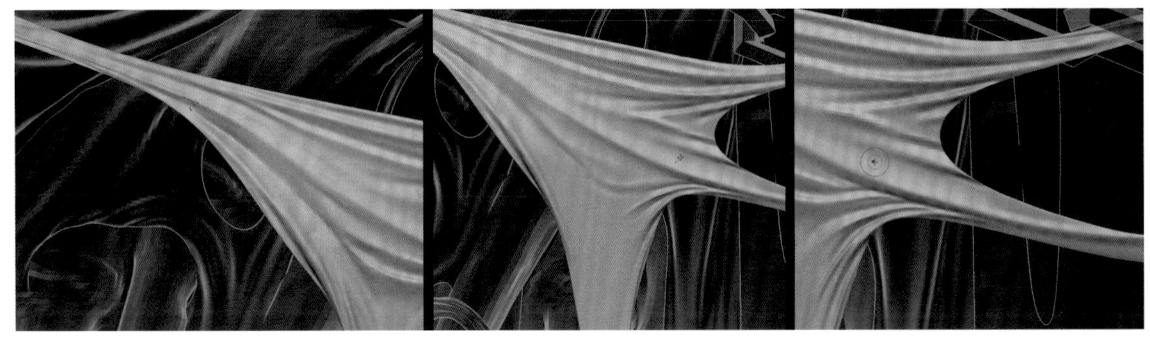

图6-240

13 整体雕刻完的布料如图6-241所示。

图6-241

### 6.2.3 恶魔战马细节雕刻

现在我们的战马从整体上看已经初具规模，但是雕刻要尽量做到精益求精。选择战马，单击Solo按钮将战马单独显示，并细分至6级，此时我们得到了更多的面数。在这个阶段注意勤保存、勤备份，要不然很可能会出现因为机器负载过大而损坏文件的情况。在细节雕刻中，我们从战马的头颈部开始，进而推至胸部和前肢，接着是躯干和后腿，然后是翅膀和布料，最后是甲。首先，我们来雕刻马的头颈部。

**1. 头颈部细节雕刻**

1 我们将战马的级别降至5级，加强战马颈部结构不清晰的地方。在这个阶段，我们仍然从整体出发，不过于心急地进入血管、肌纤维等的细节处理，而是审视现有结构的缺憾，更正后再进入更深层次的雕刻。我们选择ClayTubes，在雕刻结构的同时为表面增加纹理，如图6-242所示。

2 使用Standard雕刻横向的皮肤和纵向肌肉之间形成的凹陷，以突出马颈部的形态变化，如图6-243所示。

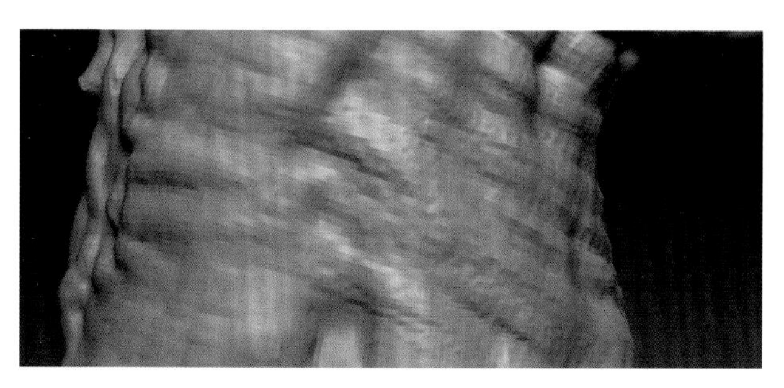

图6-242

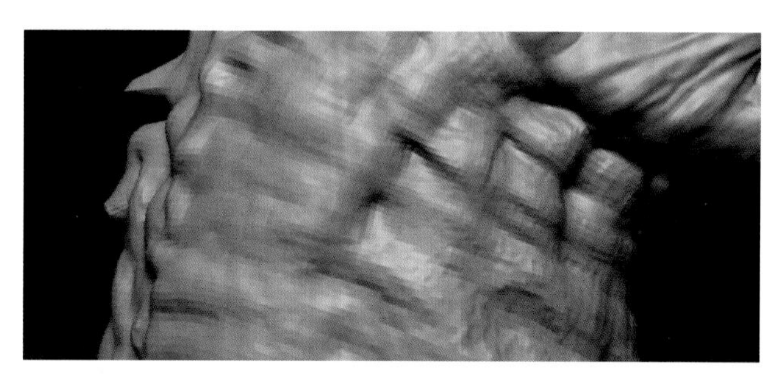

图6-243

3 在马残存的皮肤上，使用ClayTubes初步雕刻出皮肤和肌肉的破损，如图6-244所示。

4 将笔刷换成Standard，在马头与马颈部交接的地方雕刻因挤压而产生的褶皱，另外在马的颈部也用较小的Standard横向环绕马颈雕刻因紧绷而产生的褶皱，如图6-245所示。

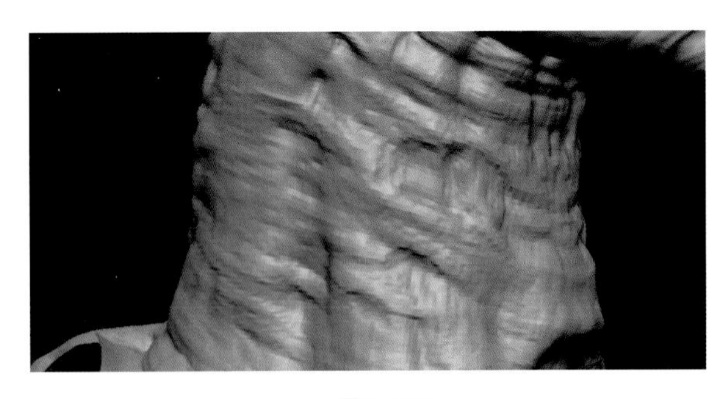

图6-244

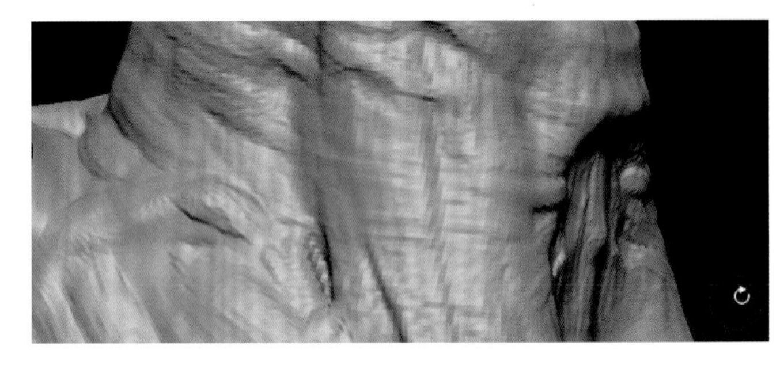

图6-245

5 向下顺延雕刻马的肩部骨骼，骨骼要硬朗，另外要将翅膀与颈部交接的地方雕刻出因结构挤压而产生的紧绷的褶皱，如图6-246所示。

6 在马的头部，我们依然首先强调马的面部肌肉纤维的形态。在这个阶段的雕刻中，一方面强调形体，另一方面注意变化，在强调肌纤维的形态时不要一味用较长、较直的斜拉线，而需要在线的形态上进行一定程度的变化，如图6-247所示。

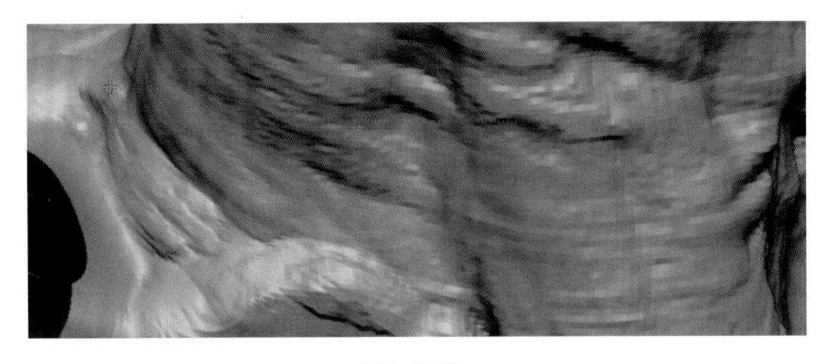

图6-246

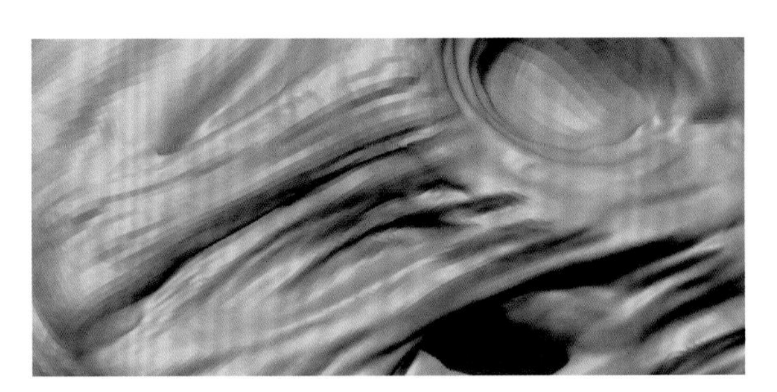

图6-247

7 使用Standard强调马颧骨部位因为骨骼和肌肉相互作用而产生的凹陷结构，如图6-248所示。

8 在鼻骨处，强调因下颌拉扯而造成的紧绷及缠绕在鼻骨周围的肌肉形体，如图6-249所示。

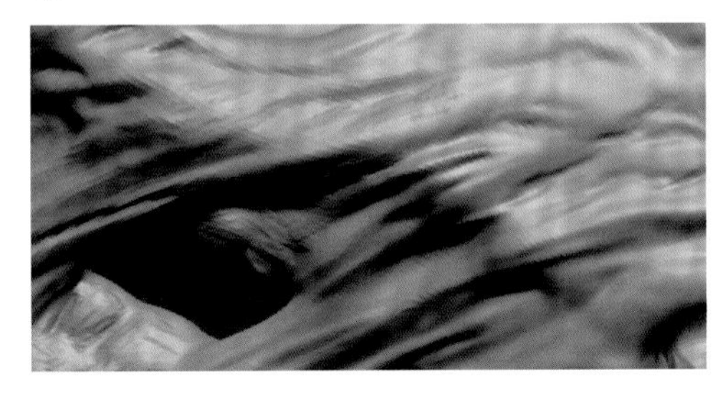

图6-248

图6-249

9 继续强化上下颌骨的形态，注意雕刻与牙齿相交的牙床部分的骨骼形态，如图6-250所示。

10 现在马的前额和鼻部的骨骼显得较软，使用hPolish将鼻骨和额骨的块面关系分得更清楚一些，如图6-251所示。

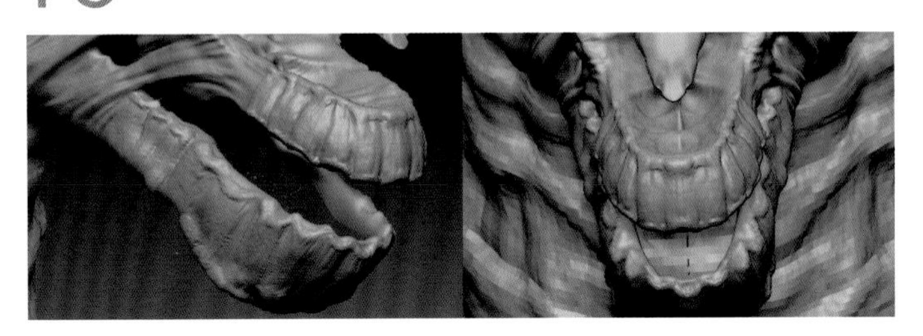

图6-250

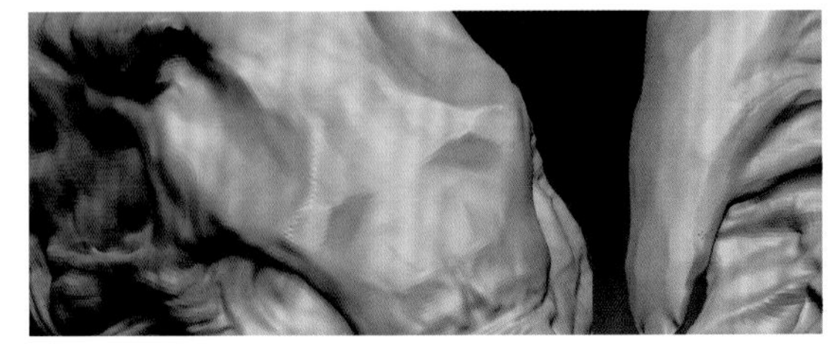

图6-251

11 将战马升至6级，我们发现战马的表面形态显得较为模糊，说明我们的细节雕刻还不够，如图6-252所示。

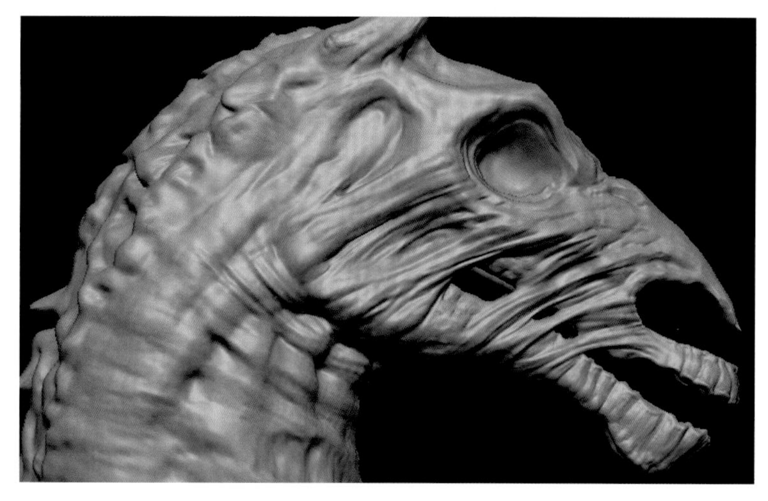

图6-252

12 为了将来更好地控制细节，我们在战马的6级级别上添加一个层。细节雕刻从头部开始，使用ClayTubes沿眼窝后的头骨进行雕刻。在雕刻过程中，一方面强调骨骼的结节，另一方面在一些地方雕刻破损，如图6-253所示。

13 使用ClayTubes雕刻面颊处较大的结构，如图6-254所示。

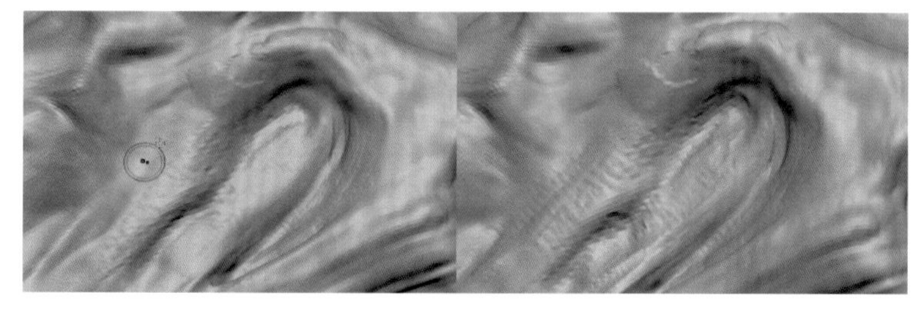

图6-253

图6-254

14 使用Standard雕刻面颊处的肌肉纤维，注意线条的变化以及肌肉束的扭转，如图6-255所示。

15 在皮肤上雕刻出破损的凹陷，注意尽量自然，不要使破损的形状雷同，如图6-256所示。

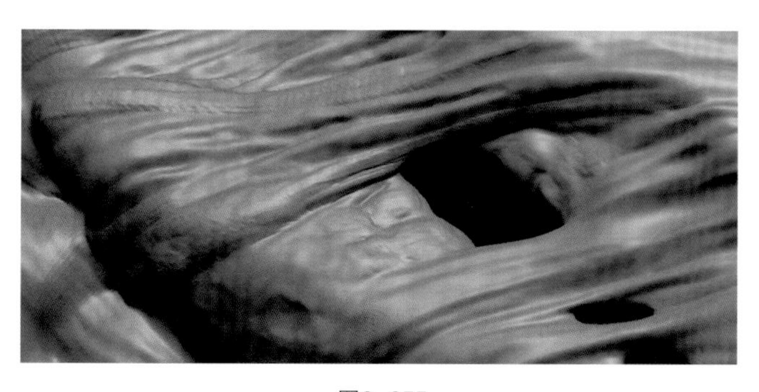

图6-255

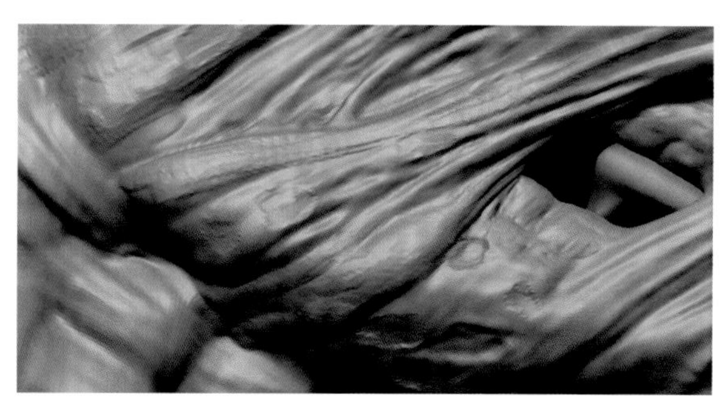

图6-256

16 在眉骨与鼻骨交界的地方雕刻出较细密的骨缝结构，如图6-257所示。

17 在眼洞内部和周围加强结构，并且雕刻眼洞周围的破损，如图6-258所示。

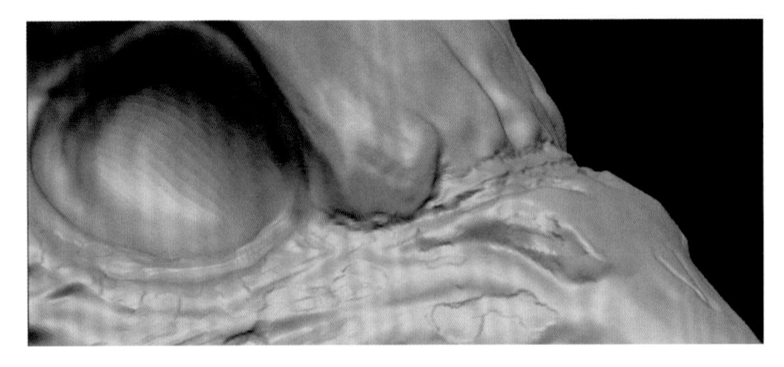
图6-257

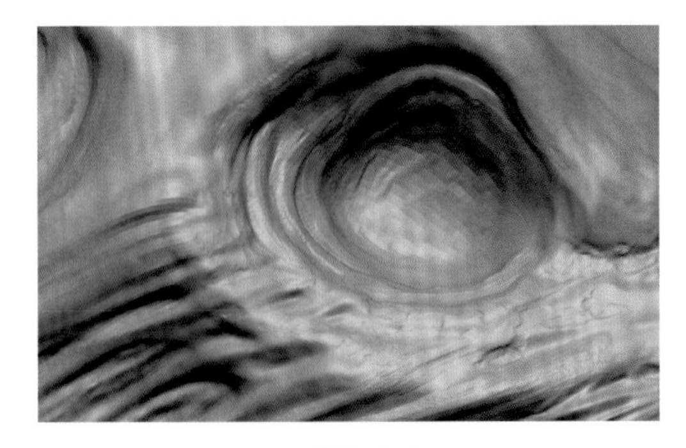
图6-258

18 雕刻鼻骨与面颊肌肉的融合处，使用ClayTubes强调结构，添加皮肤表面的颗粒，使用Standard雕刻骨缝和肌肉纤维，如图6-259所示。

19 在鼻洞处，使用加载了Alpha为38的Standard雕刻紧绷的肌肉纤维，如图6-260所示。

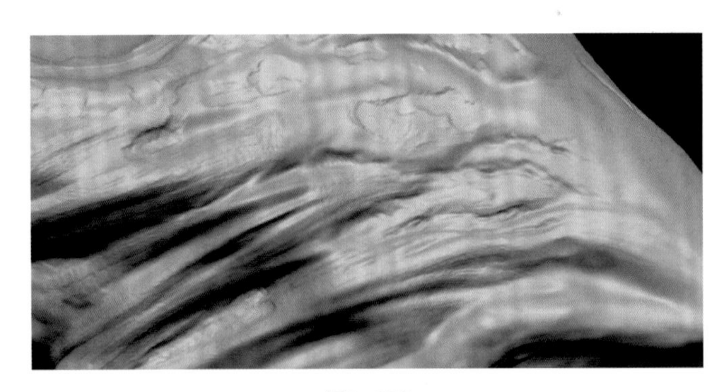
图6-259

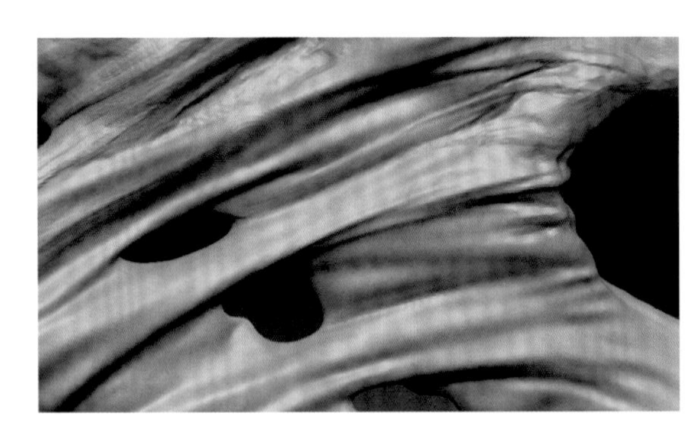
图6-260

20 在雕刻肌肉的时候，也要在适当的地方雕刻出皮肤和肌肉的破损，如图6-261所示。

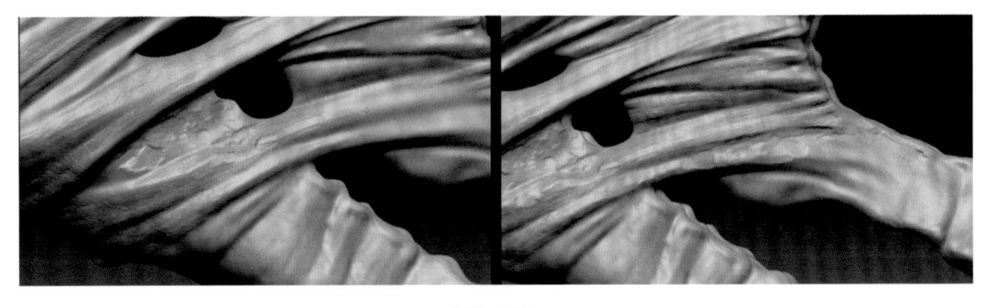
图6-261

21 在上颌骨雕刻出骨头剥落的痕迹，并且雕刻出骨头的裂缝，如图6-262所示。

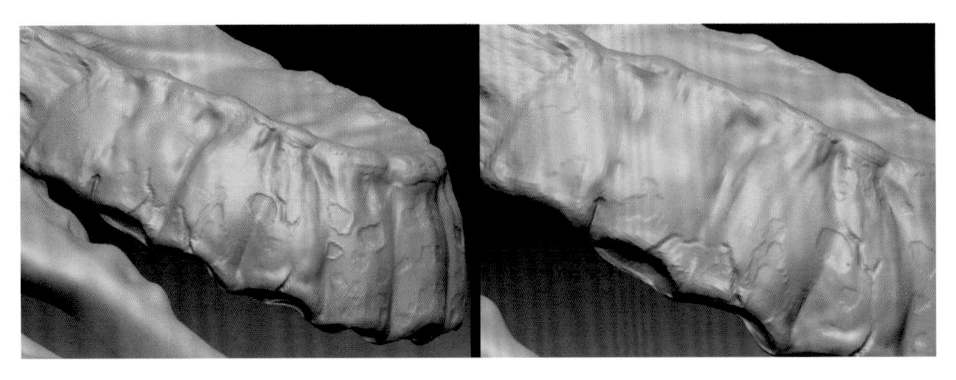
图6-262

22 关闭对称，在鼻骨上雕刻细节，如图6-263所示。

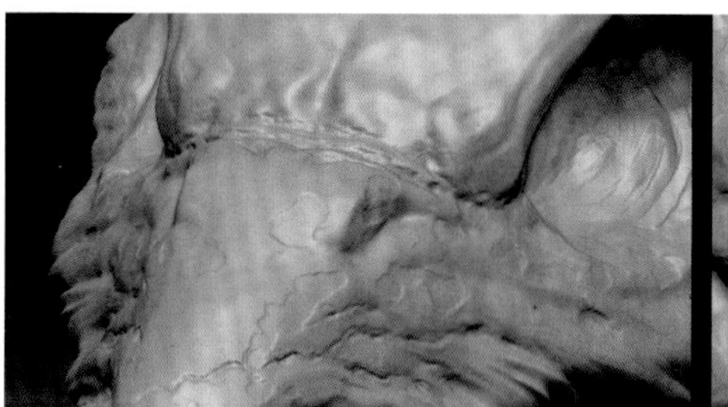
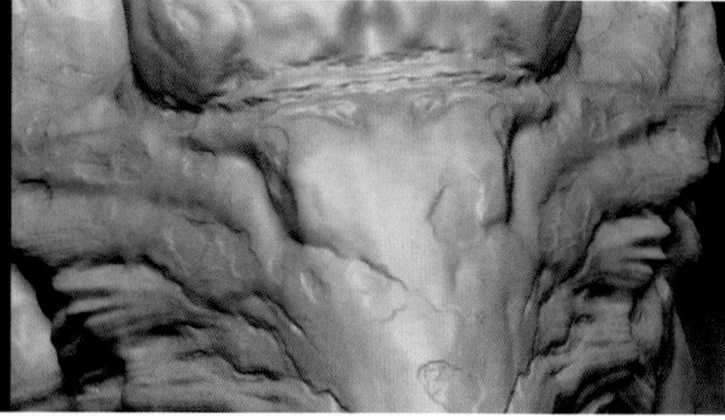

图6-263

23 回到颈部进行雕刻。在颈部雕刻中，我们要为颈部塑造破损的皮肉和裸露的血管。首先，塑造紧邻下巴处的脖颈结构，如图6-264所示。

24 然后使用ClayTubes自上而下横向雕刻脖颈细节，注意雕刻出破损的皮肤与肌肉的交界线，如图6-265所示。

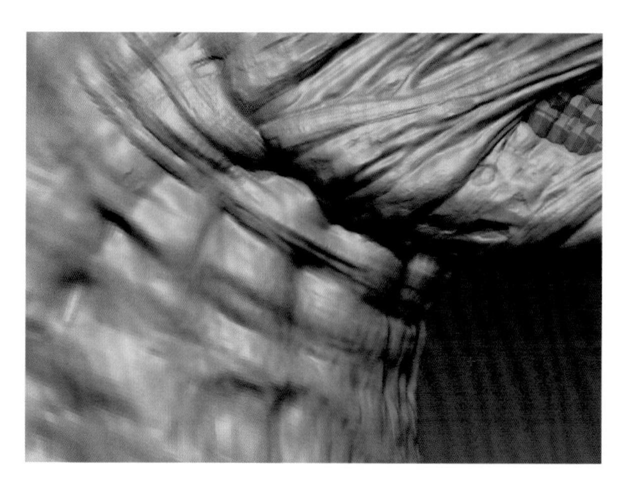

图6-264

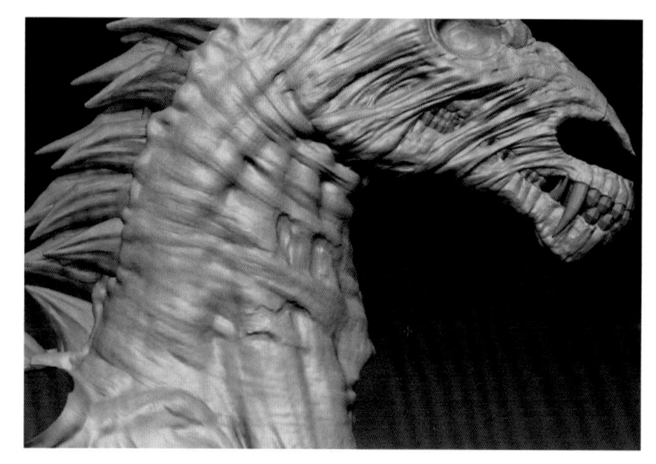

图6-265

25 要将肌肉与皮肤交界的地方雕刻得更加清晰。注意，当皮肤横跨两条肌肉交界的地方时，要表现出因为两端附着在肌肉上，健壮的肌肉产生的拉力造成皮肤拉紧的力量感，如图6-266所示。在脖颈的后侧，表皮较为完好，在雕刻表皮时也要注意皮下健壮的肌肉感觉。

26 在脖颈的雕刻中，我们需要雕刻出由于表皮破损而露出的肌肉组织，这些肌肉组织与表皮的边界需要逐步被加强，使之更加清晰，如图6-267所示。

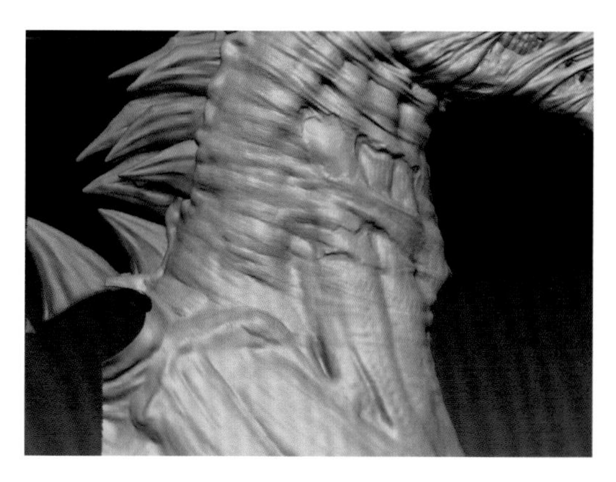

图6-266

图6-267

27 在脖颈的底部，使用Standard继续雕刻细小的皮肤褶皱，如图6-268所示。

28 雕刻皮肤破损处露出的肌肉组织，如图6-269所示。

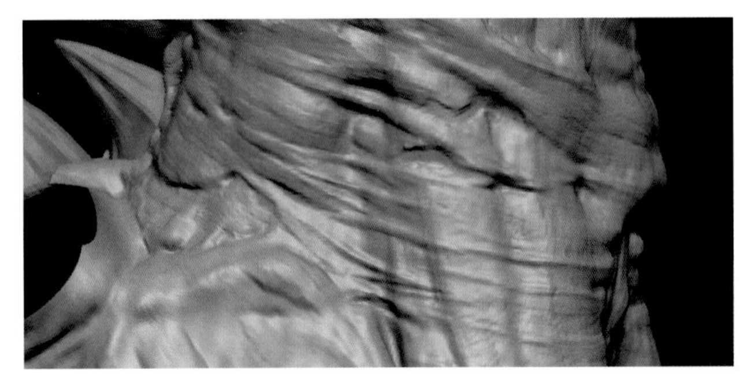
图6-268

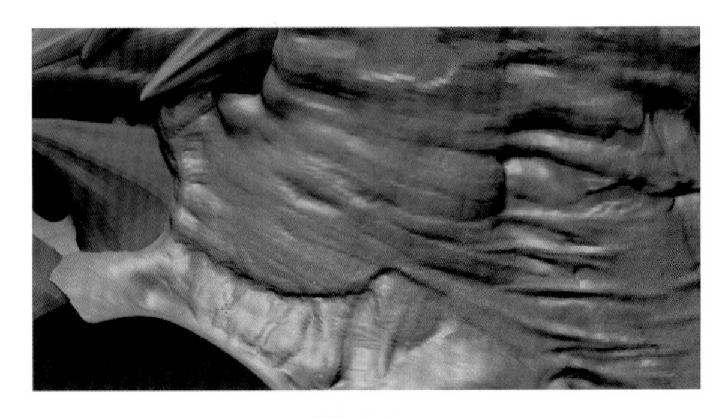
图6-269

29 头颈部雕刻完毕后，效果如图6-270所示。

图6-270

### 2. 胸部及前肢细节雕刻

1 从肩胛骨开始雕刻，强调骨骼的结节以及附着在骨骼上的肌肉纤维，如图6-271所示。

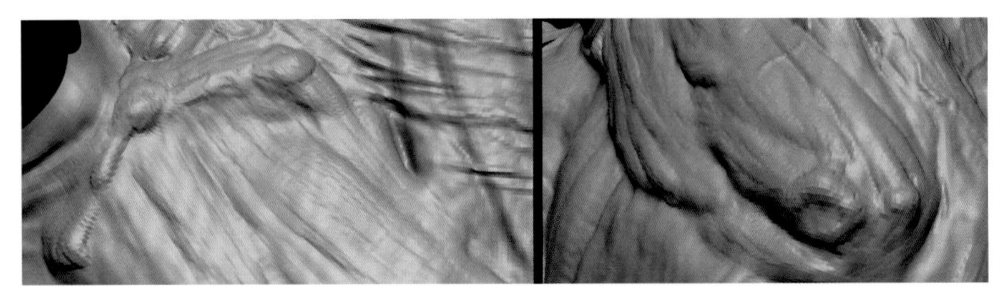
图6-271

2 在胸部肌肉和腿部肌肉交界的地方，雕刻出清晰的交界点和肌纤维遒劲的形态，如图6-272所示。

3 在肌肉上雕刻出破损，如图6-273所示。

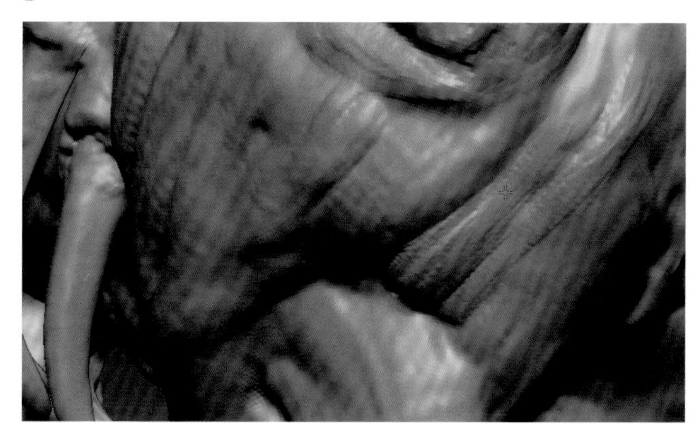

图6-272

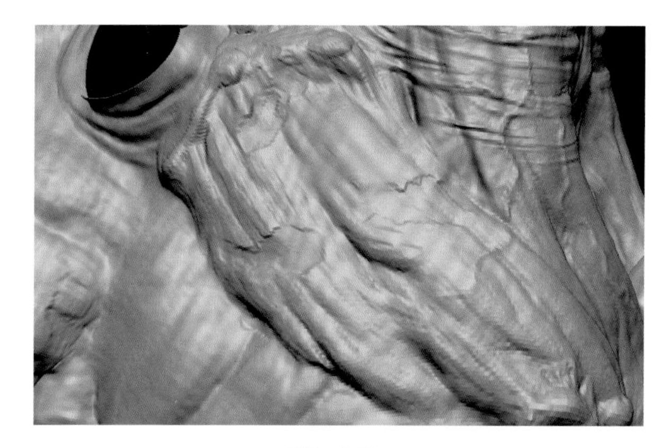

图6-273

4 在胸部肌肉上明显的肌肉纤维交界处，使用Smooth抹除太过明显的结构，使整体肌肉走势保持明显状态，同时使形体的松紧和疏密产生变化，如图6-274所示。

5 在前腿的肌肉上，雕刻横向的肌肉纤维，并且在前肢关节上雕刻骨骼的结节，如图6-275所示。

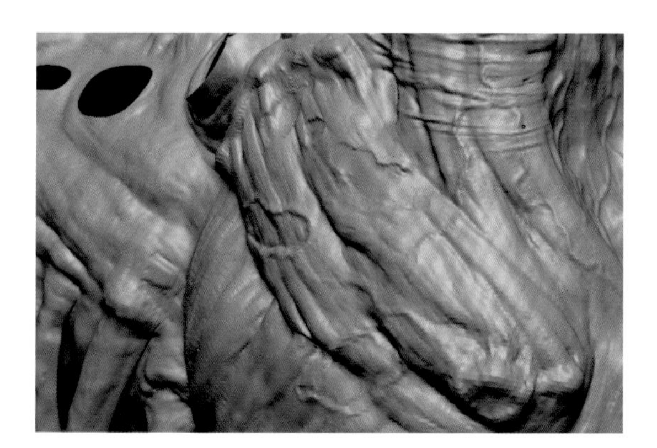

图6-274

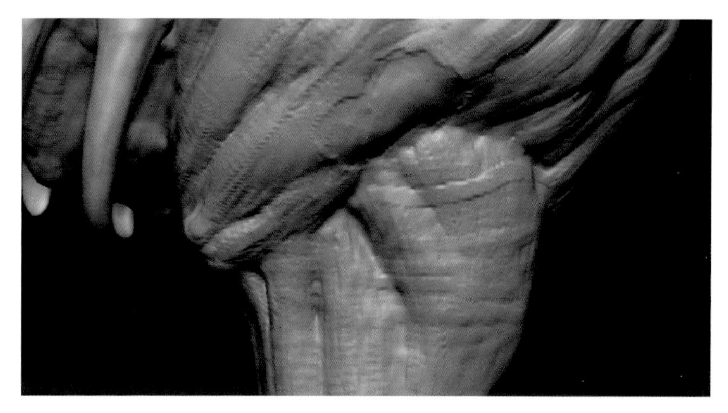

图6-275

6 雕刻皮肤的破损，抹除皮肤上的粗糙感以区别裸露在外的肌肉，如图6-276所示。

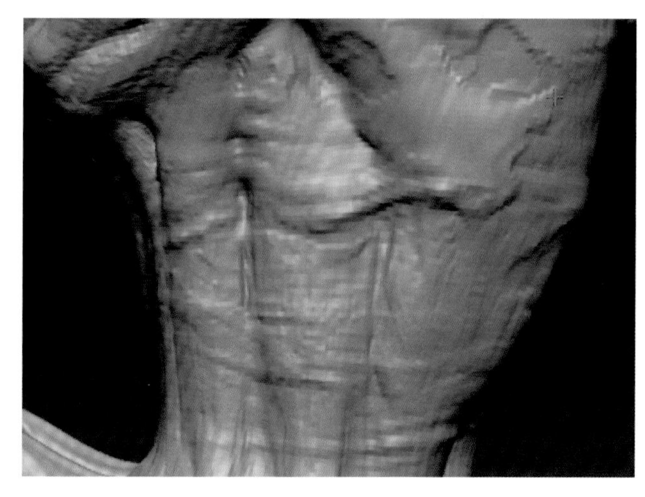

图6-276

7 在前肢关节后部的尖角上雕刻出环绕的细节，如图6-277所示。

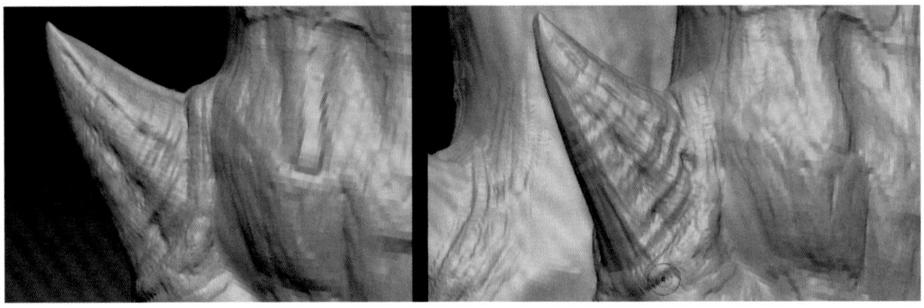

图6-277

8 向下顺延雕刻关节处。在关节处的侧面强调骨头的结节，并且强调膝盖处髌骨的形状，如图6-278所示。

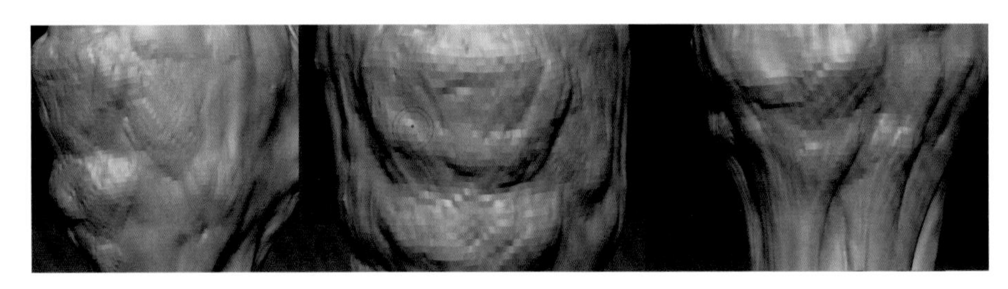

图6-278

9 在关节雕刻中适当强调骨头的结节，以更加突出骨头较硬的感觉，如图6-279所示。

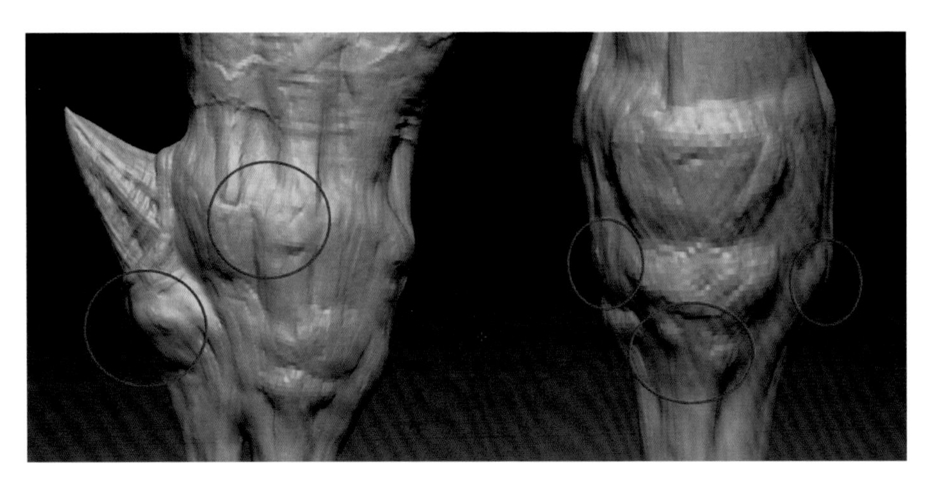

图6-279

10 向下顺延雕刻马的小腿骨，在骨与骨之间的连接处注意把形态雕刻得较为自然，如图6-280所示。

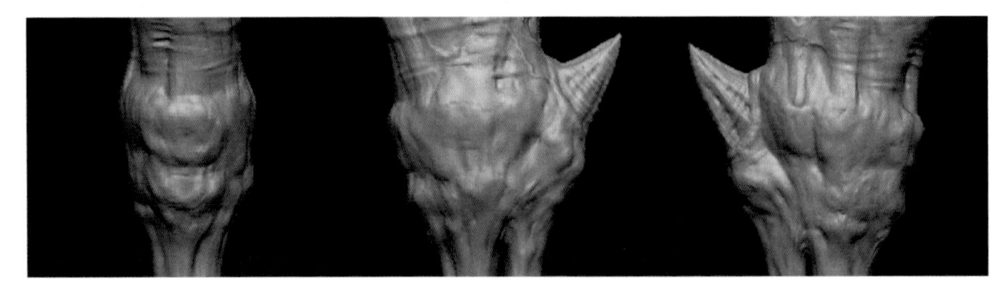

图6-280

11 在马的小腿骨处，雕刻出较为自然的骨骼粗隆和结节，这是在表现较长骨骼时比较好的方法，如图6-281所示。

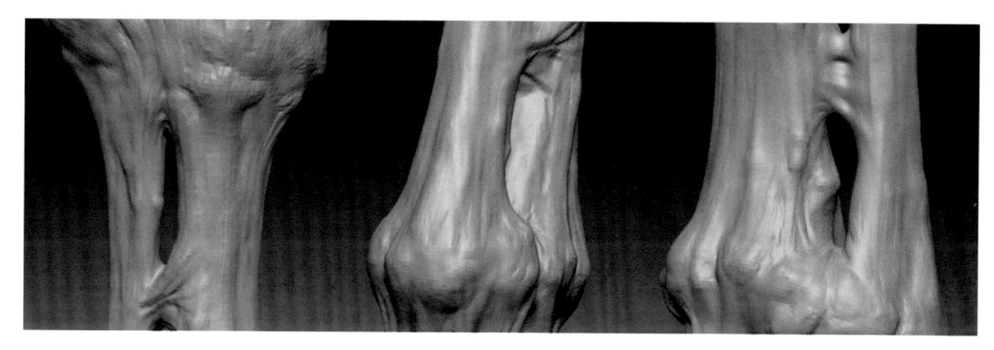

图6-281

12 在马蹄上方的腿骨末端强调凸起的结节，另外使用Standard强调与马蹄连接的筋腱结构，如图6-282所示。

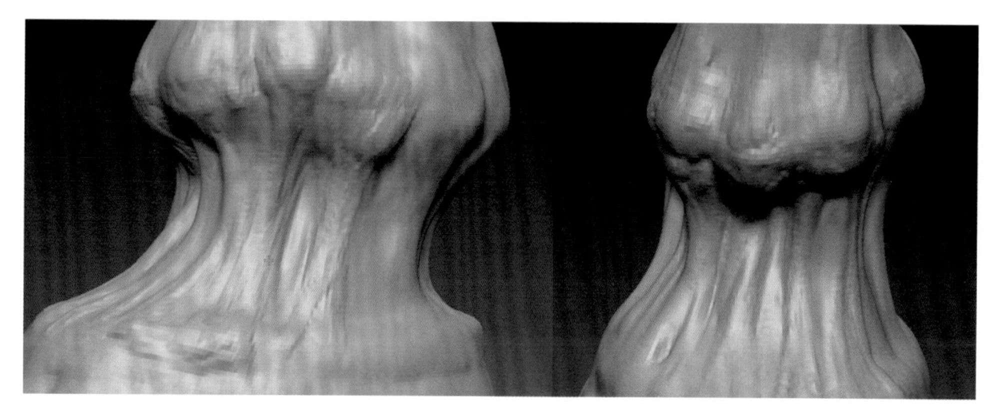

图6-282

13 在雕刻结节的时候，要注意不要一味把结节雕得过圆，也要在结节上雕刻出其他小的、较硬的凸起来体现骨质的感觉，如图6-283所示。

14 在马的小腿骨骼上，有时需要雕刻出较为凸出的骨脊线，以使各个骨骼的形态更加丰富，如图6-284所示。

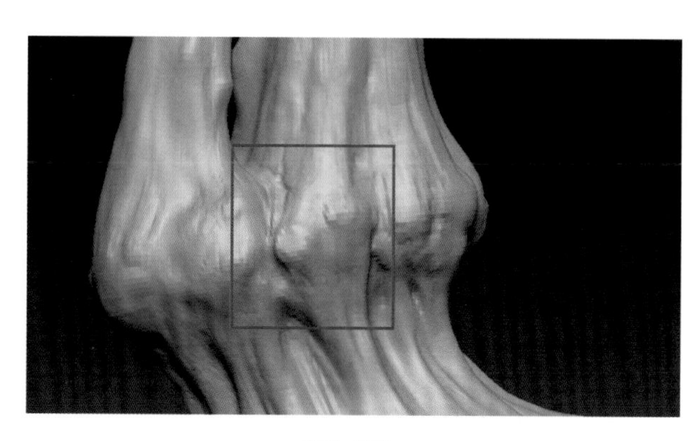

图6-283

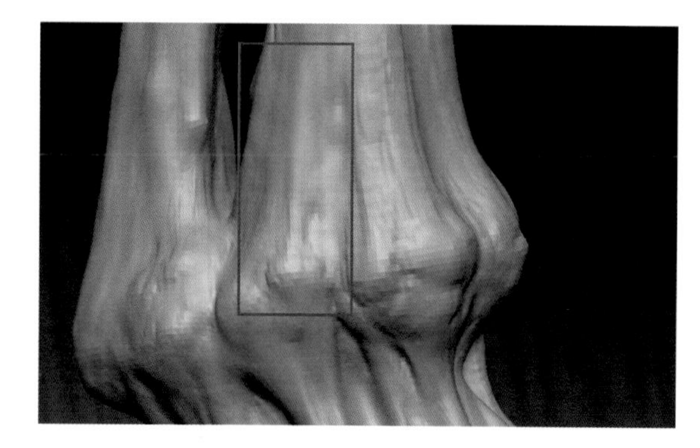

图6-284

15 向下顺延雕刻马蹄。在马蹄的底部雕刻破损，如图6-285所示。

16 在马蹄的上端雕刻凸起的结节，强调马蹄较硬的形态。在马蹄的表面横向雕刻出细节，并且在底部继续强调破损，如图6-286所示。

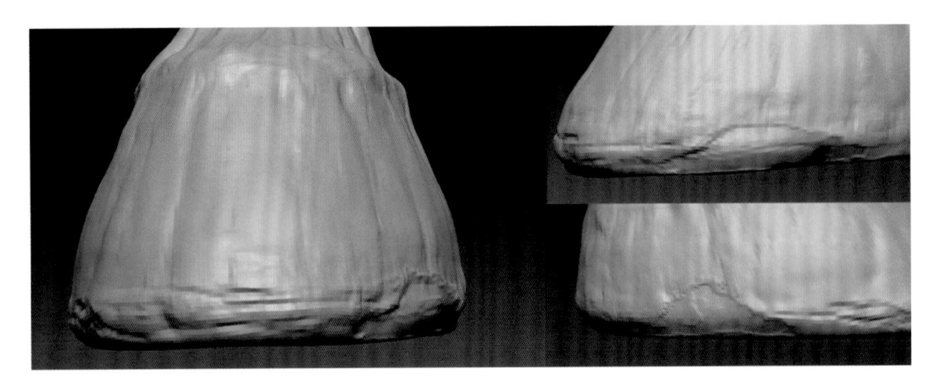

图6-285

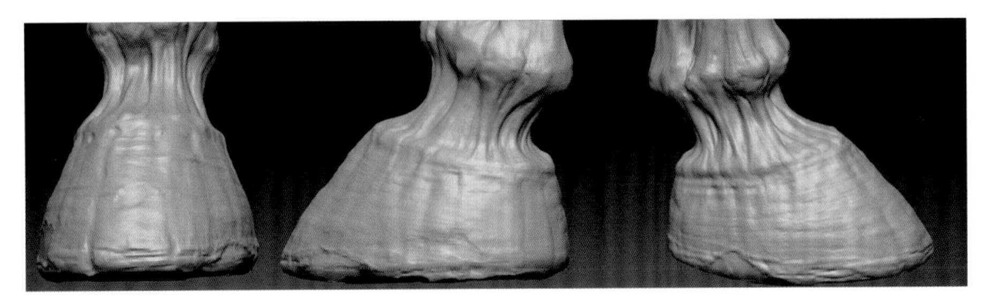

图6-286

17 前肢雕刻的最终效果如图6-287所示。

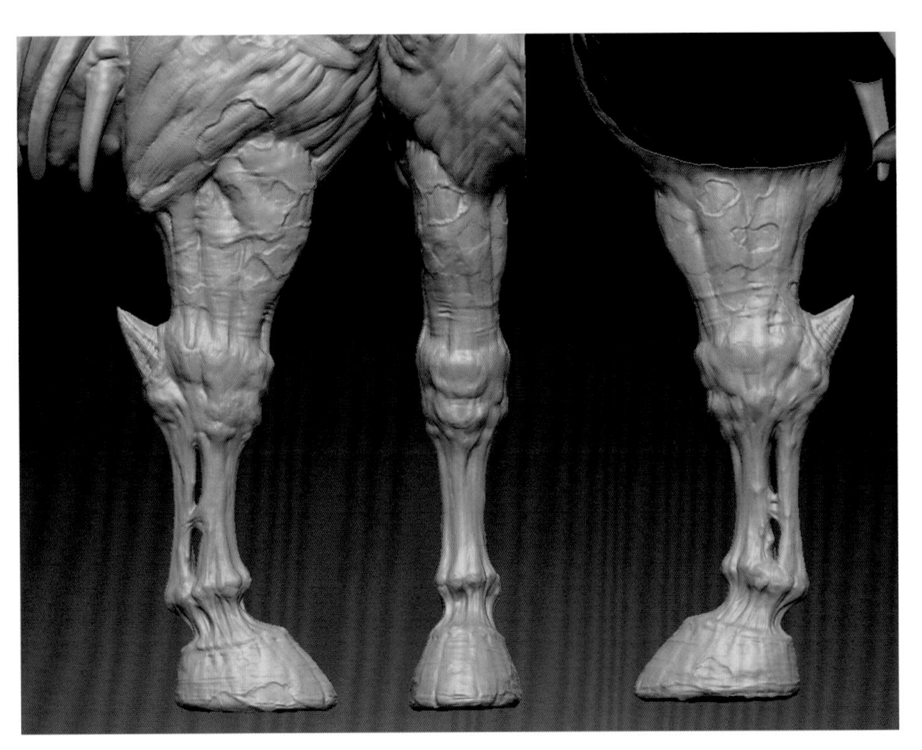

图6-287

### 3. 躯干细节雕刻

下面我们来雕刻躯干。在躯干的雕刻中先从肋骨开始，然后进行躯干部肌肉细节的雕刻，最后在躯干部添加破损等细节。

1 在肋骨的雕刻中，我们要将其骨质的特点作为雕刻重点。在骨头上，首先雕刻出骨结节和破损，如图6-288所示。

2 使用Smooth将肋骨表面进行有选择的平滑操作，使表面的光滑程度不均匀并保持自然的效果，另外再次强调骨头结节和破损，如图6-289所示。

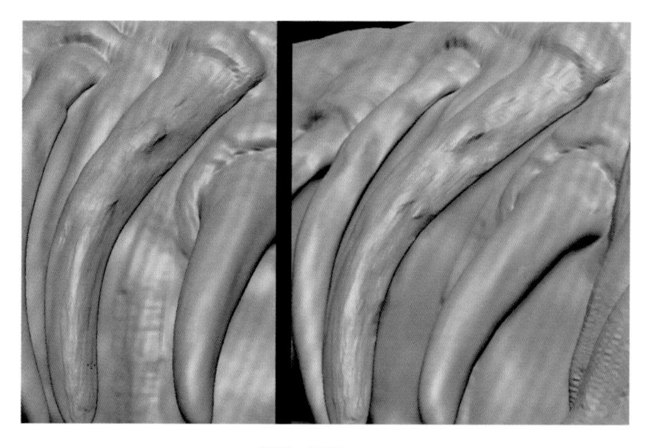

图6-288

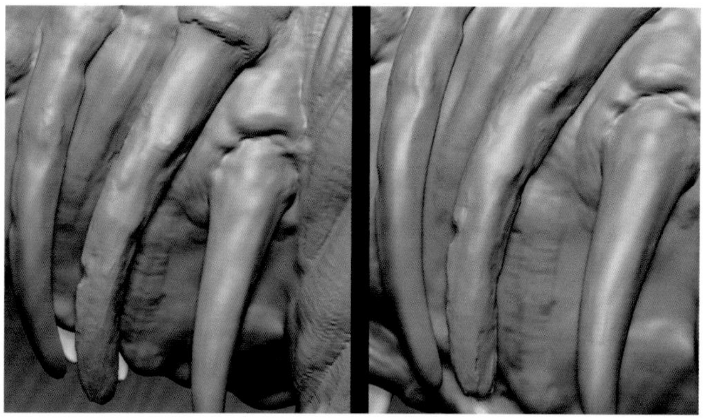

图6-289

3 在肋骨的根部雕刻出凸出和凹陷的脊骨，如图6-290所示。

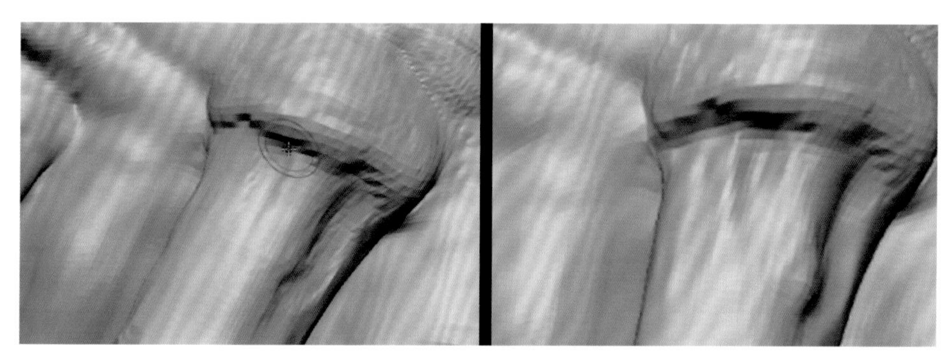

图6-290

4 在脊骨的某些位置雕刻出大面积的破损和剥落，如图6-291所示。

5 对于骨骼，为了表现出比较脆的质地，我们也要雕刻出较为明显的裂纹，如图6-292所示。

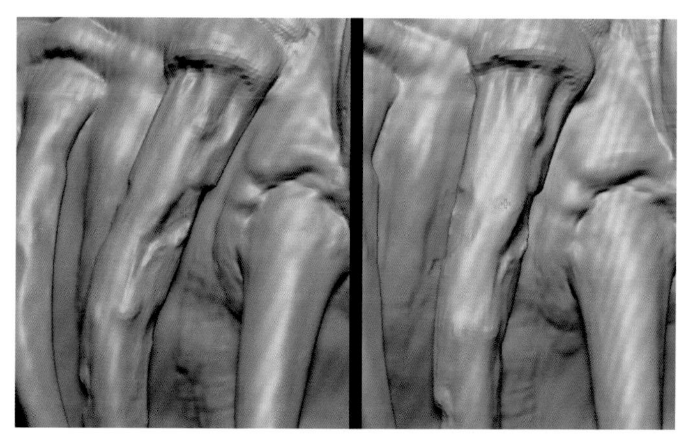

图6-291

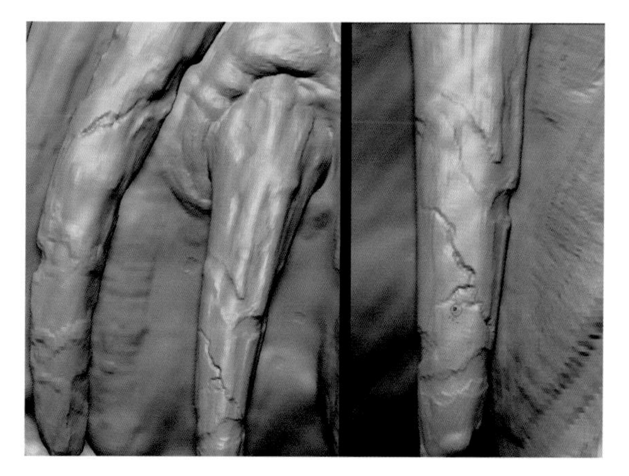

图6-292

6 肋骨的雕刻大同小异，雕刻好一根后其他几根的雕刻只要注意不要雷同即可，雕刻完的肋骨如图6-293所示。

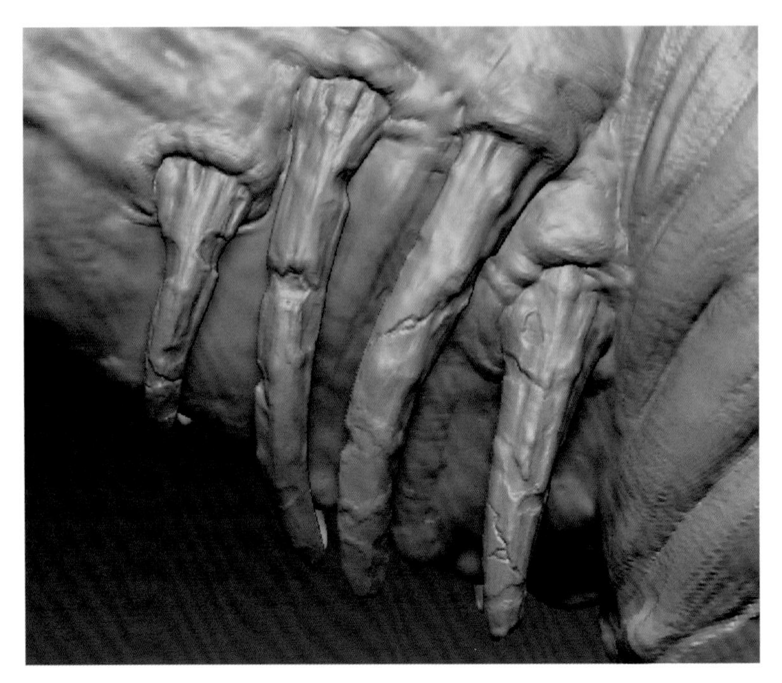

图6-293

7 肋骨雕刻完毕后，从肋骨根开始向斜后方雕刻肌肉结构，如图6-294所示。

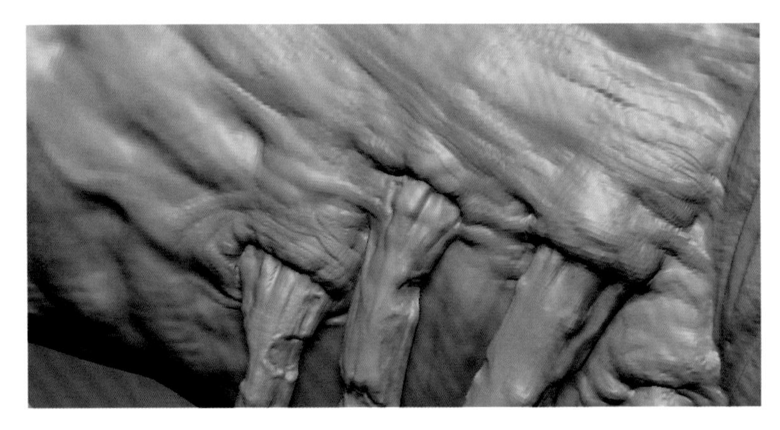

图6-294

8 继续向斜后方雕刻肌肉结构，注意肌肉的松紧变化，如图6-295所示。

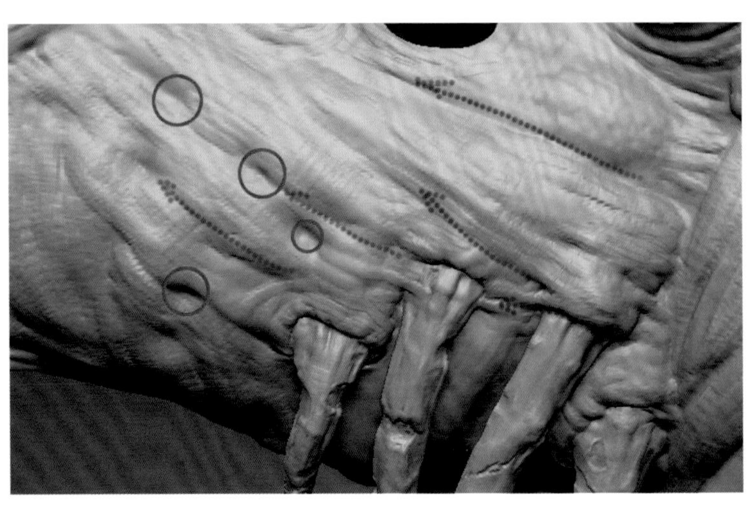

图6-295

### 4. 后腿细节雕刻

1 在后腿和躯干的衔接处雕刻肌肉结构，另外在马腹部雕刻出拉紧的结构，注意肌肉的穿插，如图6-296所示。

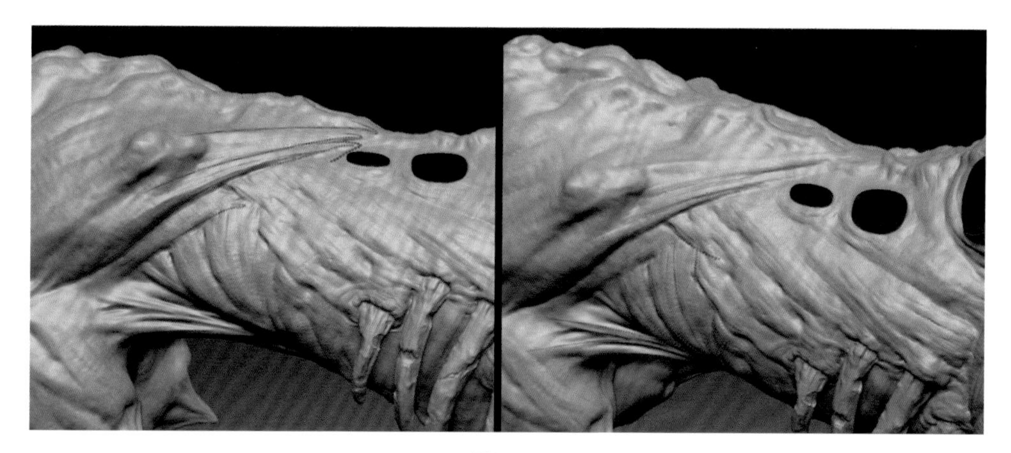

图6-296

2 强调视觉效果的同时，为了能够提高效率，在对布料遮挡住的躯干部分进行雕刻时不用太过仔细。将布料显示后，单击Transp按钮，并激活Ghost按钮，在躯干未被遮挡且较为明显的位置雕刻破损，如图6-297所示。

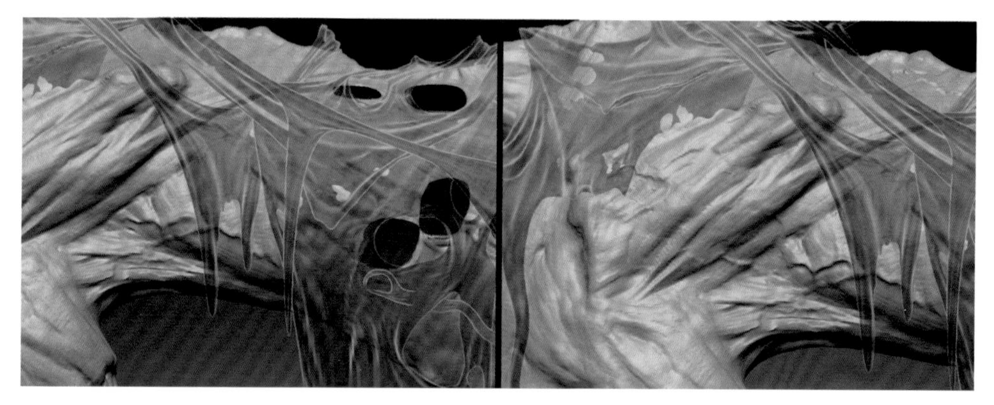

图6-297

3 在马腹下方的第2排肋弓处雕刻出骨头的结节，另外向前顺延雕刻胸骨的结节，如图6-298所示。

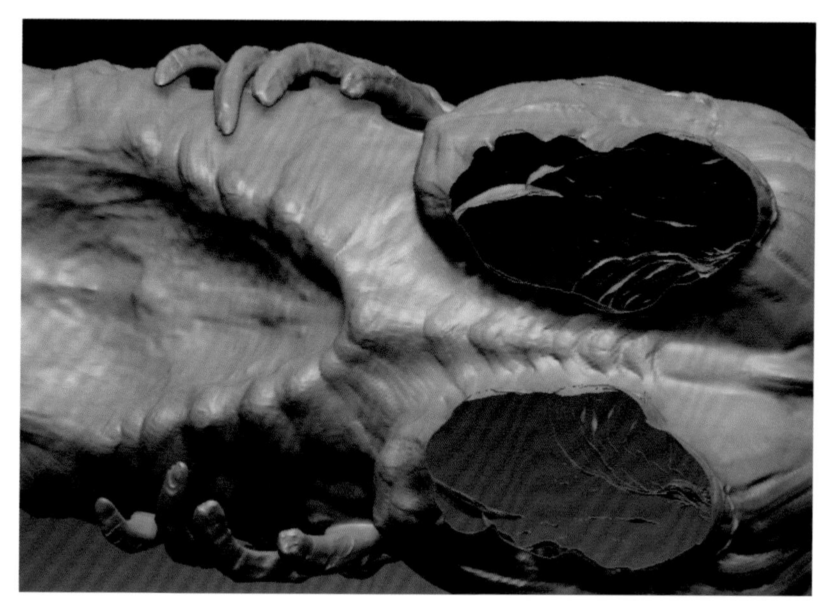

图6-298

4 在翅膀根部雕刻出环状的结构，如图6-299所示。

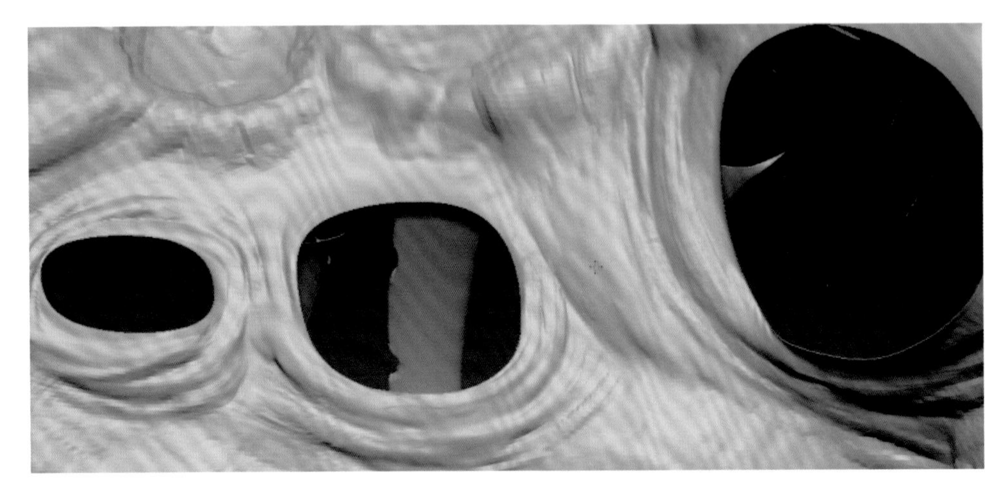

图6-299

5 在马臀部强调骨骼形态和筋腱结构，另外也要注意附着在骨骼上的肌肉形成的拉扯形态，如图6-300所示。

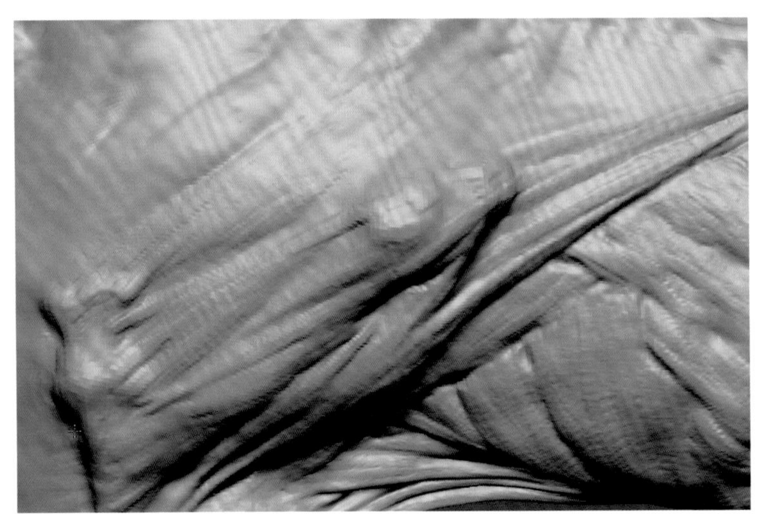

图6-300

6 从马臀的骨骼结节处向马的脊骨处雕刻连接的肌肉，如图6-301所示。

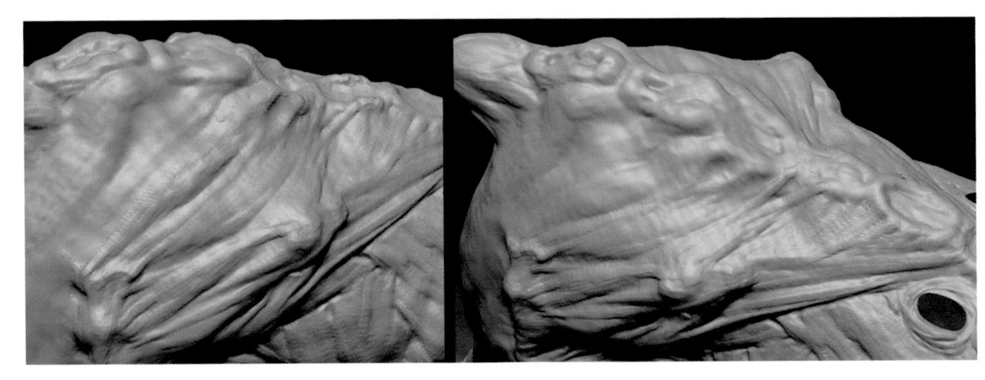

图6-301

7 在马臀的后半部强化肌肉结构，使肌肉向后腿内侧绕行，如图6-302所示。

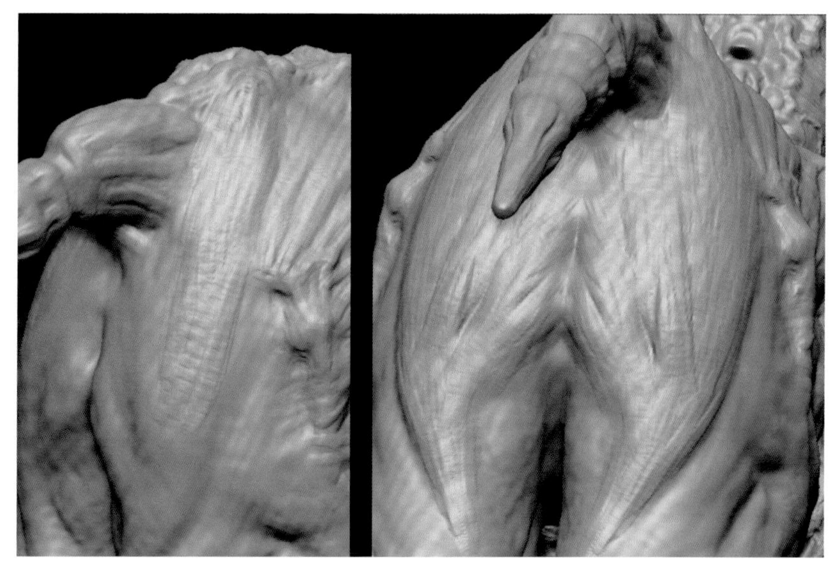

图6-302

8 从马臀后部向后腿第一关节方向强化肌肉形态，如图6-303所示。

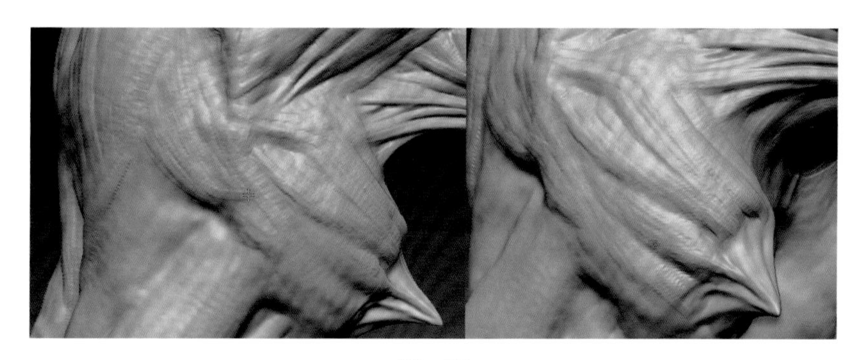

图6-303

9 在细节雕刻中要注意虚实变化，使用Smooth在肌肉的不同部位进行柔化，使形态更加丰富，如图6-304所示。

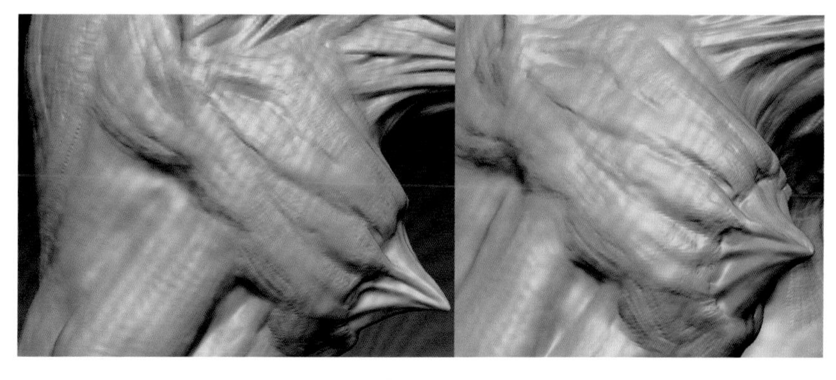

图6-304

10 在尖角的根部强化结构，强化尖角的脊状凸起，如图6-305所示。

11 向下雕刻后腿中部，强化肌肉结构的同时注意第二关节处的筋腱形态，如图6-306所示。

12 使用ClayTubes雕刻小腿中部的破损，然后使用Standard雕刻破损处的边缘，如图6-307所示。

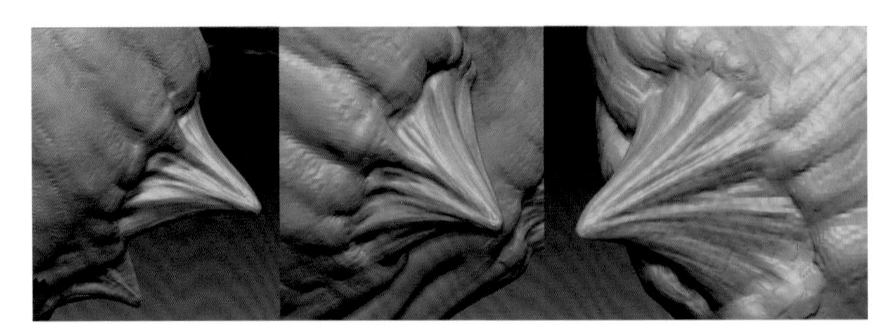

图6-305

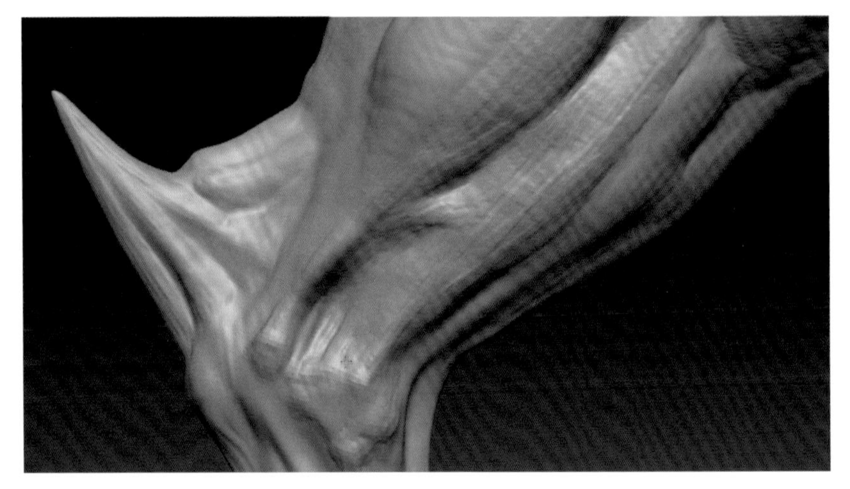

图6-306

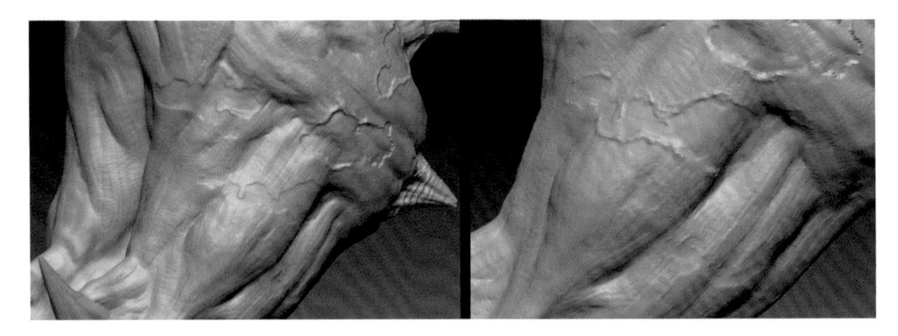

图6-307

13 在后腿中部靠近关节处横向雕刻皮肤的纹路，如图6-308所示。

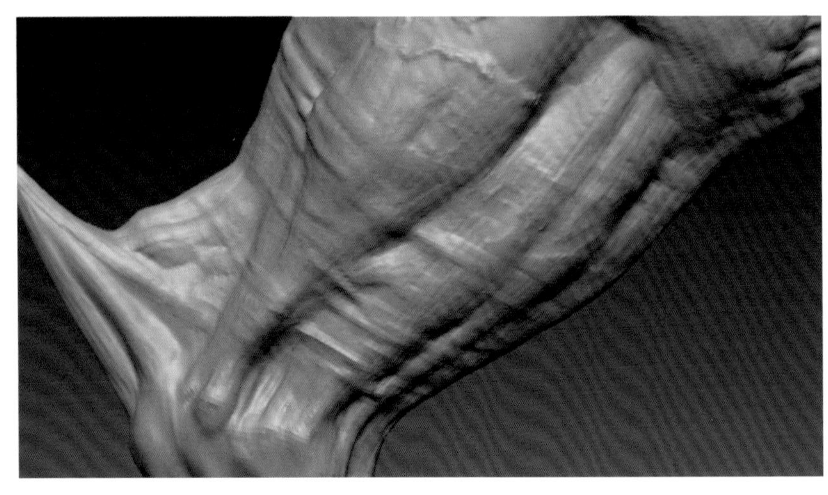

图6-308

14 在关节和骨干处，雕刻凸出的骨骼结节，如图6-309所示。

图6-309

15 雕刻完的腿骨结构如图6-310所示。

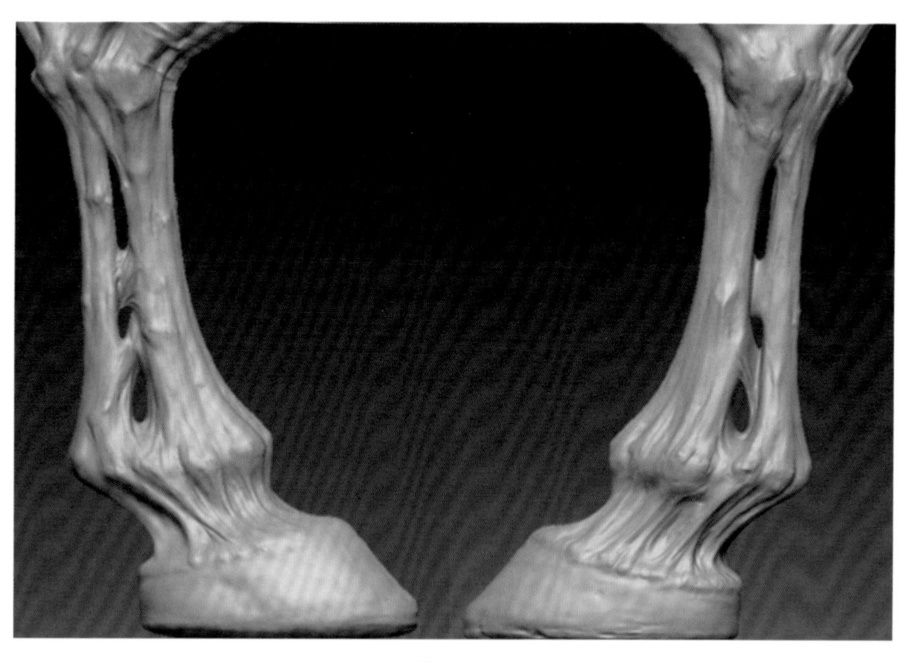

图6-310

16 后蹄的雕刻与前蹄的雕刻基本一致，雕刻完的后蹄如图6-311所示。

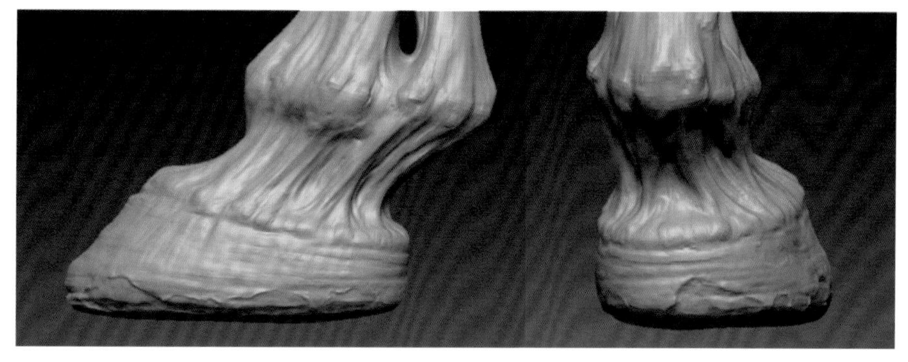

图6-311

17 隐藏一条后腿，现在雕刻后腿内侧。内侧的雕刻与外侧基本一致，内侧大腿的雕刻细节效果如图6-312所示。

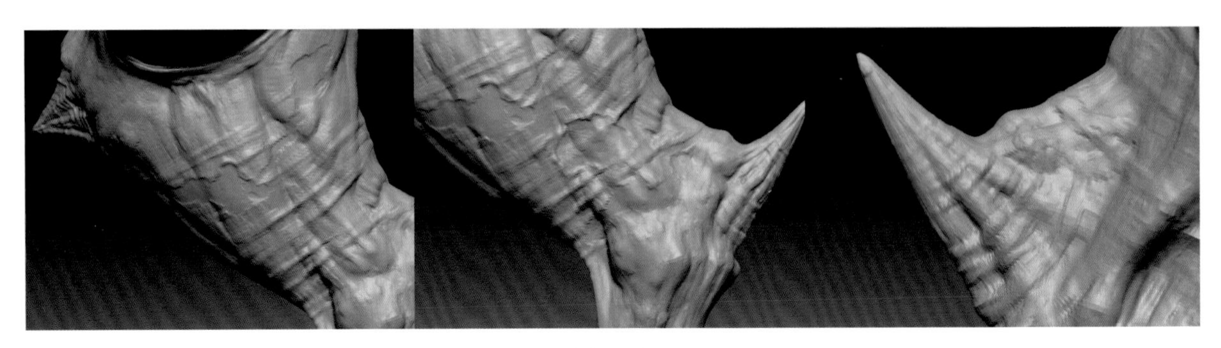

图6-312

### 5. 翅膀细节雕刻

1 在翅膀细节雕刻中，我们依据从骨干、尖角、皮膜到破损的顺序进行雕刻。首先，在支撑皮膜的骨架上进行雕刻。雕刻附有皮膜的骨架其实与之前雕刻马前后腿骨干的方法基本相同，但是需要注意的是在细节雕刻中要使骨架与皮膜在某些区域的界限更加分明，如图6-313所示。

2 当骨骼上附着肌肉的时候，要把肌肉鼓胀而柔软的形态雕刻出来，如图6-314所示。

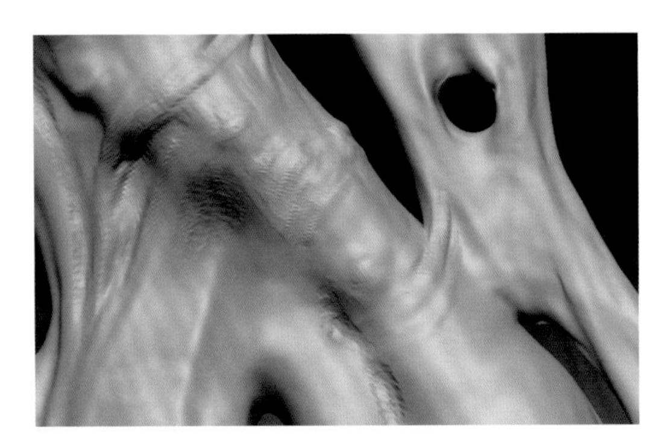

图6-313

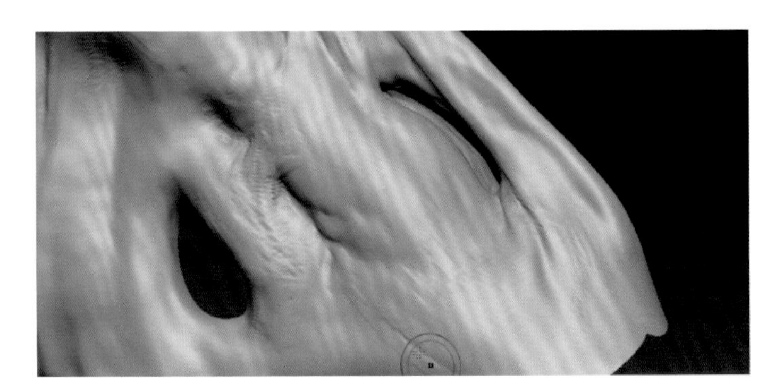

图6-314

3 当骨干上的皮膜有非常显著的拉扯时，我们需要将皮膜的褶皱进行加强，以强调两种不同材质的作用，如图6-315所示。

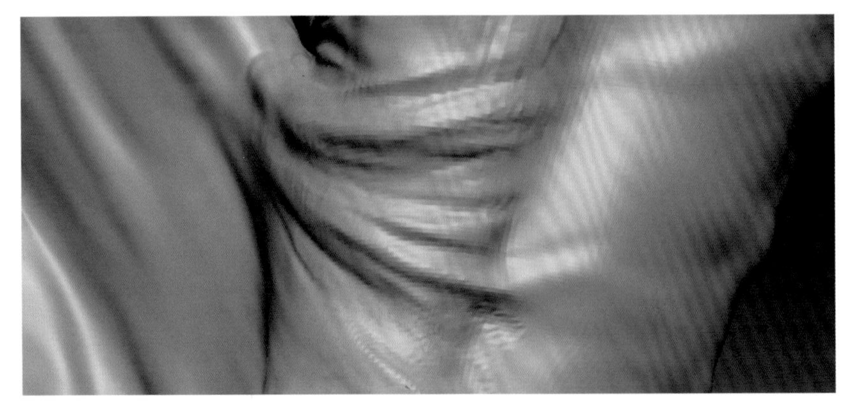

图6-315

4 当雕刻到翅膀较粗大的关节处时，需要注意的有两点：一是将与关节相连的几个骨架的筋腱雕刻得完整而清晰，如图6-316所示；二是将骨头结节雕刻得较为凸出的同时，又要注意不要将骨头雕碎，始终保持骨骼关节的上下区域完整，如图6-317所示。

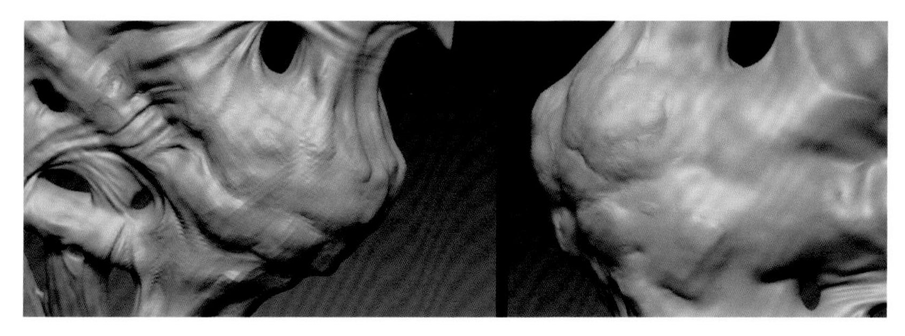

图6-316

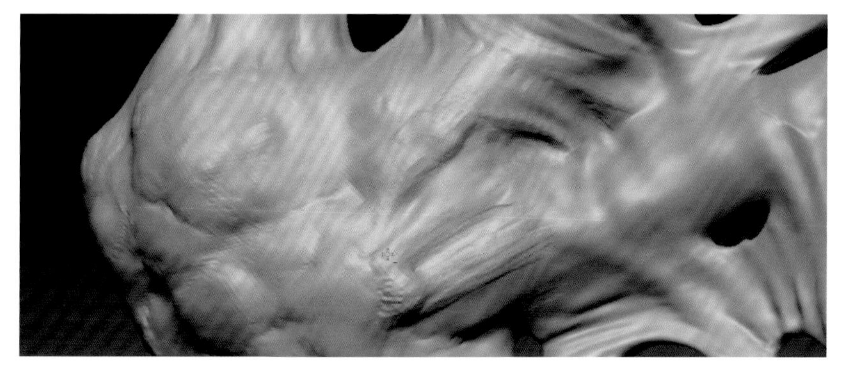

图6-317

5 当雕刻关节之上的尖角时，先强调骨体结构，然后再加强缠绕其上的皮膜，如图6-318所示。

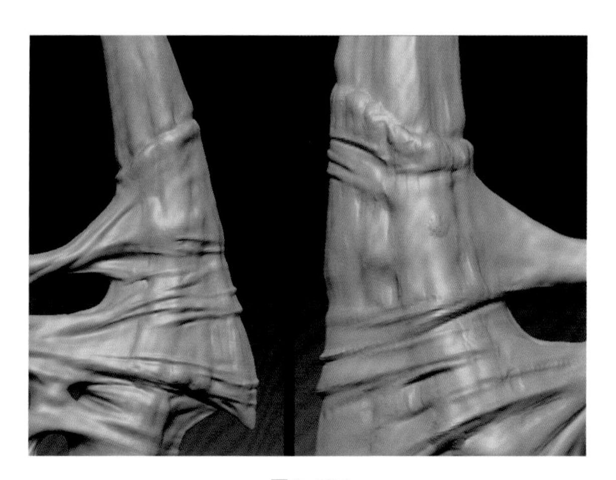

图6-318

6 在尖角的骨质部分雕刻时，先强调根部的结构，然后使用ClayTubes雕刻根部的粗糙表面，如图6-319所示。

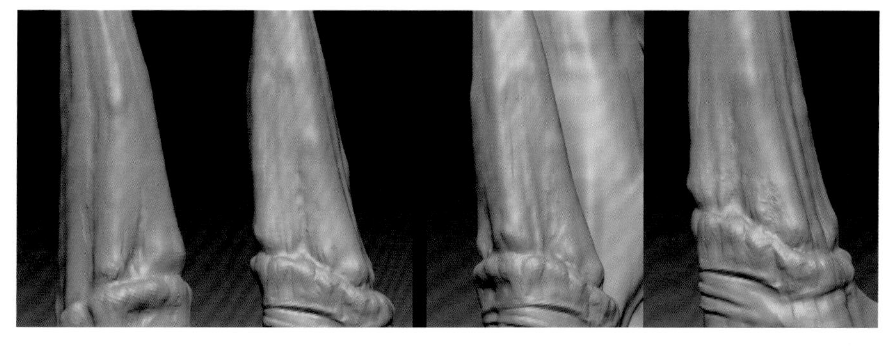

图6-319

7 在尖角的根部雕刻点状的凹陷，以表现骨质特点，如图6-320所示。

8 从尖角根部开始雕刻裂缝、破损，在尖角的表面雕刻出剥落的表面，如图6-321所示。

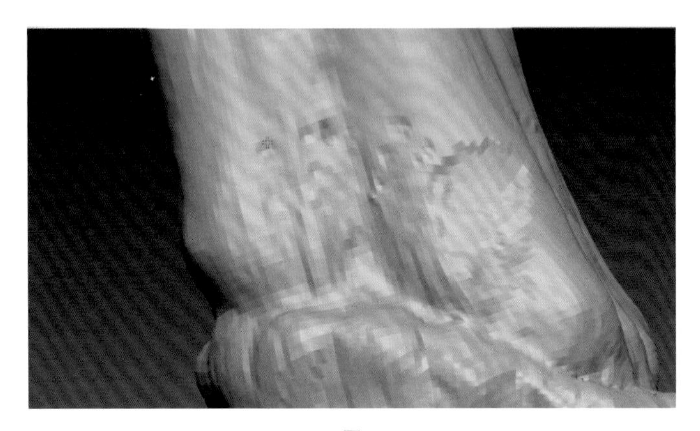

图6-320

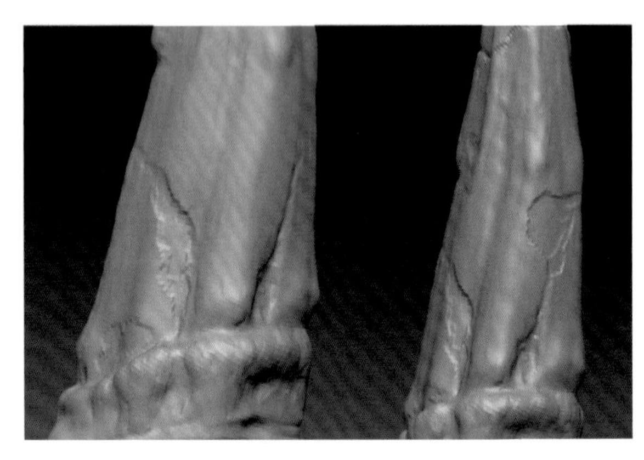

图6-321

9 在尖角附近，缠绕在骨架上的皮膜比较密集，我们使用装载了点状Alpha的Standard雕刻皮膜细节，如图6-322所示。

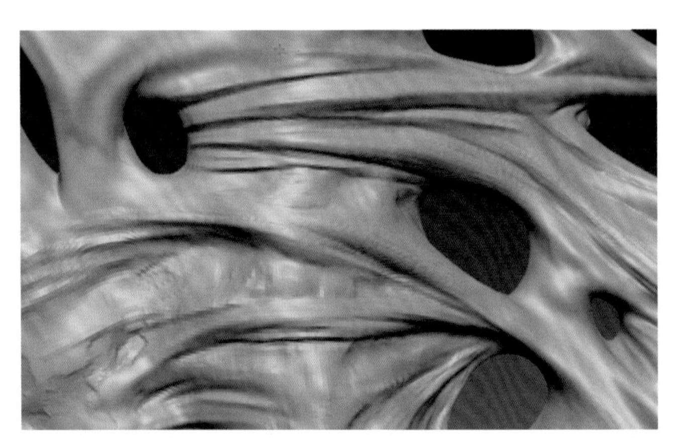

图6-322

10 向上顺延雕刻骨架。在稍小的关节处，因为需要考虑其运动特征，所以将其结构雕刻得类似于膝关节，如图6-323所示。

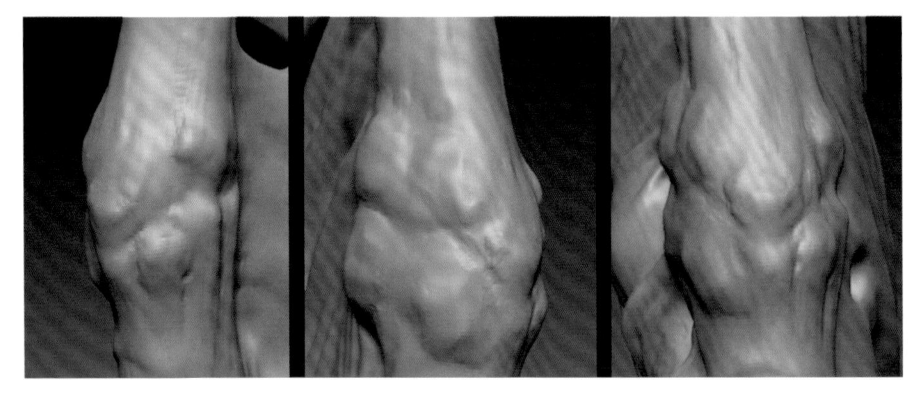

图6-323

11 在从上至下的第1条骨干上，由于皮膜覆盖较薄，其骨干较硬、结节较凸出，如图6-324所示。

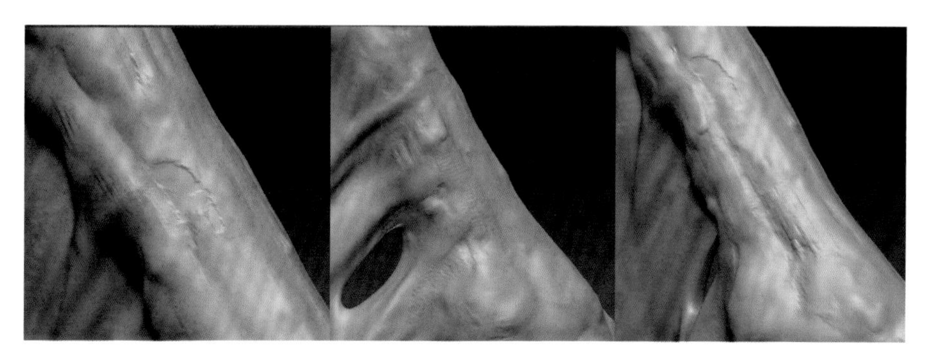

图6-324

12 在骨干的末端是坚硬的尖角。在细节雕刻中，尖角较膨大的部分是雕刻的重点，我们需要塑造较硬的骨骼结节，而且需要塑造骨刺根部的破损和细节，如图6-325所示。

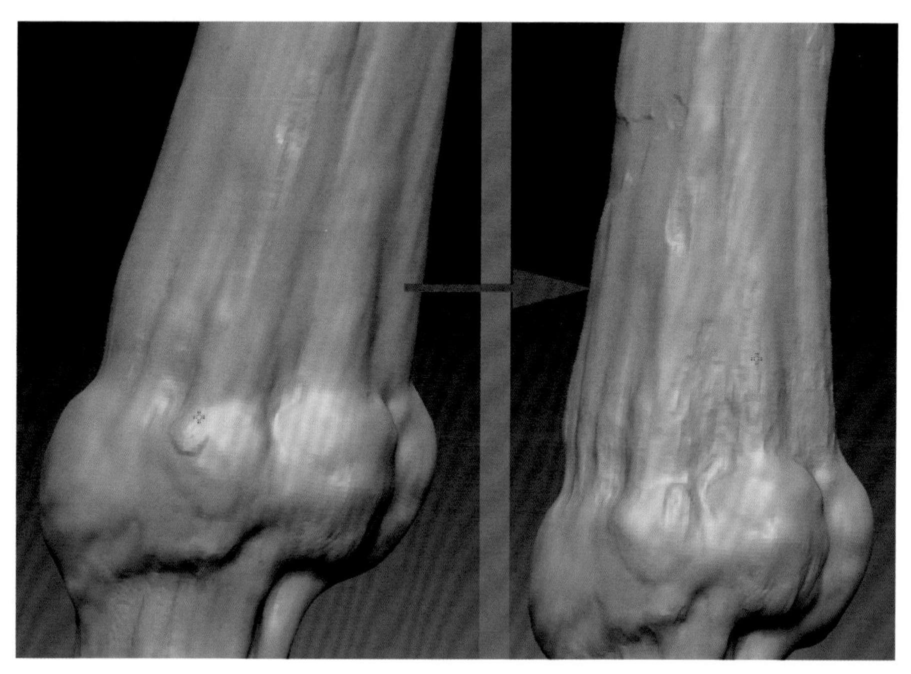

图6-325

13 至于尖角的细节塑造同关节上的尖角细节塑造一样，在此不再赘述。塑造完成后的尖角如图6-326所示。

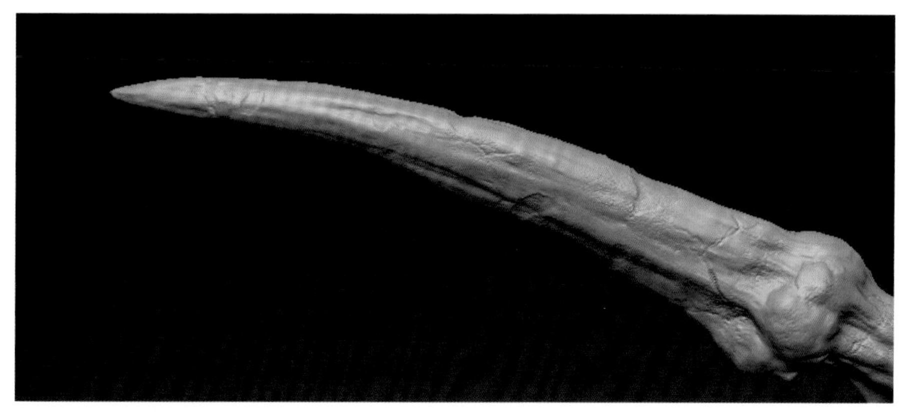

图6-326

14 除了第1条骨干以外的其他骨干，由于均被覆盖了较多的皮膜，而且在这些骨干的上面有的地方皮膜覆盖得较薄，有的地方皮膜覆盖得较厚，我们需要在雕刻时区别对待，这样可以使形体更加丰富和具有层次，如图6-327所示。

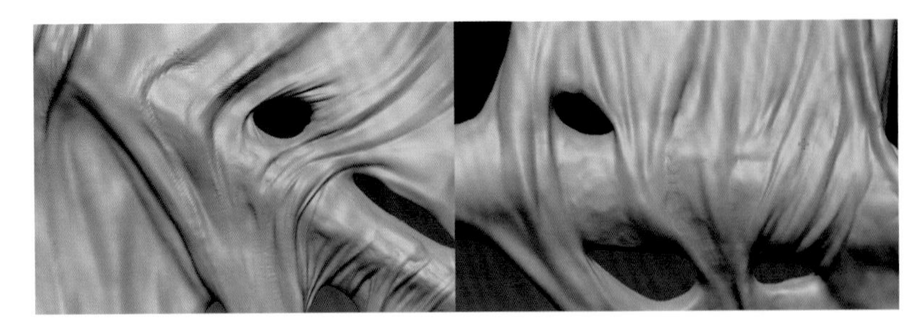

图6-327

15 雕刻完的骨干和尖角的细节如图6-328所示。

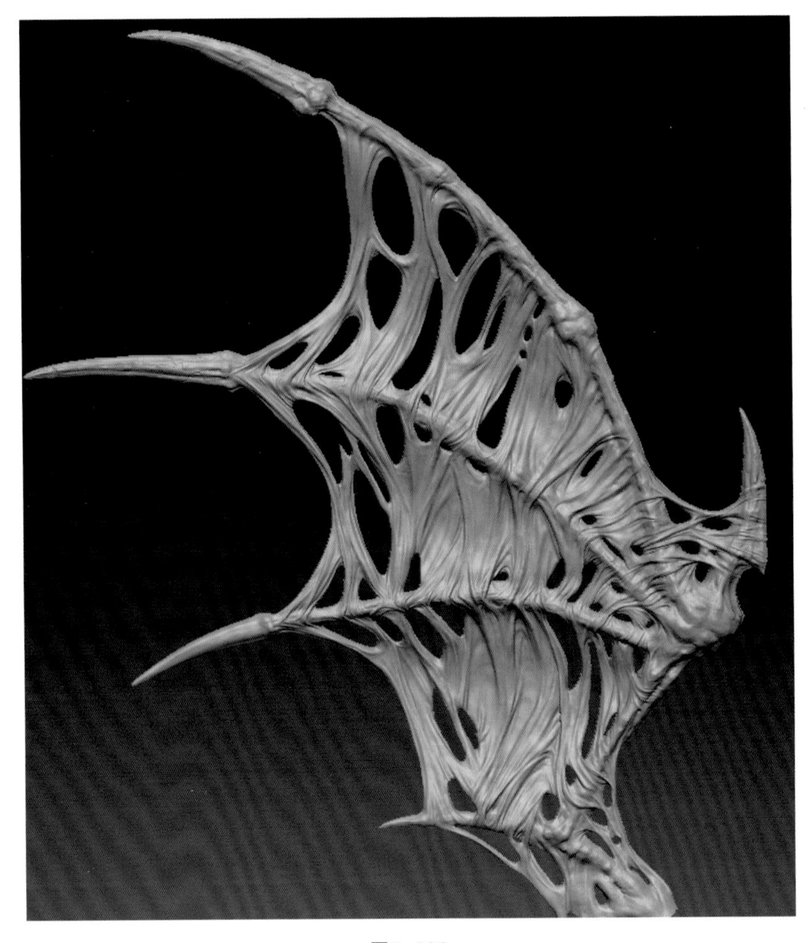

图6-328

16 下面，我们需要在皮膜上加入纹理细节，选择使用装载有皮革纹理Alpha的Standard进行雕刻，如图6-329所示。

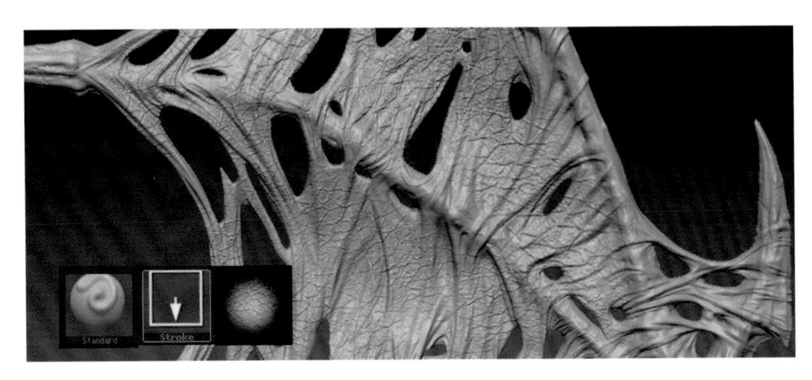


图6-329

17 在雕刻纹理细节时，注意不要将纹理雕刻得过于均匀，有些地方的纹理可以加强一些，而有些地方可以稍微减弱一些。纹理细节雕刻完毕后，翅膀的效果如图6-330所示。

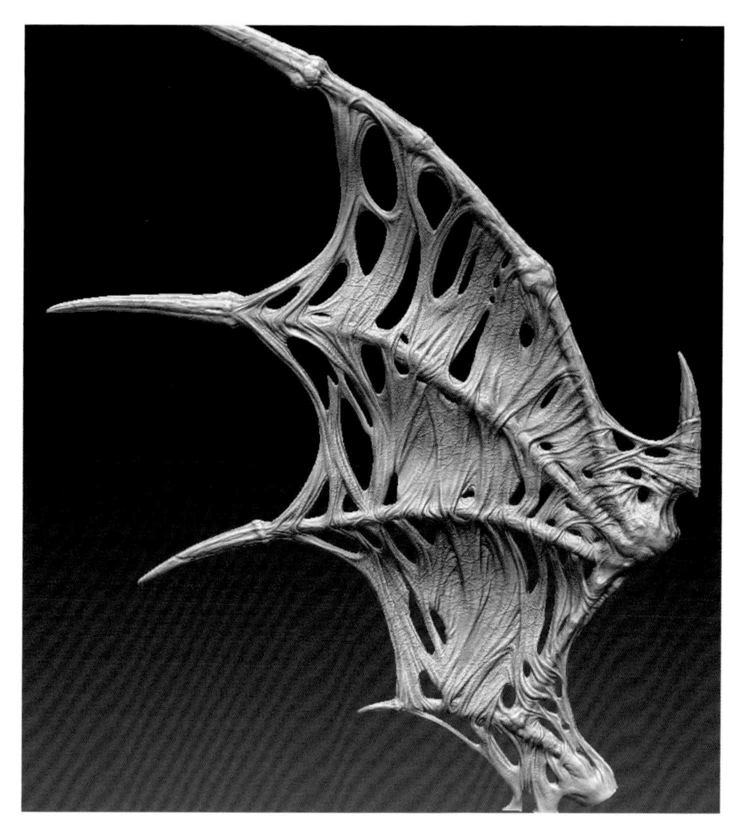

图6-330

18 在翅膀背面的细节雕刻与上述流程基本一致。首先在Alpha中载入名为skin02.jpg的图片作为皮革纹理，使用Standard以及Spray笔画在翅膀背面先雕刻一层较薄的纹理，如图6-331所示。

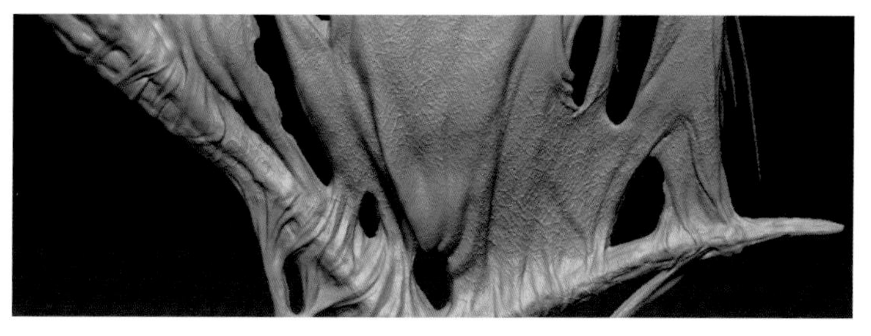

图6-331

19 将纹理的某些地方进行平滑操作，使其并不均匀，塑造出较为自然的效果，如图6-332所示。

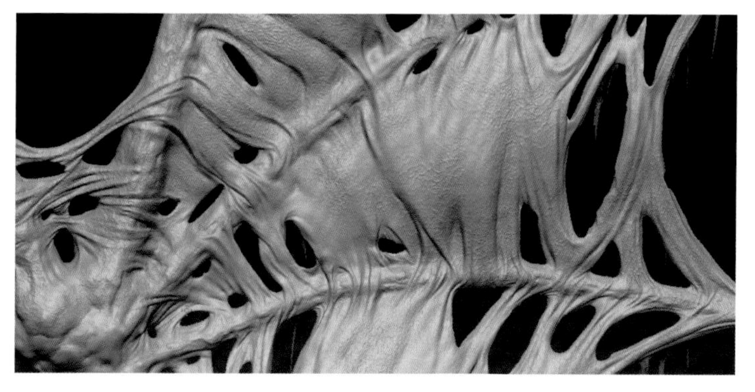

图6-332

20 将Spray笔画转换为DragDot笔画，按Alt键在背面的皮膜上雕刻出皮革纹理，如图6-333~图6-335所示。

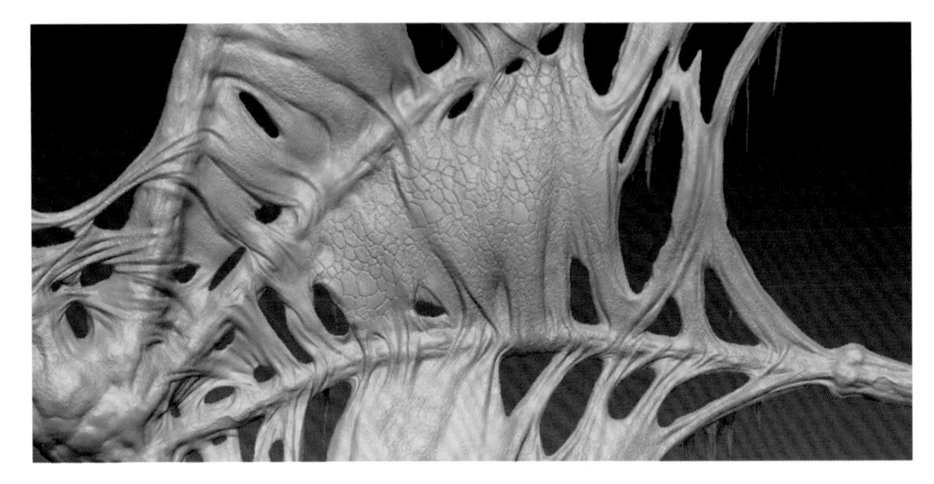

图6-333

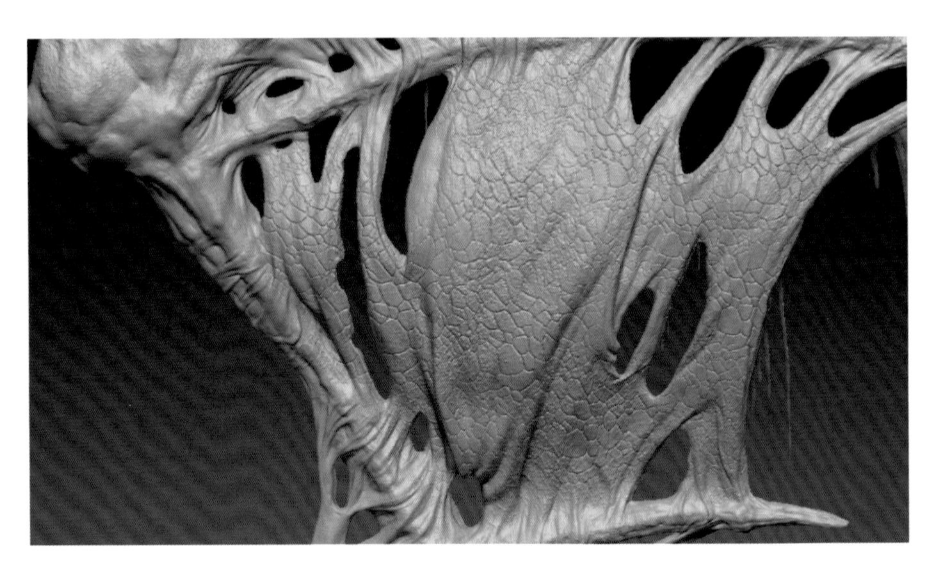

图6-334

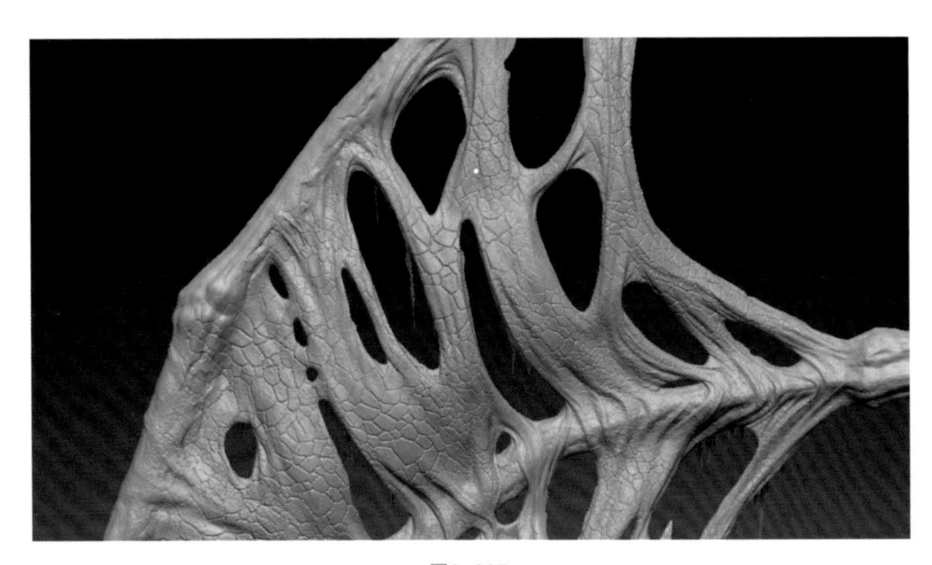

图6-335

21 雕刻后的翅膀背面效果如图6-336所示。

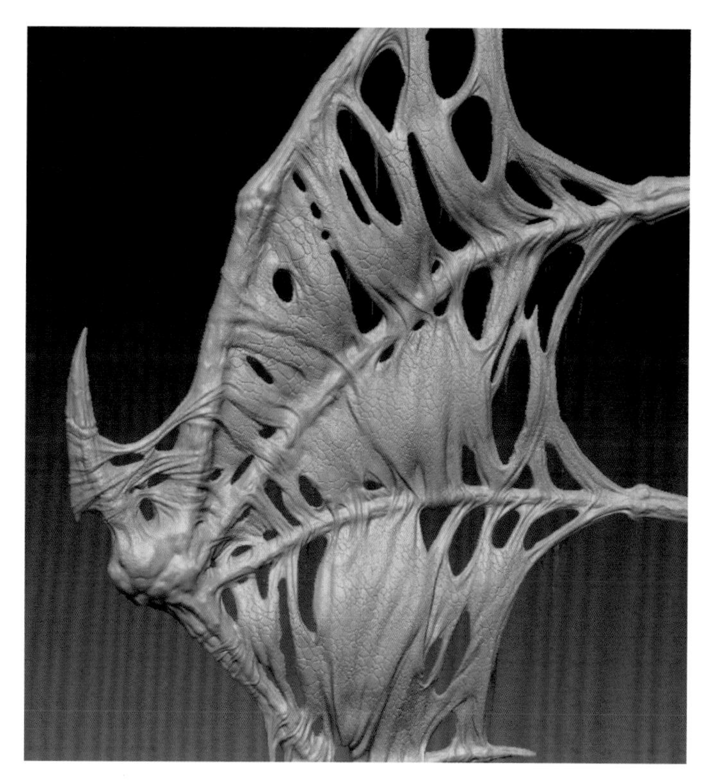

图6-336

22 纹理雕刻完毕后，我们在皮膜上雕刻出破损，使之细节更加丰富。首先，使用ClayTubes雕刻出不规则的破损，如图6-337和图6-338所示。

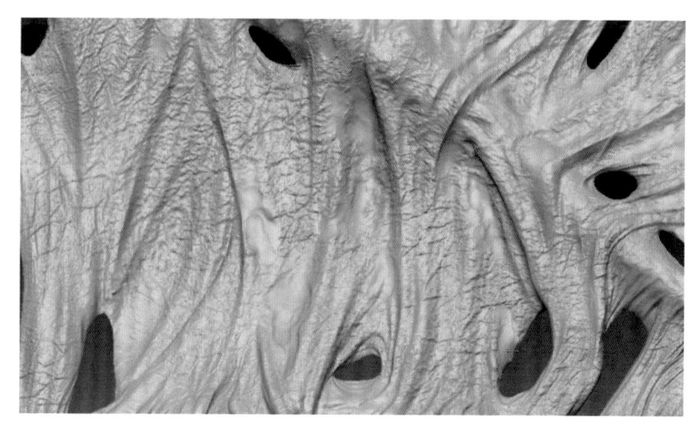

图6-337

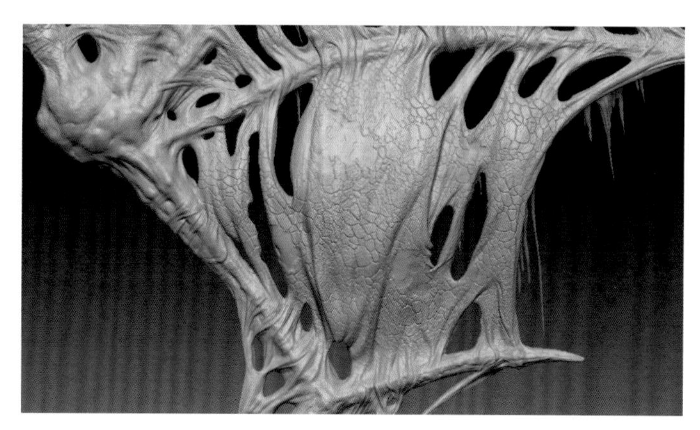

图6-338

23 使用Standard和Slash2雕刻破损边缘，如图6-339所示。

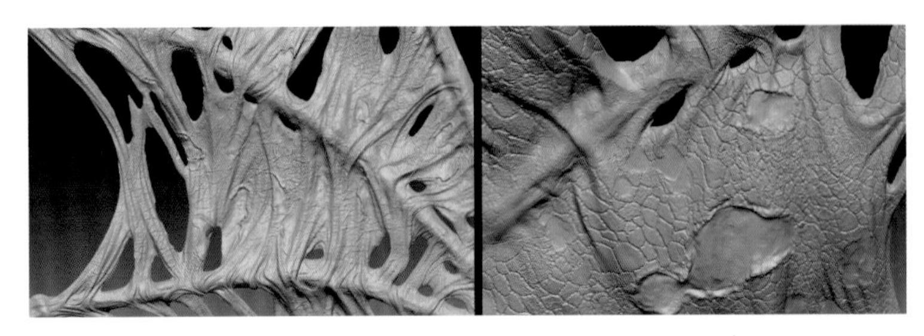

图6-339

24 在破损的边缘以及破洞的边缘使用SnakeHook拖曳出撕扯状的破损细节，如图6-340~图6-342所示。

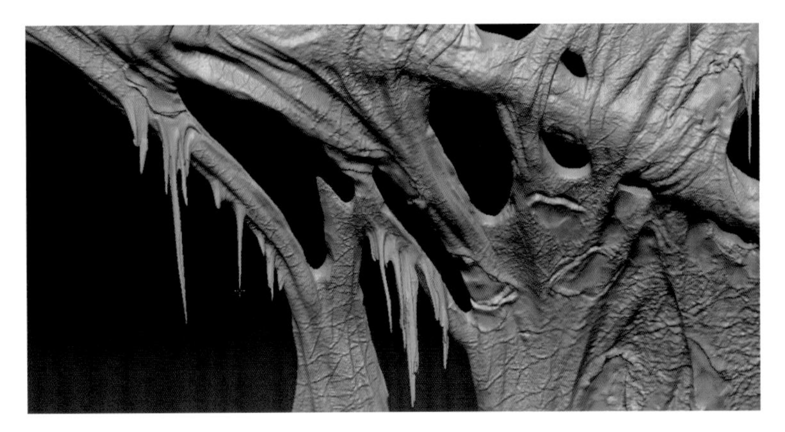

图6-340

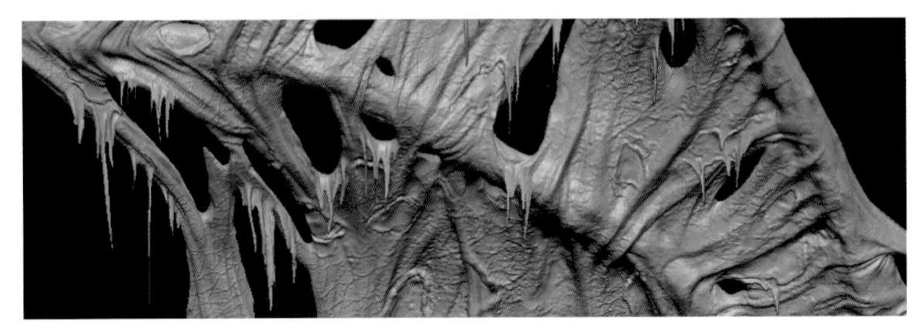

图6-341

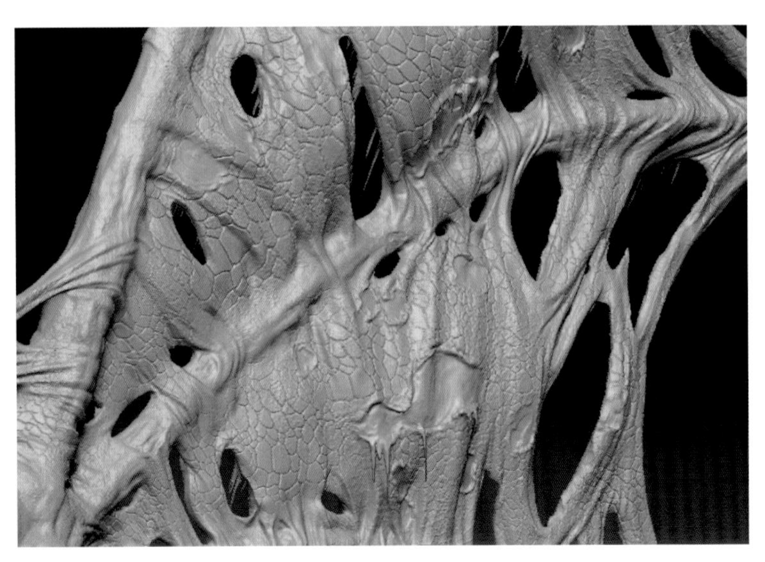

图6-342

25 雕刻完成的翅膀细节效果如图6-343~图6-346所示。

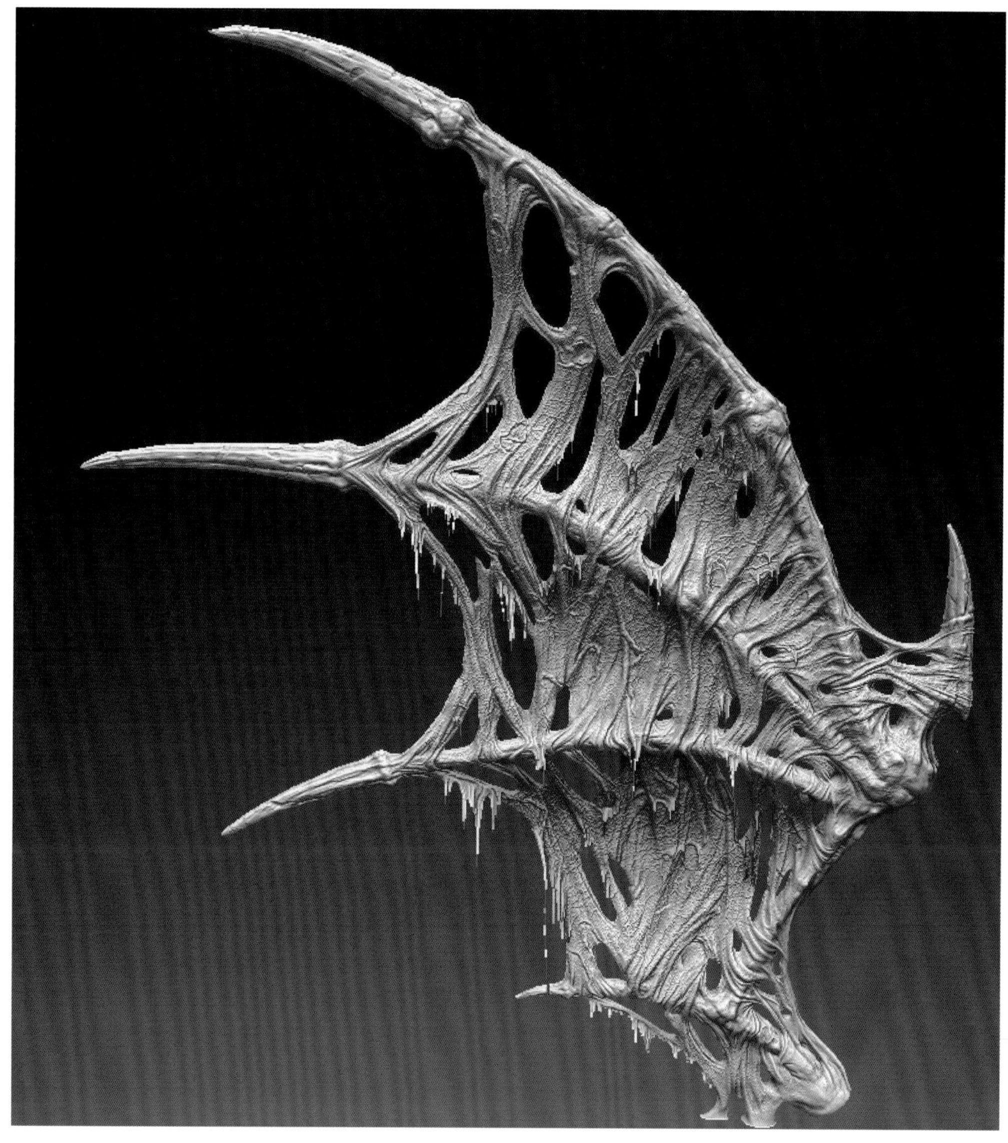

图6-343

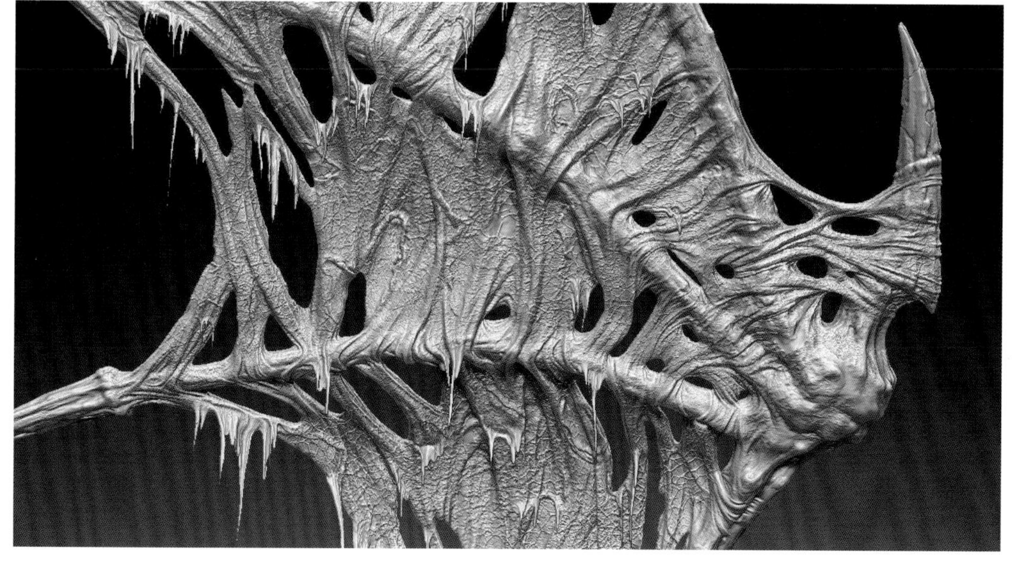

图6-344

图6-345

图6-346

### 6. 布料细节雕刻

布料的细节较为丰富，在布料的表面覆盖着纤维纹理，由于年代和破损的原因布料会有参差不齐的边缘细节，在破损的地方又会产生纤维抽丝的细节，所以需要我们细心地进行雕刻。

1 首先在Alpha中载入名为cloth04.jpg的图片作为布料的纤维纹理（此图片可以在工程文件\第6章 恶魔战马\6.2.3 恶魔战马细节雕刻\Alpha中找到），使用Standard以及DragDot笔画在布料表面雕刻布纹细节，如图6-347所示。

图6-347

2 在布料表面进行不规则的平滑操作，使布料表面显得更加自然，如图6-348所示。

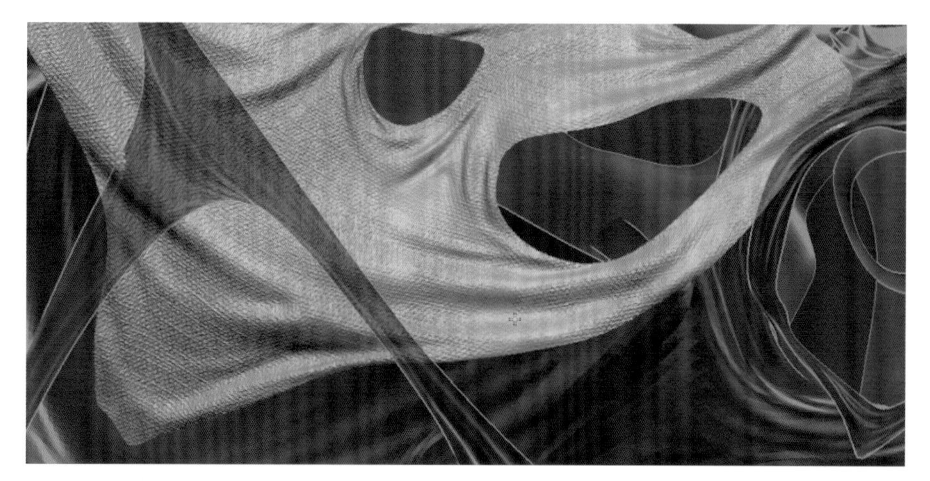

图6-348

3 在布料的边缘部分雕刻出参差不齐的效果，如图6-349所示。

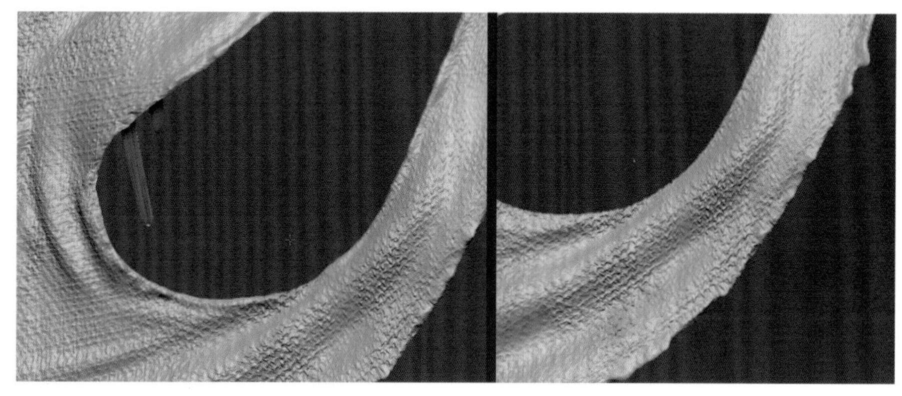

图6-349

4 在布料的边缘使用SnakeHook拖曳出破损的效果，要防止破损的部分与下方的布料产生穿插，如图6-350所示。

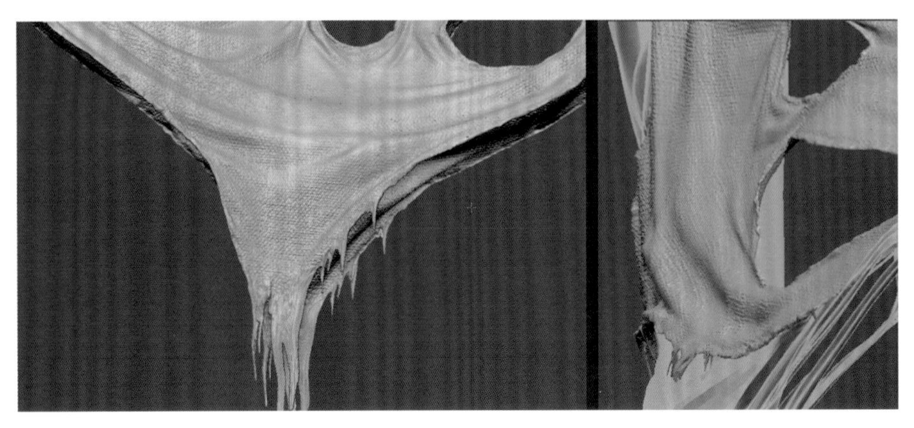

图6-350

5 在布料的表面雕刻若干磨损的效果，如图6-351所示。

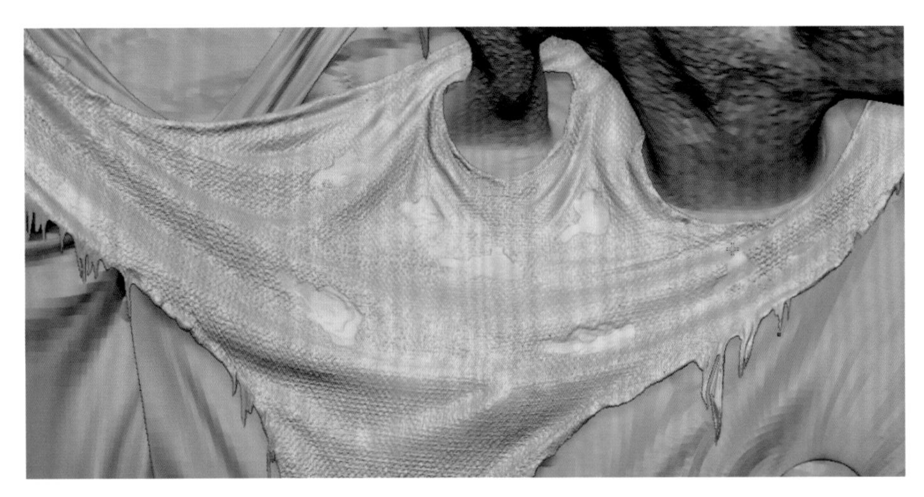

图6-351

6 破损的边缘和内部雕刻纤维的效果如图6-352所示。

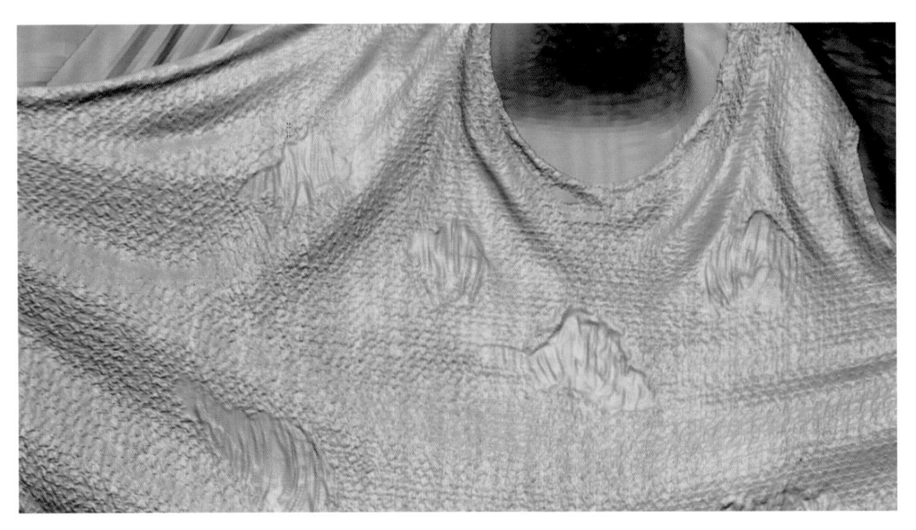

图6-352

7 在一些破洞的边缘，雕刻出因破损而产生的纤维抽丝，如图6-353和图6-354所示。

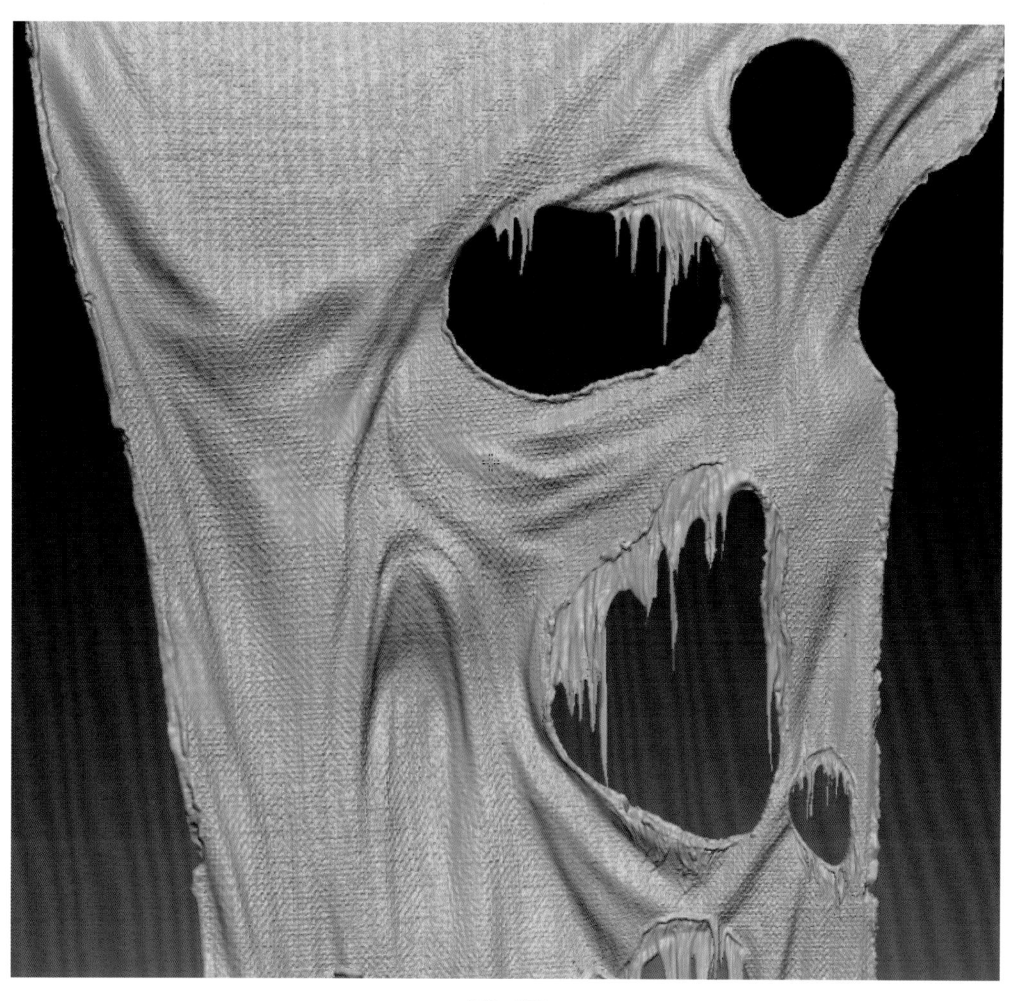

图6-353

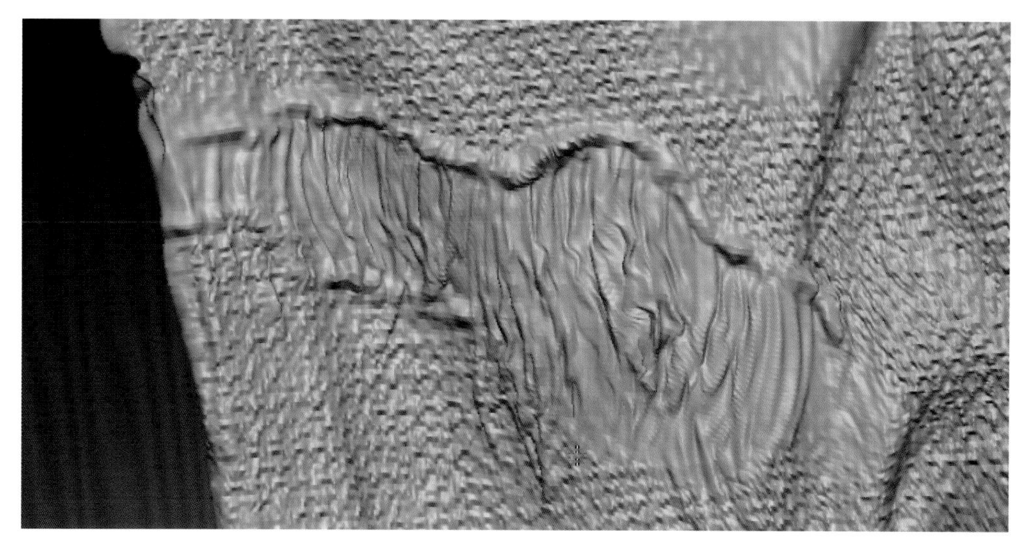

图6-354

8 单片布料雕刻完成后，效果如图6-355所示。

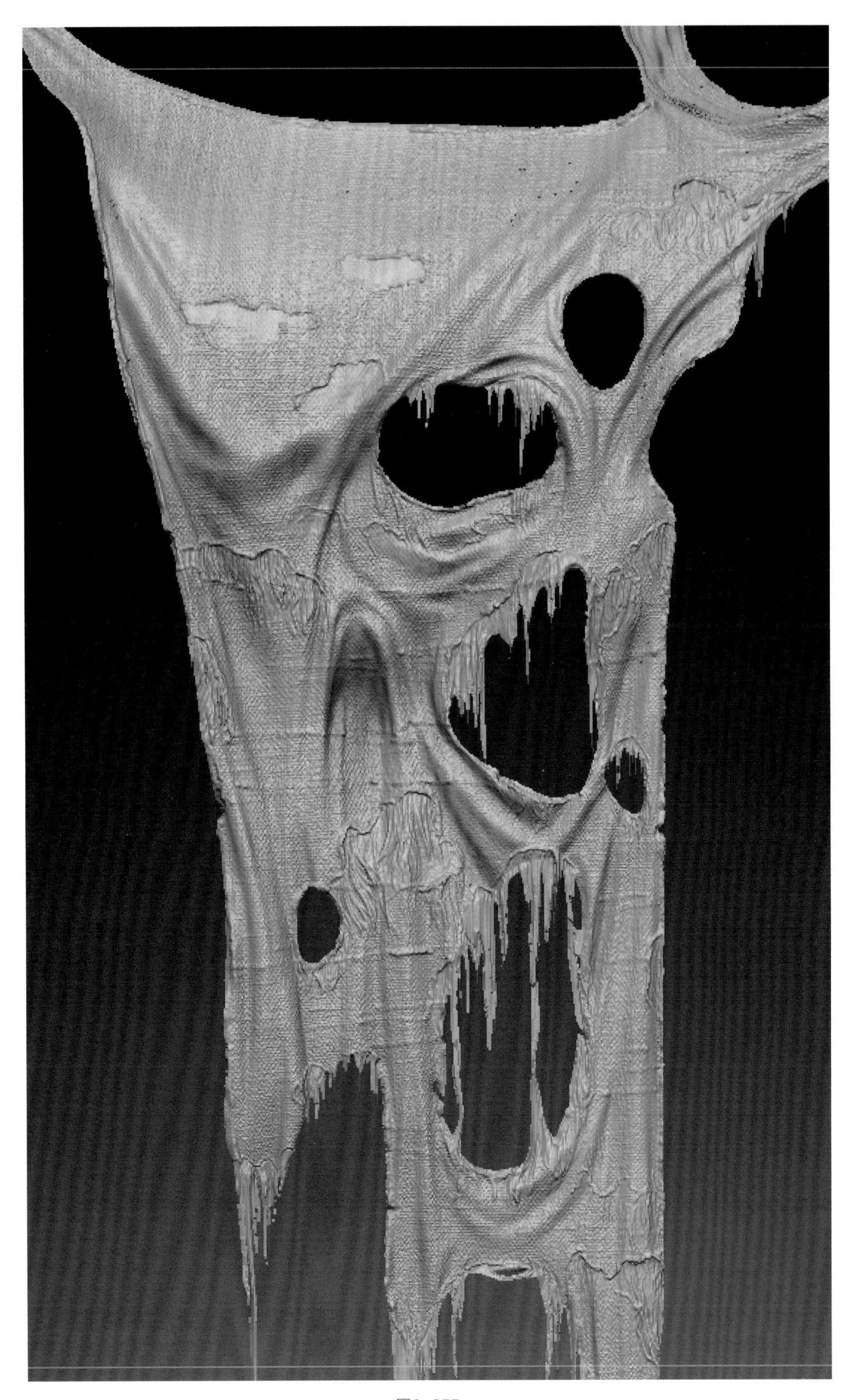

图6-355

9 整体布料雕刻完毕后，效果如图6-356所示。

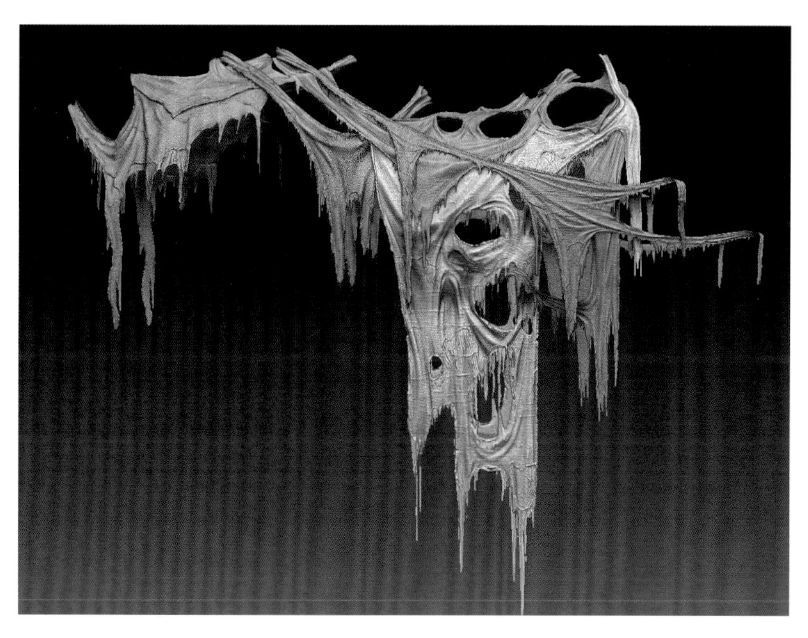

图6-356

### 7. 鬼头甲细节雕刻

1 现在，雕刻马胸前的鬼头甲细节，要体现出其应有的硬朗感觉。首先，我们从鬼头的额部和头顶开始增加细节，如图6-357和图6-358所示。

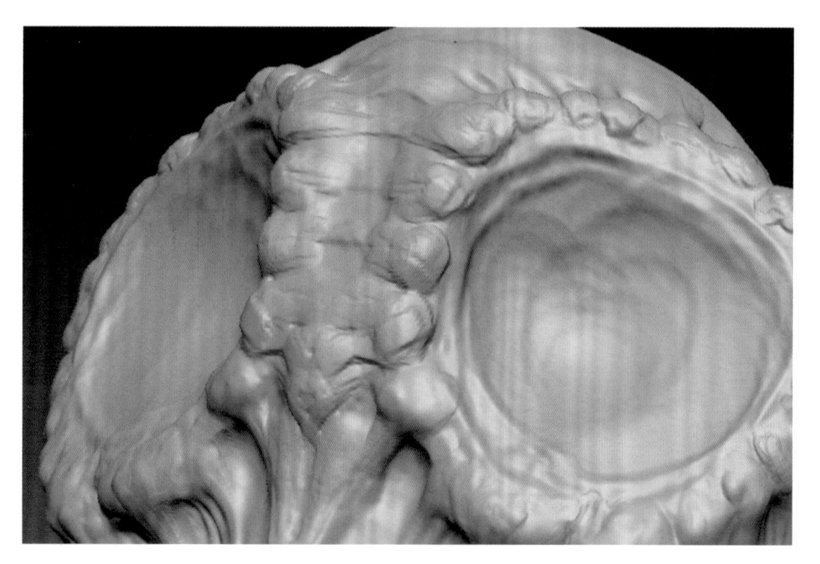

图6-357

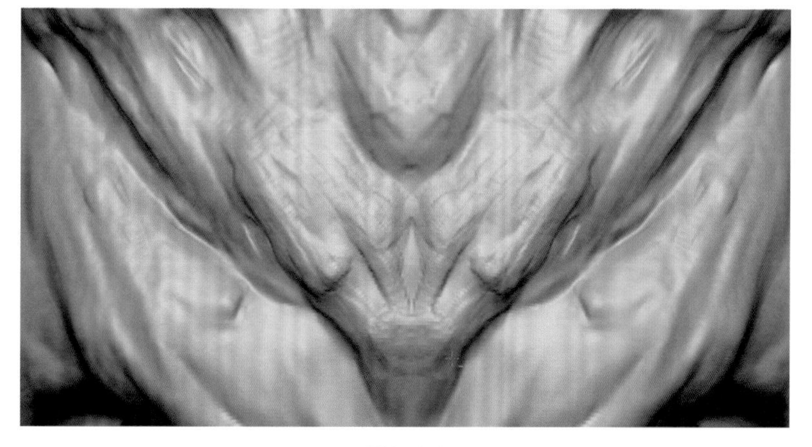

图6-358

2 向下强调鼻骨处的细节，如图6-359所示。

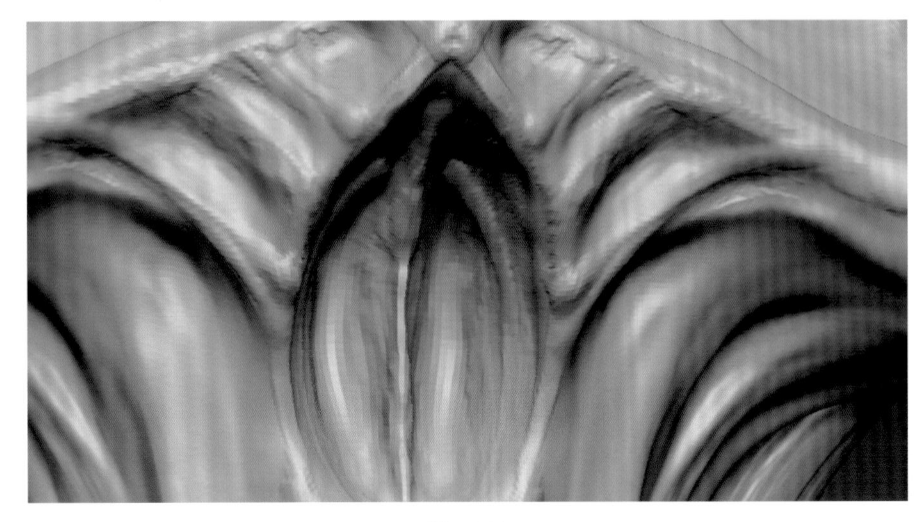

图6-359

3 使用Noise增加表面的细节，注意更改曲线，改变表面细节的分布，过程如图6-360所示。

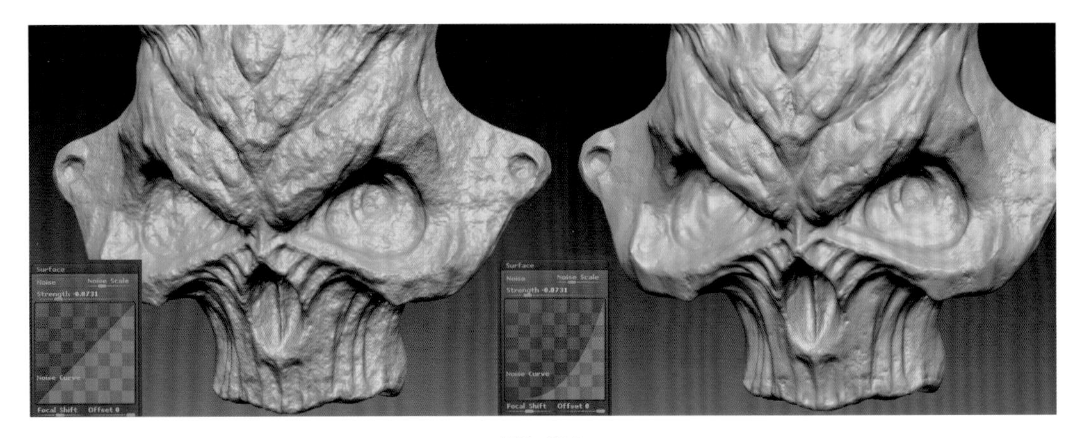


图6-360

4 使用Standard在鬼头甲上雕刻破损的裂缝，如图6-361所示。

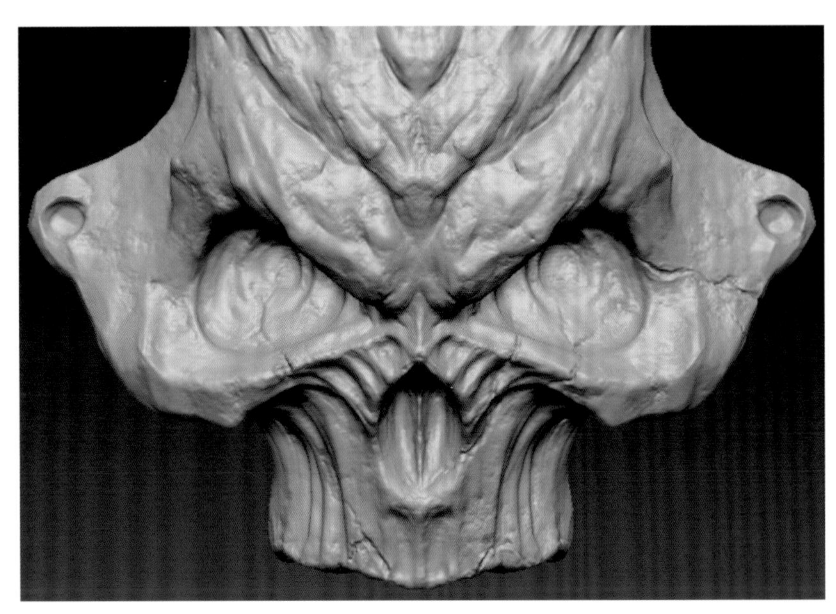

图6-361

5 鬼头甲头部尖角的雕刻方法与翅膀骨架的雕刻方法基本相同，重点是突出骨骼硬朗的特点以及骨脊的形态特征，如图6-362所示。

图6-362

6 完成细节塑造的鬼头甲造型如图6-363所示。

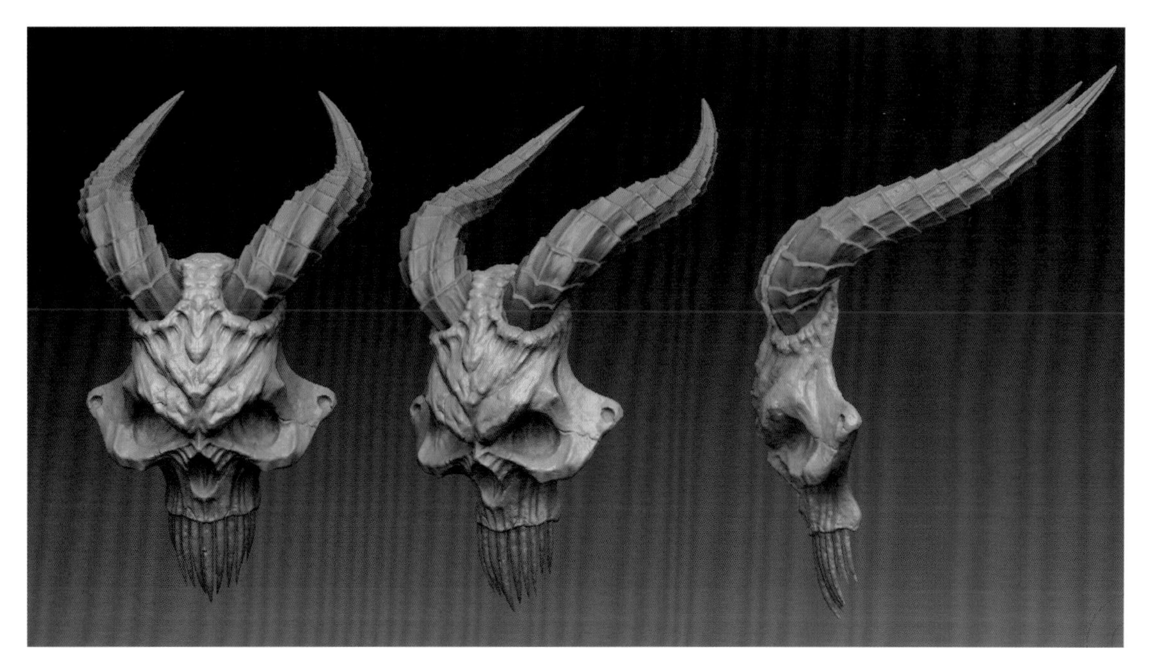

图6-363

现在，恶魔战马的塑造已经整体完成。如果读者朋友们已经坚持雕刻到了这一阶段，那么恭喜大家已经完成了一个彪悍的暗黑系生物的造型塑造，也希望我的作品能够为大家提供更好的灵感和思路。雕刻完成后的恶魔战马效果如图6-364~图6-368所示。

图6-364

在这一章里，我们学习雕刻了一个彪悍的死灵生物——地狱战马。在整个过程中，我们经历了搜集资料、前期设定、制作基础形体、初步整体雕刻、进阶雕刻和细节雕刻，逐步创造了这样一个生物，希望创造的过程能够让读者感到既刺激又有成就感。以下我总结一下恶魔战马雕刻的一些要点。

① 在创造并且塑造一个角色的时候，前期信息和资料的采集至关重要，只有脑中的形象较为清晰，在动手雕刻时才能保证一气呵成、行云流水。

② 一个良好的基础模型可以使我们的雕刻工作事半功倍。

③ 整体雕刻能够从全局把握形体，更重要的是整体雕刻可以使我们很清楚在某一个阶段需要完成的事情。

④ 细节属于画龙点睛的范畴，在塑造细节时一定要不断观察、思考，尽量做到精益求精。

图6-365

图6-366

图6-367

图6-368